DIE MODERNE PARFUMERIE

VON

DR. FRED WINTER
BRÜSSEL

FÜNFTE VÖLLIG NEU BEARBEITETE AUFLAGE
VON
MANN, MODERNE PARFUMERIE

WIEN
SPRINGER-VERLAG
1942

ISBN 978-3-7091-3177-0 ISBN 978-3-7091-3213-5 (eBook)
DOI 10.1007/978-3-7091-3213-5

Softcover reprint of the hardcover 5th edition 1942

Vorwort.

Seit dem Erscheinen der vierten, von mir neu bearbeiteten Auflage des MANNschen Buches sind nunmehr zehn Jahre verflossen, in deren Verlauf die Technik der Parfumerie und Kosmetik ganz bedeutend vervollkommnet wurde.

Es wurde daher eine umfangreiche Neubearbeitung des Buches nötig, um nach Möglichkeit alle Fortschritte auf diesen Gebieten zu berücksichtigen und die Herstellungs-Vorschriften soweit zu modifizieren, daß sie auch den modernsten Anforderungen vollauf gerecht zu werden vermögen. Auch wurde es erforderlich, zahlreiche moderne Vorschriften neu aufzunehmen.

Die Herstellung kosmetischer Mittel modernster Art wurde so ausführlich behandelt, als dies in dem beschränkten Rahmen des Buches nur möglich war; breiter Raum wurde besonders der Parfumierungs-Technik zuerkannt im Sinne der wichtigsten Tendenz vorliegender Arbeit als praktischen Ratgebers für die Parfumerie.

Ganz besonderer Wert wurde in dieser Hinsicht darauf gelegt, dem Praktiker neben einem reichhaltigen Formularium modernster Parfumierungs-Vorschriften auch fruchtbringende Anregungen zu bieten, um die nötigen Grundkompositionen in Form von Parfum-Essenzen selbst herzustellen.

Von diesem Gesichtspunkte aus wurde auch das Kapitel Parfumierung der Toiletteseifen ganz erheblich erweitert.

Der Anhang Geheimmittel und Spezialitäten mußte in vorliegender Auflage in Wegfall kommen um den zur Verfügung stehenden Raum nutzbringender zu verwerten.

Brüssel, im Januar 1942.

DR. FRED WINTER.

Inhaltsverzeichnis.

Berichtigung.

S. 190, zweiter Absatz lies richtig:
Die Wirkung der Fettalkohol**sulfonate**
(statt Fettalkohole).

Charakteristik und Verwendung der künstlichen Riechstoffe.

Sicher ist der mächtige Aufschwung der modernen Parfumerie zum guten Teil der Mitwirkung künstlicher Riechstoffe zu verdanken, d. h. der umsichtigen, sachgemäßen Mitheranziehung dieser wertvollen und unentbehrlichen Hilfsmittel des modernen Parfumeurs.

Es muß aber ein für allemal mit jener Irrlehre aufgeräumt werden, als seien gute natürliche Riechstoffe seit Einführung der künstlichen Riechstoffe überflüssig geworden.

Ganz im Gegenteil stellen die Naturprodukte dieser Art, wenn sie, was leider nicht immer der Fall ist, — einwandfreier Provenienz sind, nach wie vor äußerst wichtige und unentbehrliche Mittel dar, wirklich gute Parfums herzustellen.

Es kommt den natürlichen Riechstoffen also auch heute noch das Übergewicht zu und dürfen wir die künstlichen Riechstoffe im wesentlichen nur als Hilfsmittel betrachten, die Geruchswirkung natürlicher Aromaten entsprechend zu variieren bzw. zu verstärken.

Die großen Verdienste der organischen Chemie an der Entwicklung der modernen Parfumerie lassen sich in kurzen Zügen, wie folgt, charakterisieren: In erster Linie hat die Chemie durch Erforschung der Zusammensetzung der bekannten natürlichen Riechstoffe sowohl zu deren Reindarstellung erheblich beigetragen, aber zugleich auch durch Eliminierung gewisser riechender Prinzipien der Naturprodukte bzw. durch geeignete Transformation derselben eine Menge neuer Riechstoffe natürlicher Provenienz geschaffen, deren Verwendung als Parfumeriematerial oder aber als Ausgangsmaterial zu chemischen Umwandlungen zwecks Schaffung von neuen, als Riechstoffe geeigneten Derivaten der modernen Industrie, unserer Branche ganz neue Wege gewiesen hat.

Wie groß das Verdienst dieser einfachen Eliminationsmethoden ist, möge folgendes Beispiel zeigen. Durch Eliminierung des *Geraniols*, eines wichtigen Bestandteiles vieler teurer Öle, wie Rosenöl, Geraniumöl, usw., aus billigen Ölen, wie Citronell- und Palmarosaöl, hat man es ermöglicht, billigere Ersatzmittel für die teueren Öle zu schaffen, ganz abgesehen von der vielseitigen Verwendungsmöglichkeit für chemisch reines *Geraniol*, die mit dieser Elimination erschlossen wurde. Ganz besondere Wichtigkeit hat aber die chemische Transformation gewisser so isolierter Konstituanten erlangt, einige Beispiele mögen dies veranschaulichen. Das Eugenol läßt sich leicht aus vielen relativ billigen Ölen, wie Nelkenöl, Zimtblätteröl usw. isolieren; durch geeignete Transformation dieses verhältnismäßig wohlfeilen Materials hat man das Vanillin synthetisch erhalten, das in vieler Beziehung die sehr teure Vanille ersetzen kann und dabei zirka 33mal ausgiebiger ist als natürliche Vanille. Ein anderes Beispiel: Lemongrasöl enthält zirka 85% Citral, das leicht zu isolieren ist und mit Aceton kondensiert den herrlichen Veilchenriechstoff *Jonon* ergibt; Safrol, aus dem billigen Sassafrasöl isoliert, liefert das wertvolle Heliotropin, Linalool das Linalylacetat usw. Abgesehen von diesen auf Eliminierung der Konstituanten natürlicher Riechstoffe oder deren Transformation zu neuen Riechstoffen beruhenden Verfahren zur Verwertung natürlicher Körper, hat die Chemie aber auch durch die reine Synthese gewisser bekannter Konstituanten aus Kohlenwasserstoffen oder aber durch die Darstellung ganz neuer Riechstoffe, die in dieser Form in keinem natürlichen Riechstoff enthalten sind, der modernen Parfumerie ganz neue Wege gewiesen. So wurde der Anthranilsäuremethylester, der in vielen aromatischen Pflanzenprinzipien eine bedeutende Rolle spielt (Orangenblüte, Jasmin usw.), aus Kohlenwasserstoffen, ohne Zuhilfenahme natürlicher Konstituanten, gewonnen, ebenso der Phenyläthylalkohol, das Cumarin, Benzylacetat und viele andere. Als rein synthetische Produkte seien auch erwähnt die verschiedenen Sorten des künstlichen Moschus, die zwar den Tonkinmoschus nicht ersetzen können, aber doch in ihrer Art ganz hervorragende Dienste zu leisten berufen waren.

Eine wirklich sachgemäße Verwendung der synthetischen Riechstoffe ist unbedingt erforderlich, um wirklich gute Resultate zu erzielen, jeder Mißbrauch derselben läßt aber nur unangenehme Überraschungen erwarten. Die synthetischen Riechstoffe sind also in der Hand des erfahrenen Fachmannes ein außerordentlich wertvolles Hilfsmittel, in der Hand des Unerfahrenen aber eine recht gefährliche Materie.

Bei Verwendung der künstlichen Riechstoffe ist vor allem dem Umstand Rechnung zu tragen, daß diesen meist eine gewisse Derbheit des Geruches eigen ist, die durch geeignete Kombination mit echten, natürlichen Riechstoffen abgetönt werden muß. Die wertvolle Eigenschaft der synthetischen Odorantien zur Erzeugung ganz neuartiger, bis ins unendliche variabler Geruchseffekte beizutragen, kann nur dann zweckentsprechend ausgenutzt werden, wenn jedes Zuviel von vorneherein vermieden wird, keinesfalls können wir aber, mit Ausnahme der Seifenparfumierung und auch hier nur unter gewissem Vorbehalt, von einem Gemisch, das ausschließlich aus solchen Kunstprodukten besteht, eine wirklich feine und dezente Geruchswirkung erwarten.

Es ist also prinzipiell wichtig, daß wir in den synthetischen Produkten lediglich Hilfsmittel erblicken, die mit Vorsicht in Form kleiner Zusätze verwendet werden müssen und — speziell in der feinen Parfumerie — nur zur Variierung des Geruches natürlicher Riechstoffe Verwendung finden können.

In der Seifenparfumierung liegt der Fall dagegen, wenigstens für kurante Ware, anders, indem hier in der Hauptsache künstliche Riechstoffe Verwendung finden können, wobei aber die Mitverwendung guter natürlicher Riechstoffe, wenn auch in nur kleineren Mengen keineswegs an Bedeutung verliert, sondern ganz erheblichen Einfluß auf die Feinheit des Parfums ausübt.

Wir erblicken also in den natürlichen und künstlichen Riechstoffen Faktoren, die, sich gegenseitig ergänzend, unendlich wertvolle Dienste in der Parfumerie zu leisten berufen sind und deren inniger Zusammenarbeit in fachkundiger Hand wir jenen großen Aufschwung verdanken, den unsere Industrie seither genommen hat.

Es versteht sich von selbst, daß auch beim Einkauf synthetischer Riechstoffe streng darauf zu achten ist, daß nur reinste Materialien Verwendung finden, denn verunreinigte synthetische Produkte sind überhaupt nicht verwendbar, sollten auch prinzipiell nicht gekauft werden, auch nicht zur Parfumierung billiger Seifen.

In den einzelnen Vorschriften in diesem Buche ist hinter den verwendeten künstlichen Riechstoffen deren Provenienz durch die Anfangsbuchstaben der Firmennamen angedeutet. Es sind diejenigen Erzeugnisse genommen, von denen dem Verfasser Proben zur Hand waren.

Keinesfalls soll eine solche Erwähnung von Spezialprodukten bedeuten, daß etwa nur diese vorteilhaft zu verwenden seien oder etwa analoge Produkte anderer Provenienz, bei geeigneter Verwendung, nicht ebenso gute Dienste leisten könnten.

Es sei also die Erwähnung eines Spezialproduktes mit Provenienzangabe nicht im Sinne einer Bevorzugung, noch weniger aber im Sinne einer „Anpreisung" aufgefaßt, sondern nur als Andeutung einer Verwendungsmöglichkeit.

Die Abkürzungen im Text bedeuten die nachstehend angegebenen Firmen.

A. Ch.	= *Antoine Chiris*, Grasse und Paris.
Agfa	= *I. G. Farbenindustrie A. G.*, Berlin.
Ama	= *A. Maschmeyer jr.*, Amsterdam.
D. F.	= *Descollonges Frères*, Lyon.
Dr. *Sch. & C.*	= Dr. *Schmitz & Co.*, Düsseldorf.
Fl.	= *Chemische Fabrik „Flora"*, Dübendorf-Zürich.
H. & C. (oder *Heiko*)	= *Heine & Co.*, Leipzig.
H. & R.	= *Haarmann & Reimer*, Holzminden.
Kape	= *Kluge & Pöritzsch*, Leipzig.
L. F.	= *Lautier Fils*, Grasse.
L. & C.	= *De Laire & Cie.*, Paris.
L. G.	= *L. Givaudan*, Vernier bei Genf.
M. &. B.	= Dr. *Mehrländer & Bergmann*, Hamburg.
N. & C.	= *M. Naef & Cie.*, Genf.
P. & S.	= *Polak & Schwarz*, Zaandam (Holland).
Roure	= *Roure Bertrand Fils*, Grasse.
S. & A.	= *Sozio & Andrioli*, Grasse.
S. & C.	= *Sachsse & Co.*, Leipzig (jetzt von *Schimmel & Co.* übernommen).
Sch. & C.	= *Schimmel & Co. A.-G.*, Miltitz bei Leipzig.
T. M.	= *Th. Mühlethaler*, Nyon (Schweiz).

Diese Liste erhebt keinen Anspruch auf Vollständigkeit. Weitere Lieferanten von Riechstoffen sind im Bezugsquellen-Nachweis des Anhangs genannt.

Vorarbeiten zur Herstellung der Extraits.

Unter diesen nimmt die

Herstellung der nötigen Tinkturen und Lösungen

den wichtigsten Platz ein.

Wichtig ist es, daß für diese Hilfsmittel eine eindeutige Nomenklatur gewählt wird, die jedes Mißverständnis ausschließt. Wir nennen Tinktur jeden alkoholischen Auszug einer Droge, auch die alkoholischen Lösungen aromatischer Harze wie Benzoe, Tolubalsam usw. fallen konventionell unter diesen Begriff.

Als Solutionen bezeichnen wir sinngemäß alle Arten von Lösungen von Riechstoffen in Alkohol oder anderen geeigneten Lösungsmitteln.

Die Bezeichnung Infusion reservieren wir für die Pomadeauswaschungen, für die als synonym und gebräuchlich auch die Bezeichnung Lavage oder Extrait zur Anwendung kommen kann.

Nach dieser Nomenklatur ist also z. B. Moschustinktur ein alkoholischer Auszug aus echtem Tonkinmoschus, Moschussolution eine Lösung von künstlichem Moschus in Benzylbenzoat o. dgl. Ebenso wäre z. B. Iristinktur der alkoholische Auszug der Iriswurzel, Irissolution eine Lösung von konkretem Irisöl in Alkohol usw. Die Auswaschung von Essence Concete wird analog auch als Infusion, Lavage oder Extrait bezeichnet.

Bezüglich der Bezeichnung Extrait ist noch zu bemerken, daß diese auch auf die fertigen alkoholischen Parfums Anwendung findet, doch kann diese gleichartige Bezeichnung praktisch zu Verwechslungen keinen Anlaß geben. Will man in einer Vorschrift z. B. gleichzeitig eine Pomadenauswaschung von Veilchen und einen komponiereten Veilchenextrait verwenden, so bezeichnet man erstere einfach als Extrait Veilchen oder Violette, letzteren als Extrait Violette composé.

Betreffs der Extraitfabrikation sei noch empfohlen, die Ansätze nicht zu klein zu machen, sondern etwa 15 bis 20 kg auf einmal herzustellen, damit die fertigen Extraitkompositionen längeres Lager haben können, wodurch ihr Geruch bedeutend verfeinert wird. Nach Zusammensetzung der Kompositionen lasse man den fertigen Extrait unter öfterem Schütteln längere Zeit stehen, ehe man ihn filtriert. Nach dem Filtrieren bewahre man die Flaschen in gut gefülltem und verkorktem Zustande in kühlen, leicht zu verdunkelnden Räumen auf, am besten in einem schönen, luftigen, trockenen Keller. Hat der Extrait nun längere Zeit, etwa 5 bis 6 Wochen, gelagert, so ist er zum Abfüllen fertig.

Ebenso ist es sehr gut, wenn die angewendeten Tinkturen und Solutionen frühzeitig und in reichlichen Mengen angesetzt worden sind; denn je älter z. B. Ambra-, Moschus-, Benzoe-, Tolu-, Storax- usw. Tinkturen sind, desto feiner werden sie im Geruch. Dies gilt ganz besonders für Moschustinktur und Ambratinktur, welche bei zunehmendem Alter einen immer mächtigeren Duft entfalten.

Infusionen aus französischen Pomaden (auch Extraits oder Lavages genannt).

Die verschiedenen französischen Fabriken in Grasse bringen Blumenpomade in verschiedenen Stärken an den Markt, deren Stärkegrade sie durch Zahlen bezeichnen, wie Nr. 6, 12, 24, 36, 72. Die Nr. 36 und Nr. 72 sind jene, die in der modernen Parfumerie, soweit diese noch zu Pomadenauswaschungen Zuflucht nimmt, die gebräuchlichsten, ganz besonders aber Nr. 36. Die schwachen Pomaden werden heute zur Herstellung von Extraits so gut wie nicht mehr verwendet, sie dienen nur für fette Pomaden (Haarpomaden usw.).

Die Pomaden werden in der Regel zweimal ausgewaschen und ergeben dann Infusion I und II.

Die Ansätze für Pomadenauswaschungen sind folgende:

Blumenpomade, Nr. 36	1000 kg
Alkohol	1000—1250 kg

Es werden hieraus 2 Infusionen hergestellt, von denen die erste naturgemäß die stärkste ist, während die zweite bedeutend schwächer ist. Die auf diese Weise hergestellten Infusionen sind folgende: Rose, Veilchen Jasmin, Jonquille, Tuberose, Orangenblüte, Cassie, Capucine, Reseda; doch wird von der Extrahierung der letztgenannten Pomade meist Abstand genommen, da man sich Resedaextrait schöner durch Zusammensetzung verschiedener Infusionen usw. herstellt. Die mit „Pommade Capucine" hergestellte Infusion verwendet man vorteilhaft da, wo recht frische, duftige Gerüche gewünscht werden, z. B. in Maiglöckchen- und Fliederparfums.

Die Größe des Ansatzes richtet sich nach den Behältern, in denen die Pomaden extrahiert werden sollen, doch nimmt man gewöhnlich

Pomade Nr. 36 oder 72	20 kg
Alkohol	20—25 kg

Die Pomade wird im Wasserbade dickflüssig gemacht, indem man die Entwicklung aller überflüssigen Wärme tunlichst vermeidet, oder vermittels einer kleinen Maschine durch eine durchlochte Eisenplatte in den Apparat getrieben. Der Extrakteur wird, wenn möglich, etwas angewärmt und nimmt dann zunächst die 25 kg Alkohol auf, wonach man ihn langsam in Bewegung setzt und die geschmolzene oder zerdrückte Pomade zugibt. Dann verschließt man den Apparat luftdicht und läßt ihn mit der Mischung 24 bis 36 Stunden laufen. Die Flügel der Maschine bringen Spiritus und Pomade in innigste Vermischung und der Geruch der Blumenpomade teilt sich dem Alkohol mit. Nach dieser Zeit zieht man den Alkohol von der Pomade ab und wäscht diese noch einmal mit dem gleichen Quantum neuen Alkohols aus. Die Waschung ergibt dann Infusion II. (Vor Verwendung ausfrieren lassen.)

Die Pomadeauswaschungen werden vorteilhaft ersetzt durch Solutionen der Essences Liquides (Serie A) oder der Essences Absolues, oder auch durch Auswaschung der Essences Concretes oder Solides.

Eine Infusion von Essence Concrète wird hergestellt, indem man 20 g Essence Concrète im Mörser mit etwas warmem Alkohol verreibt und diese Anreibung durch 1 l Alkohol bei leichtem Anwärmen aufnimmt. (Muß ebenfalls ausgefroren werden.)

Die Essences Liquides und Absolues sind leicht und ohne Rückstand in Alkohol löslich und stellt man hieraus durch einfaches Auflösen in der Kälte Solutionen her.

So sind an Wirkung ziemlich äquivalent:

1 Liter Infusion Pomade Nr. 36;
1 Liter Infusion Concrète, enthaltend 20 g Essence Concrète pro Liter;
1 Liter Solution Essence Liquide (Serie A) à 20 g pro Liter;
1 Liter Solution Absolue, enthaltend 10 g Essence Absolue pro Liter.

Wir können also in den praktischen Vorschriften ohne weiteres jeden Liter Pomadenauswaschung durch 20 g Essence Liquide A. oder Concrète oder 10 g Essence Absolue und die entsprechende Alkoholmenge ersetzen.

Bei der heutigen Konzentration der Extraits kommen Solutionen der Essences Liquides und Absolues praktisch fast nicht mehr in Frage und werden diese meist in Substanz verwendet.

Die Concrètes, Liquides und Absolues sind reine Blütenaromen, die durch Extraktion der Blüten gewonnen werden. Sie werden hergestellt in den Sorten Violette, Oeillet, Jasmin, Fleur d'Oranger, Cassie, Rose, Tubéreuse, Jacinthe, Jonquille, Narcisse, Ginster (Genêt), Mimosa und Reseda.

(Die Infusion [Lavage] aus Orangenblütenpomade wird in den Vorschriften konventionell als „Infusion Orange" bezeichnet werden, obwohl diese Bezeichnung wenig glücklich gewählt ist.)

Für die Veilchenkompositionen ist uns ein wertvolles Produkt in der Essence Violette Feuilles, Veilchenblätteressenz, Grüngeruch, gegeben. Diese stellt meist ein dunkelgrünes dickflüssiges oder auch ganz konkretes Erzeugnis dar, welches in der Verdünnung den Duft des Veilchenkrautes in unübertroffener Naturtreue wiedergibt. Man muß nur recht darauf achten, daß man nicht zuviel davon zu einem Ansatze nimmt, denn sonst geht die Feinheit des Geruches vollständig verloren.

Solution Violette Feuilles

Essence Violette Feuilles	15 g
Alkohol	1200 g

Es ist ratsam, die Lösung vor der Verwendung zu filtrieren.

Resinoidsolutionen.

Wir finden jetzt im Handel die durch Extraktion mit Petroläther isolierten unversehrten Geruchsprinzipien gewisser aromatischer Drogen, die es gestatten, in vielen Fällen das Herstellen von Tinkturen durch Ausziehen der Mutterdroge mit Alkohol zu umgehen, bzw. die es gestatten, den entsprechenden ätherischen Ölen gegenüber (z. B. Patchouli, Vetiver Nelkenöl usw.) bessere Wirkung zu erzielen.

Erwähnt seien hier die Resinoide Eichenmoos, Weihrauch (Olibanum), Benzoe, Tolubalsam, Styrax, Labdanum, Patschouli, Gewürznelken, Vetiverwurzel, Vanille, Tonkabohne, Castoreum usw.

Man kann sich hieraus mühelos alkoholische Lösungen herstellen, bzw. die Resinoide direkt im Ansatz mitverwenden.

Die Resinoidsolutionen ersetzen in vielen Fällen die entsprechenden Tinkturen, wie z. B. Eichenmoostinktur, Castoreumtinktur, Vanilletinktur, Tonkatinktur, Benzoetinktur, Tolutinktur usw.

Bezüglich des Irisresinoids ist darauf hinzuweisen, daß davon ganz verschiedene Sorten im Handel sind, deren Wert ganz erheblich differiert. So haben wir unter dieser Bezeichnung als mindere Sorte die Destillations(Blasen-)rückstände von der Gewinnung des konkreten Irisöles, die hauptsächlich zur Seifenparfumierung bestimmt ist. Dann aber auch ein Petrolätherextraktionsprodukt der Iriswurzel, das ungleich wertvoller ist und auch in der feinen Parfumerie verwendbar ist. Nicht unerwähnt soll aber bleiben, daß sehr häufig auch unter der Bezeichnung Irisresinoid Rückstände der Jononfabrikation u. dgl. als ganz minderwertige Sorte in den Handel kommen.

Die Resinoide sind sehr wertvolle Behelfe der modernen Parfumerie und leisten unschätzbare Dienste.

Man verwendet sie häufiger direkt in Substanz, ohne zuerst eine Solution herzustellen.

Ambra.

Die echte graue Ambra leistet als genügend abgelagerte Tinktur der Mutterdroge äußerst wertvolle Dienste in der feinen Parfumerie. In der Tat gibt die Anwendung dieser Tinktur den Extraits eine ganz unbeschreibliche Feinheit und Haltbarkeit und ist in dieser Eigenschaft ein fast nie fehlender Bestandteil feinster französischer Markenparfums.

Als Ersatz der echten Ambra finden wir im Handel zahlreiche Produkte mehr balsamischen Charakters, von denen aber einige geruchlich der echten Ambra nahekommen.

Von solchen Produkten seien erwähnt Ambra Ama, Ambra W., Sch. & C. u. a.

Von letzteren Produkten stellt man entweder Solutionen her (sie sind leicht und ohne Rückstand in Alkohol löslich) oder verwendet sie in Substanz, da sie auch in ätherischen Ölen usw. beim Erwärmen leicht löslich sind.

Ambratinktur

Ambra, grau, echt	30 g
Milchzucker oder Bimsstein	30 g
Pottasche	5 g
Wasser	100 g
Alkohol	900 ccm.

Man zerkleinert die Ambra und verreibt sie im Mörser mit dem Milchzucker bzw. dem Bimsstein unter Zusatz des pottaschehaltigen erwärmten Wassers zu einer Pasta, die dann mit Alkohol aufgenommen wird und in gut schließender Flasche unter öfterem Umschütteln lagern gelassen wird. Die Lagerungsfrist soll nicht unter 6 Monaten sein, zu empfehlen ist aber eine mindestens einjährige Lagerung, weil zu frische Ambratinkturen lange nicht so fein und kräftig riechen und sich das Aroma in seiner ganzen Fülle erst nach zirka einem Jahr in der Tinktur entwickelt.

Ambra künstlich.

Als teilweisen Ersatz der echten grauen Ambra können balsamische Kompositionen diverser Art Verwendung finden, besonders solche, die Labdanumharz, Tolubalsam u. a. im Gemisch mit künstlichem Moschus, Vanillin usw. enthalten.

Obwohl solche Kompositionen die echte Ambra nicht ersetzen können, kommt ihnen in der modernen Parfumerie eine sehr bedeutende Rolle als balsamische Grundlage und Fixateur zu, auch jene eines guten Abrundungsmittels, das den komplexen Parfums, neben großer Haftfestigkeit, eine charakteristische Wärme und Weichheit des Geruches verleiht.

Nachstehend seien einige Vorschriften zur Herstellung künstlicher Ambra gegeben.

Ambra künstlich konkret

Resinoid Labdanum	8 g
Styrax flüssig	4 g
Perubalsam	4 g
Tolubalsam	5 g
Ambrettemoschus	10 g
Ketonmoschus	15 g
Patchouliöl	4,5 g
Vetiveröl	3 g
Vanillin	25 g
Cumarin	2 g
Stearin	15 5

Ambra künstlich konkret II

Tolubalsam	50 g
Styrax flüssig	20 g
Perubalsam	40 g
Resinoid Labdanum	30 g
Xylolmoschus	50 g
Ketonmoschus	150 g
Vanillin	250 g
Isobutylcinnamat	3 g
Patchouliöl	3 g
Cypressenöl	2 g
Resinoid Castoreum	5 g

Herstellung: Man schmilzt im Wasserbade alle Ingredienzien zusammen unter Rühren bis alles gelöst ist: jedes Überhitzen ist sorgfältig zu vermeiden. Nach Lösung läßt man langsam erstarren und zerteilt in Stücke.

Ambra künstlich III
(flüssig)

Resinoid Labdanum	10 g
Tolubalsam	12 g
Perubalsam	3,5 g
Styrax flüssig	3,5 g
Patchouliöl	0,4 g
Vetiveröl	1,6 g
Cypressenöl	1 g
Cumarin	0,4 g
Vanillin	15 g
Jasmin künstlich	0,5 g
Heliotropin	0,5 g
Isobutylbenzoat	0,3 g
Isobutylcinnamat	0,05 g
Ambrettemoschus	12 g
Ketonmoschus	10 g
Copaivabalsamöl oder Gurjunöl	50 g

Ambra künstlich IV
(flüssig)

Tolubalsam	10 g
Resinoid Labdanum	2 g
Cypressenöl	1 g
Perubalsam	2 g
Styrax flüssig	2 g
Patchouliöl	0,3 g
Vetiveröl	0,5 g
Vanillin	8 g
Ambrettemoschus	3 g
Ketonmoschus	1,5 g
Xylolmoschus	1,5 g
Resinoid Oliban	3 g
Benzylacetat	0,2 g
Resinoid Castoreum	0,8 g
Isobutylcinnamat	1 g
Heliotropin	1 g
Copaivabalsamöl oder Benzylbenzoat	30 g

Alle Bestandteile bis zur Lösung im Wasserbad erhitzen.

Weitere Vorschriften für Ambra-Kompositionen sind im Kapitel Herstellung der Extraits und Parfum-Essenzen zu finden.

Moschus.

Der echte Tonkinmoschus, der am besten als ausgebeutelter Moschus (ex vesicis) verwendet wird, ist sicher das unentbehrlichste Hilfsmittel, um sehr haltbare und wunderbar abgerundete Extraits zu erhalten.

Es ist ganz ungerechtfertigt, wenn viele Parfumeure an dem hohen Preis dieser Droge Anstand nehmen und glauben, daß man den echten Moschus in Form seiner Tinktur nur zu sehr teuren Parfumerien verwenden könne. Dies ist eine unbegründete Furcht, denn der hohe Preis dieser Droge spielt infolge ihrer unerhörten geruchlichen Ausgiebigkeit keine Rolle und kann man beispielsweise schon durch 5 bis 10 ccm einer alten Moschustinktur in 1 l Extrait ganz außerordentlich feine Effekte erzielen.

Moschustinktur

Alkohol	1000 g
Moschus, echt	35 g

Der ausgebeutelte Moschus wird mit etwas gestoßenem Zucker oder feinem Bimssteinpulver fein zerrieben und dem Alkohol zugefügt. Man läßt die Tinktur mindestens 3 Monate stehen, bevor man sie filtriert. Um den Moschus auch gänzlich zu extrahieren, gibt man das Gemenge von Alkohol und Moschus in einen Metallständer mit doppeltem Boden, wovon der obere Boden siebartig durchlöchert und mit einer feinen Gaze überzogen ist. Im zweiten, äußeren Boden befindet sich ein Ablaßhahn, durch welchen man die Tinktur langsam abfließen läßt; die erhaltene Tinktur gibt man mehrmals wieder auf den in dem Ständer befindlichen Moschus, so daß sie diesen drei- bis viermal passieren muß. Eine so hergestellte Tinktur ist von vorzüglicher Beschaffenheit und Stärke.

Zu dieser von MANN angegebenen Vorschrift ist folgendes zu bemerken:

Es ist vorteilhafter etwas verdünnten Alkohol zu verwenden und auch etwas Alkali zuzufügen, da dieses die Entwicklung des Moschusgeruches ganz erheblich fördert.

Eine **moderne Vorschrift für Moschustinktur** würde also lauten:

Moschus ex vesicis	30 g
Milchzucker oder Bimsstein	30 g
Pottasche	5 g
Wasser	100 g
Alkohol	900 ccm
Ammoniak (0,97)	5 ccm

Man verreibt den Moschus mit Milchzucker oder Bimsstein und dem erwärmten, pottaschehaltigen Wasser zur Pasta und nimmt diese mit Alkohol auf. Nach dem Einbringen in die Standflasche wird schließlich der Ammoniak zugesetzt und umgeschüttelt.

Unter häufigem Umschütteln mindestens 3 Monate, besser aber mindestens 6 Monate ziehen lassen.

Nur genügend alte Tinkturen geben gute Resultate und gestatten, die Feinheit und Geruchsstärke des Moschus voll auszunutzen.

Die Moschustinktur ist ganz unentbehrlich für die feine Parfumerie und sollte auch für billigere Ware mit herangezogen werden, weil ihre Verwendung auch in kleinsten Mengen Effekte von unbeschreiblicher Feinheit und Beständigkeit des Geruches gibt.

Moschustinktur II.

Herstellung einer solchen kommt manchmal in Frage, ist aber bei genügend langem Lagern der Tinktur I von keinem besonderen Nutzen.

Man nimmt

Rückstand von einmal ausgesogenem Moschus	100 g
Alkohol	3000 g

Künstlicher Moschus.

Die verschiedenen Sorten des Handels besitzen zwar eine gewisse geruchliche Analogie mit dem echten Tonkinmoschus, doch können sie denselben nicht ersetzen. Trotzdem leisten diese Körper ganz außerordentliche Dienste in allen Zweigen der Parfumerie.

Wir unterscheiden im Handel drei Sorten, nämlich:

Ketonmoschus, Xylolmoschus und Ambrettemoschus.

Von diesen Sorten besitzt der Ketonmoschus den feinsten Geruch und kommt dem echten Moschus am nächsten. Der Xylolmoschus besitzt einen viel aufdringlicheren, weniger feinen Geruch und dient hauptsächlich zur Toiletteseifeparfumierung.

Der Ambrettemoschus zeigt eine ganz besondere balsamische Unternote und wird in allen Zweigen der Parfumerie mit bestem Erfolg verwendet.

Diese Kristallmoschussorten sind nur wenig in Alkohol löslich (etwa 5 bis 6 g pro Liter) und verwendet man daher zur Herstellung von Solutionen Lösungsmittel spezieller Art, wie Cinnamein, Benzylbenzoat u. a.

Sehr häufig verwendet man aber diese Kristallmoschusarten direkt in Substanz, da sie in ätherischen Ölen usw. in der Wärme leicht und dauernd löslich sind.

Von den Lösungsmitteln für künstlichen Moschus ist zunächst das Cinnamein zu nennen. Das Cinnamein auch Perubalsamöl genannt ist ein Gemisch von Benzylcinnamat und Benzylbenzoat; es findet sich im Perubalsam bis zu 60% vor. Es bildet eine ölige Flüssigkeit von mäßig starkem Geruche, der an Perubalsam erinnert. Für den Parfumeur ist das Cinnamein von großem Werte dadurch, daß es den künstlichen Moschus löst, und zwar in reichlichem Maße, ohne ihn wieder auszuscheiden, wie das z. B. die meisten ätherischen Öle tun.

Es hat sich gezeigt, daß man künstlichen Moschus bis zu 50% in Cinnamein gelöst halten kann, ohne daß er wieder auskristallisiert. Der Geruch des Cinnameins ist zudem ein so dezenter, daß man es getrost in allen Seifenparfumen zur Anwendung bringen kann; außerdem wird er durch den zugesetzten bzw. gelösten künstlichen Moschus vollständig verdeckt, und nur der Geruch des letzteren kommt zur Geltung, ja man kann fast behaupten, er werde noch gehoben, intensiver hervorgebracht und fixiert.

Um eine solche Moschuslösung in Cinnamein herzustellen, erwärmt man ein Quantum desselben auf 40 bis 50° C und fügt diesem den künstlichen Moschus in Kristallform bei.

Außer dem Cinnamein kann als Lösungsmittel für den künstlichen Moschus Benzoesäure-Benzylester (Benzylbenzoat) sehr gut verwendet werden.

Der Benzoesäure-Benzylester ist an sich fast völlig geruchlos, was natürlich sehr ins Gewicht fällt. Des weiteren ist er gänzlich farblos, wasserhell und in Alkohol sehr leicht in jedem Verhältnisse löslich. Von 1 kg angewärmtem Benzylbenzoat werden 200 g künstlicher Moschus so gelöst, daß er auch nach dem Erkalten des Lösungsmittels in Lösung bleibt und beim Zusatz zu Blumeninfusionen, Alkohol usw. sich nicht wieder ausscheidet.

In der modernen Parfumerie ist die Verwendung von Benzylbenzoat, wohl auch von Benzylalkohol u. a. zum Lösen der künstlichen Moschusarten weitaus am gebräuchlichsten.

Die Löslichkeit der einzelnen Sorten in Benzylbenzoat schwankt nicht unerheblich.

Im Mittel stellen wir Solutionen 1 : 5 her, indem wir 200 g Kristallmoschus in 1000 g Benzylbenzoat unter mäßigem Erwärmen auflösen.

Solution Xylolmoschus

Xylolmoschus	200 g
Benzylbenzoat	1000 g

Solution Ketonmoschus

Ketonmoschus	200 g
Benzylbenzoat	1000 g

Solution Ambrettemoschus

Ambrettemoschus	200 g
Benzylbenzoat	1000 g

In letzter Zeit haben verschiedene Riechstoffirmen neue Arten von moschusähnlichen Produkten in den Handel gebracht, wie z. B. Moskène von Givaudan, Muskinol H. & C. u. a.

Erwähnt seien hier auch zwei Spezialprodukte mit animalisch-moschusartigem Geruch, die von der Firma Schimmel & Co. unter den Namen Muscaro W. und Animalin W. in den Handel gebracht werden.

Solution Animalin

Animalin W., *Sch. & C.*	15 g
Alkohol	100 g

Leicht erwärmen bis zur Lösung. Der fertigen Lösung 5 Tropfen verd. Ammoniak (spez. Gew. 0,97) zusetzen.

Solution Animalin, konz.

Animalin W., *Sch. & C.*	200 g
Benzylbenzoat	1000 g

Solution Muscaro, konz.

Muscaro W., *Sch. & C.*	200 g
Benzylbenzoat	1000 g

Im Wasserbad erwärmen. dann vom schwärzlichen Rückstand abfiltrieren.

Solution Muscaro

Muscaro W., *Sch. & C.*	30 g
Alkohol	1 l

Leicht erwärmen. Dann 5 Tropfen verd. Ammoniak zusetzen. Vier Wochen stehen lassen und von dem schwärzlichen Rückstand abfiltrieren.

Bemerkenswert ist die geruchsverstärkende Wirkung des Muscaro W. auf echte Tonkinmoschustinktur. So kann man aus Muscaro W. mit geringem Zusatz echter Moschustinktur eine kombinierte Solution herstellen, die einen betäubend starken Geruch nach Tonkinmoschus besitzt.

Solution Muscaro, extra

Muscaro W.	30 g
Alkohol	1 l
Moschustinktur, echt, alt	50 g

Man bereitet die Solution aus Muscaro W. und Alkohol unter Erwärmen, filtriert, gibt etwas Ammoniak hinzu und schließlich die echte Moschustinktur. Erhöht man den Zusatz von echter Moschustinktur auf etwa 100 g, so erhält man ganz außerordentlich starke und feine Wirkung.

Derartige komplexe Moschusprodukte sind von recht guter Wirkung in den Parfums und kommen an Natürlichkeit des Moschusgeruches näher an jenen des Tonkinmoschus heran als die verschiedenen Arten des künstlichen Moschus.

Nachstehend einige Vorschriften zur Herstellung solcher Kunst-Moschusprodukte.

Mosco

Ambrettemoschus	36 g
Xylolmoschus	12 g
Ketonmoschus	35 g
Patchouliöl	0,1 g
Indol	0,25 g
Phenylessigsäure	0,5 g
Perubalsam	0,5 g

Herstellung: Alle Bestandteile im Wasserbad zusammenschmelzen. Nach dem Erkalten Schmelze pulvern.

Moschus flüssig

1. Mosco I	60 g	2. Mosco I	60 g
Zibet, künstl., flüssig	3 g	Zibet künstl. flüssig	3 g
Metacresyl-Phenylacetat	0,6 g	Benzylbenzoat	50 g
Butyl-Phenylacetat	1,5 g	Moschustinktur echt	50 g
Benzyl-Phenylacetat	6 g		
Benzylbenzoat	100 g		

Diese komplexen Moschus-Kompositionen leisten hervorragende Dienste in allen Teilen der Parfumerie, auch zum Parfumieren der Toiletteseifen.

Zibet.

Der echte Zibet ist eine salbenartige Substanz von äußerst widerlichem Geruche nach Katzenurin. In geeigneter Verdünnung besitzt aber einen sehr feinen Geruch, der ihn als Fixateur und Abrundungsmittel wertvoll macht.

Zibettinktur

Alkohol	1000 g
Zibet, echt	35 g

Da sich Zibet in kaltem Zustande schwer und langsam löst, gibt man den Zibet und Alkohol in eine Blechkanne mit aufgesetztem Rückfluß-Kühler. Man schüttelt alles gut durch, schließt die Kanne und stellt sie dann ins Wasserbad. Durch Erwärmung löst sich der Zibet sehr schnell und die aufsteigenden Spiritusdämpfe werden im Kühler wieder kondensiert, so daß ein Verlust ausgeschlossen ist.

Alle diese Mühen sind bei Verwendung des künstlichen Zibet nicht nötig.

Künstlicher Zibet

Zibetsolution

Alkohol	1000 g
Zibet, künstl.	50 g

entspricht einer Zibettinktur wie vorher angegeben, ohne jedoch einen Rückstand aufzuweisen. Man nehme künstlichen Zibet, dessen Lösung eine schöne gelbe Farbe zeigt, keine rote, die oft störend auf die Farbe der Parfums wirkt.

Der künstliche Zibet ist sowohl in festem wie in flüssigem Zustande im Handel. Bei Verwendung des letzteren hätte man ihn nur einfach der herzustellenden Parfummischung beizugeben, allein sein Geruch ist so penetrant, daß es sich oft empfiehlt, eine Solution vorrätig zu halten.

Der Zibet bildet neben Moschus und Ambra das hauptsächlichste Fixierungsmittel in der Parfumerie.

Künstlicher Zibet guter Qualität kann in vielen Fällen den Natur-Zibet ziemlich ersetzen und zwar in viel vollkommenerer Art als dies z. B. beim Ersatz des echten Moschus durch Kunstprodukte mit moschusartigem Geruch möglich ist. Zwecks Selbstherstellung von künstlichen Zibet seien nachstehend folgende Vorschriften gegeben.

Zibet flüssig

Ambrettemoschus	30 g
Xylolmoschus	42 g
Ketonmoschus	18 g
Indol	6 g
Phenylessigsäure	6 g
Perubalsam	24 g
Buttersäure	7,5 g
Resinoid Opoponax	18 g
Vetiveröl	6 g
Amyl-Phenylacetat	6,6 g
Benzylbenzoat	370 g

Zibet in Pastenform

Ketonmoschus	30 g
Ambrettemoschus	30 g
Xylolmoschus	20 g
Indol	10 g
Vetiveröl	6 g
Buttersäure	1 g
Phenylessigsäure	3 g
Perubalsam	10 g
Resinoid Opoponax	15 g

Civette liquide (Cola)

Tetrahydro-p-Methyl-Chinolin	40 g
Scatol	10 g
Ketonmoschus	20 g
Phenylessigsäure	30 g

Civette en poudre

Phenylessigsäure	30 g
Xylolmoschus	25 g
Ketonmoschus	10 g
Indol	5 g
Scatol	1,5 g
Perubalsam	2 g
Vetiveröl	1 g
Resinoid Opoponax	1,5 g

Auch eine Tinktur aus Moschusbeuteln kann, besonders bei Toiletteseifen, gute Dienste leisten.

Moschusbeuteltinktur

Leere, zerschnittene Beutel	50 g
Pottasche	5 g
Wasser	200 g
Alkohol	800 g

Man weicht die Beutel zunächst in dem alkalischen Wasser gut ein und gibt dann den Alkohol hinzu. Lagerzeit 3 Monate.

Castoreum.

Besonders das kanadische Castoreum (Castoreum canadense) besitzt einen sehr feinen ambraartigen Geruch mit Juchtennote, der es in vielen Fällen äußerst wertvoll macht. In Form der Tinktur oder als Resinoid Castoreum verwendet, ist diese Droge ein wertvolles Hilfsmittel als Fixateur und Abrundungsmittel in zahlreichen Parfums, ganz speziell aber für Ambrakompositionen, auch für Peau d'Espagne, Cuir de Russie, Eau de Cologne Russe usw., bei denen auch die Juchtenledernote des Castoreums besonders nutzbringend verwertet werden kann. Castoreum leistet auch unschätzbare Dienste bei zahlreichen Phantasieparfums.

Castoreumtinktur

Castoreum canadense, zerschnitten	45 g
Alkohol	1 l

1 bis 2 Monate.

Moschuskörner (Abelmoschussamen)

Diese Samenkörner besitzen einen moschusartigen Geruch. Man stellt entweder eine Tinktur her oder verwendet das isolierte konkrete Moschuskörneröl. (Essence de graines d'Ambrette).

Moschuskörnertinktur

Moschuskörner, pulv.	200 g
Alkohol	1 l

1 bis 2 Monate.

Vanilletinktur

Vanilleschoten, zerschn.	300 g
Alkohol	1000 g

1 Monat.

Tonkabohnentinktur

Tonkabohnen, zerschnitten	200 g
Alkohol	1 l
Benzoesäure	5 g

1 Monat.

Vanille- und Tonkabohnentinktur können nur durch die Solutionen der Naturresinoide Vanille und Tonkabohne ersetzt werden, keinesfalls aber, wie dies oft behauptet wird, durch Vanillin bzw. Cumarin.

Diese beiden Tinkturen sind also für feine Extraits äußerst wichtig und werden auch in der französischen Parfumerieindustrie laufend angewendet.

Iriswurzeltinktur

Iriswurzel, pulv. .... 250 g
Alkohol .... 1 l
1 bis 2 Monate.

Diese Tinktur kann vorteilhaft durch die

Solution Iris

Irisöl konkret (Irisbutter) .. 50 g
Alkohol .... 1 l

ersetzt werden.

Da 250 g Iriswurzel etwa 0,5 g Irisöl konkret entsprechen, ist die Solution 100mal stärker als die Tinktur.

Gewürznelkentinktur.

300 g feingehackte Zanzibar-Gewürznelken werden mit 1000 g Alkohol übergossen.

1 Monat.

Eichenmoos.

Das sogenannte Eichenmoos, das aber meist auf anderen Bäumen (Pflaumenbaum usw.) wächst, ist in der Hauptsache durch die Spezies Evernia prunastri vertreten, doch stellen die Eichenmoose des Handels oft Gemische ganz verschiedener Arten dar.

Das Eichenmoos spielt speziell in der modernen Parfumerie eine äußerst wichtige Rolle und ist heute eines der unentbehrlichsten Riechstoffe, besonders bei den Noten Chypre, Fougère und zahllosen Phantasiebuketts.

Tinkturen aus dem Eichenmoos selbst werden wohl nur seltener verwendet, seit wir das riechende Prinzip von Evernia prunastri in isoliertem Zustande besitzen. Viele dieser Produkte besitzen aber eine sehr häßliche schwärzliche Färbung, die ihre Verwendung sehr erschwert. Dies trifft besonders für das Resinoid zu. Die entfärbten Eichenmoospräparate sind meist geruchlich nicht so ausgiebig, auch erscheint ihr Eigengeruch durch das Bleichen verändert. Nichtsdestoweniger gibt es auch sehr gute entfärbte Eichenmoosprodukte im Handel. Besonders zu empfehlen ist das absolute Eichenmoosöl, das keine schwarzen Wachse enthält.

Eichenmoostinktur

Eichenmoos, trocken, pulv. . 250 g
Alkohol .... 1,25 l
14 Tage ziehen lassen, dann auspressen und passieren.

Solution Eichenmoos, absolut

Ess. absol. Mousse de Chêne .. 50 g
Alkohol .... 1 l

Solution Eichenmoos. Resinoid

Resinoid Mousse de Chêne .... 100 g
Alkohol .... 1 l

Diese Solutionen sind etwa 10mal so stark als die Tinktur und können diese ohne weiteres ersetzen.

Meist verwendet man aber die Eichenmoosprodukte, besonders die Essence Absolue, in Substanz.

Benzeotinktur

Alkohol	1000 g
Benzoe	400 g

Tolubalsamtinktur

Alkohol	1000 g
Tolubalsam	400 g

Styraxtinktur

Alkohol	1000 g
Styrax	350 g

Perubalsamtinktur

Alkohol	1000 g
Perubalsam	200 g

Der in der Parfumerie und Kosmetik stark angewendete Perubalsam ist ein rein pflanzliches Produkt. Es wird hauptsächlich an der Küste von San Salvador als Harzausfluß eines Baumes aus der Familie der Papilionaceen, des Balsambaumes (Myroxylon Pereirae) gewonnen.

Zu uns kommt eigentlich nur der sogenannte schwarze Perubalsam, während man an Ort und Stelle noch einen weißen Perubalsam kennt und außerdem einen selten in den Handel gebrachten trockenen Perubalsam, wie wir dies übrigens auch bei dem Storax haben, bei dem man sogar soweit geht, daß man den flüssigen Styrax mit diesem Namen, den trockenen mit dem Namen Storax belegt wissen will, wie es besonders französische Parfumeure tun.

Der zu uns kommende Perubalsam, d. h. also der schwarze Perubalsam, ist von zähflüssiger Konsistenz und dunkelrotbrauner Farbe. Er hat einen feinen Geruch nach Vanille. In der Parfumerie wird er zu den Fixierungsmitteln gezählt und zur Parfumierung der Toiletteseifen wird er ebenfalls stark verwendet.

Ein wesentlicher Bestandteil des Perubalsams ist das Cinnamein, das wir bereits als Lösungsmittel für künstlichen Moschus erwähnt haben.

Cinnamein ist ein Gemisch von Benzylbenzoat und Benzylcinnamat und kann als solches entweder durch Wasserdampfdestillation des Perubalsams als sogen. Perubalsamöl in natürlicher Zusammensetzung gewonnen werden oder aber kommt als Gemisch der synthetisch erhaltenen Ester in den Handel, oft wird auch reines Benzylcinnamat als Cinnamein angeboten.

Die Wasserdampfdestillation zerlegt also den Perubalsam in harzige Bestandteile, die zurückbleiben und Cinnamein, das bei der Destillation isoliert wird.

Hierdurch unterscheidet sich der Perubalsam von anderen aromatischen Harzkörpern, wie z. B. Labdanum, Tolubalsam, Styrax und Olibanum, die wirkliche ätherische Öle ohne Zersetzung der balsamischen Droge liefern.

Cinnamein enthält im Mittel etwa 60% Benzylbenzoat und 40% Benzylcinnamat. Man kann sich also dasselbe selbst durch Mischung der beiden auf synthetischem Wege rein erhaltenen Ester herstellen.

Olibanum (Weihrauch).

Olibanumtinktur

Alkohol	1000 g
Olibanum	100 g

Gummi olibanum ist die wissenschaftliche Bezeichnung für den Weihrauch, jene weiße, harzige Masse, die beim Anschneiden der Rinde des Weihrauchbaumes austritt und in erstarrtem Zustand kleine gelbe Körner oder „Tränen“ bildet, die von altersher zu kirchlichen Zeremonien als Räuchermaterial in großem Umfange Verwendung finden. Das Harz enthält bis zu 8% eines ätherischen Öls, welches dem Weihrauch in der Hauptsache den aromatischen Geruch verleiht. Dieses Öl wird durch Destillation mit Wasserdampf abgeschieden und findet neuerdings sehr viel Verwendung, nicht nur zu Räuchermitteln, sondern vielmehr als Zusatz zu feinen Taschentuchparfums, denen es eine spezielle Nuance gibt, die sich besonders nach einigem Lagern sehr angenehm bemerkbar macht. Es werden oftmals Muster von feinen Taschentuchparfums eingeschickt, bei denen der Fachmann bisweilen nicht sofort erkennt, woher die eigenartige feine Tönung herrühren mag, die das Parfum aufweist. In sehr vielen Fällen ist es ein Zusatz von Olibanumöl, der dies bewirkt hat, und wer erst einmal seine Verwendung und seine Effekte studiert hat, wird auch seine stattgehabte Anwendung in den Parfums sehr bald wieder herausfinden. Die Wirkung der mit Olibanumöl gearbeiteten Parfums ist häufig ganz verblüffend raffiniert und fein.

Die Tinktur wird zweckmäßig durch das Resinoid Oliban eventuell in alkoholischer Lösung ersetzt.

Dies trifft selbstverständlich für alle Tinkturen aromatischer Harze und Balsame zu, da das Resinoid das Aroma der Droge ebenfalls unversehrt wiedergibt.

Dagegen zeigen, wie das soeben erwähnte Olibanumöl, erhalten durch Wasserdampfdestillation des Harzes, die isolierten ätherischen Öle balsamischen Ursprunges oft ganz bedeutende Geruchsunterschiede gegenüber der Droge selbst.

Labdanum

Hier sei auf die ganz außerordentliche Wichtigkeit des Labdanums hingewiesen, dessen Wert auch in der Parfumerie aller Länder stets entsprechend gewürdigt wurde, während der deutsche Parfumeur lange Jahre achtlos an dem wertvollen Labdanum vorübergegangen ist.

Erst durch Erscheinen der löslichen Labdanumresinoide, die meist unter Phantasienamen, wie Ambrol, Ambranol, Ambroine usw., im Handel angetroffen werden, wurde auch der deutsche Parfumeur wieder auf das Labdanum aufmerksam und verwendet es auch seitdem zu seinem größten Nutzen.

Die Tinktur wird weniger benutzt, vielmehr die isolierten Aromastoffe in Form des Labdanumresinoids.

Labdanumtinktur

Labdanum, pulv.	200 g
Alkohol	1 l

Solution Labdanum

Resinoid Labdanum	100 g
Alkohol	1 l

Wir haben bereits die Verwendung des Labdanumresinoids zur Herstellung ambraartiger Parfumbasen kennen gelernt.

Mit Wasserdampf destilliert liefert das Labdanumharz ein ätherisches Öl von starkem, sehr feinem Geruch, das eine vom Harz und Resinoid deutlich verschiedene Geruchsnote besitzt und äußerst wertvolle Dienste in der feinen Parfumerie leistet.

Nachstehend einige Hinweise zur Bereitung von Rosen- und Orangenblütenwasser.

Rosenwasser

Dest. Wasser, warm	1 l
Rosenöl, echt, bulgar.	0,1 g

Schütteln und filtrieren.

Orangenblütenwasser

0,1 g Neroliöl bigarade oder 0,1 g Essence liquide Orangenblüte werden mit Magnesiumcarbonat verrieben und die Verreibung mit 1 l warmem destillierten Wasser aufgenommen, geschüttelt und nach mehrtägigem Stehen filtriert.

Von Essence Absolue Orangenblüte genügen 0,05 g.

Kompositionstechnik der Extraits und Parfum-Essenzen.

Allgemeines.

Um einen guten Extrait herzustellen, ist es vor allen Dingen notwendig, die Herstellung so zeitig vorzunehmen, daß das Parfum, ehe es zum Abfüllen kommt, mindestens 5 bis 6 Wochen lagert, da bekanntlich bei längerem Lager sich die Blume voller und feiner entwickelt, und nicht gleich beim Anriechen Alkoholgeruch dominiert. Auch ist es von großer Wichtigkeit, daß die Extrait-Kompositionen nicht sofort nach der Mischung filtriert werden, sondern nach 8 bis 10 Tagen, da in dieser Zeit etwaige Trübungen sich klären und zu Boden sinken.

Ebenso ist noch zu bemerken, daß alle zur Extraitfabrikation zu verwendenden Infusionen, Solutionen und Tinkturen ein gutes Alter haben müssen, weil dann die Gerüche feiner und abgerundeter werden.

Nun ein Wort betreffend den zu verwendenden Alkohol. Es ist selbstverständlich, daß hier nur ganz reiner, fuselfreier Alkohol zu verwenden ist, weil schon geringe Mengen Fuselöl das Parfum ganz erheblich beeinträchtigen und dies ganz besonders während der Reifezeit der Extraits.

Leider ist der sogenannte „Parfumeriealkohol" in Deutschland und vielen anderen Ländern durchaus nicht auf der Höhe und von scharfem, wenig angenehmem Geruch. Man predigt hier leider tauben Ohren, wenn man es versucht, die maßgebenden amtlichen Stellen hierauf aufmerksam zu machen und wird, sehr zum Schaden der deutschen Parfumerie, hier das nötige Verständnis wohl nie einsetzen.

Die unbestreitbare Überlegenheit speziell der französischen Parfumerien, besonders der Extraits, ist zum großen Teile mit auf die unvergleichlich feine Qualität des französischen Parfumeriealkohols zurückzuführen und ist mit dem deutschen Durchschnittsalkohol überhaupt auch nicht annähernd zu erreichen, von dem „vergällten" billigeren

Alkohol (Phtalester usw.) gar nicht zu reden, der für einigermaßen gute Parfumeriewaren überhaupt nicht zu verwenden ist.

Der in Frankreich für die Zwecke der Parfumerie besonders hergestellte, hochrektifizierte Alkohol ist meist Reisalkohol, seltener auch Kornalkohol, nicht etwa Weindestillat, wie vielfach angenommen wird. Weindestillat ist vielmehr wegen seines Geruches nach Oenanthäther (Kognaköl) nur für einzelne Zwecke verwendbar, gerade für die Extraitherstellung aber gänzlich ungeeignet.

Dieser französische Parfumeriealkohol ist völlig geruchlos und weisen schon hiermit frisch hergestellte Extraits eine Weichheit und Reinheit des Geruches auf, die wir mit dem gewöhnlichen deutschen Alkohol niemals a priori erreichen können, ein Umstand, der natürlich auch ganz erheblich zu dem Endeffekt der abgelagerten Extraits beiträgt.

Nachstehend geben wir die MANNschen Vorschriften zum Teil in entsprechend modernisierter Form wieder, bemerken aber generell hierzu, daß dieselben für moderne Begriffe oft nur Skizzen gewisser Möglichkeiten darstellen können, da die heutige Parfumerie mit möglichst hochkonzentrierten Parfums rechnen muß und heute die Ansprüche bezüglich der Raffinements einer Parfummischung ganz andere sind als vor Jahrzehnten.

Wir haben es aber nicht unterlassen, zahlreiche ganz neue, moderne Vorschriften einzuschalten, um jeden Ansprüchen gerecht zu werden.

Als prinzipiell wichtig schicken wir voraus, daß der Parfumeur unserer Tage nicht mehr so bedingungslos die Haupteffekte seiner Parfums auf fertigen Kompositionen des Handels aufbaut, als dies zu MANNS Zeiten wohl der Fall war.

Der moderne Parfumeur schätzt sicher gute fertige Kompositionen dieser Art und verwendet sie mit Geschick und mit Recht sehr häufig, aber sie sind für ihn nur Hilfsmittel und sicher wichtige Hilfsmittel, aber er wird sich nicht damit begnügen, sich nur allein auf die Arbeit anderer zu verlassen, er wird immer bestrebt sein, seinen Kompositionen ein gut Teil persönlicher Eigenart zu geben, indem er zum mindesten die Wirkung solcher Basen durch mehr oder minder raffinierte Zusätze origineller zu gestalten sucht.

Es muß aber hier auch jener Anschauung entgegengetreten werden, die den Standpunkt vertreten zu können glaubt, gute Spezialkompositionen bewährter Erzeuger seien überflüssig und deren Verwendung eine Art „Armutszeugnis“ für den Praktiker. Eine solche Anschauung ist aber durchaus ungerechtfertigt und haben sich gute Spezialitäten als ein geradezu unentbehrliches Hilfsmittel besonders auch für den geschickten, raffinierten Parfumeur erwiesen, der sehr wohl weiß, welch unschätzbare Dienste ihm solche Kompositionen leisten können, eben weil er es versteht, dieselben mit dem immer nötigen Geschick seinen Zwecken dienstbar zu machen.

Solche fertige Kompositionen von bewährten Firmen bezogen, leisten selbst dem erfahrenen, routinierten Parfumeur — und oft besonders diesen — äußerst wertvolle Dienste und ist der originelle Effekt der großen Marken des Handels nur allzu oft auf geschickte Verwendung solche Kompositionen zurückzuführen.

Anderseits soll aber in vorliegender Auflage der Selbstkomposition von Parfumbasen erhöhte Aufmerksamkeit zugewendet werden und der Praktiker durch zahlreiche Vorschriften für Kompositionen dieser Art auch zur Herstellung von komplexen Parfum-Essenzen Anregung finden, eine Tendenz, die bereits durch Einfügung von Vorschriften zur Komposition künstlicher Ambra, künstlicher Moschusbasen und künstlichen Zibets gleich zu Anfang dieses Abschnittes ihren ersten Ausdruck gefunden hat.

Derartige Kompositionsarbeiten erweitern den Horizont des Parfumeurs ungemein und machen ihm viele Möglichkeiten zugänglich, an denen der weniger weitkblickende Praktiker, dem gewisse Elemente der Kompositionstechnik der Parfum-Essenzen mangeln, keinen Anteil haben kann.

Außerdem erhöhen solche vertiefenden Kenntnisse der Komposition gewisser Details des fertigen Parfums ungemein die Arbeitsfreudigkeit, die wieder ein nicht zu unterschätzender Faktor für wirklich fruchtbringende Tätigkeit des Parfumeurs darstellt.

Extraits d'odeur quadruples und triples und Parfum-Essenzen.

Akazie, moderne Vorschrift

Ess. absol. Tuberose	2 g
Ess. absol. Jasmin	4 g
Ess. absol. Rose	4 g
Ess. absol. Orangenblüte	2 g
Neroliöl, künstl.	15 g
Jasmin, künstl.	20 g
Benzylacetat	10 g
Linalool	11 g
Methylanthranilat	18 g
Ylang-Ylangöl Bourbon	3 g
Heliotropin	4 g
Vanillin	1,2 g
Bergamottöl	5 g
Hydroxycitronellal	5 g
Anisaldehyd	5 g
Tuberose, künstl.	10 g
Rosenöl, bulgar.	3 g
Ambrettemoschus	4 g
Ambra, W., *Sch. & Co.*	5 g
Moschustinktur	30 g
Ambratinktur	15 g
Vanilletinktur	25 g
Tolutinktur	50 g
Alkohol	1000 g

Akazie

Akazienblütenöl, *H. & R.*	100 g
Vanillin	20 g
Rosenöl, echt	25 g
Moschustinktur	250 g
Zibettinktur	100 g
Bourbonal, *H. & R.*	44 g
Jasmin, künstl.	50 g
Alkohol	8500 g

Amaryllis

Infusion Jasmin	5000 g
Maiglöckchenblütenöl, *H. & R.*	240 g
Rote Rose, *Heiko*	15 g
Neroliöl, künstl.	25 g
Citronenöl	15 g
Bergamottöl	20 g
Ambrettemoschus	25 g
Sandelholzöl, ostindisch	20 g
Moschustinktur	100 g
Benzoetinktur	300 g
Bourbonal, *H. & R.*	20 g
Alkohol	1200 g

Ambre

Wir verweisen zunächst auf die schon früher gegebenen Vorschriften zur Komposition künstlicher Ambra, die bei der Herstellung der Ambra-Extraits als wertvolle Behelfe herangezogen werden können.

In Ergänzung dieser Vorschriften werden hier Ambra-Buketts in Form von Essenzen und Extraits Besprechung finden.

Die Note Ambra ist in der modernen Parfumerie von ganz besonderer Bedeutung, ganz abgesehen von der Ambra-Hauptnote, auch als Unternote, zur Komposition von Phantasieextraits verschiedenster Art ähnlich wie dies auch für die Basen Chypre, Foin coupé, Fougère usw. zutrifft. Der Leser findet also in der Besprechung der Note Ambra wertvolles Material für die Herstellung von Parfums der verschiedensten Art.

Ambre

Ambratinktur	1000 g
Moschustinktur	500 g
Rose, künstl.	25 g
Jasmin, künstl., *Heiko*	15 g
Ambrettemoschus-	20 g
Vanillin	12 g
Benzoetinktur	1300 g
Ambra W., *Sch.* & *C.*	40 g
Chypre A 1188, *Sch.* & *C.*	20 g
Rosenöl, bulgar.	15 g
Resinoid Labdanum	15 g
Castoreumtinktur	75 g
Infusion Jasmin	500 g
Infusion Rose	250 g
Methyljonon	10 g
Iso-Eugenol	5 g
Sandelöl, ostindisch	10 g
Vanilletinktur	75 g
Amylsalicylat	0,2 g
Bergamottöl	15 g
Alkohol	500 g

Ambre du Pérou

Ess. absol. Jonquille	5 g
Ess. absol. Rose	10 g
Ess. absol. Jasmin	10 g
Jasmin, künstl., *Heiko*	30 g
Rosenöl, bulgar., echt-	8 g
Rosenöl, künstl.	30 g
Ambra A., *Ama*	20 g
Essenz Ambre Royal	25 g
Ambrettemoschus	10 g
Ketonmoschus	7 g
Vanillin	25 g
Irisöl, konkret, echt	0,8 g
Patchouliöl	0,5 g
Resinoid Eichenmoos	2,5 g
Sandelöl, ostindisch	6 g
Moschustinktur	75 g
Ambratinktur	75 g
Castoreumtinktur	25 g
Tolutinktur	75 g
Vanilletinktur	50 g
Alkohol	2,5 l

Ambre d'Or

Sauge sclarée-Öl (Muskateller Salbeiöl)	12 g
Rosenöl, echt	1,5 g
Rosenöl, künstl.	7,5 g
Vanillin	1,5 g
Ess. Chypre II	10,5 g
Ess. Trefle blanc	1,5 g
Ess. Foin. coupé A.	9 g
Vetiveröl	1,2 g
Patchouliöl	0,3 g
Ess. absol. Mousse de Chêne	1,8 g
Ess. absol. Jasmin	1,8 g
Ess. absol. Orangenblüte	1,2 g
Ambra, künstlich, konkret	15 g
Vanilletinktur	40 g
Castoreumtinktur	25 g
Moschustinktur	30 g
Ambratinktur	60 g
Alkohol	800 g

Ambre Royal

Essenz Ambre Royal oder Ambrina	200 g
Vanillin	25 g
Sandelöl, ostindisch	15 g
Ess. absol. Moussee de Chêne	10 g
Rosenöl, bulgar., echt	15 g
Jasmin, künstl., *Heiko*	100 g
Ambra W., *Sch.* & *C.*	70 g
Patchouliöl	6 g
Rosenöl, künstl.	150 g
Castoreumtinktur	75 g
Moschustinktur	150 g
Ambratinktur	150 g
Vanilletinktur	11 g
Tolutinktur	75 g
Ess. absol. Jasmin	15 g
Ess. absol. Rose	15 g
Ess. absol. Jonquille	5 g
Ketonmoschus	20 g
Ambrettemoschus	10 g
Alkohol	5 l

Bouquet ambré

Ambra, künstl., konkret	40 g
Ess. Chypre II	30 g
Ambrettemoschus	10 g
Moschuskörneröl	10 g
Hydroxycitronellal	50 g
Ess. Trèfle blanc	50 g
Vanillin	20 g
Labdanumöl	5 g
Ess. Foin coupé	40 g
Ess. absol. Rose	12 g
Ess. absol. Jasmin	8 g
Moschustinktur	100 g
Vanilletinktur	60 g
Ambratinktur	60 g
Castoreumtinktur	40 g
Alkohol	3,5 l

Essenz Ambre Royal

Ambra, künstl., konkret	25 g
Vanillin	10 g
Ambra, künstl., flüssig	10 g
Ess. Chypre II	15 g
Rosenöl, künstl.	40 g
Vetiveröl	4 g
Resinoid Castoreum	4 g
Ess. Oeillet II	6 g
Ess. absol. Eichenmoos	2,5 g
Irisöl, konkret	1 g
Jasmin, künstl.	10 g
Ess. absol. Jasmin	5 g
Patchouliöl	2,5 g
Sandelöl, ostindisch	4 g
Heliotropin	5 g
Methyljonon	10 g
Cumarin	2 g
Ess. Eau de Cologne	30 g
Ess. Dorina	40 g
Ambrettemoschus	8 g
Mosco	5 g
Linalylcinnamat	1 g
Isobutylcinnamat	0,5 g

Ambris

Ambra, künstl., flüss. II	15 g
Rosenöl, bulgar.	1 g
Ess. absol. Eichenmoos	0,5 g
Vanillin	2 g
Ess. Chèvrefeuille	0,5 g
Patchouliöl	0,3 g
Sandelöl, ostind.	1 g
Ess. absol. Jasmin	1 g
Ess. absol. Jonquille	0,5 g
Ess. absol. Rose	1,5 g
Moschustinktur	15 g
Ambratinktur	10 g
Castoreumtinktur	5 g
Vanilletinktur	10 g
Alkohol	300 ccm

Essenz Ambrina

Tolubalsam	6 g
Resinoid Labdanum	6 g
Cypressenöl	1,5 g
Perubalsam	2 g
Styrax flüssig	2 g
Patchouliöl	1,8 g
Isobutylbenzoat	2,8 g
Zibet, künstl., flüssig	5 g
Jasmin, künstl.	3,2 g
Rosenöl, künstl.	2,5 g
Resinoid Castoreum	0,5 g
Vetiveröl	1.2 g
Vanillin	8 g
Ketonmoschus	3 g
Cumarin	5 g
Heliotropin	5 g
Mandarinenöl	3,5 g
Bergamottöl	3,5 g
Linalylcinnamat	0,8 g
Benzylbenzoat	8 g

Auto-Club

Rosenöl, echt	3 g
Geraniumöl, Bourbon	15 g
Sandelholzöl, ostindisch	5 g
Vanillin	1,5 g
Neroliöl, künstl.	5 g
Infusion Jasmin	250 g
Alkohol	900 g
Geranylformiat	3 g
Heliotropin	3 g
Terpineol	14 g
Ambrettemoschus	6 g
Moschustinktur	25 g
Ambratinktur	10 g
Vanilletinktur	25 g
Resinoid, Benzoe	10 g

Azurina

Infusion Jasmin-	3000 g
Infusion Cassie	500 g
Infusion Hyazinthe	200 g
Infusion Rose	800 g
Vanillin	6 g
Rose alpine, *T. M.*	30 g
Bouvardia, *N. & C.*	0,5 g
Moschustinktur	20 g
Irisöl, konkret	8 g
Cumarin	10 g
Ylang-Ylangöl	5 g
Jonon	5 g
Ketonmoschus	8 g
Ambrettemoschus	4 g
Rosenöl, bulgar.	5 g
Ambra A., *Ama*	5 g

Baisers de Roxane

Infusion Tuberose	1000 g
Infusion Jasmin	1000 g
Infusion Rose	2000 g
Heliotropin	3 g
Bourbonal, *H. & R.*	30 g
Heiko-Rose	20 g
Jasminöl, *H. &. C.*	15 g
Benzoetinktur	250 g
Terpineol	40 g
Phenylacetaldehyd	5 g
Irisöl, konkret	6 g
Ketonmoschus	18 g
Moschustinktur	75 g
Vanilletinktur	50 g
Alkohol	1000 g

Boromia

Infusion Rose	2000 g
Infusion Cassie	800 g
Infusion Orange	1000 g
Infusion Jasmin	500 g
Benzylacetat	20 g
Infusion Capucine	2000 g
Benzoetinktur	100 g
Isoeugenol	10 g
Vanillin	40 g
Moschustinktur	80 g
Linalool	15 g
Geraniol	60 g
Bergamottöl	20 g
Ylang-Ylangöl, *Sartorius*	5 g

Bouquet Aeterna

Infusion Rose III	3500 g
Infusion Cassie II	1500 g
Infusion Rose	1500 g
Infusion Jasmin	1300 g
Irisöl, konkret	60 g
Benzoetinktur	350 g
Moschustinktur	200 g
Geraniumöl	80 g
Isoeugenol	20 g
Citronenöl	75 g
Bergamottöl	100 g
Infusion Orange	800 g
Vanillin	15 g
Neroliöl, künstl.	10 g

Bouquet Pompadour

Infusion Orange	8000 g
Infusion Jasmin	1000 g
Infusion Rose	500 g
Moschustinktur	20 g
Rosenöl, künstl., *Heiko*	6 g
Tolutinktur	25 g
Ylang-Ylangöl	5 g
Jonon	10 g

Bouvardia

Dieses Parfum, das schon vor Jahren eingeführt wurde, verdient auch heute noch Interesse und kann in der charakteristischen, konventionellen Bouvardianote der verschiedenen Geschmacksrichtungen oder als Basis zu Phantasiekompositionen sehr gute Dienste leisten.

Das Parfum Bouvardia soll eigentlich eine Nachbildung des Geruches der Blüten von Bouvardia Jasminflora sein, ist aber wohl mehr ein Phantasieprodukt, das z. B. in Frankreich und England, bzw. Amerika ganz verschieden aufgefaßt wird.

Bouvardia, französisch

Rhodinol	60 g
Phenyläthylalkahol	25 g
Citronellol	10 g
Geraniol	25 g
Linalool	3 g
Jonon	2 g
Raldéine A., *L. G.*	3 g
Jasmin, künstl., *Heiko*	12,5 g
Rosenöl, bulgar., echt	5 g
Ylang-Ylangöl, Manilla	3 g
Phenylacetaldehyd	0,5 g
Geraniumöl Grasse	12 g
Rosenöl, künstl.	20 g

Fortsetzung Seite 24.

Heliotropin	3 g	Ambrettemoschus	7 g
Vanillin	2 g	Ambra W., *Sch. & C.*	4 g
Infusion Rose	500 g	Moschustinktur	50 g
Infusion Jasmin	500 g	Vanilletinktur	30 g
Infusion Violette	300 g	Iristinktur	200 g
Infusion Orange	300 g	Alkohol	500 g
Amylsalicylat	3 g		

Bouvardia, amerikanisch (engl. Geschmack)

Ess. absol. Oranger	8 g	Irisöl, konkret, echt	0,8 g
Ess. absol. Jasmin	6 g	Zibet, künstl.	1 g
Jasmin, künstl.	35 g	Ambra W., *Sch. & C.*	3 g
Rosenöl, echt	5 g	Ketonmoschus	6 g
Sweet Pea, künstl., *Fl.*	22 g	Iristinktur	200 g
Rosenöl, künstl.	10 g	Moschustinktur	50 g
Amylsalicylat	10 g	Zibettinktur	25 g
Ylang-Ylang Bourbon	18 g	Vanilletinktur	50 g
Methylanthramilat	22 g	Alkohol	2 l
Neroli, künstl., *Sch. & C.*	5 g		

Viele Firmen stellen solche Bouvardiakompositionen beider Geschmacksrichtungen in verschiedenen Variationen her, so z. B. die Firma L. Givaudan, De Laire u. a. Die Firma Schimmel & Co. stellt ein Bouvardia im amerikanischen Geschmack her, das z. B. für Bouvardia- und Narzissekompositionen sehr gute Dienste leistet.

Bouvardia

Ess. absol. Oranger	8 g
Ess. absol. Jasmin	6 g
Rosenöl, bulgar.	5 g
Neroliöl, bigar.	5 g
Methylanthranilat	3 g
Heliotropin	5 g
Vanillin	2 g
Sandelöl, ostindisch	3 g
Amylsalicylat	4 g
Orangenöl, bitter	2 g
Mandarinenöl	1,5 g
Ambrettemoschus	6 g
Ambra A., *Ama*	4 g
Bouvardia Royal 3000, *Sch. & C.*	80 g
Moschustinktur	40 g
Ambratinktur	20 g
Alkohol	2 l

Bouvardia-Narcisse

Bouvardia Royal 3000, *Sch. & C.*	95 g
Jonquilla 3010, *Sch. & C.*	12 g
Ess. absol. Jonquille	6 g
Ess. absol. Jasmin	10 g
Ess. absol. Oranger	10 g
Orangenöl, bitter	5 g
Mandarinenöl	2 g
Sandelöl, ostindisch	3 g
Neroliöl, künstl.	8 g
Jasmin, künstl., *Heiko*	15 g
Rosenöl, künstl., *Fl.*	10 g
Ambrettemoschus	8 g
Ketonmoschus	4 g
Moschustinktur	40 g
Vanilletinktur	40 g
Tolutinktur	60 g
Resinoid Oliban	6 g
Resinoid Vanille	3 g
Amylsalicylat	3 g
Alkohol	2 l

Essenz Franco-Bouvardia

Vanillin	6 g	Jonon	180 g
Perubalsam	1 g	Jasmin, künstl.	6 g
Phenyläthylalkohol	90 g	Phenylacetaldehyd 50 %	0,6 g
Rhodinol	240 g	Methyljonon	60 g
Citronellol	30 g	Benzylacetat	60 g
Linalool	9 g	Methyl-Heptincarbonat	3 g
Rosenöl, echt	6 g	Irisöl, konkret	5 g

Essenz Royal Bouvardia

Ylang-Ylangöl	80 g
Jasmin, künstl.	170 g
Ess. Sweet Pea	80 g
Rosenöl, künstl.	50 g
Amylsalicylat	40 g
Ambra, künstl., konkret	20 g
Resinoid Oliban	20 g
Methylanthranilat	120 g
Ketonmoschus	30 g
Zibet, künstl., flüssig	8 g
Gujakholzöl	200 g
Orangenblütenöl, künstlich	120 g
Ess. absol. Jasmin	5 g
Ess. absol. Orangenblüte	10 g
Irisöl, konkret	3 g

Brisas de las Pampas

Jasmin, künstl.	50 g
Infusion Orange	3000 g
Iristinktur	1000 g
Vanillin	5 g
Cumarin	40 g
Rosenöl, bulgar., echt	3 g
Ambrettemoschus	20 g
Bergamottöl	15 g
Eugenol	2 g
Geraniol	10 g
Patchouliöl	10 g
Hydroxycitronellal	20 g
Tolutinktur	150 g
Zibettinktur	50 g
Violette Feuilles	2 g
Rosenöl, künstl., *Fl.*	25 g
Geraniumöl, franz.	25 g
Moschustinktur	150 g
Tonkabohnentinktur	250 g

Brisas de la Pampas, extra

Infusion Jasmin	500 g
Infusion Orange	3000 g
Iristinktur	1000 g
Tonkabohnentinktur	500 g
Jasmin, künstl., *Heiko*	50 g
Vanillin	15 g
Cumarin	100 g
Heliotropin	15 g
Rosenöl echt	12 g
Bergamottöl	25 g
Eugenol	3 g
Citronenöl	7 g
Geraniumöl franz.	35 g
Patchouliöl	15 g
Raldeine A. *L. G.*	6 g
Hydroxycitronellal	20 g
Rosenöl künstl.	30 g
Anisaldehyd	25 g
Irisöl konkret	15 g
Resinoid Styrax	45 g
Resinoid Labdanum	10 g
Moschustinktur	100 g
Ambrettemoschus	20 g
Ketonmoschus	5 g
Amylsalicylat	5 g

Camelia

Infusion Jasmin	1500 g
Infusion Orange	500 g
Iristinktur	100 g
Zibettinktur	20 g
Ylang-Ylangöl	5 g
Linalool	5 g
Bromelia	5 g
Dianthin, *N. & C.*	2 g

Bouquet Carmen

Infusion Cassie	5000 g
Rosenöl echt	15 g
Vanillin	5 g
Bergamottöl	100 g
Costuswurzelöl	15 g
Siambenzoetinktur	500 g
Infusion Orange	2500 g
Ambrettemoschus	12 g
Ambra A., *Ama*	10 g
Cassieblütenöl *H. & R.*	15 g

In dieser Vorschrift ist besonders die diskrete Verwendung des Costuswurzelöls zu beachten.

Cashemir Bouquet

Infusion Veilchen	1000 g
Infusion Rose	1500 g
Benzoetinktur	500 g
Zibettinktur	250 g
Cumarin	5 g
Patchouliöl	20 g
Sandelholzöl ostindisch	20 g
Irisöl konkret	5 g
Melittis *L. G.*	30 g

Cattleya, triple (Orchideen)

Alkohol	1000 g
Ylang-Ylangöl Manila	5 g
Hyazinth *Sch. & C.*	1 g
Vanillin	0,5 g
Cumarin	0,25 g
Rosenöl, bulgar.	0,5 g
Neroliöl, künstl.	1 g
Jonon	0,5 g
Bittermandelöl	0,5 g
Jasminöl, künstl., *Heiko*	0,5 g
Zibettinktur	5 g
Moschustinktur	5 g
Ambratinktur	5 g

Chene royal (Königseiche)

Infusion Eichenmoos	5000 g
Infusion Orange	1000 g
Infusion Jasmin	1000 g
Cumarin	20 g
Storaxtinktur	600 g
Rosenöl, echt	10 g
Petitgrainöl	5 g
Linaloeöl	20 g

Chypre.

Die Chyprenote spielt in der modernen Parfumerie eine ganz hervorragende Rolle. Nach moderner Auffassung dieses Geruches, der eigentlich ein Phantasieparfum ist und je nach der Mode und der Geschmacksrichtung der Verbraucher recht erheblich schwankt, wird die charakteristische Note durch Eichenmoos bedingt, dessen Geruch durch Sandelöl, ostindisch, Patchuliöl, Vetiveröl, Cumarin usw. entsprechend abgetönt wurde.

Durch blumige Kontraste und ziemlich kräftige Moschusnoten erzielt man hier Chyprebuketts von eigenartigem Reiz, die als solche verbraucht werden oder aber eine wichtige Basis für Phantasiekompositionen bilden.

Nachstehend geben wir mehrere Vorschriften für Chypres, die die Charakteristik dieses Parfums in großen Zügen wiedergeben.

Chypre Moderne

Ess. absol. Jasmin	10 g
Ess. absol. Rose	8 g
Ess. absol. Tuberose	2 g
Rosenöl, echt	25 g
Irisöl, konkret, echt	1,2 g
Sandelöl, ostindisch	32 g
Bergamottöl Reggio	140 g
Patchouliöl	6 g
Vetiveröl, Java	4 g
Eichenmoosresinoid	20 g
Ketonmoschus	10 g
Ambrettemoschus	10 g
Cumarin	12 g
Resinoid Tonka	4 g
Resinoid Vanille	4 g
Vanillin	5 g
Castoreumtinktur	75 g
Vanilletinktur	200 g
Moschustinktur	150 g
Alkohol	3,2 l

Chypre extra

Jasmin liq. (A)	10 g
Eichenmoostinktur	200 g
Ketonmoschuslösung	50 g
Ambra, künstl.	5 g
Vetiveröl	8 g
Bergamottöl	120 g
Patchouliöl	4 g
Cumarin	2 g
Rosenöl, künstl.	20 g
Rosenöl, bulgar.	5 g
Pimentöl	5 g
Terpineol	3 g
Ylang-Ylang	1 g
Sandelöl, ostindisch	16 g
Irisöl, konkret	1 g
Ess. Chypre, comp.	45 g
Vanilletinktur	300 g
Moschustinktur	200 g
Ambratinktur	50 g
Alkohol	3,7 l
Wasser	0,3 l

Chypre

Jasmin liq. (A)	15 g	Vanillin	1,5 g
Rose liq.	5 g	Heliotropin	2 g
Sol. Iris	6 g	Rosenöl, künstl.	25 g
Sandelöl, ostindisch	6 g	Rosenöl, bulgar.	10 g
Bergamottöl	120 g	Pimentöl	5 g
Patchouliöl	6 g	Resinoid Oliban	10 g
Ketonmoschuslösung	60 g	Orangenöl, bitter	4 g
Vetiveröl	5 g	Moschuskörneröl	2 g
Eichenmoostinktur	200 g	Moschustinktur	250 g
Cumarin	2 g	Alkohol	4 l

Chypre surfin

Eichenmoostinktur	220 g	Bouvardia, franz.	5,5 g
Patchouliöl	5 g	Ylang-Ylang Manilla	0,5 g
Sol. Iris	10 g	Sandelöl, ostindisch	20 g
Ketonmoschuslösung	45 g	Jasmin liq. (A)	8 g
Ambrettemoschuslösung	15 g	Tuberose liq.	4 g
Vetiveröl	5 g	Grisambren, *N. & C.*	6 g
Bergamottöl	130 g	Moschuskörneröl	1,5 g
Rosenöl, künstl., *Heiko*	25 g	Ess. Chypre, II.	25 g
Rosenöl, bulgar.	5 g	Vanilletinktur	300 g
Rose blanche R. Roure	15 g	Moschustinktur	250 g
Heiko-Flieder Nr. 830	3,5 g	Alkohol	4 l

Chypre Royal

Essenz-Chypre Royal	55 g	Orangenöl, bitter	0,5 g
Rosenöl, bulgar., echt	4 g	Vanillin	2 g
Patchouliöl	1,5 g	Eichenmoos, absol.	1 g
Vetiveröl, Java	2 g	Ess. absol. Jasmin	2 g
Cumarin	4 g	Ess. absol. Tuberose	1 g
Resinoid Tonka	1,5 g	Ess. absol. Rose	3 g
Sandelöl, ostindisch	7 g	Vanilletinktur	40 g
Ambra W., *Sch. & C.*	4 g	Tonkatinktur	30 g
Ambrettemoschus	5 g	Castoreumtinktur	10 g
Rosenöl, künstl.	10 g	Moschustinktur	40 g
Jasmin, künstl.	4 g	Ambratinktur	15 g
Bergamottöl Reggio	45 g	Alkohol	1,5 l

Chypre Ambré

Chypre A. 1188 *Sch. & C.*	60 g	Ambrettemoschus	6 g
Cypral 3052, *Sch. & C.*	15 g	Ambra A., *Ama*	4 g
Vanillin	2 g	Resinoid Benzoe	2 g
Cumarin	4 g	Resinoid Labdanum	3 g
Heliotropin	2 g	Resinoid Oliban	2 g
Bergamottöl	40 g	Ess. absol. Rose	4 g
Patchouliöl	1,5 g	Ess. absol. Jasmin	2 g
Sandelöl, ostindisch	4 g	Ess. absol. Tuberose	1 g
Irisöl, konkret	4 g	Moschustinktur	40 g
Neroliöl, künstl.	1,5 g	Ambratinktur	15 g
Rosenöl, künstl.	6 g	Castoreumtinktur	15 g
Jasmin, künstl., *Heiko*	3 g	Alkohol	1,5 l

Essenz Chypre I.

Cedernöl	50 g
Copaivabalsamöl	45 g
Cumarin	31 g
Ess. absol. Eichenmoos	15 g
Vanillin	10 g
Ambrettemoschus	15 g
Ketonmoschus	10 g
Patchouliöl	15 g
Sandelöl, ostind.	15 g
Vetiveröl	10 g
Bergamottöl	60 g
Ambra, künstl. konkret	6 g
Rosenöl, künstl.	10 g
Ess. absol. Jasmin	2 g
Ess. absol. Rose	3 g

Essenz Chypre II.

Cedernöl	100 g
Gurjunöl oder Copaivabalsamöl	150 g
Cumarin	60 g
Resinoid Eichenmoos	30 g
Edeltannenöl	2 g
Vanillin	20 g
Ambrettemoschus	20 g
Ketonmoschus	20 g
Patchouliöl	30 g
Vetiveröl	20 g
Sandelöl, ostind.	30 g
Bergamottöl	120 g
Estragonöl	0,3 g
Ambra, künstl. konkret	8 g
Amylsalicylat	5 g
Irisöl konkret	2 g

Essenz Chypre Royal

Ess. absol. Jasmin	5 g
Ess. absol. Rose	8 g
Jasmin, künstl.	15 g
Rosenöl, echt	5 g
Rosenöl, künstl.	35 g
Irisöl, konkret	0,5 g
Sandelöl, ostind.	27 g
Bergamottöl	135 g
Ambra, künstl. flüssig	70 g
Patchouliöl	2 g
Resinoid Opoponax	30 g
Ketonmoschus	10 g
Vanillin	3 g
Resinoid Vanille	3 g
Resinoid Castoreum	4 g
Resinoid Nelken	10 g
Ess. absol. Eichenmoos, entfärbt	20 g
Mosco	3 g
Ambra, künstl. konkret	5 g

Essenz Vert de Chypre

Amylsalicylat	5 g
Sandelöl, ostindisch	4 g
Patchouliöl	2 g
Resinoid Eichenmoos	5 g
Cumarin	6 g
Vanillin	0,5 g
Terpineol	8 g
Bergamottöl	12 g
Ambra, künstl., konkret	3 g
Ketonmoschus	2 g
Ambrettemoschus	1 g
Estragonöl	0,05 g
Jasmin, künstlich	4 g
Ess. Eau de Cologne	6 g

Essenz Chypre Base

Resinoid Eichenmoos	5 g
Amylsalicylat	0,5 g
Patchouliöl	1 g
Cumarin	3 g
Ambra, künstlich, konkret	2,5 g
Hydroxycitronellal	1,5 g
Bergamottöl	15 g
Vanillin	0,6 g
Sandelöl, ostindisch	3 g
Ketonmoschus	2 g
Rosenöl, künstlich	5 g
Jasmin, künstlich	2 g
Ess. Eau de Cologne	3 g
Estragonöl	0,05 g
Aethylcinnamat	0,05 g
Linalylcinnamat	0,05 g

Coeur de Ninette

Infusion Jasmin	3000 g
Infusion Rose	1000 g
Vanillin	40 g
Ess. liq. naturelle Mimosa	15 g
Narzissenöl, künstl.	10 g
Rosenöl, künstl.	10 g
Syringa, *H. & R.*	40 g
Indol	0,2 g
Neroliöl, echt	12 g
Jasmin, künstl., *Heiko*	10 g
Heliotropin	5 g
Ambrettemoschus	12 g
Ketonmoschus	5 g
Moschustinktur	120 g
Benzoetinktur	400 g

Crab Apple

Infusion Jasmin	5000 g	Rosenholzöl	15 g
Apfeläther	250 g	Sandelholzöl, ostindisch	50 g
Ylang-Ylangöl, Manila	40 g	Amylacetat	10 g
Infusion Rose	1000 g	Ambrettemoschus	20 g
Infusion Cassie	1500 g		

Corylopsis du Japon

Jasminöl, künstl.	55 g	Muguet, künstl.	10 g
Rosenöl, künstl.	40 g	Patchouliöl	10 g
Moschus, künstl.	5 g	Erdbeeräther	180 g
Canangaöl, künstl.	40 g	Vetiveröl, Java	0,5 g
Ylang-Ylangöl, *Sartorius*	30 g	Geraniol	10 g
Vanillin	2 g	Alkohol	7000 g
Benzoetinktur	100 g		

Cuir de Russie (Juchten)

Infusion Jasmin	1500 g	Rosenöl, bulgar.	7 g
Infusion Rose	1500 g	Neroliöl, künstl.	20 g
Infusion Cassie	1500 g	Cumarin	3 g
Vanillin	60 g	Patchouliöl	0,5 g
Geraniumöl, Grasse	25 g	Ambrettemoschus	6 g
Irisöl, konkret	5 g	Ketonmoschus	4 g
Ambra W., *Sch. & C.*	8 g	Castoreum, künstl., *L. G.*	5 g
Bergamottöl	55 g	Castoreumtinktur	75 g
Birkenteeröl, rekt.	3 g	Moschustinktur	200 g
Resinoid Castoreum	3 g	Vanilletinktur	150 g
Sandelöl, ostindisch	12 g	Alkohol	3 l

Cyclamen

Die vollkommene Wiedergabe des Cyclamengeruches ist erst seit Entdeckung des Hydroxycitronellals möglich geworden, das auch so erheblich zur Verfeinerung der Noten Maiglöckchen und Flieder beigetragen hat, ebenso bei Wiedergabe des Lindenblüten-, Heu- und Farnkrautgeruches usw. eine erhebliche Rolle spielt.

Auch befinden sich im Handel eine ganze Anzahl künstlicher Cyclamenöle ganz vorzüglicher Qualität.

Cyclamen des Alpes

Essenz-Cyclamen des Alpes	125 g
Ess. absol. Jasmin	12 g
Ess. absol. Rose	5 g
Rosenöl, künstl., *Heiko*	10 g
Rosenöl, bulgar.	5 g
Maiglöckchenöl, künstl., *H. & R.*	15 g
Methyljonon	5 g
Amylsalicylat	2 g
Vanillin	2 g
Phenylessigsäure	0,5 g
Irisöl, konkret	0,5 g
Resinoid Tolu	10 g
Resinoid Oliban	5 g
Guajakholzöl	75 g
Moschustinktur	75 g
Ambratinktur	15 g
Alkohol	3 l

Cyclamen

Hydroxycitronellal	125 g
Flieder 830, *Heiko*	15 g
Maiglöckchen, künstl., *H. & R.*	30 g
Rosenöl, bulgar.	5 g
Methyljonon	25 g
Amylsalicylat	10 g
Veilchen, künstl., *Heiko*	5 g
Ess. absol. Jasmin	10 g
Ess. absol. Rose	5 g
Ess. liq. (A) Violette	3 g
Resinoid Tolu	5 g
Phenylessigsäure	2 g
Iristinktur	200 g
Moschustinktur	60 g
Alkohol	3 l

Essence Cyclamen des Alpes

Jasmin, künstlich	4 g
Ess. absol. Jasmin	1 g
Ess. absol. Rose	2 g
Rosenöl, künstlich	12 g
Hydroxycitronellal	48 g
Methyljonon	12 g
Ess. Muguet	12 g
Amylsalicylat	4,8 g
Resinoid Oliban	2,4 g
Ketonmoschus	1,2 g
Guajakholzöl	20 g
Irisöl, konkret	0,15 g
Perubalsam	0,5 g

Essence Cyclamen II

Rosenöl, künstlich	80 g
Linalool	12 g
Ylang-Ylangöl	6 g
Terpineol	4 g
Resinoid Benzoe Sumatra	20 g
Methyljonon	64 g
Hydroxycitronellal	300 g
Jasmin, künstlich	22 g
Amylsalicylat	24 g
Resinoid Olban	12 g
Guajakholzöl	100 g
Irisöl, künstl.	4 g
Ketonmoschus	10 g
Perubalsam	3 g

Essbouquet

Infusion Rose	2000 g
Infusion Jasmin	1000 g
Infusion Tuberose	1000 g
Moschustinktur	100 g
Zibettinktur	50 g
Tolutinktur	100 g
Bergamottöl	300 g
Citronenöl	50 g
Portugalöl	100 g
Jasmin, künstl., *Heiko*	20 g
Alkohol	1000 g

Fleurs rustiques

Infusion Jasmin	3000 g
Infusion Tuberose	1000 g
Iristinktur	1000 g
Tolutinktur	300 g
Moschustinktur	55 g
Cumarin	20 g
Heliotropin	15 g
Petitgrainöl	10 g
Bergamottöl	80 g
Amylsalicylat	20 g
Verbenaöl	5 g

Fleurs d'Amour[1]

Infusion Orange	2200 g
Infusion Jasmin	3000 g
Infusion Rose	2000 g
Hyazinthin, *Heiko*	30 g
Moschustinktur	200 g
Heliotropin	180 g
Tolutinktur	300 g
Heiko-Rose	15 g
Jonon	4 g
Terpineol	100 g

Florenciris

Alkohol	3000 g
Irisöl, konkret	100 g
Infusion Rose	3000 g
Moschustinktur	150 g
Benzoetinktur	180 g
Bergamottöl	40 g
Ylang-Ylangöl	8 g
Hyazinthin (Phenylacetaldehyd)	5 g
Isoeugenol	3 g

Fleurs de la Reine

Infusion Rose	2000 g
Infusion Jonquille	1000 g
Ambra A., *Ama*	6 g
Ambrettemoschus	10 g
Hydroxycitronellal	40 g
Maiglöckchenblütenöl, künstl., *H. & R.*	140 g
Cassieblütenöl, künstl.	5 g
Vetiveröl, Java	10 g

Fleurs de Nénuphar

Infusion-Jasmin	3500 g
Infusion Orange	800 g
Solution Irisöl	1500 g
Moschustinktur	30 g
Geraniol	8 g
Sandelholzöl, ostindisch	60 g
Patchouliöl	3 g
Heiko-Rose	10 g
Linalylacetat	5 g
Ylang-Ylangöl	5 g
Styraxtinktur	100 g
Bourbonal, *H. & R.*	10 g

[1] Dieser Name ist der Firma Roger & Gallet in Paris geschützt.

Fleurs du Japon

Infusion Orange	6000 g	Patchouliöl	6 g
Eichenmoostinktur	1500 g	Jasminöl, künstl.	15 g
Benzoetinktur	140 g	Heliotropin	15 g
Vanillin	8 g	Isoeugenol	3 g
Ketonmoschus	10 g	Canangaöl	20 g
Geraniumöl	25 g	Rosenöl	8 g

Fougère (Farnkraut).

Die Note Fougère betreffend, sei folgendes bemerkt.

Fougère ist ein konventioneller Geruchsbegriff, der sich den Phantasiegerüchen stark nähert, zumal das Farnkraut gar keinen charakteristischen Eigengeruch besitzt.

Fougère (Farnkraut)

Ess. concrète de Mousse de chêne, *Roure*	10 g	Vetiveröl	2,5 g
Infusion Rose	1000 g	Bergamottöl	30 g
Infusion Jasmin	2000 g	Cumarin	30 g
Infusion Orange	500 g	Patchouliöl	10 g
Neroliöl, künstl., *Sch. & C.*	10 g	Geranylformiat	5 g
Lavendelöl ff.	60 g	Benzoetinktur	140 g
Moschustinktur	45 g		

Was wir jetzt unter Fougère verstehen, sind entsprechend variierte Eichenmoosgerüche, mit starker Lavendelnote und blumigem Einschlag in den Noten Rose, Jasmin, Orangenblüte, auch an Foin Coupé (Cumarin) erinnernd.

Fougère ist eine der wichtigsten Noten zur Herstellung von Phantasiebuketts im letzten Genre und gestattet, ganz eigenartig originelle Geruchseffekte zu erhalten.

Vorstehende Vorschrift ist nur primitiver Art und entspricht nicht mehr der heutigen Mode, trotzdem kann sie als Grundlage zu modernen Fougère- und Phantasieextraits mitherangezogen werden. Nachstehend geben wir noch einige moderne Vorschriften für Fougère mit besonderen Unternoten.

Fougère Royale (Royal Fern, Königsfarn)

Lavendelöl	20 g	Heliotropin	4 g
Bergamottöl	10 g	Vanillin	2 g
Cumarin	8 g	Birkenknospenöl	2 g
Resinoid Tonka	2 g	Ess. absol. Jasmin	4 g
Geraniumöl, afrik.	5 g	Ess. absol. Jonquille	1,5 g
Resinoid Tonka	2 g	Ess. absol. Jasmin	4 g
Rosenöl, bulgar.	3 g	Cyclamen, *Heiko*	3 g
Rosenöl, künstl., *Heiko*	10 g	Resinoid Tolu	4 g
Neroliöl, künstl.	3 g	Resinoid Styrax	4 g
Chypre A. 1188, *Sch. & C.*	10 g	Moschustinktur	33 g
Ambra W., *Sch. & C.*	4 g	Vanilletinktur	15 g
Patchouliöl	2,5 g	Tonkatinktur	50 g
Vetiveröl	4 g	Resinoid Eichenmoos, *Roure*	4 g
Ambrettemoschus	8 g	Alkohol	1,2 l

Wie bereits erwähnt, ist Fougère ein Phantasiegeruch, der in seiner Auffassung der Mode unterworfen ist, ähnlich wie dies bei Chypre zutrifft. Ganz vorzügliche Effekte erhält man u. a. durch Kombinationen mit Chypre, Trèfle, Foin Coupé usw. Bezüglich der blumigen Unternoten moderner Art sei hervorgehoben, daß die Noten Cyclamen, Narcisse, Jasmin, Rose u. a. besonders geeignet sind. In Fougères allermodernster Richtung spielen besonders die Noten Cyclamen, Chypre und Narcisse (Jonquille) eine große Rolle.

Kräftige Moschus- und Ambranoten sind zu empfehlen.

Fougère Moderne

Ess. absol. Moussee de chêne	2 g
Lavendelöl	22 g
Muskateller Salbeiöl	4 g
Cumarin	8 g
Patchouliöl	3 g
Vetiveröl, Java	3 g
Ambrettemoschus	6 g
Rosenöl, bulgar.	5 g
Jasmin, künstl., *Heiko*	5 g
Rosenöl, künstl.	10 g
Birkenknospenöl	2 g
Estragonöl	0,3 g
Heliotropin	4 g
Sandelöl, ostindisch	2 g
Amylsalicylat	2 g
Ambra A., *Ama*	4 g
Ketonmoschus	4 g
Resinoid Tolu	4 g
Resinoid Labdanum	3 g
Ess. absol. Jasmin	4 g
Ess. absol. Oranger	1,5 g
Cyclamen, extra 3198, *Sch. & C.*	2,5 g
Moschustinktur	30 g
Tonkatinktur	60 g
Benzoetinktur	100 g
Alkohol	1 l

Essenz Fougère Royale

Lavendelöl	40 g
Rosenöl, künstl.	5 g
Irisöl, konkret	1 g
Jasmin, künstl.	2 g
Rosenöl, echt	2 g
Bergamottöl	30 g
Amylsalicylat	2 g
Estragonöl	0,5 g
Cumarin	5 g
Ketonmoschus	5 g
Ess. absol. Eichenmoos	3 g
Ambra, künstlich, konkret	5 g
Birkenknospenöl	2 g
Methyljonon	5 g
Sandelöl, ostindisch	4 g
Patchouliöl	3 g
Vetiveröl	5 g
Styrax, flüssig	2 g
Perubalsam	1 g
Mosco	1 g

Essenz Fougère

Lavendelöl	40 g
Ess. absol. Jasmin	0,8 g
Ess. absol. Rose	1,2 g
Bergamottöl	25 g
Cumarin	5 g
Ketonmoschus	2,5 g
Ambrettemoschus	0,5 g
Sandelöl, ostindisch	5 g
Ess. absol. Eichenmoos	1,2 g
Vetiveröl	6 g
Patchouliöl	3 g
Irisöl, konkret	0,5 g
Rosenöl, künstlich	5 g
Methyljonon	7 g
Amylsalicylat	3 g
Ambra, künstl, konkret	1 g
Birkenknospenöl	2 g
Resinoid Opoponax	2 g
Perubalsam	1 g
Styrax, flüssig	1 g

Frangipani

Heliotropin	20 g
Ketonmoschus	6 g
Rosenöl, künstlich	10 g
Cumarin	4 g
Infusion Cassie	1000 g
Cedernholzöl	10 g
Sandelholzöl, ostindisch	2 g
Hydroxycitronellal	10 g

Full (Fleur de Syrie)

Infusion Jonquille	7000 g
Infusion Jasmin	2000 g
Infusion Cassie	1000 g
Cassieblütenöl, konkret	2 g
Ylang-Ylangöl	10 g
Rosenöl, künstl.	20 g
Neroliöl	15 g
Sandelholzöl, ostindisch	25 g
Moschustinktur	140 g
Linalool	12 g

Geißblatt (Chèvrefeuille)

Extrait Chèvrefeuille

Infusion Rose	1000 g
Infusion Veilchen	1000 g
Infusion Jonquille	1000 g
Infusion Jasmin	2000 g
Infusion Orange	2000 g
Heiko-Geißblatt	400 g
Capronia 3007, *Sch. & C.*	40 g
Jasmin, künstl.	150 g
Hydroxycitronellal	40 g
Neroliöl, künstl.	60 g
Moschustinktur	175 g
Tolutinktur	250 g
Alkohol	2000 g

Geißblatt-Parfum

Infusion Rose	1000 g
Infusion Veilchen	1000 g
Infusion Jonquille	1000 g
Infusion Capucines	1000 g
Vanillin	5 g
Neroliöl, künstl.	10 g
Chèvrefeuilleblütenöl, künstl., *Heiko*	40 g
Tolutinktur	60 g
Moschustinktur	50 g

Essenz Chèvrefeuille I

Jasmin, künstl.	35 g
Benzylbutyrat	25 g
Benzylacetat	50 g
Phenyläthylalkohol	25 g
Bergamottöl	8 g
Orangenblüte, künstlich	3 g
Indol	0,15 g
Hydroxycitronellal	12 g
Linalool	8 g
Aurantiol	10 g
Canangaöl	10 g
Petitgrainöl	6 g
α-Amylzimtaldehyd	6 g
p-Cresylphenylacetat	1,5 g
p-Cresylacetat	0,2 g
Linalylcinnamat	1 g
Perubalsam	2 g
Ketonmoschus	3 g
Heliotropin	3 g

Essenz Chèvrefeuille II

Hydroxycitronellal	18 g
Zimtalkohol	10 g
Heliotropin	5 g
Phenyläthylalkohol	12 g
Jonon	10 g
Neroli, künstl.	12 g
Jasmin, künstl.	15 g
Rose, künstl.	10 g
Terpineol	5 g
Linaleol	5 g
Ylang-Ylangöl	3 g
Phenylessigsäure	1 g
Methyl-Naphtylketon	5 g
Aurantiol	7 g
p-Cresylphenylacetat	1 g
Phenyläthylphenylacetat	4 g
Methylphenylacetat	2 g
Ketonmoschus	2 g
Ambrettemoschus	3 g
Perubalsam	2 g
Ambra, künstl., konkret	2 g
Ess. absol. Jasmin	2 g
Ess. absol. Orangenblüte	3 g

Blühende Heide

Infusion Jasmin	5000 g
Heliotropin	20 g
Vanillin	15 g
Rosenöl, bulgar.	10 g
Jonon	10 g
Pfefferminzöl	0,5 g
Moschustinktur	250 g
Benzoetinktur	180 g
Cumarin	50 g
Tonkatinktur	1000 g
Alkohol	1000 g

Frisches Heu (Foin coupé)

Die Note Foin coupé spielt in der Parfumerie eine recht bedeutende Rolle und dies sowohl als Parfum selbst wie auch als Unternote bei zahlreichen Phantasieparfums.

In letzterer Hinsicht ist der Komplex Foin coupé von ganz besonderer Bedeutung, und was die Vielseitigkeit der Verwendungsmöglichkeiten anlangt, ein außerordentlich wichtiger Behelf zur Komposition raffinierter Parfumnoten im modernen Geschmack. In dieser Beziehung ist die Note Foin coupé den Komplexen Chypre, Fougère und Trèfle an die Seite zu stellen, vielleicht ist aber die Note Foin coupé von allen diesen grünen Noten die wichtigste, denn sie liefert in vieler Beziehung auch ein Kompositionselement für die erwähnten Komplexe Chypre, Fougère und Trèfle, die oft durch relativ einfache Modifikation der Note Foin coupé herzustellen sind.

Foin coupé, triple

Geraniumöl, spanisch	18 g
Rosenöl, echt	2 g
Cumarin	100 g
Bourbonal *H. & R.*	3 g
Anisaldehyd	5 g
Infusion Orange	900 g
Patchouliöl	6 g
Ketonmoschus	10 g
Infusion Rose	1500 g
Infusion Jasmin	900 g
Infusion Cassie	200 g
Moschustinktur	150 g
Tonkatinktur	120 g
Alkohol	1300 g

Foin coupé, quadruple

Anisaldehyd	15 g
Geraniumöl, spanisch	20 g
Rosenöl, echt	5 g
Cumarin	120 g
Vanillin	4 g
Patchouliöl	5 g
Amylsalicylat	5 g
Infusion Orange	1100 g
Infusion Rose	2100 g
Infusion Jasmin	1200 g
Moschustinktur	100 g
Tonkatinktur	250 g

Frisches Heu

Alkohol	2500 g
Cumarin	100 g
Infusion Tuberose	500 g
Infusion Jasmin	500 g
Rose, künstl., *Sch. & C.*	70 g
Patchouliöl	10 g
Anisaldehyd	8 g
Geraniumöl	20 g
Ketonmoschus	8 g
Infusion Cassie	500 g
Moschustinktur	40 g
Zibettinktur	50 g
Storaxtinktur	50 g
Tonkatinktur	500 g
Infusion Orange	500 g

Indian Hay

Resinoid Eichenmoos, *Roure*	12 g
Infusion Rose	1500 g
Infusion Orange	500 g
Cumarin	90 g
Pfefferminzöl	2 g
Geraniol	5 g
Hydroxycitronellal	2 g
Rosenöl, bulgar.	5 g
Ketonmoschus	20 g
Patchouliöl	12 g
Bergamottöl	10 g
Neroliöl, künstl.	10 g
Lavendelöl	12 g
Heliotropin	10 g
Geraniumöl, franz.	20 g
Tonkaresinoid	25 g
Moschustinktur	60 g
Styraxtinktur	60 g
Alkohol	1000 g

New Mown Hay

Ess. absol. Cassie	10 g	Ketonmoschus	8 g
Ess. absol. Jasmin	5 g	Ambrettemoschus	2 g
Ess. absol. Rose	8 g	Amylsalicylat	0,5 g
Ess. absol. Orangenblüte	3 g	Resinoid Eichenmoos	2 g
Rosenöl, künstl.	38 g	Anisaldehyd	2 g
Bergamottöl	25 g	Hydroxycitronellal	1 g
Patchouliöl	3 g	Iristinktur	500 g
Cumarin	35 g	Tonkatinktur	600 g
Styraxöl	8 g	Moschustinktur	80 g
Resinoid Oliban	5 g	Alkohol	1200 g
Guajakholzöl	50 g	Wasser	100 g

Essenz Foin coupé

Cumarin	37,5 g	Bergamottöl	80 g
Patchouliöl	1,5 g	Cedernöl	70 g
Portugalöl	1,5 g	Vanillin	1 g
Jasmin, künstl.	5 g	Amylsalicylat	1 g
Rosenöl, künstl.	10 g	Neroliöl, künstl.	3 g
Rosenöl, echt	2,5 g	Methylsalicylat	1 g
Geraniumöl, afrik.	1 g	Methylacetophenon	0,3 g
Anisaldehyd	30 g	Benzylcinnamat	0,5 g
Hydroxycitronellal	5 g	Isobutylcinnamat	0,2 g
Ketonmoschus	5 g	Ambra, künstlich, konkret	1 g
Perubalsam	3 g	Ambrettemoschus	1,5 g
Styrax, flüssig	3 g	Methyljonon	2 g
Ess. absol. Cassie	1,5 g		

Essenz New Mown Hay

Jonon	10 g	Bergamottöl	25 g
Rosenöl, künstl.	20 g	Neroliöl, bigarade	10 g
Amylsalicylat	75 g	Jasmin, künstl.	25 g
Anisaldehyd	20 g	Patchouliöl	3 g
Hydroxycitronellal	10 g	Orangenöl, bitter	3 g
Cumarin	12 g	Isoeugenol	4 g
Vanillin	5 g	Nelkenöl	1 g
Heliotropin	7 g	Styrax, flüssig	5 g
Linalool	10 g	Ketonmoschus	2 g
Methylsalicylat	1 g	Aethylcinnamat	0,5 g

Essenz Heno del Campo

Geraniumöl, afrikan.	20 g	Ketonmoschus	6 g
Cumarin	60 g	Ambrettemoschus	2 g
Resinoid Tonka	20 g	Resinoid Tolu	17 g
Bergamottöl	30 g	Resinoid Styrax	10 g
Rosenöl, künstlich	40 g	Hydroxycitronellal	10 g
Amylsalicylat	5 g	Anisaldehyd	2 g
Patchouliöl	18 g	Lavendelöl	20 g
Neroliöl, künstlich	2 g	Vanillin	7 g
Orangenöl, bitter	2 g	Methyljonon	4 g
Sandelöl, ostind.	1 g	Diphenyloxyd	8 g

Foin coupé Base

siehe Phantasieparfums.

Hollunder.

Infusion Jasmin	1000 g	Jasmin, künstlich	5 g
Aubépine, flüss.	30 g	Irisöl, konkret	2 g
Terpineol	20 g	Heliotropin	10 g
Benzoetinktur	30 g	Cumarin	3 g
Salbeiöl	2 g	Rosenöl, künstl.	5 g
Moschustinktur	20 g		

Iris.

Die Note Iris kommt heute nicht mehr als Parfumkomposition in Frage, dagegen als Hilfsnote bei Veilchen und vielen Phantasieparfums.

Wir geben nachstehend zwei Vorschriften für künstliches Irisöl, das in vielen Fällen das ungleich teurere echte Irisöl (Irisbutter) oder Iris absolut gut ersetzen kann.

Irisöl, künstlich

Methyljonon	48 g
Octylformiat	8 g
Methylnonylketon	0,8 g
Nonylaldehyd 10%	1,6 g
Decylaldehyd 10%	2,4 g

Irisöl, küstlich, extra

Irisöl, konkret, echt	6 g
Methyljonon	50 g
Octylformiat	8 g
Methylnonylketon	1 g
Nonylaldehyd 50%	0,3 g
Decylaldehyd 50%	0,5 g

Ixora

Tinktur Cassie	1000 g
Tinktur Reseda	1000 g
Infusion Tuberose	800 g
Infusion Veilchen	800 g
Benzoetinktur	150 g
Moschustinktur	100 g
Zibettinktur	20 g
Benzylacetat	15 g
Bergamottöl	30 g
Anisaldehyd	5 g

Jasmin.

Der betäubend süße Geruch des echten Jasmins Jasminum odoratissimum spielt in der Parfumerie eine ganz bedeutende Rolle, ganz besonders als Bestandteil unzähliger Buketts.

Der Parfumeur hat eine große Anzahl chemischer Riechstoffe zur Verfügung, die es ihm gestatten, das Jasminaroma künstlich nachzuahmen, wie z. B. Benzylacetat, Methylanthranilat, Benzylpropionat, Benzylbutyrat, Indol u. a.

Bei modernen Nachbildungen des Jasmingeruches spielt auch der α-Amylzimtaldehyd (Jasminaldehyd) eine hervorragende Rolle, außerdem sind eine große Anzahl von komplexen künstlichen Jasminölen im Handel anzutreffen.

Selbstverständlich ist auch hier die Verwendung des echten Jasminblütenöls von größter Bedeutung, um feine Jasminextraits herzustellen.

Im allgemeinen ist der Jasmin als substantive Note für Extraits weniger begehrt, doch kann die Jasminnote als wesentlichste Hauptnote für Phantasiebuketts eine ganz erhebliche Rolle spielen. Als Teilnote bei Kompositionen besitzt der Jasmingeruch auf alle Fälle eine hervorragende Bedeutung.

Nachstehend geben wir zwei moderne Vorschriften für Jasminextraits.

Jasmin d'Orient

Ess. absol. Jasmin	8 g
Ess. absol. Tuberose	2 g
Jasmin W., *Sch. & C.*	65 g
Ylang-Ylangöl, Manilla	7 g
Bergamottöl	5 g
Ketonmoschus	2,5 g
Sandelöl, ostindisch	2 g
Orangenöl, bitter	2 g
Mandarinenöl	0,5 g
α-Amylzimtaldehyd	0,5 g
Methylanthranilat	0,75 g
Heliotropin	2 g
Benzylacetat	25 g
Benzylpropionat	5 g
Benzylbutyrat	1 g
Amylsalicylat	0,2 g
Neroliöl, bigarade	2 g
Resinoid Benzoe	10 g
Resinoid Tolu	5 g
Moschustinktur	30 g
Vanilletinktur	15 g
Iristinktur	50 g
Alkohol	1,5 l

Jasmin de Grasse

Ess. absol. Jasmin	10 g
Ess. absol. Tuberose	2 g
Ess. absol. Jonquille	2 g
Jasmin, künstl., *Heiko*	60 g
Ylang-Ylangöl Bourbon	12 g
Bergamottöl	8 g
Citronenöl	0,5 g
Sandelöl, ostindisch	2 g
Portugalöl	1,5 g
Ambrettemoschus	4 g
Amylsalicylat	0,5 g
Heliotropin	2 g
Zimtalkohol	3 g
α-Amylzimtaldehyd	1 g
Resinoid Labdanum	3 g
Resinoid Tolu	6 g
Cumarin	0,2 g
Neroliöl, künstl.	2,5 g
Moschustinktur	25 g
Vanilletinktur	15 g
Alkohol	1,5 l

Nachstehend noch zwei Vorschriften für künstliches Jasminöl.

Jasminöl, künstlich, I

Benzylacetat	400 g
Linalylacetat	60 g
Linalool	40 g
Benzylalkohol	60 g
Methylanthranilat	20 g
Indol	0,8 g
Canangaöl	20 g
Decylaldehyd 10%	2 g
Ambra, künstl., konkret	20 g
Perubalsam	10 g
Octylacetat	5 g
Ess. absol. Jasmin	25 g

Jasminöl, künstlich, II

Benzylacetat	120 g
Benzylbutyrat	2 g
Linalool	10 g
Benzylalkohol	40 g
Methylanthranilat	10 g
α-Amylzimtaldehyd	12 d
Canangaöl	8 g
Perubalsam	5 g
Indol	0,24

Jokey Club, quadruple

Infusion Cassie	1000 g
Infusion Orange	500 g
Infusion Tuberose	200 g
Infusion Rose	1000 g
Irisöl	2 g
Rosenöl	5 g
Bergamottöl	40 g
Ambratinktur	200 g
Iristinktur	1000 g
Styraxtinktur	200 g
Alkohol	800 g
Bouvardia	20 g

Kirschblüte

Infusion Rose	5000 g
Iristinktur	5000 g
Neroliöl, künstl.	50 g
Vanillin	20 g
Cumarin	3 g
Bittermandelöl	6 g
Anethol	0,5 g
Essigäther	30 g
Bergamottöl	100 g
Siam-Benzoetinktur	250 g
Moschustinktur	100 g

Lavendel.

Der Duft des Lavendel ist ein so feiner, unaufdringlicher, dabei lange anhaltender, daß man das Lavendelöl gerade aus diesen Gründen auch in einer ganzen Reihe feiner Parfumkompositionen als Stütze der andern Gerüche wiederfindet. Es ist eigentlich zu verwundern, wie es möglich war, daß bei uns in den breitesten Schichten des Volkes der Lavendelduft so vollständig in Vergessenheit geraten konnte. Lavendelduft ist immer lieblich, niemals aufdringlich und übersättigt auch nie, wie so manche schwüle Düfte gewisser mit starken Effekten arbeitenden Parfumerien.

Lavendel

Infusion Rose	5000 g
Infusion Jasmin	2000 g
Lavendelöl, Mitcham	550 g
Rosmarinöl, ff.	30 g
Benzoetinktur	150 g
Moschustinktur	30 g
Cumarin	10 g

Sweet Lavender

Infusion Jasmin	3000 g
Alkohol	3000 g
Lavendelöl, Montblanc	440 g
Rosmarinöl	30 g
Geraniumöl, afrik.	10 g
Tolutinktur	100 g
Ambrettemoschus	5 g
Cumarin	10 g

Das Lavendelparfum wird hauptsächlich in Form der Eaux de Lavavande benutzt, mit denen wir uns später beschäftigen werden.

Nachstehend noch einige Vorschriften für Lavendelkompositionen im englischen Geschmack.

Lavendelkompositionen

1. Lavendelöl	500 g
Spiköl, französ., feinst.	100 g
Geranylformiat	40 g
Cumarin	20 g
Linalool	10 g
Lemongrasöl	10 g
Linalylbutyrat	10 g
Patchouliöl	1 g

2. Lavendelöl Barrème	150 g
Spiköl, französ.	50 g
Geraniumöl, afrik.	75 g
Cumarin	3 g
Sandelöl, ostin.	2 g
Citronenöl	20 g
Bergamottöl	75 g
Linalylbutyrat	3 g
Rosenöl, künstlich	2 g

3. Old English Lavender

Lavendelöl	500 g
Spiköl, französ.	100 g
Rosenöl, künstl.	75 g
Bergamottöl	125 g
Sandelöl, ostind.	50 g
Rosmarinöl	75 g
Resinoid Eichenmoos	2 g
Citronenöl	15 g
Thymianöl	15 g
Cumarin	30 g
Angelikaöl	2 g
Dimethylhydrochinon	8 g
Ambrettemoschus	2 g
Patchouliöl	0,5 g
Styrax, flüssig	5 g
Perubalsam	2 g

Kaiserlinde

Infusion Jasmin	1000 g
Heiko-Cosmo-Linde	50 g
Moschustinktur	200 g
Benzoetinktur	200 g

Lindenblütenduft

Alkohol	1000 g
Heiko-Cosmo-Linde	30 g
Vanillin	5 g
Rosenöl, echt	300 g
Tolutinktur	300 g
Ketonmoschus	6 g
Alkohol	200 g

Lindenduft

Alkohol	1000 g
Heiko-Cosmo-Linde	30 g
Canangaöl, tsf.	5 g
Heliotropin	20 g
Terpineol	15 g
Jonon	10 g
Moschustinktur	50 g
Infusion Zibet	30 g
Wasser	1000 g
Ambrettemoschus	10 g

Die moderne Parfumerie verfügt aber über eine große Anzahl sehr guter künstlicher Lindenblütenöle, die von verschiedenen Firmen in den Handel gebracht werden. Auch kann sich jeder Parfumeur ein gutes Lindenblütenöl heute selbst herstellen, z. B.:

1. Lindenblütenöl, künstl.

Hydroxycitronellal	100 g
Terpineol	100 g
Petitgrainöl	100 g
Citronenöl	55 g
Nelkenöl	15 g
Rosenöl, künstl.	15 g
Kamillenöl, blau	5 g
Cumarin	12 g
Heliotropin	12 g
Vanillin	4 g
Resinoid Labdanum	5 g
Resinoid Tonka	2,5 g

2. Lindenblütenöl (für Seife usw.)

Terpineol	100 g
Petitgrainöl	100 g
Citronenöl	50 g
Geranium, afrik.	25 g
Nelkenöl	10 g
Kamillenöl, blau	5 g
Cumarin	10 g
Heliotropin	10 g
Vanillin	5 g
Ketonmoschus	2 g
Anisaldehyd	2,5 g

Von besonderer Wichtigkeit ist hier das Kamillenöl, das einen sehr wesentlichen Anteil an der Natürlichkeit des Lindenblütengeruches nimmt.

Melatti

Infusion Jasmin	8000 g
Infusion Tuberose	1500 g
Vanillin	10 g
Patchouliöl	2 g
Jasminblütenöl, absol., echt	15 g
Aubépine	10 g
Benzoetinktur	100 g
Ylang-Ylangöl	5 g
Moschustinktur	80 g

Miel d'Angleterre, quadruple

Infusion Rose	3200 g
Infussion Cassie	1200 g
Infusion Rose	1200 g
Infusion Jasmin	1200 g
Iristinktur	300 g
Tolutinktur	160 g
Perutinktur	110 g
Storaxtinktur	225 g
Moschustinktur	150 g
Bergamottöl	100 g
Citronenöl	80 g
Nelkenöl	15 g
Safrol	5 g
Geraniumöl	25 g
Costuswurzelöl	5 g
Irisöl, konkret	5 g
Alkohol	100 g

Miel d'Angletterre, triple

Infusion Jasmin	2000 g
Infusion Tuberose	2000 g
Vanillin	5 g
Irisöl, konkret	10 g
Benzoetinktur	200 g
Moschustinktur	20 g
Zibettinktur	20 g
Rosenöl, bulgar.	10 g
Nelkenöl	10 g
Linalylacetat	20 g
Alkohol	1000 g

Mimosa

Infusion Rose	2000 g
Infusion Cassie	1000 g
Vanillin	5 g
Mimosablütenöl, absol.	80 g
Bergamottöl	25 g
Patchouliöl	3 g
Geraniumöl	5 g
Moschustinktur	25 g
Benzoetinktur	100 g

Musc, triple

Infusion Rose	1000 g
Infusion Tuberose	800 g
Infusion Orange	1600 g
Infusion Cassie	800 g
Vanillin	4 g
Rosenöl, bulgar.	10 g
Moschustinktur	450 g
Ambrettemoschus	10 g
Ketonmoschus	10 g
Alkohol	300 g

Moschus, quadruple

Tinktur Jasmin	3200 g
Moschustinktur	800 g
Ketonmoschus	30 g
Infusion Rose	1100 g
Infusion Cassie	400 g
Iristinktur	1200 g
Solution Iris (5 : 100	50 g
Rosenöl echt	10 g
Benzoetinktur	180 g
Tolutinktur	110 g
Alkohol	500 g

Oleander

Infusion Tuberose	4000 g
Infusion Jonquille	2000 g
Infusion Orange	2000 g
Geraniumöl de Grasse	200 g
Cedernholzöl	30 g
Verbenaöl, franz.	10 g
Benzoetinktur	200 g
Moschustinktur	100 g
Iristinktur	2000 g
Ylang-Ylangöl Manila	5 g
Gardenia-Blütenöl, künstl.	10 g

Opoponax

Opoponax, quadruple, I

Infusion Rose	1500 g
Infusion Orange	1000 g
Infusion Veilchen	1000 g
Irisöl, konkret	2 g
Moschustinktur	150 g
Vanillin	5 g
Citral	10 g
Bergamottöl	100 g
Opoponaxöl	30 g
Rosenöl, bulgar.	10 g
Geraniumöl, afrik.	10 g
Ambrettemoschus	15 g
Geranylacetat	13 g
Alkohol	1300 g

Opoponax, quadruple, II

Infusion Rose	2500 g
Infusion Jasmin	2500 g
Infusion Tuberose	2500 g
Opoponaxöl	110 g
Lavendelöl, franz.	30 g
Benzoetinktur	400 g
Solution Iris (5 : 100)	400g
Patchouliöl	10 g
Citronenöl	120 g
Geraniol	30 g
Moschustinktur	125 g
Zibettinktur	25 g
Resinoid Olibanum	40 g

Opoponax, triple

Infusion Rose	1000 g
Infusion Orange	500 g
Infusion Veilchen	500 g
Irisöl, konkret	2 g
Moschustinktur	225 g
Vanillin	4 g
Cumarin	8 g
Citronenöl	60 g
Bergamottöl	60 g
Opoponaxöl	25 g
Rosenöl, künstl.	10 g
Geraniumöl, afrik.	10 g
Benzoetinktur	150 g
Geranylacetat	10 g
Alkohol	2000 g
Costuswurzelöl	3 g

Die Note Opoponax hat speziell in letzter Zeit wieder an Bedeutung gewonnen als Bestandteil vieler Phantasieparfums.

Essenz Opoponax I

Resinoid Opoponax	25 g
Resinoid Castoreum	5 g
Resinoid Labdanum	10 g
Patchouliöl	1,5 g
Ambrettemoschus	10 g
Ketonmoschus	20 g
Vetiveröl	10 g
Cumarin	10 g
Rosenöl echt	1 g
Bergamottöl	40 g
Neroliöl, künstl.	2 g
Vanillin	10 g
Isobutylcinnamat	0,2 g
Aethylcinnamat	0,1 g
Perubalsam	10 g

Essenz Opoponax II

Reinoid Opoponax	25 g
Ambrettemoschus	4 g
Xylolmoschus	1 g
Ess. liquide Mousse de Chêne	10 g
Cumarin	2 g
Patchouliöl	1 g
Santalylacetat	4 g
Benzylcinnamat	5 g
Benzylbenzoat	20 g
Perubalsam	2 g

Orchideenduft

Infusion Veilchen	1000 g	Iristinktur	1000 g
Infusion Jasmin	3000 g	Ylang-Ylangöl, Manila	25 g
Vanillin	3 g	Neroli, künstlich	20 g
Ambrettmoschus	15 g	Aubépine, liq.	10 g
Moschustinktur	120 g	Amylsalicylat	30 g
Zibettinktur	50 g	Jasmin, künstl.	50 g

Extrait Orchidée Royale

Jasmin liq. (A)	18 g	Cumarin	0,5 g
Orangenblüte liq. (A)	8 g	Vanillin	2 g
Jonquille liq. (A)	3 g	Solution Patchouli (5:100)	3 g
Rose liq. (A)	5 g	Eichenmoostinktur	30 g
Ylang-Ylang, Manila	50 g	Ketonmoschuslösung	50 g
Amylsalicylat	20 g	Ambrettemoschuslösung	20 g
Anisaldehyd	5 g	Moschustinktur	75 ccm
Heiko-Hyacinthe Nr. 855	3 g	Ambratinktur	25 ccm
Citronenöl	30 g	Vanilletinktur	50 ccm
Heiko-Jasmin	25 g	Tonkatinktur	30 ccm
Terpineol, extra	50 g	Castoreumtinktur	40 ccm
Hydroxycitronellal	5 g	Alkohol	6200 ccm
Heliotropin	6 g	Wasser	300 ccm
Guajakholzöl	40 g		
Solution Iris	8 g		

Orientalisches Parfum (Essence orientale)

Essenz Nr. 1		Essenz Nr. 2	
Bergamottöl	300 g	Linalool	50 g
Hydroxycitronellal	20 g	Ambrettemoschus	20 g
Ylang-Ylangöl	20 g	Resinoid Opoponax	85 g
Heliotropin	8 g	Bergamottöl	80 g
Vanillin	18 g	Resinoid Eichenmoos	45 g
Linalool	20 g	Patchouliöl	2 g
Anisaldehyd	10 g	Lavendelöl	15 g
Santalylacetat	15 g	Vetiveröl	10 g
Lavendelöl	8 g	Rosenöl, künstl.	30 g
Resinoid Eichenmoos	35 g	α-Amylzimtaldehyd	18 g
Resinoid Tonka	15 g	Benzylbutyrat	18 g
Ambra, künstl., konkret	50 g	Orangenblüte, künstl.	12 g
Patchouliöl	2 g	Santalylacetat	10 g
Vetiveröl	3 g	Ambra, künstl., flüssig	15 g
Methylanthranilat	40 g	Aethylcinnamat	2 g
Mandarinenöl	15 g	Benzylcinnamat	15 g
Ambrettemoschus	8 g	Benzylbenzoat	75 g
Aldehyd C. 10	0,5 g		
Aldehyd C. 8	0,2 g		
Benzylcinnamat	10 g		
Benzylbenzoat	30 g		

Patchouli, rosé, triple

Alkohol	1000 g	Cumarin	1 g
Patchouliöl	5 g	Bergamottöl	10 g
Rosenöl, bulgar.	1,5 g	Jonon	0,5 g
Geraniumöl, Bourbon	1 g	Bittermandelöl	0,3 g
Neroliöl	2 g	Ambratinktur	20 g
Vanillin	0,5 g		

Peau d'Espagne

Infusion Orange	4000 g	Sandelöl, ostindisch	10 g
Infusion Cassie	4000 g	Citronenöl	20 g
Bergamottöl	200 g	Ketonmoschus	15 g
Linaloeöl	60 g	Zibet, künstl.	5 g
Vetiveröl, Java	15 g	Cumarin	2 g
Irisöl, konkret	10 g	Moschustinktur	150 g
Moschustinktur	100 g	Zibettinktur	150 g
Tolutinktur	200 g	Castoreumtinktur	75 g
Birkenteeröl, hell	30 g	Castoreum, künstl., *L. G.*	6 g

Peau d'Espagne

Cassieblütenöl, absol.	50 g	Birkenteeröl, hell	50 g
Sandelholzöl, ostindisch	100 g	Zibettinktur	300 g
Bergamottöl	200 g	Tolutinktur	1000 g
Moschustinktur	600 g	Vetiveröl	40 g
Castoreumtinktur	100 g	Alkohol	10000 g

Pelargonia

Alkohol	10 000 g	Infusion Mousse de chêne concrète (1 : 100)	1100 g
Rote Rose, künstl.	50 g	Bergamottöl	25 g
Geraniumöl	500 g	Moschus, künstl. (Keton)	15 g
Eugenol	35 g	Neroliöl, künstl.	10 g
Vanillin	12 g	Benzoetinktur	190 g

Pensée (Viola tricolor)

Infusion Tuberose	2000 g
Infusion Rose	2000 g
Penséeöl, *N. & C.*	70 g
Grisambren, *N. & C.*	2 g
Ylang-Ylangöl, *Sartorius*	3 g
Citronenöl	8 g
Zibet, künstl.	3 g
Neroliöl, echt	4 g
Moschustinktur	50 g
Benzoetinktur	60 g
Vanillin	2 g

Pervenche de Chine

Infusion Capucine	1000 g
Infusion Tuberose	1500 g
Infusion Rose	2000 g
Infusion Jasmin	1600 g
Moschustinktur	500 g
Neroliöl, künstl., *Sch. & C.*	5 g
Irisöl, konkret	20 g
Heiko-Rose	30 g
Hyazinthenöl, künstl.	3 g
Vetiveröl, Java	10 g
Benzoetinktur	100 g
Linalool	12 g

Pivoine (Pfingstrose)

Infusion Rose	1500 g
Infusion Jasmin	500 g
Infusion Veilchen	500 g
Infusion Orange	500 g
Moschustinktur	100 g
Ambrettemoschus	5 g
Span. Geraniumöl	40 g
Rosenöl, bulgar.	10 g

Bouquet Pompeji

Infusion Cassie	1000 g
Rosenöl, echt	5 g
Benzoetinktur	200 g
Ambrettemoschus	5 g
Vanillin	2 g
Bergamottöl	30 g
Olibanumöl	10 g
Infusion Orange	500 g

American Poppy

Rose liq. (A)	10 g	Ketonmoschuslösung	30 g
Orangenblüte liq.	3 g	Ambrettemoschuslösung	10 g
Amylsalicylat	150 g	Solution Iris	8 g
Purpurnelke *Sch. & C.*	18 g	Eichenmoostinktur	45 g
Ylang-Ylang	20 g	Tonkatinktur	300 ccm
Rosenöl, bulgar.	10 g	Castoreumtinktur	75 ccm
Zibet, künstl.	2 g	Moschustinktur	75 ccm
Resinoid Styrax	3 g	Alkohol	4 l

Red Poppy

Jasmin liq.	5 g	Resinoid Styrax	5 g
Rose liq.	10 g	Eichenmoostinktur	60 g
Orangenblüte liq.	5 g	Ketonmoschuslösung	40 g
Amylsalicylat	170 g	Patchouliöl	0,5 g
Purpurnelke *Sch. & C.*	15 g	Trèfle comp.	10 g
Ylang-Ylang	25 g	Tonkatinktur	300 ccm
Cumarin	3 g	Nelkentinktur	125 ccm
Vanillin	1 g	Tolutinktur	300 ccm
Rosenöl, bulgar.	5 g	Moschustinktur	50 ccm
Rosenöl, künstl.	15 g	Castoreumtinktur	50 ccm
Zibet, künstl.	2,5 g	Alkohol	3,5 l

Reseda triple (alte Vorschrift)

Infusion de Jasmin	1800 g	Iristinktur	800 g
Infusion de Tubéreuse	1800 g	Moschustinktur	150 g
Infusion de Violette	1500 g	Nelkenöl	18 g
Infusion de Reseda	1500 g	Sandelöl, ostindisch	3 g
Infusion de Rose	1500 g	Perubalsam	50 g
Extrait Geranium triple	1500 g		

Reseda-Bukett

Alkohol	10 500 g	Sandelholzöl, ostindisch	3 g
Konkretes Irisöl	5 g	Perubalsam	50 g
Moschustinktur	50 g	Resedablütenöl, künstl.	140 g
Moschus, Keton	1 g	Jasminöl, künstl.	40 g
Nelkenöl	2 g	Rosenöl, echt	5 g

Reseda

Alkohol	9000 g	Moschustinktur	100 g
Geraniumöl	20 g	Perutinktur	100 g
Bergamottöl	40 g	Resedablütenöl, künstl.	80 g
Iristinktur	500 g	Jasminöl, künstl.	10 g

Safranor[1]

Infusion Jasmin	4000 g	Bourbonal, *H. & R.*	20 g
Infusion Rose	3000 g	Cumarin	5 g
Iristinktur	1000 g	Bergamottöl	15 g
Moschustinktur	100 g	Patchouliöl	40 g
Eichenmoostinktur	1000 g	Isoeugenol	10 g
Heliotropin	200 g	Rosenöl, künstl., *Fl.*	80 g

Sandelholz (Sandalwood)

Alkohol	2500 g	Extrait Bergamotte, triple	300 g
Geraniumöl	30 g	Cumarin	10 g
Sandelholzöl, ostindisch	80 g	Moschustinktur	0 g
Patchouliöl	5 g	Infusion Orange	50 g
Infusion Veilchen	300 g		

Santosa

Alkohol	5000 g	Bergamottöl	150 g
Ess. liq. Cassie	10 g	Rosenöl, echt	30 g
Ess. liq. Rose	80 g	Eichenmoostinktur	100 g
Ess. liq. Jasmin	80 g	Cumarin	15 g
Ess. Ambrette concrète	5 g	Tolutinktur	100 g
Nelkenöl	15 g	Methylacetophenon	10 g
Vetiveröl	15 g	Ketonmoschus	15 g

[1] Dieser Name ist der Firma *Piver* in Paris geschützt.

Stephanotis

Infusion Tuberose	1000 g	Heliotropin	15 g
Infusion Veilchen	1000 g	Cumarin	5 g
Infusion Jonquille	1000 g	Rosenöl, echt	5 g
Infusion Jasmin	1000 g	Oeillet, absol.	10 g
Infusion Rose	800 g	Perutinktur	100 g
Iristinktur	1000 g	Moschustinktur	50 g
Geranylacetat	20 g		

Sweet Pea (Pois de Senteur, duftende Erbsen), sind die bekannten Papilionaceen, die in weißen, rosa, roten und blauen Blüten auch bei uns vorkommen. Ihr Duft ist ein äußerst lieblicher, aber im allgemeinen wenig beachteter. Blühende Erbsenanpflanzungen strömen besonders am Abend einen sehr feinen, an Heliotrop und Hyazinthen erinnernden Duft aus, der jedoch häufig anderen in der Nähe stehenden Blumen zugeschrieben wird.

Besonders die englischen Parfumeure haben den Erbsenblütenduft aufgegriffen und das Parfum Sweet Pea in England seinerzeit zu einem Modeparfum gemacht.

Sweet Pea

Infusion Jonquille	2000 g
Infusion Jasmin	5000 g
Phenylacetaldehyd	45 g
Heliotropin	260 g
Rosenöl, echt	8 g
Moschustinktur	300 g
Jonon	3 g
Terpineol	250 g
Aubépine liq.	45 g
Vanillin	15 g
Infusion Tuberose	2000 g
Neroliöl, echt	30 g
Bergamottöl	120 g

Pois de Senteur

Tinktur Jonquille	6000 g
Infusion Rose	1000 g
Heliotropin	80 g
Phenylacetaldehyd	10 g
Aubépine liq.	80 g
Terpineol	140 g
Hydroxycitronellal	25 g
Cumarin	5 g
Ambrettemoschus	4 g
Isoeugenol	5 g

Essenz Sweet Pea I

Aurantiol	15 g	Heliotropin	5 g
Methylanthranilat	3 g	Benzophenon	5 g
Benzylacetat	6 g	Isobutylphenylacetat	5 g
α-Amylzimtaldehyd	5 g	Tolubalsam	1 g
Benzylidenaceton	5 g	Vanillin	1 g
Bergamottöl	10 g	Ess. absol. Jasmin	3 g
Phenylacetataldehyd 50%	2 g	Jasmin, künstl.	2 g
Ketonmoschus	1 g	Perubalsam	1 g

Essenz Sweet Pea II

Bergamottöl	30 g	Phenylacetaldehyd 50%	10 g
Heliotropin	40 g	Isobutylphenylacetat	12 g
Hydroxycitronellal	20 g	Tolubalsam	6 g
Jasmin, künstl.	20 g	Perubalsam	4 g
Orangenblüte, künstl.	20 g	Rosenöl, künstl.	10 g
Benzylidenaceton	15 g	Methylanthranilat	3 g
Ketonmoschus	3 g	Terpineol	75 g
Vanillin	0,5 g		

Tabak.

CARON Paris hat mit seinem Parfüm Tabac Blond einen neuen Parfumtyp geschaffen, der großen Anklang gefunden hat. Das Parfum Tabac gibt den köstlichen-würzig Geruch des präparierten türkischen Tabaks wieder.

Nachstehend eine Vorschrift für eine Komposition in diesem Genre.

Essence Tabacine

Resinoid Tonka	50 g	Labdanumöl	10 g
Dimethylhydrochinon	5 g	Resinoid Castoreum	5 g
Bergamottöl	200 g	Ketonmoschus	30 g
Sandelöl, ostindisch	60 g	Ambrettemoschus	20 g
Zimtalkohol	75 g	Vanillin	20 g
Ambra, künstl., konkret	50 g	Cumarin	160 g
Methyljonon	50 g	Muskateller Salbeiöl	100 g
Rosenöl, echt	5 g	Essenz Chèvrefeuille	5 g
Rosenöl, künstl.	25 g	Birkenteeröl, rektif.	20 g
Ess. absol. Jasmin	15 g	Ambra, künstl., konkret	25 g
Ess. absol. Rose	35 g	Linalool	25 g
Ess. absol. Orangenblüte	10 g	Hydroxycitronellal	100 g
Phenylessigsäure	10 g	Linalylcinnamat	1 g
Methylphenylacetat	10 g	Isobutylcinnamat	1 g
Irisöl, konkret	5 g		

Extrait Tabac Turc

Ess. absol. Jonquille	2 g	Vanilletinktur	25 g
Ess. absol. Jasmin	3 g	Castoreumtinktur	15 g
Essence Tabacine	75 g	Moschustinktur	35 g
Tonkatinktur	100 g	Alkohol	1 l

Tuberose

Infusion Tuberose	3500 g
Tuberoseblütenöl, künstl.	10 g
Vanillin	5 g
Moschustinktur	150 g
Benzoetinktur	50 g
Ylang-Ylangöl, künstl.	15 g
Cumarin	10 g
Neroliöl, künstl.	15 g
Jasmin, künstl.	40 g
Ambrettemoschus	10 g
Methylanthranilat	10 g
Ambra, künstl.	10 g
Rosenöl, bulgar.	15 g
Heliotropin	8 g
Vanilletinktur	100 g

Waldduft

Tinktur Jasmin	3000 g
Tinktur Cassie	1000 g
Tinktur Rose	2000 g
Cumarin	60 g
Heliotropin	25 g
Vanillin	40 g
Wacholderbeeröl	20 g
Bornylacetat	20 g
Moschustinktur	150 g
Bergamottöl	50 g
Tolutinktur	150 g
Resinoid Eichenmoos	25 g
Ambrettmoschus	40 g
Alkohol	500 g

Verveine

Alkohol	3500 g	Resinoid Olibanum	10 g
Rosenöl, künstl.	5 g	Citronenöl	5 g
Vanillin	5 g	Irisöl, konkret	3 g
Ess. Verveine (Verbenaöl, franz.)	45 g	Isoeugenol	2 g
Benzoetinktur	60 g	Rosenwasser	500 g
		Moschustinktur	60 g

Waldmeister

Infusion Rose	1000 g
Infusion Jasmin	3000 g
Infusion Orange	1000 g
Cumarin	140 g
Heliotropin	100 g
Vanillin	20 g
Rosenöl, echt	20 g
Moschustinktur	100 g
Perubalsamtinktur	100 g
Aubépine liq.	5 g
Tonkatinktur	250 g

Vetiver

Alkohol	3000 g
Vetiveröl, Java	65 g
Jasminöl, künstl.	5 g
Vanillin	10 g
Rosenöl, künstl.	5 g
Zibettinktur	40 g
Tolutinktur	50 g
Patchouliöl	5 g
Sandelöl, ostindisch	12 g
Resinoid Mousse de chêne	5 g
Ambra W., *Sch. & C.*	10 g
Moschustinktur	120 g

Weißdorn

Infusion Tuberose	1000 g
Infusion Jasmin	1000 g
Infusion Orange	500 g
Infusion Cassie	250 g
Zibettinktur	100 g
Benzoetinktur	40 g
Aubépine	3 g
Neroliöl, künstl.	3 g
Heliotropin	5 g

Xylopia

Infusion Jasmin	5000 g
Infusion Rose	2000 g
Vanillin	10 g
Infusion Orange	3000 g
Cassieblütenöl, künstl.	35 g
Moschustinktur	100 g
Bergamottöl	80 g
Vetiveröl, Java	5 g
Cumarin	3 g
Tolutinktur	240 g
Alkohol	2000 g

Ylang Ylang, quadruple

Infusion Jasmin	1500 g
Infusion Tuberose	1500 g
Infusion Veilchen	500 g
Solution Iris (1 : 1000)	1500 g
Vanillin	5 g
Moschustinktur	30 g
Ambratinktur	200 g
Zibettinktur	60 g
Rosenöl, echt	10 g
Ylang-Ylangöl, *Sartorius*	85 g
Jasminöl, absol.	15 g

Ylang Ylang

Infusion Rose	3000 g
Infusion Jasmin	4000 g
Benzoetinktur	150 g
Moschustinktur	30 g
Bittermandelöl, echt	3 g
Ylang-Ylangöl, Manila	120 g
Jasmin, künstl.	25 g

Serie der klassischen Extraits.

In dieser Serie sollen hauptsächlich die gebräuchlichsten Blumengerüche besprochen werden, wie sie in mittlerer Konzentration für Durchschnittsqualitäten hergestellt werden.

Flieder

Wir bringen zunächst einige alte Vorschriften nach Mann, bemerken aber gleich, daß die modernen Fliederextraits viel raffinierter aufgefaßt sind und uns heute eine Menge spezieller künstlicher Riechstoffe zur Wiedergabe des Fliedergeruches zur Verfügung stehen, die es ermöglichen, viel natürlichere Effekte zu erzielen.

Fliederodeur

Man läßt es am besten ungefärbt, da viel über leichtes Abfärben des lila getönten Fliederextraits geklagt worden ist.

I.	Infusion Jasmin	10 000 g
	Terpineol	200 g
	Vanillin	10 g
	Moschustinktur	200 g
	Benzoetinktur	200 g
	Maiglöckchen, künstl.	150 g
	Heliotropin	25 g
	Ylang-Ylangöl, Manila	25 g

II.	Terpineol	150 g
	Maiglöckchen, künstl.	50 g
	Heliotropin	5 g
	Ylang-Ylang, Bourbon	30 g
	Infusion Rose	8000 g
	Infusion Jasmin	2000 g
	Moschustinktur	200 g
	Benzoetinktur	200 g

Flieder, quadruple

Terpineol	40 g
Heliotropin	25 g
Ylang-Ylangöl, Manila	5 g
Fliederblütenöl, *Heiko* Nr. 830	240 g
Infusion Jasmin	1000 g
Infusion Rose	700 g
Zibettinktur	40 g
Alkohol	3900 g

Lilas fleuri

Infusion Jasmin	7000 g
Infusion Tuberose	5000 g
Infusion Rose	5000 g
Terpineol	200 g
Ylang-Ylangöl, Manila	30 g
Moschustinktur	150 g
Linalool	30 g
Vanillin	20 g
Muguet, künstl.	50 g
Benzoetinktur	150 g
Jonon	20 g

Dieses Parfum kann man leicht gelblich färben oder aber auch ihm einen leicht lila Ton geben, doch ist dieser, wie schon bemerkt, nicht bei allen Käufern beliebt. Ganz wasserhell lasse man die Parfume aber lieber nicht, denn in dieser Nuance sprechen sie zu wenig an. Durch die in obiger Vorschrift gegebene Menge der Benzoeintinktur wird jedoch dem Parfum bereits eine Farbnuance gegeben, die wohl genügen dürfte, so daß sich weitere Farbezugaben erübrigen werden.

Moderne Fliederextraits.

Die moderne Parfumerie besitzt zur Wiedergabe des Fliedergeruches eine ganze Anzahl von künstlichen Riechstoffen, die zu MANNS Zeiten noch unbekannt waren oder dem Parfumeur nur unter Phantasienamen oder als komplexe Gemische angeboten wurden, bzw. zugänglich waren.

Hier sind zu nennen Hydroxycitronellal, Dinnethylbenzylcarbinol, Hydrozimtaldehyd, Jasminaldehyd (α-Amylzimtaldehyd) u. a.

Lilas de France

Terpineol	275 g
Dimethylbenzylcarbinol	25 g
Hydroxycitronellal	200 g
Ylang-Ylangöl, Bourbon	25 g
Jasmin, künstl.	65 g
Jasmin, absol., echt	25 g
Tuberose, absol., echt	5 g
Heliotropin	100 g
Isoeugenol	5 g
Vanillin	18 g
Cumarin	4 g
Anisaldehyd	80 g
Anisalkohol	10 g
Rosenöl, bulgar	10 g
Neroliöl, künstl.	5 g
Phenylacetaldehyd	7 g
α-Amylzimtaldehyd	3 g
Hydrozimtaldehyd	2 g
Resinoid Benzoe	15 g
Resinoid Tolu	20 g
Moschustinktur	400 g
Ambratinktur	150 g
Vanilletinktur	250 g
Alkohol	10 l

Lilas de Versailles

Lilas VII, *L. G.*	200 g
Rose liq., Ser. A	8 g
Orangenblüten liq. (A)	8 g
Tuberose liq. (A)	16 g
Hydroxycitronellal	10 g
Guajakholzöl	40 g
Ketonmoschuslösung	40 g
Maiglöckchen, künstl.	8 g
Iristinktur	500 ccm
Vanilletinktur	100 ccm
Zibettinktur	50 ccm
Alkohol	4350 ccm
Wasser	400 ccm

Lilas de Perse

Heliotropin	10 g
Heiko-Flieder Nr. 830	40 g
Terpineol	22 g
Bromstyrol	0,6 g
Isoeugenol	1,5 g
Anisaldehyd	1,5 g
Ylang	0,5 g
Rosenöl, bulgar.	1 g
Jasmin liq. (A)	4 g
Tuberose liq. (A)	3 g
Orangenblüten liq. (A)	5 g
Ketonmoschuslösung	30 g
Iristinktur	100 ccm
Alkohol	1500 ccm

Königsflieder

Infusion Tuberose	50 g
Infusion Jasmin	120 g
Infusion Rose	50 g
Infusion Orange	20 g
Kosmoflor-Flieder Nr. 3132, *Sch. & C.*	85 g
Jasmin, künstl.	10 g
Ambrettemoschus	3 g
Ketonmoschus	2 g
Benzoetinktur	75 g
Vanilletinktur	25 g
Moschustinktur	15 g
Ambratinktur	10 g
Alkohol	750 g

Edelflieder

Infusion Tuberose	60 g
Infusion Jasmin	100 g
Infusion Rose	50 g
Heliotropin	5 g
Ylang-Ylangöl	5 g
Phenylacetaldehyd	1,5 g
Rosenöl, bulgar.	3 g
Lilas VII. *L. G.*	100 g
Ambrettemoschus	4 g
Ambra W., *Sch. & C.*	3 g
Vanilletinktur	20 g
Tonkatinktur	25 g
Benzoetinktur	50 g
Moschustinktur	25 g
Ambratinktur	25 g
Zibettinktur	25 g
Alkohol	850 g

Essence Lilas (einfache Essenzen)

1. Terpineol	35 g
Hydroxycitronellal	15 g
Heliotropin	5 g
Jasmin kstl.	5 g
Zimtalkohol	10 g
Rosenöl kstl.	12 g
Phenyläthylalkohol	5 g
Phenylacetaldehyd 50%	4 g
Anisaldehyd	6 g
Ketonmoschus	2 g
Sandelöl ostind.	1 g
Isoeugenol	1 g
Ylang-Ylangöl	1 g
Linalool	2 g
Perubalsam	1 g

2. Terpineol	60 g
Dimethylbenzylcarbinol	8 g
Hydroxycitronellal	10 g
Jasmin künstl.	12 g
Heliotropin	5 g
Phenylacetaldehyd 50%	5 g
Rosenöl künstl.	5 g
Bergamattöl	2 g
Ylang-Ylangöl	2 g
Ketonmoschus	2 g
Resinoid Styrax	2 g
Anisaldehyd	4 g
Anisalkohol	1 g
α-Amylzimtaldehyd	2 g

Essence Lilas Extra

Terpineol	60 g	Ylang-Ylangöl	4,4 g
Jasmin kstl.	8 g	Heliotropin	3,6 g
Hydroxycitronellal	25 g	Orangenblüte, künstl.	3,6 g
Phenylacetaldehyd 50%	6 g	Isoeugenol	2,4 g
Hydrozimtaldehyd	1 g	Bergamottöl	3,6 g
Anisaldehyd	8,5 g	α-Amylzimtaldehyd	2,4 g
Dimethylbenzylcarbinol	13,5 g	Perubalsam	1,2 g
Anisalkohol	2,5 g	Ambra, künstl., flüss.	2,4 g
Mandarinenöl	4,8 g	Ess. Muguet, künstl.	2 g
Portugalöl	1,2 g	Ess. absol. Tuberose	0,5 g
		Ess. absol. Jasmin	1,5 g

Essence Lilas de Perse

Terpineol	50 g	Heliotropin	3 g
Jasmin, künstl.	2 g	Neroliöl, künstl.	1 g
Hyhroxycitronellal	6 g	Isoeugenol	0,6 g
Phenylacetaldehyd 50%	1,5 g	Bergamottöl	1 g
Hydrozimtaldehyd	0,3 g	α-Amylzimtaldehyd	0,6 g
Anisaldehyd	5 g	Perubalsam	0,3 g
Dimethylbenzylcarbinol	3,4 g	Ambra, künstl., flüss.	0,6 g
Anisalkohol	0,6 g	Ess. Muget künstl.	0,5 g
Portugalöl	1,5 g	Cumarin	3 g
Ylang-Ylangöl	1 g	Ess. absol. Jasmin	1 g
		Ess. absol. Rose	1 g

Ein gutes Fliederblütenöl ist eine äußerst wertvolle Basis für Flieder- und Blütenextraits aller Art sowie für Phantasiekompositionen.

Geranium.

Am geschätztesten ist das spanische Geraniumöl, das hauptsächlich in der Gegend von Valencia gewonnen wird. Das algerische (afrikanische) und das französische Öl sind an Qualität fast gleichwertig, während das Réunionöl, auch Geraniumöl Bourbon genannt, als die geringste Sorte zu betrachten ist. Man soll das Geraniumöl stets sofort nach Ankunft in Glasflaschen umfüllen. In den Blechkanistern nimmt das Öl auch zuweilen einen fauligen Geruch an, der sich jedoch bald wieder verliert, wenn man das Öl in flachen Schalen etwas der Luft aussetzt.

Gefülltes Geranium

Infusion Rose	10 000 g
Geraniumöl, franz.	300 g
Moschustinktur	200 g
Neroliöl, künstl.	50 g
Vanillin	50 g
Canangaöl	10 g
Benzoetinktur	100 g

Géranium du Japon

Infusion Orange	15 000 g
Infusion Jonquille	1 000 g
Geraniol	250 g
Ambrettemoschus	10 g
Linalool	50 g
Rosenöl, künstl.	20 g
Vanillin	10 g
Styraxtinktur	150 g
Portugalöl	10 g
Geraniumöl, spanisch	10 g
Geraniumöl, spanisch	10 g
Geraniumöl, afrik	25 g

Scharlach-Pelargonie

Infusion Rose	15 000 g	Mandarineöl	10 g
Geraniumöl, afrikan.	300 g	Tolutinktur	150 g
Geraniumöl, spanisch	90 g	Heliotropin	10 g
Neroliöl, künstl.	10 g	Ambrettemoschus	10 g

Heliotrop, weiß

Infusion Tuberose	1800 g	Moschustinktur	3000 g
Infusion Rose	1800 g		

Infusion Tuberose	1800 g
Infusion Rose	1800 g
Moschustinktur	3000 g
Heliotropin	180 g
Cumarin	50 g
Bittermandelöl, echt	5 g
Ketonmoschus	20 g
Vanillin	50 g
Rosenöl, echt	10 g
Ylang-Ylangöl, Manila	10 g
Benzoetinktur	300 g
Vanilletinktur	400 g
Tonkatinktur	200 g
Moschustinktur	150 g

Heliotrop, blau

Infusion Rose	2800 g
Heliotropin	100 g
Ketonmoschus	15 g
Ambrettemoschus	10 g
Bittermandelöl	6 g
Vanillin	80 g
Infusion Jasmin	2000 g
Rose, künstl.	50 g
Rosenöl, echt	5 g
Ylang-Ylangöl, Manila	15 g
Vanilletinktur	150 g
Tonkatinktur	60 g
Cumarin	50 g
Moschustinktur	80 g

Héliotrope de France

Heliotropin	100 g	Perubalsam	8 g
Infusion Jasmin	200 g	Ambra A., *Ama*	8 g
Infusion Rose	200 g	Rosenöl, künstl.	15 g
Infusion Tuberose	100 g	Rosenöl, bulgar	3 g
Infusion Cassie	50 g	Anisaldehyd	5 g
Cumarin	12 g	Vanilletinktur	80 g
Vanillin	20 g	Tonkatinktur	40 g
Bittermandelöl	2 g	Iristinktur	100 g
Bergamottöl	15 g	Moschustinktur	60 g
Ketonmoschus	12 g	Alkohol	200 g
Ambrettemoschus	15 g		

Heliotrop, triple

Heliotropin	90 g	Ambrettemoschus	10 g
Cumarin	12 g	Infusion Tuberose	400 g
Vanillin	3 g	Infusion Orange	400 g
Infusion Jasmin	1000 g	Zibettinktur	150 g
Infusion Rose	1000 g	Alkohol	2000 g
Ketonmoschus	15 g	Benzoetinktur	50 g

Essenz Heliotrop, konkret

Methylhydrocinnamat	3 g	Resinoid Tolu	3 g
Rosenöl, künstl.	4 g	Ambra, künstl., konkr.	1 g
Anisaldehyd	2 g	Phenylessigsäure	1 g
Neroliöl, künstl.	0,5 g	Ambrettemoschus	10 g
Jasmin, künstl.	2 g	Phenylacetaldehyd 50 %	2 g
Cumarin	3 g	Vanillin	30 g
Hydroxycitronellal	3 g	Heliotropin	200 g
Bittermandelöl echt	1 g	Stearin	40 g
Resinoid Tonka	1 g		

Diese Essenz ist eine ausgezeichnete Basis für Blüten- und Phantasieextraits.

Hyazinthe.

Seit bereits vielen Jahren ist man in der Parfumerie eifrig bestrebt, den herrlichen Duft der Hyazinthe nachzuahmen. Gelang dies früher nur mangelhaft, so ist dem Parfumeur seit Entdeckung des Phenylacetaldehyds (Hyazinthins) ein Körper an die Hand gegeben, mit welchem es ihm möglich gemacht ist, Hyazinthen-Odeurs herzustellen, die an naturgetreuer Wiedergabe des Wohlgeruches der Blume kaum mehr etwas zu wünschen übrig lassen.

Löst man einige Tropfen des Hyazinthins in Alkohol auf, tropft diese Lösung auf Papier und vergleicht den Geruch mit einer frisch aufgeblühten Hyazinthe, so wird der Effekt überraschend sein. Infolge der reinen, unverdünnten Beschaffenheit ist die Ausgiebigkeit eine ungewöhnlich große, da vier bis höchstens fünf Gramm, in 1 Liter Alkohol gelöst, eine vorzügliche, kräftige Basis ergeben. Das Hyazinthin ist ein hellgelbes, viskoses Öl und in allen für den Parfumeur in Betracht kommenden Flüssigkeiten löslich, namentlich auch in fettem Öl. Bei längerer Aufbewahrung, auch in wohlverschlossenem Behälter, polymerisiert sich der Phenylacetaldehyd, wobei seine geruchliche Tönung und Ausgiebigkeit leidet. In 50 %iger (am besten alkoholischer) Verdünnung ist Hyazinthe in verschlossenem Gefäß unbegrenzt haltbar. Bei der Anwendung ist hauptsächlich darauf zu achten, daß die Dosis des Zusatzes nicht zu stark bemessen wird, da das Parfum sonst, gleich demjenigen der frischen Hyazinthenblüte, die Geruchsnerven ermüdet. Je verdünnter, desto feiner und naturgetreuer ist die Wirkung des Parfums.

Man hat in letzter Zeit auch ein konkretes und absolutes Hyazinth aus Blüten hergestellt. Dieses zeigt einen prachtvollen Duft, und ist ausgezeichnet zu verwenden.

Hyazinthe

Infusion Tuberose	2000 g
Infusion Orange	2000 g
Hyazinthin	50 g
Neroliöl	5 g
Moschustinktur	20 g
Benzoetinktur	30 g
Vanilletinktur	100 g
Rosenöl, künstl.	5 g

Weiße Hyazinthe

Infusion Tuberose	2000 g
Infusion Orange	1000 g
Infusion Rose	1000 g
Infusion Jasmin	1000 g
Hyazinthin	50 g
Moschustinktur	35 g
Benzoetinktur	40 g
Vanilletinktur	140 g
Rosenöl, echt	8 g

Parfum Grande Vedette (Hyazinthe)

Infusion Orange	1000 g
Infusion Jasmin	4000 g
Hyazinthin	40 g
Rosenöl, echt	5 g
Isoeugenol	3 g
Neroliöl, echt	5 g
Petitgrainöl, franz.	2 g
Vanillin	5 g
Jonon	2 g
Muguet, künstl.	10 g
Bittermandelöl	0,3 g
Moschustinktur	45 g

Infolge seines vornehmen Duftes hat sich das „Parfum Idéal" Houbigant in vielen Kreisen Eingang und Freunde verschafft und wird auch bei den deutschen Parfumeriefabrikanten vielfach ein ähnliches Produkt verlangt.

Nur an Hand des Originales kann der Parfumeur eine möglichst ähnliche Komposition herausarbeiten, da das „Parfum Ideal" kein ausgesprochener Blumenduft, sondern eine Phantasiekomposition ist, zu der die feinsten Ingredienzien Verwendung gefunden haben. Feine Rosen- und Orangeblütenpräparate herrschen darin vor und erzeugen in Verbindung mit anderen Riechstoffen den süßen, an einen Strauß Orchideen erinnernden Duft.

Parfum Idéal

Infusion Orange	500 g	Ylang-Ylangöl	10 g
Infusion Cassie	1000 g	Methyljonon	15 g
Infusion Jasmin	1000 g	Cumarin	10 g
Infusion Rose	2500 g	Ketonmoschus	15 g
Infusion Capucine	500 g	Neroliöl, echt	15 g
Eichenmoostinktur	1500 g	Moschustinktur	200 g
Bergamottöl	40 g	Zibettinktur	80 g
Rosenöl	50 g	Vetiveröl, Java	5 g
Isoeugenol	2 g	Vanillin	30 g

Der Geruch dieser Komposition kommt dem Original sehr nahe.

Idéal extra

Infusion Rose	4300 g	Rose, künstl.	85 g
Infusion Jasmin	1000 g	Lavendelöl	25 g
Infusion Orange	1000 g	Nelkenöl	3 g
Infusion Cassie	1000 g	Ylang-Ylangöl	20 g
Vanillin	50 g	Methyljonon	20 g
Zibettinktur	100 g	Cumarin	25 g
Bergamottöl	80 g	Ambrettemoschus	30 g
Mandarinenöl	20 g	Costuswurzelöl	3 g
Neroliöl, künstl.	10 g	Alkohol	2000 g

Nachstehend noch eine Vorschrift, die ein besonders feines Idéal-Parfum ergibt.

Extrait Ideal Supra

Methyljonon	16 g	Ambrettemoschuslösung	24 g
Rosenöl, echt bulg.	8 g	Ketonmoschuslösung	30 g
Ylang-Ylangöl, Ia. Sartorius	25 g	Vetiveröl Java	2,5 g
Rosenöl, künstl.	50 g	Resinoid Myrrhe	10 g
Ess. absol. Jasmin	10 g	Solution Iris	12 g
Bergamottöl	50 g	Vanilletinktur	1000 g
Sandelöl, ostind.	30 g	Castoreumtinktur	150 g
Patchouliöl	2 g	Tonkatinktur	250 g
Styraxöl	10 g	Gewürznelkentinktur	250 g
Resinoid Labdanum, entfärbt	10 g	Moschustinkthr	150 g
Cumarin	25 g	Ambratinktur	150 g
Vanillin	25 g	Alkohol	2000 g

Der Klee (Trèfle) ist eine Pflanze, deren Blüten einen angenehmen Duft ausströmen. Man kennt bei uns allgemein 4 Sorten Klee; den Rotklee, den Weißklee, den Goldklee und den türkischen oder spanischen Klee, auch Esparsette genannt. Eine fünfte Kleeart wird bei uns in Deutschland wenig oder gar nicht angebaut und diese ist es gerade, deren Blüten am herrlichsten und stärksten duften. Es ist das der Blutder Incarnatklee, der hauptsächlich in Frankreich und Nordspanien gebaut wird. Die Pariser Parfumfabrik L. T. Piver brachte seinerzeit als erste ein Produkt in den Handel, das diesen Kleeduft in prachtvoller Art darstellt, und hatte mit dem „Trèfle incarnat" einen großen Erfolg.

Trèfle incarnat

Infusion Tuberose	5000 g	Moschustinktur	150 g
Infusion Jasmin	5000 g	Benzoetinktur	250 g
Infusion Orange	2000 g	Nelkenöl	30 g
Ylang-Ylangöl	40 g	Mitcham-Laventdelöl	20 g
Cumarin	10 g	Amylsalicylat	100 g
Vanillin	10 g	Portugalöl	100 g
Canangaöl	30 g		

Die wichtigste chemische Basis der Kleeparfums ist der Salicylsäureamylester (Amylsalicylat), das überhaupt in der Parfumerie eine wichtige Rolle spielt.

Es wurde früher auch geheimnisvoll als Trefol, Trefolia Orchidée usw. bezeichnet, heute ist dieser wichtige Ester jedem Parfumeur bekannt und wird auch nicht mehr unter Phantasiebezeichnungen sondern mit seinem richtigen Namen geliefert.

Trèfle incarnat II.

Alkohol	10 000 g	Amylsalicylat	130 g
Jasmin, künstl., *Heiko*	200 g	Vanillin	10 g
Orangenblütenöl, künstl.	30 g	Nelkenöl	15 g
Neroli, künstl.	10 g	Ylang-Ylangöl, künstl., *Sch. & C.*	50 g
Moschustinktur	200 g	Ambrettemoschus	10 g
Benzoetinktur	300 g		
Cumarin	15 g		

Trèfle blanc

Alkohol	15 000 g	Citronenöl	30 g
Cassieblütenöl, künstl.	20 g	Nelkenöl	15 g
Tuberoseblütenöl, künstl.	20 g	Cumarin	10 g
Jasminöl, künstl.	50 g	Heliotropin	10 g
Moschustinktur	250 g	Benzoetinktur	300 g
Canangaöl	50 g	Amylsalicylat	150 g
Bergamottöl	100 g		

Trèfle surfin

Rose liq. (A)	24 g	Eichenmoostinktur	60 g
Orangenblüten liq. (A)	6 g	Tonkatinktur	250 g
Amylsalicylat	100 g	Gewürznelkentinktur	100 g
Oeillet, comp.	15 g	Tolutinktur	150 g
Ylang-Ylangöl	20 g	Castoreumtinktur	100 g
Rosenöl, bulgar.	12 g	Ketonmoschuslösung	30 g
Zibet, künstl.	3,5 g	Alkohol	5000 ccm
Irislösung (50 g Iris konkret: 1 l)	12 g	Wasser	300 ccm

Trèfle incarnat III.

Infusion Rose	2000 g	Rosenöl, bulgar.	5 g
Infusion Jasmin	3000 g	Bergamottöl	50 g
Infusion Jonquille	1000 g	Ylang-Ylangöl	10 g
Infusion Tuberose	1000 g	Nelkenöl	10 g
Ambratinktur	100 g	Jonon	1,5 g
Moschustinktur	100 g	Amylsalicylat	200 g
Neroli	10 g	Benzoetinktur	300 g

Essenz Trèfle blanc

Amylsalicylat	32 g
Cumarin	5,6 g
Patchouliöl	1,2 g
Zimtaldehyd	2 g
Ketonmoschus	1 g
Xylolmoschus	0,6 g
Ambra, künstl. konkr.	1,6 g
Jasmin, künstl.	2,4 g
Ess. Chypre I	2,4 g
Essenz Fougère	2,4 g
Rosenöl, künstl.	3,5 g
Methylacetophenon	2,4 g
Citronenöl	1,6 g
Resinoid Oliban	1,2 g
Anisaldehyd	3,2 g

Essenz Trèfle II.

Amylsalicylat	80 g
Cumarin	20 g
Patchouliöl	4 g
Zimtaldehyd	5 g
Xylolmoschus	2 g
Ambrettemoschus	2 g
Resinoid Labdanum	2 g
Perubalsam	5 g
Jasmin, künstl.	8 g
Sandelöl, ostind.	2 g
Aethylcinnamat	0,5 g
Rosenöl, künstl.	40 g
Lavendelöl	6 g
Rosmarinöl	2 g
Geraniumöl, afrik.	10 g
Anisaldehyd	8 g
Methylacetophenon	6 g
Olibanöl	3 g
Citronenöl	4 g
Bergamottöl	20 g
Neroliöl, künstl.	6 g
Zimtalkohol	4 g

Auch die Essenz Trèfle ist ein vorzügliches Element für Phantasiekompositionen (Kontrast).

Die Lilie als Blume bietet auch reiche Auswahl in den verschiedenen Abarten, deren Duft bei einigen Sorten ganz wesentlich verschieden ist. Am herrlichsten duftet die von Japan eingeführte Goldbandlilie, deren weißgrundige, purpurrot gefleckte Blüten, versehen mit einem goldgelben Streifen in der Mitte jeden Blumenblattes, einen berauschend starken Duft ausströmen. Etwas kleiner ist die Funkia du Japon mit ebenfalls prachtvollem lang andauernden Dufte. Doch auch die in Südeuropa und dem Orient heimische weiße Lilie, die wir auch hier in Deutschland finden, duftet sehr fein.

Zu den Liliendüften zählen auch die Wohlgerüche der Lotosblumen, die selbst als solche nicht zu den Lilien zu rechnen sind: blauer Lotos (Japan) und der mehr bekannte weiße Lotos.

Fleurs de Lys (Weiße Lilie)

Infusion Tuberose	3000 g
Infusion Cassie	1000 g
Infusion Rose	1500 g
Infusion Jasmin	350 g
Infusion Orange	500 g
Ylang-Ylangöl	15 g
Vanillin	25 g
Echtes Bittermandelöl	1—2 g
Siam-Benzoetinktur	300 g
Rosenöl, künstl.	10 g
Heliotropin	25 g
Cumarin	5 g
Jasmin, künstl.	25 g

Reine de Lys

Infusion Tuberose	3000 g
Infusion Rose	2000 g
Infusion Jasmin	2000 g
Heiko-Lilie	200 g
Infusion Orange	500 g
Moschustinktur	80 g
Vanillin	5 g

Lys du Japon

Infusion Cassie	2200 g	Geraniumöl, afrik.	45 g
Infusion Rose	2200 g	Portugalöl	5 g
Infusion Jonquille	1000 g	Vanillin	5 g
Infusion Tuberose	150 g	Neu-Veilchen, *H. & R.*	5 g
Moschustinktur	400 g	Hyazinthin	3 g

Lotos

Infusion Rose	1000 g	Irisöl, konkret	5 g
Infusion Jasmin	3000 g	Jonon	10 g
Infusion Tuberose	1000 g	Terpineol	40 g
Vanillin	10 g	Aubépine liq.	20 g
Heliotropin	60 g	Ess. Violette Feuilles	3 g

Die moderne Parfumerie besitzt im Linalylcinnamat einen Riechstoff, der die charakteristische Note des Liliengeruches ganz vorzüglich wiedergibt und werden daher moderne Lilienparfums stets unter Verwendung dieses Esters hergestellt. Auch die Mitverwendung von Hydroxycitronellal zu modernen Lilienparfums bedeutet einen großen Fortschritt zur Erzielung wirklich natürlicher Effekte.

Lys d'Or

Infusion Orange	800 g	Cumarin	4 g
Infusion Rose	12 g	Heliotropin	6 g
Infusion Jasmin	150 g	Ambrettemoschus	5 g
Infusion Tuberose	80 g	Ketonmoschus	2 g
Infusion Cassie	25 g	Ambre W., *Sch. & C.*	5 g
Rosenöl, bulgar.	10 g	Jonon	2 g
Jasmin, künstl. *Heiko*	6 g	Vanillin	4 g
Neroli, künstl., *Sch. & C.*	4 g	Vanilletinktur	50 g
Portugalöl	5 g	Tonkatinktur	30 g
Linalylcinnamat	15 g	Tolutinktur	50 g
Hydroxycitronellal	10 g	Moschustinktur	30 g

Maiglöckchen (Muguet).

Dieser Geruch spielt in der Parfumerie eine außerordentlich wichtige Rolle, sei es als substantive Note, sei es als Bestandteil vieler Kompositionen.

Früher begnügte man sich mit einer recht primitiven Wiedergabe des Muguetgeruches durch eine Mischung von Linaloeöl, bzw. Linalool mit Ylang-Ylangöl, Terpineol usw.

Indes ist es uns erst mit der Entdeckung des Hydroxycitronellals gelungen, wirklich täuschende Nachahmungen des Maiglöckchengeruches zu schaffen.

So waren denn auch die bekanntesten Muguets neuer Richtung, die seinerzeit auf dem Riechstoffmarkt Sensation hervorriefen, im wesentlichen auf Hydroxycitronellal aufgebaut, und ist dieses Produkt auch heute, da es allgemein zugänglich geworden ist und sich nicht mehr gar so geheimnisvoll unter Phantasienamen wie Muguet Principe, Muguet Base usw. verbirgt, mit Limalool und Ylang-Ylang der wesentlichste Bestandteil aller künstlichen Maiglöckchenblütenöle des Handels.

In letzter Zeit kommt auch Hydroxycitronellal-Dimethylacetal als Maiglöckchenbasis zur Verwendung.

Hervorgehoben sei hier auch das Linalool, zugleich mit Ylang-Ylang verwendet, als Grundkörper, ebenso auch die Mitbeteiligung des Jonons an der zart blumigen Note des Maiglöckchengeruches.

Da die Essenz Muguet ein äußerst wichtiges Element für Kompositionen aller Art darstellt, geben wir nachstehend eine Sammlung einfacherer und komplizierterer Vorschriften zur Komposition von Maiglöckchen-Essenzen.

Essenz Muguet

1. Linalool	60 g	2. Hydroxycitronellal	100 g
Ylang-Ylangöl	30 g	Jonon	22 g
Terpineol	20 g	Terpineol	8 g
Methyljonon	20 g	Ylang-Ylangöl	6 g
Rosenöl, künstl.	30 g	Linalool	350 g
Hydroxycitronellal	170 g	Heliotropin	2 g
Jasmin, künstl.	5 g		

3. Hydroxycitronellal	15 g	4. Hydroxycitronellal	45 g
Rosenöl, künstl.	3 g	Dimethylbenzylcarbinol	2 g
Rosenöl, echt	1,5 g	Jonon	3 g
Ylang-Ylangöl	3 g	Rosenöl, künstl.	15 g
Irisöl, konkret	0,15 g	Zimtalkohol	5 g
Linalool	6 g	Heliotropin	1 g
Terpineol	2 g	Ylang-Ylangöl	3 g
Jonon	2 g	Jasmin, künstl.	4 g
Ess. Violette, künstl.	1 g	Irisöl, künstl.	0,3 g
Cardamomenöl	0,02 g		

Essenz Gentil Muguet

Hydroxycitronellal	35 g	Ess. absol. Jasmin	3 g
Methyljonon	5 g	Ess. absol. Rose	2 g
Terpineol	15 g	Rosenöl, künstl.	10 g
Linalool	7 g	Phenyläthylalkohol	8 g
Ylang-Ylangöl	4 g	Methylphenplacetat	0,3 g
Heliotropin	5 g	Jasmin, künstl.	0,5 g
α-Amylzimtandehyd	3 g		
Vanillin	0,5 g		

Extraits Muguet.

Als Grundlagen hierfür können wir Jasmininfussion nehmen, die besonders fein im Geruch wird, wenn wir sie zur Hälfte aus Pomaden ausgewaschen haben, zur Hälfte aus Lösung von Jasminblütenöl herstellen. Diese Mischungen haben sich als sehr glückliche herausgestellt; sie sind jedem Parfumeur zu empfehlen. Leichte Tuberoseinfusion gibt auch eine gute Grundlage ab, neben Roseninfusion usw. Nehmen wir dann etwa noch ein wenig echte Moschustinktur, so haben wir bereits alles Notwendige geleistet, aber die Vorbedingung zum Gelingen des Ganzen liegt in einem wirklich guten künstlichen Maiglöckchenblütenöl.

Maiglöckchen-Extrait

1. Infusion Jasmin	5000 g	2. Infusion Jasmin	2000 g
Maiglöckchenblütenöl, *H. & R.*	250 g	Jasminblütenöl, künstl.	40 g
Rosenöl, künstl.	25 g	Tuberosenblütenöl, künstl.	15 g
Ylang-Ylangöl	10 g	Maiglöckchenblütenöl, *H. & R.*	100 g
Rosenöl, echt	10 g	Benzoetinktur	300 g
Hydroxycitronellal	20 g	Moschustinktur	55 g
Benzoetinktur	150 g		
Tolutinktur	150 g		
Ambrettemoschus	10 g		
Moschustinktur	40 g		

Maiblume		Maiglöckchen	
Infusion Jasmin	1500 g	Alkohol	9000 g
Infusion Tuberose	500 g	Moschustinktur	100 g
Heliotropin	50 g	Jasminöl, künstl.	20 g
Vanillin	5 g	Benzostinktur	200 g
Cumarin	2 g	Vanillin	10 g
Maiglöckchenblütenöl, *H. & R.*	75 g	Ylang-Ylangöl	10 g
Terpineol	20 g	Maiglöckchenblütenöl, *Heiko*	300 g
Moschustinktur	50 g		

Muguet Idéal

Infusion Jasmin	5500 g	Terpineol	50 g
Infusion Rose	1000 g	Ylang-Ylangöl	20 g
Zibettinktur	20 g	Linalool	50 g
Vanillin	25 g	Bittermandelöl	2 g
Maiglöckchenblütenöl, *H. & R.*	100 g	Ambra W., *Sch. & C.*	5 g

Nachstehend noch zwei Vorschriften für moderne Maiglöckchenparfums.

Muguet des Bois

Ess. Violette liq. A	20 g	Irisöl, konkret, nat.	1 g
Ess. Jasmin absol	13 g	Rosenöl, bulgar.	5 g
Maiglöckchenblütenöl, *H. & R.*	280 g	Vanilletinktur	25 g
Ambra W., *Sch. & C.*	10 g	Tolutinktur	75 g
Resinoid Olibanum	15 g	Ambrettemoschus	15 g
Reisinoid Tonka	5 g	Ambratinktur	75 g
Hydroxycitronellal	5 g	Alkohol	4600 g
Ylang-Ylang, Manila	10 g	Wasser	400 g

Muguet

Veilchen liq. (A)	24 g	Moschustinktur	30 ccm
Grisambren Naef	18 g	Benzoetinktur	60 ccm
Heiko-Muguet	300 g	Tolutinktur	40 ccm
Resinoid Oliban	10 g	Iristinktur	2000 ccm
Hydroxycitronellal	5 g	Alkohol	3700 ccm
Guajakholzöl	25 g	Wasser	300 ccm
Ketonmoschuslösung	40 g		

Weiter hat in der Parfumerie die N a r z i s s e Aufnahme gefunden. Sie wird in Südfrankreich kultiviert. Durch das k ü n s t l i c h e N a r z i s s e n ö l ist die Aufmerksamkeit der Parfumeure erneut auf diese Blumen und ihren eigenartigen, starken Duft gelenkt worden.

Die Jonquille (Narcissus Jonquilla) ist eine Narzissenart, die eine besondere Geruchsnote besitzt, im allgemeinen aber viel Analogie mit der eigentlichen Narzisse aufweist. Von beiden Blüten werden Blütenextraktöle gewonnen und in der Parfumerie häufig verwendet, besonders aber eben zur Wiedergabe des Narzissengeruches, der speziell in der modernen Parfumerie eine wichtige Rolle spielt (Narcisse Noir *Caron*, Paris u. a.).

Wir besitzen heute in verschiedenen Estern der Phenylessigsäure (Phenylacetate), z. B. p-Cresolphenylacetat u. a., sowie im Acetat des p-Cresols wichtige Narzissenriechstoffe, die, falls sie in geziemend kleinen Mengen mitverwendet werden, ausgezeichnete Resultate bei Wiedergabe des Narzissen- und Jonquillegeruches ergeben.

Auch sehr gelungene künstliche Narzissen- und Jonquilleblütenöle stehen zu unserer Verfügung, um die so wichtige Narzissennote in der Parfumerie wiederzugeben.

Narcisse du Japon (Japon-Narzisse)

Infusion Jonquille	2000 g	Rosenöl, künstl.,	5 g
Infusion Jasmin	2000 g	Vanillin	5 g
Tinktur Cassie	2000 g	Hyazinthin	0,5 g
Moschustinktur	50 g	Ambrettemoschus	15 g
Narzissenöl, *Heiko*	180 g		

Jonquille, quadruple

Infusion Jonquille	2000 g
Infussion Jasmin	500 g
Infussion Tuberose	500 g
Moschustinktur	20 g
Neroliöl, künstl.	15 g
Jonquilla, *Sch. & C.*	25 g
Bourbonal, *H. & R*	5 g

Jonquille, triple

Infusion Jonquille	10 000 g
Jasminblütenöl, künstl.	20 g
Patchouliöl	2 g
Rose, künstl.	15 g
Vanillin	12 g
Jonquilla, *Sch. & C.*	120 g
Basilikumöl	5 g
Neroliöl, künstl.	5 g
Moschustinktur	100 g
Benzoe-Sumatratinktur	200 g

Narcisse d'Or

Ess. Jonquille absol., nat.	25 g
Ess. Tuberose absol., nat.	5 g
Ess. Jasmin absol., nat.	15 g
Kosmoflor-Jonquilla 3010, *Sch. & C.*	55 g
Heliotropin	10 g
Neroli, künstl.	30 g
Rosenöl, echt	5 g
Sandelöl, ostindisch	5 g
Pommeranzenöl, bitter	5 g
Mandarinenöl	3 g
Hydroxycitronellal	10 g
Citronenöl	3 g
Vanillin	5 g
Vanilletinktur	50 g
Benzoetinktur	75 g
Moschustinktur	100 g
Ketonmoschus	4 g
Alkohol	2000 g

In letzterer Zeit hat Caron, Paris mit seinem Parfum Narcisse Noir einen neuen Narcissen-Typ geschaffen, der sich großer Beliebtheit erfreut.

Nachstehend Vorschriften für eine Essenz und einen Extrait in diesem Genre.

Essence Narcinéra

Methylanthranilat	10 g	Portugalöl	20 g
Citronenöl	6 g	Ess. Chèvrefeuille, künstl.	10 g
Orangenöl, bitter	15 g	Mandarinenöl	10 g
Orangenblüte, künstl.	20 g	Jasmin, künstl.	4 g
p-Cresylacetat	2 g	Amylsalicylat	1 g
p-Cresylphenylacetat	4 g	Sandelöl, ostindisch	3 g
Isobutylphenylacetat	2 g	Ess. absol. Jonquille	5 g
Methylphenylacetat	2 g	Ess. absol. Jasmin	5 g
Isobutylcinnamat	2 g		

Extrait Narcinéra

Essence Narcinéra	80 g	Moschustinktur	40 g
Ketonmoschus	2 g	Ambratinktur	25 g
Perubalsam	1 g	Vanilletinktur	15 g
Ess. absol. Jonquille	2 g	Ambra, künstl., konkret	6 g
Ess. absol. Jasmin	2 g	Alkohol	1 l

Essence Jonquille

Essenz Royal Bouvardia	36 g	Orangenöl, bitter	1,8 g
p-Cresylacetat	0,9 g	Aethylcinnamat	0,9 g
p-Cresylphenylacetat	5,4 g	Isobutylacetat	0,9 g
Isobutylphenylacetat	5,4 g	Ambra, künstl., flüssig	3,6 g
Methylphenylacetat	3,6 g	Orangenblüte, künstl.	1,8 g
Octylformiat	3,6 g	Decylalkohol	0,9 g
Indol	0,02 g	Ess. absol. Jonquille	3 g
Perubalsam	5 g		

Nelke (Gartennelke).

Die Geruchsnote der Gartennelke spielt in der Parfumerie eine wichtige Rolle, sei es als substantive Hauptnote, sei es als wesentliche Teilnote in Phantasieparfums der verschiedensten Art.

Wir besitzen im Eugenol, bzw. dem ätherischen Öl der Gewürznelke und vor allem im Isoeugenol wichtige Hilfsmittel zur Hervorbringung dieses Geruches, der in den komplexen Gemischen durch Vanillin, Rosenkomplexe, Jasmin usw. abgetönt, entsprechend natürlich zum Ausdruck kommt, wobei auch der Kontrastwirkung des Amylsalicylats als sehr wichtig nicht zu vergessen ist, ferner gewisse pfefferartige Noten.

Im Handel finden wir auch eine ganze Anzahl komplexer künstlicher Gartennelkenöle, auch werden in Grasse natürliche Extraktöle der Gartennelke hergestellt, die ganz vorzüglich mitzuverwenden sind.

Bouquet Malmaison

Infusion Rose	2000 g	Moschustinktur	100 g
Infusion Orange	1000 g	Benzoetinktur	200 g
Infusion Cassie	1000 g	Tolutinktur	150 g
Gartennelken-Blütenöl, *H. & C.*	100 g	Pfefferöl	5 g
Infusion Jasmin	2000 g	Amylsalicylat	15 g
Bourbonal, *H. & R.*	15 g	Ketonmoschus	8 g
Isoeugenol	10 g	Ambrettemoschus	12 g

Gartennelke

Vanillin	20 g
Benzoetinktur	500 g
Purpurnelke, *Sch. & C.*	200 g
Cassieblütenöl, künstl.	15 g
Rosenöl, echt	5 g
Jasmin, künstl., *Heiko*	40 g
Tolutinktur	250 g
Amylsalicylat	10 g
Ambrettemoschus	15 g
Ketonmoschus	10 g
Alkohol	3000 g

Gefüllte Nelke

Alkohol	5000 g
Vanillin	20 g
Eugenol	50 g
Rosenöl, künstl.	10 g
Irisöl, liq., *S. & A.*	10 g
Moschustinktur	50 g
Isoeugenol	100 g
Amylsalicylat	15 g
Ketonmoschus	8 g

Oeillet Pourpre

(Moderner Gartennelkenextrait)

Ess. absol. Oeillet	25 g
Ess. absol. Jasmin	8 g
Ess. absol. Oranger	10 g
Rosenöl, bulgar.	8 g
Kosmoflor-Purpurnelke, *Sch. & C.*	110 g
Methyljonon	15 g
Amylsalicylat	15 g
Rosenöl, künstl.	15 g
Ylang-Ylangöl, Manila	5 g
Irisöl, konkret	0,6 g
Pfefferöl,	5 g
Ketonmoschus	6 g
Ambrettemoschus	4 g
Resinoid Oliban	10 g
Vanillin	15 g
Tolutinktur	250 g
Perubalsamtinktur	50 g
Vanilletinktur	100 g
Moschustinktur	120 g
Alkohol	4000 g

Oeillet de Provence

Oeillet liq. (A)	10 g
Rose liq. (A)	5 g
Orangenblüten liq. (A)	5 g
Jasmin liq. (A)	4 g
Vanillin	2 g
Purpurnelke, *Sch. & C.*	100 g
Raldéine A., *L. G.*	18 g
Amylsalicylat	18 g
Phenyläthylalkohol	20 g
Resinoid Oliban	7 g
Ketonmoschuslösung	30 g
Guajakholzöl	50 g
Plefferöl	3 g
Iristinktur	1000 ccm
Moschustinktur	100 ccm
Vanilletinktur	100 ccm
Alkohol	3600 g
Wasser	400 g

Oeillet Blanc

Rose rouge Naef	20 g
Oeillet liq. (A)	5 g
Heiko-Jasmin	18 g
Cassie liq. (A)	3 g
Rose liq. (A)	2 g
Purpurnelke, *Sch. & C.*	100 g
Raldéine A., *L. G.*	20 g
Amylsalicylat	20 g
Phenyläthylalkohol	20 g
Guajakholzöl	35 g
Ketonmoschuslösung	15 g
Pfefferöl	1 g
Vanillin	1 g
Iristinktur	500 ccm
Moschustinktur	50 ccm
Vanilletinktur	50 ccm
Resinoid Opoponax	3 g
Alkohol	3000 g

Essence Oeillet I

Isoeugenol	12 g
Eugenol	3 g
Amylsalicylat	2,4 g
Phenylacetaldehyd 50%	0,6 g
Rosenöl, künstl.	1,8 g
Ylang-Ylangöl	0,6 g
Perubalsam	0,5 g
Santalylacetat	0,4 g
Acetyl-Isoeugenol	0,6 g

Essence Oeillet II

Isoeugenol	10 g
Eugenol	8 g
Amylsalicylat	3 g
Phenylacetaldehyd 50%	0,5 g
Citronellol	2 g
Canangaöl	1 g
Phenyläthylalkohol	1 g
Santalylacetat	2 g
Methyljonon	1 g
Vanillin	0,3 g
Perubalsam	1 g

Orangenblüte (Fleurs d'Oranger).

Fleurs d'Oranger

Infusion Orange	5000 g
Infusion Rose	500 g
Neroliöl, bigar.	50 g
Orangenblütenöl, echt, absol.	50 g
Neroliöl, künstl.	150 g
Methylanthranilat	15 g
Petitgrainöl, franz.	25 g
Pomeranzenöl, bitter	5 g
Rosenöl, bulgar.	10 g
Moschustinktur	200 g
Ambratinktur	50 g
Ambrettemoschus	25 g

Orangenblütenöl, künstlich

Petitgrainöl Grasse	20 g
Phenyläthylalkohol	30 g
Linalool	80 g
Aldehyd C. 10	0,2 g
Methylanthranilat	30 g
Bergamottöl	20 g
Indol	0,05 g
Geranylformiat	5 g
Perubalsam	1 g

Neroliöl, künstlich

Aldehyd C. 9	1,5 g
Aldehyd C. 10	3 g
Phenyläthylalkohol	60 g
Linalool	450 g
Bergamottöl	60 g
Methylanthranilat	75 g
Indol	0,15 g
Geranylformiat	9 g
Decylalkohol	18 g
Petitgrainöl Grasse	450 g
Orangenöl, bitter	30 g

Rose.

Vorzügliche künstliche Rosenöle sind heute in großer Zahl im Handel und erleichtern dem Parfumeur das Arbeiten ganz erheblich, doch kommt dem echten bulgarischen Rosenöl und dem französischen Extraktrosenblütenöl immer noch ein hervorragender Platz bei feinen Rosenparfums zu, was nicht einen Augenblick verkannt werden darf.

Bekannt sind die vorzüglichen künstlichen Rosenöle vieler Firmen, so z. B. von Schimmel & Co. in Miltitz, Rosenöl, künstlich, Rosanor und Rote Rose, ferner die vorzüglichen Rosenprodukte der Firmen L. Givaudan und Naef & Co. in Genf wie „Rote Rose“, „Maréchal Niel-Rose“ und „Rose blanche“, sowie die ausgezeichnet guten Rosenöle der Fa. Heine & Co., die alle den Duft der Rose in einer frappanten Naturtreue wiedergeben.

Rose Maréchal Niel

Infusion Rose	10 000 g
Rosenöl, echt	10 g
Tolutinktur	150 g
Moschustinktur	40 g
Neroliöl, künstl.	30 g
Nelkenöl	2 g
Tuberose, künstl.	10 g
Vanillin	1 g
Cumarin	0,5 g

Rose Eglantine

Infusion Rose	4000 g
Infusion Orange	1000 g
Ambra W., *Sch. & C.*	5 g
Rote Rose, *Heiko*	140 g
Ylang-Ylangöl, Mayotte	6 g
Benzoetinktur	440 g
Edeltannenöl	1 g

Moosrose

Infusion Rose I	10 000 g
Heiko-Rose M	70 g
Ambrettemoschus	10 g
Cumarin	2 g
Eichenmoostinktur	2 000 g
Vanillin	3 g
Benzoetinktur	150 g

Rose Malmaison

Infusion Rose	6000 g
Infusion Tuberose	500 g
Rose Malmaison, *L. G.*	100 g
Rosenöl, echt	10 g
Tolutinktur	150 g
Moschustinktur	50 g
Cumarin	5 g

Rote Rose

Infusion Rose	10 000 g
Heiko-Rose R.	65 g
Zibettinktur	40 g
Phenyläthylalkohol	30 g
Benzoetinktur	140 g
Heliotropin	5 g
Hyazinthin	2 g

Rose, weiße

Infusion Rose	6000 g
Patchouliöl	3 g
Geraniumöl	10 g
Rosenöl, künstl. *Sch. & C.*	15 g
Linalool	5 g
Bergamottöl	10 g
Benzoetinktur	100 g

Rose de Schiras

Alkohol	9000 g
Rose synthétique, *Ama*	200 g
Tolubalsamtinktur	110 g
Neroli, künstl.	5 g
Ambrettemoschus	12 g
Vanillin	2 g

Soleil d'or (sehr beliebtes Rosenparfum)

Infusion Rose	5000 g
Infusion Tuberose	2000 g
Rose, künstl., *Sch. & C.*	50 g
Neroliöl, echt	10 g
Vanillin	5 g
Moschustinktur	50 g
Ylang-Ylangöl	1 g

Rosiris

Infusion Rose	8500 g
Solution Rosenöl	550 g
Rosenöl, künstl., *Heiko*	25 g
Benzoetinktur	50 g
Linaloeöl	10 g
Moschustinktur	100 g
Vanillin	10 g
Irisöl, konkret	80 g
Bergamottöl	20 g

Teerose

Infusion Rose	10 000 g
Heiko-Rose T	200 g
Tolutinktur	150 g
Moschustinktur	40 g
Vanillin	1 g
Heliotropin	3 g
Neroliöl, echt	2 g
Guajakholzöl	50 g

Moderne Rosenparfums.

Der moderne, sachkundige Parfumeur verläßt sich nicht mehr so bedingungslos auf fertige Rosenkompositionen, er weiß, daß er aus Geraniol, Rhodinol, Citronellol, Phenyläthylalkohol, gutem Geraniumöl usw. recht gute Rosenölersatzprodukte herstellen kann, namentlich wenn er einen entsprechenden Prozentsatz echtes Rosenöl mitverarbeitet und mit Aldehyden (C 8, C 9, C 10 usw.) bukettiert.

Nichtsdestoweniger kommt den obenerwähnten vorzüglichen Rosenöl-Ersatzprodukten des Handels stets große Bedeutung zu. In modernen Rosenextraits macht man auch von der Wirkung des Jonons und Methyljonons Gebrauch, die die Rosennote stark hervorheben und süßer machen.

Nachstehend werden zunächst einige Vorschriften zur Herstellung künstlicher Rosenöle (Essenzen) gegeben werden.

Rosenöl, künstlich I. (Basis)

Citronellol	400 g
Geraniol	400 g
Phenyläthylalkohol	200 g
Aldehyd C. 8 (10% Lösung)	10 g
Eugenol	1 g
Citral	1 g
Rosenöl, echt	80 g

Rosenöl, künstlich II.

Geraniol	40 g
Citronellol	20 g
Geraniumöl, afrik.	10 g
Phenyläthylalkohol	20 g
Jonon	20 g
Aldehyd C. 10	0,3 g
Aldehyd C. 8	0,2 g
Rosenöl, echt	5 g
Irisöl, künstl.	2 g
Hydroxycitronellal	8 g
Phenyläthylbutyrat	3 g
Patchouliöl	0,3 g

Rosenöl, künstlich III.
(Rose de France)

Geraniol	200 g
Citronellol	100 g
Geraniumöl, afrik.	100 g
Phenyläthylalkohol	100 g
Adelhyd C. 10	1 g
Aldehyd C. 8	0,3 g
Neroliöl, künstl.	10 g
Jonon	50 g
Citral	10 g
Citronenöl	10 g
Phenylacetaldehyd 50 %	20 g
Geranylacetat	70 g
Phenyläthylbutyrat	10 g
Rosenöl, echt	10 g
Sandelöl, ostind.	30 g
Geranylformiat	20 g
Jasmin, künstl.	10 g
Perubalsam	5 g

Rose de Perse

(Exotische Phantasierose mit starker Patchoulinote)

Geraniumöl, afrik.	25 g	Resinoid Benzoe	3 g
Geraniol	20 g	Resinoid Styrax	4 g
Phenyläthylalkohol	5 g	Jonon	5 g
Linalool	2 g	Hydroxycitronellal	0,5 g
Cumarin	1 g	Aldehyd C. 10	0,02 g
Vetiveröl	8 g	Ketonmoschus	1 g
Bergamottöl	12 g	Rosenöl, echt	2 g
Sandelöl, ostind.	3 g	Patchouliöl	7 g

Dieser Rosentyp ist besonders in den südamerikanischen Ländern beliebt.

Extraits.

Rose Blanche

Ess. absol. Rose, nat.	50 g	Irisöl, konkret	0,4 g
Ess. absol. Jasmin, nat.	5 g	Patchouliöl	0,5 g
Rote Rose, künstl., *Sch. & C.*	175 g	Guajakholzöl	20 g
Muguet, künstl., *H. & R.*	75 g	Ketonmoschus	5 g
Raldéine A., *L. G.*	40 g	Alkohol	4000 g
Hydroxycitronellal	10 g	Benzoetinktur	200 g

Rose Royale

Cassie liq., Ser. A	12 g	Resinoid Myrrhe	10 g
Rose liq., Ser. A	20 g	Ketonmoschuslösung	50 g
Rose rouge, *Heiko*	100 g	Guajakholzöl	40 g
Rose blanche R. (Roure)	70 g	Maiglöckchen, künstl.	5 g
Rosenöl, bulgar.	15 g	Iristinktur	600 g
Phenyläthylalkohol	100 g	Alkohol	5000 g
Methyljonon	25 g	Moschustinktur	50 g
Hyazinth 855, *Heiko*	5 g	Wasser	400 g

Rose Centifolia

Rose liq., Ser. A	25 g
Cassie liq., Ser. A	5 g
Jasmin liqs, Ser. A	10 g
Rose rouge *L. G.*	150 g
Rose blanche R.	50 g
Methyljonon	25 g
Rosenöl, bulgar.	25 g
Resinoid Myrrhe	10 g
Resinoid Oliban	5 g
Ketonmoschuslösung	40 g
Patchouliöl	1 g
Rose blanche, künstl.	50 g
Maiglöckchen, künstl.	5 g
Vanilletinktur	50 g
Moschustinktur	50 g
Ambratinktur	100 g
Iristinktur	600 g
Alkohol	5000 g
Wasser	400 g

Rose de France

Rosenöl, bulgar.	50 g
Ess. absol. Rose, nat.	25 g
Ess. absol. Jasmin, nat.	15 g
Raldéine A., *L. G.*	75 g
Geraniumöl, franz.	50 g
Rosanor, *Sch. & C.*	50 g
Rote Rose, *Heiko*	70 g
Ketonmoschus	6 g
Patchouliöl	0,3 g
Phenyläthylalkohol	5 g
Phenyläthylbutyrat	2 g
Geranylacetat	6 g
Vanilletinktur	25 g
Tonkatinktur	15 g
Benzoetinktur	250 g
Moschustinktur	25 g
Ambratinktur	75 g
Alkohol	4500 g

Veilchen (Violette).

Ein Übelstand hat sich durch die reichliche Verwendung von Jonon herausgebildet. Dem großen Publikum ist der wirkliche Veilchengeruch verlorengegangen und gar viele halten ein wirklich feines Veilchenodeur für minderwertig, weil es nicht so sehr und plötzlich auf die Geruchsnerven fällt, wie die Jononpräparate.

Es wird wohl schon einem jeden Parfumeur aufgefallen sein, daß frisch gepflückte, aufgeblühte Veilchen, welche prachtvoll duften, mitunter geruchlos scheinen, während nach kurzen Pausen diese wieder ihren prachtvollen Duft ausströmen; ganz dasselbe findet sonderbarerweise beim Jonon statt; es scheint einem manchmal bei den feinen damit hergestellten Veilchenodeurs, als wenn sie vollständig geruchlos seien, während sie nach kurzer Zeit wieder herrlich duften, besonders in der Verdünnung. Diese Erscheinung beruht jedoch nur auf subjektivem Empfinden. Sie wird durch die zeitweilige Abstumpfung der Geruchsnerven gegen den Veilchengeruch beim längeren Arbeiten mit Jonon hervorgerufen. Geht der Betreffende in solchem Falle eine kurze Zeit an die frische Luft und probiert dann im Freien dasselbe Präparat, welches ihm zuvor geruchlos erschien, so wird er sofort wieder den ursprünglichen feinen Veilchengeruch wahrnehmen.

Gerade über Veilchenodeurs, die mit Jonon hergestellt sind, hört man des öfteren die widersprechendsten Urteile. Es kommt eben hauptsächlich darauf an, daß der volle Veilchenduft erst in der richtigen Verdünnung hervortritt. Leicht ist es auf keinen Fall, ein schönes Veilchenparfum herzustellen; es ist vollständig ausgeschlossen, nur durch Verdünnung des Jonons einen guten Extrait zu bereiten. Dieser würde nicht den charakteristischen köstlichen Duft zeigen wie ein korrekt hergestelltes Veilchenparfum.

Neue Veilchenriechstoffe mit besonderer Nuance stellen die Methyljonone dar. Das Produkt vermittelt einen feinen, ungemein anhaltenden

Veilchenduft, der auch an Natürlichkeit kaum mehr etwas zu wünschen übrig läßt. Wie gesagt, lassen sich mit ihm feine und auch einfachere Präparate herstellen. Das Veilchenaroma bringt es voll zum Ausdruck und die angestellten Versuche haben die weiteste Verwendbarkeit dargetan. Nicht nur für Taschentuchparfums, auch für feine Veilchenseifen wird das Methyljonon mit besten Erfolge verwendet, denn seine Nuance ist eine wirklich eigenartig natürliche. Durch Mitverwendung von feinen Irispräparaten und ganz kleinen Zusätzen von Violette Feuilles erzielt man neue originelle Schattierungen des Veilchengeruchs.

Man kann mit Jonon und Methyljonon ebensogut billige Parfums wie ganz feine Produkte herstellen und auch bei der Parfumierung feiner Haaröle leistet es gute Dienste. In feinen Toiletteseifen ist es in Verbindung mit Bergamottöl, gutem Canangaöl und etwas Ambrettemoschus als sehr brauchbar befunden worden.

Es steht dabei nichts im Wege, Methyljonon mit Jonon zusammen zu verarbeiten. Bei der Komposition recht vollblumiger Buketts ist dies sehr zu empfehlen, da Methyljonon abrundend auf die übrigen Zusätze wirkt, wodurch die Mannigfaltigkeit seiner Verwendungsmöglichkeit besonders betont wird. Methyljonon wird daher auch sehr viel zu Phantasieparfums verwendet. In der Tat, ist Methyljonon heute einer der häufigst gebrauchten Riechstoffe auch zur Herstellung von Phantasiebuketts aller Art geworden, der den einzelnen Parfums ein besonderes Cachet verleiht.

Frühlingsveilchen

Infusion Veilchen	6000 g
Infusion Rose	2000 g
Infusion Jasmin	750 g
Infusion Cassie	250 g
Cumarin	2 g
Benzoetinktur	50 g
Moschustinktur	50 g
Rosenöl, künstl.	2 g
Vanillin	2 g
Jonon	40 g

Extrait d'odeur aux Violettes des Bois (Waldveilchenduft)

Alkohol	5000 g
Vanillin	0,5 g
Irisöl, konkret	5 g
Moschus, künstl.	10 g
Methyljonon	250 g
Violette Feuilles concret	1 g
Infusion Jasmin	500 g
Infusion Violette	1000 g
Bergamottöl	40 g
Orangenblütenwasser	1000 g

Parfum Vraie Violette

Infusion Violette	3500 g
Infusion Cassie	1000 g
Infusion Rose	1000 g
Infusion Capucines	500 g
Moschustinktur	100 g
Irisöl, konkret	10 g
Jonon	140 g
Violette Feuilles concret	2 g

Waldveilchen

Infusion Violette	5000 g
Eichenmoostinktur	2000 g
Infusion Rose	1000 g
Cumarin	2 g
Ambrettemoschus	5 g
Violette Feuilles concret	2 g
Centarom-Violette, *Agfa*	160 g
Ylang-Ylangöl	10 g
Jonon	10 g

Violettes de Vence

Infusion Violette	6000 g
Infusion Tuberose	2000 g
Infusion Cassie	1000 g
Benzoetinktur	300 g
Ambrettemoschus	5 g
Veilchenblütenöl, *Heiko*	150 g
Costuswurzelöl	2 g

Violette de Séville

Alkohol	8000 g	Rose alpine, *T. M.*	10 g
Irisöl, konkret	15 g	Vanillin	10 g
Irisine extra, *Fl.*	100 g	Portugalöl, tsf.	3 g
Canangaöl	10 g	Violette Feuilles	3 g
Ambrettemoschus	6 g	Wasser, dest.	2000 g
Benzoetinktur	400 g		

Diese Veilchenextraits färbt man etwas grünlich, soweit sie für den deutschen Markt bestimmt sind. Will man sie exportieren, dann dürfte es ratsam sein, sie gelblich zu tönen, da in vielen überseeischen Ländern die grüne Farbe bei den Taschentuchparfums nicht beliebt ist.

Nizzaveilchen

Infusion Jasmin	3000 g	Irisöl, konkret	30 g
Infusion Cassie	1500 g	Moschustinktur	500 g
Infusion Rose	1500 g	Vanillin	10 g
Infusion Veilchen	4000 g	Jonon	200 g
Geraniumöl, französisch	30 g	Alkohol	20 000 g

Russisches Veilchen

Infusion Veilchen	5000 g	Ylang-Ylangöl, *Sartorius*	10 g
Infusion Rose	1000 g	Irisöl, konkret	5 g
Infusion Orange	500 g	Jonon	35 g
Infusion Jasmin	2000 g		

Veilchen San Remo

Infusion Jasmin	1000 g	Vanillin	2 g
Infusion Rose	1000 g	Solution Iris (1: 1000)	1000 g
Infusion Cassie	1000 g	Jonon	200 g
Infusion Veilchen	2500 g	Moschustinktur	100 g
Violette Feuilles concret	2 g	Iristinktur	2600 g
Iralia, *N. & C.*	20 g	Ylang-Ylangöl, künstl.	20 g

Vera Violetta (Name geschützt)

Infusion Veilchen	4500 g	Iris, konkret	10 g
Infusion Rose, *S. & C.*	1000 g	Moschustinktur	15 g
Infusion Cassie	1000 g	Rosenholzöl	5 g
Infusion Jasmin	1000 g	Viodoron, *Heiko*	50 g
Infusion Orange	500 g		

Violette de Parme

Infusion Veilchen	4000 g
Violette Feuilles concret	2 g
Infusion Rose	1000 g
Infusion Jasmin	500 g
Infusion Orange	1000 g
Iristinktur	2000 g
Moschustinktur	20 g
Ylang-Ylangöl, künstl.	12 g
Novoviolon, *Sch. & C.*	40 g

Violette du Tsar

Violette Feuilles concret	1,5 g
Infusion Veilchen	2000 g
Infusion Cassie	1000 g
Infusion Jasmin	1500 g
Infusion Rose	1000 g
Jonarol, *H. & R.*	150 g
Vanillin	5 g
Irisöl, konkrest	30 g
Moschustinktur	100 g

Violiris (Name geschützt)

Infusion Veilchen	4500 g	Jonon	60 g
Infusion Rose	1000 g	Irisöl, konkret	40 g
Infusion Cassie	1400 g	*Heiko*-Rose	10 g
Infusion Jasmin	800 g	Moschustinktur	60 g
Infusion Orange	300 g	Ylang-Ylangöl	5 g

Nachstehend noch einige moderne Vorschriften:

Violettes de Provence

Ess. Violette liq. A	95 g	Guajakholzöl	25 g
Heiko-Veilchen	225 g	Ylang-Ylangöl, Manila	5 g
Vert de Violette art.	10 g	Anisaldehy	10 g
Ambra W., *Sch. & C.*	6 g	Heliotropin	15 g
Methyljonon	25 g	Benzoetinktur	250 g
Irisöl, konkret	12 g	Iristinktur	1500 g
Ketonmoschus	5 g	Alkohol	3000 g

Für moderne Veilchenextraits sind auch die künstlichen Grüngerüche nach Art des Krautgeruchs der Veilchenblätter sehr interessant, wie sie z. B. durch Heptin- und Octin-Carbonsäureester wiedergegeben werden.

Violette Victoria

Violette liq. (A)	90 g	Lavendelöl	0,5 g
Essenz-Veilchen comp.	215 g	Rosenöl, bulgar.	1,5 g
Vert liq. I. Mü	10 g	Jasmin, künstl.	1,2 g
Grisambren Naef	10 g	Anisaldehyd	4 g
Iraldein *H. & R.*	30 g	Rose liq. (A)	5 g
Irisöl, konkret	12 g	Jasmin liq. (A)	1,5 g
Guajakholzöl	25 g	Ketonmoschuslösung	50 g
Bergamottöl	5 g	Iristinktur	1500 g
Citronenöl	0,5 g	Ambratinktur	50 g
Neroliöl	1 g	Alkohol	4600 g
Linalool	0,3 g	Wasser	400 g

Violette vera

Essenz-Veilchen comp.	100 g	Ylang-Ylang, Manila	7 g
Violette liq. (A)	50 g	Anisaldehyd	3 g
Bergamottöl	3 g	Ketonmoschuslösung	20 g
Rose rouge, künstl.	7 g	Guajakholzöl	15 g
Cassie liq. (A)	5 g	Irisöl, konkret	8 g
Jasmin, künstl.	10 g	Iristinktur	500 g
Heiko-Maiglöckchen	13 g	Alkohol	3700 g
Iraldein, *H. & R.*	40 g	Wasser	300 g
Heiko-Viofolia	2 g		

Künstliches Veilchenblütenöl kann nach folgenden Vorschriften erhalten werden.

Essence de Violette I

Jonon, 100%	35 g	Viol. liq. (A)	5 g
Irisöl, konkret	3 g	Cassie liq. (A)	0,5 g
Heliotropin	4 g	Methylheptincarbonat	0,5 g
Anisaldehyd	1 g	Bergamottöl	0,2 g
Iridolin (Flora)	10 g		

Essence Violette de Parme

Irisöl, konkret	0,3 g	Ylang-Ylangöl	0,8 g
Irisöl, künstl.	0,3 g	Methylheptincarbonat	0,06 g
Methyljonon	2,4 g	Heliotropin	2 g
Jonon	2 g	Ketonmoschus	0,1 g
Anisaldehyd	0,6 g	Resinoid Benzoe Sumatra	0,6 g

Bukettierte Jonone.

Bukettiertes Methyljonon oder entsprechend abgetönte Gemische von Methyljononen mit Jonon stellen heutzutage wichtige Kompositionselemente für Phantasiekompositionen modernster Richtung dar.

Auch lassen sich durch Bukettierung von Methyljonon usw. gute Nachbildungen des Irisgeruches (künstliches Irisöl) und des Geruches der Cassieblüten erzielen, die beide auch zur Herstellung von Veilchenodeurs wertvoll sind. Die Herstellung des künstlichen Irisöls wurde bereits erwähnt und Vorschriften hierfür gegeben.

Ein irisartig bukettiertes Methyljonon ist auch das folgende:

Iratrol

Aldehyd C. 9	2 g	Methyljonon	550 g
Octylformiat	40 g	Irisöl konkret	5 g

Viele Firmen liefern bukettierte Methyljonone in ganz ausgezeichneter Qualität u. a. stellt die Fa. Naef & Co. in Genf ein solches her, das unter dem Namen Iralia im Handel anzutreffen ist.

Nachstehend eine Vorschrift für bukettiertes Methyljonon.

Iridol

Methyljonon	150 g	Ylang-Ylangöl Manila Sartorius	7 g
Jonon	75 g	Mandarinenöl	4 g
Irisöl, absolut, 10 fach	2 g	Neroliöl bigarade, echt	2 g
Irisöl, künstl., I.	2 g	Methyl-Nonylacetaldehyd	0,45 g
Methylnonylketon	5 g	Hydroxycitronellal	4 g
Laurinaldehyd	0,2 g	Alcehyd C. 9	0,15 g
Methylheptincarbonat	2 g		

Cassie, künstlich, konkret

Eugenol	1 g	Methyljonon	15 g
Jonon	40 g	Aethylsalicylat	10 g
Irisöl, künstl.	4 g	Perubalsam	2,5 g
Irisöl, konkret, echt	0,5 g	Myristinsäure	10 g
Heliotropin	5 g		
Anisaldehyd	7,7 g		
Foin coupé-Base	8 g		
Octylformiat	2 g		

Extra starke Taschentuchparfums.

Daß sich die völlig konzentrierten Essenzen ohne Alkohol als Taschentuchparfums im Gebrauch nicht für immer halten werden, das haben viele Parfumeure vorausgesagt und die Marktlage dieses Artikels beweist, daß sie vollkommen recht gehabt haben. Hat auch das Publikum für den Augenblick an den stark konzentrierten Blütendüften Gefallen gefunden, so hat doch der lange und immerwährend gleiche Duft schnell ermüdet. Der Geruchsinn der wenigsten Leute ist darauf eingestellt, wochenlang immer den gleichen Duft ertragen zu können. Man wünscht eine Abwechslung auch für dieses Empfinden, doch die einmal mit den konzentrierten Blütendüften betupften Taschentücher oder Kleidungsstücke riechen für viele Wochen nach diesem, wenn auch vorzüglichem Duft. Dann aber auch haben diese Blütendüfte, besonders die billigeren Sorten, die unangenehme Beigabe, daß sie an den Verwendungsstellen des öfteren häßliche Flecken hervorrufen, die nicht wieder wegzubringen sind, wozu noch kommt, daß nach dem Verriechen des wirklichen Blumenduftes der Geruch manchen Verdünnungsmittels unangenehm zur Geltung kommt, was den meisten Leuten stark auf die Nerven fällt.

Durch die starken Gerüche ist aber anderseits der Geruchsinn des Publikums verbildet worden, indem nur der wirklich starke Duft jetzt noch Eindruck macht, und es wird einiger Zeit bedürfen, bis das Geruchsempfinden wieder zu einem normalen geworden ist. Hier eine Übergangsstufe zu bilden, sind die jetzt so viel verlangten „extra starken Taschentuchparfume" berufen, um so dem zeitgemäßen Wunsch des Publikums nach stark riechenden Parfums, die aber die vorher genannten Mißstände nicht aufweisen, entsprechen zu können. Man hat also in den extrastarken Taschentuchparfums ein Zwischending geschaffen zwischen den bekannten alten Triple-Extraits und den konzentrierten Blütendüften, indem man diese letzteren mit präpariertem Alkohol verschnitten hat, wodurch man erreicht, daß die Parfums immerhin noch außerordentlich stark sind, dabei aber keine Flecken hinterlassen und auch keinen unangenehmen Nachgeruch bringen, ebenso auch nur eine bedingte Zeit wahrnehmbar sind. Auch diese Erzeugnisse werden in kleinen Fläschchen mit Glasstift in den Handel gebracht und im übrigen so ausgestattet wie die konzentrierten Blütendüfte ohne Alkohol. Es hat sich denn auch in der Tat herausgestellt, daß ihre Verwendung wesentlich angenehmer ist, und die Nachfrage nach diesen Essenzen mit Alkohol ist eine recht große geworden.

Die Herstellung der extrastarken Taschentuchparfums wäre nun nach dem Gesagten eigentlich eine recht einfache; man hätte nur die konzentrierten Blütendüfte mit etwas Alkohol zu verdünnen, um bereits den gewünschten Effekt zu erreichen. Je nach Wunsch wäre nur ein Viertel oder ein Drittel 95%igen Alkohols zuzugeben. Man tut aber doch immerhin gut, die Zusammensetzung der Grundmischung etwas zu verändern, besonders mit Rücksicht auf die Menge des in den konzentrierten Blütentropfen angewendeten Fixateurs oder Verdünnungsmittels, welches in diesem Falle noch wesentlich beschränkt oder ganz weggelassen werden kann. Man kann von diesen Präparaten weniger zusetzen, dafür von den wirklich riechenden Stoffen etwas mehr nehmen, da der Preis, den man für diese extrastarken Taschentuchparfums erhält, doch annähernd der gleiche ist wie für die konzentrierten Blütentropfen.

Die einzelnen Parfums setzt man dann etwa wie folgt zusammen:

Akazie

Akazienblütenöl, künstl. ..	1000 g	Methylanthranilat	25 g
Ambrettemoschus	50 g	Jasmin, künstl.	80 g
Terpineol	1000 g	Ambra, *A. Ama*	20 g
Heliotropin	2000 g	Alkohol	4000 g
Zibettinktur	60 g		

Chêne Royal

Eichenmoos, Resinoid	500 g
Heliotropin	100 g
Rote Rose, *Sch. & C.*	110 g
Cumarin	150 g
Ambratinktur	30 g
Irisöl, konkret	20 g
Sandelöl, ostindisch	20 g
Rosenöl, echt	5 g
Bergamottöl	50 g
Alkohol	3500 g

Cyclamen

Cyclamenblütenöl, *N. & C.*	1000 g
Terpineol	1000 g
Ambrettemoschus	60 g
Heliotropin	150 g
Iris, konkret	30 g
Amylsalicylat	30 g
Hydroxycitronellal	50 g
Alkohol	5000 g

Cyclamen des Alpes

Kosmoflor-Cyclamen de Alpes 3198	1000 g
Ambrettemoschus	50 g
Heliotropin	75 g
Amylsalicylat	15 g
Alkohol	4000 g

Eau de Cologne

Eau de Cologneöl	1000 g
Alkohol	1500 g
Ambra W., *Sch. & C.*	30 g

Flieder

Fliederblütenöl Nr. 830, *H. & C.*	2000 g
Aubépine liq.	100 g
Heliotropin	50 g
Vanillin	20 g
Ambrettemoschus	25 g
Alkohol	3000 g

Paquerette

Paquerette, *N. & C.*	1000 g
Heliotropin	70 g
Ambra W., *Sch. & C.*	20 g
Vanillin extra	12 g
Ketonmoschus	15 g
Alkohol	3000 g

Pèche

Pèche, *N. & C.*	1000 g
Ketonmoschus	25 g
Heliotropin	30 g
Ambra, *A. Ama*	10 g
Rose, *Sch. & C.*	1000 g
Alkohol	3000 g

Trèfle incarnat

Rotklee 922 a, *Sch. & C.*	1000 g
Heliotropin	30 g
Vanillin extra	10 g
Ambra extra, *Ama*	15 g
Rosenöl, künstl.	100 g
Alkohol	2000 g

Gartennelke

Gartennelkenöl, *S. & C.*	3000 g
Rose alpine, *T. M.*	240 g
Heliotropin extra	60 g
Solution Irisöl, konkret 1%	200 g
Ambrettemoschus	30 g
Alkohol	3000 g

Oeillet Pourpre

Kosmoflor-Purpurnelke, *Sch. & C.*	2500 g
Rosenöl, künstl.	200 g
Nelkenöl	25 g
Vanillin	25 g
Tolutinktur	150 g
Ambrettemoschus	30 g
Alkohol	3000 g

Heliotrop

Heliotrop-Centarom, *Agfa*	1000 g
Vanillin extra	25 g
Heliotropin extra	120 g
Ambra, *A. Ama*	25 g
Alkohol	2500 g

Hyazinthe

Hyazinthenblütenöl, *Heiko*	1000 g
Rose, *Schimmel*	200 g
Heliotropin	100 g
Ambra W., *Sch. & C.*	25 g
Ambrettemoschus	30 g

Jasmin

Jasmin blanc, *L. F.*	1000 g
Rote Rose, *H. & C.*	80 g
Heliotropin extra	75 g
Ambrettemoschus	20 g
Alkohol	3000 g

Maiglöckchen

Maiglöckchenblütenöl, *H. & R.*	1000 g
Vanillin	20 g
Heliotropin	30 g
Ambra extra, *Ama*	20 g
Ketonmoschus	10 g
Alkohol	3500 g

Narzisse

Narzissenblütenöl, *S. & C.*	1000 g
Heliotropin	50 g
Irisöl, künstl.	10 g
Ambra, *A. Ama*	10 g
Alkohol	1200 g

Rose

Rose alpine, *T. M.*	1000 g
Vanillin	20 g
Ambrettemoschus	15 g
Ambra W., *Sch. & C.*	20 g
Alkohol	3000 g

Reseda

Nyo-Reseda, *T. M.*	1000 g
Heliotropin extra	70 g
Ambra extra, *Ama*	25 g
Ambrettemoschus	20 g
Rosenöl, künstl.	100 g
Alkohol	3000 g

Veilchen

Heiko-Veilchen	1000 g
Irisöl, konkret	20 g
Heliotropin extra	30 g
Ketonmoschus,	15 g
Alkohol	4000 g

Wicke

Wickeblütenöl, künstl.	1000 g
Vanillin	12 g
Rose, *Schimmel*	80 g
Ketonmoschus	15 g
Alkohol	3000 g

Auf diese Weise kann man die ganze Reihe der feinen Blütenöle heranziehen und prachtvolle Erzeugnisse schaffen, die viele Liebhaber finden werden.

Extraits doubles.

Da nun in der Praxis auch billigere Sorten Extraits gewünscht werden, die naturgemäß nicht so stark sein können, lassen wir hierfür bestimmte Vorschriften folgen.

Zunächst kann man sich damit behelfen, daß man unter Zusatz von Alkohol und Wasser billigere Sorten herstellt, die zwar entsprechend weniger stark, jedoch ebenso fein im Geruch sind wie die konzentrierten Extraits. Die Verhältniszahlen sind die folgenden:

Extrait double

Extrait konz.	6000 g
Alkohol	3500 g
Wasser	500 g

Extrait simple

Extrait konz.	4000 g
Alkohol	4000 g
Wasser	2000 g

Hiernach erhält man feine, aber schwächere Odeurs im Dufte der konzentrierten Extraits. Hiemit ist aber nicht allen Parfumeuren gedient, denn das große Publikum, welches billig kaufen will, wünscht trotzdem starke Wohlgerüche, wenn sie auch nicht so fein sind. Es folgt daher eine Reihe von Vorschriften für einfachere Odeurs. Zu diesen könnten als Grundlage die Infusionen von Blumenpomaden genommen werden; es ist daher oft nicht nötig, mit Infusionen zu arbeiten; man setzt die Riechstoffe direkt dem Alkohol zu.

Eßbouquet, double

Alkohol	6000 g
Irisöl, konkret	20 g
Bergamottöl	80 g
Zibettinktur	50 g
Rosenöl, künstl.	5 g
Ambrettemoschus	3 g
Jasminöl, künstl.	10 g
Cumarin	10 g
Aubépine, liq.	2 g
Geraniol	5 g
Wasser	1500 g

Flieder double

Terpineol	150 g
Heliotropin	7 g
Ylang-Ylangöl, künstl.	16 g
Jasmin, künstl.	15 g
Extrait Rose, double	750 g
Zibettinktur	10 g
Alkohol	3400 g

Hyazinthe, double

Alkohol	6000 g
Terpineol	40 g
Benzylacetat	5 g
Hyazinthin	30 g
Heliotropin	30 g
Wasser	1500 g

Maiglöckchen, double

Alkohol	6000 g
Ylang-Ylangöl, künstl. *Sch. & C.*	10 g
Neroliöl, künstl.	3 g
Terpineol	30 g
Maiglöckchenblütenöl, *H. & R.*	20 g
Linaloeöl	50 g
Heliotropin	40 g
Jasmin, künstl., *Heiko*	25 g
Moschustinktur	100 g
Benzoetinktur	300 g
Wasser	3500 g

Héliotrope blanc, double

Alkohol	6000 g
Helioso, *C. M.*	120 g
Vanillin	30 g
Jasmin, künstl.	8 g
Benzoetinktur	280 g
Moschustinktur	120 g
Wasser	3500 g

Moschus, double

Ketonmoschus	35 g
Zibet, künstl.	5 g
Linalool	5 g
Patchouliöl	5 g
Geraniol	3 g
Tolutinktur	100 g
Wasser	1500 g
Alkohol	7500 g

New mown Hay, double

Geraniumöl, spanisch	12 g
Rosenöl, künstl., *Sch. & C.*	3 g
Cumarin	60 g
Vanillin	2 g
Neroli, künstl.	25 g
Rose, künstl.	50 g
Jasmin, künstl.	15 g
Moschustinktur	50 g
Anisaldehyd	4 g
Alkohol	5000 g
Tonkatinktur	500 g

Opoponax, double

Alkohol	6000 g
Irisöl liq.	50 g
Bergamottöl	25 g
Rosenöl, künstl., *Heiko*	5 g
Zibettinktur	50 g
Benzoetinktur	30 g
Geraniol	5 g
Isoeugenol	10 g
Vanillin	40 g
Portugalöl	20 g
Opoponaxöl	75 g
Wasser	1500 g

Patchouli, double

Alkohol	6000 g
Patchouliöl	30 g
Vetiveröl	5 g
Geraniumöl	15 g
Storaxtinktur	100 g
Zibettinktur	100 g
Wasser	1500 g

Rose, double

Alkohol	6000 g
Rose alpine, *T. M.*	25 g
Patchouliöl	3 g
Bergamottöl	10 g
Linaloeöl	5 g
Benzoetinktur	100 g
Wasser	1500 g

Veilchen, double

Alkohol	6000 g
Violette Feuilles concret	2 g
Jonon	8 g
Jasmin, künstl.	10 g
Benzoetinktur	250 g
Ylang-Ylangöl, künstl.	10 g
Moschustinktur	100 g
Wasser	3600 g

Waldveilchen, double

Infusion Cassie	1000 g
Infusion Veilchen	1500 g
Infusion Jasmin	1000 g
Violette Feuilles concret	3 g
Geraniumöl Réunion	20 g
Jonon	20 g
Vanillin	20 g
Ambrettemoschus	200 g
Iristinktur	3000 g
Alkohol	3100 g

Ylang-Ylang, double

Ylang-Ylangöl, künstl., *Sch. & C.*	40 g
Canangaöl (Java)	30 g
Vanillin	2 g
Neroliöl, künstl., *Sch. & C.*	10 g
Infusion Rose	500 g
Infusion Jasmin	500 g
Zibettinktur	150 g
Rosenöl, künstl.	15 g
Alkohol	4000 g

Extraits simples sowie Extraits de senteur.

Auch für diese Extraits ist es von sehr großem Vorteil, wenn sie längere Zeit lagern können, was hier nochmals bemerkt sei.

Eß-Bouquet

Alkohol, 90%ig	5000 g
Bergamottöl	35 g
Lavendelöl	4 g
Nelkenöl	4 g
Citral	10 g
Neroliöl, künstl.	4 g
Rosmarinöl	4 g
Zimtöl	4 g
Cedernholzöl	4 g
Rosenöl, künstl.	2 g
Cardamomöl	1 g
Moschustinktur	10 g

Flieder, senteur

Terpineol	150 g
Heliotropin	10 g
Canangaöl, Java	8 g
Cumarin	1 g
Jasmin, künstl.	20 g
Rose, künstl.	20 g
Citronenöl	5 g
Bergamottöl	5 g
Ambrettemoschus	15 g
Storaxtinktur	200 g
Alkohol	3250 g
Dest. Wasser	500 g

Flieder, simple

Terpineol	100 g
Heliotropin	15 g
Canangaöl, Java	20 g
Jasmin, künstl.	25 g
Rosenöl, künstl.	15 g
Ambrettemoschus	15 g
Alkohol	3500 g

Heliotrop, senteur

Heliotropin	15 g
Cumarin	3 g
Vanillin	1 g
Perubalsam	30 g
Rose, künstl.	15 g
Bittermandelöl	5 g
Jasmin, künstl.	20 g
Tuberose, künstl.	10 g
Portugalöl	2 g
Zibettinktur	50 g
Alkohol	5000 g

Maiglöckchen, senteur

Linaloeöl	100 g
Infusion Cassie	500 g
Infusion Orange	500 g
Infusion Jasmin	500 g
Vanillin	0,5 g
Ylang-Ylangöl	20 g
Hydroxycitronellal	25 g
Alkohol	1000 g
Wasser	300 g

Moschus, simple

Ambrettemoschus	25 g
Ketonmoschus	5 g
Tolutinktur	500 g
Geraniumöl, künstl.	15 g
Rosenöl, künstl.	20 g
Bergamottöl	40 g
Alkohol	6000 g

Heliotrop, simple

Heliotropin	25 g
Cumarin	5 g
Vanillin	0,5 g
Jasmin, künstl.	20 g
Rose, künstl.	20 g
Neroli, künstl.	15 g
Bittermandeöll	5 g
Tuberose, künstl.	8 g
Tinktur Zibet	60 g
Alkohol	5000 g

Hyazinthe

Hyazinthin	3 g
Jasmin, künstl.	2 g
Ylang-Ylangöl, künstl.	0,5 g
Neroliöl, künstl.	0,5 g
Geraniumöl	1 g
Orangenöl, süß	2 g
Cumarin	5 g
Alkohol (80%)	1000 g

Jasmin

Jasmin, künstl.	60 g
Neroliöl, künstl.	10 g
Alkohol (80%)	1000 g

Maiblume

Linalool	6 g
Neroliöl, künstl.	0,5 g
Tolutinktur	4 g
Jasmin, künstl.	2 g
Moschustinktur	3 g
Alkohol (80%)	1000 g

Opoponax

Alkohol, 90%ig	5000 g
Lemongrasöl	90 g
Opoponaxöl	30 g
Geraniol	24 g
Nelkenöl	12 g
Neroliöl, künstl.	2 g
Rosenwasser	1500 g

Opoponax, senteur

Infusion Jasmin	1000 g
Opoponaxöl	50 g
Benzoesäure-Methylester	5 g
Storaxtinktur	150 g
Tolutinktur	150 g
Iristinktur	400 g
Alkohol	3500 g

Moschus, senteur

Ambrettemoschus	35 g
Xylolmoschus	10 g
Tolutinktur	500 g
Geraniumöl, künstl.	10 g
Bergamottöl, künstl.	30 g
Rosenöl, künstl.	10 g
Alkohol	4000 g
Rosenwasser	500 g

New mown Hay, simple

Cumarin	60 g
Geraniumöl, spanisch	20 g
Vanillin	1 g
Infusion Orange	400 g
Infusion Rose	600 g
Infusion Jasmin	200 g
Moschustinktur	20 g
Patchouliöl	5 g
Anisaldehyd	5 g
Alkohol	2500 g
Orangenblütenwasser	500 g
Tonkatinktur	300 g

New mown Hay, senteur

Cumarin	80 g
Geraniumöl, spanisch	10 g
Infusion Orange	200 g
Infusion Rose	300 g
Infusion Jasmin	100 g
Moschustinktur	10 g
Patchouliöl	10 g
Anisaldehyd	5 g
Alkohol	4000 g
Rosenwasser	500 g
Tonkatinktur	500 g

Veilchen

Heiko-Veilchen	75 g
Infusion Veilchen	3000 g
Infusion Rose	2000 g
Cumarin	3 g
Irisöl, künstl.	15 g
Jonon	15 g
Benzoetinktur	50 g
Moschustinktur	50 g
Wasser	1000 g
Alkohol	4000 g

Grünlich färben.

Violette San Remo, simple

Infusion Cassie	500 g
Infusion Veilchen	1000 g
Infusion Jasmin	500 g
Infusion Rose	500 g
Geraniumöl, Réunion	50 g
Bergamottöl	50 g
Jonon	10 g
Vanillin	5 g
Ambrettemoschus	15 g
Iristintur	4000 g
Alkohl	2800 g

Mit Chlorophylltinktur färben.

Patchouli, simple

Patchouliöl	20 g
Geraniumöl, künstl.	35 g
Sandelholzöl, ostindisch	30 g
Cumarin	15 g
Storaxtinktur	200 g
Ketonmoschus	15 g
Zibettinktur	150 g
Alkohol	3000 g
Dest. Wasser	500 g

Patchouli, senteur

Cumarin	20 g
Patchouliöl	50 g
Geraniumöl, künstl., *L. F.*	20 g
Alkohol	4000 g
Xylolmoschus	8 g
Dest. Wasser	500 g

Reseda

Geraniol	2 g
Neroliöl, künstl.	2 g
Jasmin, künstl.	2 g
Tolutinktur	20 g
Pommeranzenöl, süß	1 g
Alkohol (80%)	1000 g

Ylang-Ylang

Alkohol, 90%ig	3000 g
Bergamottöl	50 g
Ylang-Ylangöl, künstl	30 g
Iristinktur	500 g
Moschustinktur	10 g
Linaloeöl	15 g
Hyazinthin	3 g

Ylang-Ylang, senteur

Canangaöl, Java	40 g
Ylang-Ylangöl, künstl.	3 g
Neroliöl, künstl.	5 g
Jasmin, künstl.	20 g
Ambrettemoschus	30 g
Moschustinktur	10 g
Alkohol	5000 g

Rose

Alkohol, 90%ig	4000 g
Wasser	2000 g
Bergamottöl, künstl.	10 g
Geraniumöl	50 g
Rosenöl, künstl.	150 g
Sandelholzöl, ostindisch	2 g
Rosenöl, echt	5 g

Ylang-Ylang, simple

Canangaöl, Java	40 g
Ylang-Ylangöl, künstl.	20 g
Linalool	15 g
Neroliöl, künstl.	5 g
Geraniumöl	15 g
Jasmin, künstl.	30 g
Zibettinktur	200 g
Alkohol	5000 g
Wasser	500 g

Exportextraits.

Zur Herstellung der billigen Odeurs für den Export bedient man sich in der Regel einer Grundkomposition von ätherischen Ölen, künstlichen Riechstoffen und Harzlösungen, die dann mit Alkohol und Wasser verschnitten wird. Man erreicht hiemit eine Mischung von kräftigem Geruch und großer Haltbarkeit, zudem ist auch die Arbeit viel einfacher, da eventuell verschiedene Stärken angefertigt werden können.

Grundlagen für Exportextraits.

Bergamotte

Alkohol	10 000 g
Benzoetinktur	600 g
Storaxtinktur	100 g
Zibettinktur	100 g
Iristinktur	500 g
Bergamottöl	400 g
Moschustinktur	100 g

Bouquet de Java

Alkohol	22 000 g
Geraniumöl	80 g
Verbenaöl	200 g
Eugenol	50 g
Perubalsam	50 g
Labdanumtinktur	100 g
Bergamottöl	130 g
Citral	10 g
Portugalöl	100 g
Moschustinktur	150 g
Infusion Jasmin	2 000 g

Chypre

Alkohol	10 000 g
Tinktur Tolubalsam	300 g
Tinktur Perubalsam	300 g
Tinktur Styrax	300 g
Tinktur Moschus	100 g
Irisöl, künstl.	10 g
Vetiveröl	5 g
Wintergrünöl	5 g
Sandelöl, ostindisch	70 g
Cumarin	50 g
Bergamottöl	100 g
Resinoid Eichenmoos	40 g
Citronenöl	100 g
Benzylacetat	5 g
Geraniumöl	50 g
Lavendelöl	20 g
Patchouliöl	15 g
Cedernholzöl	30 g

Colonial-Bouquet

Alkohol	10 000 g
Tolutinktur	300 g
Benzoetinktur	25 g
Storaxtinktur	250 g
Cumarin	40 g
Zibettinktur	100 g
Moschustinktur	100 g
Sandelholzöl, ostindisch	20 g
Linalool	30 g
Bergamottöl	150 g
Citral	7 g
Irisöl, künstl.	15 g
Eugenol	50 g
Citronenöl	10 g
Xylolmoschus	10 g

Fleurs d'Afrique

Alkohol	22 000 g
Lavendelöl	375 g
Eugenol	90 g
Bergamottöl	100 g
Linalylacetat	40 g
Geraniol	75 g
Benzoetinktur	400 g
Ambrettemoschus	10 g

Fleurs des Indes

Alkohol	22 000 g
Geraniumöl	250 g
Eugenol	40 g
Bergamottöl	180 g
Linalool	100 g
Vetiveröl	80 g
Cumarin	60 g
Heliotropin	40 g
Sandelöl, ostindisch	60 g
Ambrettemoschus	30 g
Patchouliöl	25 g

Rose

Alkohol	10 000 g
Eugenol	30 g
Geraniumöl	350 g
Bergamottöl	50 g
Moschustinktur	100 g
Zibettinktur	100 g
Styraxtinktur	350 g
Tolutinktur	300 g
Iristinktur	600 g
Linalool	10 g

Flieder

Alkohol	10 000 g
Iristinktur	500 g
Styraxtinktur	300 g
Benzoetinktur	200 g
Moschustinktur	150 g
Heliotropin	60 g
Zibettinktur	50 g
Cumarin	40 g
Terpineol	250 g
Aubépine	8 g
Hydroxycitronellal	40 g

Gardenia

Alkohol	10 000 g
Tolutinktur	300 g
Benzoetinktur	250 g
Perutinktur	200 g
Moschustinktur	100 g
Zibettinktur	100 g
Bergamottöl	180 g
Citronellöl, Java	50 g
Citral	5 g
Neroliöl, künstl.	50 g
Sandelholzöl, ostindisch	25 g
Heliotropin	40 g

Heliotrop

Alkohol	10 000 g
Benzoetinktur	400 g
Moschustinktur	100 g
Bergamottöl	180 g
Bittermandelöl	8 g
Terpineol	30 g
Heliotropin	80 g
Vanillin	30 g
Cumarin	15 g

Jedda-Bouquet

Alkohol	22 000 g
Geraniumöl	200 g
Linalylacetat	20 g
Sandelholzöl, ostindisch	10 g
Linaloeöl	50 g
Isosafrol	40 g
Ambrettemoschus	6 g
Vanillin	3 g
Cumarin	5 g
Wasser	11 000 g

Mousseline

Alkohol	10 000 g	Zibettinktur	100 g
Verbenaöl	180 g	Tolutinktur	250 g
Wintergrünöl	60 g	Benzoetinktur	300 g
Cassiaöl	60 g	Bromelia	15 g
Eugenol	15 g	Patchouliöl	12 g
Linalylacetat	60 g	Vetiveröl	8 g
Portugalöl	20 g	Xylolmoschus	15 g
Moschustinktur	100 g		

Patchouli

Alkohol	10 000 g	Moschustinktur	200 g
Iristinktur	400 g	Zibettinktur	200 g
Styraxtinktur	300 g	Cumarin	60 g
Benzoetinktur	350 g	Patchuliöl	300 g
Rosenöl, künstl.	100 g		

Spezialparfumerien.

Häufig wird an den Parfumeur mit dem Ersuchen herangetreten, Spezialparfumerien herzustellen. Es kommt dieser Wunsch meistens von seiten wohlhabender Kreise, und zwar vor allem der vornehmen Damenwelt, die gern ein originelles Odeur ihr eigen nennen möchte. Für die Erfüllung solcher besonderen Wünsche sind denn auch wesentlich höhere Preise zu erzielen, was an sich auch vollständig in der Ordnung ist, denn man glaube nur nicht, daß es so leicht sei, den verwöhnten Verbraucher zufrieden zu stellen. Das kostet viel Mühe und Arbeit, oft auch viel Verdruß.

Originelle und zugleich auch individuelle Parfums herzustellen, ist wohl eine der schwierigsten Aufgaben, die an den modernen Parfumeur herantreten. Originell allein kann ein Odeur schon leichter sein, aber auch zugleich individuell, so ganz und gar den Capricen einer schönen Frau angepaßt, ist eine Schwierigkeit, die gar mancher Parfumeur nicht zu überwinden imstande ist. Oft genug läßt man ihm auch nicht die nötige Zeit zu dieser an sich so subtilen Arbeit, oft auch ist er selbst zu nervös, um in aller Ruhe für den speziellen Fall Geeignetes zusammenzustellen.

Es seien daher hier nur wenige Winke gegeben für die Herstellung solcher Odeurs und für Vorschläge an die Verbraucher, welche diese Odeurs begehren.

Sehr geeignete Grundlagen sind Tuberose, Jasmin, Cassie und Orange. Diese kommen unter anderen Gerüchen und Riechstoffen doch immer wieder zur Geltung, ohne sich vollständig zu verraten. Sandel und Rose mit wenig Moschus gemischt geben einen sehr originellen Geruch und dürften manchen Ansprüchen genügen.

Sehr beliebt sind z. B. die auf einer Maiglöckchen- oder Fliedergrundlage aufgebauten Spezialparfums. In allen Schattierungen lassen sich diese herstellen. Nuancen, hervorgerufen durch die Zusätze von Rose, Ylang-Ylang, Moschus oder auch Moosinfusionen, finden stets viel Freunde. Namentlich Moospräparate sind sehr begehrt, ohne daß der Kunde gerade wüßte, was er in Wirklichkeit will. Es sei übrigens einem jeden Parfumeur gesagt, daß er seinen Kunden gegenüber nie eine Bemerkung über die Zusammensetzung seines Spezialparfums machen möge, will er sich die Leute zu Freunden halten und sich selbst vor vielem Ärger bewahren. Wer glaubt z. B. nicht alles, den Moschusgeruch verurteilen und nie an sich tragen zu müssen. Man lasse diese Leute ruhig bei ihrer Idee. Man streite auch niemals mit einem Kunden über den Geschmack, denn der ist immer Ansichtssache.

Sehr eigenartig wirken Lavendel und gute Rosen zusammen, gemischt in richtigem Verhältnis mit Vanille, Neroli und Moschus.

Als Fixierungsmittel sind neben echtem Moschus und Zibet sowie Ambra noch besonders die verschiedenen Resinoide zu empfehlen, die solche Odeurs wesentlich haltbarer machen und ihnen dabei einen ganz eigenartigen Charakter verbleiben. In weitgehendstem Maße werden solchen Spezialwünschen die modernen Phantasie-Parfums gerecht, mit denen wir uns nachstehend befassen wollen:

Phantasieparfums.

Diese sind in der heutigen Parfumerie absolut dominierend, d. h. die Vorliebe für Blütenextraits und andere definierte Buketts hat stark abgenommen.

Der moderne Verbraucher, besonders die mondäne Dame sucht heute im Parfum viel kräftigere Effekte und vor allem das originelle Cachet, das „Je ne sais quoi" des eigenartigen Reizes, den raffiniert zusammengesetzte Parfums auf die Nerven ausüben. Der moderne Verbraucher bekennt sich auch nicht mehr zu dem harmlos-albernen Versteckspiel und zu jener Prüderie vergangener Zeiten, er verlangt von einem Parfum viel Raffinement und gewisse Sinnenreize, die mit der Erotik eng verwandt sind.

Die unmittelbare Folge hiervon war das gänzliche Verlassen der primitiveren Geruchs-Effekte und ein Anpassen an den Geschmack der Epoche durch höchstes Raffinement in der Auswahl und der Zusammenstellung der Riechstoffe, ohne indes jene uralte Tradition preiszugeben, die auch heute — und vielleicht mehr wie je — darin besteht, nur das Beste vom Besten zu verwenden und die Arbeit mit der Liebe und Sorgfalt des Künstlers vorzunehmen und gewisse ungeschriebene Gesetze der Ästhetik zu befolgen, ohne indes in den Fehler zu verfallen, allzu ängstlich auch kräftigere Effekte zu vermeiden.

Die bei der alten deutschen Schule so verbreitete Furcht vor Moschus- und Patchoulieffekten, ist sicher mit die Ursache gewesen, daß die Parfums der alten Schule sich am Weltmarkt auch nicht annähernd jenen Beifall zu erwerben verstanden haben, die z. B. den französischen Parfumerien beschieden war, die sich denn auch, ihres Raffinements wegen, am deutschen Markte großer Beliebtheit erfreuen.

Das, was das prüde Gretchen von einst im Dufteiprodukt verabscheute, das, was die mit dem schrecklichen Wort „Feine Dame" bezeichnete Mondäne von einst im Parfum zu suchen nicht eingestehen durfte, ist in uuserer Zeit der internationalisierten Eleganz ein selbstverständlicher Faktor des Erfolges geworden, der die Beliebtheit eines Parfums bedingt, der wohlgepflegeten mondänen Frau von heute aber ein gar wichtiges Mittel bedeutet, ihre persönlichen Reize wirksam und ohne die groteske Prüderie von einst, zu betonen.

Unsere modernen Phantasieparfums sind meist modifizierte Chypre-, Fougère-Foin coupégerüche u. a., abgesehen von raffiniert abgetönten blumigen Hauptnoten unbestimmten Charakters und schwülen Narzissen-Gardenia und Magnolianoten und Ambrabuketts, alle mit stark moschushaltigem Einschlag.

Sehr aktuell sind heute auch die Tabaknoten nach Art des Tabac blond von Caron in Paris. Auch stärkere Fett-Aldehydnoten sind beliebt, wobei man fast berechtigt ist, von einer mißbräuchlichen Benutzung dieser Aldehyde zu reden und diese als Geschmacksverirrung zu bedauern.

Der moderne Parfumeur ist stets auf der Suche nach neuen, möglichst unbekannten faszinierenden Effekten, weil er weiß, daß die Abnehmerkreise stets neue Sensationen suchen.

Im Gegensatz zur vierten Auflage, sollen in vorliegender Neubearbeitung auch die Phantasieparfums ausführlicher — wenn auch nur in summarischer Form — besprochen werden, wie wir denn auch diesmal die Komposition der hier so besonders wichtigen Grundessenzen mitaufgenommen und in den vorhergehenden Kapiteln durch zahlreiche, charakteristische Beispiele erläutert haben. Derartige komplexe Parfumbasen sind praktisch von allergrößter Bedeutung zur Herstellung von Phantasieparfums und erleichtern das Komponieren ungemein, bzw. gestatten sie besonders raffinierte Effekte zu erzielen, weshalb das Komponieren von komplexen Parfumbasen, als wichtige, unerläßliche Vorbereitung zur Herstellung wirklich moderner Phantasiekompositionen, besonders wertvolle Dienste leistet.

Der Leser findet also schon in den vorhergehenden Kapiteln reichliches Material, das er auch hier verwerten kann. Außerdem geben wir nachstehend eine Vorschriftensammlung für Herstellung von Spezial-Basen verschiedenster Art, die zur Komposition modernster Phantasie-Parfums vorzüglich geeignet sind. Der zur Verfügung stehende beschränkte Raum gestattet nur Hinweise in recht gedrängter Form zu bringen, die jedoch hinreichend ausführlich gehalten sind, um das Wesen der Kompositionskunst auch auf diesem Gebiete zu beleuchten.

Betreffs näherer Informationen verweise ich auf mein Handbuch der gesamten Parfumerie & Kosmetik sowie auf meine Spezialarbeit: Riechstoffe und Parfumierungstechnik, die im gleichen Verlage erschienen sind.

Kompositions-Basen spezieller Art.

Nachstehend einige Vorschriften zur Herstellung solcher.

Zunächst seien unter den bereits in früheren Kapiteln gebrachten Vorschriften für Essenzen, als besonders geeignet zu Phantasiekompositionen u. a. folgende hervorgehoben:

Ambrina, Royal Bouvardia, Franco-Bouvardia Chypre, Chypre Royal, Vert de Chypre, Fougère Royale, Foih coupé, Heno del Campo, Opoponax, Essence Orientale, Tabacine, Iridol, Trèfle blanc, Oeillet u. a. Selbstverständlich leisten auch die diversen künstlichen Blütenöle, die Ambra-Moschus- und Ziebetkompositionen usw. auch hier gute Dienste.

Foin coupé-Base

Portugalöl	1,5 g	Cumarin	37,5 g
Jasmin, künstl.	5 g	Vanillin	2,5 g
Rosenöl, künstl.	10 g	Patchouliöl	1,5 g
Rosenöl, echt	2,5 g	Bergamottöl	70 g
Geraniumöl, afrik.	1 g	Cedernöl	70 g
Anisaldehyd	40 g	Ess. absol. Cassie	1 g

Falls (was namentlich in der kalten Jahreszeit eintreten kann) Abscheidungen stattfinden, vor Gebrauch leicht im Wasserbad bis zur Lösung der Ausscheidung erwärmen.

Idolâtris

Tabacine	120 g	Ambra, künstl. konkret	5 g
Amylsalicylat	30 g	Olibanumöl	1 g
Acetophenon	50 g	Cumarin	2 g
Bergamottöl	20 g	Heliotropin	2 g
Cinnamylacetat	0,5 g	Linalylcinnamat	1 g

Dorina

Jasmin, künstl.	20 g	Ketonmoschus	10 g
Rosenöl, künstl.	90 g	Ambrettemoschus	20 g
Jonon	1,5 g	Vanillin	15 g
Rosenöl, echt	10 g	Cumarin	5 g
Ylang-Ylang Manilla, *Sartorius*	45 g	Heliotropin	12,5 g
		Sandelöl, ostindisch	12 g
Irisöl, konkret	10 g	Ess. absol. Jasmin	3 g
Orangenöl, bitter	40 g	Ess. absol. Cassie	1 g
Patchouliöl	3 g	Ess. absol. Rose	1,5g

Base Verte

Estragonöl	0,5 g	Ambra, künstl., konkret	5 g
Vetiveröl	12 g	Jasmin, künstl.	6 g
Perubalsam	5 g	Ketonmoschus	4 g
Cinnamylacetat	4 g	Ambrettemoschus	2 g
Cumarin	5 g	Rosenöl, echt	5 g
Sandelöl, ostind.	5 g	Rosenöl, künstl.	10 g
Methyljonon	15 g	Bergamottöl	50 g
Patchouliöl	2 g	Ess. absol. Eichenmoos	3 g
Zimtalkohol	8 g	Vanillin	2 g

Idéal

Methyljonon	16 g	Resinoid Labdanum, entf.	10 g
Rosenöl, echt	8 g	Cumarin	25 g
Ylang-Ylang Manilla	25 g	Ketonmoschus	5 g
Rosenöl, künstl.	50 g	Ambrettemoschus	5 g
Bergamottöl	50 g	Vetiveröl Java	2,5 g
Jasmin, künstl.	10 g	Resinoid Myrrhe	10 g
Sandelöl, ostind.	30 g	Irisöl, konkret	0,6 g
Patchouliöl	2 g	Resinoid Vanille	3 g
Styraxöl	10 g	Resinoid Girofles	1,5 g
Ess. absol. Jasmin	2 g	Resinoid Tonka	2 g
Perubalsam	2 g	Styrax, flüssig	2 g

Origan I

Isoeugenol	12 g	Ambra, künstl., flüssig	15 g
Eugenol	3 g	Bergamottöl	12 g
Amylsalicylat	3 g	Estragonöl	0,6 g
Methyljonon	20 g	Patchouliöl	0,3 g
Ylang-Ylangöl	6,5 g	Vetiveröl	0,8 g
Rosenöl, künstl.	10 g	Heliotropin	4 g
Resinoid Castoreum	0,5 g	Lilas de Perse	2 g
Jasmin, künstl.	5 g	Ess. absol. Jasmin	3 g
Resinoid Opoponax	1 g	Ess. absol. Orangenblüte	2 g
Zimtalkohol	15 g	Ess. absol. Eichenmoos	2 g
Perubalsam	2 g		
Tolubalsam	1 g		

Origan II

Methyljonon	200 g	Petitgrainöl	50 g
Jonon	100 g	Ketonmoschus	25 g
Vanillin	50 g	Cumarin	25 g
Isoeugenol	100 g	Heliotropin	100 g
Eugenol	75 g	Estragonöl	6 g
Resinoid Opoponax	30 g	Patchouliöl	12 g
Resinoid Benzoe	75 g	Rosenöl, künstl.	50 g
Resinoid Oliban	25 g	Amylsalicylat	50 g
Jasmin, künstl.	50 g	Lilas de Perse	12 g
Bergamottöl	50 g	Linalylcinnamat	2 g
Ess. absol. Eichenmoos	10 g		

Phantasiekompositionen.

Genre Mitsouko

Foin coupé-Base	2,7 g
Rosenöl, künstl.	1 g
Sauge sclaréeöl	4,5 g
sogen. Aldehyd C. 14 (Pfirsich)	0,02 g
Ambrettemoschus	0,3 g
Ketonmoschus	0,3 g
Chypre I	3 g
Vetiveröl	0,5 g
Methyljonon	0,2 g
Jasmin, künstl.	0,3 g
Ess. absol. Eichenmoos	0,5 g
Trèfle blanc	0,6 g
Ess. absol. Rose	1,5 g

Genre Pompéia

Cypressenöl	1,2 g
Trèfle blanc	6 g
Foin coupé-Base	4 g
Dorina	3 g
Vanillin	0,3 g
Ess. absol. Jasmin	0,4 g
Jonon	0,2 g
Irisöl, absol., 10fach	0,14 g
Cumarin	0,6 g
Ketonmoschus	0,5 g
Xylolmoschus	0,3 g
Ylang-Ylangöl Manilla	0,1 g
Muguet, künstl.	0,8 g
Ambra, künstl., flüssig	0,5 g

Genre Emeraude

Ambra, künstl., konkret	6 g	Vanillin	2 g
Dorina	20 g	Cumarin	1 g
Foin coupé-Base	20 g	Estragonöl	0,4 g
Sandelöl, ostind.	1,2 g	Citronenöl	0,2 g

Genre Crêpe de Chine

Olibanöl	14 g	Bergamottöl	6 g
Ess. Eau de Cologne	6 g	Idéal	50 g
Chypre I	5 g	Idolâtris	5 g
Tabacine	16 g	Rose de Perse	6 g
Ambra, künstl., konkret	1,5 g	Ess. absol. Jasmin	1,5 g
Vanillin	0,2 g	Ess. absol. Rose	2,5 g

Genre Quelques Fleurs

Hydroxycitronellal	100 g	Ess. absol. Jonquille	1 g
Trèfle blanc	8 g	Ess. absol. Rose	1 g
Idolâtris	8 g	Vanillin	8 g
Irisöl, konkret	1 g	Cumarin	2 g
Santalol	7 g	Ketonmoschus	3 g
Jasmin, künstl.	4 g	Heliotropin	4 g
Ess. absol. Tubéreuse	2 g		
Ess. absol. Jasmin	3 g		

Genre Soir de Paris

Iridol	3 g	Methyl-Nonylacetaldehyd	0,02 g
Ketonmoschus	0,5 g	Cumarin	0,3 g
Ambra, künstl., konkret	0,5 g	Foin coupé-Base	2 g
Chypre Royal	1,5 g	Dorina	2 g
Mandarinenöl	0,2 g	Patchouliöl	0,1 g
Helotropin	0,5 g	Jasmin, künstl.	0,4 g
Bergamottöl	0,5 g	Hydroxycitronellal	0,2 g
Ess. absol. Jasmin	1 g		

Genre Ambre Antique

Ambra, künstl., konkret	30 g	Olibanumöl	2 g
Moschuskörneröl	1 g	Perubalsam	2 g
Ambrettemoschus	1 g	Styrax, flüssig	2 g
Vanillin	2 g	Resinoid Vanille	1 g
Dorina	30 g	Rosenöl, echt	2 g
Idéal	20 g	Patchouliöl	0,5 g
Tabacine	20 g	Vetiveröl	2 g
Chypre Royal	15 g	Lilas de Perse	0,5 g
Foin coupé-Base	15 g	Estragonöl	0,05 g
Resinoid Castoreum	2 g	Ess. absol. Jasmin	3 g
Ess. absol. Eichenmoos	0,5 g	Ess. absol. Rose	2 g

Genre Contessa Azzurra

Chypre I	40 g	Ambra, künstl., konkret	2 g
Oeillet I	33 g	Ess. absol. Eichenmoos	3 g
Ess. absol. Orangenblüte	5 g	Patchouliöl	5 g
Muguet, künstl.	15 g	Cumarin	6 g
Orangenöl, bitter	2,5 g	Ess. Eau de Cologne	5 g
Jasmin, künstl.	20 g	Resinoid Tonka	10 g
α-Amylzimtaldehyd	3 g	Ylang-Ylangöl	13 g
Hydroxycitronellal	10 g	Sandelöl, ostind.	1 g
Mandarinenöl	20 g	Ess. absol. Jasmin	2 g
Ambrettemoschus	6 g	Pfirsichaldehyd C. 14 (sogenannter)	0,02 g
Ketonmoschus	4 g	Rosenöl, künstl.	13 g
Trèfle blanc	1 g		

Azurina

Oeillet I	1 g	Rosenöl, künstl.	50 g
Chypre I	5 g	Jasmin, künstl.	4 g
Methyljonon	2 g	Ylang-Ylangöl Manilla	4 g
Trèfle blanc	5 g	Neroliöl, bigarade	2 g
Amylsalicylat	2 g	Ketonmoschus	4 g
Patchouliöl	1 g	Heliotropin	3,2 g
Ambra, künstl., konkret	1,5 g	Cumarin	1,6 g
Ess. absol. Tubéreuse	1,5 g	Perubalsam	5 g
Dorina	2 g	Base Verte	2 g

Anthys

Ambra, künstl., konkret	23 g	Mandarinenöl	15 g
Oeillet I	42 g	Cumarin	1 g
Phenyläthylacetat	17 g	Resinoid Eichenmoos	1 g
Portugalöl	10 g	Amylsalicylat	1 g
Neroliöl, künstl.	23 g	Ess. absol. Jasmin	1 g
Hydroxycitronellal	10 g	Ess. absol. Rose	3 g
Muguet, künstl.	15,6 g	Aethylcinnamat	2 g
Bergamottöl	5 g	Rosenöl, künstl.	10 g
Sauge sclaréeöl	10 g	Idéal	15 g
Ambrettemoschus	3 g	Foin coupé-Base	5 g
Dorina	10 g	Chypre Royal	5 g

Genre Origan

Origan I	75 g	Oeillet I	5 g
Origan II	25 g	Estragonöl	0,05 g
Foin coupé-Base	15 g	Ess. absol. Jasmin	3 g
Dorina	15 g	Ess. absol. Orangenblüte	2 g
Franco-Bouvardia	25 g	Ambra, künstl., konkret	1,5 g

Diverse Kompositionen (Skizzen)

1. Heno del Campo	25 g	2. Vert de Chypre	15 g
Origan I	50 g	Chypre Royal	40 g
Ess. absol. Jasmin	2 g	Origan II	25 g
Ess. absol. Cassie	0,5 g	Ideal	15 g
Ess. absol. Rose	2,5 g	Ess. absol. Jasmin	2 g
Olibanöl	0,5 g	Ess. absol. Orangenblüte	2 g
Ambra, künstl., konkret	1,5 g		

3. Rose de Perse	40 g	4. Origan I	55 g
Ess. Eau de Cologne	10 g	Franco-Bouvardia	15 g
Vert de Chypre	10 g	Heno del Campo	15 g
Idéal	15 g	Dorina	10 g
Foin coupé-. Base	15 g	Ambrina	5 g
Ess. absol. Jasmin	2 g	Trèfle blanc	10 g
Ess. absol. Rose	2 g	Ess. absol. Rose	3 g

5. Idéal	60 g	6. Ambrina	55 g
Ambrina	20 g	Trèfle blanc	5 g
Foin coupé-Base	15 g	Dorina	8 g
Ambrettemoschus	1 g	Foin coupé-Base	4 g
Ess. absol. Jasmin	2,5 g	Idéal	10 g
Ess. absol. Jonquille	0,5 g	Origan I	5 g
		Chypre I	15 g
		Ess. absol. Rose	3 g
		Ess. absol. Jasmin	2 g

7. Base Verte	20 g	8. Origan I	40 g
Vert de Chypre	3 g	Oeillet I	10 g
Chypre I	25 g	Heno del Campo	25 g
Heno del Campo	25 g	Dorina	15 g
Dorina	15 g	Ambra, künstl., konkret	3 g
Olibanöl	1 g	Estragonöl	0,05 g
Ambra, künstl., flüssig	2 g	Rosenöl, echt	2 g
Ess. absol. Jasmin	2 g	Ess. absol. Tubéreuse	1 g

9.

Tabacine	40 g
Iridol	10 g
Foin coupé-Base	5 g
Dorina	5 g
Oeillet I	2 g
Mosco	1 g
Ess. Eau de Cologne	1 g
Chèvrefeuille, künstl.	1 g
Ess. absol. Rose	3 g

10.

Idolâtris	15 g
Trèfle blanc	10 g
Origan II	60 g
Idéal	15 g
Dorina	10 g
Foin coupé-Base	10 g
Resinoid Tonka	3 g
Resinoid Tolu	2 g
Perubalsam	1 g

Zur Verwendung der terpen- und sesquiterpenfreien ätherischen Öle (tsf. Öle).

Aus den tsf. Ölen sind die Terpene und Sesquiterpene durch besondere Verfahren eliminiert, also diejenigen Bestandteile, die für den Geruchseffekt eben dieser ätherischen Öle weniger in Frage kommen und außerdem in niedriggrädigem Alkohol schwer löslich sind, entfernt worden. So ist denn durch ihre Entfernung aus den ätherischen Ölen ein Vorteil erreicht, der außerordentlich groß und anerkennenswert ist, und dies nach zwei Seiten hin, einmal dadurch, daß die terpen- und sesquitenfreien ätherischen Öle auch ganz wesentlich stärker im Aroma sind als die entsprechenden gewöhnlichen ätherischen Öle, dann aber auch daß sie auch leicht in verdünntem Alkohol löslich sind und dies in relativ großen Mengen.

Bei allen Vorzügen der terpenfreien und sesquiterpenfreien ätherischen Öle, darf indes nicht verkannt werden, daß diese den in sie gesetzten Erwartungen, wenigstens in der Parfumerie, nicht so restlos entsprochen haben als man hoffte.

Es ist sicher, daß viele solcher Öle, denen die Terpene, bzw. Sesquiterpene entzogen wurden, ganz hervorragende Dienste leisten können, wie z. B. Geranium-, Cananga-, Spiköl u. a., doch haben speziell die terpenfreien Citrusöle (Bergamottöl, Citronenöl, Portugalöl usw.) insofern etwas enttäuscht, als ihnen die Würze des Aromas, das den unveränderten Ölen dieser Art eigen ist, in vieler Hinsicht fehlt.

Dies fällt speziell bei der Herstellung der Eaux de Cologne ins Gewicht und fehlt den mit terpenfreien Ölen hergestellten Produkten dieser Art die würzige Note der Terpene.

Wervoll ist für den Parfumeur die Kenntnis der vergleichsweisen Stärken, die durch die Konzentrierung bei den terpen- und sesquiterpenfreien Ölen gewonnen wurden.

So ist:

Bergamottöl, terpen- u. sesquiterpenfrei	2 ½mal	stärker	wie	naturelles	Öl
Canangaöl	„ 10—12	„	„		„
Cedernholzöl	„ 6—10	„	„		„
Citronenöl	„ 25—30	„	„		„
Cypressenöl	„ 30	„	„		„

Edeltannenöl, terpen- u. sesquiterpenfrei		17	mal stärker	wie	naturelles Öl
Fichtennadelöl, sibir.	,,	3—4	,,	,,	,,
Kiefernadelöl	,,	60—70	,,	,,	,,
Latschenkieferöl	,,	15—17	,,	,,	,,
Limetteöl, dest.	,,	12—15	,,	,,	,,
Mandarinenöl	,,	60	,,	,,	,,
Neroliöl	,,	2½	,,	,,	,,
Opoponaxöl	,,	4—5	,,	,,	,,
Patchuliöl	,,	4—5	,,	,,	,,
Pfefferminzöl, Mitcham	,,	1½—2	,,	,,	,,
Pomeranzenöl, bitter	,,	60	,,	,,	,,
Pomeranzenöl, süß	,,	3—4	,,	,,	,,
Rosmarinöl	,,	3—4	,,	,,	,,
Thymianöl	,,	4	,,	,,	,,
Wacholderbeeröl	,,	20	,,	,,	,,

Dies sind eben Werte, mit denen der Parfumeur bei der Umarbeitung seiner Vorschriften rechnen muß.

Zunächst dürfte wohl am meisten die Verwendung der tsf. Öle für einfache Parfumeriegattungen interessieren, weshalb hier mit diesen der Anfang gemacht werden soll.

In erster Linie stehen hier die Taschentuchparfums. Ihre Herstellung mit Hilfe der tsf. Öle ist eine verhältnismäßig einfache. Man löst die übrigen Riechstoffe, die man zuzusetzen gedenkt, wie Vanillin, Cumarin, Heliotropin künstlichen Moschus usw. zunächst in dem vorgesehenen Quantum 95%igen Alkohol, wobei man beachten muß, daß die Lösung auch eine vollständige ist. Dann setzt man die tsf. Öle zu sowie auch etwaige andere Riechstoffe, wie Terpineol, Aubépine usw. Nach abermaligem guten Durchschütteln und erfolgter vollständiger Lösung gibt man das destillierte Wasser nach und nach in kleinen Partien hinzu unter jedesmaligem tüchtigen Umschütteln. In Fällen, in denen man nur mit tsf. Ölen gearbeitet hat, erhält man stets ein vollständig klares Produkt, besonders wenn man mit dem Alkoholgehalt nicht gar zu weit heruntergegangen ist.

Flieder

Alkohol	10 000 g
Canangaöl, tsf.	10 g
Vanillin	20 g
Terpineol	180 g
Cumarin	3 g
Heliotropin	30 g
Linaloeöl, tsf.	10 g
Moschus, künstl. (Keton)	5 g
Benzylacetat	40 g
Wasser, dest.	10 000 g

Heliotrop

Alkohol	10 000 g
Cumarin	8 g
Vanillin	60 g
Heliotropin	100 g
Linaloeöl, tsf.	10 g
Nelkenöl, tsf.	3 g
Bergamottöl, tsf.	10 g
Moschus, künstl.	5 g
Wasser, dest.	10 000 g

Hyazinthe

Alkohol	10 000 g
Heliotropin	60 g
Hyazinthin	24 g
Bergamottöl, tsf.	30 g
Canangaöl, tsf.	5 g
Terpineol	50 g
Moschus, künstl.	5 g
Wasser, dest.	10 000 g

Maiglöckchen

Alkohol	10 000 g
Linaloeöl, tsf.	100 g
Bergamottöl, tsf.	10 g
Canangaöl, tsf.	10 g
Moschus, künstl.	5 g
Terpineol	100 g
Vanillin	10 g
Wasser, dest.	10 000 g

Veilchen

Alkohol	10 000 g
Bergamottöl, tsf.	50 g
Canagaöl, tsf.	10 g
Geraniumöl, Réunion, tsf.	10 g
Jonon	20 g
Tinktur Violette Feuilles	100 g
Wasser, dest.	10 000 g

Rose

Alkohol	10 000 g
Geraniumöl, Réunion, tsf.	35 g
Patchouliöl, tsf.	2 g
Linaloeöl, tsf.	10 g
Vanillin	3 g
Rosenöl, bulgar., tsf.	5 g
Bergamottöl, tsf.	10 g
Moschus, künstl.	5 g
Wasser, dest.	10 000 g

Eine ganze Serie von guten Gerüchen läßt sich in dieser Weise herstellen. Man kann dies teils durch neue Kompositionen bewirken, teils durch einfache Umrechnung bestehender Vorschriften. Hiebei muß man dann neben dem Preise auch die verschiedenen Stärken bzw. Ausgiebigkeiten der tsf. Öle berücksichtigen.

Nach den Taschentuchparfums interessieren die Kopfwässer ebenfalls sehr.

Fliederwasser

Alkohol	10 000 g
Bergamottöl, tsf.	5 g
Linaloeöl, tsf.	5 g
Heliotropin	10 g
Cumarin	5 g
Terpineol	100 g
Wasser, dest.	16 000 g

Man kann diese Vorschrift auch so ändern, daß man an Stelle von Bergamottöl und Linaloeöl, tsf. nur einfach 1 g Citronenöl, tsf. setzt, wodurch sich eine wesentliche Ersparnis ergibt, ohne daß das Fliederwasser gerade ordinär riecht. Mit Terpineol allein bekommt das Produkt gar zu leicht einen muffigen Geruch, besonders wenn es etwas auf Lager liegt.

Toilettewasser, schäumend

Alkohol	10 000 g
Linaloeöl, tsf.	100 g
Bergamottöl, tsf.	10 g
Canangaöl, tsf.	5 g
Terpineol	100 g
Kuromojiöl, tsf.	10 g
Wasser, dest.	10 000 g

Von weiterem großen Interesse ist die Herstellung eines guten Eau de Cologne, das im Preise nicht zu hoch kommt.

Eau de Cologne

Alkohol	10 000 g
Neroliöl, franz., tsf.	10 g
Petitgrainöl, tsf.	50 g
Citronenöl, tsf.	10 g
Pomeranzenöl, süß, tsf.	2 g
Rosmarinöl, tsf.	5 g
Lavendelöl, tsf.	5 g
Bergamottöl, tsf.	50 g
Wasser, dest.	10 000 g

Auch hier kann man, wenn nötig, die Menge des Wassers noch wesentlich erhöhen, ohne daß dadurch die Klarheit des Erzeugnisses leiden würde. (Für noch billigere Sorten läßt man das Neroliöl, tsf. weg).

Blumentoilettewässer lassen sich auch leicht herstellen, indem man die vorher gegebenen Vorschriften für Taschentuchparfums ein klein wenig umarbeitet.

Des weiteren lassen sich gute Mundwässer von sehr reinem Geschmack herstellen.

Mundwasser

Alkohol	5500 g
Anisöl, tsf.	125 g
Pfefferminzöl, tsf.	50 g
Myrrhenöl, tsf.	10 g
Wasser, dest.	4400 g

Gefärbt mit etwas Cochenillerot und eventuell etwas Gelb.

Eau du Docteur Pierre (Imitation)

Alkohol	5500 g
Anisöl, tsf.	100 g
Pfefferminzöl, tsf.	60 g
Myrrhenöl, tsf.	20 g
Nelkenöl, tsf.	10 g
Zimtöl, Ceylon, tsf.	8 g
Wasser, dest.	4500 g

Gefärbt mit etwas Cochenillerottinktur.

Was nun die sog. Wasserparfums, d. h. die parfumierten Wässer anberifft, die besonders für den Exporthandel nach manchen Gegenden gebraucht werden, wo u. a. die Religion der Verwendung des Alkohols selbst in dieser Form feindlich gegenübersteht, wo aber die sonst bekannten alkoholfreien konzentrierten Essenzen zu teuer kommen würden, so ist deren Herstellung mit Hilfe der tsf. Öle eine sehr einfache. Aus den Lösungstabellen gehen die genauen Verhältnisse hervor, in denen man die verschiedenen tsf. Öle auch hier anwenden kann. Des weiteren stellt man sich Mischungen der verschiedenen tsf. Öle her, eventuell unter Zufügung von etwas Vanillin, Benzylacetat usw., und löst hievon kleine Quanten, etwa zu einer 1%igen Lösung, im Alkohol auf. Diese Lösung verwendet man wieder der Tabelle nach oder auch nach jeweiligem Wunsch zum Parfumieren des notwendigen Quantums Wasser. Es muß hier einem jeden selbst überlassen bleiben, diejenige Zusammensetzung auszuprobieren, die für seine Zwecke gerade paßt; denn es würde zu weit führen, hier alle die Möglichkeiten zu besprechen, die durch die geeignete Verwendung gegeben sind. Wir wollen nur einige Vorschriften folgen lassen, die als Verwendungsbeispiele dienen sollen.

1.	Cassiaöl, tsf.	15 g
	Linaloeöl, tsf.	15 g
	Pomeranzenöl, süß, tsf.	7 g
	Vanillin	2 g
2.	Benzylacetat	20 g
	Linaloeöl, tsf.	15 g
	Cumarin	1 g
3.	Citronenöl, tsf.	5 g
	Linaloeöl, tsf.	15 g
	Geraniumöl, tsf.	10 g
4.	Eukalyptusöl, tsf.	10 g
	Geraniumöl, tsf.	4 g
	Linaloeöl, tsf.	5 g

In dieser Art lassen sich ungemein viele Variationen herstellen, und wenn man die parfumierten Wässer nicht gerade für Indien zu verbrauchen hat, schadet es auch nichts, natürlich wenn es der Preis zuläßt, wenn sie einge Prozente Alkohol haben. Andernfalls aber kann man auch die einzelnen tsf. Öle so wie sie sind anwenden, also ohne vorherige Lösung in Alkohol. Ebenso nimmt man auch u. a. ein einziges tsf. Öl, z. B. Geraniumöl für Rose, um je einen Geruch eines Sortiments herzustellen.

Ein ferneres Gebiet für die weitestgehende Verwendung der tsf. Öle ist das der Blumen-Haaröle. Mag man diese herstellen aus welchen Ölen man immer will, sei es Mineralöl, sei es ein Pflanzenöl irgendwelcher Herkunft, niemals wird diese Grundlage durch das Zufügen so oft sehen. Es ist auch nicht notwendig, die Öle vor dem Parfumieren warm zu machen, natürlich vorausgesetzt, daß sie selbst klar und rein sind. Dies ist an sich schon ein wesentlicher Vorteil, den man nicht übersehen sollte. Das oftmals recht schwierige und zeitraubende Filtrieren kann also wegfallen, während die Parfumierung eine recht ausgiebige ist.

Einfaches Haaröl

Vaselinöl, gelb	10 000 g
Cassiaöl, tsf.	20 g
Linaloeöl, tsf.	50 g
Geraniumöl, tfs.	20 g

Rosen-Blumenöl

Olivenöl	5000 g
Vaselinöl, weiß	5000 g
Geraniumöl, tsf.	100 g
Linaloeöl, tsf.	20 g
Sandelholzöl, ostindisch, tsf.	15 g

Will man hier etwas ganz Gutes schaffen, dann macht man einen kleinen Zusatz von Rosenöl, bulg., tsf.

Kräuterhaaröl

Vaselinöl, weiß	10 000 g
Salbeiöl, tsf.	20 g
Pfefferminzöl, tsf.	5 g
Eukalyptusöl, tsf.	20 g
Fichtennadelöl, tsf.	60—80 g

Für Brillantines usw. gelten natürlich dieselben Regeln.

Alkoholschwache und alkoholfreie Parfumerien.

Immer häufiger werden die Anfragen an unsere Exportfirmen, betreffend alkoholschwache bzw. alkoholfreie Parfums. Es wird das meistenteils bedingt durch die enormen Zollerhöhungen auf alkoholhaltige Fabrikate in den überseeischen Absatzgebieten wie auch durch die so ungemein niedrigen Limite auf einfache Odeurs, die eine Verwendung von Alkohol in der bisher üblichen Menge nicht mehr zulassen.

Vom Standpunkte des seriösen Parfumeriefabrikanten betrachtet, sind alkoholfreie, d. h. nur mit Wasser hergestellte Parfums eigentlich überhaupt keine Parfumerien mehr. Allein wie oft wird gerade in schweren Geschäftszeiten der Fabrikant zur Herstellung von Waren gezwungen, die ihm eigentlich nicht passen, die er jedoch mitmachen muß, will er sich nicht die Kundschaft seiner überseeischen Freunde, die ihm auch bessere Waren abkaufen, verscherzen. Am greifbarsten haben wir das an den Toilettenwässern für den Export empfinden müssen, so z. B. an dem bekannten Florida und Cananga Water. Was sind das heute noch zumeist für Qualitäten, die im Export gehandelt werden! Sie vertragen schon nicht einmal mehr die Fracht vom Inland nach dem Hafen und werden daher zumeist an den Hafenplätzen selbst hergestellt, und zwar in den Freihafengebieten. Nur so ist es noch möglich, die limitierten Preise einzuhalten. Daß sich dadurch Floridawasser deutscher Provenienz draußen im allgemeinen keines sonderlich guten Rufes erfreut, darf darnach nicht wundernehmen, es ist aber als solches glücklicherweise in den seltensten Fällen zu erkennen. Zumeist segelt es unter amerikanischer Flagge; es sieht wenigstens so aus. Die für diesen Artikel in Frage kommenden amerikanischen Firmen verstehen sich in sehr richtiger Erwägung und Erkenntnis der Sachlage nicht zu geringeren Qualitäten und halten auch auf Preise, die dann eben nur von dem besseren Publikum bezahlt werden können; da nun der Eingeborene niedrigerer Klasse auch sein Toilettewasser haben will zu billigem Preise, seinen Verhältnissen angemessen, so muß hier durch billigste Imitationen Rat geschaffen werden. Auf diesem Wege kommen wir dann allmählich herunter bis zu den alkoholfreien Produkten. Nun soll man nur nicht denken, daß diese Waren etwa viel weniger gefragt werden, weil sie uns minderwertiger erscheinen. Im Gegenteil; man kann getrost behaupten, daß die alkoholschwachen Toilettewässer bedeutend mehr verkauft werden als die besseren Sorten, was sich daraus zum Teil erklären läßt, daß es schließlich doch mehr arme als reiche Leute sowohl diesseits wie jenseits des großen Wassers gibt.

Wie auf jedem Gebiete sich Fanatiker finden, so gibt es besonders viele, die gegen den Alkohol wettern, sei er in einer Gestalt, wie er auch immer wolle. Daß der Koran den Genuß des Alkohols verbietet, ist ja in breiteren Schichten genügend bekannt; die Fanatiker auf diesem Gebiete gehen jedoch so weit, den Alkohol auch in äußerer Berührung mit dem Körper auf das strengste zu verbieten, und besonders in Indien und auch in Westafrika sind bei einem großen Teil der mohammedanischen Bevölkerung Parfumerien mit Alkoholgehalt absolut verpönt und unzulässig, während wieder anderwärts Angehörigen desselben Glaubens der Verbrauch alkoholhaltiger Parfums und Toilettewässer erlaubt ist.

Die alkoholfreien Parfumerien, welche für den Export hergestellt werden und in der Hauptsache nach englischen Kolonien gehen, müssen alle die Aufschrift tragen „without alcohol" (ohne Alkohol) oder auch „Water Perfume" (Wasserparfum), eine sehr vernünftige Verordnung. Wir können also immer noch vom Ausland lernen! Die Verordnung dieser Aufschrift verfolgt außerdem dreierlei Zwecke:

a) in bezug auf den Eingangszoll,

b) in bezug auf die Unmöglichkeit der Täuschung des Käufers,

c) dem Käufer, der aus religiösen oder anderen Gründen alkoholfreie Wohlgerüche erstehen will, dieses sofort klar vor Augen zu führen.

Manche dieser alkoholfreien Parfumerien werden nicht gerade ihrer Billigkeit wegen gekauft, denn oftmals trifft dieser Begriff nur in bedingtem Maße zu, da diese Sorten recht häufig sehr gute, manche sogar kostbar gemacht sind — allerdings nur im Exporthandel nach Indien — und ihr Inhalt nicht selten wirklich gut in gewisser Beziehung zu nennen ist.

Alkoholfreie wie alkoholschwache Odeurs sind schon lange im Handel, allein die Nachfrage darnach war früher niemals so groß. Holland importierte schon vor 25 Jahren große Quantitäten davon, die besonders für Jahrmärkte und Messen bestimmt waren und sich auch in ganz bestimmtem Genre hielten. Heute wird sehr viel im Lande selbst fabriziert, wodurch die durchschnittlichen Qualitäten doch etwas besser geworden sind, da die Zölle in Wegfall kommen.

Sehr viel alkoholfreie und alkoholschwache Odeurs werden in der Türkei und Ägypten verkauft, besonders mit Patchouli parfumierte ganz geringe Sorten, die jedoch voll und ganz ihren Zweck erfüllen, indem der Patchouligeruch den des lästigen Schweißes völlig unterdrückt, was hier in der Hauptsache den Grund der Anwendung von Odeurs bei den unteren Volksklassen bildet.

Wie stellt man nun am besten und billigsten alkoholschwache und alkoholfreie Odeurs her, ohne daß der Verlust an Essenzen beim Filtrieren den Abgang des Alkohols ausgleicht? Die Herstellung ist nicht so einfach, wie es wohl auf den ersten Blick erscheinen mag. Von den ätherischen Ölen lösen sich bekanntlich sehr wenige oder gar keine direkt in Wasser oder sie scheiden sich beim Filtrieren wieder aus. Man verwendet am vorteilhaftesten zu diesen alkoholschwachen und -freien Odeurs die im vorigen Kapitel besprochenen tsf. Öle. Diese haben den Vorteil, weniger zu trüben, und die damit bereiteten Odeurs lassen sich leichter filtrieren.

Da sich die „wasserlöslichen Essenzen“ zu Parfumeriezwecken absolut nicht bewährt haben, weil durch das Löslichmachen ein sehr großer Teil des eigentlichen Riechstoffes, d. h. der Geruchsträger, verloren ging und die mit diesen Essenzen hergestellten Produkte alsdann zu teuer wurden, da man gezwungen war, eine zu große Menge Riechstoffe zur Parfumierung heranzuziehen, hat man sich außer zu den bereits bekannten natürlichen Riechstoffen auch zu den auf künstlichem Wege hergestellten gewendet und darunter einige recht verwendbare gefunden, die bei der Herstellung alkoholfreier Parfumerien und Toilettewässer sehr gute Dienste zu leisten imstande sind.

An erster Stelle steht hier das Vanillin. Da auch sein niedriger Preis die ausgedehnteste Verwendung zuläßt, kann man bei einer Löslichkeit bis zu 8 g in 1 kg Wasser von 15° C sehr viel damit anfangen und es als Grundlage für mannigfache Kompositionen dienen lassen. Der Vanillingeruch ist stets angenehm und kann durch einen geringen Zusatz von künstlichem Bittermandelöl noch erhöht und etwas pikanter gemacht werden. Das dem Vanillin verwandte Bourbonal (H. & R.) verhält sich ebenso und ist im Geruche nur noch etwas feiner.

Alsdann erweist sich das Jonon als sehr brauchbar zur Herstellung alkoholfreier Veilchenparfums. Es lösen sich davon zirka 5 Teile in 1000 Teilen Wasser bei 15° C und geben einen starken, vollen Geruch. Ebenso kann man mit Cumarin einiges erzielen. Ferner hat die Firma E. Sachsse & Co., Leipzig, ein Rosenwasseröl in den Handel gebracht, mit dem man ganz hervorragend schöne Rosenparfums herstellen kann, die, wenn es möglich ist, gute Preise hiefür zu erzielen, sich in gewissem Grade sogar mit alkoholhaltigen Erzeugnissen messen können.

Aus der folgenden kleinen Zusammenstellung kann man ersehen, welche der künstlichen Riechstoffe besonders gut verwendbar sind.

Es lösen sich in 1 kg Wasser bei 15° C:

Aubépine, flüss.	0,7—1 g	Jasminblütenöl, künstl.	zirka 1 g
Benzylalkohol	10 g	Jonon	5 g
Bourbonal	8 g	Phenyläthylalkohol	20 g
Benzoesäure	1,8 g	Rosenöl, künstl.	2 g
Cumarin	2—2,2 g	Amylsalicylat	0,2 g
Heliotropin	1 g	Vanillin	8 g
Hyazinthin	0,5 g	Ylang-Ylangöl, künstl.	0,5 g
Muguet, künstl.	1 g		

Die Hauptsache bei allen diesen aufgeführten Lösungsmöglichkeiten ist die, daß man fast ganz klare Lösungen erzielt, die wenig, manche sogar gar nicht filtriert zu werden brauchen. Man gehe jedoch nicht bis an die äußerste Grenze der angegebenen Lösungsmöglichkeit, schon damit nicht etwa ungelöste kleine Riechstoffteilchen unnötigerweise dadurch verlorengehen, daß sie nachher etwa beim Filtrieren im Filter hängen bleiben.

Am schnellsten kommt man vorwärts, wenn man das zu parfumierende Wasser in kochendem Zustande verarbeitet. Die zuzusetzenden ätherischen Öle löst man in etwas Alkohol oder verreibt sie gut mit kohlensaurer Magnesia, erhitzt das zu parfumierende Wasser bis zum Siedepunkt und gibt dann die gelösten oder verriebenen Riechsubstanzen zu. Nach noch einmaligem Durchstoßen deckt man gut zu und läßt die Flüssigkeit abkühlen. Beim Erhitzen erweitern sich die einzelnen Moleküle des Wassers und ziehen sich beim Erkalten wieder zusammen, bei welcher Gelegenheit sie kleine Teile der Riechkörper in sich einschließen und so dem Wasser die Gerüchte der beigemengten Öle so weit als möglich mitteilen.

Alkoholfreie Odeurs läßt man nach dem Erkalten etwa 3 Wochen stehen und filtriert dann, während man alkoholschwache Odeurs nach der Vermischung mit den Riechstoffen und dem Erkalten mit dem gewünschten Quantum Alkohol vermengt und erst dann filtriert; denn ungelöste Ölteilchen werden sich immer vorfinden, die sich jedoch bei Zugabe des Alkohols lösen. Diese alkoholschwachen Odeurs kann man aber auch auf sogenanntem kalten Wege herstellen, wenn man nur genügend Zeit hat, sie lagern zu lassen. Man löst dann einfach die ätherischen Öle in dem festgesetzten Quantum Alkohol, gibt das Wasser kalt zu und überläßt die Mischung sich selbst. Gut tut man dann allerdings, wenn man gleich nach dem ersten Durchschütteln ein kleines Quantum kohlensaure Magnesia beifügt und das Ganze dann noch 2 bis 3 mal gut durchschüttelt. Auch kleine Gaben von gebranntem Alaun in Pulverform sind empfehlenswert. Darnach muß man die Mischung wenigstens 3 Wochen sich selbst überlassen. Alsdann wird über Magnesia oder Asbestwatte filtriert.

Den alkoholfreien Odeurs fügt man als Konservierungsmittel etwas Salicylsäure zu, und zwar gibt man diese am besten dem Wasser zu, während man es kocht.

Die besten alkoholfreien Odeurs sind die durch Destillation über Blütenblättern gewonnenen Wässer, wie wir sie aus Südfrankreich beziehen können — Rosen- und Orangenblütenwasser. Diese kann man für unsere Zwecke noch verschneiden oder auch als Basis verwenden. Immerhin würden sie im allgemeinen zu teuer sein für die gedachten Exportwaren. Auch stellen wir uns z. B. den Rosengeruch für diesen Zweck viel einfacher und billiger durch Geraniumöl her oder mit dem vorher erwähnten Rosenwasseröl, S. & C.

Das Schwierigste bei der Herstellung dieser Produkte ist sein schnelles Blankfiltrieren, wobei natürlich möglichst wenig von den Geruchsprinzipien verlorengehen soll. Kohlensaure Magnesia und Kaolinerde sind als filtrierendes Material beide gut verwendbar, alsdann Asbestwatte und als letztes Albumin; dieses verwende man nur, wenn gar nichts anders mehr hilft.

Griddle und Richtmann machten sich besonders dadurch verdient, daß sie die Löslichkeit der üblichen Klärmittel in Wasser bestimmten. Dies geschah, indem je 1 l Wasser von gewöhnlicher Temperatur durch die üblichen Klärmittel filtriert und dann zur Trockne eingedampft wurde. Man fand so, daß sich in Wasser lösen: Kieselgur 13%, Magnesiumkarbonat etwa 3%, Calciumphosphat etwa 6% und Talkum zu etwa 1,6% im Durchschnitt. Die gefundenen Zahlen sind je nach der Handelsware einigen Schwankunegn unterworfen. Während jedoch die mit Calciumphosphat und Magnesiumkarbonat behandelten Wässer mit Silbernitrat, Ferrosulfat und Kupfersulfat Trübungen bzw. Niederschläge gaben, blieben die durch Talkum und Kieselgur geklärten Wässer blank. Ebenso verhielten sich die durch Baumwolle geklärten und die durch Dampfdestillation (aus ätherischem Öl) dargestellten aromatischen Wässer. Darnach wäre u. a. auf Grund dieser Versuche auch zu empfehlen, bei Herstellung alkoholfreier Parfumerien das zu verwendende ätherische Öl auf Watte zu träufeln, die Watte dann mit Wasser zu schütteln und schließlich durch Watte zu filtrieren, was jedoch in der Praxis wenig ausgeübt werden dürfte.

Besonders zu empfehlen ist das vorherige Verreiben des Parfums mit kohlensaurem Magnesium und Eintragen dieser Masse in das warme Wasser bzw. den verdünnten Alkohol.

Man färbt dann die fertigen Odeurs mit Safran, Smaragdgrün, Rubinrot und auch mit verschiedenen Anilinfarben, die man vorher entweder in Alkohol oder Wasser löst. Man kann jedoch die Farbstoffe vorteilhafterweise auch gleich nach dem Parfumieren der Flüssigkeit zugeben, damit sie sich während der Ruhezeit inniger mit derselben verbinden.

Viel Unterschied bildet das Wasser selbst in seiner verschiedenartigen Zusammensetzung in den jeweiligen Gegenden. Stark eisenhaltiges Wasser ist gar nicht zu verwenden; mit stark kalkhaltigem hat man beim Filtrieren viel Mühe. Am besten verwendet man sogenanntes weiches Wasser oder man destilliert das Wasser erst und kocht das Destillat dann von neuem auf. Es ist daher nötig, das zu verwendende Wasser erst eingehend auf seinen Gehalt an Eisen, Kalk usw. zu untersuchen. Stehen Destillierapparate nicht zur Verfügung, dann muß man sich durch ein- oder mehrfaches Abkochen zu helfen suchen.

Eine weitere Art, alkoholschwache bzw. alkoholfreie Odeurs herzustellen, ist die der Abkochung von riechenden Blättern oder Wurzeln und Vermischung der daraus erzielten parfumierten Wässer. Man kocht z. B. Patchouliblätter, Sandelholz, Vetiverwurzeln, Abelmoschussamen (zerkleinerten) Lavendelblüten, auch Pomeranzenschalen, Moschusreste und dergleichen mehr in gut geschlossenen Gefäßen tüchtig ab. Man erhält dadurch ziemlich kräftig riechende Wässer, die auch verhältnismäßig leicht zu filtrieren sind und außerdem auch nicht so lange zu stehen brauchen. Diese verschiedenen parfumierten Wässer kann man nun miteinander vermischen und durch Zusätze von gelösten äthersichen Ölen und künstlichen Riechstoffen zu recht originellen Odeurs verstärken.

Die letztgenannte Art der Herstellung alkoholfreier und -schwacher Parfums ist die jetzt häufigere; sie ist wohl etwas umständlicher, aber doch in gewissem Sinne sicherer und auch noch billiger, als die vorher aufgeführten Arten. Auch lassen sich hiebei noch mehr Variationen in den Gerüchen erzielen.

Aus alledem sieht man, daß die Herstellung alkoholfreier und alkoholschwacher Parfums im allgemeinen wie besonderen eines viel komplizierteren Apparates bedarf als die der alkoholstarken Odeurs. Ihre Einrichtung lohnt sich auch nur da, wo in dieser Ware tatsächlich große Quantitäten immerfort gebraucht werden und der betreffende Parfumeur in dem Artikel routiniert ist. Andernfalls sind die Vorteile zu gering, um die Kosten der Einrichtung in kurzer Zeit zu amortisieren.

Odeurs und Toilettewässer bis zu einem Alkoholgehalt von 8% zählen noch zu den alkoholfreien Parfumerien und der darin enthaltene Alkohol wurde nur dazu benützt, die verwendeten ätherischen Öle einigermaßen aufzulösen und zu verdünnen, so daß sie dem Wasser leichter zugänglich gemacht waren.

Es sei aber auch hier gleich bemerkt, daß man Parfums selbst von minimalem Alkoholgehalt im Exporthandel niemals als „alkoholfrei" bezeichnen soll, denn an den in Frage kommenden Zollämtern, namentlich englischen, besitzt man so feine Prüfungsinstrumente, daß diese den geringsten Prozentsatz Alkohol sofort anzeigen, und die Zollstrafen stehen dann in gar keinem Verhältnis zu dem etwaigen Gewinn. Hat man auch in einem Fachblatte darauf hingewiesen, gerade für Indien die „Wasserparfums" nicht als solche zu bezeichnen, so beruht dies auf einer völligen Unkenntnis der dortigen Zollverhältnisse und -Vorschriften. Es wird von Amts wegen auf eine ganz genaue, dem Inhalt völlig entsprechende Bezeichnung gedrungen, was unbedingt zu beachten ist.

Gerade wie bei den guten Odeurs muß man auch bei den alkoholfreien Parfumerien Fixiermittel anwenden, d. h. Ingredienzien, die das Anhaften des Geruches an den damit befeuchteten Gegenständen vermehren, den Geruch an diesen Gegenstand fixieren. Bei den alkoholstarken Odeurs verwendet man hierzu in der Hauptsache die wohlriechenden Harze, Moschus usw. in ihren Lösungen (Infussionen) in Alkohol. Die Verwendung von Harzen ist jedoch bei alkoholfreien Parfums ausgeschlossen; die Harze selbst lösen sich in Wasser nicht und ihre alkoholischen Lösungen geben mit Wasser eine milchige Emulsion, die sich nicht wieder klären läßt. Moschus zu verwenden verbietet meist der zu erzielende Preis. Als Fixierungsmittel nimmt man daher ein dem Pflanzenreich entstammendes, an den Moschus erinnerndes Produkt, den Abelmoschussamen. Man zerstößt die Körner im Porzellanmörser und gibt sie in ein bedecktes Gefäß mit kochendem Wasser; hierin kocht man sie zirka 1 Stunde. Auf 1 kg Körner nimmt man zirka 10 kg Wasser und erhält hieraus eine ganz kräftig riechende Lösung bzw. Abkochung. Diese läßt man dann einige Tage stehen, wonach sie klar filtriert wird.

Ausgesprochene Gerüche lassen sich in ganz geringer Ware wenige herstellen, wenigstens nicht gerade die bekannten Gerüche, wie Veilchen und Maiglöckchen, dagegen Phantasie-Kompositionen, die alle möglichen Namen führen können. Ausgesprochene Gerüche ergeben sich für: Patchouli, Flieder, Hyazinthe, Orange, Tuberose, Rose, Heliotrop und Vanille. Hiebei stehen uns die künstlichen Riechstoffe hilfreich zur Seite und ermöglichen uns gar vieles, was ohne ihre Existenz einfach unmöglich wäre.

Beginnen wir nun mit der Herstellung einiger alkoholfreier Parfums. Zuerst das in alkoholfreier und alkoholschwacher Ware bekannteste:

Patchouliwasser

Patchoulikraut, Penang.	1 kg
Wasser	10—15 kg

werden 1 Stunde im bedeckten Gefäße gekocht, dann absetzen gelassen und durch ein Tuch filtriert, so daß das ausgekochte Kraut und etwaiger Schmutz zurückbleiben. Dieser Mischung setzt man dann noch ½ kg Abelmoschussamen-Abkochung zu und 5 bis 10 g Patschouliöl, gelöst in 200 g Alkohol, ferner 100 g Salicylsäure oder deren Lösung in Wasser. Hierauf läßt man das Ganze wenn möglich nochmals aufkochen und gibt das Gemenge in ein gut verzinntes Gefäß. In dieses bringt man noch zirka 300 bis 500 g Kaolin oder 100 g kohlensaure Magnesia hinein, rührt das ganze tüchtig durch, deckt den Behälter gut zu und überläßt die Mischung sich selbst für die Dauer von zirka 4 Wochen. Alsdann filtriert man über kohlensaure Magnesia und färbt mit Smaragdgrün.

Dieses Wasser dient zugleich auch als Grundlage und Fixierungsmittel, wozu dann noch weiter kommen:

Iriswasser

Iriswurzel, ff., pulv.	2 300 g
Dest. Wasser	10 000 g

Man lasse im geschlossenen Gefäß tüchtig kochen, bringe nach dem Abkühlen ins Standgefäß, setze 10 g Salicylsäure, in Wasser gelöst, hinzu, lasse unter täglichem Schütteln 14 Tage lagern und gieße hierauf ab, wonach das Wasser fertig zum Gebrauch ist. Es hat einen angenehmen veilchenartigen Geruch.

Yara-Yarawasser

Yara-Yara oder Bromelia ..	50 g
Dest. Wasser	4000 g
Salicylsäure, in etwas Wasser gelöst	10 g

Nerolin löst sich nur wenig, aber gibt bei längerem Kochen im bedeckten Gefäß doch einen guten Geruch an Wasser ab; nach dem Abkühlen setze man die gelöste Salicylsäure zu und filtriere nach 3wöchigem Lagern.

Moschuswasser

Moschus, künstl. (Keton. Xylol oder Ambrette)	40 g
Dest. Wasser	4000 g
Salicylsäure, gelöst	10 g

Man verreibe den künstlichen Moschus unter Zusatz von 10 g trokkener Pottasche zu einem staubfeinen Pulver. Verfahren wie vorher. Die beim Yara-Yara- und Moschuswasser auf dem Filter zurückbleibenden, nicht gelösten Teile können nach dem Trocknen zu Sachets verarbeitet werden.

Hyazinthwasser

I. Hyazinthin (Phenylacetaldehyd)	15 g
Dest. Wasser	4000 g
Salicylsäure, gelöst	5 g

II. Abelmoschuswasser ..	3000 g
Lavendelblütenwasser	10 000 g
Hyazinthin	20—30 g
in Alkohol gelöst ...	200 g
Salicylsäure	50 g

Gelblich gefärbt.

Moschuskörnerwasser

Abelmoschussamen	600 g
Dest. Wasser	4000 g
Salicylsäure, gelöst	15 g

Man lasse die Moschuskörner durchs Walzwerk gehen, um sie vollständig zu zerquetschen, bringe die Masse in ein emailliertes Geschirr mit dichtschließendem Deckel (also in einen Emaillekochtopf) und gebe nun das kochende destillierte Wasser zu, rühre gut durch, setze die 15 g Salicylsäure zu und lasse die Mischung gedeckt im Warmbade oder Wärmofen 2 bis 3 Tage unter öfterem Durchrühren stehen, dann kühle man ab und filtriere.

Flieder

Moschuskörnerwasser ...	3000 g
Lavendelblütenwasser ..	10 000 g
Terpineol	50—80 g
in Alkohol gelöst	300 g
Salicylsäure, gelöst	50 g

Mit Fliederfarbe bläulich gefärbt.

Jasminblütenwasser

Jasminöl, künstl.	15 g
Ambrettemoschus	1 g
Solution Lemanol, *T. M.* (1 : 50)	100 g
Hyazinthwasser	300 g
Yara-Yarawasser	300 g
Iriswasser	300 g
Dest. Wasser	2000 g
Salicylsäure, gelöst	5 g

Rosenblütenwasser

Geraniumöl, künstl.	25 g
Cumarin	5 g
Heliotropin	23 g
Moschuskörnerwasser	450 g
Hyazinthwasser	2150 g
Dest. Wasser	2300 g
Salicylsäure, gelöst	5 g

Veilchenblütenwasser

Jonon	10 g	mit zirka 50 g kohlensaurer Magnesia im Mörser verrieben
Bergamottöl	10 g	
Ylang-Ylangöl, künstl.	5 g	

Heliotropin	10 g
Iriswasser	2600 g
Moschuswasser	200 g
Moschuskörnerwasser	200 g
Salicylsäure, gelöst	5 g

Helintrop

Während Flieder und Hyazinthe gerade wie Patschouli hergestellt werden, muß man bei Heliotrop etwas vorsichtiger zu Werke gehen und hiebei einen Verlust von Heliotropin gleich in Rechnung stellen, der jedoch dadurch vermindert werden kann, daß man das herumschwimmende Heliotropin abfängt, sofort in Alkohol wirft und alsdann zu alkoholstarken Odeurs billigerer Sorte weiterverwendet.

Man gibt 20 g Heliotropin in 500 g Wasser unter Beifügung von 100 g Alkohol. Dieses Gemenge füllt man am besten in eine Kochflasche und erhitzt es auf einem Gasbrenner zum Kochen. Das Heliotropin löst sich nur ganz verschwindend wenig, gibt jedoch an das Wasser während des Kochens viel von seinem Geruch ab. Nach gutem Durchkochen läßt man das Gemisch einige Minuten stehen, in welcher Zeit sich das nicht gelöste Heliotropin zu Boden schlägt. Man gießt dann die Mischung vorsichtig ab und gibt in die Flasche 100 bis 200 g guten Alkohol, worin das restierende Heliotropin gelöst wird, welche Lösung dann zu anderen Waren Verwendung findet. Der erhaltenen Mischung fügt man bei:

Moschuskörnerwasser	3 000 g
Lavendelblütenwasser	10 000 g
Jasminwasser	2 000 g

Das Jasminwasser stellt man her, indem man 10 g Jasmin, künstlich, in 100 g Alkohol löst und diese Lösung zu 10000 g kochendem Wasser, in welchem 10 g Salicylsäure gelöst wurden, zufügt.

Man färbe das Heliotropodeur nur mit etwas Salfan leicht ins Gelbliche.

Vanilleodeur

stellt man auf ganz gleiche Weise her unter Verwendung von Vanillin. Dieses löst sich leichter im Wasser (8 : 1000) und wird in diesem Verhältnis angesetzt.

Bei den erhaltenen Heliotrop- und Vanilleodeurs stellt sich allmählich eine Färbung ein, bis ins Rötliche oder Braune geht, besonders wenn die Ware dem Licht ausgesetzt ist, ein Umstand, der auch bei alkoholstarken Odeurs vorkommt.

Sonst weiter verlangte Gerüche kann man mit Hilfe der einzelnen Abkochungen zusammenstellen, besonders wenn es sich um Kompositionsodeurs handelt, wie Jockey-Club, Reseda, Millefleurs, Frühlingsdüfte usw.

Je nach den für die fertige Ware gezahlten Preisen kann man die Parfums stärker und schwächer machen; ersteres durch Verwendung der guten Orangen- und Rosenwässer, letzteres durch Hinzufügen von gewöhnlichem Wasser. Eine genaue Berechnung des Kostenpunktes tut daher vor allem Dingen gleich zu Anfang sehr not; denn gar oft könnte sich das Resultat zeigen, daß man trotz Anwendung von billigen alkoholfreien Parfums doch nicht an den limitierten Preis herankommt. Eine Herstellung der alkoholfreien Waren rentiert sich, wie bereits bemerkt, auch nur dann, wenn man fortwährend und reichlich darin Absatz hat.

Am rentabelsten gestaltet sich die Verwendung alkoholfreier Blütenwässer und Abkochungen bei den Toilettenwässern, wie: Floridawasser, Canangawasser, Divinawasser, Lavendelwasser. Diese sind alle in Gläsern von größerem Inhalt am Markte und daher ist die Preisdifferenz gegen alkoholhaltige Ware sehr bedeutend. Allerdings spielt hiebei auch die Fracht wieder eine große, ja fast die größte Rolle, so daß man diese Ware fast nur an den Hafenplätzen herstellen kann oder allenfalls noch an Plätzen des Inlandes, denen eine gute Wasserstraße zur Verfügung steht.

Da wir nun gerade bei den alkoholschwachen und alkoholfreien Parfums sind, wollen wir deren wichtigste Sorten, die Toilettewässer gleich mit anführen, während die übrigen Toilettewässer erst später vorgeführt werden.

Die alkoholfreien Toilettewässer stellt man wie folgt her:

Floridawasser

Abelmoschuswasser	3 000 g
Sandelholzwasser	20 000 g
Bergamottöl [1]	10 g
in Alkohol gelöst	200 g
Pfefferminzkrautwasser	5 000 g
Salicylsäure	100 g

Divinawasser

Abelmoschuswasser	3 000 g
Rosenwasser, verschnittenes (10 : 1)	20 000 g
Vetiverwasser	10 000 g
Patchouliwasser	1 000 g
Jasminwasser	1 000 g
Salicylsäure	100 g

Canangawasser

Abelmoschuswasser	3 000 g
Orangenwasser, verschnittenes (1 : 1)	20 000 g
Canangaöl	25 g
in Alkohol gelöst	200 g
Leichtes Rosenwasser (verschnitten 10 : 1)	10 000 g
Salicylsäure	100 g

[1] Oder 5 g Bergamottöl, tsf.

Lavendelwasser

Abelmoschuswasser	3000 g	Rosmarinöl	25 g
Rosenwasser, verschnittenes (10 : 1)	20000 g	in Alkohol gelöst	200 g
Lavendelöl	100 g	Salicylsäure	70 g

Diese Toilettewässer bilden einen großen Exportartikel nach allen tropischen Ländern und müssen in ihrer Ausstattung den gangbaren Sorten angepaßt werden.

Eau de Cologne

(Über die Herstellung von alkoholschwachem Eau de Cologne sind Angaben im nächstfolgenden Abschnitt enthalten.)

Eau de Cologne.

„Kölnisches Wasser" oder Eau de Cologne ist eines der ältesten und bekanntesten Toilettewässer, auf dessen Erfindung verschiedene Ansprüche geltend gemacht worden sind und noch heute gemacht werden. Nach Einigen soll der Italiener JOHANN MARIA FARINA, geb. 1865 zu Santa Maria-Maggiore, der Erfinder sein. Dieser kam dann nach Köln, um Handel mit Parfumerien zu treiben, deren Herstellung schon damals in Italien in hoher Blüte stand, und erfand daselbst um 1709 die Bereitung des Kölnischen Wassers.

Eau de Cologne war bereits in der Mitte des 18. Jahrhunderts ein sehr beliebter und begehrter Artikel, so daß sich auch andere unternehmende Leute dessen Herstellung zuwandten. Da jedoch schon damals sehr viel auf den Namen „Farina" gesehen wurde, zog man Leute mit diesem Namen, deren es in Italien eine ganze Menge gibt, nach Köln und nahm diese für kurze Zeit in die Firma auf, um den Namen „Farina" führen zu dürfen.

Welche Farina-Firma nun heute das *wirklich echte* Kölnische Wasser herstellt, ist immer noch eine offene Frage.

Das Geheimnis der Zusammensetzung des Eau de Cologne ist jedoch mit der Zeit auch bekannt geworden und, wenn auch kleine Abweichungen in den einzelnen Rezepten sein werden, so ist doch im großen und ganzen die Herstellung bekannt. Es ist nötig, daß nur allerfeinster Alkohol Verwendung findet und daß das fertig zusammengesetzte Produkt ein langes Lager haben kann — wenn möglich einige Jahre — und hiebei eine fachmännische Behandlung findet, gerade wie edle Weine. Hiezu ist nun allerdings nicht jeder Fabrikant in der Lage und besonders für *kleine* Fabrikanten ist es fast eine Unmöglichkeit, so daß ihr Produkt schon mit dem Erscheinen wieder eingeht, da es den Vergleich mit der alten Ware in den seltensten Fällen aushalten kann.

Von ganz besonderer Bedeutung für die Qualität des Eau de Cologne ist die Auswahl der ätherischen Öle und das absolute Prinzip nur feinste natürliche ätherische Öle zu verwenden, dagegen allen künstlichen Riechstoffen, einschließlich der künstlich hergestellten ätherischen Öle, mit Ausnahme des künstlichen Neroliöles guter Marken, mit berechtigtem

Mißtrauen zu begegnen, soweit es sich um Herstellung wirklich erstklassiger Eaux de Cologne handelt. Für billigere Ware können natürlich auch künstliches Bergamottöl u. a. mitverwendet werden. Wie aus vorhergesagtem hervorgeht nimmt hier das künstliche Neroliöl insofern eine Ausnahmestellung ein, daß es in fast allen Fällen, wenn von erstklassiger Beschaffenheit und renomierter Marke, das meist zu unerschwinglichen Preisen gehandelte echte Neroliöl bigarade recht gut ersetzen kann.

Die Herstellungsweise des Eau de Cologne ist sehr einfach. Das Wasser fügt man stets vor dem Lösen der ätherischen Öle zu. Diese Art des Wasserzusatzes ist die einzige, die unerwünschte Trübungen, die das Filtrieren erschweren, vermeiden läßt. Erstaunlich ist es, daß man, speziell in der modernsten Literatur, Vorschriften findet, die zuerst die ätherischen Öle in Alkohol lösen und dann das Wasser zufügen lassen.

Die Alkohol-Konzentration eines guten Eau de Cologne ist etwas 75—80% im Mittel, nur seltener etwa 90%.

Die Menge der darin enthaltenen kombinierten Essenz schwankt für gute Sorten zwischen 20 und 30 g per Liter, im Mittel beträgt sie etwa 25 g.

Zunächst bringen wir einige Vorschriften für solche komplexen Eau de Cologne-Essenzen, die in genügender Menge, in entsprechend verdünntem Alkohol gelöst, ein fertiges Eau de Cologne ergeben.

Eau de Cologne Essenzen

1.

Bergamottöl	70 g
Petitgrainöl	30 g
Portugalöl	20 g
Orangenöl, bitter	10 g
Neroliöl, künstl.	30 g
Citronenöl	60 g
Lavendelöl	15 g
Rosmarinöl	5 g

2.

Bergamottöl	70 g
Portugalöl	15 g
Orangenöl, bitter	5 g
Citronenöl	50 g
Neroliöl, künstl.	20
Lavendelöl	15
Rosmarinöl	5 g
Methylanthranilat	0,5 g

3.

Bergamottöl	60 g
Portugalöl	20 g
Citronenöl	25 g
Orangenöl, bitter	5 g
Neroliöl kstl.	50 g
Lavendelöl	10 g
Petitgrainöl	10 g
Methylanthranilat	1 g

Diverse Vorschriften für Eaux de Cologne

Modernes Eau de Cologne

Alkohol	850 g
Wasser	150 g
Neroliöl, bigar	4 g
Petitgrainöl	1 g
Bergamottöl	10 g
Citronenöl	5 g
Portugalöl	5 g
Rosmarinöl	2,5 g
Lavendelöl	2,5 g
Benzoetinktur	5 g
Ylang-Ylang	0,05 g

Eau de Cologne, fein

Alkohol, 80%	45 000 g
Rosmarinöl, fein	30 g
Lavendelöl, fein	130 g
Rosengeraniumöl	50 g
Bergamottöl	570 g
Citronenöl	100 g
Citral	30 g
Neroliöl, künstl.	30 g
Petitgrainöl	225 g
Iseugenol	2 g
Zimtöl, ff.	2 g
Dest. Wasser	3 000 g

Eau de Cologne supérieure

Alkohol, 80%	20 000 g
Neroliöl, bigar.	100 g
Rosmarinöl	50 g
Citronenöl	150 g
Bergamottöl	50 g
Portugalöl	150 g

Eau de Cologne I

Alkohol, 80%	20 000 g
Petitgrainöl	60 g
Neroliöl, künstl.	25 g
Lavendelöl	20 g
Rosmarinöl	50 g
Bergamottöl	120 g
Citronenöl	210 g
Geraniumöl	20 g

Eau de Cologne des Princes

Alkohol, 85%	30 000 g
Rosmarinöl	30 g
Mitcham-Lavendelöl	100 g
Bergamottöl, terpenfrei	200 g
Citronenöl, terpenfrei	200 g
Neroliöl, *Sch. & C.*	100 g
Petitgrainöl	50 g

Eau de Cologne II

Alkohol, 80%	32 000 g
Bergamottöl	300 g
Citronenöl	300 g
Lavendelöl	20 g
Rosmarinöl	50 g
Petitgrainöl	100 g
Neroliöl, künstl.	25 g

Eau de Cologne, double

Alkohol, 80%	8000 g
Petitgrainöl	40 g
Neroliöl, künstl.	35 g
Bergamottöl	30 g
Portugalöl	15 g
Citronenöl	15 g
Rosmarinöl	30 g
Lavendelöl	30 g
Rosenwasser	60 g
Orangenblütenwasser	160 g
Citral	10 g

Eau de Cologne

I

Alkohol, 80%	8000 g
Bergamottöl	220 g
Citronenöl	75 g
Neroliöl, künstl.	20 g
Rosmarinöl	5 g
Lavendelöl, franz.	5 g

II

Alkohol, 95%	6000 g
Lavendelöl, franz.	35 g
Citronenöl	30 g
Portugalöl	30 g
Neroliöl, künstl.	15 g
Bergamottöl	60 g
Petitgrainöl	10 g
Rosmarinöl	4 g
Orangenblütenwasser	1000 g
Methylanthranilat	2 g

III.

Alkohol, 95%	6000 g
Bergamottöl	60 g
Portugalöl	30 g
Citronenöl	30 g
Citral	3 g
Lavendelöl, ff.	15 g
Neroliöl, künstl.	25 g
Rosmarinöl	20 g
Thymianöl	1 g
Orangenblütenwasser	1000 g

IV.

Alkohol, 85%	7000 g
Neroliöl, künstl.	70 g
Rosmarinöl	35 g
Bergamottöl	35 g
Portugalöl	20 g
Citronenöl	15 g

V

Alkohol, 80%	7000 g
Citronenöl	40 g
Pomeranzenöl	40 g
Geraniol	10 g
Bergamottöl	80 g
Petitgrainöl	7 g
Rosmarinöl	7 g
Neroli, künstl.	20 g

Vor Jahren hat die englische Firma Stephan Smith & Co. einen Preis für die beste Vorschrift zu Kölnischem Wasser ausgesetzt und auf diesem Wege eine wirklich vorzügliche Vorschrift erlangt, die sie veröffentlichte. Diese lautet wie folgt:

Bergamottöl	800 g	Origanumöl	20 g
Citronenöl	400 g	Orangenblütenwasser	3 000 g
Neroliöl	80 g	Alkohol	30 200 g

und ergibt eine vorzügliche Ware, die auch hohen Ansprüchen genügt.

Blumen-Eau de Cologne.

Hiezu setzt man sich gewöhnlich ein leichtes Eau de Cologne zusammen, etwa wie folgt:

Alkohol	30 000 g	Petitgrainöl	20 g
Bergamottöl	400 g	Rosmarinöl	50 g
Citronenöl	200 g	Citral	5 g
Neroliöl, künstl.	100 g	Methylanthranilat	6 g
Lavendelöl	50 g	Orangenblütenwasser	3 000 g

Indem man vorstehende Komposition zur Grundlage[1] nimmt, stellt man die verschiedenen Gerüche wie folgt her:

Flieder Eau de Cologne		Maiglöckchen Eau de Cologne	
Grundkomposition	10 000 g	Grundkomposition	10 000 g
Terpineol	250 g	Linalool	200 g
Jasmin, künstl.	80 g	Jasmin, künstl.	80 g
Aubépine	20 g	Maiglöckchenblütenöl	5—10 g
Heliotropin	5 g		

Rosen Eau de Cologne		Veilchen Eau de Cologne	
Grundkomposition	10 000 g	Grundkomposition	10 000 g
Rosenholzöl	100 g	Jonon	80 g
Rosengeraniol	100 g	Violette Feuilles	6 g
Rosenöl, künstl., *H. & C.*	20 g	Jasminöl, *Sch. & C.*	3 g

Die Blumen-Eaux de Cologne sind ein wenig feiner Artikel und nur in der ordinären Parfumerie von Bedeutung. Sie werden heute auch nur von speziellen Abnehmerkreisen gekauft und sind praktisch gesprochen eine Geschmacksverirrung.

Dagegen sind in der modernen Parfumerie gewisse Sorten Phantasie-Eaux de Cologne, wie Eau de Cologne Russe, Eau de Cologne Ambré und Eau de Cologne Chypre von ganz hervorragender Bedeutung.

Eau de Cologne Russe.

Diese rein konventionelle Bezeichnung kann keinesfalls als Provenienzbezeichnung aufgefaßt werden, also etwa dahingehend, daß dies Spezial-Eau de Cologne nach einem bestimmten in Rußland zuerst hergestellten Typ bereitet würde, wie es erst unlängst versucht wurde, glaubhaft zu machen.

Praktisch gesprochen, ist das „Russische“ Eau de Cologne ein Phantasieprodukt, das je nach dem vom Hersteller ganz erheblich ver-

[1] Selbstverständlich kann man sich auch einer anderen Grundlage bedienen oder, wie dies auch teilweise nachstehend geschehen ist, sich spezielle Vorschriften für die einzelnen Gerüche ausarbeiten.

schieden aufgefaßt werden kann, also keinesfalls einen schärfer umrissenen Parfum-Typ darstellt.

Einigermaßen charakteristisch für dieses Präparat ist eine kräftig balsamische Note, ebenso Vanilletöne und Moschus-, bzw. Ambranoten. In vielen Fällen tritt auch eine mehr oder minder ausgesprochene Nelkennote hinzu, eventuell auch Rose und Cumarin. Manche Produkte dieser Art weisen auch eine Chyprenote auf (Eichenmoos, Sandelöl usw.), kurz, der Phantasie des Herstellers ist hier ein weiter Spielraum gelassen.

Die herberen Sorten zeigen häufig auch eine Note Peau d'Espagne, Cuir de Russie (Juchten), die aber nur schwach zum Ausdruck kommt. Für solche wird auch Castoreumtinktur mitverwendet.

Eau de Cologne Russe

Alkohol	4,5 l	Bergamottöl	40 g
Wasser	0,2 l	Citronenöl	20 g
Vanilletinktur	150 g	Portugalöl	20 g
Tolutinktur	250 g	Rosmarinöl	4 g
Vanillin	5 g	Lavendelöl	6 g
Castoreumtinktur	35 g	Mandarinenöl	2 g
Ambrettemoschus	20 g	Neroliöl, künstl.	12 g
Cumarin	1 g	Resinoid Eichenmoos	0,5 g
Methyljonon	0,5 g	Ambra- künstl., konkret	10 g
Nelkenöl	2 g		

Eau de Cologne Russe Impériale

Alkohol	1500 g	Rosenöl, bulgar.	0,3 g
Wasser	250 g	Vanillin	2,5 g
Chypre Royal (Essenz)	12 g	Lavendelöl	3 g
Nelkenöl	0,7 g	Ambrettemoschus	4 g
Bergamottöl	15 g	Ambra, künstl., konkret	6 g
Citronenöl	7 g	Tolutinktur	75 g
Portugalöl	3 g	Vanilletinktur	50 g
Mandarinenöl	1 g	Castoreumtinktur	15 g
Neroli, künstl.	3 g		

Eau de Cologne Russe Spéciale

Bergamottöl	12 g	Heliotropin	3 g
Citronenöl	10 g	Ketonmoschus	1 g
Portugalöl	2 g	Ambrettemoschus	1 g
Lavendelöl	3 g	Neroliöl, künstl.	1,5 g
Rosmarinöl	2 g	Cumarin	0,5 g
Nelkenöl	0,5 g	Chypre Royal (Essenz)	3 g
Methyljonon	4 g	Castoreumtinktur	10 g
Isoeugenol	3 g	Tolutinktur	10 g
Ambra, künstl., konkret	1 g	Alkohol	1600 g
Vanillin	0,5 g	Wasser	400 g

Eau de Cologne Ambrée

Eau de Cologne, 85%	1 l	Moschustinktur	10 g
Ambrettemoschus	5 g	Vanilletinktur	15 g
Vanillin	4 g	Tolutinktur	15 g
Ambre A., *Ama*	3 g		

Eau de Cologne Impériale Ambrée

Eau de Cologne, 85%	2000 g	Ambra, künstl., konkret	6 g
Alkohol	800 g	Vanillin	4 g
Wasser	200	Dorina	10 g
Castoreumtinktur	30	Chypre Royal	4 g
Vanilletinktur	15 g	Foin coupé-Base	5 g
Tolutinktur	30 g	Rosenöl, echt	0,5 g
Moschustinktur	10 g		
Ambrettemoschus	8 g		

Eau de Cologne Chypre I

Eau de Cologne, 80%	1,5 l
Chypre I.	5 g
Moschustinktur	10 g
Castoreumtinktur	5 g
Eichenmoos, absol.	2 g
Sandelöl, ostindisch	2 g
Cnmarin	1,5 g
Patchouliöl	0,2 g
Ambrettemoschus	3 g

Eau de Cologne Chypre Ambrée

Eau de Cologne, 85%	2 l
Ambre, künstl., konkret	6 g
Vanillin	2 g
Ambrettemoschus	8 g
Chypre Royal	10 g
Moschustinktur	20 g
Ambratinktur	10 g
Eichenmoos, absol.	2,5 g

Eau de Cologne Chypre II

Eau de Cologne	1000 g	Cumarin	1 g
Alkohol	800 g	Vetiveröl	0,5 g
Wasser	200 g	Chypre, I.	6 g
Eichenmoostinktur	20 g	Iristinktur	50 g
Sandelöl, ostindisch	1 g	Castoreumtinktur	10 g
		Patchouliöl	0,3 g

Eau de Cologne Chypre III.

Bergamottöl	15 g	Sauge sclaréeöl	2 g
Citronenöl	10 g	Patchouliöl	1 g
Portugalöl	5 g	Isoeugenol	1 g
Lavendelöl	3 g	Amylsalicylat	0,2 g
Cumarin	3 g	Vanillin	0,5 g
Rosenöl, künstl.	5 g	Neroliöl, künstl.	2 g
Sandelöl, ostind.	2 g	Ess. absol. Eichenmoos	0,8 g
Vetiveröl	2 g	Ambra, künstl. konkret	1 g
Ambrettemoschus	2 g	Alkohol	1700 g
Rosmarinöl	1 g	Wasser	300 g

Diese Phantasie-Eaux de Cologn nach Art des *Russe*, Ambrée oder Chypre bilden in der modernen Parfumerie eine wichtige Spezialität und kann hier der Parfumeur seiner Phantasie die Zügel schießen lassen, um im Rahmen dieser schwül-modernen Noten sehr lukrative Produkte zu schaffen.

So läßt sich also die Note *Chypre* ganz ausgezeichnet als Detail für Russes und Ambrées verwenden, ebenso können Phantasiebukettnoten der verschiedensten Art hier mitherangezogen werden, wie Fougère, Foin, Coupé, Peau d'Espagne, Oeillet usw.

Auch die Juchtennote (Cuir de Russie, ebenso Bouvardia usw.) können hier prächtige Effekte geben.

Eau de Cologne au Vinaigre
(Besonders für südliche Klimate und zum Export bestimmt)

Eau de Cologne	10 000 g
Essigsäure, 30%ig	300 g
Essigäther	200 g
Wasser	1 000 g

Eis-Eau de Cologne (Kopfschmerz-Eau de Cologne)
Für Kompressen usw.

Eau de Cologne	10 000 g
Menthol	zirka 200 g

Die Zugabe von Menthol richtet sich nach der gewünschten Stärke

Campher-Eau de Cologne

Eau de Cologne III	10 000 g
Campher	240 g

Besonders in Griechenland wird die Herstellung des Eau de Cologne sehr stark betrieben. Sie ist dort eine Art Hausindustrie und in manchen Familien erben sich die Vorschriften von Geschlecht zu Geschlecht fort.

Griechisches Eau de Cologne

Alkohol	7000 g	Wacholderbeeröl	5 g
Petitgrainöl	80 g	Thymianöl, weiß	20 g
Citronenöl	100 g	Melissenöl	30 g
Bergamottöl	100 g	Ess. Bois de Rhodes	215 g
Neroliöl	20 g	Orangenblütenwasser	2000 g
Rosmarinöl	30 g		

Bade-Eau de Cologne
(s. auch das Kapitel parfumierte Bäder)

Als solches wird meist ein schwächer alkoholisches Eau de Cologne verwendet, das auch gut als Haarwasser zu gebrauchen ist.

Eau de Cologne pour bains

Bergamottöl	1,8 g	Petitgrainöl	1 g
Citronenöl	1 g	Methylanthranilat	0,2 g
Rosmarinöl, franz.	0,6 g	Portugalöl	0,8 g
Lavendelöl	0,4 g	Alkohol	600 ccm
Xylolmoschus	0,2 g	Wasser	400 ccm

Eau de Cologne pozr bains
(Typ Russe)

Bergamottöl	1,5 g	Ambrettemoschus	0,5 g
Citronenöl	0,8 g	Ambra, künstl., konkret	0,5 g
Portugalöl	0,8 g	Chypre I	1 g
Rosmarinöl	0,5 g	Castoreumtinktur	10 g
Lavendelöl	0,5 g	Alkohol	650 ccm
Neroliöl, künstl.	1 g	Wasser	350 ccm
Methylanthtanilat	0,1 g		

Mit Zuckercouleur bräunlich färben.

Bade-Eau de Cologne
(Mit Salzzusatz)

Alkohol	10 000 g	Rosmarinöl	10 g
Neroliöl, künstl.	5 g	Lavendelöl	10 g
Bergamottöl	60 g	Wasser	5000 g
Citral	20 g	darin gel. Kochsalz	800—1000 g
Citronenöl	80 g		

Dieses Eau de Cologne wird zur Kräftigung der Nerven bei Bädern verwendet.

Antiseptisches Eau de Cologne.

Ein solches, das an den Wohlgeruch der Fichtennadeln erinnert und besonders als Zimmerparfum geeignet ist, läßt sich nach folgender Vorschrift herstellen:

Antiseptisches Eau de Cologne

Bergamottöl	100 g	Bornylacetat	10 g
Orangenschalenöl	20 g	Benzoetinktur	300 g
Rosmarinöl	20 g	Alkohol	4000 g
Eucalyptol	35 g	Wasser	1200 g

Bornylacetat ist der Geruchsträger der Fichtennadelöle und ungefähr 20 mal so stark als diese, viel leichter löslich und von höchst angenehmem Geruch. Die Ersetzung des Citronenöls durch Eucalyptol erhöht die antiseptischen Eigenschaften der Komposition und trägt gleichzeitig zur stärkeren Entfaltung des Fichtennadelgeruches bei.

Eau de Cologne ist ein großer Artikel für den Export. Leider sind die hiezu verlangten Qualitäten oft sehr geringe, die allerdings für die jeweiligen Gegenden völlig genügen. Dazu kommt wieder der hohe Eingangszoll auf alkoholhaltige Produkte in den meisten überseeischen Ländern. Daß man bei diesen Sorten auf die bekannte Streitfrage des echten Kölnischen Wassers nicht einzugehen braucht, versteht sich wohl von selbst, denn dieses ist vom Guten das Beste, während es sich hier vor allen Dingen um „dünnere“ Erzeugnisse zu handeln hat.

Man muß sich daher den Namen „Kölnisches Wasser“ im vollsten Sinne der naturgetreuen Auslegung zu nutze machen und mit dem „Wasser“ beginnen.

Eau de Cologne, leichte Ware

Wasser	50 000 g	Thymianöl, weiß	20 g
Alkohol	30 000 g	Rosmarinöl	20 g
Bergamottöl, tsf.	30 g	Lavendelöl	10 g
Citronenöl, tsf.	50 g		

Man wiegt zuerst den Alkohol ab, setzt das Wasser zu und löst hierin die Riechstoffe, wobei man am besten destilliertes Wasser nimmt. Nur auf diese Weise lassen sich zu hartnäckige Trübungen vermeiden. Man setzt dann zirka 500 g kohlensaure Magnesia zu und läßt das ganze Gemenge, nachdem es ordentlich durchgeschüttelt und der Verschluß — um den gebildeten Gasen ein Entweichen zu gestatten — kurze Zeit geöffnet war, wenigstens 4 Wochen stehen. Dann wird es filtriert, wobei man in die Filter etwas kohlensaure Magnesia oder auch Talkum hineingibt; oft muß 2- bis 3mal filtriert werden, bis die Ware blank wird und verkaufsfähig ist.

Etwas besser kann man die Qualität noch machen, indem man noch 20 kg Alkohol und 10 g Citral zusetzt.

Eine weit bessere Ware erhält man nach folgender Vorschrift.

Eau de Cologne II

Alkohol	23 000 g	Rosmarinöl ff.	25 g
Bergamottöl, terpenfrei	50 g	Lavendelöl ff.	50 g
Citral	10 g	Dest. Wasser	27 000 g
Thymianöl, rot	15 g	Zimtsäure-Athyester	25 g

Immerhin ist dies noch eine billige Ware, die sich für den Export gut eignet.

Um diesem Eau de Cologne einen ausgesprochenen *Blumengeruch* zu geben, lasse man Thymian-, Lavendel- und Rosmarinöl weg und verwende an deren Stelle Terpineol für Flieder-, Hyazinthin für Hyazinthen-Eau de Cologne usw. Auch läßt sich hieraus durch Mitverwendung von Fichtennadelöl ein sehr gutes *Zimmerparfum* (Ozon-Zimmerparfum) herstellen, welches im Zimmer zerstäubt oder auf den Ofen zum Verdunsten geschüttet wird und dann die Zimmerluft ausgezeichnet reinigt und erfrischend auf die Nerven wirkt.

Wie gesagt, ist es sehr vorteilhaft, wenn man diese geringen Sorten Eau de Cologne längere Zeit lagern lassen kann; auch ist es gut, sie in größeren Quantitäten anzusetzen, etwa ein Faß von 500 kg und dieses, wenn es angeht, mindestens 5 bis 8 Wochen im Keller liegen zu lassen.

Werden nun noch geringere Sorten verlangt, so muß man zu den ganz alkoholschwachen Artikeln greifen; oft jedoch rentiert sich deren Herstellung kaum, und man sollte erst einmal eine genaueste Kalkulation machen und dabei namentlich die Fracht — falls solche in Frage kommt — nicht vergessen.

Zu billigem Eau de Cologne wie auch zu Toilette- und Kopfwässern (Bay Rum) dürfte früher des öfteren *Methylalkohol* verwendet worden sein.

Erst nach den Asylistenvergiftungen in Berlin im Dezember 1911 ist man auf die Gefährlichkeit, ja Giftigkeit des Methylalkohols aufmerksam geworden und ist daher die Verwendung des Methylalkohols zu Parfumerien irgendwelcher Art gefährlich und strengstens verboten,

Auch der jetzt häufig verwendete Isopropylalkohol gibt nur ganz minderwertig Parfumeriewaren, auch wurden bei dieser Verwendung Hautreizungen beobachtet.

Möglichst

alkoholschwaches Eau de Cologne

herzustellen ist nicht so ganz einfach. Die ätherischen Öle bilden beim Mischen mit großen Quantitäten Wasser milchige Emulsionen und scheiden sich aus. Die Verwendung der terpenfreien und sesquiterpenfreien (tsf.) Öle ist daher sehr zu empfehlen. Man löst sie erst in hochgradigem Alkohol und gibt sie dem Wasser zu oder man verreibt sie tüchtig mit kohlensaurer Magnesia und gibt sie dann zu dem Wasser. Darauf muß dieses Gemisch wenigstens 4 Wochen sich selbst überlassen werden. Auch das Filtrieren ist sehr langwierig, und es verflüchtigt sich hiebei immer ein gewisser Prozentsatz der Riechstoffe. Das Filtrieren geschieht zweckmäßig über kohlensaure Magnesia oder Kaolinerde. Wird das Gemisch nicht klar, dann setzt man etwas Albumin zu; eventuell kann man auch die Filzfilter in Anwendung bringen mit Einlagen von Asbestwatte.

Sehr praktisch ist es, das Wasser zu kochen, die gelösten Riechstoffe hineinzugießen und den Kochapparat fest zu verschließen. Es hat dann ein nochmaliges Aufkochen zu erfolgen und darnach läßt man das Produkt erkalten. Das durch die Hitze ausgedehnte Wasser zieht sich hiebei auf sein natürliches Volumen zusammen und schließt dabei die Riechstoffe zum Teil in sich ein.

Festes Eau de Cologne.

Bisweilen werden auch, speziell für Reiseausrüstungen, sogenannte feste Eau de Cologne-Artikel verlangt. Alfred de Bizarel empfiehlt hierfür folgendes Verfahren:

In einem geeigneten Kessel wird ein Gemenge von 25 kg Stearin, 55 kg gebleichtem Palmöl und 20 kg Rizinusöl auf 50° C erwärmt und 50 kg Natronlauge von 38° Bé. sowie 60 kg Alkohol zugefügt. Man arbeitet gut durch und sezt dann bei 40° C noch eine Lösung von 20 kg ungebläutem Zucker in 20 kg Wasser, vermischt mit 40 kg Glycerin, zu. Nach dem Erkalten erhält man eine harte Pasta, von der man unter Erwärmen 20 g in je 1 kg des festzumachenden Eau de Cologne auflöst. Man läßt die Masse dann in kleinen Formkästen erstarren und schneidet sie in Stücke von der gewünschten Größe.

Auf diese Weise kann man auch alle Arten von Parfums festmachen und da diese festen Parfums leicht brennbar sind, kann man auch leicht *neue Räuchermittel* auf diesem Wege schaffen, besonders wenn man reichlich wohlriechendes Harz zusetzt.

Wir haben also hier etwas den gleichen Vorgang wie bei dem festgemachten Alkohol, wie er in früheren Jahren oft verlangt wurde.

Diverse Toilettewässer.

Nach diesem Artikel herrscht stets größere Nachfrage. Ein Toilettewasser soll gerade so gut einen ausgesprochenen Geruchscharakter besitzen wie ein Odeur. Dieses zu erreichen bietet wenig Schwierigkeit, besonders, wenn wir uns auch dazu der künstlichen Riechstoffe bedienen.

Praktisch genommen sind die Toilettewässer nur verdünnte Extraits und können durch Verdünnung eines entsprechenden Extraits hergestellt werden.

Toilettewasser „Amaryllis"

Infusion Jonquille	6500 g	Linalool	10 g
Jasmin, künstl., *Heiko*	10 g	Methyljonon	10 g
Heliotropin	15 g	Wasser	2500 g

Azelia-Virginia

Alkohol	10 000 g	Irisine, *Fl.*	15 g
Azelia-Blumenöl, *S. & C.*	120 g	Costuswurzelöl	5 g
Heliosol, *C. M.*	50 g	Bergamottöl	60 g
Rose alpine	15 g	Orangenblütenwasser	4 000 g
Canangaöl	10 g	Jasminwasser	22 000 g

Eau de Toilette Bellaflora

Alkohol	10 000 g	Moschus	10 g
Heliotropin	125 g	Isoeugenol	15 g
Terpineol	125 g	Methyljonon	25 g
Rosenöl, künstl.	15 g	Rosenwasser	5 000 g
Hyazinthin, Dr. *Sch. & C.*	40 g		

Flieder

Alkohol	5000 g	Geraniylformiat	20 g
Lilas VII, *L. G.*	25 g	Hyazinthin	2 g
Heliotropin	25 g	Isoeugenol	5 g
Terpineol	30 g	Bergamottöl	10 g
Hydroxycitronellal	20 g	Wasser	2000 g

Lotion Genêt d'Espagne

Alkohol	10 000 g	Neroliöl, echt	8 g
Genêt semiliquide, *L. F.*	30 g	Rose alpine, *T. M.*	15 g
Moschustinktur	150 g	Rosenwasser	3 500 g
Vanillin	15 g		

Weiter finden wir sehr gute Toilettewässer mit Geraniumparfum im Handel, die ganz besonders im Orient viel gekauft werden, aber auch bei uns sich reger Nachfrage erfreuen.

Geranium

Alkohol	6500 g	Vanillin	1 g
Geraniumöl, franz.	30 g	Rosenöl, echt	2 g
Bergamottöl	15 g	Moschustinktur	10 g
Neroliöl, künstl.	3 g		

Durch Zugabe von Rosenwasser kann man den Artikel noch etwas verbilligen; es ist wünschenswert, die Toilettewässer nicht hochgrädig im Alkohol zu halten, da sie doch recht häufig zu Waschungen des Gesichtes Verwendung finden und die Einwirkung des starken Alkohols nicht günstig für die Haut ist. Dieser verursacht ein scharfes Brennen auf der Haut und kann zu Reizzuständen führen.

Heliotrop

Bittermandelöl	2 g	Cumarin	15 g
Heliotropin	100 g	Wasser	2000 g
Künstl. Jasminöl	10 g	Alkohol	5000 g
Vanillin	30 g		

Ixora

Infusion Cassie	3000 g	Eugenol	3 g
Alkohol	4000 g	Turanol, *T. M.*	5 g
Vanillin	15 g	Wasser	3000 g
Geranylacetat	15 g	Resinoid Benzoe	20 g

Jasmin

Infusion Jasmin	1500 g
Heliotropin	50 g
Jasmin W. *Sch. & C.*	100 g
Xylolmoschus	5 g
Aubépine	10 g
Terpineol	20 g
Linalylacetat	10 g
Alkohol	5000 g
Wasser	2500 g

Maiglöckchen

I. Alkohol	5 000 g
Infusion Jasmin	1 000 g
Terpineol	20 g
Maiglöckchenblütenöl, *H. & R.*	10 g
Vanillin	5 g
Linalool	10 g
Geraniol	5 g
Wasser	2 000 g

Jasminette

Alkohol	12 000 g
Heiko-Jasminette	50 g
Moschustinktur	200 g
Terpineol	100 g
Linalool	10 g
Heliotropin	40 g
Rosenwasser	4 500 g

Joss Flower

Infusion Jasmin	15 000 g
Infusion Tuberose	7 500 g
Ylang-Ylangöl, künstl.	50 g
Rose, *Sch. & C.*	50 g
Neroliöl, künstl.	35 g
Bergamottöl	40 g
Benzoetinktur	100 g
Moschustinktur	60 g
Cassieblütenöl, *H. & R.*	3 g
Vanillin	5 g
Geraniumöl	30 g

Lilas de France

Alkohol	2000 g
Infusion Jasmin	2000 g
Infusion Rose	2000 g
Vanillin	5 g
Flieder W. 3132, *Sch. & C.*	75 g
Heliotropin	15 g
Canangaöl	20 g
Moschustinktur	50 g
Hyazinthin	5 g
Wasser	3000 g

Lilas Trianon

Alkohol	10 000 g
Jasminblütenöl, *Kape*	40 g
Lilas VII, *L. G.*	100 g
Benzoetinktur	250 g
Rhodinol	25 g
Heliotropin	25 g
Solution Irisöl, *Fl.*	400 g
Ambrettemoschus	15 g
Canangaöl, Java	15 g
Rosenwasser	3 000 g

Rose

I.	Tinktur Rose	5 000 g
	Phenyläthylalkohol	15 g
	Wasser	2 000 g
II.	Alkohol	10 000 g
	Infusion Rose	3 000 g
	Heiko-Rose, flüss.	15 g
	Ess. de bois de Rhodes	10 g
	Benzoetinktur	220 g
	Ambrettemoschus	10 g
	Rosenwasser	5 000 g

II.	Alkohol	10 000 g
	Maiglöckchenblütenöl, *H. & R.*	50 g
	Moschustinktur	100 g
	Tolutinktur	200 g
	Rosenwasser	3000 g

Malmaison

Alkohol	10 000 g
Purpurnelke, *Sch. & C.*	100 g
Cassieblütenöl, *H. & R.*	5 g
Moschustinktur	150 g
Rosenöl, künstl.	20 g
Bergamottöl, synth., *Sch. & C.*	100 g
Benzoetinktur	200 g
Neroliöl, künstl.	10 g
Aubépine	3 g
Vanillin	10 g
Rosenwasser	4 000 g

Melatti

Alkohol	10 000 g
Infusion Jasmin	2000 g
Ambrettemoschus	15 g
Heliotropin	20 g
Ylang-Ylangöl, Réunion	5 g
Jasminblütenöl, echt, absol.	15 g
Patchouliöl	0,3 g
Aubépine	3 g
Jasminblütenwasser oder dest. Wasser	5 000 g

Mimosa

Infusion Rose	2000 g
Infusion Cassie	800 g
Mimosa, künstl.	80 g
Vanillin	3 g
Bergamottöl	10 g
Patchouliöl	1 g
Moschustinktur	10 g
Benzoetinktur	100 g
Rosenwasser	1000 g
Alkohol	3000 g

Tilia

Alkohol	10 000 g
Heiko-Cosmo-Linde	50 g
Ketonmoschus	8 g
Benzoetinktur	500 g
Vanillin	20 g
Jonon	8 g
Wasser	3 500 g

Sweet Pea

Alkohol	10 000 g
Heliotropin	120 g
Terpineol	120 g
Aubépine (Anisaldehyd)	5 g
Hyazinthin	30 g
Isoeugenol	10 g
Rosenöl, künstl.	4 g
Moschustinktur	50 g
Orangenblütenwasser	10 000 g

Toilettewasser „Diva“
(à la Lubin)

Tolutinktur (1: 100)	1400 g
Solution Iriswurzelöl, konkret (1: 100)	3000 g
Bergamottöl	340 g
Ylang-Ylangöl, Réunion	40 g
Vanillin	5 g
Romanis III. *Sch. & C.*	100 g
Moschustinktur	50 g
Alkohol	5800 g
Orangenblütenwasser	400 g

Auch bei den Toilettewässeern steht das Veilchentoilettewasser in bezug auf Beliebtheit obenan.

Veilchen

Solution Iris (1 : 100)	400 g
Vanillin	3 g
Ess. Violette Feuilles	5 g
Moschustinktur	50 g
Heiko-Veilchen	30 g
Iristinktur	2 350 g
Alkohol	14 000 g
Orangekblütenwasser	4 000 g
Wasser	4 000 g

Violette San Remo

Alkohol	6000 g
Infusion Veilchen	500 g
Vanillin	2 g
Geraniumöl	10 g
Irisöl, konkret	50 g
Ylang-Ylangöl	5 g
Moschustinktur	100 g
Wasser	2000 g

Leicht grün färben.

Walddutt
(als Zimmerparfum und Toilettewasser)

Alkohol	9000 g
Tinktur Mousse de chêne	1000 g
Edeltannenöl	180 g
Bergamottöl	30 g
Citronenöl,	20 g
Cypral *Sch. & C.*	75 g
Lavendelöl	40 g
Petitgrainöl	3 g
Rosmarinöl	10 g
Neroliöl, künstl.	10 g
Orangenblütenwasser	2000 g

An Stelle von Edeltannenöl kann auch entsprechend Bornylacetat verwendet werden, in welchem Falle man noch etwas Benzoeinfusion zusetzt.

Da Toilettewässer in den heißen Klimaten ganz besonders viel angewendet werden, ist auch ihr Export dahin ein sehr bedeutender. Zu den Toilettewässern, welche in größerem Maßstab exportiert werden, gehören vor allem Florida-, Cananga- und Divinawasser, Vinaigre de toilette oder Toilettenessig, Eau de Cologne oder Kölnisches Wasser, Lavender Water, Eau de Portugal und ein italienisches Produkt, Aqua di Felsina.

Die meisten der

Exporttoilettewässer

sind englischen und amerikanischen Ursprungs, was jedoch keineswegs hindert, daß sie auch in Deutschland hergestellt werden, und zwar in großem Umfang.

Floridawasser bildet einen großen Ausfuhrartikel Deutschlands besonders nach süd- und zentralamerikanischen Ländern sowie nach China und Japan. Letzteres stellt den Artikel jetzt meistens selbst her, wo es sich nicht gerade um Markenware handelt, von welcher sich die amerikanischen Marken am besten gehalten haben, da der amerikanische Fabrikant nur eine Qualität, eine vorzügliche Ware, herstellt. Und bei diesem Punkt kommen wir zu einem großen Fehler unserer deutschen Fabriken und auch der deutschen Exporthäuser. Infolge der fortwährenden Preisdrückereien, des Hinaussendens von Ware, deren Etiketten nicht die volle Firma des Fabrikanten tragen, ist der Artikel Floridawasser heute so heruntergebracht, daß er fast ausschließlich nur noch an den Hafenplätzen hergestellt werden kann, da er die Fracht aus dem Binnenland nur in den seltensten Fällen noch verträgt. Die $^1/_1$-$^1/_2$-, $^1/_4$-und $^1/_8$-Flaschen sind alle von der gleichen Fasson und daher weltbekannt und ebenso war es ihr guter Inhalt. Bei der immer schlechter gewordenen Qualität hat sich der Konsum jedoch auch ganz bedeutend verringert, denn wenn dem Eingeborenen früher $^1/_4$-Flasche genügte, sein Bad erfrischend zu parfumieren, mußte er bald zu dem gleichen Zwecke ½ Flasche, später gar $^1/_1$-Flasche verwenden. Damit verlor er das Vertrauen zu dem Artikel. Es sprechen hiebei auch allerdings die veränderten Zollverhältnisse der einzelnen überseeischen Länder mit, wo die Leute gewöhnlich trotz höheren Eingangszolles keine höheren Preise zahlen wollen und der Exporteur oder der Fabrikant den Zoll aufbringen soll.

Da nun schon seit geraumer Zeit Extraits ohne Alkoholgehalt hergestellt werden, hat man auch Toilettewässer ohne Alkohol hergestellt, doch sind die mit deren Verkauf gemachten Erfahrungen nicht gerade die besten.

Und so wie es mit Floridawasser gegangen ist, so geht es mit allen Exporttoilettewässern. Um die Preise halten zu können, zum Teil auch um der eigenen Fabrikation jener überseeischen Länder noch immer Konkurrenz bieten zu können, ist man zu der Herstellung geringerer Qualitäten geschritten.

Es folgen nun einige Vorschriften der oben angeführten Exporttoilettewässer in verschiedenen Qualitäten. Bevor wir jedoch diese Fabrikation beschreiben, muß auf das *Angelikawurzelöl* unter allen Umständen aufmerksam gemacht werden, denn in den besseren Sorten der nun folgenden Toilettewässer findet es gute Verwendung.

Die Angelikawurzel, auch Engelwurz, Heiligengeistwurzel und Brustwurzel genannt (Archangelica officinalis oder Angelica archangelica *L.*), ist eine im nördlichen Europa und Asien einheimische, in Deutschland zerstreut wachsende Umbellifere, die in Sachsen (Erzgebirge) und Thüringen angebaut wird zwecks Gewinnung des besonders in den Wurzelstöcken enthaltenen Öls. Das Öl befindet sich im übrigen in allen Teilen der Pflanze, so daß man unterscheidet: Angelikawurzel-, Samen- und Krautöl. Das erstere ist jedoch am meisten geschätzt und unter Angelikaöl versteht man eigentlich immer das Wurzelöl. Das frische Öl ist fast farblos, riecht sehr angenehm balsamisch mit einem Stich an Moschus erinnernd und doch auch pfefferartigen Geruch von sich gebend. Dazu ist sein Geruch kräftig und sehr lange anhaltend, dabei entfernt auch an Irisöl erinnernd, so daß manche Parfumeure es gern als Fixateur für feine Veilchenseifenparfume nehmen. Man muß das Öl nur gut vor dem Einfluß des Lichtes schützen, da es sonst leicht bräunlich wird, auch an Feinheit des Geruches etwas einbüßt. In Japan wird ein Angelikaöl hergestellt, das noch bei weitem intensiver riecht als das deutsche Öl und bei dem vor allen Dingen der vorher erwähnte Moschusgeruch wesentlich stärker hervortritt.

Seit der Einführung der künstlichen Riechstoffe wird von Angelikaöl in der Parfumerie nicht mehr sonderlich viel Gebrauch gemacht. Immerhin gibt es noch einige Spezialitäten, die Angelikaöl enthalten, so z. B. Mundwässer, die auch sehr gern gekauft werden, wenngleich die wenigsten Leute erfahren, daß es gerade Angelikaöl ist, das sie so ungemein angenehm im Geschmack empfinden. Anderseits ist Angelikaöl wieder nicht jedermanns Sache und von manchem wird der Geschmack widerlich empfunden. Angelikaöl wird viel in Zimmerparfums und Tannenduftpräparaten verarbeitet. Als Fixiermittel dient es in Gestalt von Solutionen, die in verschiedener Konzentration hergestellt werden, meistens aber im Verhältnis 5: 100, und die auch gern in Veilchenseifenparfums Verwendung finden.

Wie oben erwähnt ist, wird Angelikawurzel-Infusion viel in den Vorschriften für gute Florida- und Divinawässer verarbeitet. Auch ganz feines Canangawasser wird damit hergestellt.

Floridawasser

Das eigentliche Floridawasser wurde mit Ginsterblütenauszügen hergestellt und verdankt es auch dem Ginster (Genista Florida) seinen Namen.

Original Floridawasser

I. Tinktur Ginsterblüten (1 : 10	5000 g	II. Alkohol	3000 g
Iristinktur	2500 g	Lavendelöl	75 g
Nelkenöl	4 g	Bergamottöl	30 g
Neroliöl, künstl.	4 g	Citronenöl	25 g
Vanillin	4 g	Nelkenöl	15 g
Bergamottöl	80 g	Neroliöl, künstl.	5 g
Lavendelöl	80 g	Portugalöl	5 g
Citronenöl	30 g	Ginsterblütenöl	6 g
Benzoetinktur	200 g	Angelikawurzelöl	4 g
Moschustinktur	50 g	Wasser-	500 g
Rosenwasser	1500 g		

Feines Floridawasser

Tinktur Angelikawurzel (1 : 10	10 000 g	Vanillin	10 g
Iriswurzeltinktur	10 000 g	Moschustinktur	150 g
Bergamottöl	300 g	Benzoetinktur	720 g
Lavendelöl	300 g	Havana-Honig	500 g
Geraniumöl, Bourbon	25 g	Neroliöl, echt	10 g
Nelkenöl	10 g	Rosenwasser	5000 g

Floridawasser (billige Ware)

I.	
Alkohol	3500 g
Rosenwasser	1000 g
Linalool	40 g
Lavendelöl	50 g
Eugenol	20 g
Lemongrasöl	14 g

II.	
Alkohol	2000 g
Bergamottöl	20 g
Citronenöl	10 g
Pomeranzenschalenöl	5 g
Lavendelöl	12 g
Nelkenöl	1 g
Cassiaöl	1 g
Neroliöl, künstl.	1 g
Rosenwasser	500 g

Feines Canangawasser

Iriswurzeltinktur	10 000 g
Angelikawurzeltinktur	5 000 g
Bittermandelöl, echt	5 g
Moschustinktur	500 g
Bergamottöl	250 g
Citronenöl	200 g
Tolutinktur	400 g
Canangaöl	145 g
Alkohol	16 000 g
Orangenblütenwasser	18 000 g

Canangawasser

Alkohol	30 000 g
Canangaöl	100 g
Iristinktur	2 000 g
Bittermandelöl, künstl.	5—10 g
Bergamottöl	200 g
Wasser	5 000 g

Canangawasser mit wenig Alkohol

Dest. Wasser	30 000 g
Canangaöl, tsf.	30 g
Bittermandelöl	2 g
Bergamottöl	100 g
Citronenöl	30 g
Alkohol	10 000 g

Superior Cananga Water

Alkohol	30 000 g
Iristinktur	1 500 g
Solution Bittermandelöl, künstl. 2 : 100	150 g
Xylolmoschus	8 g
Bergamottöl	300 g
Citral	10 g
Citronenöl	100 g
Canangaöl	380 g
Ylang-Ylangöl, künstl.	50 g
Wasser	15 000 g

Feines Divinawasser

Solution Angelikaöl (1 : 100)	4000 g
Iriswurzeltinktur	6000 g
Xylolmoschus	10 g
Rose alpine, *T. M.*	10 g
Bergamottöl	100 g
Benzoetinktur	1000 g
Patchouliöl	4 g
Geraniol	20 g
Irisine, *Fl.*	25 g
Heliotropin	30 g
Alkohol	10 000 g
Rosenwasser	3 500 g

Divinawasser

Alkohol	30 000 g
Iriswurzeltinktur	1 000 g
Geraniumöl, künstl.	200 g
Bergamottöl	150 g
Citronenöl	100 g
Neroliöl, künstl.	10 g
Geraniol	50 g
Wasser	15 000 g

Aqua di Felsina

Alkohol	12 000 g
Bergamottöl	150 g
Geraniumöl	100 g
Rosenöl, künstl.	15 g
Benzoetinktur	250 g
Jasmin, künstl.	40 g
Tuberose, künstl.	20 g
Vanillin	10 g
Moschustinktur	100 g

Eau de Portugal

I.	
Alkohol	30 000 g
Süßes Pomeranzenöl	1 000 g
Bitteres Pomeranzenöl	200 g
Citronenöl	100 g
Bergamottöl	100 g
Benzoetinktur	200 g
Wasser	9 000 g

II.	
Alkohol	5 000 g
Portugalöl	400 g
Citronenöl	100 g
Bergamottöl	60 g
Geraniumöl, afrik.	20 g
Citral	10 g
Wasser	1 000 g

Eau de Verveine

Alkohol	5000 g
Verbenaöl	200 g
Bergamottöl	100 g
Citral	10 g
Lemongrasöl	45 g
Moschustinktur	100 g
Tolutinktur	100 g
Dianthin, *N. & C.*	20 g
Tinktur Zibet	50 g
Rosenwasser	1000 g

Agua de la Hermosura (für Zentral- und Südamerika

Wasser	7500 g
Bergamottöl	100 g
Rosenöl, künstl.	20 g
Citral	5 g
Citronenöl	40 g
Geraniol	30 g
Neroliöl, künstl.	5 g
Vanillin	10 g
Benzoetinktur	100 g
Rosenwasser	2000 g

Eau des Bayadères

Alkohol	3000 g
Moschustinktur	100 g
Thymianöl	3 g
Infusion Cassie	1000 g
Rosmarinöl	4 g
Isoeugenol	3 g
Bouvardia, *L. & C*	10 g
Citral	3 g
Lavendelöl	10 g
Bergamottöl	50 g
Geraniol	20 g
Orangenblütenwasser	1800 g

Balsamische Toilettewässer.

Genre Eau de Lubin

1. Tolutinktur	1500 g
Solution Iris	120 g
Bergamottöl	300 g
Ylang-Ylangöl	40 g
Vanillin	4 g
Moschustinktur	60 g
Alkohol	9000 g
Orangenblütenwasser	400 g

2. Lavendelöl	5 g
Bergamottöl	10 g
Citronenöl	8 g
Neroliöl	2 g
Vanilletinktur	100 g
Perutinktur	50 g
Ambratinktur	10 g
Moschustinktur	10 g
Benzoetinktur	20 g
Alkohol	1000 g

Lavendelwasser (Eau de Lavande)

Die Herstellung ist einfach und dieselbe wie für Eaux de Cologne.

Essenzen für Lavendelwasser

1. Spiköl franz.	10 g
Lavendelöl	50 g
Geranylformiat	4 g
Cumarin	2 g
Linalool	1 g
Lemongrasöl	1 g
Linalylbutyrat	1 g
Patchouliöl	0,1 g

2. Lavendelöl	150 g
Spiköl franz.	50 g
Geraniumöl, afrik.	75 g
Cumarin	2 g
Sandelöl ostind.	2 g
Bergamottöl	100 g
Citronenöl	25 g

Hiervon etwa 25—30 g für 1 Liter 70—80% Alkohol, evtl. 60 g für extrastarke Ware.

Eau de Lavande

Lavendelöl	50 g	Jasmin, künstl.	1,5 g
Bergamottöl	10 g	Patchouliöl	0,05 g
Citronenöl	5 g	Moschustinktur	10 g
Rosenöl, künstl.	1 g	Alkohol 85%	2000 g

Eau de Lavande Royale

Alkohol	7000 g
Iristinktur	600 g
Moschustinktur	150 g
Tolutinktur	200 g
Storaxtinktur	200 g
Benzoetinktur	200 g
Perubalsamöl	15 g
Ambrettemoschus	15 g
Isoeugenol	15 g
Cumarin	15 g
Cassiaöl	5 g
Bergamottöl	100 g
Citronenöl	65 g
Lavendelöl, fein	100 g
Neroliöl, künstl.	5 g
Geranylacetat	5 g
Wasser	1500 g

Lavendelwasser einfach

Alkohol 85%	3000 g
Lavendelöl, Mitcham	130 g
Rosenöl, künstl.	20 g
Cumarin	5 g

Lavender Water

Alkohol	30 000 g
Lavendelöl ff.	1 000 g
Spiköl	100 g
Cumarin	40 g
Moschustinktur	100 g
Dest. Wasser	5 000 g

Eau de Lavande double ambrée

Alkohol, 85%	5000 g	Moschustinktur	50 g
Lavendelöl	85 g	Zibettinktur	25 g
Citronenöl	10 g	Storaxtinktur	150 g
Geraniumöl, afrik.	5 g	Vanillin	10 g
Perubalsam	15 g	Cumarin	8 g
Ambra, künstl., konkret	25 g		

Essenz für Eau de Lavamde ambrée

Lavendelöl	35 g	Resinoid Eichenmoos	2 g
Spiköl lavandé	10 g	Rosmarinöl	1 g
Sandelöl, ostind.	5 g	Ambrettemoschus	1g
Patchouliöl	3 g	Ambra, künstl., konkret	3 g
Linalylbutyrat	11 g	Mandarinenöl	2 g
Bergamottöl	10 g	Neroliöl. künstl.	3 g
Cumarin	6 g	Rosenöl, künstl.	2 g

Seit der Einführung der erhöhten Alkoholsteuer ist die Nachfrage nach

alkoholschwachen Toilettewässern

immer größer geworden. Der Alkohol ist für den Fabrikanten teurer geworden, aber das Publikum möchte trotzdem nicht mehr für die von ihm seither verwendeten Präparate bezahlen. Es muß sich also der Fabrikant zu helfen suchen. Bei den heute dem Parfumeur zur Verfügung stehenden terpen- und sesquiterpenfreien ätherischen Ölen, den vorzüglichen künstlichen Riechstoffen sowie den reinen natürlichen ätherischen Ölen ist es nun auch nicht allzuschwer, wirklich Gutes selbst für einen billigeren Preis zu liefern.

Nach dem oben Gesagten ist es notwendig geworden, für ganze Serien von Parfumerien neue Vorschriften auszuarbeiten. Im Parfumeriehandel, und da wieder speziell in den niedrigen Preislagen, müssen die Artikel auf einen bestimmten Preis zugeschnitten sein, wenn sie sich überhaupt verkaufen lassen sollen. Man kann nicht einfach die Preise entsprechend der Verteuerung der Rohmaterialien erhöhen wollen, man muß darauf bedacht sein, daß die Preislage weiter eingehalten werden kann, will man nicht riskieren, daß der Artikel einfach als unrentabel beiseitegeschoben wird.

Für Toilette- und auch Kopfwässer ist ein Alkoholgehalt von 50 bis 60% vollkommen genügend. Im Gegenteil sind die hochgrädigen Kopfwässer gar nicht gut für das Haar und seine Erhaltung, da sie es zu sehr entfetten, ihm ein stumpfes Aussehen geben, allen Glanz wegnehmen und es auch äußerlich etwas beeinflussen. Die niedriggrädigen Toilette- und Kopfwässer können schön duftend und zugleich nutzbringend hergestellt werden, auch kann man ihnen dem Haar wohltuende oder dieses verschönernde Substanzen beimischen. Von Rizinusöl, das hier sonst häufig einen Zusatz bildet, muß man natürlich Abstand nehmen, da es sich in solchen Kompositionen nicht lösen würde. Auch Glycerin darf nicht genommen werden, da es die Haare verschmert und Staub anzieht (vgl. später).

Man muß bei der Zusammensetzung vor allem darauf bedacht sein, nicht mehr Riechstoffe zu verwenden, als sich in der Flüssigkeit lösen und auch gelöst bleiben, denn wenn man des Guten zuviel tut, kommt dieser ungelöste Überschuß einem Verlust gleich, indem er auf dem Filter zurückbleibt.

Flieder-Toilettewasser

Alkohol	30 000 g
Lilas *VII*, *L. G.*	50 g
Terpineol	250 g
Vanillin	10 g
Aubépine (Anisaldehyd)	30 g
Bergamottöl, tsf.	10 g
Canangaöl	15 g
Wasser, dest.	45 000 g

Farbe: Weiß oder hell lila

Veilchen-Toilettewasser

Alkohol	30 000 g
Veilchen, künstl.	100 g
Benzylacetat	15 g
Ylang-Ylangöl, tsf.	3 g
Moschustinktur	180 g
Violette Feuilles, *L. F.*	5 g
Dest. Wasser	45 000 g

Die vorstehenden Vorschriften ergeben ein 40%iges Präparat. Man kann auch bei manchen Sorten bis auf 20% heruntergehen, dann aber muß man sich stets der tsf. Öle bedienen. Handelt es sich vor allem darum, recht billig, zu sein dann muß man auch bei der Verarbeitung dieser Öle recht genaue Kalkulation machen, denn diese sind nicht allzu billig, wennschon sie sehr ausgiebig sind. Immerhin erhält man damit Produkte, die sich sehen lassen können und gegen die früheren Möglichkeiten einen ganz bedeutenden Fortschritt zeigen. Stehen solche Toilettewässer auch an Stärke des Geruches, bedingt durch den zu erzielende Preis, etwas zurück, so lassen sie an Feinheit doch nichts zu wünschen übrig. Besonders ist die Verwendung von Vanillin in ganz kleinen Quantitäten zu empfehlen, da es selbst den niedriggrädigen Artikeln immer ein abgerundetes Aroma verleiht.

Zu den Toilettewässern im weiteren Sinne kann man auch die Toiletteessige rechnen, die später besprochen werden sollen.

Riechkissenpulver.

(Sachetpulver)

Da die Sachets als Riechkissen, als Riechbriefe u. dgl. mehr zur Parfumierung der Wäsche, der Handschuhe, der Kleider und auch der Zimmer besonders im Winter sehr viele Verwendung finden und zudem als kleine Weihnachtsgeschenke gerne gekauft werden, sollte ihrer Herstellung gerade um diese Zeit einige Aufmerksamkeit gewidmet werden.

Die Sachets stellen gewöhnlich mit Sachetpulver gefüllte Papiersäckchen, Kuverts, Täfelchen, dann wieder Seidenbeutel und Atlaskissen vor, die besonders in der letztgenannten Ausführung mit viel Luxus ausgestattet werden. Auch die Riechtabletten sind im Grunde genommen nichts anderes als komprimiertes Sachetpulver.

Die einfachen Sorten der Sachets in Kuvertform stellt man wie folgt her: Von einfacher Watte werden ganz dünne Lagen ausgebreitet und diese je nach Größe des Kuverts geschnitten. Dann bestreut man die eine Lage der Watte mit Sachetpulver — dessen Herstellung später genauer beschrieben wird — und legt eine Lage Watte darüber; alsdann wickelt man die so zusammengelegten beiden Wattelagen in feines Seidenpapier, schlägt die Kanten um, damit das Pulver nicht herausfallen kann, und gibt sie in das Kuvert, welches dicht verklebt wird. Bei feineren Kuverts wird die Watte selbst vorher mit dem entsprechenden Parfum imprägniert, dann das Pulver hineingegeben und in gleicher Weise verfahren, doch werden in diesem Falle die Kuverts an der Innenseite auch erst nochmals mit Parfum besprengt, so daß das fertige Ganze sofort einen starken kräftigen Duft ausströmt. Für diese Zwecke stellt man ein dem Sachetparfum im allgemeinen entsprechendes flüssiges Parfum her und löst dieses in etwas Alkohol, womit man, wie eben beschrieben, die Innenwände der Kuverts und auch die Watte besprengt, was am besten mit einem Zerstäuber geschieht. Man achte darauf, daß die Zusammensetzung des Sprengparfums eine derartige ist, daß das damit besprengte Kuvert nicht fettige Flecken bekommt.

Bei den seidenen Sachets ist die Herstellungsweise ziemlich die gleiche, nur läßt man hier das Seidenpapier weg, nimmt dafür einseitig geleimte Watte, da sich über diese das Seidenzeug leichter hinschieben läßt. Diese seidenen Sachets werden zugenäht und man setzt dann feine Schnüre und Borden darum.

Zur Herstellung von Sachetpulver eignen sich vor allem diejenigen Wohlgerüche, die uns als getrocknete Drogen zugänglich sind, wie denn viele Blüten selbst in getrocknetem und pulverisiertem Zustande noch einen sehr angenehmen und anhaltenden Duft von sich geben. Besonders verwendet man zu Sachetpulver die folgenden Substanzen in Pulverform: Iriswurzel, Orangen- und Citronenschalen, Cassieblüten, Lavendelblüten, Rosenblätter, Rosen-, Sandel- und Zedernholz, Vetiverwurzel, Tonkabohnen, Vanilleschoten, Gewürznelken, Zimt, Patchoulikraut, Muskatnüsse, weiterhin Moschus, Zibet und Ambra sowie die wohlriechenden Harze, besonders Benzoe. Zur Verstärkung des Duftes dienen dann noch die ätherischen Öle und künstlichen Riechstoffe, wie Vanillin, Heliotropin, Cumarin, Nerolin, Aubépine u. a.

Ferner ist das Olibanumöl sehr gut für Sachets zu verwenden, sei es, daß man es mit andern Pulvern zusammenreibt, wobei z. B. Iriswurzelpulver sehr gute Dienste leistet, oder daß man es als alkoholische Lösung zusetzt. Weiter aber dient hier in hervorragendem Maße das Resinoid Oliban zu diesen besonderen Zwecken. Dieses klebt und schmiert nicht so sehr wie alkoholische Lösungen des Gummi olibanum.

Die verschiedenen Blüten, welche zur Herstellung von Sachetpulver Verwendung finden sollen, werden in besonderen Öfen für diese Zwecke getrocknet und dann auf eigenes hiefür konstruierten Maschinen zerkleinert und pulverisiert. Leider lassen sich hiezu gerade die feinsten Blumen, wie Veilchen, Jasmin, Reseda, Tuberose, nicht verwenden, da sie in getrocknetem Zustande geruchlos sind.

Die geringen Sorten der Sachetpulver erfahren meist eine Beimischung von Sägemehl der gewöhnlichen Holzsorten, doch ist hier bei der Auswahl auch etwas Vorsicht anzuraten, damit nicht etwa der Harzgeruch schließlich den des Odeurs übertönt, auch wird den riechenden Pulvern noch Talkum, Magnesia oder Kartoffelmehl beigemengt, damit die Masse billiger wird. Für feine Sorten sind letztgenannte Zusätze jedoch nicht empfehlenswert.

Sehr gut verwenden lassen sich auch die Reste der Moschusextraktion sowie diejenigen von Zibet, wie denn überhaupt alle stark duftenden Rückstände, welche sich bei der Parfumeriefabrikation ergeben, auch z. B. ausgezogene Iriswurzeln u. a.

Bei der Mitverwendung der ätherischen Öle muß man auf eine recht innige Vermischung derselben mit den Pulvern bedacht sein, damit nicht ölige Flecken an den Umhüllungen entstehen, welche die Sachets unverkäuflich machen und auch auf die mit letzteren in Berührung kommenden Stoffe des öfteren noch einwirken.

Chypre

Sandelholz, pulv.	1000 g
Rosenblätter, pulv.	1000 g
Cedernholz, pulv.	1000 g
Lavendelblüten, pulv.	300 g
Eichenmoos, pulv.	500 g
Moschus keton	3 g
Rosenholzöl	30 g
Cypral *Sch. & C.*	15 g
Chypre, comp.	20 g
Neroliöl, künstl.	5 g
Sandelöl, ostindisch	6 g
Cumarin	15 g

Foin coupé

Tonkabohnen, pulv.	500 g
Iriswurzelpulver	2000 g
Lavendelblüten	1000 g
Cedernholz, pulv.	1000 g
Benzoe	3000 g
Moschus keton	20 g
Patchouliöl	5 g
Aubépine (Anisaldehyd)	80 g
Geraniumöl, Bourbon	3 g
Cumarin	210 g
Vanillin	4 g
Rosenblätter, pulv.	1000 g

Flieder

Iriswurzelpulver	3000 g
Benzoe, pulv.	200 g
Terpineol	80 g
Moschus keton	20 g
Heiko-Flieder	30 g
Jasminöl, künstl.	5 g
Aubépine liq.	10 g

Heliotrop

Tonkabohnenpulver	1000 g
Benzoe, pulv.	300 g
Iriswurzelpulver	1000 g
Rosenblätter, pulv.	1000 g
Bittermandelöl	3 g
Vanillin	30 g
Cumarin	10 g
Heliotropin	100 g
Xylolmoschus	20 g

Häufig sehen wir kleine Atlasbeutelchen mit der Aufschrift „Sweet Lavender“, „Lavendelblüten“ u. a. m., die hauptsächlich dazu dienen, die Wäsche und die Kleider zu parfumieren. In England treffen wir dann auch eine Art von geflochtenen Wedeln, die aus den Stielen der Lavendelpflanzen angefertigt und sehr nett mit Bändern umschlungen werden. In ihrem inneren Hohlraum bergen diese Wedel dann noch stark nachparfumierte getrocknete Lavendelblüten, die einen herben feinen Duft verbreiten. Sie werden außerdem auch als Kissen für Hutnadeln, Broschen usw. verwendet.

Lavendel

Lavendelblüten, getr.	2000 g
Iriswurzelpulver	1000 g
Sandelholzpulver	500 g
Ketonmoschus	25 g
Benzoe, pulv.	200 g
Lavendelöl	100 g
Rosmarinöl ff.	20 g
Rosenöl	5 g
Bergamottöl	20 g
Cumarin	10 g

Maiglöckchen

Iriswurzelpulver	3000 g
Sandelholz, pulv.	5000 g
Benzoe, pulv.	300 g
Ketonmoschus	80 g
Terpineol	20 g
Ylang-Ylangöl, künstl.	5 g
Linaloeöl	20 g
Maiglöckchenblütenöl *H. & R.*	60 g

Oeillet Malmaison

Iriswurzelpulver	1000 g
Nelkenpulver	200 g
Rosenblätter, pulv.	1000 g
Sandelholzpulver	100 g
Purpurnelke, *Sch. & C.*	61 g
Isoeugenol	15 g
Bourbonal	5 g
Ambrettemoschus	5 g
Benzoetinktur	150 g
Geraniumöl	10 g

Bouquet Nadia

Iriswurzelpulver	2000 g
Vetiverwurzel, pulv.	100 g
Rosenblätter, pulv.	1000 g
Orangenschalenpulver	2000 g
Sandelholz, pulv.	500 g
Amylsalicylat	10 g
Ketonmoschus	20 g
Romanis III, *Sch. & C.*	80 g
Terpineol	100 g
Hyazinthin	5 g
Vanillin	10 g
Jasminblütenöl, künstl.	10 g
Rose alpine	10 g

Peau d'Espagne

Iriswurzelpulver	2000 g
Sandelholz, pulv.	1000 g
Cedernholz, pulv.	1000 g
Benzoe, pulv.	300 g
Neroliöl, künstl.	30 g
Lavendelblüten, pulv.	1000 g
Ambrettemoschus	30 g
Zibet, künstl.	50 g
Bergamottöl	120 g
Verbenaöl	10 g
Jasminöl, künstl.	20 g
Castoreumtinktur	15 g

Rose

Iriswurzelpulver	1000 g
Rosenblätter, pulv.	1000 g
Rosenholz, pulv.	1000 g
Benzoe, pulv.	300 g
Geraniumöl	50 g
Rosenöl, künstl.	230 g

Veilchen

Iriswurzelpulver	2500 g
Sandholholz, pulv.	500 g
Ylang-Ylangöl, künstl.	10 g
Benzoe, pulv.	150 g
Moschusreste	50 g
Jonon	30 g
Irisöl, konkret	10 g
Ess. Violette Feuilles (gelöst in wenig Alkohol)	2 g

Patchouli

Sandelholz, pulv.	1000 g
Patchouliblätter, pulv.	3000 g
Iriswurzelpulver	1000 g
Lavendelblüten, pulv.	500 g
Patchouliöl	50 g
Rosenöl, künstl.	10 g
Ketonmoschus	50 g
gelöst in Benzylbenzoat	100 g
Vetiverwurzel, pulv.	1000 g

Poudre Sachet aux Violettes des Bois

Rosenblätter, pulv.	350 g
Pulv. Benzoe, Sumatra	100 g
Pulv. Iriswurzel	550 g
Moschustinktur	30 g
Irisöl, konkret	2 g
Jonon	3 g
Bergamottöl	15 g
Heiko-Veilchen	10 g

Poudre Sachet à la Rose Maréchal Niel

Pulv. Rosenblätter	1000 g
Iriswurzelpulver	3000 g
Künstl. Rosenöl	10 g
Ketonmoschus	10 g
Vanillin	5 g
Cumarin	1 g
Tolutinktur	100 g
Neroliöl	5 g
Geraniumöl	20 g

Violettes de Parme

Iriswurzelpulver	2000 g
Kohlensaure Magnesia	1000 g
Violette Feuilles, *S. & A.*	1 g
Veilchen, künstl.	50 g
Heliotropin	10 g
Vanillin	2 g
Moschus, künstl.	40 g
Bergamottöl	100 g

Persischer Flieder

Lilas VII, *L. G.*	60 g
Iriswurzelpulver	2000 g
Sandelholzpulver	1000 g
Terpineol	300 g
Moschustinktur	100 g
Benzoetinktur	50 g
Isoeugenol	3 g
Hyazinthin	10 g
Aubépine	210 g

Millefleurs

Iriswurzelpulver	1000 g
Kartoffelmehl	2000 g
Sägemehl	2000 g
Sandelholz, pulv.	500 g
Vetiverpulver	100 g
Lavendelblüten, pulv.	200 g
Ambrettemoschus	25 g
Benzoe, pulv.	100 g
Heliotropin	30 g
Bergamottöl,	50 g
Petitgrainöl	10 g

Chypre

Rosenblätter, pulv.	1000 g
Cedernholz, pulv.	1000 g
Sandelholz, pulv.	1000 g
Lavendelblüten, pulv.	1000 g
Sägemehl	1000 g
Talkum	1000 g
Zibet, künstl.	6 g
Sandelöl, ostindisch	15 g
Eichenmoos, pulv.	1000 g
Cumarin	20 g
Geraniumöl, künstl., Dr. *Sch. & C.*	35 g
Bittermandelöl	1 g
Cypral *Sch. & C.*	20 g
Chypre, comp.	25 g
Patchouliöl	4 g

Frangipani

Iriswurzelpulver	1000 g
Patchouliblätter, pulv.	1000 g
Nerolin (Bromelia	20 g
Kartoffelmehl	2000 g
Romanius III. *Sch. & C.*	50 g
Ketonmoschus	20 g
Sandelholz, pulv.	1000 g
Portugalöl	50 g
Bourbonal	50 g
Linaloeöl	20 g
Neroliöl	15 g

Trèfle

Iriswurzelpulver	2000 g
Lavendelblüten, pulv.	1000 g
Vetiverwurzel, pulv.	100 g
Sandelholz, pulv.	500 g
Patchoulikraut, pulv.	200 g
Bergamottöl	10 g
Vanillin	10 g
Rosenblätter, pulv.	1000 g
Rosenöl, künstl.	10 g
Amylsalicylat	85 g
Cumarin	75 g
Perubalsamtinktur	50 g

Veilchen

Iriswurzelpulver	1000 g	Canangaöl	10 g
Kleie	1200 g	Moschus keton	15 g
Jonon	5 g	Bergamottöl	30 g
Linalool	5 g	Benzylacetet	20 g

Die häufiger den Parfumkartons für den Export als Reklame beiliegenden Sachets füllt man mit einem Pulver, welches etwa nach folgender Vorschrift hergestellt ist:

Sachet-Pulver (für Export)

Iriswurzelpulver	1000 g	Kuromojiöl	10 g
Kartoffelmehl	2000 g	Perubalsamtinktur	100 g
Sägemehl	1000 g	Zibettinktur	50 g
Sandelholz, pulv.	400 g	Ambrettemoschus	50 g
Vetiverwurzel, pulv.	100 g	Xylolmoschus	30 g
Lavendelblüten, pulv.	100 g	Cumarin	100 g
Moschustinktur	100 g	Sandelöl ostind.	50 g
Heliotropin	15 g	Patchouliöl	25 g
Bergamottöl	220 g		

Parfumierung von Leder.

Hier sollen noch verschiedene kleine Geheimnisse offenbart werden, betreffs der Parfumierung der Kleider und Wäsche. Man näht kleine, stark parfumierte Lederstückchen in die Kleider und Unterkleider ein. Diese parfumierten Leder stellt man wie folgt her:

Peau d'Espagne.

Rechteckig geschnittenes, sämisch gegerbtes oder sogenanntes Waschleder (Ziegen- oder Schafleder) wird 3 bis 4 Tage in folgende Mischung gelegt: 40 g künstliches Rosenöl, 40 g künstliches Neroliöl, 40 g Sandelholzöl, 2 g Cumarin, 5 g Zimtöl, 250 g Benzoetinktur, 20 g Bergamottöl, 20 g Citronenöl, 20 g Lavendelöl, 10 g künstlicher Moschus. Darnach nimmt man es heraus, läßt abtropfen, trocknet langsam auf einer Glasplatte an der Luft und bestreicht hierauf die rauhe Seite des Leders mit einem Pinsel mit folgender Mischung: 10 g Benzoe, sublimiert, 1 g künstlicher Moschus, 1 g Zibet, 30 g Gummi arabicum, 20 g Glyzerin und 50 g Wasser. Darnach wird das Leder in der Mitte zusammengeleimt und getrocknet in die Kleider eingenäht.

Parfumierung von Handschuhen.

Ebenso werden die Handschuhe oft parfumiert. Besonders erfreut sich der Juchtengeruch großer Beliebtheit. Das Prinzip des Juchtengeruches ist das Birkenteeröl. Dieses ist ein Destillationsprodukt des Birkenteers, doch sind im Handel vorkommenden Birkenteeröle hinsichtlich der Brauchbarkeit und Reinheit sehr verschieden.

Zur genügenden Parfumierung ist es am besten, wenn man aus Iriswurzelpulver, kohlensaure Magnesia und Talkum eine Mischung herstellt und kräftig parfumiert. Dieses Pulver wird dann in dünnes Seidenpapier gepackt und in den zu parfumierenden Handschuh hineingeschoben, wohin es auch nach jedesmaligem Gebrauch der Handschuhe wieder gelegt wird.

Handschuh-Parfumierungspulver (Grundmasse)

Iriswurzelpulver	1000 g
Kohlensaure Magnesia	1000 g
Talkum	500 g

Parfums

Cuir de Russie

Juchtenöl, *L. & C.*	300 g
Benzoetinktur	50 g
Castoreumtinktur	50 g

Heliotrop

Heliotropin	180 g
Vanillin	100 g
Bittermandelöl	23 g
Zibettinktur	50 g
Benzoetinktur	50 g

New mown Hay

Cumarin	200 g
Anisaldehyd	10 g
Vanillin	20 g
Patchouliöl	5 g
Bergamottöl	215 g
Benzoetinktur	50 g
Zibettinktur	50 g
Tonkatinktur	50 g

Parfumierung von Hutnadeln[1] und Huteinlagen.

Besonders in England und Frankreich hat man auch die Hutnadel parfumiert, aber auch bei uns treffen wir die parfumierte Hutnadel an. Die für diesen kleinen Luxus verwendeten Nadeln sind besonders zu diesem Zweck eingerichtet und besitzen im Nadelkopf einen Hohlraum, in den die parfümierte Einlage eingelegt wird. Die Nadel kann leicht aus dem Kopfe herausgeschraubt werden, wodurch in ihm eine kleine Öffnung entsteht, durch die dann der Riechstoff in den Kopf eingeführt wird. In die Öffnung schiebt man gewöhnlich recht stark parfumierte Watte hinein, die gegenüber einem festen Stoff den Vorteil bietet, daß man leichter in der Lage ist, den Geruch zu erneuern. Diese Watte muß nun tüchtig mit Riechstoff getränkt werden, der kräftig zu fixieren ist, denn sonst verriecht er sich ungemein schnell, da die Hutnadeln doch stets der Luft ausgesetzt sind. Man bedient sich hiezu vor allen Dingen der Benzoetinktur, die man etwas konzentrierter hält als sonst, und dann des Moschus und des Zibet, neben andern Gummi-, bzw. Harzlösungen, usw.

Zum Parfumieren der Hutnadeln eignen sich stark fixiert vor allen Dingen gute komplexe Blütenöle, bei deren Verwendung weiter keine großen Arbeiten außer dem Fixieren zu verrichten sind. In der Regel nimmt man etwa 100 g eines Blütenöles, wie Flieder, Jasmin, Rose, und setzt ihm 200 g einer wohlriechenden Harzlösung zu; diesem Gemisch fügt man alsdann noch 100 g Tinktur von echtem Moschus bei oder, wo passend, auch noch etwas Zibet. Mit dieser Mischung wird dann möglichst dunkle Watte getränkt, wie diese ja überall in allen

[1] Diese hat heutzutage kein praktisches Interesse mehr, ist aber im Prinzip noch aktuell als Parfumierungsmethode für die hohlen künstlichen Perlen der modernen Halsketten usw.

Nuancen zu haben ist. Man läßt dann die Watte am besten in einem geschlossenen, mit Blech ausgeschlagenen Kasten trocknen und gibt sie alsdann bei Bedarf in die Nadelknöpfe. Im Detailhandel wird diese Watte bereits in kleinen Blechdöschen verkauft und ist ein ganz gerne gesuchter Artikel, der sich vielleicht noch wesentlich mehr Liebhaber erringen wird.

Ein nicht zu übersehender Artikel sind auch die parfumierten Huteinlagen, die in der Weise hergestellt werden, daß man Einlageblätter aus Stoff (Seide, Atlas usw.) etwa mit der Firma eines Kunden bedruckt und diese Blätter in eine Lösung von Blütenölen in Schwefeläther unter Zusatz von geeigneten Fixierungsmitteln eintaucht. Der Äther verdunstet sehr schnell wieder, so daß der imprägnierte Stoff stark und sehr anhaltend duftet. Diese Huteinlagen sind eine sehr gute Reklame für Modewarengeschäfte wie auch Detailgeschäfte jeder Art.

Duftträger (Riechtabletten).

Die Nachfrage nach Duftträgern hat aber in den letzten Jahren ungemein nachgelassen, so daß sich eigentlich nur noch Spezialfabriken mit diesen Artikeln beschäftigen.

Um die Duftträger recht schön und auch zugleich rationell herzustellen, bedarf es einer maschinellen Anlage, und zwar je nach der Ausdehnung des Unternehmens einer großen Komprimiermaschine oder einer einfachen Komprimiermaschine mit Revolverzylinder, zu denen sich für diesen Fall höchst vorteihaft eine Knet- und Mischmaschine gesellt.

Die Substanzen, aus denen man die Tabletten herstellen kann, sind sehr mannigfache, nämlich kohlensaure Magnesia, kohlensaurer Kalk, Talkum, Florentiner Iriswurzelpulver usw. Als Bindemittel nimmt man Gummi arabicum, Dextrin, sogenannten Havannahonig, Kapillärsirup oder Tragant, je nach den Grundsubstanzen. Es soll jedoch hier gleich bemerkt sein, daß man ohne maschinelle Einrichtung wenig erreichen kann. Eine Mischmaschine wird wohl in den meisten größeren Betrieben vorhanden sein, schon von der Herstellung der Zahnpasten. Hat man jedoch für größere maschinelle Anlagen nicht Raum genug, dann genügen eventuell auch gravierte Pastillenstecher zum Ausstechen der Tabletten.

Die Herstellung solcher Fabrikate, wie die Duftträger es sind, bedarf aber stets einer ziemlichen Summe von Erfahrung, und auch hier müssen erst schwierige und langdauernde Versuche gemacht werden, bevor man die fertige Ware hinausgeben kann. Das richtige Verhältnis von Parfum zur Grundmasse zu finden, ist eine Hauptsache; es hängt natürlich in jeder Beziehung von den verwendeten Grundstoffen ab. Der Duftträger soll einerseits stark und angenehm duften, anderseits auch den Duft nicht zu schnell verlieren; dann auch wieder soll er den Duft leicht von sich geben. Es ist daher von großem Vorteil, wenn der Duftträger aus einer Masse besteht, die sich etwas porös erweist, was man durch Verwendung von kohlensaurer Magnesia erzielen kann. Gute Vorschriften für eine solche Grundmasse sind folgende:

I.	Reismehl	2000 g
	Kohlensaure Magnesia	2000 g
	Iriswurzelpulver	500 g
II.	Kohlensaurer Kalk	2000 g
	Kohlensaure Magnesia	2000 g
	Iriswurzelpulver	500 g

Bei stärkemehlhaltigen Grundmassen muß man Salicylsäure oder Borsäure zusetzen, da sonst der Teig in wenigen Tagen sauer riecht und das Parfum völlig verloren geht. Die Komprimiermaschine wolle man bei der Verarbeitung so einstellen, daß sie nicht mit vollem Druck auf die Tablette arbeitet, wodurch dieser noch eine gewisse Porosität erhalten bleibt.

Die sogenannten „Riechsteine" werden auf andere Weise hergestellt. Man mischt Florentiner Iirswurzelpulver und etwas Sandelholzpulver mit ein wenig Talkum, setzt dieser Mischung konzentrierte Dextrinlösung oder gelöstes Gummi arabicum zu und knetet in der Knetmaschine einen glatten, gleichmäßigen Teig, dem man vorher noch das Parfum zugegeben hat. Dieser Teig wird dann zwischen eisernen Leisten auf polierter und leicht geölter Gußplatte mit einer starken Stahlwalze gleichmäßig ausgerollt. Hierauf sticht man die „Steine" mit Formen aus und trocknet sie etwas ab. Um eventuelle Schimmelbildungen zu verhüten, setzt man den Gummi- oder Dextrinlösungen etwas Borsäure zu.

Die eingangs erwähnten Porzellanplatten sind eigens für den Parfumierungsprozeß hergerichtet; während ihre Vorderseite glaciert ist und die eingebrannte Inschrift trägt, ist die Rückseite porös. Man legt diese Platten 3 bis 6 Monate in eine Komposition ätherischer Öle oder in Iriswurzelpulver, welches im höchsten Maße mit den riechenden Ingredienzien durchtränkt ist. Nach dem Herausnehmen werden die Platten mit Tabletten abgerieben.

Riechstifte (Parfumstifte).

Wohlgerüche in fester Form hat es schon immer gegeben in allen möglichen Formen und allen erdenklichen Arten, vom wohlriechenden Cachou bis zur Räucherkerze, von der duftenden Porzellanplatte bis zum kleinen Duftträger und dem Riechstift. Alle waren sie, sind sie Duftspender, alle sind sie je nach der Zeit ihres Erscheinens auf andere Weise hergestellt, mit anderen, verschiedenen Riechstoffen wohlriechend gemacht.

Die älteren Riechstifte hatten, wie bereits angedeutet, das Ceresin zur Grundlage und noch heute werden einige dieser Sorten besonders im Handel mit überseeischen Ländern geführt. Es sind mit starken Riechstoffen versetzte Ceresinkegel, deren Herstellung wie folgt geschieht:

Das Ceresin mit möglichst hohem Schmelzpunkt wird in einem Tiegel zum Schmelzen gebracht. Dieser Schmelze setzt man starkriechende Riechstoffe zu, ätherische Öle und auch in diesen gelöste kristallinische

Riechstoffe, wie Vanillin, Heliotropin, künstlichen Moschus, Cumarin, also im allgemeinen die gleichen, wie auch bei den Riechstiften neuerer Gattung. Je höher der Schmelzpunkt des Ceresins liegt, desto größer ist die Möglichkeit, recht viele Riechstoffe zuzusetzen, also den Riechstift recht stark duftend zu machen. Anderseits darf man auch das Ceresin nicht zu hart nehmen, da man sich sonst der Gefahr aussetzt, daß der Riechstift, auf die Haut gebracht, nichts oder äußerst wenig abgibt. Dies ist im allseitigen Interesse zu vermeiden. Folgende Ansätze ergeben sehr brauchbare Stifte:

Heliotrop

Ceresin	1000 g	Xylolmoschus	20 g
Terpineol	60 g	Canangaöl	2 g
Heliotropin	100 g	Bittermandelöl	1,5 g
Vanillin	20 g		

Rose

Ceresin	1000 g
Rosenöl, künstl.	20 g
Geraniumöl, künstl.	80 g
Vanillin	5 g
Xylolmoschus	10 g

Maiglöckchen

Ceresin	1000 g
Linalool	40 g
Vanillin	10 g
Maiglöckchenblütenöl	50 g
Xylolmoschus	20 g
Bergamottöl	25 g

Vanille

Ceresin	1000 g
Vanillin	100 g
Bergamottöl	40 g
Xylolmoschus	20 g
Cumarin	10 g
Rosenöl, künstl.	3 g

Veilchen

Ceresin	1000 g
Violette Feuilles, künstl.	2 g
Jonon	40 g
Irisöl, konkret	2 g
Canangaöl	10 g
Bergamottöl	15 g

Trèfle

Ceresin	1000 g
Amylsalicylat	80 g
Xylolmoschus	20 g
Vanillin	5 g
Pomeranzenöl, süß	5 g
Cumarin	10 g

Die gut flüssige Masse wird dann in Metallformen gegossen [1]. Wo flüssige Riechstoffe nicht mit zur Verwendung kommen, erhitzt man das Ceresin auf etwa 70° C und fügt die festen Riechstoffe bei, die in dem heißen Ceresin sehr schnell schmelzen. Diese Riechstoffe werden meist in kleinen Buchsbaumhülschen eingeleimt in den Handel gebracht. Man findet sie aber auch in kleinen flachen Kästchen mit anhängendem Deckel in sortierten Gerüchen und jeden Geruch nach einem bestimmten Schema anders gefärbt. Diese Stifte haben die Länge von etwa 6 cm und sind in farbigem Stanniol verpackt, wobei nur das obere Ende der Stifte frei bleibt. Sie verriechen sich in der Stanniolhülle nicht so leicht; dabei macht das Ganze einen sehr netten Eindruck.

Zu ihrer Verwendung werden diese Stifte fest auf der Haut hin und

[1] Deren Beschreibung siehe weiter hinten unter „Mentholstifte".

her gerieben und die erzeugte geringe Wärme veranlaßt ein leichtes Erweichen der Masse und Übertragung dieser auf die Haut, die ziemlich stark und andauernd parfumiert wird, wobei auch das Ceresin sehr angenehm wirkt.

Infolge der erhöhten Ansprüche, welche heute an die Parfumerie gestellt werden, hat man versucht, dem Riechstift eine andere Grundlage zu geben, teils von der Idee ausgehend, den Stift noch stärker und anhaltender duftend zu machen, teils ihm zugleich noch eine größere Konsistenz zu verleihen, ohne ihn gerade zu hart zu machen. Hiezu bieten uns die künstlichen Riechstoffe eine ganze Reihe fester Körper in kristallinischer Form. Eine geradezu ideale Grundlage ist das Cumarin, allein sein Eigengeruch ist für manche Komposition wieder zu stark. Daneben haben wir den künstlichen Moschus, der sehr gut als Grundlage verwendet werden kann.

Von den übrigen kristallinischen Riechstoffen eignen sich aber bei weitem nicht alle zur Herstellung oder Mitverwendung in Riechstiften und es soll hierüber im folgenden einiges gesagt werden. Was noch den künstlichen Moschus angeht, so ist es versucht worden, für dessen Verwendung als Grundlage zu Riechstiften ein Patent zu erwirken, doch hat man diesem Ansinnen, dem sich auch so ziemlich die gesamte Branche entgegengestellt hat, nicht stattgegeben.

Heliotropin schmilzt sehr schnell, und die in die Formen gegossene Schmelze braucht längere Zeit zur Wiederkristallisation; die damit erzeugten Stifte sind etwas brüchig, doch können sie durch geeignete Zusätze leicht härter und stabiler gemacht werden.

Vanillin ergibt sehr harte Stifte, denen unbedingt so viel wie möglich flüssige Riechstoffe zugesetzt werden müssen, um sie abgabefähiger zu machen. Die zerbrochenen Stifte zeigen schönen großkristallinischen Bruch.

Cumarin verhält sich ebenso. Auch die hiemit erzeugten Stifte sind im allgemeinen zu hart. Man inkorporiert ihnen daher flüssige Riechstoffe oder mischt sie mit anderen Kristallen.

Nerolin schmilzt auch sofort und ergibt ziemlich spröde brüchige Stifte. In Mischungen wird es jedoch gern genommen.

Moschus, künstlich (Xylol, oder Keton- nicht Ambrette) ergibt schöne, hellcremefarbige Stifte und ist von guter Konsistenz. Man sollte ihn aber nicht allein als Grundlage nehmen, denn er haftet ungemein stark an der Haut und wird im Verbrauch leicht zum Überdruß. In der Vermischung mit andern Riechstoffen aber kommt er vorzüglich zur Geltung.

Außer diesen Stoffen ist dann vor allen Dingen noch die fast geruchlose Zimtsäure zur Herstellung von Riechstiften heranzuziehen. Mit derselben erzeugt man ganz hervorragend schöne Stifte. Die Arbeitsweise ist so, daß man die etwa zu verwendenden kristallinischen Riechstoffe zum Schmelzen bringt und in die Schmelze die Zimtsäure hineingibt, die in der heißen Schmelze sofort zergeht. Dann läßt man die flüssigen Riechstoffe folgen. Schmilzt man die Zimtsäure allein auf offener Flamme, so entwickelt sich sehr bald ein penetranter Geruch, der auch auf die Riechstoffe, die noch etwa zugesetzt werden, nicht ohne Einfluß ist, ganz abgesehen davon, daß die an und für sich schon gelbliche Zimtsäure in der Hitze leicht dunkelgelb bis bräunlich wird, wonach der Riechstift nicht mehr so appetitlich aussieht. In die Form gegossen erstarrt die Zimtsäure aber sofort, so daß ein sehr gutes Arbeiten mit diesem Material möglich ist.

Folgende Ansätze sind recht empfehlenswert.

Ansätze zur Masse für Riechstifte

I. Zimtsäure	1500 g	II. Cumarin	300 g
Künstl. Moschus	900 g	Künstl. Moschus	1400 g
Heliotropin	100 g	Vanillin	80 g

III. Cumarin	300 g
Künstl. Moschus	1200 g
Zimtsäure	1800 g

In ähnlicher Weise kann auch Antifebrin zu solchen Parfum-Stiften Verwendung finden.

Alle diese Ansätze ergeben sehr schöne Riechstifte. Als Parfums sind u. a. die ganze Reihe der Blütenöle in ihrer höchsten Konzentration zu empfehlen, und man tut hier je nach dem herzustellenden Geruche gut, sich eine mehr oder weniger geruchlich neutrale Grundlage auszusuchen oder eigens herzustellen. Soll diese ganz ohne Geruch sein, dann nehme man zu ihrer Herstellung nur Zimtsäure.

Es folgen hier nun eine Reihe von Ansätzen einschließlich der Parfums.

Flieder

Moschus, künstl.	1000 g
Zimtsäure	400 g
Vanillin	15 g
Rose, künstl.	20 g
Terpineol	80 g
Lilas VII, *L. G*	40 g
Aubépine, flüssig	40 g
Heliotropin	15 g
Canangaöl	10 g

Gartennelke

Moschus, künstl.	1000 g
Vanillin	40 g
Heliotropin	50 g
Purpurnelke, *Sch. & C.*	60 g
Rote Rose, *Heiko*	4 g
Eugenol	10 g

Heliotrop

Moschus, künstl.	800 g
Cumarin	200 g
Heliotropin	300 g
Vanillin	80 g
Bittermandelöl	3 g
Canangaöl	9 g

Maiglöckchen

Zimtsäure	1000 g
Moschus, künstl.	200 g
Vanillin	5 g
Maiglöckchenblütenöl, *H. & R.*	60 g
Bergamottöl	20 g

Rose

Zimtsäure	1000 g
Moschus, künstl.	100 g
Rosenöl, künstl.	40 g
Geraniumöl, synth.	40 g
Vanillin	5 g

Trèfle incarnat

Moschus, künstl.	1400 g
Amylsalicylat	90 g
Pomeranzenöl, süß	10 g
Vanillin	5 g
Rosenöl, echt	5 g
Neroliöl, künstl.	5 g
Cumarin	15 g

Waldveilchen

Moschus, künstl.	1300 g
Irisöl, konkret	10 g
Violette Feuilles	5 g
Jonon	8 g
Ylang-Ylangöl	3 g

Die Stifte kommen dann je nach ihrer Form in entsprechend dekorierte Blech- oder sonstige Metallhülsen mit Schiebevorrichtung oder sie werden in kleine dekorierte Porzellanumhüllungen in Vasenform gegeben, andere wieder in Buchsbaumhülsen eingeleimt.

Wenn man nun die Farben der Hülsen den Gerüchen anpaßt, d. h. z. B. für Veilchen dunkelblau, Rose rot, Maiglöckchen weiß usw. wählt und sie sortiert in Kartons von sechs solcher Hülsen gibt, erhält man einen guten Verkaufsartikel.

Konzentrierte Essenzen ohne Alkohol.

Die konzentrierten Essenzen ohne Alkohol sind verschnittene Blütenöle. Diese Blütenöle bilden die direkte Grundlage und es handelt sich nur darum, sie in geeigneter Weise mit Zusätzen zu versehen, die das etwa zu stark riechende Blütenöl etwas modifizieren.

Als Vorläufer der konzentrierten Parfums wäre das Rosenöl anzusehen, wie es seit vielen Jahrzehnten in feinen Gläsern mit kleinem Inhalt von 1 bis 5 g im Handel ist.

Rosenöl (Otto of Rose).

„Otto of Rose", ist der englische Name für Rosenöl. Der Handelsartikel dieses Namens besteht aber nicht aus echtem Rosenöl, sondern seinen Hauptbestandteil bildet das Geraniumöl, dem dann andere rosenartig riechende Stoffe beigemischt sind. Ein für Afrika gangbares „Otto of Rose" setzt sich wie folgt zusammen:

Otto of Rose

I. Geraniumöl, Bourbon	500 g	II. Geraniumöl, Bourbon	500 g
Rosenöl, künstl.	100 g	Rosenöl, künstl.	20 g
Palmarosaöl	600 g	Palmarosaöl	1000 g
		Vaselinöl ff., weiß	500 g

Um dem Öl auch noch die Kristallisationsfähigkeit des echten Öles bzw. den Anschein eines Stearoptengehaltes zu geben, setzt man ihm ganz kleine Quantitäten von Walrat zu.

Es werden noch geringe Sorten verlangt, die alsdann mit Alkohol verschnitten werden und als „Extrait Otto of Rose" im Handel sind.

Extrait Otto of Rose

I. Alkohol	1000 g	II. Geraniumöl	100 g
Geraniumöl	400 g	Palmarosaöl	200 g
Rosenöl, künstl.	20 g	Rosenöl, künstl.	20 g
		Alkohol	1500 g

Dieses Extrait Otto of Rose wird dann noch in den Farben weiß, gelb und grün verlangt, wie denn die Farbe eine große Rolle bei dem ganzen Artikel spielt. Je kräftiger gelb das Öl erscheint, um so lieber wird es gekauft.

Die Verfüllung der afrikanischen Sorten geschieht zumeist in Rollflaschen von 30 bis 200 g mit den verschiedensten Etiketten, in Holzkistchen von 6 bis 12 Flaschen, je nach deren Größe, und gut verpackt in Sägemehl. Hübsche Tekturen der Stopfen sind sehr beliebt. Wie schon erwähnt, wird dieses Otto of Rose zum Einreiben des Körpers benutzt, besonders um den lästigen Schweißgeruch zu verdecken. Daneben bedient man sich noch besonders folgender Artikel: Rosa-Ka-Tel, Osmer-al-Wal, Hosnhalil. Alle diese dienen jedoch dazu, vor allen Dingen das Ungeziefer und die Fliegen abzuschrecken, denn sie alle riechen sehr penetrant und erinnern weniger an Rosen.

Zum Verschneiden der Blütenöle eignet sich das Benzylbenzoat; auch Benzylalkohol und Cinnamein finden Verwendung, doch soll man mit deren Verarbeitung recht vorsichtig sein, da sehr leicht nach Verflüchtigung des wirklichen Blumenduftes ein häßlicher, strenger Geruch zurückbleibt. Das Benzylbenzoat nehme man so rein, wie man es nur erhalten kann, und sehe dabei einzig und allein auf eine vorzügliche Qualität, bei der der Preis nicht in Frage kommt; denn bei geringen Qualitäten tritt auch des öfteren ein garstiger Nachgeruch zutage. Weiter sind für diese Zwecke eine große Reihe von Körpern geschaffen worden, die, da sie selbst absolut geruchlos sind, sich für die Verdünnung der Blütenöle ungemein eignen, wie Phthalester u. a. Aber auch das Terpineol bildet ein sehr praktisches Verbilligungsmittel für diese konzentrierten Parfums. Da sein Geruch sich mit den meisten Odeurs verbindet, ohne besonders bei Mischungen hervorzutreten, außerdem sein Preis ein sehr mäßiger ist, ist seiner Verwendung ein neues Feld erschlossen worden. Will man nun auch etwas Moschus in diese oder jene Mischung von Blütenöl oder auch in reine konzentrierte Blumendüfte geben, schon um ein wenig mehr zu fixieren, dann empfiehlt sich künstlicher Moschus gelöst in Terpineol oder den andern genannten Stoffen. Den Blütengrundstoff selbst zu erwärmen und als Lösungsmittel zu benutzen, ist niemals ratsam

Akazie

Akazienblütenöl, *H. & C.*	100 g
Terpineol	50 g
Moschus, künstl.	3 g

Azalie

Azalienblütenöl, *Heiko*	1000 g
Phthalester	400 g
Moschus, künstl.	10 g
Vanillin	5 g

Cyclamen

Kosmoflor-Cyclamen 3198 *Sch. & C.*	100 g
Terpineol	50 g
Rosenöl	3 g

Gardenia

Gardenia, *H. & C.*	100 g
Rosenöl	5 g
Terpineol	40 g

Gartennelke (Eillet)

Purpurnelke, *Sch. & C.*	100 g
Terpineol	20 g
Isoeugenol	5 g
Moschus, künstl.	3 g

Geißblatt (Chèvrefeuille)

Chèvrefeuille, *L. G.*	1000 g
Terpineol	700 g
Capronia *Sch. & C.*	15 g
Moschus, künstl.	10 g
Vanillin	2 g

Flieder

Heiko-Flieder 830	250 g
Benzylbenzoat	500 g
Terpineol	500 g
Hydroxycitronellal	100 g
Heliotropin	15 g
Vanillin	5 g
Heiko-Rote Rose	5 g
Jasminblütenöl, künstl.	5 g

Heliotrop

Heliotrop, flüss., *Sch. & C.*	250 g
Benzylbenzoat	1000 g
Vanillin	15 g
Rose alpine, *T. M.*	2 g
Cassieblütenöl, *H. R.*	0,5 g

Von dem Vanillin kann man je nach Wunsch auch weniger geben.

Hyazinthe

Hyazinthin, extra, *Agfa*	100 g
Terpineol	150 g
Rosenöl	5 g
Heiko-Heliotrop	10 g

Jasmin

I. *Heiko*-Jasmin	100 g
Moschus, künstl.	3 g
Rosenöl	2 g
II. Jasminblütenöl, künstl.	100 g
Terpineol	30 g
Rosenöl	2 g
Moschus, künstl.	3 g

Jonquille

Jonquilla, *Sch. & C.*	100 g
Terpineol	20 g
Heiko-Jasmin	3 g
Neroliöl	2 g
Moschus, künstl.	3 g

Lilie (Prachtlilie)

Lilie, *Sch. & C.*	1000 g
Phthalester	280 g
Rosenöl, künstl., *Agfa*	5 g
Ylang-Ylangöl, Mayotte	5 g
Vanillin	5 g

Lindenblüte

Heiko-Linde	100 g
Rosenöl	2 g
Moschus, künstl.	3 g

Malmaisonnelke

Purpurnelke, *Sch. & C.*	1000 g
Phtalester	450
Moschus, künstl.	10 g

Narzisse

Narzissenöl, *S. & C.*	100 g
Rosenöl	5 g
Moschus, künstl.	3 g

Patchouli

Patchouliöl	100 g
Terpineol	50 g
Rosenöl, künstl.	10 g
Sandelholzöl ostind.	20 g

Reseda

Heiko-Reseda	100 g
Terpineol	30 g
Moschus, künstl.	5 g

Rose extra

Heiko-Rote Rose	250 g
Benzylbenzoat	1000 g

Rose idéale

Rose alpine, *T. M.*	250 g
Phthalester	1000 g
Neroliöl, echt	1 g

Rose

I. Rosenöl	10 g
Geraniumöl	30 g
Moschus, künstl.	3 g
II. *Heiko*-Rose	100 g
Geraniol	30 g
Moschus, künstl.	3 g

Sandel

Santalol	100 g
Terpineol	30 g
Moschus, künstl.	5 g
Rosenöl	3 g

Trèfle

Amylsalicylat	100 g
Terpineol	20 g
Moschus, künstl.	3 g
Rose, künstl.	5 g

Tuberose

Tuberoseblütenöl, *H. & C.*	100 g
Terpineol	30 g
Moschus, künstl.	3 g

Violettes de Vence

Veilchenblütenöl, künstl.	500 g
Benzylbenzoat	200 g
Irisine, *Fl.*	5 g
Ylang-Ylangöl	3 g

Maiglöckchen

I. *Heiko*-Maiglöckchen	100 g
Heiko-Heliotrop	10 g
Moschus, künstl.	2 g
II. Maiglöckchenblütenöl, *H. & R.*	100 g
Terpineol	30 g
Rosenöl	2 g
Moschus, künstl.	3 g

Veilchen

I.	*Heiko*-Veilchen	100 g
	Terpineol	30 g
	Moschus, künstl.	3 g
II.	Jonon	100 g
	Terpineol	300 g
	Moschus, künstl.	6 g
III.	Neu-Veilchen, *H. & R.* .	100 g
	Terpineol	250 g
	Irisöl, flüss., *H. & R.* ..	10 g
	Moschus, künstl.	6 g

Violette San Remo

Veilchenblütenöl, *H. & R.* .	240 g
Phthalester	1000 g
Ylang-Ylangöl, *Sartorius* ..	2 g
Rose alpine, *T. M.*	2 g
Vanillin	5 g
Cassieblütenöl, *H. & R.* ...	0 5 g

Ylang-Ylang

I.	Ylang-Ylangöl, *Sch. & C.*	100 g
	Terpineol	30 g
	Irisöl, flüss., *Fl.*	5 g
	Heiko-Jasmin	10 g
	Rosenöl, künstl.	5 g
II.	*Heiko*-Ylang-Ylang	100 g
	Terpineol	40 g
	Rose, künstl.	5 g
	Moschus, künstl.	5 g

Den künstlichen Moschus löst man bei diesen Vorschriften in dem Terpineol, wo solches vorkommt; wie schon eingangs gesagt wurde, kann man ihn auch in Benzylbenzoat gelöst halten und dann ein entsprechendes Quantum dieser Lösung den Essenzen zufügen.

Die Verwendung der konzentrierten Parfums ist natürlich anders gedacht als die der seither im Handel befindlichen Odeurs. Man parfumiert damit die Kleider in der Weise, daß man im Innern derselben kleine, doppelt genähte Bäuschchen von irgend welchem aufsaugenden Stoffe (Watte oder dergl.) anbringt, auf die dann die konzentrierte Essenz in wenigen Tropfen gegeben wird. Für den Verbrauch als Taschentuchparfum müßte sich auf dem Toilettentisch eine kleine Schale befinden, in die man aus einem (geschliffenen) Flakon etwas reinen Spiritus gießt, in welchem man alsdann einige Tropfen der Essenz löst zur weiteren Bedienung.

Die konzentrierten Parfums werden in Gläschen von 1 bis 10 g gefüllt, welche gut eingeschliffene Glasstopfen tragen. Die einzelnen Gläser gibt man dann wieder in entsprechend dekorierte Holz-, Pappe- oder Blechdosen von 1, 3, 6 oder 12 Gläsern, die alle gute Verkaufsartikel abgeben.

Riechsalze und Migränestifte.

Das R i e c h s a l z ist ein schon seit vielen Jahrzehnten gebrauchter Artikel, den man in der Hauptsache gegen Kopfschmerzen anwendet, wie auch bei Ohnmachtsanfällen. Einer der Hauptbestandteile ist der Salmiakgeist, der bekanntlich sehr flüchtig ist und auf die Geruchsnerven kräftig einwirkt. Seit der Erfindung des Migränestiftes ist jedoch die Anwendung der Riechsalze sehr zurückgegangen. Das „Salz“ selbst ist schwefelsaures Kali, auch kohlensaures Ammonium oder Prestonsalz, welches zerkleinert und in Fläschchen gefüllt wird, worin man es dann mit den gewünschten Flüssigkeiten übergießt, die in entsprechender Weise parfumiert sind. Des weiteren verwendet man auch an Stelle des schwefelsauren Kalis kleine Schwammstückchen; in England und den

Kolonien ist ein sog. „Smelling Salt“ im Gebrauch, bei dem die Gläser kleine poröse Tonkugeln enthalten, die mit der Riechessenz getränkt und übergossen sind.

Gute Vorschriften für geeignete Riechessenzen sind die folgenden:

1.

Campher	150 g
Moschustinktur	150 g
Citronenöl	20 g
Lavendelöl	40 g
Bergamottöl	50 g
Isoeugenol	10 g
Salmiakgeist	1500 g
Alkohol	1500 g

2.

Salmiakgeist	900 g
Lavendelöl, Mitcham	100 g
Citral	2 g

3.

Salmiakgeist, 20%ig	1000 g
Lavendelöl, Mitcham	130 g
Bergamottöl	10 g
Menthol	1 g
Moschustinktur	25 g

Sehr gut verwendbar ist hier die in letzter Zeit in den Handel gebrachte konzentrierte Lavendelessenz (Lavande concrète) aus Grasse, welche das Aroma der Lavendelblüte in vorzüglichem Dufte wiedergibt.

Lavendel-Riechsalz

Lavendelöl, Mitcham	150 g
Moschustinktur	50 g
Isoeugenol	30 g
Bergamottöl	100 g
Rosenöl, künstl.	2 g
Salmiakgeist	5000 g
Alkohol	2500 g

Fichtennadel-Riechsalz

Latschenkiefernöl	100 g
Fichtennadelöl	100 g
Bornylacetat	5 g
Bergamottöl	15 g
Salmiakgeist	5000 g
Alkohol	2500 g
Cumarin	8 g

Je nach Wunsch kann man natürlich mehr oder weniger Verdünnungsmittel zu den ätherischen Ölen nehmen.

Sel de Vinaigre

Auch hiezu werden die Gläser mit schwefelsaurem Kali gefüllt und mit folgender Essenz übergossen:

Eisessig	750 g
Bergamottöl	35 g
Citronenöl	25 g

Es sei hier anschließend auch gleich die Herstellung der Migränestifte (Mentholstifte) aufgeführt.

Um reine Mentholstifte herzustellen, schmilzt man das Menthol im Wasserbad in einem kleinen Behältnis mit Ausguß. Eventuell kann man 3 bis 5% Borsäure zusetzen, achte jedoch darauf, daß diese schön weiß ist. Die geschmolzene Masse, die man bei möglichst niedriger Temperatur zum Schmelzen gebracht hat, damit von dem Menthol nur recht wenig verdunstet, gießt man in gut vernickelte Metallformen, die den jeweils gewünschten Konus eingebohrt zeigen. Dies kann in allen Größen geschehen. Solche Metallformen sind in der Regel mehrteilig, d. h. es sind mehrere — meist zwei — Reihen nebeneinander angeordnet und nach Auseinanderklappen der Form kann man die erkalteten Mentholstifte sehr leicht herausnehmen. Das in die Form gegossene Menthol erstarrt sehr schnell. Es ist ratsam, die Stifte nicht ganz kalt werden zu lassen, da sie sich in halbwarmem Zustande weit leichter aus der Form entfernen lassen, als wenn sie vollkommen erkaltet sind. Man muß aber natürlich die Kristallisation vollständig eintreten lassen, denn sonst zerbrechen die Stifte.

Nun kann man aber auch Kompositionsstifte anfertigen:

Menthol	1000 g
Paraffin	250 g
Ceresin	250 g

Die Art der Herstellung ist immer die gleiche, doch schmelze man zuerst die andern Zusätze und gebe in die Schmelze das Menthol hinein, welches darin sehr leicht zergeht, wodurch Verluste durch Verflüchtigung von Menthol vermieden werden.

Weiter werden Mentholstifte aus gleichen Teilen von Menthol und Ceresin oder Paraffin hergestellt, die auch sehr gute Dienste leisten, aber natürlich wie auch die vorhergehende Sorte nicht als reine Mentholstifte deklariert werden dürfen.

Die aus der Form genommenen Mentholstifte läßt man völlig erkalten und am besten wenigstens über Nacht liegen, damit sie gut trocken werden. Bei den mit Ceresin oder Paraffin hergestellten Kompositionsstiften zeigt sich nach dieser Zeit ein leichter Überzug in Form winziger Kristalle, welche etwas ausgetretenes Menthol darstellen. Diesen Überzug wischt man mit einem weichen trockenen Läppchen ab und wirft dieses dann in ein Gefäß mit Alkohol, um das sonst verlorene Menthol weiter zu verwenden wie z. B. für Eiskopfwasser oder dergl.

Die trockenen Mentholstifte werden dann in Holzhülsen eingeleimt.

Zimmerparfums.

Häufige Verwendung finden die Zimmerparfums. Zu ihrer Verteilung in der Zimmerluft bedient man sich am besten eines Zerstäubers, da hiebei die Parfums wirklich zerstäubt werden und sich so der Luft schneller und willkommener mitteilen. Als Zimmerparfums ist jedes gute Eau de Cologne zu verwenden, und häufig bildet ein solches auch die Grundlage der Zimmerparfums.

Es sei hier besonders bemerkt, daß der gerade zu diesen Präparaten früher anscheinend häufig verwendete Methylalkohol sich als ein Gift im wahrsten Sinne des Wortes erwiesen hat und großes Unheil anzurichten imstande ist. Seine Verwendung verbietet sich daher auch hier aufs strengste.

Zur Herstellung von Zimmerparfums mit Tannenduft eignen sich in allererster Linie die Öle der Nadelbäume: Edeltannenöl von Pinus picea, Fichtennadelöl von P. balsamea und Latschenkieferöl von P. pumilio, P. sibirica und P. silvestris. Außerdem werden auch solche Öle verwendet, deren Verdunstung auf die Atmungsorgane besonders günstigen Einfluß ausübt, wie z. B. Lavendelöl, Krauseminzöl,

Pfefferminzöl, Rautenöl, Eucalyptusöl, Salbeiöl, Sellerieöl, Wacholderbeeröl, Cypressenöl sowie Wacholderholzöl u. a.

In den meisten Fällen werden diese Präparate als alkoholische Lösungen der genannten ätherischen Öle mit mehr oder weniger Wasserzusatz hergestellt. Doch auch als Extrakte finden wir sie im Handel.

Koniferengeist

Alkohol	5000 g
Edeltannenöl	200 g
Benzoetinktur	30 g
Wasser	1000 g

Koniferen-Eau de Cologne

Eau de Cologne	5000 g
Latschenkieferöl	140 g
Wacholderbeeröl	20 g
Styraxtinktur	40 g
Wasser	500 g

Koniferenessig

Alkohol	7000 g
Essigäther	160 g
Benzoetinktur	150 g
Eisessig	300 g
Edeltannenöl	250 g
Cumarin	20 g
Lavendelöl	50 g
Wacholderbeeröl	10 g
Eucalyptusöl	10 g
Dest. Wasser	1000 g

Der Koniferenessig ist als Zusatz zum Waschwasser sehr beliebt. Auch für Bäder wird er als Zusatz verwendet.

In England wird ein Produkt viel verwendet, das den Namen trägt:

Aromatic Ozoniser

Latschenkieferöl	20 g
Eucalyptusöl	10 g
Lavendelöl, Mitcham	40 g
Sellerieöl	5 g
Alkohol	1000 g

Dieses wird gewöhnlich in eine Verdunstungsschale gegeben und im Zimmer aufgestellt. Ein Wasserzusatz findet bisweilen auch noch statt.

Waldduft-Essenz

Fichtennadelöl	100 g
Lavendelöl	20 g
Citronenöl	10 g
Cumarin	15 g
Bergamottöl	10 g
Wacholderbeeröl	30 g
Alkohol	2000 g

Wie schon bemerkt, dienen die Tannenduftpräparate nicht nur zum Verbessern des Geruchs der Zimmerluft, sondern auch zur Ermöglichung einer freien Atmung. Durch ihre Verdampfung wird daher zunächst eine künstliche Erzeugung der Luft des Nadelwaldes hervorgebracht, die besonders für Nervöse und auch Lungenkranke von hohem Werte ist.

Das ätherische Öl der Fichtennadeln übt auf erregte Nerven einen so bedeutenden Einfluß aus, wirkt dermaßen beruhigend, daß Leute, die des Nachts schwer einschlafen können, mit Tannennadeln gefüllte kleine Kissen oder mit Koniferenpulver gefüllte Seidenbeutelchen unter das Kopfkissen legen.

Koniferenpulver

Tannenholzmehl	500 g
Edeltannenöl	80 g
Rautenöl	5 g
Eucalyptusöl	10 g
Perubalsam	30 g

Koniferenessenz

Latschenkieferöl	100 g
Wacholderbeeröl	15 g
Perubalsam	25 g

(Weitere Vorschriften für Tannenduftgerüche usw. s. das Kapitel: Parfumierte Bäder.

Für Krankenzimmer ist ein zum Teil auch desinfizierendes Zimmerparfum unerläßlich; hiebei leistet Eucalyptusöl sehr gute Dienste in Verbindung mit Formalin oder Chinosol.

Koniferengeist (für Krankenzimmer)

Alkohol	10 000 g
Edeltannenöl	400 g
Bornylacetat	50 g
Wacholderbeeröl	100 g
Wasser	2 000 g

Eucalyptus-Chinosol-Zimmerparfum

Solution Eucalyptusöl (1 : 10)	250 g
Chinosol	150 g
Alkohol	1000 g
Wasser	200 g

Eucalyptus-Zimmerparfum

Solution Eucalyptusöl (1 : 10)	250 g
Formaldehyd, 40%ig	250 g
Alkohol	1500 g

Chinosol-Zimmerparfum

Alkohol	10 000 g
Chinosol	50 g
Bergamottöl	40 g
Edeltannenöl	150 g
Linalool	10 g
Benzoetinktur	200 g
Wasser	3 000 g

Luftdesinfektion-Flüssigkeit.

Dem allgemeinen Fortschritt auf dem Gebiete der Hygiene folgend, ist man dazu geschritten, in Räumlichkeiten, in denen sich größere Menschenmengen ansammeln, von Zeit zu Zeit die Luft zu reinigen (Theater, Kino usw.). Hiezu bedient man sich einer Flüssigkeit, die speziell für diesen Zweck hergestellt ist und in verdünntem Zustande mittels eines besonders konstruierten Zerstäubers in die Luft geblasen wird.

Die Ansprüche, die an eine solche Flüssigkeit naturgemäß gestellt werden, sind ziemlich hohe. Diese Luftdesinfektionsflüssigkeiten sollen vor allen Dingen die Luft reinigen, dabei zugleich auch desinfizieren und desodorisieren, wobei alle schlechten Gerüche und Ausdünstungen zerstört werden sollen. Weiter sollen sie bakterientötend wirken und so auch in gewissem Umfange vor Ansteckung und Krankheit bewahren. Rauch und Staub müssen sie sofort niederschlagen und außerdem beruhigend und nervenstärkend wirken, was am leichtesten durch Zusatz eines angenehmen Parfums geschehen kann, das jedoch in keiner Weise an ein Taschentuchparfum erinnern soll, also nicht süßlich sein darf.

Die vorgenannten einzelnen Punkte lassen sich erreichen, wenn man als Desinfiziens den Formaldehyd in recht reichem Umfange anwendet und als Geruchskorrigens sich eines guten Fichtennadelöles bedient.

Auf diesem Wege läßt sich alles erzielen, was verlangt wird. Man kann auch ein gutes Eau de Cologne als Grundlage nehmen und ihm einfach einen bestimmten Prozentsatz Formaldeyd zusetzen. Da diese Flüssigkeit nun mit Wasser stark verdünnt den Rauch und Dunst nach der Zerstäubung in die Luft langsam zu Boden zieht, ist es notwendig, daß sie auf Kleidern oder Möbeln keine Flecken hinterläßt, also u. a. vor allem nicht unter Zusatz von Harzinfusionen hergestellt ist.

Luftdesinfektionsflüssigkeit

I. Alkohol	2000 g	II. Eau de Cologne	3000 g
Formaldehyd, 40%ig	400 g	Formaldehyd, 40%ig	400 g
Fichtennadelöl, sibir.	190 g	Edeltannenöl	20 g
Cumarin	210 g		

Die modernen Luftdesinfektionslösungen werden durch Zusatz von Seife, Triäthanolomin u. dgl. mit Wasser emulgierbar hergestellt und unmittelbar vor dem Gebrauche mit Wasser verdünnt.

Klare Ölmischungen für Zerstäuberflüssigkeiten

1. Oleat TRI	25 g	2. Oleat TRI	30 g
Fichtennadelöl	70 g	Edeltannenöl	40 g
Cumarin	2 g	Citronenöl	2 g
Eucalyptusöl	3 g	Neroliöl, künstl.	0,5 g
Citronenöl	1 g	Rosenöl, künst.	0,5 g
Lavendelöl	22 g	Patchouliöl	0,05 g
		Lavendelöl	15 g
		Spiköl	5 g
		Eucalyptusöl	5 g

3. Lavendelöl	10 g	4. Edeltannenöl	45 g
Spiköl	5 g	Lavendelöl	10 g
Citronenöl	22 g	Ess. Eaude Cologne	
Eucalyptusöl	5 g	Campheröl	3 g
Fichtennadelöl	50 g	Citronenöl	2 g
Cumarin	3 g	Cinnamylacetat	1 g
Methylcinnamat	0,5 g	Eucalyptusöl	10 g
Chypre I.	2 g	Oleat TRI	30 g
Oleat TRI	25 g	Cumarin	3 g

Diese Öle werden entweder klar als solche ohne Wasserzusatz oder mit etwa 50% mit Wasser verdünnt als konzentrierte Zerstäubermilch in den Handel gebracht, die zum Gebrauch reichlich mit Wasser zu verdünnen ist.

Räuchermittel.

Die Räuchermittel, wie sie in früheren Jahren gang und gäbe waren, werden jetzt wenig mehr gebraucht. Es gilt das besonders von den sogenannten Räucherkerzen und Räucherpulvern. Der Rückgang im Verbrauch von festen Räuchermitteln mag zum Teil auch daher kommen, daß die offenen Feuer und Kamine durch die geschlossenen Öfen und Dampfheizungen ersetzt sind und somit das Aufstreuen der Räuchermittel auf die glühenden Kohlen aufgehört hat. Auch die Ventilation unserer modernen Wohnräume ist eine bedeutend bessere geworden, als das früher der Fall war. Es hat sich denn auch in der Herstellung genannter Präparate gar nichts geändert, so daß wir glauben, auf die bereits bestehende reichhaltige Literatur hinweisen zu können, falls sich der Leser für diese Artikel besonders interessieren sollte.

Räuchermittel in flüssigem Zustande werden immer noch gerne gekauft in Gestalt von Räucherbalsam, Räuchertinktur oder -Essenz.

Räucherwasser

I.	Alkohol	4000 g	Lavendelöl	200 g
	Moschustinktur	1600 g	Thymianöl, rot	250 g
	Tolutinktur	800 g	Nelkenöl	200 g
	Perutinktur	800 g	Citronenöl	100 g
	Benzoetinktur	800 g	Citral	20 g
	Storaxtinktur	1000 g	Cassiaöl	50 g
	Ambron, *Sch. & C.*	60 g	Geraniol	80 g
II.	Alkohol	4000 g	Thymianöl, rot	230 g
	Tolutinktur	1800 g	Nelkenöl	200 g
	Perutinktur	800 g	Cassiaöl	50 g
	Benzoetinktur	800 g	Geraniol	80 g
	Moschustinktur	1000 g	Cumarin	20 g
	Lavendelöl	200 g		

Räuchertinktur

Isoeugenol	100 g	Ambre W., *Sch. & C.*	15 g
Citronenöl	100 g	Neroliöl, künstl.	5 g
Bergamottöl	150 g	Perubalsam	180 g
Lavendelöl	30 g	Storaxtinktur	500 g
Ambrettemoschus	40 g	Alkohol	7000 g

Ziemlich oft verlangt wird noch das Räucherpapier Es ist in zierlichen kleinen Heftchen eingebunden, deren Seiten perforiert sind, so daß man mit leichter Mühe das jeweils gewünschte Blättchen herausnehmen kann. Den Umschlag des Heftchen zieren hübsche Chromos mit entsprechendem Text. Es gibt 2 Sorten von Räucherpapieren, solche, welche verbrannt werden sollen, und solche, die nur verglimmen und je nach Belieben wieder verlöscht werden können. Erstere werden vor der Präparation mit Riechstoffen in Salpeterlösung getränkt, letztere, um sie unverbrennbar zu machen, in heiße Alaunlösung getaucht und getrocknet. Beide Lösungen stellt man im Verhältnis 1 : 4 her.

Räucherpapier

Sandarak, gepulvert	1000 g
Alkohol	3000 g

Hiemit bestreicht man nach dem Eintauchen in Salpeter- oder Alaunlösung das Papier und bestreut es dann mit einem Pulver von folgender Zusammensetzung:

Cascarillepulver	1000 g
Gummi Olibanum, pulv.	500 g
Mastix, pulv.	500 g

Ist dieses alles ordentlich getrocknet, dann bestreicht man das Papier auf beiden Seiten mit folgender Lösung:

Sandaraktinktur 1 : 3	750 g	Eugenol	15 g
Styraxtinktur	750 g	Moschustinktur	45 g
Benzoetinktur	250 g	Zibettinktur	45 g
Perutinktur	125 g	Cassiaöl	10 g
Tolutinktur	250 g	Geraniol	15 g
Bergamottöl	50 g	Petitgrainöl	5 g
Lavendelöl	15 g	Ambre A., *Ama*	10 g

Räucherpulver für Kirchen

Weihrauch	1000 g	Salpeter	200 g
Tolubalsam	400 g	Zucker	140 g
Benzoe	500 g	Cascarillerinde	150 g
Storax calam.	240 g		

Toiletteessig.

Zu den Toilettewässern im allgemeinen zählt auch der Toiletteessig, ein infolge seiner ganz besonders erfrischenden und wohltuenden Eigenschaften gerne gebrauchter Artikel. Er wird in Europa recht viel verwendet, doch besonders Zentralamerika ist ein sehr guter Abnehmer für dieses Produkt.

Vinaigre de Toilette (Toiletteessig)

Alkohol	10 000 g
Eisessig	1 000 g
Isoeugenol	15 g
Citronenöl	50 g
Bergamottöl	130 g
Neroliöl, künstl.	10 g
Wasser	3 000 g
Essigäther	160 g

Genre Vinaigre de Bully

1.

Alkohol	5 l
Wasser	5 l
Bergamottöl	30 g
Citronenöl	30 g
Portugalöl	12 g
Rosmarinöl	5 g
Lavendelöl	5 g
Neroliöl	5 g
Benzoetinktur	100 ccm
Tolutinktur	60 ccm
Styraxtinktur	60 ccm
Nelkenöl	3 g
Eisessig	150 g

2. (Cerbelaud)

Orangenblütenwasser	4500 g
Rosenwasser	500 g
Eisessig	100 g
Bergamottöl	24 g
Citronenöl	24 g
Portugalöl	10 g
Lavendelöl	3 g
Melissengeist	400 g
Nelkenöl	1 g
Rosmarinöl	18 g
Benzoetinktur	50 ccm
Tolutinktur	50 ccm
Myrrhentinktur	50 ccm
Moschustinktur	10 ccm
Ambratinktur	5 ccm
Essigäther	1 ccm
Önanthäther	1 Tropfen

Vinaigre à la Rose

Alkohol	10 000 g
Eisessig	1 000 g
Rosenöl, künstl., *Heiko*	10 g
Geraniol	50 g
Palmarosaöl	50 g
Wasser	3 000 g
Essigäther	160 g

Vinaigre des Dames

Bergamottöl	2,5 g	Alkohol	100 ccm
Citronenöl	2,5 g	Starker Essig	250 ccm
Neroliöl	0,3 g	Essigäther	5 g
Rosenöl, bulg.	0,3 g		

Vinaigre ambré surfin

Alkohol	800 ccm	Bergamottöl	10 g
Wasser	185 ccm	Citronenöl	5 g
Eisessig	15 ccm	Neroliöl	1 g
Ambre W., *Sch. & C.*	5 g	Essigäther	3 g
Vanillin	5 g		

Vinaigre Royal

Alkohol	800 ccm	Citronenöl	8 g
Wasser	200 ccm	Rosenöl, bulgar.	1 g
Eisessig	15 ccm	Ylang-Ylangöl	0,5 g
Ambron *Sch. & C.*	6 g	Vanilletinktur	100 g
Vanillin	4 g	Benzoetinktur	50 g
Sandelöl, ostindisch	0,2 g	Iristinktur	50 g
Irisöl, konkret	0,8 g	Tonkatinktur	30 g
Bergamottöl	15 g	Moschustinktur	10 g

Vinaigre ambré

Alkohol	200 ccm	Bergamottöl	5 g
Wasser	800 ccm	Citronenöl	2 g
Eisessig	15 ccm	Vanillin	3 g
Resinoid Labdanum	3 g	Essigäther	3 g

Rasieressige, Rasierspritzwässer und andere Rasierbehelfe.

(Rasierstein (Alaunstein), Rasierseifen und Rasiercrèmes siehe später).

Rasierspritzessig

Eisessig	20 g
Wasser	1200 g
Menthol	1 g
gelöst in:	
Alkohol	50 g
Eau de Cologne-Essenz	2 g

Rasieressig

Alkohol	150 g
Wasser	850 g
Borsäure	15 g
Eisessig	15 g
Menthol	0,5 g
Ess. Eau de Cologne	1,5 g

Shaving Balm

Kalkwasser	2000 g
Rosenwasser	7600 g
Glycerin	100 g
Pfefferminzöl	3 g
Rosenöl, künstl.	2 g
Menthol	1 g
Alkohol	200 g

Antiseptische Milch

Man bereitet eine Lösung von

Perubalsam	5 g
in Alkohol	50 g

filtriert und gibt hierzu unter Rühren nach und nach folgende Lösung:

Chinosol	2 g
Borsäure	8 g
Citronensäure	3 g

Absitzen lassen und dekantiêren.

Antiseptische Wässer zum Nachwaschen

1.	Alaun	1 g
	Citronensäure	1,5 g
	Menthol	0,1 g
	Borsäure	2 g
	Alkohol	30 g
	Wasser	70 g
2.	Euresol	2 g
	Thymol	0,05 g
	Chinosol	0,05 g
	Alkohol	40 g
	Wasser	60 g
3.	Milchsäure, 80 %	5 g
	Borsäure	2 g
	Menthol	0,05 g
	Alkohol	15 g
	Wasser	81 g
4.	Chinosol	0,5 g
	Perubalsam	0,5 g
	Milchsäure	0,5 g
	Menthol	0,05 g
	Alkohol	40 g
	Wasser	60 g

Gelée gegen das Brennen

Traganth, pulv.	5 g	Heliotropin	0,5 g
Glycerin	12 g	Ess. Eau de Cologne	1 g
Alkohol	10 g	warmes Wasser	160 g
Salicylsäure	0,3 g		
Menthol	0,4 g		

Blutstill-Stifte (Styptic Pencils)

1. Alaun krist. .... 35 g
   Aluminiumsulfat .... 64 g
   Eisenchlorid .... 1 g
   Zusammenschmelzen und Stifte gießen.

2. Aluminiumsulfat .... 375 g
   Alaun krist. .... 225 g
   Man schmilzt zusammen und setzt der Schmelze unmittelbar vor dem Gießen unter Umrühren folgende Lösung zu
   Chlorsaures Kali .... 5 g
   heißes Wasser .... 70 g
   Nach dem Zusatz von Kaliumchlorat darf wegen Explosionsgefahr nicht mehr erhitzt werden.

Rasierpuder

1. Kaolin kolloidal .... 600 g
   Zinkweiß .... 150 g
   Titandioxyd .... 50 g
   Magnesiumcarbonat ..... 50 g
   Talkum .... 150 g

2. Reisstärke .... 450 g
   Kaolin kolloidal .... 150 g
   Zinkweiß .... 100 g
   Titandioxyd .... 50 g
   Talkum .... 150 g
   Magnesiumcarbonat ..... 100 g

Antiseptische Zusätze oder solche kleiner Mengen Menthol können gemacht werden.

Rasier-Puderblock

Dieser besteht aus einer Pudermasse, die infolge ihres Hauptbestandteils Magnesiumcarbonat (plumosum) sehr leicht ist.

1. Magnesiumcarbonat ...... 85 g
   Zinkweiß .... 10 g
   Titandioxyd .... 5 g

2. Magnesiumcarbonat ...... 75 g
   Kaolin kolloidal .... 20 g
   Zinkweiß .... 5 g

Man bereitet mit Wasser und Gummischleim einen dicken Teig, der in geeignete Formen gepreßt und getrocknet wird.

Das Färben der Parfumeriewaren und die Farbstoffe.

Wenn man in der Parfumerie bei irgend etwas am Hergebrachten und Gewohnheitsmäßigen hängt, so ist das bei den Farben der verschiedenen Präparate der Fall; denn es wäre absolut unmöglich, ein Produkt — besonders ein allgemein bekanntes — in anderer Farbe nutzbringend zu verkaufen, als in den bekannten, althergebrachten Farben. Ein gelbes oder blaues Veilchenodeur, ein lilafarbiges Patchouliodeur, ein rotes Rosenextrait wäre unverkäuflich. Dagegen muß Veilchenodeur grün sein, Patchouli gelbgrün oder gelbbraun, Rose gelb, hellgelb bis weißlich. Ein gleiches ist es mit den Farben der Pomaden, ein anderes wieder mit den Farben der Seifen. Bleiben wir zunächst bei den Farben der Extraits d'odeurs.

Die meisten feinen und feinsten Odeurs werden in der Naturfarbe gelassen, d. h. man bringt sie so in den Handel, wie sie sich aus der Zusammensetzung der verschiedenen Stoffe ergeben. Nur falls sie gar zu weiß und wasserhell sein sollten, färbt man ein wenig mit Zuckercouleur nach.

Die Veilchenodeurs jedoch werden mit Chlorophyll oder Smaragdgrün grünlich gefärbt, doch nur soviel, daß sie einen kräftigen, grünen Schimmer haben; für die feinen Patchouliextraits nimmt man zur Färbung eine Mischung von Safraninfusion und Smaragdgrün, bei der das Gelb vorherrschend ist. Die Fliederodeurs werden oft lila gefärbt, aber nur billige Ware, gute Sorten bleiben ungefärbt.

Beim Färben der Extraits achte man sehr darauf, daß es nicht in zu starkem Maße geschieht und das Extrait keine Farbflecken in den Taschentüchern hinterläßt.

Die geringen Sorten der Exportextraits werden alle gefärbt, und zwar den Farben der jeweiligen Triple-Extraits entsprechend. Ebenso ist es mit den *Toilettewässern*, welche ausgesprochene Blumengerüche führen. Andere, wie Toilettessig, Bay Rum usw., sollen einen bräunlichen Ton haben, Divna-, Florida- einen hellgelben, Canangawasser einen gelbbraunen. Eau de Quinine bekommt eine hell- oder dunkelrote Farbe durch Orseille und gelben Farbstoff (Orseille allein färbt violett), während die meisten anderen Kopfwässer hellgelb oder hellbraun gehalten werden.

Als *Farbstoff* für alkoholische Parfumerien verwendet man am vorteilhaftesten für

rot: Burgunderrot, Orseille, Cochenille.
gelb: Safran, gelbe Anilinfarben.
grün: Smaragdgrün, Transparentgrün, Chlorophyll.
lila: Fliederviolett (alkohollösliche Flieder-Anilinfarbe).
braun: Zuckercouleur.
Ratanhiatinktur.
Rum-Braun.
blau: Indigotine (selten).

Zu *Pomaden* finden zum Teil die Erdfarben Verwendung, wie Umbra, Erdbraun (Rehbraun), auch Kakaomasse (angebrannte und darum minderwertige) für *braun*; Beinschwarz und Kienruß für *schwarz*; Chlorophyll, fettlöslich, für *grün*; Cadmiumgelb, hellgelb und orange, sowie Lederin, gelb und orange, für *hell-* und *dunkelgelb*; Alkannin für *rot*; in anderen Farben erscheinen Pomaden selten oder gar nicht am Markte. Auch fettlösliche Anilinfarben werden zur Färbung der Pomaden gebraucht.

Für alle die andern Präparate die zur Anwendung kommenden Farbstoffe hier nochmals zu nennen, kann unterbleiben, da es bei den jeweiligen Vorschriften bereits geschehen ist.

Da nun die einzelnen Farbstoffe oft sehr stark färben, so daß es untunlich ist, den Farbstoff selbst in seiner ursprünglichen Beschaffenheit dem Präparat beizufügen, löst man ihn in Körpern auf, die den meisten Präparaten zugefügt werden können und es ermöglichen, den Farbstoff in denkbar kleinsten Quantitäten möglichst fein in der Masse des Produktes zu verteilen. Bei den Extraits geschieht dies durch Lösen des Farbstoffes in Alkohol oder in Wasser. Von den angegebenen Farbstoffen lösen sich

in Alkohol: Burgunderrot, Krokus, Lila, Ratanhia, Rumbraun, Orseille, Transparentgrün;
in Wasser: [Smaragdgrün, Zuckercouleur, Indigotine, Cochenille, letztere unter Zusatz von etwas Salmiakgeist;
in Fett: fettlösliche Anilinfarben, Alkannin.

Betreffend Färbung von Eau de Quinine ist folgendes zu bemerken:

Auch Mann hatte in seinem Buche hiezu Cochenilletinktur empfohlen, doch ist dieser Farbstoff hier gänzlich ungeeignet, weil er kräftige Färbung auf der Wäsche hinterläßt.

Für die dunkelrote Färbung des Eau de Quinine kommt einzig und allein Orseille zugleich mit einem gelben Farbstoff oder Zuckercouleur verwendet in Frage. Orseille allein färbt rotviolett, der Zusatz gelben oder braunen Farbstoffs allein ermöglicht es, ein reines, eventuell bräunliches Rot zu erhalten.

Als sehr wichtiger Manipulation sei hier auch kurz der

Konservierung der kosmetischen Mittel

gedacht.

Es liegt auf der Hand, daß für die Konservierung antiseptische Substanzen eine große Rolle spielen. So werden Formol (Formalin), Salicylsäure, Borsäure, Benzoesäure, Natriumbenzoat, Borax und andere sehr häufig zur Konservierung herangezogen, auch Carbolsäure, soweit es der Geruch zuläßt. Auch Alkoholzusatz kann in vielen Fällen konservierend wirken, ebenso die Verwendung des Glycerins.

Daß man bei Anwendung des einen oder anderen dieser Konservierungsmittel den Eigenheiten und dem Charakter des Präparates in jeder Weise Rechnung tragen muß, ist selbstverständlich. So ist die Verwendung von Carbolsäure in den meisten Fällen unmöglich, auch die Verwendung von Salicylsäure ist nicht immer am Platze, weil sie oft selbst zu unliebsamen Verfärbungen Anlaß geben kann. Daß natürlich freie Säuren überhaupt nicht für Seifenvehikel und Emulsionen (Stearate usw.) zur Konservierung in Frage kommen können, ist wohl als bekannt vorauszusetzen.

Benzoesäure und benzoesaures Natron sind ganz vorzügliche Konservierungsmittel, auch Benzoesäure, Natriumbenzoat und Borax verhindern Fäulnis und Schimmelbildung. Bekannt ist die konservierende Wirkung der Benzoe und der Benzoesäure, um das Ranzigwerden der Fette zu verhindern, Styrax und Tolubalsam sind hiezu weniger geeignet.

Es folgen nun in kurzer Übersicht die hauptsächlichtsen Präparate in Gruppen geordnet, mit den nötigen Hinweisen auf die Art ihrer Konservierung.

Alkoholische Auszüge von Drogen (Tinkturen). Im allgemeinen kommt hier eine Konservierung überhaupt nicht in Frage, da das alkoholische Vehikel selbst energisch konservierend wirkt.

In einzelnen Fällen, wenn es sich um alkoholische Auszüge frischer Pflanzenteile handelt, tut man gut, etwa 2 g Benzoesäure per Liter Tinktur hinzuzusetzen. Auch bei der Tonkabohnentinktur ist ein Zusatz von Benzoesäure sehr zu empfehlen, weil bei längerem Ziehen der Bohnen ein unangenehm ranziger Geruch in die Tinktur übergehen kann, während ein Zusatz von Benzoesäure diesem Beigeruch der Tinktur gut vorbeugt.

Wäßrige Auszüge von Drogen. Diese müssen durch Zusatz von 3 bis 4 g Salicylsäure oder Benzoesäure per Liter konserviert werden. Auch Natriumbenzoat leistet hier gute Dienste.

Schleime (Gelées). Diese sind besonders leicht zersetzlich. Alkohelzusatz schützt sie in vielen Fällen schon etwas, aber nicht genügend.

Man setze also zu:

Für Gummischleime für je 100 g verwendeten Gummi 3 bis 4 g Salicyl- oder Benzoesäure oder 2 g Formalin,

für Gelatineschleim für je 100 g Gelatine 6 g Formalin oder 10 g Salicylsäure,

für Carrageen-, Quitten- und Psylliumschleim für je 100 g schleimgebender Substanz 5—6 g Formalin, auch Salicyl- oder Benzoesäure zirka 4 g.

Emulsionen aller Art. Für chemische und seifenhaltige Emulsionen keine freie Säure!!

Per Liter Emulsion zusetzen: 2 bis 3 g Natriumbenzoat oder 5 bis 10 g Borax, eventuell kombinieren.

Einzelne Autoren empfehlen auch den Zusatz von Fluorammonium, das überhaupt die Homogenität der Emulsion günstig beeinflussen soll (?).

Für mechanische Emulsionen kann Salicylsäure oder Benzoesäure (3 bis 4 g per Liter) verwendet werden.

Stearatcrèmes. Bei diesen sehr wasserreichen Crèmes handelt es sich vor allem darum, die Schimmelbidung zu bekämpfen.

Man setze zu: für 1 kg Stearatcrème 6 bis 8 g Borax oder 2 g Natriumbenzonat.

Cold-Creams. Hier ist vor allem zu beachten, daß nur konserviertes Wachs Verwendung findet. Zur weiteren Konservierung gibt man zu: für 1 kg Cold-Cream 5 bis 10 g Borax und außerdem 2 bis 3 g benzoesaures Natron.

Fette. Korruptible Fette sind stets zu benzoinieren. Wo irgend tunlich, in den Pomaden Benzoe mitverwenden, eventuell noch Zusatz von Benzoesäure (bei wasserhaltigen stets auch Borax) machen. Weißes Bienenwachs wird durch Lösen von 6 g Benzoesäure in 1 kg geschmolzenem Wachs dauernd konserviert.

In vielen Fällen ist ein gutschließender Behälter auch ein wichtiges Mittel zur Konservierung, was hier nicht außer acht gelassen werden darf. Luft und Licht machen oft alle vorbeugenden Methoden zunichte und bewirken das Verderben sehr vieler, gut zusammengesetzter und entsprechend konservierter Präparate.

Diesem Umstand muß auf alle Fälle Rechnung getragen werden und der Behälter stets der Eigenart des Präparats angepaßt sein und vor allem gut schließen.

In allerletzter Zeit haben die

Ester der Paraoxybenzoesäure als Konservierungsmittel

ganz außerordentliche Bedeutung gewonnen.

In der Tat haben wir in diesen Estern Konservierungsmittel zur Hand, die außerordentlich zuverlässig sind. Am häufigsten wird der Methylester dieser Säure, der im Handel auch unter dem Namen Nipagin u. a. anzutreffen ist, zur Konservierung verwendet. In Parenthese bemerkt sei hier noch, daß diese Ester auch sehr wirkungsvolle Antiseptika sind, die in ihrer Wirkung die Carbolsäure erheblich übertreffen.

Zur Konservierung sind im Mittel von diesem Methylester der p-Oxybenzoesäure erforderlich für:

Schleime 0,12 bis 0,15%

Emulsionen je nach Fettgehalt Mit niedrigem Fettgehalt (unter 20%) 0,15 bis 0,2%, über 20% Fett 0,2% im Minimum.

Wässer. Abkochungen 0,1 bis 0,15%.

Sirupe, konzentriert 0,07%, verdünnt 0,15%.

Fette Öle und Fette. Zur einwandfreien Konservierung anstatt Benzoe und viel zuverlässiger 0,3%, oft schon 0,2% genügend.

Casein- und Leimlösungen 0,5%.

Mandelmilch usw. (Laits de Beauté) 0,2%.

Cold Cream und ähnliche Präparate mit Wassergehalt. Mit wenig Wasser 0,3%, mit viel Wasser 0,15 bis 0,2% (mit Emulsionen).

Kosmetische Mittel.

Parfumerie und Kosmetik sind zwei Begriffe, die so eng miteinander verbunden sind, daß eine einigermaßen scharfe Trennung nicht möglich ist, denn auch die eigentlichen Parfumerieartikel, wie Extraits usw., sind Kosmetika.

Wir fassen hier unter dem Namen Kosmetika jene Präparate zusammen, die einem bestimmten kosmetischen Zweck dienen, deren äußere Form und spezielle Zusammensetzung also einem solchen besonders angepaßt ist, während die Parfumierung, soweit eine solche in Frage kommt, nur als ästhetisches Adjuvans aufzufassen ist. Eine scharfe Trennung läßt sich aber auch von diesem Gesichtspunkte aus nicht durchführen und ist es in vielen Fällen Ansichtssache, ob man ein kosmetisches Mittel als Parfumerieprodukt oder eigentliches Kosmetikum auffassen will, was ja auch praktisch schließlich belanglos ist.

Im weiteren Sinne zählen zu den kosmetischen Hilfsmitteln eine Anzahl chirurgischer Eingriffe, wie die Entfernung von Warzen, plastische Operationen, das Tätowieren von Hornhautflecken u. dgl. mehr.

Die Schönheitsmittel finden Anwendung auf die Haut, die Haare, Nägel, ferner zur Pflege des Mundes und der Zähne usw. Man kann also z. B. Haar-, Haut-, Mund- und Nagelkosmetika unterscheiden.

Man kennt erweichende Mittel, die Haut, Haare, Nägel teils durch chemische Wirkung, teils auf mechanischem Wege erweichen, aufquellen lassen und dadurch den Zusammenhang der Gewebe lockern. Hierhin gehören das Wasser, besonders das warme Wasser; ferner schleimige Mittel, in Wasser suspendiert oder gelöst, wie Kleie, Mandelkleie, Malz als Waschmittel für die Haut oder als Klebe- und Glättungsmittel, ferner Klettenwurzel, Eiweiß als Waschmittel für die Haare. Sehr wichtige kosmetische Mittel sind die Fette und Öle zur Glättung und zum Schutze der Haut vor atmosphärischen Einflüssen und zur Erzielung des Glanzes der Haare. Es werden sowohl die Öle des Pflanzenreiches und tierische Fette, als auch Mineralöle und statt der erstgenannten auch ölreiche Samen, entweder gepulvert oder in Form der Emulsion, verwendet. Das Glycerin gehört nur bedingt in diese Gruppe; es macht die Haut allerdings für den Augenblick geschmeidig, wirkt aber auf die Dauer durch seine wasserentziehende Eigenschaft eher reizend. Man soll aus diesem Grunde das unverdünnte Glycerin auf die feuchten Hände bringen oder besser ihm vorher etwas Wasser zusetzen.

Während Wasser, Öle, Fette und Glycerin vorzugsweise auf mechanischem Wege erweichend wirken, erweichen die Alkalien das Gewebe der Haut chemisch; sie sind imstande, die Epidermis zu lockern. Sie lösen durch Verseifung bzw. Emulgierung das fette Hautsekret und vernichten so oft Parasiten der Haut. Wegen der durch sie bewirkten Lockerung des Gewebes und Abstoßung der obersten Schichten machen sie die Haut zur Aufnahme eines spezifischen Kosmetikums geeignet und dienen deshalb häufig zu vorbereitenden Maßnahmen.

Die Verbindungen der Alkalien mit den höheren Fettsäuren, die Seifen, schließen sich in ihrer Wirkung und auch in ihrer Anwendung den Alkalien selbst an. Sie dienen zur Reinigung der Haut, der Haare und Zähne, zur Entfernung der Epidermisschuppen und werden häufig vor dem Gebrauch anderer Kosmetika angewendet. Harte Seifen — Natronseifen — wirken milder, weiche — Kaliseifen — kräftiger.

Adstringierende Mittel sind solche, welche auf chemischem oder mechanischem Wege das Hautgewebe straffer machen, austrocknen, den Schweiß beseitigen und die Haut erblassen machen. So dienen z. B. Schwefel-, Salpeter- und Essigsäure in konzentriertem Zustande zur Beseitigung von Warzen und Schwielen, ebenso Trichloressigsäure. Auch Salicylsäure, Milchsäure und Phenol (Karbolsäure) zerstören derartige Wucherungen des Horngewebes. Alle genannten Säuren finden in entsprechender Verdünnung — mit Ausnahme der Salpetersäure — zum Erblassenmachen roter, gelblicher und brauner Flecken der Haut Anwendung. Endlich werden sie auch zur Beseitigung von lokalen Schweißen der Achselhöhlen und Füße verwendet. Zu den Adstringentien gehören ferner noch gewisse Verbindungen des Bleis, des Zinks, Wismuts, Quecksilbers, der Tonerde (Alaun) u. a.

Eine Sonderstellung nimmt der Alkohol ein, der konzentriert als Reizmittel, verdünnt als Tonikum wirkt. In ersterer Form — konzentriert — findet er besonders als Lösungsmittel von Riechstoffen, als Haarwuchserhaltungsmittel, ferner als austrocknendes und fettlösendes Mittel, verdünnt zu Waschwässern ausgedehnte Verwendung.

Während wir bisher die Art und Weise kennen gelernt haben, wie die Schönheit auf natürlichem Wege, d. h. durch Beförderung der Hauttätigkeit zu pflegen und zu verbessern ist, kommen wir jetzt zu den Präparaten, die dazu berufen sind, die natürliche Schönheit noch künstlich zu erhöhen und persönliche Mängel oder Naturfehler zu verdecken oder auszugleichen. Das verbreitetste aller derartigen Fabrikate ist der Puder. Der Puder ist nicht immer ein bloßes Mittel zur Verschönerung; er dient auch in hohem Maße hygienischen Zwecken und verdiente als solcher folgerichtig einen Platz unter den hygienischen Hausmitteln. Von Puder sind zwei Arten zu unterscheiden, die, sowohl was ihre Zusammensetzung als ihre Wirkung betrifft, vollständig voneinander verschieden sind. Es sind dies der Reispuder und der Streupuder (Talkumpuder). Kosmetisch wirkt guter Puder entzündungswidrig, lindern (z. B. nach dem Rasieren). Stark gefärbte Puder haben Schminkecharakter (Poudres compactes). Als eigentliche Schminken kommen Mittel zur Verwendung, welche, mehr oder weniger dick aufgetragen, die Farbe und das Aussehen der darunterliegenden Haut nicht erkennen lassen, also als Deckmittel dienen; hieher gehören Stärkemehl, Kreide, Magnesia, Talk, Zinkoxyd und Titandioxyd. Von Farben, welche auf die Haut aufgetragen werden, gehören hieher: Zinkweiß, Karmin, Krapprot, Indigo, Berlinerblau, Ocker, Kienruß u. a.

Zur Färbung der Haare kommen nur wenige eigentliche Farben zur Verwendung, wie die chineisische Tusche und der rote Farbstoff der Henna, der, mit Indigo kombiniert, Farben von Braun bis Schwarz liefert. Bekanntlich wird dieser Farbstoff von den Orientalinnen in großem Maßstabe auch zum Rotfärben der Fingernägel angewandt. Auch der in den grünen Walnußschalen enthaltene Farbstoff kommt als Haarfärbemittel in frischem Zustande in Betracht. Die meisten Haarfärbemittel wirken auf chemischem Wege durch Niederschläge und bestehen einesteils aus Metallsalzlösungen (Eisen, Silber, Kupfer usw.), andernteils (geminderte Flasche) aus Niederschlagsbildner wie Pyrogallol u. dgl.

Im Gegensatz zu den soeben angeführten Mitteln stehen die entfärbenden. Hiezu rechneten wir schon oben einzelne mineralische Säuren, Quecksilberpräparate — Sublimat — und weißen Präzipitat, Chlor und seine Verbindungen, namentlich Chlorkalk und Wasserstoffsuperoxyd, das nur zur Entfärbung der Haare dient, die nach seiner Anwendung eine blonde Färbung annehmen (Blondierung).

Eine andere Art, die geruchzerstörenden Mittel (Desodorantien) findet nur selten an der Haut, gewöhnlich bei der Mund- und Zahnpflege, Verwendung. Wir nennen als die hauptsächlichsten Vertreter dieser Gruppe: Borsäure, Chlorkalk, essigsaure Tonerde (Kohle), übermangansaures Kali, Karbolsäure, Wasserstoffsuperoxyd, Perborate, Aluminiumchlorid u. a.

Für Zahnreinigungsmittel dient als Grundlage wohl fast immer die Kreide als Schlämmkreide oder in präzipitiertem Zustande mit Zusatz von antiseptischen oder adstringierenden Mitteln, wie z. B.: Seife, Borax, Ratanhia, Campher, China u. dgl., meistens durch Zusatz von ätherischen Ölen (Pfefferminzöl usw.) aromatisiert. Die Zahnpulver und Pasten wirken kräftiger reinigend als einfache Mundwässer, da durch die mechanische Reibwirkung der Kreide die Zähne eher gereinigt werden, als durch bloßes Behandeln mit Flüssigkeiten. Anderseits kommt dem Mundwasser eine kräftige Wirkung auf die ganze Mundhöhle zu und sind gute Mundwässer wichtige Kosmetika zur Mundpflege, die die Pflege der Zähne durch Pulver und Pasten sehr wirkungsvoll unterstützen.

Eine andere zur Mundpflege verwendete Form sind die Zahnseifen oder Zahnpasten und Zahncremes, mehr oder weniger zähe Teige, die aus pulverförmigen Bestandteilen unter Glycerin-, Sirup- oder Seifenzusatz hergestellt werden.

Mittel zur Reinigung und Pflege der Zähne und der Mundhöhle.

Zahn- und Mundwässer.

Durch Anwendung der Zahn- und Mundwässer wollen wir vor allen Dingen die in der Mundhöhle vorkommenden und so u. a. auch zur Erhaltung unserer Zähne unser möglichstes beitragen.

In der Münchner Gesellschaft für Morphologie und Physiologie hielt Dr. Carl Röse einen Vortrag über „die pflanzlichen Parasiten der Mundhöhle und ihre Bekämpfung“, in dem er die Kenntnis dieses sehr wichtigen, bisher von den Fachhygienikern vernachlässigten und gänzlich den Zahnärzten überlassenen Gebietes durch bemerkenswerte Mitteilungen bedeutend erweiterte. Einem Berichte des „Zentralblattes für Bakteriologie“ zufolge ist Röse durch Ausarbeitung einer sinnreichen Methode dazu gelangt, die Fähigkeit der Mundwässer, Bakterien zu töten, genau zu kontrollieren und in deutlichen Zahlen darzustellen. Zur Prüfung der bakterientötenden Wirkung der Mundwässer wurde folgende Versuchsanordnung getroffen: Nachdem die Versuchsperson früh morgens Kaffee und Gebäck zu sich genommen hatte, erfolgte die erste, eine Minute andauernde Spülung mit einem Schluck einer keimfreien, blutwarmen Kochsalzpeptonlösung. Die Spülflüssigkeit wurde in sterilen Gläsern aufgefangen und mit $^1/_{10}$ ccm von ihr dazu benutzt, auf den Gehalt an Bakterien geprüft zu werden. Auf Grund genauer Zählungen ergab sich, daß die Menge der züchtbaren Spaltpilze in einer einzigen Spülflüssigkeit zwischen 10 und 800 Millionen schwankt. Nach dieser ersten Spülung folgte eine zweite mit dem zu untersuchenden Mundwasser; nach Ablauf von 1/4, 1/2, 2 1/2 und 4 Stunden wurden dann weitere Spülungen mit Kochsalzpeptonlösungen vorgenommen, um die Dauerwirkung des Antiseptikums zu prüfen. Die Zahl der Spaltpilze in der Mundhöhle ist nach Röses Beobachtungen nicht zu jeder Zeit gleich, denn durch jede Mahlzeit wird die Menge der Bakterien stark herabgesetzt, indem gelegentlich der Nahrungsaufnahme Mengen von Parasiten in den Magen herabgespült werden. Je gesünder die Zähne und je kräftiger die Kaumuskeln sind, um so mehr Bakterien werden hinabbefördert. Um die zurückgebliebenen Pilze zum Absterben zu bringen, bedarf es eines energischen Antiseptikums, das aber anderseits weder die Zähne, wie bei Säuren, noch die Mundschleimhaut, wie bei Alkalien, angreift. Von den vielen Mundwässern hat Röse die gebräuchlichsten untersucht und ist dabei zu praktisch wichtigen Ergebnissen gekommen. So erkannte er, daß auch eine blutwarme Kochsalzlösung wohl imstande ist, eine große Zahl von Bakterien zu töten. Kochsalzpeptonlösung dagegen verhält sich auch in warmem Zustande völlig indifferent, erkaltet befördert sie sogar das Wachstum. Die weitaus stärkste Gesamtwirkung besitzt das von Miller angegebene, aus einem Gemisch von Sublimat und Benzoesäure bestehende Spülwasser. Allein wegen seiner großen Giftigkeit, seiner entkalkenden Wirkung und seines unangenehmen Geschmackes ist es für den täglichen Gebrauch nicht verwendbar. Fast unwirksam ist das sonst so beliebte Desinfiziens, der Formaldehyd. Einmal ist die Wirkung nicht von Dauer, außerdem wird die Mundschleimhaut angeätzt und schließlich ist es wegen der leichten Zersetzbarkeit des Stoffes schwer, Dauerpräparate herzustellen.

Bei unserem Kampfe gegen diese Bakterien ist dem Alkohol in den Zahn- und Mundwässern eine hervorragende Rolle zugeteilt. Über die bakterientötende Wirkung des Alkohols und des Glycerins sagt Barsikow, daß die bakterientötende Wirkung des Alkohols seiner Stärke nicht proportional sei. Durch eine große Reihe von Versuchen habe es sich herausgestellt, daß der absolute Alkohol völlig unwirksam ist, daß aber seine Desinfektionskraft bei fallender Konzentration zunimmt, bei 55% ihren Höhepunkt erreicht und bei weitergehender Verdünnung wieder sinkt.

Durch diese Beobachtungen lassen sich viele frühere Widersprüche erklären. Die Angaben Kochs, daß der Alkohol die bakterizide Wirkung gewisser Desinfizienten aufheben sollte, sind nach Epstein und dadurch erklärlich, daß auch dabei die Konzentration des Alkohols eine bedeutende Rolle spielt. Eine Reihe von ihm angestellter Versuche mit verschiedenen Desinfektionsmitteln, wie Sublimat, Karbol, Lysol und Thymol in wässeriger Lösung sowie in verschiedenprozentiger alkoholischer Lösung zeigte die fast gänzliche Unwirksamkeit der mit absolutem Alkohol hergestellten Lösungen. Dagegen ergab die Lösung der betreffenden Stoffe in 50%igem Alkohol bessere Resultate, als die Lösungen in Wasser oder in stärker oder schwächer alkoholischen Flüssigkeiten.

Ganz analoge Verhältnisse hat Dr. O. v. Wundschleim für das

Glycerin gefunden und seinerzeit in der Südd. Apoth -Ztg mitgeteilt.

Er konstatierte durch eine große Versuchsreihe, daß Schwefelsäure, Oxalsäure, Ätzkali, Karbolsäure, die drei isomeren Kresole, Kresolin, Saprol, Lysol, Thymol, Formol, Tannin, in Glycerin gelöst, verglichen mit den gleichen Konzentrationen in wässeriger Lösung, an Desinfektionskraft verlieren. Essigsäure wirkt in Glycerin gelöst nicht schlechter, Salzsäure und Aceton sogar besser als in wässeriger Lösung. Die Desinfektionskraft der in Glycerinwassermischungen zu 2,5% gelösten Karbolsäure wächst mit dem steigenden Wassergehalt des Glycerins und ist bei einem Wassergehalt von etwa 50% gleich dem der reinwässerigen gleichprozentigen Karbolsäurelösung. Für die Praxis möchte Verfasser empfehlen, bei Anwendung von Karbolglycerin Lösungen von mindestens 10% Karbolsäure in reinem Glycerin, geringere Karbolsäuremengen aber nicht in solchem, sondern nur in Mischungen von Glycerin und Wasser, zu gleichen Teilen gelöst, zu verwenden Werden Karbolsäure, Orthokresol, Lysol und Kreolin in Glycerin-Seifenlösungen gelöst, so desinfizieren sie schwächer, als dies bei gleichen Konzentrationen in Seifenwasser allein der Fall sein würde.

Um nun auch die Berechtigung der in den Reklamen meist enthaltenen Anpreisungen besonderer antiseptischer Wirkung der Zahn- und Mundwässer zu prüfen, hat R. Bassenge einige der meist benutzten deutschen und ausländischen Präparate, wie Densos, Kosmodont, Odol, Eau de Botot, Eau du Docteur Pierre, Listerin, Stomatol u. a., in den üblichen Verdünnungen auf Cholera- und Typhusbakterien einwirken lassen. Sie zeigten sämtlich, mit Ausnahme von Stomatol und Perhydrol, nur eine sehr geringe antiseptische Wirkung, die eine wesentliche Verringerung der weit widerstandsfähigeren Mundbakterien beim Gebrauche nicht wahrscheinlich macht. Eine wirklich antiseptische Wirkung derartiger Präparate betrachtet er darnach als ausgeschlossen; die bisweilen vorhandene, aber wohl vorübergehende desodorisierende Wirkung ist nach seiner Meinung lediglich den zugesetzten aromatischen Substanzen und ätherischen Ölen zu verdanken.

Neben dem Alkohol sollen zugleich die angewendeten ätherischen Öle auch desinfizierend wirken. Über diesen Gegenstand berichtet in einer längeren Abhandlung die „Pharm. Centralhalle". Das Ergebnis, durch eingehende Versuche gewonnen, ist äußerst interessant und ebenso wertvoll für die Praxis, da es lehrt, in welchem prozentualen Zusatz bestimmte ätherische Öle verwendet werden müssen, wenn sie nicht nur als Geruchskorrigens, sondern auch als Konservierungsmittel dienen sollen.

Fast gänzlich wertlos für Desinfektionszwecke erwiesen sich: Lorbeeröl, Citronenöl, Rosmarinöl, Wacholderbeerenöl, Salbeiöl, Wintergrünöl und Bittermandelöl; fast ebenso wertlos waren Citronenöl, Bergamottöl und die übrigen bekannten ätherischen Öle. Und doch wird Wintergrünöl besonders in England viel zur Zahn- und Mundpflege in Verbindung mit Mundwasser und Zahnpulver verwendet.

Es verhindert	Schimmelbildung bei %	Fäulnis bei %
Eugenol (Nelkenöl)	0,01	—
Zimtaldehyd (zu 80% im Zimtöl)	0,01	0,01
Vanillin	0,01	0,1
Salicylaldehyd	0,1	0,1
Heliotropin	0,1	0,1
Cumarin	0,1	0,1
Thymol	0,1	0,1
Thymianöl	1 : 1500	—
Carvol (Kümmelöl)	0,05	0,05
Carvacrol	—	0,1
Lavendelöl	sehr wirksam	
Pfefferminzöl	1 : 33 000	—
Menthol	0,02	—
Terpentinöl	1 : 50 000	—
Eucalyptusöl	sehr antiseptisch	

Sehr interessant sind auch die Untersuchungen von Th. Reidenbach über die pilztötende Kraft ätherischer Öle, im Vergleiche mit anderen pilztötenden Mitteln.

Auf Grund seiner Feststellungen fand Reidenbach, daß die Entwicklung der Gärungspilze eben noch verhindert wird durch

Ajowanöl	bei einer Verdünnung von	1 4000	= 0,025%
Thymol	„ „ „ „	1 3000	= 0,033%
Formaldehyd	„ „ „ „	1 2050	= 0,05 %
Ameisensäure	„ „ „ „	1 2000	= 0,05 %
Salicylsäure	„ „ „ „	1 2000	= 0,05 %
Rosenöl	„ „ „ „	1 1600	= 0,06 %
Geraniumöl	„ „ „ „	1 1600	= 0,06 %
Rohe Karbolsäure	„ „ „ „	1 1300	= 0,07 %
Thymianöl	„ „ „ „	1 1100	= 0,09 %
Zimtöl	„ „ „ „	1 1000	= 0,1 %
Kümmelöl	„ „ „ „	1 550	= 0,18 %
Citronenöl	„ „ „ „	1 500	= 0,2 %
Fenchelöl	„ „ „ „	1 400	= 0,25 %
Reine Karbolsäure	„ „ „ „	1 200	= 0,5 %

Reidenbach fand also, daß von allen ätherischen Ölen Ajowanöl am stärksten antiseptisch wirkt. Bei verschiedenen Versuchen bewährte sich diese Eigenschaft desselben glänzend, so wirkte es auch Entzündungen, Geschwürbildungen und Eiterungen energisch entgegen. In Ostindien ist diese Eigenschaft des Öles schon lange bekannt und es dient dort zu Heilzwecken. Die Industrie verwertet es bei uns zur Gewinnung von Thymol. Das Öl wird aus den Samen von Carum Ajowan *B.* durch wiederholte Destillation mit Wasser erhalten.

Höchst interessant sind auch die Beobachtungen über die Wirkung und den Einfluß des Wasserstoffsuperoxyds auf die Geschmacksstoffe der Mundwässer, die in dem Laboratorium der Firma E. Sachsse & Co., Leipzig, gemacht wurden. Es wird hierüber berichtet:

Da Wasserstoffsuperoxyd ein energisches Oxydationsmittel ist, so liegt die Vermutung nahe, daß es auf ätherische Öle mit leicht oxydierbaren Bestandteilen (z. B. Aldehyden, Alkoholen) einen veränderten Einfluß ausübt. Besonders bei aromatischen Mundwässern würde diese Wirkung von Bedeutung sein. Folgende Versuche wurden angestellt zur Aufklärung dieser Frage.

Aus Versuchsergebnissen geht hervor, daß Wasserstoffsuperoxyd stark verändernd auf Geraniol, Menthol, Menthylacetat, Pfefferminzöl, Zimtaldehyd, schwächer auf Carvacrol, Eugenol, Geraniumöle tsf., Nelkenöl tsf. und Terpineol einwirkt. Vollständig unverändert sind Anethol, Anisöl tsf., Bornylacetat, Eucalyptol, Eucalyptusöl tsf., Fichtennadelöl sibir. tsf., Sternanisöl tsf. und Thymol geblieben. Es würde sich empfehlen, bei Mundwässern mit Wasserstoffsuperoxydzusatz als Geschmackskorrigentien nur die zuletzt erwähnten Produkte zu verwenden.

Der hauptsächlichste Aromatisierungsstoff ist das Pfefferminzöl. Daher sei hier über dasselbe einiges Wissenswertes bemerkt, bevor wir zu seiner Verwendung gedenken. Es kommt sehr oft vor, daß über scharfen oder besser gesagt bitteren Geschmack dieses Öles geklagt wird, denn da für die praktische Verwendung sein Geruch und Geschmack ausschlaggebende Faktoren sind, muß diesem Umstande große Aufmerksamkeit zugewendet werden. Die drei bekanntesten Sorten sind das amerikanische Pfefferminzöl, das englische Mitchamöl und das japanische Öl, dem sich nun doch das Italo-Mitchamöl[1] zugestellt hat. Sie unterscheiden sich alle im Geschmack wesentlich voneinander und kein Kenner wird diese Öle miteinander verwechseln. Die verhältnismäßig stark ausgeprägten Unterschiede kommen daher, daß die Pfefferminzöl gebenden Pflanzen der verschiedenen Gegenden von verschiedenen botanischen Arten abstammen. Dann kommt noch dazu, daß oftmals die verschiedenen Sorten der einzelnen Öle miteinander vermischt werden, um so eine ungefähr gleichbleibende Geschmacksrichtung einzuhalten. Das ist nun in recht trockenen Jahrgängen sehr schwierig, denn gerade da treten die starke Bitterkeit der einzelnen Öle besonders hervor, so daß der Parfumer den Geschmack des von ihm verarbeiteten Pfefferminzöles doch vorher recht genau prüfen soll. Dieser soll erfrischend, kühlend und lange anhaltend sein. Pfefferminzöle, die einen scharfen, bitteren Beigeschmack haben, sind von der Verwendung auszuschließen, denn sie hinterlassen neben der kühlenden Wirkung ein stark zusammenziehendes Gefühl, das erklärlicherweise nicht erwünscht erscheint. Man könnte sich ja eventuell helfen, indem man dem Mundwasser Saccharin beifügte, allein dieser Zusatz ist wieder für die Zähne nicht gerade vor-

[1] Nähere Angaben über das Italo-Mitchamöl findet der Leser weiter unten am Schluß des Kapitels „Pfefferminzgeist".

teilhaft. Es muß noch hervorgehoben werden, daß gerade das Italo-Mitchamöl im Geschmack sich immer gleich bleibt und daher für Zahn- und Mundwässer sehr viel Verwendung gefunden hat.

Die Anfertigung der verschiedenen Zahn- und Mundwässer betreffend, sei folgendes gesagt:

Zunächst wollen wir da ein Antiseptikum erwähnen, dessen Wirkung anerkanntermaßen eine ganz vorzügliche ist. Es ist das Chinosol.

Das Chinosol (oxychinolinsulfosaures Kalium) ist ein kristallinisches Pulver von feuriggelber Farbe, in Wasser vollkommen löslich und von nur schwachem, safranartigem Geruch. Es ist ein starkes Antiseptikum und hat sich als solches einen ganz bedeutenden Ruf erworben.

Ferner verdient die Verwendung von Estern der Para-Oxybenzoesäure als Antiseptika zur Mund- und Zahnpflege die allergrößte Aufmerksamkeit.

Die bisher erhaltenen Resultate lassen hoffen, daß diese die Carbolsäure weit übertreffenden, dabei absolut unschädlichen und keinerlei Reizwirkung auslösenden Antiseptika bald so allgemeine Verwendung finden werden, als sie es verdienen.

Nach den bisher gemachten Erfahrungen dürften vor allem der Propyl- bzw. Isopropylester und der Benzylester dieser Säure (letzterer ist besonders kräftig antiseptisch) für Zahn- und Mundpflegemittel geeignet sein und wird gleichzeitige Verwendung beider Ester empfohlen.

Als Zusatz zu Zahnpasten sind 0,5 bis 1% zu Mundwässern etwa 1,5 bis 2% hinreichend.

Chinosol-Mundwasser

Alkohol	6000 g	Benzoe-Siamtinktur	200 g
Chinosol	4 g	Wasser	2000 g
Ceylonzimtöl	5 g	Cochenilletinktur	100 g
Pfefferminzöl	60 g		

Wie manche solcher Mittel von zweifelhaftem Werte sind seitdem von der Bildfläche verschwunden! Verschiedene Mundwässer der früheren Zeit zählten sogar zu den Geheimmitteln und fanden großen Absatz unter allerhand großsprecherischen Anpreisungen. Hieher gehören: Anatherin-Mundwasser von Popp, Hartung's Zahn- und Mundwasser, Indischer Zahnextrakt usw

Sehr bekannte und beliebte Mundwässer sind u. a. „Mundwasser der Benediktinermönche“, „Eau de Botot“, „Eau de Viau“, „Odol“, „Kosmin“, „Eau du Docteur Pierre“, „Stomatol“ u. a.

Das Aromatisieren der Mundwässer geschieht durch ätherische Öle usw., unter denen, wie erwähnt, das Pfefferminzöl die Hauptrolle spielt, daneben Zimtöl, Fenchelöl, Anisöl, Nelkenöl usw. Die Farbe der Mundwässer ist meistens rot oder rosa, manchmal auch farblos. Häufig wird ein Mundwasser als schlecht verschrieen, wenn es im Wasser keine Trübung oder milchige Emulsion hervorbringt. Ein wenig Myrrhen- oder Benzoetinktur (1 : 50) hilft auch über diesen Berg.

Eau de Botot

Alkohol	1000 g
Anethol	20 g
Nelkenöl	10 g
Zimtöl	10 g
Pfefferminzöl	3 g

Mit Cochenilletinktur färben.

Thymol-Mundwasser

Alkohol	1000 g
Thymol	10 g
Pfefferminzöl	10 g
Myrrhentinktur (1: 5)	50 g

Salicyl-Mundwasser

I.	Alkohol	1000 g
	Menthol	15 g
	Salicylsäure	3 g
	Wasser	500 g

II.	Borsäure, krist.	40 g
	Eucalyptol	10 g
	Menthol	3 g
	Thymol	1 g
	Alkohol	1000 g
	Wasser	300 g
	Wintergrünöl	3 g

Antiseptisches Mundwasser

I.	Salol[1]	300 g
	Alkohol	15 000 g
	Sternanisöl	50 g
	Anisöl	30 g
	Pfefferminzöl	100 g

Mundwasser, billiges

Alkohol	1000 g
Wasser	500 g
Anethol	10 g
Zimtöl	5 g
Isoeugenol	3 g
Menthol	10 g

Salol-Mundwasser

Salol	10 g
Saccharin	0,75 g
Doppelkohlensaures Natron	0,6 g
Alkohol	170 g
Wasser	15 g
Anethol	0,3 g
Fenchelöl	0,3 g
Pfefferminzöl	3,5 g
Gewürznelkenöl	3 Tropfen
Zimtöl	3 Tropfen

Man löst das Saccharin und doppelkohlensaure Natron in dem Wasser und setzt die übrigen Bestandteile zu. Man beachte auch die Unverträglichkeit zwischen Salol und Thymol. Es entsteht durch deren Zusammentreten in der alkoholischen Lösung eine sirupöse Masse, die sich in Form dicker öliger Tropfen zu Boden setzt, man verwende also niemals beide zusammen.

Lysol-Mundwasser

Alkohol	1000 g
Lysol	20 g
Myrrhentinktur (1 : 5)	200 g
Pfefferminzöl	30 g
Isoeugenol	3 g

Der Geschmack des Lysols ist nicht jedermanns Sache.

[1] Salol ist mit Vorsicht zu verwenden; man hat häufig schwere Reizungen der Schleimhäute (Stomatitis) nach Salolgebrauch festgestellt.

Karbol-Mundwasser

Krist. Karbolsäure	50 g
Menthol	5 g
Salol	20 g
Eucalyptol	15 g
Alkohol	1500 g
Lavendelöl	a15 g
Wasser	300 g
Cochenilletinktur	10—20 g

Eau dentifrice Vuillet

Alkohol	3000 g
Salol	60 g
Anethol	10 g
Geraniol	10 g
Pfefferminzöl	25 g

Taylors schäumendes Zahnwasser

Quillajarinde, pulv.	500 g
Glycerin	500 g
Natriumsalicylat	75 g
Alkohol	300 g
Wasser	100 g

werden tüchtig mehrere Tage durchgearbeitet und dann stehen gelassen. Nach einiger Zeit wird filtriert und zugesetzt:

Alkohol	4000 g
Bergamottöl	10 g
Nelkenöl	3 g
Wintergrünöl	5 g
Menthol	5 g

Karminlösung nach Bedarf.

Eau du Docteur Pierre

Alkohol	2000 g
Sternanis	150 g

Es kommen alsdann auf 2000 g Tinktur

Anethol	8 g
Pfefferminzöl	5 g
Eucalyptusöl	0,5 g

Eucalyptus-Mundwasser

Alkohol	2000 g
Thymol	3 g
Menthol	5 g
Pfefferminzöl	15 g
Benzoesäure	80 g
Eucalyptusöl	35 g
Cochenilletinktur	40 g

Speziell in südlichen Klimaten finden wir viele Freunde von Mundwässern, die Wohlgeruch und Wohlgeschmack vereint lieben neben anerkannt antiseptischer Wirkung des Mundwassers.

Formaldehyd-Mundwasser

Alkohol	10 000 g
Formaldehyd, 40 %ig	500 g
Myrrhentinktur	500 g
Pfefferminzöl	35 g
Anisöl	20 g
Zimtöl	150 g
Cochenilletinktur	200 g
Rosenwasser	1000 g
Ratanhiatinktur	200 g
Menthol	10 g

Cypressen-Mundwasser

Alkohol	10 000 g
Eucalyptusöl	80 g
Menthol	30 g
Vanillin	3 g
Cypressenöl, tsf.	60 g
Wasser, dest.	4000 g

Angelika-Mundwasser

Alkohol	5800 g
Angelikaöl	90 g
Eucalyptol	10 g
Ratanhiatinktur	100 g
Myrrhentinktur	100 g
Thymol	2 g
Menthol	40 g

Neue Vorschriften für Mundwässer.

Myrrh and Borax (Cerbelaud)

Man löst heiß:

Borax	25 g
Rosenwasser	50 g
Glycerin	50 g

läßt erkalten und fügt hinzu:

Ceylonzimtöl	1 g
Pfefferminzöl	10 g
Benzoetinktur	10 g
Cochenilletinktur	80 g
Alkohol ad	1 l

Genre Stomatol

Terpineol	40 g
Seife	20 g
Alkohol	800 g
Wasser	200 g
Glycerin	50 g
Pfefferminzöl	12 g
Menthol	4 g
Nelkenöl	2 g
Benzoetinktur	40 g

Thymolmundwasser

Thymol	2,5 g
Saccharin	0,3 g
Benzoesäure	15 g
Eucalyptusöl	5 g
Pfefferminzöl	10 g
Benzoetinktur	25 g
Myrrhentinktur	25 g
Vanillin	1 g
Heliotropin	0,5 g

Salolmundwasser, Genre Odol

1.

Salol	3,5 g
Alkohol	90 g
Wasser	10 g
Saccharin	0,2 g
Pfefferminzöl	2 g
Anisöl	0,2 g
Fenchelöl	0,2 g
Nelkenöl	0,07 g
Ceylonzimtöl	1 g

2.

Salol	10 g
Saccharin	0,75 g
Natr. bicarbon	0,6 g
Alkohol	170 g
Wasser	15 g
Anisöl	0,3 g
Fenchelöl	0,3 g
Pfefferminzöl	3,5 g
Nelkenöl	0,1 g
Ceylonzimtöl	0,1 g

3.

Alkohol	1 l
Salol	25 g
Saccharin	0,04 g
Pfefferminzöl	5 g
Nelkenöl	0,4 g
Kümmelöl	0,4 g

4.

Alkohol	89 g
Wasser	8 g
Menthol	2 g
Saccharin	0,05 g
Pfefferminzöl	0,5 g
Nelkenöl	0,1 g
Salol	2,5 g

5.

Alkohol	80 g
Wasser	17 g
Menthol	2 g
Saccharin	0,05 g
Salol	1,4 g
Nelkenöl	0,05 g

Formolmundwasser Genre Kosmin

1.

Formol (Formalin	30 g
Myrrhentinktur	50 g
Benzoetinktur	100 g
Pfefferminzöl	20 g
Zimtöl, Ceylon	5 g
Anisöl	2,5 g
Cochenilletinktur	25 g
Alkohol, 75 %	1 l

2.

Alkohol	700 g
Wasser	300 g
Formalin 40 %	30 g
Saccharin	0,3 g
Myrrhentinktur	50 g
Ratanhiatinktur	50 g
Pfefferminzöl	15 g
Cochenilletinktur	20 g

Amerikanisches Mundwasser (mit Wintergreenöl)

1. Wintergreenöl	10 g	2. Wintergreenöl	10 g
Thymol	3 g	Saccharin	1 g
Saccharin	0,3 g	Menthol	4 g
Benzoesäure	20 g	Pfefferminzöl	6 g
Eucalyptusöl	5 g	Borsäure	10 g
Pfefferminzöl	7 g	Myrrhentinktur	50 g
Benzoetinktur	40 g	Ratanhiatinktur	30 g
Myrrhentinktur	30 g	Sassafrasöl	1,5 g
Alkohol	1 l	Alkohol	1 l

Pfefferminzgeist (Alcool de Menthe).

Wie bei den Zahn- und Mundwässern, so ist auch hier das Pfefferminzöl das Erfrischung und Kühlung bedingende Moment. Man soll daher zu Pfefferminzgeist nur das allerbeste Pfefferminzöl verwenden, dessen man habhaft werden kann. Das Mitchamöl ist ziemlich gleichmäßig gut und ebenso das Italo Mitchamöl; beide dienen in gleichem Maße zur Herstellung des Präparates, während die deutschen Pfefferminzöle alle mehr oder weniger verschieden sind und oft einen etwas bitterlichen Beigeschmack aufweisen.

Man hat in dem Alcool de Menthe ein Mittel, welches in den verschiedensten Fällen zur Anwendung kommen kann. Man benützt ihn zum Gurgeln in Verbindung mit etwas Wasser, ebenso wie zum Desodorisieren der Mundhöhle an Stelle der bekannten Mundpillen (Cachous).

Weiter dient der Pfefferminzgeist an Stelle von Mundwasser. Zur äußerlichen Abkühlung verreibt man einige Tropfen des Pfefferminzgeistes in der hohlen Hand, wodurch ein außerordentlich angenehmes Gefühl der Kälte und Erfrischung erzeugt wird. Alsdann tropft man das Präparat auch auf das Haar, jedoch so, daß es bis auf die Kopfhaut dringt, wo es ebenfalls eine herrliche Kühle erzeugt und selbst starke Hitze erträglich macht.

Ist nun der Pfefferminzgeist nach alledem schon so eine Art Universalmittel, so wird er es erst recht dadurch, daß er auch innerlich als Erfrischungsmittel genommen werden kann. Wenige Tropfen, auf ein Stückchen Zucker oder in etwas Wasser genommen, bewirken eine ungemein angenehme Erfrischung und bilden auch durch die erreichte Wärmeerzeugung für den Magen ein wohltuendes Mittel.

Wir lassen nun hier zwei Vorschriften folgen, nach denen man einen vorzüglichen Pfefferminzgeist herstellen kann:

Pfefferminzgeist

I. Alkohol	8000 g	II. Alkohol	8000 g
Pfefferminzöl, Italo-Mitcham	100 g	Pfefferminzöl, Italo-Mitcham	80 g
Anisöl	5 g	Menthol	20 g

Letzterer Vorschrift gibt man besonders dann den Vorzug, wenn der Pfefferminzgeist auch noch bei nervösem Kopfschmerz angewendet werden soll, bei welcher Gelegenheit man ihn gerne mit etwas Eau de Cologne vermischt und die Schläfen damit einreibt.

Auch kleine Zusätze von Rosenöl und Neroliöl sind sehr geeignet.

Alcool de Menthe surfin

Alkohol	1 l
Pfefferminzöl, Mitcham	10 g
Rosenöl, bulgar.	0,05 g
Vanillin	0,01 g
Neroliöl	0,02 g

Alcool de Menthe

Alkohol	1 l
Pfefferminzöl, Mitcham	10 g
Anisöl	1 g
Rosenöl	0,03 g
Tonkatinktur	0,5 g

Es ist notwendig, hier einiges über das in den vorstehenden Präparaten des öfteren aufgeführte Italo-Mitcham-Pfefferminzöl zu sagen.

Das Mitcham-Pfefferminzöl ist als die beste und feinste Marke der Pfefferminzöle allgemein bekannt und beliebt und steht eigentlich in bezug auf seine Feinheit ohne Konkurrenz da. Eine solche recht schwerer Natur ist ihm nun in dem „Italo-Mitcham"-Öl (geschützte Marke) erstanden, das die besten Aussichten hat, ein sehr begehrter Artikel zu werden. Es ist ein Pfefferminzöl, das in Pancalieri, dicht bei Turin, erzeugt wird und dessen Produktion kurz nach ihrem Erscheinen gewöhnlich sofort vergriffen ist.

Das „Italo-Mitcham"-Pfefferminzöl ist von feinstem Aroma, dazu sehr ausgiebg und voll in Geruch und Geschmack. Für den Parfumeur ist es besonders für alle Arten von Artikeln für die Zahn- und Mundpflege von hohem Wert.

Mundpillen (Grains de Cachou).

Diese werden haupsächlich angewendet, um schlechten Geruch aus Mund- und Rachenhöhle zu verdecken:

Gummi arabicum, pulv.	1000 g	Moschus	1 g
Zucker	4000 g	Nipagin	10 g
Weinsäure	40 g		

werden tüchtig gemischt und der Mischung so viel Wasser zugesetzt, daß es einen steifen Teig gibt. Dann löst man

Rosenöl	5 g	Cumarin	2 g
Vetiveröl	1 g	Labdanum-Resinoid	1 g
Vanillin	2 g	in Alkohol	50 g
Menthol	2 g		

und fügt diese Lösung dem Teig durch Kneten bei. Aus der Masse werden dann ganz kleine Pillen geformt, die man in den Mund nimmt und zerkaut, wobei sich deren Aroma der Mundhöhle und dem Atem mitteilt.

Eine andere Vorschrift lautet:

Grains de Cachou Prince Albert

Muskatblüten, pulv.	27 g	Tonkinmoschus	0,3 g
Cardamomen, pulv.	5 g	Pfefferminzöl	1 g
Nelken, pulv.	2,5 g	Citronenöl	0,7 g
Vanille, pulv.	8 g	Neroliöl	0,4 g
Süßholz, pulv.	35 g	Zimtöl, Ceylon	0,2 g
Zucker, pulv.	20 g	Tragant und Wasser q. s.	

Mundwassertabletten.

Die Herstellung der Tabletten ist eine sehr einfache. Als Grundstoff kann man verschiedene Körper nehmen, wie sie dem Fabrikanten zusagen, nur müssen sie eben im Wasser sofort löslich sein. Ein sehr einfacher und billiger Grundstoff ist das doppelkohlensaure Natron (Natrium bicarbonicum) oder Milchzucker.

3000 g doppelkohlensaures Natron vermischt man durch Verreiben oder auch in der Mischmaschine mit einem entsprechenden Quantum Mundwasseressenz, welch letztere in reinem Alkohol gelöst ist. Vorschriften zu diesen Mundwasseressenzen folgen später. Dieses Gemisch läßt man etwas abtrocknen und gibt es dann in die Tablettenmaschine. Als solche verwendet man bei kleineren Quantitäten eine Komprimiermaschine mit Revolverzylinder. Es ist das eine Art Spindelpresse mit Preßschlitten und darüber montiertem Revolverzylinder mit 10 bis 30 Stempeln, die alle zugleich arbeiten und selbsttätig die fertigen Tabletten aus dem Revolverzylinder ausstoßen. Für große Betriebe und wo Dampf- oder sonstige Kraftmaschinen vorhanden, verwendet man die Exzelsior-Komprimiermaschine, auf welcher das Pulver in Matrizen, in denen zwei Stempel gegeneinander arbeiten, gepreßt wird. Bei dieser wird das fertige Pulver einfach in den Füllapparat der Maschine geschüttet und diese darauf in Bewegung gesetzt. Das Pulver gleitet dann über die Matrize, diese füllend; der obere Stempel preßt das Pulver zusammen, während der untere alsdann die fertigen Tabletten ausstößt. Der Füllapparat führt dann die Tabletten nach der Auslaufrinne, zu gleicher Zeit die Matrize wieder füllend. Verstellt man den Unterstempel, wie das beim Pressen von Seifenstücken gemacht wird, so kann man Tabletten von jedem Gewicht herstellen. Die mittlere Umdrehungszahl dieser Maschine ist 35 und sie liefert auch so viele Tabletten in der Minute. Auf den einzelnen Stempeln läßt man Gravuren anbringen und so erhält die fertige Tablette ein hübsches, sauberes Aussehen.

Die verschiedenen Essenzen für Mundwassertabletten setzt man wie folgt zusammen:

Für aromatische Mundwassertabletten

Alkohol	500 g
Anethol	40 g
Pfefferminzöl	60 g
Kalmusöl	30 g
Thymol	10 g

Für Pfefferminz-Mundwassertabletten

Alkohol	500 g
Menthol	40 g
Pfefferminzöl	30 g

Für Botot-Mundwassertabletten

Alkohol	500 g
Anethol	40 g
Zimtöl	5 g
Nelkenöl	5 g
Vanilletinktur	40 g
Myrrhentinktur	40 g
Menthol	5 g

Auch der Milchzucker findet bei Herstellung von Mundwassertabletten Verwendung. Eine hierauf bezügliche Vorschrift lautet:

Milchzucker	500 g	Menthol	100 g
Saccharin	1 g	Alkohol	50 g
Heliotropin	2 g	Rosenöl, künstl.	2 g
Salicylsäure	10 g	Mit Eosinlösung färben.	
Glycerin	10 g		

Mundwasser in Pulverform.

Die Herstellung dieses Artikels ist eine höchst einfache:

Milchzucker	1000 g
Doppelkohlensaures Natron	20 g
Carmin nacarat	50 g
Pfefferminzöl	50 g

Dieses Pulver wird in kleine Dosen gefüllt und ihm ein Löffelchen oder dergleichen beigegeben, dessen Vertiefung gerade so groß ist, daß sie die jeweils einmalige Portion Pulver faßt, die zu einer Ausspülung des Mundes nötig erachtet wird. Das im Handel vorkommende „Carminol“ ist von ähnlicher Zusammensetzung.

Zahnseifen.

Die Zahnseifen, bzw. -Pasten sollen als Grundlage neutrale Seife ohne Cocosgehalt haben; diese wird mit Glycerin und der nötigen Pulvermischung unter Zusatz antiseptischer Mittel sowie von Parfum- und Farbstoffen zu einer knetbaren Masse verarbeitet, die entweder gleich in Blech- oder Glasdosen eingedrückt, oder wenn die Zahnseife nur in einfacher Packung, z. B. in Stanniol, in den Verkehr kommen soll, in Tafeln geformt wird, die man dann in die gewünschte Größe schneidet.

Das zuzusetzende Pulver ist Schlemmkreide, präzipitierter kohlensaurer Kalk, eventuell präparierte Austernschalen, neuerdings auch feinster, heller Kieselgur; andere Zusätze, wie pulverisierte Iriswurzel, Milchzucker, gebrannte Magnesia u. a. finden ebenfalls Anwendung.

Die geeignetste Farbe für die Zahnseife ist die rote und besteht aus Karmin oder Alkannin; jedoch kann man auch die Farbe durch feinst pulverisiertes Sandelholz geben. Für grüne Zahnseife nimmt man eine grüne Seifenfarbe, für braune Katechu-Tinktur, jedoch kann man auch hier die jetzt gebräuchlichen Seifenfarben dazu nehmen.

Die Bereitung geschieht nun wie folgt: 1 kg gepulverte Seife wird mit 250 g Glycerin und 500 g 90%igem Spiritus innig verrieben, dann 500 g feinst pulverisierte Veilchenwurzel und 250 g Kieselgur zugesetzt. Nun folgt das Parfum, dann wird so viel präzipitierter kohlensaurer Kalk oder Kreide daruntergewirkt, daß eine plastische Masse entsteht. Das Parfum und die Farbe setzt man am besten dem Spiritus zu. Das beliebteste Aroma ist Pfefferminzöl, da es einen erfrischenden Geschmack im Munde hervorbringt. Man nimmt zur sogenannten roten Zahnpasta als Aroma auf obiges Quantum:

Anisöl	5 g
Menthol	5 g
Pfefferminzöl, Mitcham	20 g
Nelkenöl	5 g
Citronenöl	5 g
Benzoetinktur	10 g

oder

Pfefferminzöl, Mitcham	20 g
Anisöl	5 g
Nelkenöl	10 g
Salbeiöl	3 g
Pimentöl	2 g

Eucalyptuszahnseife

die auch ziemlich eingeführt ist, wird nach folgender Vorschrift hergestellt: 1000 g feinst geschlämmter Kieselgur von möglichst heller Farbe, 250 g pulverisierte Veilchenwurzel, 50 g Florentiner Lack, 300 g medizinische Seife werden mit gleichen Teilen 96%igem Alkohol und Glycerin zur Pasta gemacht, die mit Karmin rot gefärbt und mit 10 g englischem Pfefferminzöl, 15 g Eucalyptusöl, 5 g Nelkenöl und 1 g Rosenöl parfumiert wird.

Mundseife

Marseiller Seife	500 g	Rosenwasser	250 g
Kohlensaurer Kalk	500 g	Nelkenöl	10 g
Iriswurzelpulver	500 g	Pfefferminzöl	10 g
Zucker	240 g	Anethol	5 g

Die zerschnittene Seife wird in Wasser gelöst, das Rosenwasser zugesetzt, die Öle mit dem Zucker, der Veilchenwurzel und dem kohlensauren Kalk verrieben und sodann mit den übrigen Bestandteilen gut verarbeitet.

Auch unter Verwendung von Kakaobutter, die man mit Natron- oder Kalilauge verseift, stellt man eine sehr wohlschmeckende Grundlage zu Mundseifen her. Cocoshaltige Seifen sind zu verwerfen.

Auch in Form trockener Seifenstücke läßt sich Zahnseife durch Einpolieren von kohlensauren Kalk usw. herstellen.

Zahnpasten.

Zahnpasta

Havannahonig	500 g	Salmiakgeist, 10%ig	2 g
Seifenpulver	500 g	Wasser	15 g
Kohlensaure Magnesia	'280 g	Pfefferminzöl	10 g
Carmin	21 g		

Honig, Seifenpulver und Magnesia werden zu einer plastischen Pasta geknetet — am besten in einer Knetmaschine — nachdem man den Karmin mit dem Salmiakgeist und Wasser fein verrieben und zugesetzt hat. Zuletzt folgt das Pfefferminzöl. Man nehme jedoch nur so viel Salmiakgeist, als zur Lösung des Karmins unbedingt notwendig ist, da dieser sonst bläulich wird.

Kräuterzahnpasta

Obiger Ansatz und 5 g Pfefferminzöl, 5 g Krauseminzöl, 3 g Salbeiöl, 2 g Kalmusöl, 1 g Thymianöl, 1 g Wacholderöl, 1 g Arnikaöl.

Diese Pasta kann eventuell etwas grünlich gefärbt werden, doch ist auch hier rot vorzuziehen, wie bei allen Zahnpasten, sofern man sie nicht weiß lassen will.

Thymolzahnpasta

Obiger Ansatz und 30 g Thymol, 0,1 g Cumarin, 10 g Pfefferminzöl, Mitcham, 5 g Rosenholzöl.

Salolzahnpasta

Obiger Ansatz und 80 g Salol, 15 g deutsches Pfefferminzöl, 5 g Nelkenöl, 1 g Rosenöl, künstlich, 2 g Anethol, 1 g Neroliöl, künstlich.

Die beliebte Cherry Toothpaste wird wie folgt hergestellt:

Cherry Toothpaste (mit Seife).

Obiger Ansatz und 10 g Nelkenöl, 0,2 g Geraniumöl afrikan., 0,1 g Rosenöl, echt bulgar.

Das Original enthält keine Seife, es ist also besser aus Tragant einem nicht schäumenden Grundkörper herzustellen. Siehe die Vorschrift weiter unten.

Kirschenzahnpasta

Honig	500 g	Wasser	15 g
Kohlensaurer Kalk, präzip.	500 g	Nelkenöl	4 g
Iriswurzel, pulv.	500 g	Muskatnußöl	2 g
Rosenblätter, pulv.	60 g	Geraniumöl	4 g
Karmin	1 g	Zimtöl, Ceylon	2 g
Salmiakgeist, 10%ig	2 g	Kirschäther konz.	3 g

Odontine

Austernschalen, pulv.	1200 g	Glycerin	20 g
Bimsstein	10 g	Sirup	100 g
Seifenpulver	50 g	Pfefferminzöl	25 g
Reisstärke, pulv.	400 g	Eugenol	5 g
Iriswurzelpulver	40 g	Eucalyptusöl	5 g
Karmin	1 g		
Salmiakgeist, 10%ig	2 g		
Wasser	15 g		

Mit Rosenwasser zu einem gleichmäßigen Teig zu verarbeiten.

Muß man Zahnpasta billig und in großem Maßstabe herstellen, dann ist folgende Vorschrift zu empfehlen:

Pfefferminzzahnpasta

Kohlensaurer Kalk, präzip.	6 500 g	Glycerin	1000 g
Schlämmkreide	15 000 g	Karmin	10 g
Grundseife	5 000 g	Rhodamin, in Wasser gelöst	40 g
Sirup	600 g	Eugenol	80 g
Wasser	750 g	Pfefferminzöl	400 g

Vor Zugabe der ätherischen Öle läßt man das Ganze einmal über die Piliermaschine (Mühle) laufen und gibt es dann in die Misch- und Knetmaschine, wo man auch die Öle zusetzt.

Zahnpasta nach Vilbiss

Kohlensaure Magnesia, pulv.	1000 g	Honig	1500 g
Borax, pulv.	750 g	Nelkenöl	10 g
Seife, pulv.	375 g	Geraniumöl	15 g
Kreide, präzip.	500 g	Rosenöl	3 g

Mit Karmin zu färben.

Das zur Verbesserung von pilierten Toiletteseifen so gern verwendete gereinigte Casein, läßt sich auch in der Kosmetik sehr gut verarbeiten. Unter anderem eignet es sich ganz besonders zur Herstellung von Zahnpasten, denen es eine sich angenehm bemerkbar machende Schaumkraft gibt, ohne daß dadurch der manchem Konsumenten unangenehme Seifengeschmack zum Vorschein kommt.

Alsdann hat das Casein noch eine weitere, sehr angenehme Eigenschaft. Man empfindet es oft sehr peinlich — und besonders für den Fabrikanten ist es unangenehm —, daß die zum größten Teil nur mit Grundlage von feinster Kreide hergestellten Zahnpasten leicht hart werden, so hart, daß sie schließlich Steinen gleichen und man mit der Zahnbürste wenig oder gar nicht mehr loslösen kann. Zu solchen Zahnpasten ist nun ein Caseinzusatz sehr empfehlenswert, dieses erhält die Zahnpasta weich und bringt ein angenehmes Gefühl im Munde hervor.

Caseinzahnpasta (mit Seife)

Präzip. kohlensaurer Kalk	6 500 g	Alkohol	300 g
Schlämmkreide	15 000 g	Glycerin	1000 g
Grundseife	5 000 g	Rhodamin	40 g
Sirup oder Havannahonig	650 g	Karmin	12 g
Rosenwasser	750 g	Pfefferminzöl	450 g
Casein	1 500 g	Nelkenöl	85 g
Gelöst in Wasser	1 500 g		

Das Casein verarbeitet man in einem geeigneten Gefäß mit dem Wasser, das man am besten lauwarm verwendet, zu einem dicken Brei und gibt dann den Alkohol dazu, was den Brei dünnflüssiger macht. Man kann auch z. B. das Wasser ganz weglassen oder teilweise, so etwa die Hälfte nehmen und nur Alkohol zur Lösung verwenden, doch macht das die Sache natürlich teurer. Auch ist es ratsam, in diesem Falle den Glycerinzusatz etwas zu erhöhen.

Caseinzahnpasta (ohne Seife)

Feinste Kreide	7000 g	Wasser	1300 g
Casein	500 g	Rhodamin	10 g
Wasser	500 g	Pfefferminzöl	100 g
Alkohol	150 g	Isoeugenol	10 g
Glycerin	1000 g	Anisöl	5 g
Zucker	1300 g		

Wie soeben kurz erwähnt, gibt es viele Verbraucher, die den auch bei der besten Seife unvermeidlichen schwachen Seifengeschmack im Munde nicht vertragen können.

Auch muß bedacht werden, daß in einzelnen Ländern Zahnpasten mit Seife grundsätzlich nicht konsumiert werden und daß gerade renomierte Standardpasten des Auslandes überhaupt ohne Seife hergestellt sind.

Es ist also dringend erforderlich, daß der Parfumer damit rechnet, seifenfreie Zahnpasten herzustellen. Nachstehend einige Vorschriften.

1. Nichtschäumende Pasta von Brotteigkonsistenz für Töpfe.

Alle Pulver sind gut zu sieben, alle Farblösungen zu filtrieren, weil die steife Konsistenz der Pasta das Passieren sehr erschwert. Passieren kann also in diesem Falle unterlassen werden.

Tragantpulver	180 g
Glycerin 28 Bé	6 600 g
Schlämmkreide	24 000 g
Carminlösung	1 200 g

Diese Pasta gibt u. a. eine vorzügliche Grundlage zu Nachbildungen der Cherry-Tooth-Paste von Gosnell, z. B.:

Cherry-Tooth Pasta

Tragant, pulv.	18 g	Zimtöl Ceolon	1 g
Glycerin	600 g	Geraniumöl, afrikan.	5 g
Schlämmkreide	2400 g	Rosenöl, echt	0,6 g
Caramellösung (Zuckercouleur) ca.	120 g	Macisöl	3 g
Carminlösung ca.	120 g	Vanilletinktur	35 g
Nelkenöl	32 g	Kirschäther, künstl. konz.	6 g

2. Nichtschäumende dünne Pasta (Zahncreme) für Tuben.

Tragantpulver	30 g	Carminlösung	250 g
Glycerin 28 Bé	1600 g	Pfefferminzöl	45 g
Wasser	600 g	Anisöl	20 g
Schlämmkreide (95)²	4000 g	Nelkenöl	5 g

3. Nichtschäumende Pasta für Tuben mit Carragheenmoos

Carragheenmoos	1 500 g
Kochendes Wasser	38 000 g

Man kocht unter Umrühren (Anbrennen vermeiden) etwa eine halbe Stunde, passiert dann den Schleim unter gutem Auspressen durch ein Sieb und rührt dem heißen Schleim unter gleichzeitigem Anwärmen 6 Liter Glycerin 28 Bé zu.

Nachdem eine homogene Masse erhalten wurde, läßt man zur Gallerte erstarren.

Diese erkaltete Gallerte wird nun in die Knetmaschine gebracht und

Kohlensaurer Kalk, sehr leicht, gefällt	15 000 g

und

Kohlensaure Magnesia, leicht	6 000 g

sowie

Pfefferminzöl	200 g
Anisöl	150 g
Menthol	50 g
Nelkenöl	50 g
Vanillin	5 g

zugegeben und zur Pasta geknetet.

Nach Fertigkneten wird passiert und in Tuben gefüllt.

Zahncremes.

Im allgemeinen sind die Zahncremes ganz weiche Zahnpasten und unterscheiden sich von diesen nur durch den größeren Gehalt an irgendeiner die Masse weich oder flüssig erhaltenden Substanz, in diesem Falle gewöhnlich Glycerin. Mit Wasser läßt sich dieser Zustand der Weichheit wohl erreichen, aber nicht erhalten; es verdunstet — selbst aus den Tuben —, so daß sich die Masse bei längerem Lager verändert und allmählich hart wird, was bei Zusatz von Glyzerin nicht zu befürchten ist, da dieses selbst nicht verdunstet, sondern noch Feuchtigkeit aus der Luft anzieht.

Als Grundmasse für eine zweckentsprechende Zahnrceme kann folgende gelten:

Kohlensaure Magnesia, pulv.	1000 g
Präzip. kohlensaurer Kalk	8000 g
Frische Seife, neutral	3700 g
Glycerin, chem. rein	7000 g
Dest. Wasser	1500 g

Diese Grundmasse kann nun zunächst durch Verminderung des Glycerzinzusatzes konsistenter, durch Vermehrung desselben flüssiger gemacht werden. Bei Verwendung von Tuben ist es ratsam, solche Tuben zu Zahncreme zu nehmen, die eine weite Austrittsöffnung haben und deren Verschlußhütchen mit Kork gefüttert ist. Die Tuben mit Konushütchen schließen nicht immer in wünschenswerter Weise; außerdem müssen die Tuben aus reinem Zinn sein, ohne Beimischung von Blei.

Sehr praktisch sind die Tuben mit ▭ Öffnung, wobei die Zahnbürste sofort in richtiger Weise mit einer flachen Schicht Pasta belegt werden kann.

Die Zahncreme als Grundmasse ist weiß oder auch hellgrau, je nach etwa noch beigegebenen Stoffen. Sie soll nun eine schöne Farbe erhalten, damit sie recht appetitlich aussieht. Den hellrosa gefärbten Zahncremes wird diese Farbe durch Rhodamin gegeben, von welchem auf den vorstehenden Ansatz 4 bis 5 g, in kochendem Wasser gelöst, genügen. Es ist sehr empfehlenswert, sich eine solche Farblösung stets vorrätig zu halten. Man löst z. B. 40 g Rhodamin in 1000 g kochendem Wasser, filtriert diese Lösung gut durch doppeltes Papierfilter und setzt ihr 150 g Alkohol zu. Von dieser Lösung wären also zirka 120 g zu dem gegebenen Ansatz zu verwenden. Er erhält dadurch eine feine rosa Färbung.

Eine weitere Frage ist nun die der Aromatisierung der Cremes. In den meisten Fällen wird Pfefferminzgeschmack gewünscht. Hiefür nimmt man 380 g Pfefferminzöl und 90 g Anisöl. Dies wäre dann die gesamte Zusammensetzung der Creme.

Die Herstellungsweise ist die folgende:

Man bereitet zunächst aus Seife, Wasser und Glycerin unter schwachen Erwärmen eine Lösung, die man zur Gallerte erstarren läßt. Erst die völlig erkaltete Gallerte wird mit den Pulvern zusammengeknetet und schließlich das Aroma eingearbeitet. Diese kalte Verarbeitung ist wichtig, damit das Glycerin gut gebunden ist und nicht ausschwitzt. Während des Zusammenmischens der einzelnen Stoffe gibt man auch die Farbe zu, so daß die Masse bereits von Anfang an gleichmäßig durchfärbt wird. Man aromatisiert erst dann, wenn die Masse völlig durchgearbeitet und gleichmäßig ist, um unerwünschtes Verdunsten der ätherischen Öle zu vermeiden.

Die fertige Creme wird dann in einen Steintopf oder ein emailliertes Gefäß gefüllt, worin man sie einige Tage stehen läßt, bevor man sie in Tuben oder Glasdosen füllt.

Es kommt nun neben anderer Aromatisierung auch noch eine erhöhte Desinfektionskraft in Frage, ganz den Wünschen der Käufer oder ärztlichen Vorschriften entsprechend. Die desinfizierende Kraft der vorstehend angegebenen Zahncreme beruht zunächst auf ihrem Gehalt an Seife. Sie wird erhöht durch besondere Wahl der Aromatisierungsmittel. Hinsichtlich dieses Punktes muß auf die hochinteressante Arbeit von Karl Kobert, Rostock i. M. verwiesen werden, worin eine Zusammenstellung der Wirkung einer Reihe von ätherischen Ölen auf die Bakterienbildung enthalten ist, die gerade bei dem Artikel Zahncreme von ganz besonderem Interesse ist. Sie zeigt z. B., eingeteilt in fünf Gruppen, daß Anisöl, Bergamottöl und Wintergrünöl sehr schwach, Pfefferminzöl schwach, Eucalyptusöl mittelstark, dagegen Nelkenöl sowie Zimtöl sehr stark die Bakterienentwicklung hemmen, bzw. verhindern. Vom antiseptischen Standpunkte aus hätte also die Aromatisierung mit letzteren ätherischen Ölen zu erfolgen. So ist auch die berühmte „Cherry Tooth-Paste" im wesentlichen mit Nelkenöl aromatisiert. Auf die von uns gegebene Vorschrift der Zahncreme übertragen, würde die Aromatisierung folgende sein:

Zahncreme à la Cherry Tooth-Paste

Hierzu nimmt man als Grundkörper die nichtschäumende Pasta für Tuben nach Ansatz Nr. 2, für Zahncreme.

Um eine gute Nachbildung der Cherry Tooth-Paste in Cremeform zu erhalten (das Original ist eine steife Pasta für Töpfe laut frührerer Vorschrift), nimmt man zum Aromatisieren für zirka 1 kg Zahncremekörper:

Nelkenöl	10 g
Rosenöl, echt, bulgar.	0,1 g
Geraniumöl, afrik.	0,2 g
Kirschäther	2 g
Vanillin	0,2 g

Um ganz besonders stark desinfizierende Zahncremes herzustellen, setzt man der Grundmasse das jeweils gewünschte Desinfektionsmittel, wie z. B. Karbolsäure, chlorsaures Kali, Salicylsäure usw. hinzu. Auch wird von mancher Seite eine dunkelrote Färbung gewünscht, die man am besten durch Karmin bewirkt, den man in Wasser löst unter ganz geringem Zusatz von Salmiakgeist.

Beim Verkauf von Zahncreme ins Ausland muß man sich ganz besonders nach dem jeweiligen Geschmack richten, denn nicht alle Konsumenten lieben den Pfefferminzgeschmack So z. B. bevorzugen die Engländer die mit Wintergrünöl aromatisierten Zahn- und Mundpflegeartikel, Australien wieder zieht Karbolpräparate vor.

Weitere Vorschriften für Zahncremes sind folgende:

Zahncreme

Kieselgur	20 g
Seifenpulver	100 g
Seifencreme	200 g
Glycerin	400 g
Kohlensaurer Kalk	1000 g
Rosenrotlösung	125 g
Safraninfusion	8 g
Pfefferminzöl	30 g

Dentalin

Glycerin	1500 g
Seifenpulver	700 g
Schlämmkreide	1000 g
Thymol	15 g
Menthol	15 g
Pfefferminzöl	50 g
Lavendelöl	10 g

Wintergrünzahncreme

Seifenpulver	600 g	Pfefferminzöl	10 g
Glycerin	600 g	Zimtöl	10 g
Alkohol	4000 g	Anisöl	10 g
Kreide	2500 g	Nelkenöl	15 g
Wasser	2200 g	Wintergrünöl	8 g

Zahncreme mit chlorsaurem Kali

Diese Zahncreme wird oft von Zahnärzten speziell verordnet. Man muß sie weiß lassen, da sich das chlorsaure Kali mit dem Rot nicht verträgt.

Chlorsaures Kali ff., pulv.	500 g	Kohlensaurer Kalk	1000 g
Glycerin	940 g	Pfefferminzöl	30 g
Seifenpulver	120 g	Anethol	3 g
Seifencreme	250 g	Zimtöl	5 g
Kieselgur	30 g	Lavendelöl	2 g

Da chlorsaures Kali beim Zusammenreiben mit organischen Stoffen heftige Explosionen gibt, muß die Mischung desselben mit den anderen Bestandteilen, abgesehen vom Bimsstein und kohlensauren Kalk, sehr vorsichtig und ohne Anwendung von Druck geschehen.

Chinosolzahncreme

Kohlensaurer Kalk	1000 g	Cochenilletinktur	100 g
Kohlensaure Magnesia	1000 g	Chinosol	5 g
Seifenpulver	200 g	Pfefferminzöl	25 g
Glycerin, chem. rein	600 g	Menthol	5 g

Diese Zahncremes werden in Zinntuben verfüllt.

Zahnpulver.

Der Satz, daß auf die Herstellung aller Mittel, die zur Pflege der Zähne dienen sollen, die größte Sorgfalt zu verwenden ist, gilt in ganz besonderem Maße von den Zahnpulvern. Diese dürfen sich nur aus Bestandteilen zusammensetzen, die ganz unbedingt unschädlich sind für den Schmelz der Zähne; sie dürfen somit keine harten oder scharfkantigen Quarzteilchen führen, müssen, kurz gesagt, so fein gepulvert sein, wie dies nur eben möglich ist Auch dürfen sie keine Säuren enthalten oder bilden. Die Zahnpulver dienen sowohl zum Reinigen der Zähne, als auch zugleich zur Desinfektion, weshalb ihnen desinfizierende Mittel zugefügt werden; diese dürfen jedoch nur in einem solchen Verhältnis angewendet werden, daß sie den Zähnen wie der Mundhöhle keinen Schaden zufügen können.

Zahnpulver-Grundmasse

Iriswurzelpulver	1500 g
Kohlensaure Magnesia	3000 g
Kohlensaurer Kalk	7500 g
Weinstein	750 g
Zucker	1500 g
Alaun	750 g

Zahnpulver, weiß

Grundmasse	5000 g
Zimtöl	4 g
Bergamottöl	10 g
Pfefferminzöl	15 g
Anethol	5 g
Menthol	5 g

Aroma für Zahnpulver

Pfefferminzöl	250 g
Anethol	120 g
Menthol	50 g
Isoeugenol	50 g
Cassiaöl	40 g
Bergamottöl	40 g
Myrrhentinktur	150 g

Zahnpulver, rosa

Grundmasse	5000 g
Krapprosa	350 g
Zahnpulveraroma	15 g

Zahnpulver, schwarz

Lindenkohlenpulver	2500 g
Grundmasse	1250 g
Zahnpulverparfum	220 g

Chinarindenzahnpulver

Grundmasse	3000 g
Chinarinde, pulv.	2000 g
Rosenöl, künstl.	2 g
Isoeugenol	2 g
Anethol	2 g
Menthol	5 g
Zimtöl	2 g
Myrrhentinktur	10 g
Eucalyptusöl	1 g

Apodontosis

Grundmasse	3000 g
Rosenöl	1 g
Wintergreenöl	3 g
Bergamottöl	5 g
Nelkenöl	1 g
Portugalöl	2 g
Neroliöl, künstl.	1 g
Ylang-Ylangöl	0,2 g

Campherzahnpulver (Camphorated Chalk)

Grundmasse	3000 g
Campher, in Alkohol gelöst	25 g
Eucalyptol	2 g

Weitere sehr gute Vorschriften für Zahnpulver sind folgende:

Salolzahnpulver

Kohlensaurer Kalk	500 g
Kohlensaure Magnesia	500 g
Doppelkohlensaures Natron	50 g
Phosphorsaurer Kalk	500 g
Salol	10 g
Pfefferminzöl	14 g
Anethol	3 g

Chinosolzahnpulver

Feinst geschlämmte Kreide	4000 g
Iriswurzelpulver	2000 g
Carmin nacarat	20 g
Chinosol	10 g
Geraniumöl	30 g
Nelkenöl	2 g
Sandelholzöl, ostind.	5 g
Zimtöl, Ceylon	21 g

Wintergreenzahnpulver

Kohlensaurer Kalk, präzip.	3000 g	Pfefferminzöl	10 g
Kohlensaure Magnesia	400 g	Wintergreenöl	3 g
Kieselgur	80 g	Nelkenöl	1 g

Katechuzahnpulver

Kohlensaure Magnesia	3000 g	Saccharin	5 g
Kohlensaurer Kalk	3000 g	Geraniumöl, Bourbon	30 g
Seifenpulver ff.	120 g	Sandelholzöl, ostind.	10 g
Katechu, pulv.	100 g	Nelkenöl	5 g
Irispulver	400 g	Ceylonzimtöl	21 g

Myrrhe- und Boraxzahnpulver

Kohlensaurer Kalk ff.	800 g
Iriswurzelpulver	300 g
Myrrhenharz, pulv.	210 g
Boraxpulver	3000 g
Doppelkohlensaures Natron	40 g

Eventuell mit 20 g Pfefferminzöl aromatisieren.

Japanisches Zahnpulver

I.		III. (schwarzes)	
Schlämmkreide	2500 g	Lindenholzkohle, pulv.	1000 g
Kieselgur	600 g	Myrrhenharz, pulv.	50 g
Pfefferminzöl	15 g	Cremor tartari	80 g
		Pfefferminzöl	18 g

II. (schwarzes)		IV. (rotes)	
Holzkohle, pulv.	500 g	Sandelholz, pulv.	1000 g
Staubzucker	500 g	Chinarindenpulver	300 g
Chinarinde, pulv.	200 g	Alaun, pulv.	20 g
Pfefferminzöl	10 g	Kieselgur	80 g
Ceylonzimtöl	2 g	Pfefferminzöl	5 g
Kuromojiöl	0,5 g	Bergamottöl	2 g

V. (rotes)

Kreide ff., geschlämmt	1200 g
Carmin	20 g
Kohlensaure Magnesia	500 g
Ossa sepiae, pulv.	50 g
Pfefferminzöl	12 g

Den Gebrauch des schwarzen Zahnpulvers betreffend, sei erwähnt, daß dasselbe heute wohl so gut wie nicht mehr verwendet wird, denn es bringt den Nachteil mit sich, daß bei längerer Verwendung das Zahnfleisch oft dauernd schwarz tättowiert wird.

Sauerstoffabgebende Mundkosmetika.

Für die letzten Jahre sind Mittel zur Pflege der Mundhöhle in Aufnahme gekommen, die infolge eines Gehaltes an sauerstoffabspaltenden Chemikalien, wie Perhydrol, Perborat u. a. m., stark desinfizierend und bleichend wirken.

Perhydrol ist chemisch reines 30%iges Wasserstoffsuperoxyd. Die schätzenswerten Eigenschaften desselben sind mit der Einführung des Perhydrols für die Zahnheilkunde verwertbar geworden, denn da es chemisch rein und säurefrei ist, besitzt es nicht den schädigenden Einfluß der gewöhnlichen Wasserstoffsuperoxydarten, die infolge ihres Gehaltes an freier Säure so schädlich auf das Zahnfleisch und besonders die Zahnsubstanzen wirken. Bei Berührung mit der Schleimhaut der Mundhöhle zerfällt das Perhydrol in Sauerstoff und Wasser.

Diese leisten ausgezeichnete Dienste und lassen sich ohne besondere Schwierigkeiten herstellen. Indes ist bei der Aromatisierung dieser Mundwässer zu bedenken, daß der Sauerstoff viele Aromata zerstört, die also aus diesem Grunde hier unverwendbar sind.

So werden durch Sauerstoff stark verändert, bzw. zerstört Pfefferminzöl, Menthol und Zimtöl. Nicht verändert werden Anisöl, Sternanisöl, Eucalyptusöl und Thymol. Schwach verändert werden Nelkenöl und Terpineol, sind aber zur Aromatisierung der Sauerstoffmundwässer noch verwendbar.

Es eignen sich also zum Aromatisieren hier in erster Linie Anisöl, Sternanisöl, Eucalyptusöl und Thymol, eventuell können auch Nelkenöl und Terpineol mit herangezogen werden. Dagegen sind Pfefferminzöl, Menthol und Zimtöl unverwendbar.

I. Perhydrol Merck (30%)	5 g	II. Benzoesäure	3 g
Campher	1,5 g	Eucalyptusöl	3 g
Alkohol	180 g	Ratanhiatinktur	15 g
Anisöl	2 g	Alkohol	100 g
Eucalyptusöl	2 g	Anisöl	2 g
		Perhydrol	3 g

III. Alkohol	450 g
Wasser	550 g
Perhydrol	30 g
Anisöl	4 g
Eucalyptusöl	5 g
Thymol	1 g
Saccharin	0,1 g

Es werden dann auch Zahnpulver hergestellt, denen ebenfalls ein Zusatz von Perhydrol gegeben ist und die die gleiche Wirkung wie das Mundwasser haben.

Mit Zusatz von Perborat stellt man gleichfalls sehr gute Zahnpulver her.

Perboratzahnpulver

Kohlensaurer Kalk	2500 g
Kohlensaure Magnesia	420 g
Natriumperbora	150 g

werden innig zusammengemischt, wonach man

Anisöl	50 g
Eucalyptusöl	4 g

zusetzt und das Ganze nochmals durch ein feines Sieb treibt.

Dem in Dosen gefüllten Zahnpulver gibt man ein kleines Löffelchen bei, welches etwa die Länge einer Zahnbürste hat, oder aber man füllt das Präparat in längliche Aluminiumdosen und gibt als Gebrauchsanweisung bekannt, daß man etwas Pulver in den umgestülpten Deckel zur Aufnahme mit der Bürste schüttet, da beim Zusammenbleiben mit Wasser das Pulver Zersetzung erleiden würde.

Bleichendes Zahnpulver

I. Kohlensaurer Kalk	1000 g	II. Kohlensaurer Kalk	1000 g
Seifenpulver	40 g	Magnesiumsuperoxyd	100 g
Calciumsuperoxyd	50 g	Seifenpulver	20 g
Anisöl	7 g	Eucalyptusöl	1 g
Nelkenöl	2 g	Anethol	1 g
		Bergamottöl	5 g

Dauernd haltbare Zahnpasta mit Wasserstoffsuperoxyd oder Persalzen kann sich überhaupt nicht herstellen.

Mittel zur Reinigung, Pflege und Färbung der Haare.

Die Mittel zur Reinigung und Pflege der Haare nehmen in der Kosmetik einen richtigen Platz ein. Diese Präparate lassen sich etwa wie folgt unterscheiden: Die Mittel zur Reinigung und Waschung des Kopfhaares und des Kopfes, zur Entfernung des Staubes aus den Haaren sowie der Schinnen und Schuppen der Kopfhaut, welche bekanntlich das gedeihliche Wachstum der Haare hindern, bilden als Kopfwaschwässer den ersten Teil. Dann folgen Mittel, die nach den Waschungen angewendet werden, damit sie dem trockenen Haar sowie dem Haarboden wieder das nötige Fett zuführen, um das Haar glänzend und weich zu machen. Daran reiben sich die Präparate, welche dem Haar Festigkeit verleihen und die Frisuren haltbar machen, so daß also folgende Sorten Haarpflegemittel in Betracht kommen Kopfwaschwässer, Öle und Pomaden, Brillantinen und Lustralinen, sodann feste, harte Pomaden, wie z. B. Wachspomaden, Harzpomaden, Blumen-Cosmétiques, Bandolinen, Scheitelcremes und Bartwichsen. Bandolinen sind meistens Auflösungen von Gummi Tragant oder ausgezogene Pflanzenschleime, welche auch Klebestoff enthalten. Da jedoch speziell Pomaden und Haaröle eine so große Bedeutung wie früher nicht mehr haben, auch Neues über deren Herstellungsweise nicht bekannt geworden ist, glauben wir von einem tieferen Eingehen auf diese Materie absehen zu können und auch hierin auf die bereits bestehende Literatur verweisen zu dürfen. Die Mode allein hat es mit sich gebracht, daß in Pomaden und Haarölen eine so kleine Nachfrage herrscht, wenigstens soweit es den inländischen Markt betrifft.

Die kurzgeschnittene Haartracht der Männer und die gewellten Frisuren und der Bubikopf der Damen haben den Haarwässern eine größere Bedeutung zukommen lassen, und es erscheint daher angezeigt, diese Präparate eingehender zu berücksichtigen. Wenn auch nur ein ganz kleiner Teil der marktschreierisch angepriesenen Haarwuchsmittel einen kleinen Erfolg zeitigte, dann wäre der Herrenwelt einerseits ein großer Gefallen getan, anderseits hätte man ein sehr wichtiges Problem gelöst. Vorläufig jedoch müssen wir auf die Erfüllung dieser beiden Wünsche noch geduldig etwas warten und können durch vernünftige Pflege dem Haarausfall nur vorbeugen. Die Wurzel allen Übels liegt darin, daß die meisten Leute erst dann eine regelrechte, natürliche Haarpflege für nötig erachten, wenn hier wenig oder bereits nichts mehr helfen kann. Wie viele Leute könnten sich ein schönes Kopfhaar weit längere Zeit erhalten, wenn sie den Haarboden geradeso wie Gesicht und Hände usw. täglich gründlich reinigen würden. Eine natürliche Haarpflege ist und bleibt immer das wirksamste Vorbeugungsmittel gegen Erkrankungen des Haares oder der Haarwurzel. Diese natürliche Haarpflege besteht in der Hauptsache in täglichen Waschungen des Haarbodens und des Haares; bei langem Frauenhaar sollte die Waschung des Haares wenigstens jede Woche einmal ganz gründlich vorgenommen werden. Reinlichkeit, Luft und Licht sind noch stets die besten Mittel gegen Haarausfall gewesen. Es ist dabei auch natürlich notwendig, daß man sich zu diesen Waschungen der Haare und des Haarbodens geeigneter Mittel bedient. Alle stark reizenden Mittel, seien sie nun mechanischer oder anderer Art, taugen zur Hautpflege absolut nicht. Scharfe, enge Kämme ebenso harte Bürsten reißen den Haarboden auf, entzünden ihn und können so krankhafte Zustände veranlassen.

Gute Kopf- und Haarwaschwässer sind für die Haarpflege unentbehrlich. Ihre Zusammensetzung muß sich dem Leben des Haares und somit seinem Bau und den daraus entspringenden Anforderungen unbedingt anpassen. Das Haar des Menschen setzt sich aus drei Teilen zusammen. Den inneren Kern bildet das Mark. Dieses wird eingeschlossen durch die Keratinsubstanz, in Form der äußeren Hornhülle. In der Keratinsubstanz finden wir auch den Farbstoff des Haares, ein körniges Pigment, wechselnd bei den einzelnen Personen vom hellsten Gelblond bis zum tiefsten Schwarz. Die Wurzeln des Haares sitzen in der mittleren Schicht der Haut, eingebettet in den sogenannten Haarbalg. Aus den Hauttalgdrüsen wird dem Haar Fett und andere Nährstoffe zugeführt.

Hat das Haar eine gewisse Länge erreicht — das menschliche Haar soll bis zu 6 m lang werden können —, dann fällt es aus, da das Hautwärzchen an der Wurzel des Haares dieses wegen seiner Schwere nicht mehr tragen kann. Dieser natürliche Haarwechsel findet beim Menschen fortwährend statt.

Aus diesen Ausführungen ist leicht zu ersehen, daß man hauptsächlich der Ernährung durch die Haarwurzel Aufmerksamkeit zuwenden muß. Um die Haarwurzel gesund zu erhalten, muß auch deren Umgebung, der Haarboden gesund bleiben, und das kann er nur durch geeignete Pflege. Auch eine besondere Eigenschaft der Haare sei noch erwähnt, da diese gerade für die Haarpflege von großer Wichtigkeit ist. Das Haar ist sehr aufnahmefähig für Feuchtgkeit, es ist hygroskopisch; dann aber auch haften alle Riechstoffe ungemein lange darin, weshalb man die Haarwässer nicht zu stark parfumieren sollte.

Über eine neue Methode der Behandlung der Kahlköpfigkeit hat der rühmlichst bekannte Prof. Kromayer sehr interessante Mitteilungen veröffentlicht. Sie beruht auf der Behandlung der erkrankten Stellen mit kaltem Eisenlicht und er gibt bekannt, daß 85% der allerschwersten Fälle auf diese Weise geheilt wurden. Ob nun hiermit die ganze Frage als gelöst angesehen werden darf, ist zum mindesten unwahrscheinlich, denn es gibt doch immer noch eine große Reihe von Fällen, die ihre Heilung auch auf diesem Wege nicht gefunden haben. Daher ist es für den Kosmetiker nach wie vor ein sehr wichtiges Feld, sich mit der Pflege des Haares zu beschäftigen. In allerletzter Zeit kommt dem Cholesterin erhöhte Bedeutung zu, um das Wachstum des Haares zu fördern (vgl. weiter unten Cholesterin-Haarwässer).

Haar- und Kopfwässer.

Es ist Sache des Kosmetikers und Parfumeurs, sich bei Zusammensetzung von Haar- und Kopfwaschwässern über die eingangs gemachten Angaben über das Haar, seinen Bau und sein Wachstum klar zu werden und darnach zu trachten, daß mit seinen Präparaten dem Haar alles das zugeführt wird, was ihm zum Wachstum und weiteren Gedeihen dienlich ist. Dem völlig gesunden Haar muß also ein Mittel geboten werden, das nicht nur reinigt, sondern auch zugleich stärkt, dann auch ernähren hilft. So sind denn alle die Kopfwässer entstanden, deren Effekt auf die stärkende und zugleich desinfizierende Wirkung des Alkohols gegründet ist. Dabei ist es nötig, daß diese Haar- und Kopfwaschwässer nicht zu hoch im Alkoholgehalt eingestellt werden, da sonst ihre Wirkung eher nachteilig ist. Kopfwässer sollten nicht stärker als 60 bis 70% im Alkohol sein. Zu starker Alkoholgehalt erzeugt oft ein brennendes Gefühl auf der Kopfhaut, dann auch erhalten die Haare, durch starke Fettentziehung, ein stumpfes Aussehen; sie verlieren ihren Glanz. Auch ist des weiteren nachgewiesen, daß der Alkohol in einiger Verdünnung wesentlich stärker bakterientötend wirkt als im unverdünnten Zustand. Bei dieser Konzentration von 60—70 Vol. % Alkohol ist auch die Schaumkraft am besten. (Leichter, nach Aussetzen des Reibens verschwindender Schaum.) Die Verwendung von Glycerin als Zusatz zu Haarwässern ist ein absoluter Mißgriff, weil Glycerin die Haare schmierig macht und das Niederschlagen von Staub erheblich begünstigt.

Neben den genannten Ingredienzien bedient man sich auch noch leichter Anregungsmittel, die dem Haarwasser zugesetzt werden. Als solche gelten Arnika-, Chinarinde- und als stärker wirkendes Mittel Cantharidentinktur. Auch Nelkenöl und Rosmarinöl müssen hier genannt werden. Alle diese Produkte regen die Tätigkeit der Nerven, sowie diejenige des Gefäßsystems an. Die Verwnedung von Seife zur Reinigung des Haares und der Kopfhaut ist nur für gesundes Haar zu empfehlen, denn sehr oft wird durch die zu starke Anwendung von Seifen in Gestalt von Seifenpulver mit Alkaliüberschuß dem Haarboden natürliches Fett in wesentlich größerem Maßstab entzogen als dienlich ist, wodurch leicht Ergrauen wie auch ein Absterben der Haare verursacht wird. So vorteilhaft die künstliche Zuführung von Fettstoffen zu den Haarwurzeln auch ist, die natürliche Ernährung und Arbeit der Hauttalgdrüsen ist doch immer die unbedingt wichtigere.

Zu den Haarwässern gehören vor allen: Hair Tonic, Shampooing, Bay Rum, Veilchen-, Rosen-Kopfwaschwasser, Birkenwasser, Shampoowasser, Eau de Portugal, Eau de Quinine, Lotions végétales und Honigwasser, Eiskopfwasser sowie andere mehr. Die Kopfwaschwässer dienen hauptsächlich zum Reinigen und leichten Entfetten der Haare, zum Lösen der Schuppen und Schinnen sowie zum Reinigen der Kopfhaut, ferner um den Haarwuchs zu fördern und in frischem Wachstum zu erhalten. Die Kopfwaschwässer kann man einteilen in schäumende und nicht schäumende und muß bei deren Herstellung vor allen Dingen darauf Bedacht nehmen, daß gleichzeitig mit der Entfettung doch auch dem Haar wieder Glanz und Weichheit zuteil wird.

Bei den Kopfwaschwässern spielt die Farbe auch eine sehr große Rolle; so soll z. B. Shampooing Bay Rum eine blaßgelbe, feurige Färbung haben, während anderseits der Bay Rum wieder bis rumbraun erscheint; man färbe diesen jedoch nicht zu stark, denn er dunkelt meist von selbst etwas nach. Hiebei muß man sich in der Hauptsache nach den Wünschen seiner Kundschaft richten. Veilchenwasser wieder soll eine grünliche Farbe zeigen, Rosen-Kopfwasser schön goldgelb gefärbt sein. Eau de Quinine erfordert die größte Vorsicht; nicht allein daß es feurig purpurrot sein soll, soll es jedoch fast keine Spur von Färbung auf den Handtüchern hinterlassen und so klar sein, daß bei längerem Lagern kein Bodensatz oder Flocken sich zeigen. Bei der Fabrikation des Eau de Quinine verfährt man folgendermaßen: Zu dem entsprechend verdünnten Alkohol setze man zuerst die ätherischen Öle, darauf die Moschustinktur, dann die Chinarindetinktur zu. Nun gibt man die nötige Menge Orseille und gelben Farbstoff zu, um ein feuriges Dunkelrot zu erhalten, und überläßt einer 8 bis 10 tägigen Ruhe, damit der Ansatz sich soviel wie möglich selbst klärt. Dann schreitet man zur Filtration über Talkum. Dieses Eau de Quinine bleibt stehen bis zum Gebrauch, worauf man vor dem Abfüllen nochmals über Talkum filtriert; alsdann wird das Eau de Quinine blank und klar sein sowie prachtvolle Färbung zeigen. (Färbung des Shampoo-Wassers ist hellgelb, Eau de Portugal goldgelb, Totin Végétale de Seringat entweder weiß oder zart lila. Honigwasser soll honiggelb gefärbt sein.)

Am besten eingeführt ist das Eau de Quinine, welchem jedoch in den letzten Jahren der Bay Rum an Größe des Verbrauches sehr nahegekommen sein dürfte.

Chinarindenkopfwasser (Eau de Quinine)

Chinarindetinktur	1500 g	Geraniol	40 g
Geraniumöl, afrik.	200 g	Orseillepulver	22 g
Bergamottöl	200 g	Safrantinktur	250 g
Portugalöl	50 g	Alkohol	62 000 g
Moschustinktur	100 g	Wasser	30 000 g

Chinarindetinktur

Chinarinde	1 200 g
Alkohol	10 000 g
Rosenwasser	1 000 g

Die Rinde ist gut zu zerkleinern und dann Alkohol und Wasser zuzusetzen. Diese Mischung muß mindestens 8 Tage warm digeriert werden. Man verbinde die Halsöffnung der Flasche mit angefeuchteter Schweinsblase oder starkem Pergamentpapier und steche mit einer Stecknadel 3 bis 4 Löcher hinein, dann setze man die Flasche in einen Wärme- oder Trockenschrank, wobei täglich einigemal gut durchgeschüttelt werden muß. Nach dem Erkalten wird abfiltriert, und die Infusion ist fertig zum Gebrauch.

Ein Eau de Quinine, welches auch gleichzeitig ein wenig das Haar färbt, stellt man nach folgender Vorschrift her:

Alkohol	3000 g
Bergamottöl	30 g
Geraniol	10 g
Isoeugenol	2 g
Rosenöl, künstl.	3 g
Galläpfeltinktur	2200 g
Cantharidentinktur	50 g
Chininsulfat	10 g
Rosenwasser	1200 g

Man färbt mit Orseille und Safrantinktur.

Eau de Quinine

Alkohol	36 000 g
Infusion Tuberose	2 000 g
Linalool	100 g
Geraniol	100 g
Bergamottöl, terpenfrei	15 g
Chinarindetinktur	21 000 g
Rosenöl, künstl.	50 g
Vanillin	2 g
Cantharidentinktur	300 g
Rosenwasser	18 500 g

Farbe: Orseille.

Das Rotfärben der Eaux de Qunine geschieht, wie erwähnt, am besten durch Verwendung von Orseille und Safran oder Zuckercouleur. Aus Zuckercouleur stellt man zweckmäßig eine sogenannte Caramellösung her durch Lösen von 1 Teil Zuckercouleur in 2 Teilen Wasser. Cochenille oder andere rote Farbstoffe (besonders Teerfarben) sind absolut ungeeignet, weil sie die Wäsche färben.

Wir empfehlen, den löslichen trockenen Orseilleextrakt in Pulverform (*Orseille en poudre*) zu verwenden. Man erspart sich so das zeitraubende Ausziehen der Orseille und kann das trockene, absolut lösliche Pulver sehr genau dosieren, während Orseilleauszüge immer schwankende Mengen an färbendem Prinzip enthalten, daher genaue Dosierung sehr erschwert wird.

Moderne Eaux de Quinine

1.

Alkohol	700 ccm
Wasser	300 ccm
Orseille en poudre	0,2 g
Safrantinktur	2 g
Rosenöl, künstl.	2 g
Resinoid Labdanum	1 g
Citronenöl	0,5 g
Neroliöl	0,5 g
Moschustinktur	2 g

2.

Alkohol	600 ccm
Wasser	400 ccm
Orseille en poudre	0,2 g
Safrantinktur	2 g
Rosenöl, künstl.	1 g
Bergamottöl	1 g
Citronenöl	0,5 g

Man kann hier per Liter 0,8 bis 1 g Chininsulfat oder 0,5-bis 0,7 g salzsaures Chinin zusetzen.

Eau de Quinine Ambrée

Alkohol	700 ccm
Wasser	300 ccm
Orseilleen pondre	0,2 g
Safrantinktur	2 g
Rosenöl, bulgar.	0,3 g
Rosenöl, künstl.	2 g
Geraniumöl	1 g
Ambra, künstl.	0,7 g
Vanillin	0,5 g
Moschustinktur	5 g

Eau de Quinine mit Rum (Rhum et Quinine)

Alkohol	600 ccm
Wasser	400 ccm
Orseille en poudre	0,15 g
Caramellösung	3 g
Jamaikarumessenz, extrastark	6 g
Vanillin	0,5 g
Labdanumextrakt	1 g
Rosenöl, künstl.	1,5 g
Rosenöl, bulgar.	0,3 g

Quinine mit Arnica

Alkohol	600 ccm
Arnicatinktur	100 ccm
Wasser	300 ccm
Chininsulfat	0,5 g
Tannin	0,5 g
Vanillin	0,3 g
Geranium, afrik.	1,5 g
Citronenöl	0,5 g
Lavendelöl	0,5 g

Pérou-Quinine

Perubalsam	1 g
Alkohol	700 ccm
Wasser	300 ccm
Tannin	0,5 g
Vanillin	0,3 g
Resinoid Labdanum	0,5 g
Geraniumsurroses	2 g
Citronenöl	0,5 g
Chininsulfat	0,5 g

Mit Orseille usw. färben.

Anmerkung: Die mit Orseille gefärbten Eaux de Quinini dürfen keine alkalischen Zusätze (Natriumbicarbonat, Borax usw.) erhalten, weil sonst die Farbe in Violett umschlägt.

Neben Chinin findet das Chinosol Verwendung bei Kopfwaschwässern zur Reinigung des Haarbodens und zur Stärkung der Haarwurzeln; ebenso dient Chinosol zur Verhütung der Schinnen- und Schuppenbildung.

Chinosol-Kopfwasser

Alkohol	30 000 g
Chinosol	40 g
Linalool	30 g
Geraniumöl	100 g
Bergamottöl, terpenfrei	50 g
Vanillin	1 g
Benzoetinktur	100 g
Wasser	15 000 g

Teerhaltiges Kopfwaschwasser

In letzter Zeit ist die Nachfrage nach teerhaltigen Haar- und Kopfwaschwässern eine recht rege geworden.

Da der Teer in seiner altherkömmlichen Form und Farbe für den genannten Zweck als nicht sonderlich passend befunden wurde, ferner für die Haar- und Kopfwäsche nur ein helles Produkt in Frage kam, ist man zur Verwendung des Anthrasols übergegangen, das alle Vorteile des Teers in sich vereinigt, ohne seine Nachteile, besonders in bezug auf Farbe, zu haben. Das Anthrasol kann als ein entfärbter Teer angesprochen werden, dem aber die vollkommen gleiche Wirkung innewohnt wie dem färbenden, noch schwarzen Produkt.

Der Zusatz des Anthrasols zur Mischung soll 5% nicht übersteigen, meist genügen 2—3% vollkommen.

Diese Teer-Haarwaschmittel enthalten stets erhebliche Mengen Seife, sind also praktisch zu den Shampooings zu rechnen,

Parfumieren kann man diese teerhaltigen Kopfwässer sehr gut mit Geraniumöl, Bourbon, doch lassen sich auch andere Riechstoffe verwenden, so z. B. Amylsalicylat in geeigneter Verbindung mit Vanillin, Cumarin u. a. Es müssen eben immerhin recht durchdringende Gerüche sein, damit der Eigengeruch des Anthrasols wenigstens einigermaßen gedeckt wird.

Teer-Haar- und Kopfwaschwasser

Flüss. Seifenmasse	5000 g
Anthrasol	250 g
Alkohol	3500 g
Wasser	1250 g

In Betrieben, wo immer flüssige heiße Transparentseife zur Hand ist, kann der Parfumeur den Ansatz auch wie folgt wählen:

Heiße Transparentseife (ohne Alkohol und Glycerin)	4000 g
Alkohol	4000 g
Wasser	3500 g
Anthrasol	500 g

parfumiert mit folgendem Parfum-Gemisch:

Amylsalicylat	500 g
Terpineol	200 g
Vanillin	25 g
Pomeranzenöl, süß, tsf.	10 g

hievon nimmt man auf vorstehenden Ansatz nach Belieben.

Es wäre nun noch ein Wort über die Verpackung des Artikels zu sagen. Hauptbedingung ist, daß die Flaschen alle von blauem, braunem und tiefdunkelgrünem Glase sind, da die Einwirkung des Lichtes auf das Präparat eine ungünstige ist.

Euresol.

Das Euresol (Resorcinmonoacetat) stellt ein dickflüssiges, durchsichtiges Produkt dar, von honiggelber Farbe und angenehmem Geruch, der keineswegs aufdringlich ist und zudem durch Riechstoffe sehr leicht übertönt werden kann. Euresol ist leicht löslich in Alkohol, Aceton sowie in Chloroform. Bei seiner äußerlichen Anwendung zeigt es neben seiner therapeutischen Wirkung keinerlei Reizerscheinungen weder der Haut noch anderer Organe, was natürlich von Wichtigkeit für seine Verarbeitung in der Kosmetik ist. Euresol kann seiner therapeutischen Wirkung nach in allen Fällen Anwendung finden, in denen seither Resorcin genommen wurde, und man hat dabei den Vorteil, daß Euresol bei energischer Wirkung manche Nachteile des Resorcins zu vermeiden gestattet. Während früher bei Anwendung von Resorcin öfters Veränderungen der Farbe des Haares beobachtet wurden, ist etwas Ähnliches bei Verarbeitung von Euresol bis heute noch nicht bekannt geworden, trotzdem namhafte Dermatologen viele Hunderte von Fällen mit Euresol behandelt und zu einem sehr günstigen Ende geführt haben.

Besonders zu empfehlen ist die Anwendung des Euresols in geeigneter Form gegen Haarschwund, das krankhafte Ausfallen des Kopfhaares. Durch sorgsame und schonende Haarpflege erreicht man hier unter Anwendung von euresolhaltigen Kopfwässern sehr gute Erfolge. Die für diesen Zweck hergestellten Haarwässer setzt man etwa, wie folgt, zusammen.

Euresolhaarwasser

Alkohol	5600 g	Canangaöl	15 g
Euresol	50 g	Bergamottöl	25 g
Neroliöl, künstl.	20 g	Wasser	3000 g
Geraniumöl, Bourbon	20 g		

Hervorragend wirkt Euresol gegen die lästigen Schuppen. Der Erfolg ist in diesem Falle ebenso gründlich wie bei Haarausfall. Ein gutes Schuppenwasser stellt man dann etwa wie folgt her;:

Euresol-Schuppenwasser

Alkohol	5600 g	Bergamottöl	30 g
Euresol	60 g	Terpineol	40 g
Storaxtinktur	1000 g	Aubépine liq.	10 g
Rosenwasser	3000 g	Irisine, *Fl.*	10 g

Diverse Haarwässer [Lotions].

B a y R u m befindet sich in allen möglichen Qualitäten und Marken im Handel. Er wird stark und schwach schäumend verlangt. Das starke Schäumen erreicht man am besten durch Zugabe von Seifenwurzelabkochungen, Seife oder dergleichen, Pottasche in geringen Mengen sowie durch Zusatz von doppelkohlensaurem Natron und Salmiakgeist.

Shampooing Bay Rum, hell

Alkohol	56 000 g	Wasser	30 000 g
Bayöl, St. Thomas	200 g	Gereinigte Pottasche	100 g
Pimentöl	180 g	Kaliseife, rein	150 g
Portugalöl	40 g		

Echter Bay Rum

Echtes Bayöl, St. Thomas	33 g
Süßes Pomeranzenöl	2,5 g
Pimentöl	2 g
Alkohol	2000 g
Wasser	1500 g

Bay Rum (billige Ware)

Alkohol	9000 g
Bayöl	50 g
Rumessenz	20 g
Seifenwurzelabkochung	4000 g
Pottasche	150 g
Wasser	7500 g

Bay Rum, stark schäumend

Alkohol	6000 g
Bayöl	25 g
Pimentöl	5 g
Doppelkohlensaures Natron	100 g
Salmiakgeist, 10%ig	80 g
Wasser	6000 g

Jamaika-Bay Rum

Alkohol	2000 g
Jamaikarum	2000 g
Bayöl	15 g
Wasser	2000 g

Eis-Bay Rum

Alkohol	8000 g
Bayöl	30 g
Menthol	80 g
Orangenblütenwasser	4000 g

Nerv-Bay Rum

Alkohol	8000 g	Eisessig	25 g
Bayöl	40 g	Salmiakgeist, 10 %ig	80 g
Lavendelöl	60 g	Doppelkohlensaures Natron	170 g
Essigäther	30 g	Dest. Wasser	3500 g

Veilchen-Kopfwaschwasser, schäumend (Lotion végétale aux Violettes)

Solution Irisöl, 1 %ig	500 g	Iristinktur, aus grob geraspelter Iriswurzel	1 950 g
Vanillin	15 g	Alkohol	12 000 g
Moschustinktur	100 g	Dest. Wasser	10 000 g
Jonon	10 g	Chem. reine Pottasche	50 g

Mit Chlorophyll färben, jedoch eher etwas kräftiger und feuriger als zu matt.

Lotion végétale aux Violettes de Nice

Alkohol	25 000 g	Veilchen, künstl.	40 g
Infusion Veilchen	4 000 g	Violette Feuilles	5 g
Infusion Orange	2 000 g	Bergamottöl	100 g
Infusion Jasmin	2 000 g	Rosenwasser	14 500 g
Benzoetinktur	100 g		
Moschustinktur	300 g		

Farbe: Grün.

Man verwendet zu dieser besseren Lotion sehr gerne Pomadenauswaschungen, da in dem Alkohol Spuren Fett gelöst sind, die dann dem Haar als Nährstoff zugute kommen.

Veilchenkopfwasser

Alkohol	6000 g	Ambrettemoschus	6 g
Infusion Violette	2000 g	Geraniumöl	10 g
Veilchen, künstl.	70 g	Dest. Wasser	3000 g
Amylsalicylat	10 g		
Vanillin	5 g		

Farbe: Grünlich.

Lotion à la Violette

Alkohol	600 ccm
Wasser	400 ccm
Phenyläthylalkohol	1 g
Anisaldehyd	1 g
Iraldein *H. & R.*	3 g
Jonon	2 g
Ketonmoschuslösung	1 g

Leicht grün färben.

Eau de Cologne-Haarwasser

Alkohol	600 ccm
Wasser	400 ccm
Citronenöl	3 g
Bergamottöl	3 g
Lavendelöl	1 g
Rosmarinöl	0,2 g
Orangenblütenwasseröl Ma.	0,1 g
Ketonmoschus	0,15 g

Portugalhaarwasser (Eau de Portugal)

I.	Alkohol	600 ccm
	Wasser	400 ccm
	Portugalöl	3 g
	Citronenöl	1 g
	Bergamottöl	1 g
	Neroliöl	0,5 g

Mit Safrantinktur goldgelb färben.

II.	Alkohol	700 ccm
	Wasser	300 ccm
	Portugalöl	8 g
	Rosenöl, bulgar.	0,5 g
	Citronenöl	1 g
	Bergamottöl	1,5 g
	Lavendelöl	0,5 g
	Vanillin	0,5 g
	Cumarin	0,1 g
	Moschustinktur	3 g

Gelb färben.

Heliotrophaarwasser

Alkohol	600 ccm
Wasser	400 ccm
Cumarin	0,5 g
Heliotropin	2 g
Vanillin	1,5 g
Perubalsam	1 g
Bittermandelöllösung 50:11	6 g
Neroliöl	2 g

Veilchenkopfwasser

Veilcheninfusion	4000 g
Bergamottöl	50 g
Canangaöl	10 g
Veilchen, künstl.	10 g
Wasser	5000 g
Alkohol	6000 g

Maiglöckchenhaarwasser

Alkohol	650 ccm
Wasser	350 ccm
Maiglöckchenblütenöl, *H. & R.*	3 g
Rosenöl, bulgar.	0,5 g
Ylang-Ylangöl	0,5 g

Zart grün färben.

Rosenkopfwasser

Infusion Rose	10 000 g
Alkohol	10 000 g
Rose, künstl.	10 20 g
Rosenholzöl	20 g
Benzoetinktur	370 g
Arnicatinktur	500 g
Moschustinktur	15 g
Rosenwasser	8 000 g

Haarwaschwasser

Alkohol	7200 g
Infusion Veilchen	1000 g
Bergamottöl	10 g
Rosenöl	2 g
Isoeugenol	1 g
Hyazinthin	0,5 g
Vanillin	1 g
Geraniol	8 g
Thymollösung (1 : 150)	20 g
Rosenwasser	5000 g

Farbe: zirka 25 g Chlorophyllösung (1 : 20), zirka 25 g Safrantinktur zart grün färben

Ein in letzter Zeit sehr viel in Aufnahme gekommenes Haarwaschwasser ist das Brennesselhaarwasser.

Die Brennessel ist bei uns allbekannt. In früheren Jahren galt ihr Saft als heilkräftig, ist jedoch heute als Heilmittel völlig veraltet. Nichtsdestoweniger soll die Brennessel ein Glukosid enthalten, welches dem Haarwuchs förderlich ist. Inwieweit diese Angabe zutrifft, muß dahingestellt bleiben, gerade wie bei der Wirkung der Klettenwurzel. Es wollen aber Leute, die sich den Kopf mit Brennesselalkohol häufig gewaschen haben, ein schnelleres Wachsen der Kopfhaare bei sich selbst festgestellt haben und sind auch von dieser Meinung nicht abzubringen. Immerhin bleibt es fraglich, ob es nicht das Waschen überhaupt war, das ihrem Haar zu üppigerem Wuchs verhalf, indem dadurch die Poren der Kopfhaut geöffnet wurden, der Haarboden gereinigt und auch zweckentsprechend ernährt wurde.

Die Herstellung der verschiedenen Brennesselpräparate ist etwa die folgende. Für die spirituösen Erzeugnisse setzt man sich eine gute Tinktur an, die man dann überall, wo notwendig, verwenden kann.

Brennesseltinktur

Brennesselkraut	1000 g
Alkohol	2000 g

Das Kraut wird ganz klein geschnitten und mit dem gut angewärmten Alkohol (30° C) übergossen. Ist man in der Lage, die Mischung in eine Schüttelmaschine zu spannen, so ist das recht vorteilhaft, denn man kann in diesem Falle bereits nach etwa drei Tagen an die Verarbeitung der Tinktur denken. Im anderen Falle schüttelt man täglich zwei- bis dreimal gut durch und läßt den Alkohol zirka 8 bis 10 Tage auf dem Kraut. Dann preßt man ab und filtriert noch durch ein gewöhnliches Papierfilter.

Brennesselgeist

Brennesseltinktur	5000 g
Ricinusöl	100 g
Geraniumöl	40 g

Farbe: zart grün

Brennesselhaarwasser I

Alkohol	6000 g
Brennesseltinktur	3000 g
Terpineol	25 g
Bergamottöl	5 g
Heliotropin	5 g
Geraniumöl, spanisch	5 g
Rosenwasser	3800 g

Farbe: Grünlich.

Brennesselhaarwasser II

Brennesseltinktur	5000 g
Perubalsam	180 g
Geraniumöl	25 g
Bergamottöl	40 g
Heliotropin	25 g
Moschustinktur	100 g
Rosenwasser	1000 g

Farbe: Grün.

Honigwasser

Alkohol	3000 g
Arnicatinktur	50 g
Bergamottöl	30 g
Citronenöl	10 g
Eugenol	2 g
Wachsaroma, flüss., *H. & R.*	4 g
Orangenblütenwasser	1500 g

Honigwasser, echt

Gereinigter Honig ff.	100 g	Rosenöl, künstl.	3 g
Alkohol	3000 g	Neroliöl, künstl.	2 g
Bergamottöl, terpenfrei	15 g	Rosenwasser	1000 g
Citronenöl, Java	2 g	Dest. Wasser	1000 g

Man verreibe den Honig fein mit etwas Wasser, so daß die Auflösung leicht wird. Die ätherischen Öle werden in Alkohol gelöst, darauf das destillierte Wasser zugesetzt und nun gut durchgeschüttelt; sodann setzt man den Honig zu. Man färbt mit etwas Brillantorangetinktur nach und läßt einige Tage stehen, ehe filtriert wird.

Lotion végétale de Séringat

Terpineol	50 g	Cantharidentinktur	20 g
Canangaöl, Java	5 g	Heliotropin	5 g
Geraniumöl, afrik.	1 g	Vanillin	10 g
Alkohol	5000 g	Rosenwasser	3000 g

Sehr schön hat sich in den letzten Jahren auch das Birkenwasser oder der Birkenbalsam als Haarwaschwasser eingeführt. Wie weit nun die Birke Stoffe enthält, die auf den Haarwuchs besonders günstigen Einfluß haben, ist noch nicht einwandfrei festgestellt. Das Birkenwasser ist von sehr wohltuender Wirkung auf die Kopfhaut und durch einen Zusatz von Birkenknospenöl in erhöhtem Grade angenehm. Bei Verwendung des letzteren zeigen sich starke Trübungen und das Produkt muß öfters filtriert werden. Gute Vorschriften sind folgende:

Birkenbalsam

I.		II.	
Alkohol	30 000 g	Alkohol	40 000 g
Birkensaft	3 000 g	Birkenknospenöl	150 g
Bergamottöl	90 g	Bergamottöl	100 g
Vanillin	10 g	Citronenöl	50 g
Geraniol	50 g	Palmarosaöl	100 g
Wasser	14 000 g	Euresol	500 g
		Wasser	20 000 g

Man kann diese Wässer mit etwas Safrantinktur gelb färben.

Birkenwasser I

Alkohol	600 ccm
Wasser	400 ccm
Birkenknospenöl, leicht löslich	5 g
Citronenöl	1 g
Vanillin	0,5 g
Rosenöl, künstl.	1 g
Jonon	0,2 g

Birkenwasser II

Alkohol	700 ccm
Wasser	300 ccm
Birkenknospenöl, leicht löslich	4 g
Ess. Eau de Cologne	3 g
CanthaHridentinktur	2 g

Birkenwasser III

Alkohol	5000 g	Citronenöl	8 g
Birkenknospenöl, *Haensel*	110 g	Nelkenöl	2 g
Bergamottöl	10 g	Rosenöl	3 g
Vanillin	2 g	Orangenblütenwasser	3000 g

Das bekannteste Birkenwasser ist jenes der Fa. Dralle, das sich großer Beliebtheit erfreut.

Es ist anzunehmen, daß dieses Haarwasser Euresol enthält. Nachstehend zwei Vorschriften, die ein ähnliches Produkt liefern:

Birkenwasser Genre Dralle

1.		2.	
Euresol	10 g	Euresol	5 g
Birkenknospenöl, leicht löslich	3 g	CanthaDridentinktur	3 g
frischer Birkensaft	800 ccm	Spanischpfeffertinktur	7 g
Alkohol	1200 ccm	Ess. Eau de Cologne	3 g
Ess. Eau de Clogne	2 g	Alkohol	700 ccm
		Birkensaft	200 ccm
		Wasser	100 ccm

Kamillen-Präparate.

Kamillenhaarwasser (Shampoon usw.) ist zum Waschen blonde Haare sehr geeignet, da es das Blondhaar aufhellt. Zweckmäßig werden solche Haarwässer mit Kamillen-Extrakt hergestellt.

Der Kamillenextrakt wird wie folgt dargestellt:

Kamillenextrakt

Kamillenblüten, zerstampft	1 000 g
Alkohol von 50 %	10 000 g

werden in einen zu erwärmenden Extrakteur hineingegeben und die Maschine zirka 24 Stunden laufen gelassen. Hiernach wird die Flüssigkeit durch ein Tuch geseiht, worauf nochmals eine Auspressung des

Rückstandes erfolgt. Dann wird alles zusammen in einen Behälter gegeben und eingedampft, wonach sich eine ungefähre Ausbeute von 22 bis 28% ergibt. Dieser Kamillenextrakt findet nun zu den verschiedensten Präparaten Verwendung.

Kamillenhaarwasser

Alkohol	10 000 g	Violette, *D. F.*	5 g
Kamillenextrakt	200 g	Nelkenöl	10 g
Kamillenöl, Citrat	180 g	Bergamottöl	100 g
Geraniumöl, Bourbon	30 g	Orangenblütenwasser	3000 g

Petrolhaarwässer

Die modernen Präparate dieser Art bestehen aus einer fetten Essenz, die ätherische Öle im Gemisch mit Petroleum oder Vaselinöl enthält und einem wässerig-alkoholischen Vehikel auf dem die Essenz schwimmt. Vor Gebrauch wird die Flasche kräftig geschüttelt und die so entstehende Emulsion aufgetragen.

Haarpetrol nach Art des Pétrole HAHN

Essenz		Vehikel	
Petroleum rektif.	50 g	Wasser	5 l
Portugalöl	30 g	Alkohol	2 l
Bergamottöl	10 g	Glycerin	200 g
Citronenöl	10 g	salzsaures Chinin	4 g

Grünlich färben mit fettlöslichem Chlorophyll und filtrieren.

Auch das Vehikel wird meist schwach grünlich gefärbt, kann aber auch farblos bleiben.

Man füllt das Vehikel in Flaschen von etwa 150 ccm Inhalt ab und schichtet auf die Flüssigkeit etwa 5 g fette Essenz auf.

Haarpetrol ohne Petroleum

Essenz		Vehikel	
Vaselinöl gelb	500 g	Alkohol	300 ccm
Bergamottöl	60 g	Wasser	700 ccm
Citronenöl	30 g	Glycerin	20 ccm
Linalool	60 g	Formalin	10 ccm

Grünlich färben usw.

Schwach grünlich färben.

Zur Stärkung des Haarbodens wird Milchzucker sehr empfohlen und damit hergestellte Präparate sollen recht gute Resultate geliefert haben. Auf Grund dieser Feststellung hat man eine Vorschrift wie folgt ausgearbeitet.

Haarbalsam

Alkohol	6000 g	Canangaöl	2 g
Ricinusöl	60 g	Muguet, *L. & C.*	1 g
Chinarindentinktur	50 g	Dest. Wasser	3000 g
Perubalsam	80 g	Milchzucker	500/1000 g
Terpineol	15 g		

In dem Alkohol werden die Öle gelöst; das Wasser wird zum Kochen erhitzt und der Milchzucker in dem kochenden Wasser gelöst. Nach Abkühlen gibt man beide Flüssigkeiten zusammen und füllt alsdann in opake (Milchglas-) Flaschen. Der Perubalsam sowie der in folgender Vorschrift verwendete Schwefel dienen als gute Mittel gegen Schuppenbildung.

Kopfwasser gegen Schuppen (Haaressenz)

Wasser	3000 g	Lavendelöl	5 g
Milchzucker	300 g	Isoeugenol	0,5 g
Schwefel präc.	50 g	Terpineol	3 g
Alkohol	50 g		

In dunkelfarbige Gläser zu füllen und vor dem Gebrauche tüchtig zu schütteln.

Campherschuppenwasser

Alkohol	3000 g
Campher	30 g
Lavendelöl	10 g
Heliotropin	10 g
Wasser	1200 g

Eiskopfwasser

Dieses verbindet die Annehmlichkeit großer Kühleerzeugung mit der völligen Reinigung der Kopfhaut von Schmutz und Schuppen, indem es zugleich auch die Haarwurzeln kräftigt.

Alkohol	15 000 g	Poleyöl	50 g
Citronenöl	100 g	Menthol	300 g
Bergamottöl	100 g	Wasser	5000 g
Petitgrainöl	50 g		

Hair Tonic für Export

Neroliöl, künstl.	85 g	Benzoetinktur (Sumatra)	1 020 g
Ceylonzimtöl	12 g	Moschustinktur	255 g
Jasminöl, *H. & C.*	8 g	Alkohol	45 400 g
Geraniol	10 g	Wasser	17 220 g

Ein äußerst erfrischendes, für die Hautpflege und als Kopfwaschwasser ausgezeichnetes Mittel. Speziell für tropische Länder.

Gute Mittel gegen den Haarschwund sind folgende:

Tanninkopfwasser

Alkohol	6000 g
Arnicatinktur	400 g
Chinatinktur	100 g
Tannin	150 g
Perubalsamtinktur	240 g
Bergamottöl	25 g
Neroliöl, künstl.	5 g
Vanillin	1 g
Terpineol	25 g
Aubépine, flüss.	5 g
Orangenblütenwasser	2000 g

Peru-Tanninhaarspiritus

Tannin	30 g
Ricinusöl	40 g
Perubalsam	40 g
Alkohol	1800 g
Chinatinktur	150 g
Cumarin	1 g
Vanillin	0,5 g
Heliotropin	0,5 g
Bergamottöl	1 g
Neroliöl	0,5 g

Zum Einreiben der Kopfhaut.

Haarspiritus

Salzsaures Chinin	3 g
Tannin	10 g
Cantharidentinktur	10 g
Alkohol	900 ccm
Wasser	100 ccm
Perubalsam	12 g

Ein sehr gutes Haar- und Kopfwasser ist ferner das Lindenblütenkopfwasser, da Schleim, Eiweiß, Zucker und — was für Kopfwasser sehr vorteilhaft ist — noch ein Gerbstoff, abgesehen von dem flüchtigen Öl, welches der kleinen Blüte den herrlichen Duft verleiht, die Hauptbestandteile der Lindenblüte bilden. Wenn man also unter Verarbeitung von Lindenblütenextrakt oder konzentriertem Lindenblütenwasser, das durch Abkochung von Lindenblüten in Wasser hergestellt wird, ein Kopfwasser in den Handel bringt, wird man sicherlich damit Erfolg haben.

Tiliakopfwasser

Alkohol	14 000 g
Heiko-Cosmo-Linde	30 g
Jonon	10 g
Perubalsamtinktur	200 g
Vanillin	10 g
Ambrettemoschus	15 g
Chinin	30 g

Lindenblütenextrakt	100 g	oder 5000 g Lindenblütenwasser, konz.
Wasser	10 000 g	oder 5000 g dest. Wasser

Dieses Präparat ist am besten hellgelb zu färben.

Haarspiritus gegen Haarschwund

Alkohol	2000 g	Tannin, pulv.	50 g
Benzoetinktur	150 g	Resorcin	25 g
Ricinusöl	150 g	Vanillin	2 g
Chloralhydrat	50 g		

Cholesterinhaarwässer.

In allerletzter Zeit haben diese Präparate ganz besondere Bedeutung erlangt, namentlich seitdem einwandfreie physiologische Untersuchungen die Wichtigkeit des Cholesterins als Regenerationselement der Haarpapillen und wichtigen Nährstoffe für das Haar einwandfrei dargetan haben.

Die Cholesterinhaarwässer des Handels sind nun keine Lotions im eigentlichen Sinne, die aus verdünntem Alkohol hergestellt werden (Maximum zirka 70% Alkohol), sondern sie sind konzentriert alkoholische Flüssigkeiten, die als Haarspiritus nur zum Einreiben, nicht zum Waschen und Reinigen der Kopfhaut bestimmt sind.

Als solche werden sie nur mit dem Wattebausch aufgerieben, keinesfalls wird mit diesen konzentriert alkoholischen Cholesterinlösungen das Haar und die Kopfhaut so reichlich getränkt, wie dies bei den eigentlichen Haarwässern oder Lotions der Fall ist.

Es ist auch praktisch — leider — ganz unmöglich, Cholesterinlotions in mittlerer Konzentration von 50 bis 70% Alkohol herzustellen, weil das Cholesterin selbst in hochprozentigem Alkohol nur in geringen Mengen löslich ist, während verdünnter Alkohol nur Spuren Cholesterin dauernd in Lösung halten kann.

So ist die mittlere Löslichkeit des Cholesterins etwa folgende:

In Alkohol von 96%	1 %
„ „ „ 85 bis 90%	0,5 %
„ „ „ 75%	0,25%
„ „ „ 60%	nur Spuren!!

In dieser geringen Löslichkeit des Cholesterins in Alkohol liegt eine große Schwierigkeit, auch fällt oft ein großer Teil des gelösten Cholesterins bei niederer Temperatur wieder aus. Man hat zur Erhöhung der Löslichkeit die Mitverwendung von Isoprophylalkohol und Glycerin vorgeschlagen, auch Seifen erhöhen die Löslichkeit des Cholesterins etwas, doch immer noch nicht in zufriedenstellendem Maße.

Nachstehend einige Vorschriften für Cholesterinhaarwässer (besser als Cholesterin h a a r g e i s t zu bezeichnen).

I. Cholesterin	1 g
Alkohol, 95%ig	98 g
Ricinusöl	0,5 g
Heliotropin	0,5 g

II. Cholesterin	0,5 g
Alkohol 95%ig	90 g
Wasser	10 g
Seife	2 g

III. Cholesterin	0,3 g
Isopropylalkohol	5 g
Alkohol, 95%ig	75 g
Glycerin	3 g
Tetrachlorkohlenstoff	3 g
Tetrachlorkohlenstoff	3 g
Wasser	10 g

Cholesterin wird ebenfalls mit bestem Erfolg in der Hautpflege verwendet (vgl. später).

Shampooings (Shampoons).

Praktisch unterscheiden wir solche Shampoons, die auf dem Kopfe nur einen vorübergehenden Schaum hervorrufen, bei denen also nicht mit Wasser nachgespült werden muß, und eigentliche Seifenshampoons, die einen üppigen dichten Schaum hervorbringen, der kräftiges Nachspülen mit Wasser nötig macht.

Die erstere Klasse nähert sich sehr dem sogenannten Dry-Shampoo. Diese sind dadurch gekennzeichnet, daß man das fixe Alkali der Waschflüssigkeiten durch Salmiakgeist ersetzt. Bei diesem Verfahren braucht man hinterher weniger Wasser anzuwenden, da der im Haar zurückbleibende Rest von Salimiakgeist freiwillig verdunstet. Für diese Klasse von Präparaten ist folgendes Rezept typisch.

Dry-Shampoo

Salmiakgeist, 10%ig	2,5 g
Eau de Cologne	2,5 g
Alkohol	112,5 g
Wasser	112,5 g

Man reibt diese Mischung mit einem Schwamm oder Handtuch in das Haar ein und wäscht zwecks Erzielung einer vollständigen Reinigung mit etwas Wasser nach.

Unter Dry-Shampoo wird übrigens auch das Waschen der Haare mit Benzin oder Tetrachlorkohlenstoff verstanden, ebenso auch das Einpudern der Haare mit alkalischen Pulvern und Ausbürsten nach entsprechend langem Liegenlassen.

Die erstere Art der Shampoons ist heute, und mit Recht, weniger beliebt und zieht man diesen leicht schäumenden Produkten heute fast allgemein die Seifenshampoons vor, weil letztere eine energischere Reinigung der Kopfhaut gestatten.

I. Alkalische, leichtschäumende Shampoons.

Die Hauptanforderung, die man an ein solches Shampooing stellt, ist die, daß es gut und stark auf dem Haare schäumt und daß dieser Schaum trotzdem wieder schnell zergeht, ohne natürlich einen Rückstand zu hinterlassen, der erst wieder der Auflösung mit Wasser bedürfte, wie das bei Seifenschaum der Fall ist. Während eine Anzahl der am Markte befindlichen Bay Rums größere oder kleinere Beimischungen gelöster Seife in irgend welcher Art enthält, muß man das Schäumen des Shampooing Water auf andere Art hervorbrzubringen suchen. Am einfachsten geschieht das durch die Vermischung von Salmiakgeist, doppelkohlensaurem Natron und Wasser, wie es nachfolgende, gut bewährte Vorschriften angeben:

Shampooing Water

1. Wasser	10 000 g	Doppelkohlensaures Natron	600 g
Alkohol............	5 000 g	Bergamottöl, terpenfrei....	15 g
Salmiakgeist, 10%ig .	150 g		
3. Wasser	15 000 g	Süßes Pomeranzenöl, terpenfrei.............	6 g
Alkohol............	2 000 g	Citronenöl, terpenfr.	2 g
Salmiakgeist, 10%ig .	200 g	Bergamottöl, terpenfrei....	5 g
Doppelkohlensaures Natron	700 g		
Borax	100 g		
3. Wasser	500 g	Salmiakgeist, 10%ig	8 g
Alkohol	400 g	Bergamottöl	2 g
Borax, pulv.	15 g	Geraniumöl, afrik.........	1 g
Pottasche	8 g		

Ein alkalisches seifenfreies Shampoonpulver stellt man wie folgt her:

Shampooing Powder

Doppelkohlensaures Natron.	500g
Kohlensaures Ammoniak ..	50 g
Borax	50 g

Dieses Shampooing-Pulver wird auch in verschiedenen Gerüchen verlangt, und die Zusammenstellung geeigneter Parfums ist folgende.

Veilchen

Pulver	1000 g
Bergamottöl, terpenfrei	20 g
Canangaöl	15 g
Jonon	3 g

Rose

Pulver	1000 g
Geraniol	30 g
Rosenöl, künstl., *H. & C.*	5 g
Sandelholzöl, ostindisch	5 g

Flieder

Pulver	1000 g
Terpineol	50 g
Hyazinthin	3 g
Bergamottöl, terpenfrei	5 g

Heliotrop

Pulver	1000 g
Heliotropin	30 g
Vanillin	5 g

II. Seifenshampoons.

Shampooing Français

Weiße Kaliseife	100 g
Pottasche	200 g
Dest. Wasser	2 l

Zusammen kochen lassen und nach dem Erkalten zusetzen:

Vanilletinktur	200 ccm

Shampoo

Weiße Kaliseife	50 g
Pottasche	50 g
Natriumbicarbonat	20 g
Dest. Wasser	1 l
Alkohol	100 ccm

Parfum q. s.

Shampoo Jelly

Marseiller Seife	120 g
Dest. Wasser	280 g

Heiß auflösen und zusetzen:

Pottasche	30 g
Glycerin	60 g

Parfum pq. s.

Sehr zweckmäßig stellt man sich gute Shampoonseifen selbst her z. B.:

Ölsäure, hell	300 g
Cocosöl	300 g
KOH 38 Bé.	300 g

Verseifen, 12 Stunden ruhig stehen lassen, dann neutralisieren und folgende Lösung zurühren: Warmes Wasser 1600 g, Chlorkalium 16 g.

Eine andere gute Vorschrift für Shampoonseife ist folgende:

Olivenöl	650 g
Cocosöl	300 g
Ricinusöl	50 g
KOH 38 Bé.	500 g
Wasser	500 g

Verseifen, nach 12 Stunden neutralisieren und zusetzen: 20 g Chlorkalium gelöst in 2000 g warmem Wasser.

Wie oben angegeben verdünnt, geben diese Seifen ein fertiges flüssiges Shampoon.

Ein Zusatz von Natriummetaphosphat oder Natriumpyrophosphat verhindert die Bildung von Kalkseife, ist also zur Erhöhung des Wascheffektes und zur Verhütung des Kalkschleiers auf dem Haar zu empfehlen. Für flüssige Seifenshampoons genügen etwa 5—6 g Natriummetaphosphat per Liter, für Seifenpulver etwa 5%.

Shampoonpulver

1. Kernseifenpulver ..... 1000 g
   Cocosseifenpulver ..... 1000 g
   Natr. bicarb. .... 100 g
   Ammoncarbonat ..... 50 g

2. Kernseifenpulver ..... 1500 g
   Cocosseifenpulver ..... 500 g

3. Kernseifenpulver ..... 500 g
   Cocosseifenpulver ..... 1500 g

4. Cocosseifenpulver .... 200 g
   Stearinkaliseifenpulver 600 g
   Kernseifenpulver ..... 100 g
   Natriummetaphosphat 50 g
   Natriumbicarbonat ... 25 g
   Borax .... 25 g

5. Cocosseifenpulver .... 350 g
   Natriummetaphosphat 50 g
   Kernseifenpulver ..... 450 g
   Natriumbicarbonat ... 100 g
   Borax .... 50 g

Ein ganz billiges Shampooing Powder stellt man noch wie folgt her:

Cocosseifenpulver	10 000 g
Kalzinierte Soda	2 000 g
Doppelkohlensaures Natron	1 000 g
Bittermandelöl, künstl. ..	50 g

Kopfwaschpasta.

Weiße Marseiller Seife	115 g	Lavendelöl	5 Tropfen
Wasser	170 g	Bergamottöl	10 Tropfen
Glycerin	60 g		

Man schneidet die Seife in Späne, schmilzt sie auf dem Wasserbade in der angegebenen Menge Wasser und fügt dann — wenn es die Kundschaft der energischeren Wirkung wegen wünscht — 15 bis 25 g Pottasche hinzu. Man läßt nun nahezu erkalten und rührt dann das Glycerin und Parfum ein, eventuell unter Zugabe von noch etwas Wasser.

Nach der eben beschriebenen Methode werden auch die Eier-Kopfwaschpasten hergestellt, welche in der Regel keine Spur Eigelb enthalten.

Brillant Shampooing Powder

Doppelkohlensaures Natron	2000 g	Seifenpulver, rein	5000 g
Borax	400 g	Gladiolin	80 g
Kalzinierte Soda	120 g	Geranin, *S. & C.*	130 g
Kohlensaures Ammoniak .	800 g	Benzylacetat	100 g

Henna-Shampoon

Henna pulv.	50—100 g
Borax	150 g
Pottasche	25 g
Natriumbicarbonat	25 g
Seifenpulver	500 g

Dieses wird mit sehr heißem Wasser aufgebrüht verwendet und gibt den Haaren einen schönen Mahagonischimmer. Von einer haarfärbenden Eigenschaft, dieses Präparates kann aber nicht die Rede sein.

Man findet unter dem Namen Henna-Shampoon sehr häufig Oxydationshaarfarben mit p-Toluylendiamin o. a. (Kleinol-Henna Shampoon u. a.).

Eine derartige Bezeichnung ist eine bewußte Irreführung des Publikums, die scharf zu verurteilen ist.

Bleichendes Shampoonpulver.

Für oberflächliche Bleichwirkung genügt es, zirka 5% Natriumperborat zuzusetzen. Für ausgesprochene Bleichwirkung aber werden gleiche Teile Seifenpulver und Natriumperborat gemischt.

Zum Reinigen der Haare wird dieses 50%ige Natriumperboratpulver so angewendet, daß man 50 g des Gemisches in ½ l lauwarmen Wassers verteilt und damit wäscht. Wünscht man dagegen eine ausgesprochene Bleichwirkung, so löst man 50 g Pulver in ½ l heißen Wassers und wäscht damit die Haare, die man alsdann an der Luft, möglichst an der Sonne, trocknen läßt.

Die Shampoonpulver im allgemeinen betreffend, ist hier folgendes zu bemerken:

Man findet leider im Handel solche Pulver, die sehr viel Soda enthalten, ja solche, die zum größten Teile aus Soda bestehen. Dies ist aber zu verwerfen und soll man mit dem Alkalizusatz nicht über 30% hinausgehen, weil sonst das Haar rasch spröde wird, auch bei dunklem Haar ein häßlicher, fuchsiger Ton auftritt.

Als Ersatz der Seifenshampoons kann man auch Abkochungen saponinhaltiger Drogen wie Seifenwurzel, Quillayarinde usw. verwenden oder Saponinlösungen heranziehen.

Die reinigende (detersive) Wirkung solcher Präparate ist gut, doch läßt die Schaumkraft beim Frottieren während des Waschens recht zu wünschen übrig, auch mangelt der Saponinschaum an Dichte.

Trotzdem werden solche Saponin-Shampoons relativ häufig benützt.

American Shampoo

Man bereitet aus 200 g Quillayarinde mit 1000 g kochendem Wasser eine Infusion und löst im Filtrat 1 g Borax und 1 g Borsäure auf. Nach dem Erkalten setzt man 100 g Alkohol hinzu.

Saponinshampoon

Man löst 10 g Saponin in 900 g Wasser und gibt dann 100 g Alkohol hinzu.

Diese Shampoons können natürlich als „seifenfreie“ Shampoons bezeichnet werden, doch versteht man in der modernen Parfumerie unter dieser Bezeichnung Shampooniermittel, die unter Verwendung von Fettalkoholsulfonaten, Sapaminen oder dgl. hergestellt wurden.

Diese sogen. „synthetischen Seifen“, repräsentiert durch gewisse Fettalkohol- bzw. Fettsäurederivate wie Fettalkoholsulfonate, Sapamine, Igepone, Lamepone usw. schäumen gut und lassen sich als Ersatzmittel für Seife heranziehen.

Die einzelnen Produkte betreffend sei kurz folgendes bemerkt:

Fettalkoholsulfonate

Verwendet werden diese in neutralisierter Form als Alkalisalze; ihre Wirkung wird weder durch Alkalien oder Seife, noch durch nicht zu große Mengen Säure beeinträchtigt, weshalb man sie in alkalischen Shampoons oder als Zusatz zu Seifenshampoons mitverwenden kann.

Fettalkoholsulfate können auch in sauren Shampoons Verwendung finden, ebenso in neutraler Form (Onalkali-Shampoon) mit Neutralsalzen gemischt als Pulver oder in wässeriger Lösung als flüssiges Shampoon.

Die Wirkung der Fettalkohole ist kräftig reinigend, doch recht brutaler Natur; sie können das Haar durch Fettentzug schädigen. Die Schaumkraft ist sehr gut und kommt jener der Seife am nächsten.

Praktisch gesprochen sind die Fettalkoholsulfonate in Deutschland dem Praktiker nur schwer zugänglich, da ihre Verwendung unter Patentschutz steht.

Nicht geschützt ist die Verwendung der Fettalkoholphosphonate, die ähnlich wirken, ebenso jene von Cetylsulfonat u. a.

Frei ist auch die Verwendung der Lamepone (Chemische Fabrik Grünau, Grünau bei BERLIN) und der Igepone (I. G.-Farben), die gut verwendbar sind und weniger brutal entfetten als die Fettalkoholsulfonate.

Sapamine

schäumen weniger gut, doch hinreichend; sie sind ungemein empfindlich gegen Alkali und Seife, können also nicht mit diesen zusammen verwendet werden. Vorzüglich wirken sie in sauren Milieu. Sie reinigen gut und weniger brutal wie die Fettalkoholsulfonate.

Nachstehend einige Vorschriften:

1. Natrium-Laurylsulfonat	63 g
Na-Metaphosphat	5 g
Natriumbicarbonat	22 g
Borax	10 g

2. Na-Laurysulfonat	10 g
Na-Cetylsulfonat	10 g
Seifenpulver	60 g
Na-Metaphosphat	4 g
Borax	4 g
Natriumbicarbonat	12 g

3. Lamepon B. 100	8 g
Seifenpulver	40 g
Borax	5 g

4. Lamepon B. 100	50 g
Wasser	50 g

Saure Shampoons

1. Triäthanolamin-Laurylsulfonat	60 g
Citronensaft	20 g
Citronensäure	2 g
Wasser	60 g

2. Sapaminacetat	20 g
Borsäure	1—2 g
Wasser	80 g

3. Sapamincitrat	15 g
Citronensaft	2 g
Citronensäure	0,5 g
Alkohol	10 g
Wasser	72 g

4. Triäthaolamin-Laurylsulfonat	50 g
Citronensäure	1 g
Borsäure	1 g
Milchsäure 80%	0,5 g
Wasser	60 g

Oel-Shampoon

Diese modernen Haarreinigungsmittel sind von größter praktischer Bedeutung, soweit es sich um echte Oelshampoons handelt und nicht um einfache Türkischrotölpräparate, die man ebenfalls als Ölshampoon bezeichnet hat.

Die Ölshampoons schäumen nicht; sie reinigen als hydrophile Öle, die mit Wasser in Form dichter Emulsion heruntergewaschen werden können. Man trägt sie am besten in unverdünnter Form unter gutem Reiben auf Kopfhaut und Haar auf und spült nach etwa ½ stündigem Kontakt mit warmem Wasser aus. Die Haare werden so geschmeidig und glänzend, auch reinigen die Ölshampoons vorzüglich.

Türkischrotöl-Shampoon
kombiniert

Türkischrotöl 75%	50 g
Vaselinöl	20 g
Ölsäure, hell	30 g
Wasser (I. Portion)	50 g
Ammoniak (0,92)	10 g
Wasser (II. Portion)	40 g

Man mischt die Öle mit der Ölsäure unter Erwärmen im Wasserbad. Nun setzt man die erste Portion Wasser zu (Trübung) dann den Ammoniak (Klärung), schließlich wird die zweite Portion Wasser eingerührt. Es resultiert ein klares Präparat, das ganz vorzüglich reinigt, obwohl es absolut nicht schäumt.

Echtes Oelshampoon

Olivenöl	30 g
Lanolin, anhydr.	1 g
Vaseline	2 g
Ölsäure, hell	5 g
Triäthanolamin	2,5 g

Die Fette leicht unter Rühren erwärmen; wenn Mischung homogen gelöst TRI zurühren.

Benzinemulsion zum Haarwaschen.

Man löst 20 g Triäthanolaminseife in 300 g Benzin und fügt allmählich 500 g Wasser zu.

Man erhält so eine gleichmäßige Emulsion, die gut reinigt und zwar besser als reines Benzin.

Auch mit Ammoniumlinoleat kann man eine Benzinemulsion herstellen. Man inkorporiert 70 g Alkohol in 70 g Ammonumlinoleat und gibt nach und nach 850 g Benzin bis zur Lösung hinzu. Es resultiert eine klare Flüssigkeit, die mit der gleichen Menge Wasser eine haltbare Emulsion liefert.

Haarglanzpulver

Als solche dienen Säuren, die als Nachspülmittel nach dem Shampoonieren angewendet werden, um den Kalkschleier zu lösen und so stumpf gewordenes Haar geschmeidig und glänzend machen zu helfen.

Die Säuren kommen entweder in losen Pulvern oder in Tablettenform in den Handel. Es können natürlich nur solche Säuren, bzw. sauren Salze verwendet werden, die nicht hygroskopisch sind.

Gut geeignet sind Weinsäure, saure weinsaure Salze, Adipinsäure saure Mischungen. Citronensäure ist zu leicht hygroskopisch, dagegen kann ein Gemisch von 2 T. entwässerter Citronensäure und 1 T. entwässertem Natriumsulfat, die innig verrieben wurden, als trockenbleibendes Säurepulver Verwendung finden.

Von Gemischen seien noch erwähnt:

1. Alaun	50 g	2. Weinsäure	50 g
Weinstein	50 g	Weinstein	40 g
Adipinsäure	10 g	Borsäure	10 g
3. Alaun	60 g	4. Methyladipinsäure	15 g
Weinstein	30 g	Weinsäure	15 g
Adipinsäure	10 g	Alaun	20 g

Haaröle.

Die zweckdienliche Herstellung der Haaröle setzt größte Fachkenntnis und Aufmerksamkeit voraus. Es stehen zwar heute dem Parfumeur die besten Rohprodukte zur Verfügung, jedoch ist es ebenfalls angezeigt, diese vorher zu präparieren, d. h. vor dem Ranzigwerden zu schützen. Die hauptsächlichsten Öle (nicht trocknende), welche in Betracht kommen, sind folgende: ff. Olivenöl, Archisöl, süßes Mandelöl (Pfirsichkernöl), fettes Senföl (Sinapol), kalt gepreßtes Rüböl, sowie für sogenannte „Huiles antiques" entscheintes Mineralöl (Vaselinöl). Je frischer man diese Öle einkauft und je kühler man sie im dunkeln, jedoch luftigen Keller lagert, desto länger widerstehen sie der Ranzidität. Als eines der bestgeeigneten fetten Öle gilt das kalt gepreßte Rüböl; es ist nur schwer zu haben, da Rüböle meist warm gepreßt werden und dann bei der Raffinierung durch Säuren einen brenzlichen, sauren Geruch erhalten. In der Praxis hat sich bei Verwendung des früher viel gebrauchten Sesamöles herausgestellt, daß dieses eines der am leichtesten „harzenden" Öle ist, weshalb soviel wie möglich von dessen Verarbeitung abzusehen ist. Sehr gut für billige Öle ist eine Mischung von 1 T. Olivenöl und 2 T. entscheinten Vaselinöles. Und die vegetabilischen Öle zu präparieren, erwärmt man im Wasserbade 10 kg irgendeines genannten Öle; sie dürfen jedoch hiebei nicht zu heiß werden. Nun zerkleinert man 400 g Sumatra-Benzo und mischt die Benzo mit 800 g Borsäure durcheinander, aber recht innig, da die Borsäure hauptsächlich dazu dient, daß das Benzoeharz nicht wieder zusammenschmelzen kann. Diese Mischung gibt man in ein Gazebeutelchen und hängt dieses in das warme Öl. Von dieser Benzoe geht etwas in Lösung über, verleiht dem Öle einen vanilleartigen Geruch und schützt es hauptsächlich vor dem leichten Ranzigwerden. Nachdem man das Öl unter öfterem Umrühren 4 bis 5 Stunden hat digerieren lassen, entfernt man es aus dem Wasserbade, läßt abkühlen und hebt es zum Gebrauche auf. Von diesem präparierten Öl setzt man dann eine entsprechende Menge den Ansätzen zu. Besser bewährt sich aber die Rauervierung der fetten Öle mit Estern der p-Oxybenzoesäure. (Etwa 20 g Methylester für 1000 g Öl).

Als Ideal eines Haaröles gilt das Behenöl. Es ist dünnflüssig, geruch- und geschmacklos und widersteht außerordentlich lange dem Ranzigwerden, indessen ist es viel zu teuer.

Unter den Grundlagen für feine Haaröle hat sich seit einer Reihe von Jahren das fette Senföl einen bevorzugten Platz gesichert. Alle mit diesem Öl hergestellten Kosmetika haben sich als fast unbegrenzt haltbar erwiesen, man kann daher das Sinapol (Handelsname des fetten Senföles) ruhig zu jeder Art von feinen Haarölen, Salben usw. verwenden, besonders da, wo ein recht fetter Körper bevorzugt wird und man das Vaselinöl nicht wünscht.

Das aus der Senfsaat durch hydraulische Pressung und folgende Rektifikation, welche wieder auf eine ganz besondere Weise geschieht, gewonnene Öl hat bekanntlich dem Olivenöl und Sesamöl gegenüber die großen Vorteile, daß es nicht ranzig wird und nicht verharzt. Das Sinapol ist in zwei Sorten im Handel, naturgelb und gebleicht. Die letztere Sorte eignet sich ganz besonders für die feinsten Erzeugnisse auf dem Gebiete der Haarpflege. Dabei ist ein geringer Eigengeruch durch die kleinste Beigabe von Riechstoffen zu decken, auch lösen sich diese fast alle sehr leicht in Sinapol. Ein weiterer Vorteil ist der, daß sich das Sinapol in jedem Verhältnis mit Mineralöl mischt, wodurch die Möglichkeit gegeben ist, sehr fettreiche und doch verhältnismäßig billige Erzeugnisse herzustellen, welche den aus Olivenöl hergestellten Ölen nicht nur entsprechen, sondern sie sogar noch übertreffen an Haltbarkeit und Fettgehalt, ebenso an Reinheit des Geruches. Denn es ist nur zu bekannt, daß viele Verbraucher von Haaröl durch jeden auch noch so kleinen Beigeruch irritiert werden und dasselbe nicht weiter gebrauchen können oder wollen, ein Moment, das bei der Verarbeitung von Sinapol völlig in Wegfall kommt. Zudem genügt, wie bereits eingangs bemerkt, eine ganz geringe Menge Riechstoff — auf 1000 g Sinapol etwa 10 bis 15 g Terpineol — zur Verdrängung jeden Eigengeruches und Ausbreitung eines sehr angenehmen Duftes.

Wir lassen hier einige Anleitungen zur Herstellung verschiedener Blumenhaaröle folgen.

Veilchenhaaröl

Sinapol, gebleicht	1000 g
Iridoline, 100%ig, *Fl.*	5 g
Champacaöl, künstl., *Sch. & C.*	2 g
Bergamottöl	5 g
Geraniumöl	2 g

Blütenhaaröl

Sinapol, gebleicht	1000 g
Vaselinöl, weiß	1000 g
Geraniumöl, Bourbon	20 g
Vanillin	5 g

Huile Antique

Vaselinöl, gelb	2000 g
Sinapol, gelb	500 g
Bergamottöl,	10 g
Cassiaöl	5 g
Geraniumöl	15 g

Huile aux Fleurs. Lys de St. Jago

Sinapol, ff., weiß	3000 g
Vanillin	4 g
Heliotropin	6 g
Linalylcinnamat	10 g
Terpineol	20 g
Rosenöl, echt	1 g

Mit Brennesselwurzel bereitet man ein Haaröl, welches ebenfalls haarstärkende Eigenschaften haben soll. Man stellt sich zunächst auch hier eine Infusion aus Öl und Wurzeln her, indem man 1000 g zerschnittene Wurzeln mit 2000 g Sinapol (fettes Senföl) bei etwa 35° C zusammenbringt und gut durchschüttelt. Die Mischung läßt man etwa 20 Tage ziehen, wonach man auspreßt und filtriert.

Brennesselhaaröl

Öl, mit Brennesselwurzel infundiert	3000 g
Vaselinöl, weiß	1000 g
Bergamottöl	25 g
Terpineol	50 g
Heliotropin	10 g

Auch mit Brennesselkraut kann eine solche Öl-Infusion bereitet werden.

Klettenwurzelöl

Olivenöl	3500 g
Vaselinöl	500 g
Präpariertes Benzoeöl	1000 g
Geraniumöl, afrik.	10 g
Bergamottöl	10 g
Portugalöl	20 g
Citronenöl	25 g
Eugenol	10 g
Citronellöl, Java	25 g
	25 g

Nach dem Ansetzen und Parfumieren läßt man einige Tage stehen und filtriert dann.

Das allgemein bekannte Klettenwurzelöl hat mit der Klettenwurzel in den wenigsten Fällen etwas zu tun, denn wirkliches Klettenwurzelöl findet sich sehr selten im Handel. Um solches herzustellen, verfährt man wie folgt:

Olivenöl	2000 g
Geraspelte Klettenwurzel	200 g

werden einige Stunden zusammen auf etwa 50° erwärmt. Dieses Gemisch läßt man dann 8 Tage stehen; darauf preßt man Öl und Wurzeln durch ein Tuch fest aus und filtriert später.

Arnicahaaröl

Olivenöl	1000 g
Arnicaölinfusion	1000 g
Chlorophyllösung	10 g
Narzissenöl, *N. & C.*	3 g
Bergamottöl	5 g
Cumarin	2 g

Die hierzu notwendige Arnicawurzelinfusion in Öl wird wie folgt hergestellt:

Arnicawurzelinfusion in Öl

Sinapol	2000 g
Arnicawurzel, ff., geraspelt	200 g

Man verfährt bei Herstellung dieser Infusion wie bei der Klettenwurzel.

Balsamisches Kräuteröl

Olivenöl	2000 g
Vaselinöl, weiß	3000 g
Chlorophyll	2 g
Thymianöl, weiß	5 g
Neroliöl, künstl.	15 g
Bergamottöl	35 g
Portugalöl	35 g
Majoranöl	5 g

Das Chlorophyll löst man in etwas angewärmtem Vaselinöl vom Ansatz.

Mit diesem Parfum kann man die diversen Sorten einfacher Haaröle parfumieren.

Haaröl A

Olivenöl	5 000 g
Arachisöl	15 000 g
Parfum	350 g

Haaröl B

Arachisöl	40 000 g
Vaselinöl, gelb	10 000 g
Parfum	850 g

Haaröl C

Arachisöl	10 000 g
Vaselinöl, gelb	40 000 g
Parfum	650 g

Haaröl D

Vaselinöl, gelb	5000 g
Parfum	30 g

Blumenhaaröle

Zu diesen verwendet man die fetten französischen Blumenöle Huiles Antiques Nr. 6 oder man stellt sich die Ersatzöle für diese wie folgt her:

Blumenölersatz für:

Rose Nr. 6

Olivenöl (mit Benzoe präpariert)	1000 g
Rosenöl, künstl., *Sch. & C.*	14 g

Veilchen Nr. 6

Olivenöl, präpariert	1000 g
Jonon, 1000%ig	15 g

Cassie Nr. 6

Olivenöl, präpariert	1000 g
Cassieblütenöl, *H. & R.*	3 g

Orange Nr. 6

Olivenöl, präpariert	1000 g
Orangeblütenöl, künstl.	10 g

Jasmin Nr. 6

Olivenöl, präpariert	1000 g
Jasminöl, künstl. *Heiko*	7 g

Um Ersatzöle für Blumenöle Nr. 24 oder 36 herzustellen, genügt in den meisten Fällen eine dem Preis entsprechende Vermehrung des zuzusetzenden Riechstoffes sowie je 10 g Benzoe-Resinoid, das sich in dem Öl sehr gut macht. Auch kann man hier die verschiedenen Blütenöle sehr vorteilhaft verwenden.

Es bleibt also dem Parfumeur überlassen, in den folgenden Vorschriften französische Blumenöle oder die Ersatzöle zu nehmen.

Blumenhaaröle

Rose

Rosenöl Nr. 6	5000 g
Olivenöl	5000 g
Rosenholzöl	40 g
Geraniumöl, Bourbon	10 g

Veilchen

Cassieöl Nr. 6	2000 g
Jasminöl Nr. 6	2000 g
Veilchenöl Nr. 24	2000 g
Olivenöl	5000 g

Heliotrop

Cassieöl Nr. 6	2000 g
Orangenöl Nr. 6	2000 g
Jasminöl Nr. 6	1000 g
Cumarin	210 g
Olivenöl	5000 g
Heliotropin	15 g
Bittermandelöl	0,5 g
Vanillin	5 g

Reseda

Cassieöl Nr. 6	2000 g
Orangenöl Nr. 6	2000 g
Jasminöl Nr. 6	2000 g
Olivenöl	4000 g
Quarantaine, *L. & C.*	10 g

Maiglöckchen

Jasminöl Nr. 6	2000 g
Rosenöl Nr. 6	2000 g
Olivenöl	2000 g
Muguet, künstl.	15 g
Linalool	5 g
Cumarin	22 g
Rosenöl, künstl.	5 g

Chinarindenöl

Olivenöl	1000 g
Geraspelte Chinarinde	800 g

werden im Wasserbade zirka 6 bis 8 Stunden digeriert und dann ausgepreßt.

Quinineöl

Olivenöl	3000 g
Chinarindenöl	2000 g
Cassieöl Nr. 6	3000 g
Rosenöl Nr. 6	1000 g
Bergamottöl	100 g
Portugalöl	40 g
Citronenöl	20 g
Rosenholzöl	50 g
Isoeugenol	10 g
Farböl, rot	1000 g

Rotes Farböl

Arachisöl	1000 g
Alkannin	2120 g

Bis z. Lösung im Wasserbad erwärmen.

Rotes Haaröl

(Für den Export als „**Queen's Oil**" bekannt)

Vaselinöl	10 000 g
Farböl, rot	500 g
Rosmarinöl	200 g
Nelkenöl	100 g

Macassaröl, rot

Zu dem echten *Rowlands* Macassaröl wird das schon erwähnte teure Behenöl verwendet. Eine andere Vorschrift ist folgende:

Olivenöl, präpariert	1000 g
Neroliöl, künstl.	0,5 g
Rosenöl, künstl.	1 g
Rosmarinöl	5 g
Origanumöl	10 g
Eugenol	1 g
Farböl, rot	100 g

Macassaröl, rot

I.	Mandelöl, süß	2500 g
	Olivenöl	2500 g
	Alkannin	3 g
	Canangaöl, Java	10 g
	Pomeranzenöl, bitter	10 g
	Geraniol	40 g
	Bergamottöl	10 g
II.	Vaselineöl	5000 g
	Alkannin	1,5 g
	Bergamottöl	50 g
	Citronenöl	35 g
	Geraniol	15 g

Nußöl

Ein „echtes" Nußöl mit färbenden Eigenschaften, wie es dem Verbraucher vorschwebt, existiert nicht. Was unter dem Namen „Nußöl" im Handel ist, ist mit fettlöslichen Anilinfarben braungefärbtes fettes Öl, meist Vaselinöl, dem natürlich nur in der Einbildung des Verbrauchers haar- oder hautfärbende Wirkung zukommt.

Manche „Nußöle" enthalten auch übrigens tatsächlich fettlösliche haarfärbende Substanzen, die aber im fetten Vehikel nur wenig wirksam sind.

Haar-Pomaden.

Wie bereits bemerkt, hat der Verbrauch in Pomaden im westlichen Europa ganz ungemein nachgelassen, ja er ist auf ein Minimum zusammengesunken. Dagegen spielen die Haarpomaden im Export-Handel auch heute noch eine nicht unbeträchtliche Rolle.

Zur Pomadefabrikation finden weiche und harte Fette sowie Öle Verwendung, und es richtet sich der Zusatz von harten Fetten bzw. Wachsarten, wie Talg, Wachs, Ceresin oder Walrat sowie auch Lanolin nach den Temperaturverhältnissen der Jahreszeit; so kann man im Winterhalbjahr weniger harte Fette mitverarbeiten als im Sommerhalbjahr. Es muß der Parfumeur selbst herausfinden, ob seine Pomade salbenartige haltbare Konsistenz hat, und hiernach seine Ansätze regeln. Zur Bereitung der besseren Pomaden kann man sich folgendes Grundfett herstellen: 50 kg (beste Marke) Schweinefett kocht man tüchtig mit 15 kg Wasser, worin 2 kg Salz und 1 kg Alaun gelöst sind, zwei Stunden durch, läßt hierauf absetzen, schöpft das reine Fett ab, entfernt das Wasser, welches alle Fasern und Verunreinigungen des Fettes enthält, und säubert den Kessel. Sodann bringt man das Fett in den Kessel zurück und läßt es in der Hitze wieder blank werden, was eintritt, sobald der letzte Tropfen Wasser, welcher noch im Fett vorhanden war, verdampft ist. Nun hängt man 2 kg pulv. Benzoe mit 1 kg Borsäure in einem Gazebeutel ins heiße Fett und digeriert hiermit einem Tag lang, entfernt den Benzoebeutel und setzt auf die 50 kg Schmalz 1 kg Ceresin, weiß, zu. Darauf füllt man dieses Fett in den dazu bestimmten Ständer und gibt unter Rühren 20 kg weiße Vaseline kalt zu, wodurch sich das Fett schon sehr abkühlt und nach 1- bis 2 stündigem fleißigen Rühren zur Erstarrung kommt. Dieses Grundfett hebt man zum Gebrauch an einem dunkeln, luftigen, kühlen Ort auf. Pomaden, mit diesem Fette bereitet, halten sich tadellos. Talg zu Stangenpomaden (Cosmétiques fixateurs) wird auf eben die Weise wie Schmalz präpariert. Bei der Fabrikation der Cosmétiques fixateurs braucht man vorerwähnten Talg, feines Bienenwachs, allerbestes Ceresin sowie die hellsten Harze. Beim gelben Naturbienenwachs muß man darauf achten, dasselbe in reiner unverfälschter Qualität zu erhalten; denn der honigartige, reine Wachsgeruch dient auch mit als Parfumfixierungsmittel. Das hier auch häufig verwendete gebleichte, reine Bienenwachs ist nur in konserviertem Zustande zu verwenden. Da die Harz-Wachs-Pomaden hauptsächlich den Zweck haben, hergestellte Frisuren haltbar zu machen und speziell den Scheitel fest zu legen, so empfiehlt es sich, hiebei Sesamöl oder fettes Senföl (Sinapol) mitzuverarbeiten, da diese in Verbindung mit Harz und Wachs vorzüglich kleben.

Es sei hier noch erwähnt, daß man von der Herstellung der Pomaden aus tierischem Fett immer mehr und mehr abkommt und sich der Vaseline zuwendet. Wenigstens werden die zu Pomade verarbeiteten Quantitäten von Vaseline immer größer, was hauptsächlich seinen Grund darin hat, daß die mit Vaseline hergestellten Pomaden nicht dem Ranzigwerden ausgesetzt sind.

Zur Färbung der Pomadenkörper bedient man sich besonderer Farben bzw. Farbenfette, indem man die Farben im Fett ziemlich konzentriert löst oder feinstens darin verarbeitet und dieses Farbenfett dann zum Färben der Pomaden verwendet. Man hat dann nicht nötig, die Pomade so sehr zu erwärmen, und es leidet dann auch das Parfum nicht, wie auch der Fettkörper selbst. Das von der Natur gegebene Farbenfett ist das Palmöl; von Farben verwendet man Lederin, Orellana Brasil, Kurkuma usw. für Gelb, Alkannin für Rot und Rosa, Chlorophyll für Grün. Auch fettlösliche Anilinfarben können für die Färbung von Pommaden herangezogen werden.

Zu den feinsten

Blumenpomaden

finden die französischen Blumenpomaden Nr. 6 und Nr. 12 Verwendung, selten Nr. 24.

Veilchen

Pomade Violette Nr. 12	500 g
Pomade Rose Nr. 12	150 g
Pomade Jasmin Nr. 12	150 g
Pomade Cassie Nr. 12	100 g
Grundfett	300 g
Jonon	0,5 g
Bergamottöl	3 g
Chlorophyll, Ölin gelöst oder mit Fett verrieben, nach Bedarf	

Maiglöckchen

Pomade Tuberose Nr. 12	500 g
Pomade Rose Nr. 6	100 g
Pomade Jasmin Nr. 12	600 g
Maiglöckchenblütenöl, *H. & R.*	15 g
Vanillin	2 g
Rose alpine	1 g

Rose

Pomade Rose Nr. 12	500 g
Grundfett	150 g
Rosenöl, künstl., *Sch. & C.*	1 g
Geraniumöl, afrik.	2 g

Flieder

Grundfett	2000 g
Pomade Jasmin Nr. 6	1000 g
Terpineol	40 g
Vanillin	3 g
Mugnet, *L. & C.*	5 g
Aubépine, flüss.	2 g

Eispomade

I.

Olivenöl ff.	4100 g
Walrat	900 g
Bergamottöl	50 g
Petitgrainöl, Paraguay	20 g
Geraniumöl, afrik.	15 g
Citronenöl	15 g
Moschustinktur	20 g

II.

Sesamöl	4100 g
Walrat	900 g
Bergamottöl	60 g
Petitgrainöl	20 g
Eugenol	5 g

Bei Herstellung dieser Eispomade muß man sehr vorsichtig verfahren, damit die Kristallisation gut gelingt. Die Öle werden durch Gaze in den Pomadenschmelztigel gebracht und so lange erwärmt, bis der ebenfalls hinzugegebene Walrat geschmolzen ist. Sollte es nötig sein, so wird nochmals durch Gaze gegeben und abkühlen gelassen, bis sich ein feines Häutchen bildet; nun parfumiert man und verfüllt in die vorher angewärmten Gläser, worin man die Pomade ruhig erstarren läßt. Man muß beachten, daß die Gläser nicht erschüttert werden, da dann die Kristallisation nicht so schön ausfällt. Um ein Ranzigwerden der Eispomade zu verhüten, nimmt man statt des Sesamöles feines Olivenöl oder auch fettes Senföl, welche diesen Fehler weniger zeigen, sich sogar sehr schön im Geruch halten. Sesamöl neigt bekanntlich am meisten zur Ranzidität.

Vaselinepomade, feinste

Ceresin, halbweiß	1000 g
Vaselinöl, gelb	4000 g
Bergamottöl	50 g
Citronenöl	40 g
Geraniol	20 g
Citronellol	3 g

Vaselinepomade, gewöhnliche

Vaselinöl	10 000 g
Ceresin, gelb	2 800 g
Palmöl	300 g
Parfum	150 g

Um Vaseline undurchsichtig und einer Fettpomade ähnlicher erscheinen zu lassen, kann man sie mit Zinkweiß oder Titandioxyd versetzen.

Man stellt jetzt auch undurchsichtige Vaselinepomaden durch Verwendung hydrophiler Vaseline mit kleinem Wasserzusatz her z. B.

Vaseline	85 g
Cetylalkohol	5 g
Lanolin, anhydr.	10 g
Wasser	20 g

Vaseline	85 g
Stearat Tri	15 g
Wasser	20 g

Auch die Kunstvaselinepomaden wie Paraffinsalbe usw. sind übrigens schön weiß und undurchsichtig z. B.

1. Ceresin, weiß	25 g
Weiß. Wachs	5 g
Vaselinöl, weiß	70 g

2. Ceresin, weiß	20 g
Stearin	5 g
Weiß. Wachs	5 g
Vaselinöl, weiß	70 g

Großer Beliebtheit erfreuen sich die Schuppenpomaden. Es ist eine bekannte Tatsache, daß der präzipitierte Schwefel sehr vorteilhaft auf die Loslösung der Schuppen und des Schinns von der Kopfhaut wirkt; er bildet daher einen wichtigen Bestandteil der Schuppenpomaden.

Schuppenpomade einfach

Franz. Blumenpomade Reseda Nr. 12	2000 g
Franz. Blumenpomade Jasmin Nr. 6	1000 g
Talg	3000 g
Olivenöl	500 g
Ricinusöl	600 g
Arachisöl	800 g
Schwefel	700 g
Schmalz	1000 g
Perubalsam	100 g
Geraniol	30 g
Neroliöl, künstl.	15 g
Bergamottöl	50 g

Farbe: Chlorophyll.

Euresolschuppenpomade

Talg ff, präpariert	4000 g
Olivenöl, präpariert	500 g
Ricinusöl	600 g
Süßes Mandelöl	750 g
Schmalz ff, präpariert	3000 g
Schwefel	1000 g
Euresol	500 g
Perubalsam	100 g
Geraniumöl, Bourbon	35 g
Ylang-Ylangöl, Réunion	5 g
Neroliöl, künstl.	25 g
Bergamottöl	60 g

Gefärbt wird mit etwas Chlorophyll.

Peru-Schuppenpomade

Vaseline, weiß	3000 g
Schwefel	150 g
Schwefelcadmium, hell	10 g
Perubalsamtinktur	200 g
Cinnamein	10 g
Bergamottöl	50 g
Bittermandelöl	1 g
Wachsaroma, *H. & R.*	5 g

Lanolinpomade

Grundfett	2000 g
Olivenöl	300 g
Lanolin	1000 g

Chinapomade

Grundfett	600 g
Chinarindenextrakt	40 g
Perubalsam	25 g
Cantharidentinktur	25 g
Bergamottöl	10 g
Vanillin	1 g

Parfum für Rosenpomade

Rosenöl, künstl.	10 g
Neroliöl	2 g
Bergamottöl	5 g
Palmarosaöl	100 g

Parfum für Orangenblütenpomade

Neroliöl, künstl.	10 g
Rosenöl, künstl.	1 g
Bergamottöl	1 g
Ylang-Ylangöl, künstl., *S. & C.*	0,5 g
Bittermandelöl	0,5 g
Lavendelöl	5 g
Methylanthranilat	2 g

Brennesselpomade

Ölinfusion von Brennesseln	1600 g
Ceresin, weiß	500 g
Perubalsam	80 g
Schwefelblüten	100 g
Bergamottöl	60 g
Geraniumöl	20 g

Euresol-Vaseline-Schuppenpomade

Vaseline, weiß	3200 g
Schwefel	170 g
Perubalsam	40 g
Euresol	80 g
Bergamottöl	20 g
Neroliöl	6 g
Terpineol	15 g
Aubépine	5 g
Vanillin	1 g

Vaselin-Lanolinpomade

Vaseline, weiß	2000 g
Lanolin	2000 g
Blumenpomade Rose Nr. 6	1800 g
Neroliöl, künstl.	10 g
Citronenöl	2 g
Bittermandelöl	0,5 g

Perupomade

Vaselinöl, gelb	20 000 g
Vaselinöl, gelb	20 000 g
Brillantbraun	12 g
Perubalsam	50 g
Citronenöl	5 g
Bergamottöl	5 g
Nelkenöl	5 g
Lavendelöl	5 g

Balsamisches Parfum für Pomaden

Perubalsam	150 g
mischt man mit	
Alkohol	80 g
setzt zu	
Eugenol	30 g
Cassiaöl	20 g
Pommeranzenöl, süß	20 g
Ricinusöl	150 g

Parfum für Haushaltspomade

Bergamottöl	35 g
Pomeranzenöl, süß	30 g
Citronenöl	15 g
Citronellöl	5 g
Palmarosaöl	25 g
Cassiaöl	5 g
Lavendelöl	7,5 g
Perubalsam	10 g
Alkohol	10 g

Kräuterpomade

Vaselinöl, gelb	20 000 g
Ceresin, gelb	5 000 g
Chlorophyll	20 g
Citronenöl	50 g
Eugenol	20 g
Geraniumöl, afrik.	12 g
Krauseminzöl	4 g

Diese beiden letzten Präparate werden leicht hellgrün gefärbt.

Einige billige Pomaden sind noch die folgenden:

Rindermarkpomade

Vaselinöl, gelb	20 000 g	Citronenöl	50 g
Ceresin, gelb	3 000 g	Bergamottöl	20 g
Rindermark	2 000 g	Eugenol	5 g
Safransurrogat	15 g	Lavendelöl	10 g

Exportpomaden.

Von Pomaden werden bedeutend größere Quantitäten exportiert, als man für gewöhnlich anzunehmen geneigt ist. Besonders in den heißen Zonen werden ungeahnte Posten Pomade verbraucht, da diese dort auch zu Salben des gesamten Körpers dient.

Wenn wir nun zunächst die Grundmasse betrachten, aus der diese Exportpomaden bestehen, so finden wir, daß es in der Hauptsache Vaselinpomaden sind.

Die Pomaden, besonders die weißen, zeigen alle einen starken Nelkengeruch, einige sind auch mit Citronellöl parfumiert. Heute greift man auch hier stark zu den künstlichen Riechstoffen; von diesen sind Terpineol, Benzylecetat, Amylsalicylat, Benzaldehyd, Carven, Chassiaöl, Mirbanöl, Safrol usw. sehr brauchbar. Auch Patchoulipomaden sind am Markte und finden starken Absatz. Man muß damit rechnen, daß der Geruch der Pomade ein sehr starker und anhaltender sein soll.

Die Farben der Pomaden sind weiß, rosa, rot, gelb und orange, selten grün und auch braun. Ihre Verpackung ist recht mannigfaltig; sie geschieht in Gläsern, Töpfen, Flaschen sowie in allen erdenklichen Arten von Blechemballagen, vom Miniatur-Eisenbahnwagen bis zur Emailkaffeekanne.

Von höchster Wichtigkeit ist für die Tropen die Festigkeit der Pomaden, die sonst sehr leicht schmelzen und aus den Behältnissen auslaufen. Es ist daher darauf Bedacht zu nehmen, daß der Schmelzpunkt dieser Pomaden zum mindesten über 45° R (56° C) liegt.

Stangenpomaden (Cosmétiques fixateurs).

Harz-Wachspomade, weiß

Talg ff., präpariert	5000 g
Ceresin, halbweiß	2000 g
Bienenwachs	500 g
Harz, weiß (oder gebleicht)	1000 g
Vaselinöl, weiß	3500 g
Citronellöl, Java	100 g
Cassiaöl	50 g
Nelkenöl	50 g
Bergamottöl	50 g

Harz-Wachspomade, braun

Ansatz wie nebenstehend, dazu:

Mahagonibraun	350 g
Brillantschwarz	100 g

Kann auch mit Lederinfarbe braun gefärbt werden.

Harz-Wachspomade, schwarz

Ansatz wie vorher, dazu:

Brillantschwarz	550 g
oder Lampenruß ff.	500 g

Kann auch mit Lederinfarbe schwarz gefärbt werden.

Harz-Wachspomade, blond

Talg ff., präpariert	5000 g	Gelb, fettlöslich	6 g
Ceresin, gelb	1500 g	Citronellöl, Java	150 g
Bienenwachs, gelb	500 g	Cassiaöl	50 g
Harz, hell	2000 g	Bergamottöl	50 g
Vaselinöl	3000 g	Eugenol	25 g

Oliven-Harzpomade (Fixateur résineux)

Bienenwachs, gelb	6 000 g
Harz, hell, franz	9 000 g
Talg ff., präpariert	18 000 g
Sesamöl	7000 g
Lederingelb	20 g
Bergamottöl	250 g
Cassiaöl	75 g
Nelkenöl	200 g

Dieser Ansatz ist vorzüglich für das lange, dicke, ovale Salonformat.

Diverse parfumierte Stangenpomaden

Rose

Körper	15 kg
Citronellol	100 g
Phenyläthylalkohol	50 g
Muguet, comp.	50 g
Rosenöl, künstl.	50 g
Ambrettemoschuslösung	25 g

Heliotrope

Körper	15 kg
Heliotropin	120 g
Cumarin	100 g
Vanillin	5 g
Bittermandelöl	6 g
Benzylacetat	30 g

Lilas

Terpineol	60 g
Heiko-Flieder Nr. 830	60 g
Ylang-Ylangöl	15 g
Heliotropin	12 g
Körper	6 kg

Foin coupé

Körper	15 kg
Cumarin	100 g
Geraniumöl, afrik.	90 g
Patchouliöl	10 g
Anisaldehyd	8 g
Anylsalicylat	2 g
Neroliöl, künstl.	5 g

White Rose

Körper	1,5 kg
Citronellol	6 g
Phenyläthylalkohol	5 g
Rosenöl, künstl.	15 g
Patchouliöl	1 g
Nelkenöl	1 g
Citronenöl	1 g
Cassiaöl	0,5 g
Rosenöl, bulgar	0,5 g

Maiglöckchen

Grundmasse	2000 g
Vanillin	3 g
Maiglöckchenblütenöl, *H. & R.*	20 g
Benzoetinktur	10 g
Rosenöl, künstl.	2 g

Violette

Körper	15 kg
Jonon II	100 g
Anisaldehyd	30 g
Phenyläthylalkohol	30 g
Solution Iris, 5%ig	60 g
Bergamottöl	30 g

Brillantines.

Ihr Zweck ist zunächst, das Haar glänzend (brillant) zu machen dann auch, ihm Geschmeidigkeit und Weichheit zu verleihen.

Wir unterscheiden drei Arten von Brillantines: Flüssige Brillantines, aus e i n e r Flüssigkeit bestehend, zweitens Brillantines, aus zwei verschiedenen Flüssigkeiten bestehend (Schüttel-Brillantines) und drittens feste Brillantines. Diese letzte und dritte Art findet heute besonders regen Absatz. Die Verpackung in Zinntuben ist die denkbar praktischeste und sauberste für diesen Artikel.

Die Brillantines bestehen meistens aus Öl und Alkohol doch wird von einigen Parfumeuren auch Glycerin verwendet, was jedoch zu verwerfen ist, da Glycerin nach dem Verdunsten des Alkohols an den Haaren kleben bleibt und fest antrocknet sowie den Staub stark anzieht, wodurch Haar und Bart grau erscheinen. Es wird daher auch nur sehr selten zu Brillantines verwendet.

Die zuerst genannten **Brillantines**, welche im Glase als eine **einzige Flüssigkeit** erscheinen, setzen sich zusammen aus gleichen Teilen Alkohol und Ricinusöl, für ordinäre Sorten kommt auch lediglich parfumiertes Vaselinöl sls flüssige Brillantine in Betracht.

Brillantine liquide (Lustraline)

Maiglöckchen

Ricinusöl I a	1500 g
Alkohol	1500 g
Ylung-Ylangöl	1 g
Maiglöckchenblütenöl	10 g
Benzoetinktur	50 g

Man färbt mit Chlorophyllösung.

Mugnet

Vanillin	2 g
Maiglöckchenblütenöl	12 g
Rosenöl	2 g
Benzoetinktur	40 g

Violette San Remo

Ricinusöl I a	2000 g
Infusion Veilchen	4800 g
Infusion Jasmin	240 g

Veilchen

Ricinusöl I a	1500 g
Alkohol	1500 g
Bergamottöl	5 g
Moschustinktur	5 g
Solution Irisöl 5 %	10 g
Jonon	2 g
Violettes Feuilles	3 g

Man färbt mit Chlorophyllösung.

Rose

Ricinusöl I a	1500 g
Alkohol	1500 g
Rosenöl, künstl.	3 g
Geraniumöl, afrik.	12 g
Petitgrainöl	15 g

Man färbt mit Safrantinktur.

Selbstredend müssen auch diese Produkte, nachdem sie einige Tage gestanden haben, der größeren Klarheit wegen, filtriert werden.

Die **Brillantines in zwei Flüssigkeiten** besteht aus in Alkohol unlöslichem Öl und Alkohol bzw. Extraits oder Infussionen Das Verhältnis ist gewöhnlich $^2/_3$ Öl und $^1/_3$ Alkohol. Die hiebei verwendeten Öle sind dieselben, die auch zu Haarölen genommen werden, also in erster Linie Olivenöl, für billigere Sorten etwa Sesamöl oder auch weißes Vaselinöl. Sehr gut eignet sich auch das fette Senföl und hievon ganz besonders das gebleichte Senföl. Es hat den großen Vorzug, nicht leicht ranzig zu werden, was seine Verwendung zu Haarölen und Brillantines sehr wünschenswert erscheinen läßt. Für die Wahl des Parfums gilt natürlich dasselbe, was vorher schon gesagt wurde.

Das Brillantineöl parfumiert man in dem gewünschten Geruch wie auch den zuzusetzenden Alkohol; letzteren lasse man jedoch ungefärbt da er aus dem Öle Farbe löst und dann wie das Öl selbst getönt ist, was sehr gut aussieht. Nur bei Veilchenbrillantine färbe man Öl und Alkohol etwas grün, ersteres mit Chlorophyll, letzteren mit Smaragdgrün.

Brillantine

Fettes Senföl	3000 g
Rosenöl, künstl.	8 g
gemischt mit	
Infusion Rose	3000 g

oder mit

Alkohol	3000 g
Rosenöl, künstl., *T. M.*	15 g
Rhodinol	5 g

In diesem Verhältnis kann man die gesamten Blumengerüche herstellen.

In den verwendeten Infusionen bzw. Extraits dürfen keine Wasserzusätze enthalten sein, da sonst die Mischungen sofort trübe werden und es auch bleiben. Beim Gebrauch wird die Füllung kräftig durchgeschüttelt, welche nun als weißliche Emulsion erscheint, wobei sich das Extrait in Gestalt winziger Perlen in der Ölmasse verteilt befindet.

Wir kämen nun zu den festen Brillantins oder „Brillantines cristallisées". Bei diesen finden folgende Produkte Anwendung: Lanolin, Vaselinöl, Ceresin, Walrat, eventuell auch fettes Senföl. Die Art der Herstellung ist ungefähr dieselbe wie bei Hautsalben.

Grundmasse für feste Brillantine

Lanolin, anhydr.	1000 g
Ceresin ff., weiß	500 g
Vaselinöl ff., weiß	3000 g

Feste Brillantine

Lanolin, anhydr.	1000 g
Vaseline, weiß	3500 g
Geraniumöl, Bourbon	15 g
Rosenöl, künstl.	25 g
Aubépine, liqu.	5 g
Vanillin	5 g

Eigentliche Kristallbrillantines, d. h. solche mit kristallinischem Aussehen, sind in letzterer Zeit mehr in den Hintergrund getreten, um solchen zwar transparenten Aussehens, aber ohne kristallinische Struktur Platz zu machen (feste Brillantines).

Als Körper für feste Brillantines kommt heute nur gute amerikanische Vaseline in Frage. Eventuell werden noch Zusätze, wie Harz, Lanolin und dergleichen, gemacht.

Körper für feste Brillantine

	Nr. 1	Nr. 2
Weiße amerik. Vaseline	200 g	650 g
Helles Harz	50 g	160 g
Lanolin	50 g	170 g

Körper für Kristallbrillantine

Vaselinöl	2000 bis 2500 g
Walrat	500 g

Letzterer Körper mit Walrat gibt ein schönes, transparentes, kristallinisches Produkt, läßt aber Schuppen im Haar.

Wir empfehlen, ihn durch folgende Mischung zu ersetzen:

Stearin	200 g
Vaselinöl	750 g

Um schöne Kristallisation zu erhalten, muß man recht langsam erkalten lassen (in angewärmte Gefäße ausgießen).

Auch mit Transparentseife lassen sich transparente Brillantines herstellen.

Als nichttransparenter Körper für feste Brillantine kommt Unguentum paraffini in Frage.

Besonders beliebte

Parfums

sind die folgenden: Rose, Ylang-Ylang, Maiglöckchen, Veilchen, Eßbouquet, Heliotrop; wir wollen deren Zusammensetzung für genannten

Zweck hier folgen lassen. Je nachdem man stärker oder schwächer parfumieren will, nimmt man von dem Parfum 10 bis 20 g pro 1 kg Grundmasse.

Rose

Geraniumöl, Bourbon	100 g
Rosenöl, künstl.	40 g
Vanillin	3 g

Ylang-Ylang

Ylang-Ylangöl, künstl.	40 g
Bergamottöl	100 g
Canangaöl	60 g
Rosenöl, künstl.	5 g
Linaloeöl	10 g

Eßbouquet

Bergamottöl	150 g
Rosenöl, künstl.	5 g
Geraniol	10 g
Linalool	10 g
Terpineol	35 g
Benzylacetat	20 g
Neroliöl, künstl.	15 g
Jonon	10 g

Maiglöckchen

Muguet, künstl.	60 g
Linalool	100 g
Rosenöl, künstl.	15 g
Vanillin	15 g
Bergamottöl	30 g

Veilchen

Jonon	12 g
Bergamottöl	100 g
Vanillin	5 g
Ylang-Ylangöl, künstl.	5 g
Irisöl, künstl.	15 g

Heliotrop

Heliotropin	100 g
Bergamottöl	100 g
Vanillin	10 g
Bittermandelöl	0,5 g
Rosenöl, künstl.	5 g
Ylang-Ylangöl, künstl.	3 g

Neue Parfumierungsvorschriften

Für 1 kg Brillantinekörper:

Ambre Royal

Resinoid Labdanum	8 g
Vanillin	2 g
Heiko-Geißblatt	2 g
Jasmin, künstl.	1,5 g
Rosenöl, bulgar.	1,5 g
Moschustinktur	5 g

Cyclamen des Alpes

Jasmin liq.	1 g
Rose liq.	0,5 g
Rosenöl, künstl.	3 g
Hydroxycitronellal	12 g
Iraldein *H. & R.*	3 g
Muguet comp.	3 g
Amylsalicylat	0,8 g
Solution Iris, 5%ig	0,8 g

Violette de Parme

Violette comp.	6 g
Muguet, *H. & R.*	1 g
Cassie, künstl.	1 g
Iraldein *H. & R.*	6 g
Vert liq., *T. M.*	0,15 g

Héliotrope Blanc

Heliotropin	18 g
Vanillin	3 g
Cumarin	3 g
Anisaldehyd	1,5 g
Jasmin, künstl.	1,5 g
Solution Bittermandelöl (50 g: 1 l).	4 g

Haarbefestigungsmittel.

Die meisten jetzt im Handel befindlichen Haarbefestigungsmittel setzen sich aus sehr einfachen und bekannten Klebstoffen zusammen, als da sind Eiweiß, Harzseife, Zucker, Gummi, Malzextrakt usw.

Zu diesen Präparaten leistet uns auch der Quittenschleim die denkbar besten Dienste. Um diesen herzustellen, werden Quittenkerne in ganzem Zustande, d. h. nicht zerquetscht, mit kaltem Wasser übergossen und gut durcheinandergerührt, so daß das Wasser in alle Kerne eindringen kann. Man nehme jedoch kaltes Wasser, denn bei Verwendung von warmem Wasser hat man Schwierigkeiten bei dem Filtrieren bzw. Kolieren.

Quittenschleim

Quittenkerne	250 g
Rosenwasser	12 500 g
Borsäure	15 g
Alkohol	300 g

Man gibt die Quittenkerne in ein emailliertes Gefäß, übergießt sie mit dem Rosenwasser und läßt sie so zirka 2 Stunden stehen. Darauf gießt man das Ganze in ein Tuch, welches man frei über einer Schüssel aufhängt. Man presse den Schleim nicht aus, sondern lasse ihn von selbst in das Gefäß laufen, da man sonst unliebsame kleine Verunreinigungen durch das Tuch drückt, die schwer oder gar nicht zu entfernen sind. Die Borsäure dient dazu, eine Zersetzung und Schimmelbildung zu verhindern, welcher der Schleim sonst bereits nach 3 bis 4 Tagen unterworfen ist. Ein kleiner Zusatz von Spiritus ist aus diesem Grunde ebenfalls vorteilhaft. Dieser durch seine Klebrigkeit ausgezeichnete Quittenschleim ist durchscheinend und kann mit Krokusinfusion u. dgl. gelblich gefärbt werden, wodurch er ein schöneres Aussehen erhält.

Es ist auch ein Pulver im Handel, vermittels dessen man auf schnellerem Wege den gewünschten Quittenschleim herstellen kann, den man dann auch nicht zu filtrieren braucht. Dieses Cydoniapulver enthält die schleimbildende Substanz der Quittenkerne in höchst konzentrierter Form, und es genügen schon 5 bis 8 g Pulver auf 1000 g Rosenwasser, um einen dicken Quittenschleim herzustellen.

Die Quittenpräparate dienen in der Kosmetik hauptsächlich zum Festlegen der Kopfhaare in irgend eine gewünschte Frisur, zum Scheitelziehen als Grundlage. Ihr Klebstoff hält die damit behandelten Haare in der gewünschten Lage fest, ohne sie zu verkleben, und gestattet ein leichtes Kämmen oder Bürsten, ohne daß durch verklebte Haare ein Schmerzgefühl verursacht würde.

Haarformer

1.

Quittenschleim	2000 g
Rosenwasser	500 g
Vanillin	1 g
Geraniumöl	5 g
Alkohol	50 g
Zuckercouleur	zirka 5 g

2.

Quittenschleim	100 g
Malzextraktlösung (1 : 50)	1000 g
Alkohol	50 g
Bergamottöl	5 g

Haarcremes

Zur Befestigung der Frisuren und der Scheitel werden verschiedene Cremes verwendet, die man nach folgenden Vorschriften herstellen kann:

Frisier- oder Scheitelcreme

Es werden 700 g venetianische Seife in
1500 g destilliertem Wasser
und 700 g Gummi arabicum in
1500 g destilliertem Wasser in der Wärme zur Lösung gebracht, beide Teile dann vereinigt und hinzugegeben:
500 g Japanwachs. Man lasse dieses in der heißen Seifen- und Gummilösung zergehen, wobei das Gefäß auf dem Wasserbade bleibt, hierauf gebe man
300 g chemisch reines Glycerin und
1500 g Talg ff. präpariert, sowie
1 g Salicylsäure zu.
Rosa färben.

Frisiercreme

Gummi arabicum	500 g
Seifenschleim	450 g
Wasser	1700 g

läßt man gut lösen und setzt dann zu

Chem. reines Glycerin	1500 g	Bergamottöl	0 g
Wachs, weiß	600 g	Rose, künstl.	10 g
Geraniol	10 g	Cochenilletinktur	5 g
Nerolïöl, künstl.	10 g	Safrantinktur	25 g

Cydoniacreme

1. Talg	2000 g	(Mit Harz)	
Ricinusöl	2000 g	2. Pomadengrundfett	4000 g
Lanolin	1000 g	Harz	2000 g
Vaseline, gelb	2000 g	Bergamottöl	30 g
Wachs, gelb	500 g	Linalool	5 g
Bergamottöl	80 g	Rose, künstl.	5 g
Linalool	20 g		
Geraniol	10 g		

Scheitelcreme

Quittenschleim	2000 g	Bergamottöl	5 g
Tragantschleim (1 : 50)	500 g	Canangaöl	1 g
Alkohol	50 g	Rosenöl	1 g
Irisöl, konkret	3 g	Rhodaminlösung 3%	10—15 g

Man löst die ätherischen Öle in dem Alkohol, gießt Quitten- und Tragantschleim und Farbe zusammen und gibt das gelöste Parfum zu. Dann arbeitet man alles nochmals gut durcheinander und treibt das Gemisch durch ein Filtertuch, damit es schön gleichmäßig wird.

Diese Creme füllt man in Glastöpfchen.

Bartwichse.

Dieses veraltete Präparat sei hier nur kurz rein dokumentarisch erwähnt.

Bartwichse I

Gummi arabicum	500 g	Venet. Terpentin	50 g
Wasser	620 g	Citronenöl	80 g
Grundseife	1000 g	Bergamottöl	30 g
Wasser	1250 g	Petitgrainöl	5 g
Japanwachs	1000 g		

Das Gummi arabicum wird in einem Topf mit lauem Wasser übergossen und allmählich vollständig gelöst, ebenso wird die in kleine Würfel oder Späne geschnittene Grundseife in einem andern Topfe mit Wasser angesetzt. Ist vollständige Lösung eingetreten, dann seiht man die Gummilösung durch, damit aller Schmutz zurückbleibt; dann passiert man die Seifenlösung, um alle Knötchen zu vermeiden. Die beiden Lösungen gibt man darauf zusammen in einen emaillierten Topf und setzt diesen in das Wasserbad. Die Masse muß nun tüchtig erhitzt werden, damit das überflüssige Wasser ausgetrieben wird. Inzwischen hat man in einem anderen Topf das Japanwachs geschmolzen und gibt dieses nun zu den gemischten Lösungen von Gummi arabicum und Seife, ebenso den venetianischen Terpentin. Hat man nun die genannten Ingredienzien alle zusammengegeben, dann wird zirka $^1/_4$ Stunde tüchtig durchgearbeitet.

Haarkräusel- und Lockenwasser

Der jeweiligen Mode unterworfen ist die Anwendung von Präparaten, die dem Haar eine wellige Form verleihen, wozu die Kräuselwässer, Lockenwässer u. dgl. genommen werden.

Haarkräuselwasser

Benzoetinktur	200 g
Alkohol	120 g
Rosenöl, künstl.	3 g
Venetianischer Terpentin	5 g

Lockenwasser

Wasser	800 g
Alkohol	200 g
Borax	20 g
Benzoetinktur	140 g
Terpineol	20 g
Vanillin	2 g

Es muß betont werden, daß es unmöglich ist, ein an sich nicht krauses Haar ohne Brennen oder Wickeln lockig zu machen. Wohl aber kann man mit geeigneten Mitteln die künstlich erzeugten Locken dauerhaft machen, besonders gegen die Feuchtigkeit der Luft befestigen.

Bandoline

Gummi Tragant	60 g
Alkohol	600 g
Rosenwasser	1800 g
Geraniumöl, Bourbon	10 g
Salicylsäure	5 g

Der Tragant wird mit dem Alkohol benetzt, hierauf setzt man das Rosenwasser zu und läßt so lange stehen, bis sich der Tragant in eine schleimige Masse verwandelt hat. Nach einigen Tagen preßt man die Masse durch ein Sieb und färbt, wenn rosa verlangt ist, mit Karmin, sonst bleibt die Bandoline weiß. Durch verschiedenartige Parfums kann man alle Geruchsbandolinen herstellen.

Alle Gummi- und Schleimlösungen müssen selbstverständlich sorgfältig konserviert werden mit Salicylsäure, Thymol, Formalin o. dgl. Auch Natriumbenzoat und besonders p'-Oxybenzoesäure-Ester (Nipagin usw.) sind vorzügliche Konservierungsmittel (Nipagin etwa 0,15—0,2%).

Diverse Haar-Fixateure

Gommina Argentina I.

Traganth pulv.	15 g
Alkohol	20 g
Salicylsäure	1,5 g

Zart rosa färben.

Gommina Argentina II.

Agar-Agar	5 g
Gelatine	20 g
Wasser	95 g
Salicylsäure	2,5 g
oder Nipasol	1,5 g

Zart rosa färben.

3. Traganth pulv.	15 g
Gummi arabicum	5 g
Alkohol	200 g
Wasser	1000 g

4. Gummi arabicum	20 g
Wasser	2000 g

Lösen und zusetzen:

Kalkwasser	2000 g
Eau de Cologne	40 g
Camphergeist	150 g

Fixateure für Wasserwellung (Mise en plis)

Das Legen von Wasserwellen geschieht auf kaltem Wege durch Aufwickeln der mit Schleimlösungen bzw. Schleim-Harzlösungen getränkten Haare auf besonders konstruierter Haarwickel, Kämme o. dgl. Die Wasserwelle ist gegen Feuchtigkeit nicht beständig und hält auch sonst nicht lange vor.

Auch das Lockenbrennen mit der Brennscheere fällt mit unter den Begriff Wasserwellung, d. h. auch diese Prozedur gibt nur wenig haltbare Wellen; sie darf nach heutigen Begriffen als veraltet angesehen werden, sie sei hier also nur dokumentarisch erwähnt.

Alle bereits angegebenen Lockenwasser, Bandolinen usw. können hier zur Vorbereitung der Haarwickel benutzt werden, am besten wirken aber die aus kombinierten Harz- und Schleimlösungen bereiteten Wasserwell-Fixative. Nachstehend einige Beispiele:

Wasserwellenwasser

I. Tragant	150 g
Wasser	4000 g

Man bereite einen Schleim, der konserviert wird (Nipagin).

II. Gummi arabicum 20 g, gelöst in Wasser 2000 g und entsprechend konserviert (mit Nipagin usw.).

III. Dextrin, gelb 5 g, Alkohol 200 g, Wasser 800 g.

I, II und III innig vermischen, evtl. passieren.

Kombiniertes Wasserwellen-Fixativ I.

Benzoeharz	5 g
Kolophonium	2 g
Alkohol	120 g

lösen und zusetzen, einen fertig bereiteten Schleim aus:

Gummi arabicum	15 g
Borax	10 g
Wasser	800 g

gut vermischen, eventuell passieren.

Wasserwellenfixativ II.

Traganth pulv.	10 g
Gummi arabicum	5 g
Alkohol	20 g
Salicylsäure	1,5 g
Wasser	770 g

Salicylsäure im Alkohol lösen, mit dieser Lösung den Traganth durchfeuchten und das lauwarme Wasser allmählich zusetzen.

Zu dem fertigen Schleim setzt man hinzu:

alkoholische Harzlösung 1 : 20	200 g

Harz-Fixativ (ohne Schleim)

Benzoe Siam	50 g
gelöst in	
Alkohol	250 g

filtrieren und allmählich zufügen.

Borax	25 g
gelöst in Wasser	700 g

Schwach harzhaltiges Schleim-Fixativ

Man löst 10 g Benzoe Siam in 50 g Alkohol, filtriert und setzt zum Filtrat allmählich eine Lösung von 15 g Borax in 950 g Wasser. In eine geräumige trockene Flasche gibt man nun 15 g Traganth pulv. und befeuchtet ihn gut mit 30 g Alkohol. Dann setzt man die lauwarme Benzoemilch allmählich zu und schüttelt kräftig bis ein homogener, dünner Schleim erhalten wird. Zart rosa färben.

Dauerwell-Präparate

Keinesfalls können zur Dauerwellung Schleimlösungen oder Harzfixative verwendet werden, denn die Dauerwell-Prozedur verlangt und erlaubt kein Kleben des Haares, sondern nur eine entsprechende Erweichung der Keratinhülle um das Haar biegsam zu machen.

Bei der Dauerwellung wird das durch erweichende Lösungen imprägnierte Haar, nach Aufwickeln auf heizbaren Spulen längere Zeit erhitzt, um eine lange dauernde Wellung zu erhalten, die mehrere Monate vorhält und sogar Waschen des Haares gestattet ohne die Wellung zu beeinträchtigen.

Die primitivste Form der Dauerwell-Wässer ist jene alkalischer Lösungen z. B.:

Ammoniumcarbonat	10 g
Natriumbicarbonat	20 g
Borax	20 g

von dieser Salzmischung nimmt man 50 g für 1 Liter Wasser, für spänstiges Haar 80 g.

Triäthanolamin	50 g
Borax	25 g
Türkischrotöl	10 g
Wasser	940 g

Eine raffinierter zusammengesetzte Dauerwellösung wird wie folgt bereitet:

Natriumsulfit krist. 10 g, Borax 12,5 g, Ammoncarbonat 32,5 g. Natriumbisulfit 45 g, Triäthanolamin 15 g, Türkischrotöl 35 g, werden in der angegebenen Reihenfolge nacheinander einzel gelöst in Wasser 1 Liter, wobei man beachte, daß der nächstfolgende Bestandteil erst in Lösung gebracht wird, wenn der vorhergehende völlig gelöst war. Nach Auflösen des letzten Bestandteiles fügt man noch 52 g Ammoniak (0,92) hinzu.

Diese mehr oder minder stark alkalischen Lösungen begünstigen die schon durch das lange Erwärmen verursachten Schädigungen des Haares ungemein, weshalb man jetzt immer häufiger fast neutrale oder saure Lösungen verwendet.

Fast neutrale Dauerwell-Wässer

1. Kaliumsulfit	20 g	2. Ammoniumsulfit	50 g
Natriumbisulfit	15 g	Türkischrotöl	15 g
Ammoniumsulfit	40 g	Wasser	1000 g
Borax	25 g		
Wasser	1500 g		

Saure Dauerwellwässer

Diese stellen einen erheblichen Fortschritt dar, da sie die Schädigung des Haares auf ein gewisses Minimum herabdrücken helfen.

1. Natriumbisulfit	2 g	2. Adipinsäure	5 g
Alaun	2 g	Natriumbisulfit	2 g
Wasser	69 g	Wasser	93 g

Dauerwellöle

Hierunter verstand man lange Zeit lediglich Türkischrotöl, oft auch Seifenlösungen.

Das echte Dauerwellenöl ist ein Gemisch fetter Öle und wird in Form damit getränkter Läppchen, die über das aufgespulte Haar gerollt werden, vor dem Erhitzen (Kochen) der Haare angewendet. Eine solche Mischung ist z. B. folgende:

Rüböl 50 g Arachisöl 30 g Spiköl 5 g.

Haarlack

Verwendbar sind nur wässerige Harzlösungen verseifter Harze z. B. Schellack gebleicht oder Natur-Orange-Schellack pulverisiert 100 g, Borax 20 g, Wasser 700 g.

Man löst den Borax warm im Wasser, fügt zu dieser warmen Lösung das Schellackpulver und erhitzt das Ganze unter Rühren bis zur völligen Lösung. Nach dem Abkühlen fügt man noch 300 g Eau de Cologne hinzu.

Die oft empfohlenen alkoholischen Harzlösungen sind wegen der großen Schwierigkeit einer Entfernung der Lackschicht aus dem Haar keinesfalls zu empfehlen.

Haarpuder.

Obwohl diese Puder heute nur sehr selten verwendet werden, sei ihre Herstellung, der Vollständigkeit halber, hier kurz beschrieben.

Die Herstellung des Haarpuders ist eine sehr einfache, und zwar genau dieselbe wie die später beschriebene der Gesichtspuder. Zu den Haarpudern dürfen jedoch keine spezifisch zu leichten Stoffe, wie z. B. kohlensaure Magnesia, genommen werden, da diese an den Haaren nicht genügend haften. Reismehl und Weizenmehl sind die geeignetsten Grundlagen. Dann noch Kartoffelmehl und kleine Zusätze feinsten Iriswurzelpulvers.

Poudre a la Maréchale		Haarpuder	
Reismehl	1000 g	Gepulverte Stärke ff.	1800 g
Iriswurzelpulver ff.	300 g	Ultramarin	zirka 8 g
Kartoffelmehl	1000 g	Rosenöl, echt	2 g
Neroliöl, künstl.	5 g	Moschustinktur	15 g
Moschustinktur	15 g	Jasminblütenöl, *Heiko*	2 g
Bergamottöl	2 g	Irisöl, extra, *H. & R.*	2 g
Ylang-Ylangöl, *Sartorius*	0,3 g	Benzoetinktur	10 g

Auch Talkum kann Verwendung finden, besonders für billigere Sorten. Eine geeignete Pudermasse bildet die folgende, der man dann beliebige Parfumierung geben kann:

Grundmasse für Haarpuder

Talkum, Edelweiß-Marke . .	1000 g
Stärkemehl ff	1000 g
Iriswurzelpulver	300 g
Kartoffelmehl	2000 g

Um die Masse weißer erscheinen zu lassen, kann man etwas Ultramarin zusetzen.

Für Phantasiebälle findet dann auch noch Gold- und Silberpuder für die Haare Verwendung. Diese Haarpuder werden auf verschiedene Art hergestellt. Entweder nimmt man unechte Bronzen, Gold oder Silber, oder man pulvert echtes Blattgold usw. Diese Metallpuder darf man jedoch nicht parfumieren wollen, da sie sich sonst oxydieren und schwarz werden, d. h. ihren Glanz verlieren. Um diese Metallpuder besser haften zu lassen, wird vor dem Gebrauch das Haar gewöhnlich ganz leicht mit einem fein und stark duftenden Haaröl behandelt.

Der Haarpuder kann zwar auch mit der Quaste aufgetragen werden, allein es eignen sich weit besser Dosen mit Streuvorrichtung. Diese muß jedoch ganz fein sein, damit der Puder nur wie eine leichte Wolke heraustritt und sich ganz in das Haar hineinzieht, denn nur so ist ein vollständiger Effekt zu erzielen. Streudosen von Blech, fein dekoriert, deren Streuvorrichtung Gewindebefestigung besitzt, sind sehr empfehlenswert.

Haarfärbemittel.

Die Haarfärbemittel gehören zu den meistbegehrten kosmetischen Mitteln, da ihre Verwendung den Zweck verfolgt, das sicherste Anzeichen des herannahenden Alters, die grauen Haare, zu verdecken. Voraussetzung für das Gelingen der Färbung ist dabei, daß die von der Natur gewollte Harmonie zwischen Teint und Haarfarbe gewahrt wird. Leider ist die Zahl der wirklich brauchbaren, allen Anforderungen genügenden Präparate dieser Art nur gering — trotz der zahlreichen Vorschriften, die in der Fachliteratur veröffentlicht wurden.

Der Hauptgrund dafür ist darin zu suchen, daß heute noch nicht wissenschaftlich festgestellt ist, auf welchen Ursachen das Ergrauen des Haares beruht.

Man nimmt als sicher an, daß die Farbe des Haares durch ihren Gehalt an Eisen und Schwefel bedingt wird und daß das Ergrauen auf Schwinden von Eisen und Schwefel bezw. deren das Pigment bildenden Verbindungen zurückzuführen ist.

Nach dieser Theorie enthalten schwarze Haare viel Eisen und viel Schwefel, braune Haare viel Eisen und weniger Schwefel, rote Haare etwa gleiche Mengen Eisen und Schwefel, blonde Haare wenig Eisen und viel Schwefel, graue Haare kein Eisen und wenig Schwefel, weiße Haare weder Eisen noch Schwefel.

Es liegt auf der Hand, daß die künstliche Färbung nicht dauernd sein kann und infolgedessen mechanischer Einflüsse (Kämmen, Bürsten, Waschen) an Intensität und Gleichmäßigkeit verliert, wodurch mit der Zeit häßliche Nuancen entstehen, die eine Wiederholung des Färbungsprozesses erfordern, die ja das nachwaschende, noch nicht gefärbte Haar gleichfalls nötig macht.

Eine wirklich dauernd haltbare Haarfarbe gibt es also nicht; selbst die Mittel, deren Bestandteile mit dem in dem Haar enthaltenen Schwefel in Reaktion treten und damit eine unlösliche Verbindung bilden, wie das bei vielen Metallen bzw. ihren Oxyden und Salzen der Fall ist, durchdringen nicht das Innere des Haares.

Ein weiterer Grund, weshalb so viele Haarfärbemittel nicht befriedigen, liegt darin, daß infolge der Strahlenbrechung des Lichtes das gefärbte Haar eigentümliche Reflexe zeigt, die es bald fuchsig rot, bald grünlich, bald violett erscheinen lassen. Das kann man sehr häufig bei den vielgebrauchten Silberhaarfärbemitteln beobachten, die keinen Zusatz von Kupferzsalz enthalten. Diese Mißtöne, die sich übrigens durch Bestreichen des Haares mit einer Tannin- oder Schwefelkaliumlösung usw. häufig ganz beseitigen lassen, treten besonders dann auf, wenn das Haar unvollständig entfettet war, sofort nach dem Färben, oder wenn sich bei dem gefärbten Haar der Fettgehalt wieder auf natürlichem Wege anreichert [1] und die aufgetragene Farbschicht an Tiefe verliert.

Weiterhin verleihen viele Haarfärbemittel dem Haar ein totes Aussehen, das man durch Einfettung zu beheben sucht, und vielfach bilden sich auch Farbnuancen, die mit den natürlichen des Menschenhaares kontrastieren und so die Verwendung von Färbemitteln offenkundig machen. Um solche Fehlfärbungen zu vermeiden und zugleich die für den betreffenden Graukopf passende Nuance herauszufinden, empfiehlt es sich, zuvor abgeschnittene Haarproben versuchsweise zu färben.

Zu beachten ist weiter, daß das Kopf- und Barthaar verschiedene Stärke besitzen und sich infolgedessen auch beim Färben verschieden verhalten.

Die Haarfärbemittel sind entweder Pulver, die mit Wasser angemacht als Pasten aufgetragen werden, oder Flüssigkeiten, die das färbende Prinzip in Form einer Lösung enthalten. Die flüssigen Haarfärbemittel sind am meisten verbreitet und es lassen sich damit auch die schnellsten Wirkungen erzielen, im Gegensatz zu den meisten vorher genannten. Bei den flüssigen Haarfärbemitteln hat man zwischen einteiligen und zweiteiligen (seltener dreiteiligen) zu unterscheiden. Bei den einteiligen soll die Wirkung durch eine einzige Lösung erzielt werden, bei den zweiteiligen durch nacheinander erfolgende Anwendung zweier verschiedener Lösungen, die Bestandteile enthalten, welche somit erst auf dem Haar selbst aufeinander einwirken können. Die einteiligen Haarfärbemittel sind zweifellos in der Anwendung einfacher als die zweiteiligen, sie bieten

[1] Hierin ist vielleicht auch der Grund zu suchen, weshalb Färbungen, die beim toten Haar befriedigen, beim lebenden oft ungenügende Resultate ergeben.

aber in der Regel den Nachteil, weniger ansehnlich, weniger haltbar und weniger wirksam zu sein, weil bei ihnen mit wenigen Ausnahmen die Bildung des Farbstoffes nicht erst auf dem Haar, sondern schon in der Flasche — namentlich wenn sie teilweise entleert oder schlecht verschlossen ist — erfolgt, dieser fertige Farbstoff aber weniger gut auf dem Haar haftet, zumal wenn er unlöslich ist, wie das bei den meisten, neben Metallsalzen ein Reduktionsmittel enthaltenden einteiligen Präparaten der Fall ist. Daß ferner ein solches Haarfärbemittel, welches einen braunen bis schwarzen Niederschlag enthält, nicht den Vergleich mit den klaren Lösungen der zweiteiligen Mittel aushält, bedarf keines Beweises.

Die Wirkung der üblichen Haarfärbemittel ist bald eine chemische bald eine rein physikalische. Letzteres ist der Fall bei allen den Mitteln, bei denen ein fertiger Farbstoff Heuna, Sumach usw.) aufgetragen wird. Die chemische Wirkung, also die Entstehung des Farbstoffes erst auf dem Haar kann durch den Schwefelgehalt des Haares ausschließlich oder teilweise hervorgerufen werden (Bildung unlöslicher gefärbter Metallsulfide); dann auch durch den Sauerstoff der Luft (Oxydationsprodukte des Pyrogallols) oder durch Wechselwirkung zwischen der organischen Substanz des Haares und Oxydationsmitteln (Ausscheidung von Braunstein aus übermangansaurem Kali). Ferner kann sie lediglich durch die Umsetzung zwischen den Bestandteilen des Haarfärbemittels selbst erfolgen (Umwandlung von Metallsalzen [Silber-, Wismut-, Eisensalzen usw.] in die Form feinpulverigen gefärbten Metalles durch Reduktionsmittel [Pyrogallol] oder in die gefärbten Metallsulfide durch Schwefelalkalien; Oxydation organischer Basen durch sauerstoffabgebende Chemikalien [Paraphenylendiamin oder Aminosulfosäuren einerseits, Wasserstoffsuperoxyd anderseits]).

Aus dem bisher Gesagten und aus der Tatsache, daß viele der existierenden Haarfärbemittel ihren Zweck nicht voll erfüllen, geht bereits hervor, daß die Herstellung eines erstklassigen Mittels ein gewisses Maß chemischer Kenntnisse und vielfache Versuche, kurz eine Art Spezialstudium voraussetzt, und wir finden das auch dadurch bestätigt, daß die Haarfärbemittel Spezialität relativ weniger Parfumeriefabriken geworden sind, trotz des guten Gewinnes, den dieser Artikel erzielen läßt.

Bezüglich der Ausführung der Haarfärbung ist folgendes zu bemerken. Das Haar wird zunächst durch Waschen mit Seifenwasser oder etwa 1%iger Ammoniumkarbonat-, Ammoniak- oder Sodalösung gut gereinigt (entfettet). Diese Operation verfolgt den Zweck, daß die meist wäßrigen Färbemittel das Haar leichter benetzen, fester haften sowie eine gleich dicke und daher gleichmäßig nuancierte Schicht bilden. Hierauf wird das Haar gewaschen und getrocknet bzw. trocknen gelassen, jedoch so, daß noch etwas Feuchtigkeit in ihm zurückbleibt, weil es dann die Haarfarbe besser annimmt, und mit einem weiten entfetteten Kamm durchgekämmt. Darnach trägt man die Haarfarbe kalt mit einer mittelharten Bürste nicht zu reichlich auf. Hierauf läßt man nach dem Durchkämmen mit einem engen Kamm das Haar trocknen und trägt nun eventuell die zweite Lösung mit einer anderen Bürste auf, wonach man wieder so verfährt [1]. Das getrocknete Haar wird nun mit Seife und lauem Wasser ausgewaschen und nochmals trocknen gelassen.

Je nach der Schnelligkeit des Eintretens der Wirkung läßt sich ein Unterschied machen zwischen folgenden Arten von Haarfärbemitteln: Erstens progressive Mittel, die infolge starker Verdünnung oder ihrer sonstigen Zusammensetzung nur progressiv, d. h. erst bei mehrmaliger Anwendung nach längeren Zeiträumen wirken. Sie sind ziemlich beliebt weil bei ihrer Anwendung die Bildung von Flecken auf der Haut, ohne daß diese mit einem Schutzmittel (Glycerin oder Fett) eingerieben zu werden braucht, in der Regel vermieden wird und weil ihre langsame Wirkung dem Uneingeweihten verbirgt, daß jemand „färbt".' Ferner gehören zu dieser Klasse die Haarfärbepomaden. und -Öle. Die zweite Art bilden die spontan färbenden Mittel, die sofort nach dem Auftragen der zweiten bzw. dritten Lösung die endgültige Farbe erscheinen lassen und deshalb die Friseure als Abnehmer wohl am meisten befriedigen.

Wir kommen nun zur Besprechung der einzelnen Mittel und wollen hiebei die Einteilung in anorganische, d. h. solche, bei denen das färbende Prinzip ein anorganischer Körper darstellt, in vegetabilische und in organische Mittel wählen.

Anorganische Haarfärbemittel (Metallsalzlösungen).

Bleihaltige Mittel.

Ihre einfachste Form stellt der Bleikamm dar, mit dem das Haar durchgekämmt wird. Ein näheres Eingehen auf die Zusammensetzung dieser Mittel erübrigt sich, da sie verboten sind.

Wir erwähnen die Bleihaarfarben hier also nur kurz und rein dokumentarisch, um vor ihrer Anwendung zu warnen.

Die metallischen spontan durch Niederschlagsbildung, bzw. durch Bildung färbender Lacke mit der Keratinschicht des Haares wirkenden Haarfärbemittel sind einerseits meist wäßrige Lösungen von geeigneten Metallsalzen, denen ein Entwickler, meist in einer besonderen Flasche, beigegeben ist.

Treffen beide Bestandteile des Färbemittels auf dem Haar zusammen, so bilden sich Niederschläge, bzw. mehr oder minder dunkelgefärbte Verbindungen, die mit der Keratinsubstanz des Haares unter Farblackbildung reagieren und das Haar mehr oder minder dauerhaft anfärben. Erst die Farblackbildung mit der Keratinschicht erzeugt eine dauerhafte Färbung der Haare.

Wir begnügen uns hier mit diesem generellen Hinweis. Näheres über die Farblackbildung usw. beim Haarfärben kann in Winter, Handbuch d. gesamten Parfumerie und Kosmetik, Julius Springer, Wien, oder in Winter, Haarfarben und Haarfärbung, Julius Springer, Wien, nachgelesen werden.

---

[1] Es sei hier darauf hingewiesen, daß ein Zurückgießen der von einer Färbung übrig bleibenden Flüssigkeitsreste in die Flaschen absolut zu vermeiden ist; man verwende daher zu jeder Färbung nicht mehr Flüssigkeit. als aufgebracht wird, und gieße diese in eine saubere kleine Schale aus.

In den zitierten Werken sind auch ausführliche Beschreibungen der Haarfärbemethoden und Herstellung von Haarfarben modernster Art enthalten und können dort nachgelesen werden.

Der Charakter und vor allem der zur Verfügung stehende beschränkte Raum konnten es nicht gestatten, hier auf dieses Thema erschöpfender einzugehen.

Kupferhaltige Mittel.

Dieselben geben mit Pyrolgallol oder Alkalisulfiden als Entwickler sehr schöne natürliche Färbungen, die auch nicht so häßliche Metallreflexe zeigen, wie z. B. Silberfarben. So kann man durch Herstellung gemischter Haarfarben aus Silber- und Kupferverbindungen viel bessere Resultate erhalten als durch Silberhaarfarben allein, was hier nur in Parenthese bemerkt sei.

Kupfersalze sind durchaus unschädlich, trotzdem waren sie bis vor kurzer Zeit noch als „giftig“ verboten, obwohl auch nicht ein einziger Fall von Kupferintoxikation beim Haarfärben bekannt geworden ist.

Jetzt hat man endlich dieses groteske Verbot rückgängig gemacht und auch in Deutschland und Österreich Kupfersalze zum Haarfärben zugelassen.

Nachstehend einige Vorschriften für Kupferhaarfärbemittel.

Hellbraun

Flakon 1		Flakon 2	
Kupfersulfat	52 g	Pyrogallol	20 g
Wasser	1000 g	Wasser	1000 g
Salpetersäure, konz.	50 Tropfen		

Schwarz

Flakon 1		Flakon 2	
Kupfersulfat	20 g	Kaliumsulfid	45 g
Wasser	300 g	Wasser	1000 g
Ammoniak q. s. um den zuerst entstandenen Niederschlag gerade wieder zu lösen.			

Wie bereits erwähnt, liefern die Kupfersalze sehr schöne braune und schwarz echte Töne, die durch entsprechende Zusätze von anderen Metallsalzen und durch den Grad der Verdünnung zu Tiefschwarz (viel Eisensalz), Schwarzbraun (wenig Eisensalz), Blond (stärkere Verdünnung) nuanciert werden können. Es lassen sich damit auch einteilige, innerhalb einiger Stunden wirkende Mittel herstellen, die in ihrer Wirkung befriedigen. Diese enthalten außer einer wäßrigen Lösung der genannten Salze Pyrogallussäure, ferner etwas freie Säure (Salzsäure oder organische Säuren), um die Zersetzung innerhalb der Flasche zu verlangsamen, ferner Spiritus und zum Teil auch Äther zu dem gleichen Behuf sowie zwecks besseren Eindringens in das Haar und schnellerer Trocknung auf demselben.

Silberhaltige Mittel.

Nach ihrem Gebrauch konnten von Dermatologen schädliche Wirkungen beobachtet werden; durch zu starke Silberlösungen wird auch die Rindensubstanz des Haares allmählich zerstört. Die Silberpräparate gehören, trotz der ihnen anhaftenden, im Eingang dieses Kapitels erwähnten Mängel, zu denen bei Benetzung der Haut und Wäsche noch die Bildung unangenehmer, schwarzer Flecken [1] hinzukommt, zu den verbreitesten und beliebtesten Haarfarben, weil je nach der Zusammensetzung des Mittels die Wirkung sofort oder sehr langsam herbeigeführt werden kann, die erzeugte Färbung relativ dauernd und echt ist und durch entsprechende Änderung des Silbergehaltes die drei Hauptnuancen schwarz, braun und blond damit erzeugt werden können. Lösliche Silbersalze (Höllenstein) färben schon für sich das Haar [1], in der Regel verwendet man aber mit ihnen zugleich starke Reduktionsmittel (Pyrogallol), welche die Ausscheidung des als Farbe dienenden metallischen Silbers beschleunigen, Schwefelalkalien (Schwefelkalium usw.), welche sofort die Bildung schwarzen Schwefelsilbers hervorrufen, oder Natriumthiosulfat, welches die gleiche Wirkung, nur langsamer, ausübt Da die Bildung des metallischen Silbers, bzw. seiner unslölichen gefärbten Verbindungen erst auf dem Haar vor sich gehen soll, sind die Silbermittel gewöhnlich zweiteilig, bisweilen auch dreiteilig.

Wir lassen nun einige Vorschriften folgen.

Schwarz (einteilig)

Silbernitrat	5 g
Dest. Wasser	500 g
Pyrogallol	5 g
Glycerin	25 g

Das Mittel bildet sehr bald einen Bodensatz.

		Schwarz	Braun	Blond
I.	Alkohol, 96%ig	100 g	100 g	100 g
	Dest. Wasser	350 g	250 g	250 g
	Pyrogallol	10 g	8,5 g	8 g
II.	Dest. Wasser	100 g	150 g	200 g
	Silbernitrat	15 g	8 g	5 g
	Salmiakgeist, 10%ig	45 g	30 g	20 g

		Schwarz	Schwarzbraun	Braun
I.	Schwefelkalium	100 g	100 g	100 g
	Wasser	300 g	—	300 g
	Alkohol, 96%ig	300 g	600 g	300 g
II.	Silbernitrat	100 g	50 g	100 g
	Dest. Wasser	600g	150 g	800 g
	Salmiakgeist, 10%ig	—	150 g	—

[1] Zur Beseitigung dieser Flecken wird den Silberhaarfarben bisweilen eine besondere Lösung (z. B. von 1 T. Jodkalium in 2 T. dest. Wasser) beigegeben.

Ein anderes **Mittel zur Entfernung von Höllensteinflecken von der Haut** ist:

Chlorammonium	100 g
Sublimat	100 g
Dest. Wasser	800 g

Schwarz

I.	Pyrogallol	0,5 g	Die Lösungen I, II und III werden jeweilig mit einer anderen Bürste in Pausen von 5 bis 10 Minuten der Reihe nach aufgetragen, drei Stunden darauf das Haar mit Seife und warmem Wasser gewaschen. Lösung III kann gleichzeitig zur Entfernung von Hautflecken dienen.
	Alkohol, 90%ig	12,0 g	
	Dest. Wasser	38,0 g	
II.	Silbernitrat	2,5 g	
	Dest. Wasser	22,0 g	
	Salmiakgeist, 10%ig	7,5 g	
III.	Nartiumthiosulfat	0,3 g	
	Dest. Wasser	20,0g	

Wiederhersteller nach Art des „Nüancin“

Lösung I.	Natriumthiosulfat	25 g
	Dest. Wasser	625 g
	Alkohol, 96%ig	350 g
Lösung II.	Silbernitrat	30 g
	Dest. Wasser	100 g

Lösung II wird mit soviel Salmiakgeist 10%ig versetzt, daß der zuerst entstandene Niederschlag aufgelöst wird. Alsdann wird mit destilliertem Wasser zum Gesamtgewicht von 1000 g ergänzt.

Lösung II wird wie alle silberhaltigen Flüssigkeiten in blauen oder besser braunen Gläsern abgegeben.

Unmittelbar vor Gebrauch werden gleiche Raumteile von Lösung I und II zusammengemischt.

Dieser Wiederhersteller erfreut sich großer Beliebtheit.

Wismuthaltige Mittel.

Ihre Wirkung, die auf der Bildung von Schwefelwismut durch den Schwefelgehalt des Haares beruht, tritt nur sehr langsam ein. Um die Wirkung zu beschleunigen, wird ihnen als schwefelhaltiges Agens deshalb unterschwefligsaures Natron oder Schwefel als solcher zugesetzt oder sie werden auch mit silberhaltigen Mitteln kombiniert. Mit Wismut läßt sich das Haar nicht schwarz, sondern nur höchstens braun bis dunkelbraun färben, da Schwefelwismut nur dunkelbraun von Farbe ist. Die Wismutfärbungen halten nicht lange an, sie liefern besonders aber schöne natürliche blonde Töne, die, wenn richtig gefärbt, bedeutend schöner und natürlicher sind als alle anderen blonden Tönungen auf Basis von Metallsalzlösungen. Dagegen liefert Wismut in Kombination mit wenig Silbernitrat sehr gute und haltbare Nuancen mittlerer Tönung und sind wir der Überzeugung, daß die Wismutsalze ein sehr interessantes Material für Kombinationen aller Art darstellen, daher Vessuche in dieser Richtung nur empfohlen werden können.

Im allgemeinen kennt der Praktiker die Wismutsalze nur wenig und wird wohl wenig Freude an den oft in der Literatur veröffentlichten Rezepten mit Wismutverbindungen gehabt haben, weil diese Vorschriften gar nicht den Löslichkeitsverhältnissen der Wismutsalze angepaßt sind.

Wenn wir die Löslichkeitsverhältnisse der in Frage kommenden Wismutsalze in Wasser und Alkohol bzw. Glycerin betrachten, so sehen wir auf den ersten Blick, daß es sich hier um ganz eigenartige Umstände handelt. Betrachten wir nun in dieser Beziehung die einzelnen Wismutsalze, so können wir folgendes konstatieren:

Basisches Wismutnitrat, Magisterium, Bismuthi, Bismuthum subnitricum, ist gänzlich unlöslich in kaltem oder heißem Wasser und in Alkohol, ebenso unlöslich in Glycerin, nur löslich in Säuren. Es kommt heute wohl praktisch nicht mehr direkt zur Herstellung von Haarfärbemitteln in Frage.

Neutrales Wismutnitrat (kristallinisches Wismutnitrat). Dieses Salz ist sehr gut zur Herstellung von Haarfärbemitteln geeignet, verlangt aber größte Sorgfalt beim Herstellen seiner Lösung. Es ist nur sehr wenig löslich in Wasser und fällt dieses, im Überschuß darauf einwirkend, unlösliches basisches Wismutnitrat. Es ist auch unlöslich in Alkohol, aber löslich in Glycerin 1 : 5. Diese mit fünf Teilen Glycerin für einen Teil neutrales Wismutnitrat erhaltene Lösung kann mit Wasser verdünnt werden, ohne daß sich unlösliches basisches Nitrat ausscheidet, aber nur wenn der Wassergehalt gewisse Grenzen nicht überschreitet.

Auch das neutrale Wismutnitrat läßt sich direkt in glycerinhaltigem Wasser lösen, aber nur unter größter Vorsicht, um jeden Wasserüberschuß zu vermeiden, der Ausfallen unlöslichen basischen Nitrates bewirken würde. Weiter unten wird die Herstellung einer solchen Lösung ausführlich beschrieben werden.

Wismutcitrat (Citronensaures Wismut). Dieses Salz ist in Wasser, Alkohol und Glycerin unlöslich, aber leicht löslich in Ammoniak bzw. ammoniakal. Alkohol und Wasser. Wenn wir die Vorschriften der Literatur für Wismuthhaarfarben kritisch betrachten, müssen wir in der älteren Literatur leider feststellen, daß diesen Löslichkeitsverhältnissen der Wismutsalze keine Rechnung getragen wurde, solche Vorschriften also jedes praktischen Wertes entbehren.

So finden wir Vorschriften (Debay u. a.), die einfache Lösung des neutralen Wismutnitrates (zusammen mit Silbernitrat) in destilliertem Wasser empfehlen. Nach Vorhergesagtem ergibt sich aber die glatte Unmöglichkeit, eine Lösung nach diesen Vorschriften herzustellen.

Sehr gut verwendbar sind zwei Vorschriften von Cerbelaud, die wir nachstehend wiedergeben:

Vorschrift Nr. 1

Flakon Nr. 1

Citronensaures Wismut	50 g
Dest. Wasser	250 g
Alkohol	700 g

Ammoniak q. s. um zu lösen.

Flakon Nr. 2

Natriumthiosulfat	100 g
Dest. Wasser	1 l

Vorschrift Nr. 2

Flakon Nr. 1

Citronensaures Wismut	50 g
Alkohol	33 g
Rosenwasser	200 g
Wasser	300 g

Ammoniak q. s.

Flakon Nr. 2

Natriumthiosulfat	120 g
Dest. Wasser	400 g

Herstellung einer konzentrierten Lösung von neutralem Wismutnitrat.

In einen bis 1000 ccm graduierten Meßzylinder, der gut trocken ist, gibt man neutrales Wismutnitrat 100 g und gießt darauf Glycerin 28 Bé 100 ccm.

Anderseits stellt man Glycerinwasser her, indem man 100 ccm Glycerin mit Wasser auf 1 l verdünnt.

Nun gibt man 100 ccm Glycerinwasser zu dem Gemisch der Kristalle und Glycerin in den Meßzylinder und zerdrückt die Kristalle gut in dieser Lösung mit Hilfe eines unten breitgedrückten Glasstabes. Man fährt mit diesem Zerdrücken und gleichzeitigen Umrühren fort, bis alle Kristalle vollständig gelöst sind. Ist dies eingetreten, so gibt man vorsichtig in kleinen Portionen und unter stetigem Umrühren Glycerinwasser zu, wobei mit dem Zusatz sofort aufzuhören ist, falls sich ein Niederschlag zu formen beginnen sollte. Bei vorsichtigem Arbeiten ist dies aber ausgeschlossen. Man füllt schließlich mit Glycerinwasser genau zu 1 Liter auf. Die so bereitete Lösung kann direkt zum Färben verwendet werden.

Wismuthaarfarben mit Wismutnitrat

Blond

Flakon 1: Vorstehende Lösung (Wismut-Glycerinlösung).

Flakon 2

Natriumthiosulfat	100 g
Wasser	500 g

Braun

Flakon 1: Wie oben)

Flakon 2

Kaliumsulfid	500 g
Wasser	1000 g
oder:	
Pyrogallol	25 g
Wasser	1000 g

Wiederhersteller

Essigsaures Wismutoxyd	3 g
Rosenwasser	690 g
Glycerin	100 g
Schwefelmilch	4 g

Vor dem Gebrauch umzuschütteln.

Diese Wiederhersteller sind jetzt wieder sehr in Mode gekommen und unter dem Namen Rénovateur als progressive Haarfarbe sehr beliebt. Auch unter dem Namen Entrupal wird ein solches Haarfärbemittel vertrieben, daß angeblich kein Haarfärbemittel sein wollte, sondern den Haaren „auf natürliche Weise ihre ursprüngliche Färbung wiedergeben“ sollte.

Diese Rénovateurs färben also zunächst hellblond an, bei fortgesetztem Gebrauch wird die Nuance immer dunkler und endet mit einem satten, sehr natürlichen Braun.

Nachstehend zwei Vorschriften für solche Haarfarben. Als Entwickler wird entweder präzipitierter Schwefel beigegeben oder eine Lösung von Natriumthiosulfat.

Rénovateur

1. Neutrales Wismutnitrat . 30 g
Glycerin .... 30 g
Die Kristalle im Glycerin zerdrücken und allmählich zufügen bis zur Lösung:
Glycerin .... 30 g
Wasser .... 470 g
(Herstellung wie weiter oben angegeben).
Zu dieser Lösung gibt man
präcipitierten Schwefel .. 5 g
schüttelt gut durch und füllt
in Flaschen von etwa .. 100 g
In jeder Flasche bildet sich beim Stehen ein Bodensatz von Schwefel. Vor Gebrauch lebhaft zu schütteln.

2. Wismutcitrat .... 00 g
Wasser .... 50 g
Ammoniak 25% soviel als zur Lösung erforderlich, dann diese Lösung auf ein Gesamtvolumen von 500 ccm verdünnen.
Anderseits stellt man eine Lösung
von Natriumthiosulfat... 60 g
in Wasser............. 440 g
her.

Beide Lösungen werden getrennt filtriert und dann zusammengegossen und innig vermischt.

In dieser Lösung bildet sich kein Bodensatz. Gut verschlossen aufbewahrt ist sie gut haltbar.

Anmerkung: Man kann natürlich auch Nr. 1 mit Wismutcitrat und umgekehrt Nr. 2 mit Wismutnitrat neutral herstellen, wobei zu beachten ist, daß 30 g neutrales Wismutnitrat 25 g Wismutcitrat entsprechen.

Cobalt- und nickelhaltige Mittel

Cobalt- oder Nickelsalze in ammoniakalischer Lösung sind für sich oder miteinander kombiniert, in Verbindung mit der vorangehenden Anwendung einer Pyrogallollösung, geradezu ideale Mittel zur Hervorbringung eines natürlichen Blond. Leider ist die erzielte Färbung bei lebendem Haar bei den cobalt- und nickelhaltigen Haarfarben nur kürzere Zeit haltbar (einige Tage) und verblaßt dann. Versuche, durch Kombinierung mit verdünnter Silbernitratlösung die Färbung echter zu machen, dürften sich jedenfalls empfehlen.

Wir lassen nun einige Vorschriften folgen:

Dunkelblond

I. Dest. Wasser .... 750 g
Alkohol, 96%ig .... 200 g
Pyrogallol .... 50 g

II. Cobaltchlorür, wasserfrei 9 g
Festes, kohlensaures
Ammon .... 10 g
Zucker .... 10 g

Zur Herstellung von Lösung II werden die Salze in zirka 200 g dest. Wasser gelöst, die Lösung mit

Salmiakgeist, 10%ig.... 190 g

versetzt, wodurch eine klare rote, später braun werdende Lösung entsteht, und nun daes Gesamtgewicht auf 1000 g ergänzt.

Blond

I. Dest. Wasser .... 740 g
Alkohol, 96%ig .... 200 g
Pyrogallol .... 60 g

II. Nickelammoniumsulfat.. 50 g
Zucker .... 10 g
Salmiakgeist, 10%ig ... 200 g
Dest. Wasser .... 740 g

oder:

II. Salpetersaures Nickel-
oxydul .... 40 g
Ammoniumkarbonat.... 10 g
Zucker .... 5 g
Salmiakgeist, 10%ig.... 150 g
Dest. Wasser .... 795 g

Wo die rote oder blaue Farbe der ammoniakalischen Cobalt- oder Nickelsalzlösungsstört, kann diese durch Zusatz einer Spur der zugehörigen Lösung I oder von etwas Anilinbraun verdeckt werden. Vor Anwendung der Mittel ist das Haar gut zu entfetten. Man wäscht das gefärbte Haar am besten nur mit warmem Wasser ohne Seife aus. Durch Seifenwasser werden die Nuancen etwas aufgehellt. Natürlich kann man durch stärkere Konzentration oder Verdünnung der Lösungen II dunklere oder hellere Nuancen, mit den Nickellösungen auch eine Art Aschblond erzielen.

Eisenhaltige Mittel

sind nicht gesundheitsschädlich. Die Wirkung läßt sowohl in bezug auf Haltbarkeit als Lebhaftigkeit der Farbe viel zu wünschen übrig.

Blond

I.	Eisenacetat	10 g
	Wismutnitrat	20 g
	Silbernitrat	10 g
	Dest. Wasser	100 g
II.	Schwefelkalium	50 g
	Dest. Wasser	50 g

Blond

Nr. 1

Eisenchlorid	10 g
Wasser	500 g

Nr. 2

Pyrogallol	31 g
Wasser	1 l

Braun

Nr. 1

Ferrosulfat (schwefelsaures Eisenoxydul)	100 g
Wasser	1 l

Nr. 2

Schwefelkalium	50 g
Wasser	1 l
oder besser:	
Pyrogallol	30 g
Wasser	1 l

Schwarz

Nr. 1

Eisenchlorid	100 g
Wasser	1 l
Pyrogallol	50 g
Wasser	1 l

Auch die Eisenlösungen müssen in dunklen Flaschen aufbewahrt werden, da sie lichtempfindlich sind.

Manganhaltige Mittel

sind zur Hervorbringung der braunen Nuancen wohl recht gut geeignet, leider aber sind die Farben wenig echt und haltbar. Man wäscht das damit gefärbte Haar am besten nur mit lauwarmem Wasser oberflächlich aus, bei stärkerem Auswaschen geht bisweilen das Braun in Hellblond über.

Pyrogallol	100 g
Eisessig	2 g
Manganacetat	100 g
Dest. Wasser	850 g

Weiterhin wird eine 5%ige wäßrige Lösung von Kaliumpermanganat („Baffine“) angewendet für Dunkelbraun, für hellere Nuancen und Blond schwächere Lösungen. Die Farbe wird ein wenig haltbarer, wenn man das Haar vor ihrer Anwendung mit einer 5%igen Lösung von Schwefelkalium durchfeuchtet.

Die Manganfarben haften nur einigermaßen auf sehr sorgfältig entfettetem Haar. Sie sind unschädlich, werden aber wegen ihrer geringen Haltbarkeit wenig verwendet.

Das Natriumpermanganat ist dem Kaliumpermanganat vorzuziehen, da es besser wirkt. Die Permanganate färben schon ohne Entwickler an der Luft, doch empfiehlt sich meist die Mitverwendung eines solchen, wie Tannin, Alkalisulfid oder Pyrogallol, um natürlichere, weniger fuchsige Töne zu erhalten.

Nachstehend einige Vorschriften dieser Art.

Blond

Nr. 1

Natriumpermanganat	10 g
Wasser	500 g

Nr. 2

Natriumsulfid	20 g
Wasser	400 g

Châtain

Nr. 1

Kaliumpermanganat	150 g
Wasser	1 l

Nr. 2

Pyrogallol	35 g
Wasser	1 l

Gemischte Metallsalz-Haarfarben

Diese werden jetzt besonders häufig verwendet, wobei man sich die die Färbung günstig beeinflussende Wirkung gewisser Gemische (Komplexwirkung) zu Nutze macht. Dies trifft u. a. besonders für Silberfarben durch Zusatz von Kupfersalz, für Wismutfarben durch Zusatz von Silber- oder Kupfersalz usw. zu.

Schwarz

Flakon I.

Silbernitrat	70 g
Kupfersulfat	20 g
Nickelnitrat	10 g

Ammoniak 10% soviel als nötig zur Lösung des Niederschlages. Dann auf ein Gesamtvolumen von 1,5 Liter mit Wasser auffüllen.

Flakon II.

Pyrogallol	50 g
Wasser	800 g
Alkohol	200 ccm

Braun

Flakon I.

Silbernitrat	50 g
Kupfersulfat	8 g
Ammoniak q. s.	
Wasser bis zu 1,5 l	

Flakon II.

Pyrogallol	30 g
Wasser	1000 g

Hellbraun

Flakon I.

Neutrales Wismutnitrat	100 g
Silbernitrat	50 g
Glycerin	100 g
Wasser bis zu 1 Liter.	

Flakon II.

Schwefelkalium	80 g
Alkohol	200 g
Wasser	800 g

Châtain

Flakon I.

Silbernitrat	30 g
Nickelsulfat	40 g
Kupfersulfat	20 g
Cobaltnitrat	60 g
Ammoniak q. s.	
Wasser bis zu 2 Liter.	

Flakon II.

Pyrogallol	30 g
Wasser	1000 g

Hellbraun

Flakon I.

Cobaltnitrat	50 g
Nickelnitrat	10 g
Kupfersulfat	10 g
Ammoniak q. s.	
Wasser bis zu 1 Liter.	

Flakon II.

Pyrogallol	20 g
Wasser	1000 g

Blond

Flakon I.

Cobaltnitrat	2,5 g
Nickelnitrat	0,5 g
Ammoniak q. s.	
Wasser bis zu 100 ccm	

Flakon II.

Pyrogallol	20 g
Wasser	1000 g

Vegetabilische Haarfarben.

Braun

Sandfreien gepulverten Torf oder Kasseler Braun	10 g
Salmiakgeist, 10%ig	100 g
Wasser	50 g

läßt man unter öfterem Schütteln 48 Stunden stehen, erhitzt dann das Gemisch langsam bis zum Kochen, koliert und dampft den Auszug im Wasserbade ein. Das sirupdicke braune Extrakt löst man in einem Gemisch von

Dest. Wasser	100 g
Spiritus	20 g
Eau de Cologne	2 g

Nußextraktfarbe.

Was unter diesem Namen im Handel erscheint sind Kunstprodukte, meist Haarfarben auf Basis von Kupfersalzen usw.

Der frische Saft der grünen Nußschalen färbt wohl Haare, und Haut in frischem Zustande schön braun (Juglon-Färbung), doch verliert dieser Nußsaft schon nach kurzer Zeit seine färbenden Eigenschaften fast vollständig.

Persische Haarfärbemittel

Unter „Henna“ versteht man die gepulverten Blätter des Cyperstrauches (Lawsonia), unter „Reng“ die gepulverten Blätter der Indigopflanze (Indigofera). Henna färbt für sich allein das Haar orangefarbig oder fuchsrot, mit Reng vermischt dagegen nach Belieben blond bis schwarz. Dabei erhalten die Haare einen wunderschönen Glanz, und es soll durch Anwendung dieses Mittels auch das Ausfallen der Haare vermindert werden. Auch ist es absolut unschädlich und gewährt noch den Vorteil, daß es die Kopfhaut nicht färbt. Die Färbung ist echt, hält sich monatelang und erscheint durchaus natürlich. Wir hätten es demnach hier mit einem ausgezeichneten Präparate zu tun, wenn nicht seine Anwendung so überaus umständlich wäre. Zunächst ist es erforderlich, daß die Färbung in einem Raume vorgenommen wird, welcher eine Temperatur von mindestens 19° R besitzt, da sich die Farbe bei niedrigerer Temperatur nicht entwickelt. Ferner muß viel angewärmtes Wasser (am besten eine Badewanne voll) zum Auswaschen der Haare zur Verfügung stehen. Man verwendet zu einer Färbung im Durchschnitt 100 g der Mischung und hat besonders darauf zu achten, daß sich beide Teile in völlig trockenem Zustande befinden. Die Mischung, welche vor dem Gebrauche jedesmal frisch bereitet werden muß, ist etwa wie folgt zusammengesetzt: Man nimmt:

für Hellbraun:	80 g Reng.
	40 g Henna.
für Dunkelbraun:	90 g Reng.
	30 g Henna.
für Schwarz:	30 g Henna.
	120 g Reng.

Für Blond sind etwa gleiche Teile Henna und Reng zu nehmen.

Die gemischten Pulver werden mit $\frac{1}{2}$ l Wasser, welches man vorsichtig nach und nach zugibt, zu einem gleichmäßigen Brei verrührt, welcher dick auf den Kopf und die Haare aufgetragen wird. Natürlich müssen letztere in der üblichen Weise entfettet sein. Lange Haare werden am besten in Zöpfe geflochten und diese öfters durch die mit Brei gefüllte Hand gezogen, wobei man den Brei an allen Stellen gut zwischen die Haare hineindrückt. Die so behandelten Zöpfe werden rings um den Kopf gelegt und das ganze Haar noch einmal mit Brei überdeckt, so daß kein einziges Haar aus der den Kopf wie eine Pechkappe zudeckenden grünen Masse hervorragt. Nachdem diese Prozedur beendet ist, muß man bei Braunfärbung 2 Stunden, bei Schwarzfärbung 3 bis 4 Stunden warten, ehe man den Brei entfernen darf. Für Blond genügt etwa $\frac{1}{2}$ Stunde.

Nach Ablauf dieser Zeit wird die Masse mit viel Wasser von Kopf und Haaren weggespült und das Haar anhaltend mit einem weiten Kamm gekämmt, während literweise Wasser aufgegossen wird. Die Waschung dauert $\frac{1}{2}$ Stunde und ist beendet, wenn das Wasser klar aus dem Haar abfließt. Da man die wirklich erzielte Farbe erst nach 6 Stunden beurteilen kann, färbt man zweckmäßig des Abends. Sollte etwa das Haar nach dem Trocknen glanzlos erscheinen, so ist die Färbung mißglückt und muß wiederholt werden. Wie aus diesen Angaben ersichtlich ist, wird die Geduld hier auf eine harte Probe gestellt.

Beide Blattpulver sind unschädlich und geruchlos sowie jahrelang haltbar, wenn sie vor Licht und Luft geschützt trocken aufbewahrt werden.

Das Haarfärben mit Henna und Reng ist sehr zu empfehlen, weil diese Mittel absolut harmlos sind und schöne Erfolge damit erzielt werden.

Nachstehend einige Vorschriften für kombinierte Hennafarben:

1. Châtain

Hennapulver	400 g
Galläpfelpulver	410 g
Nußblätter, pulv.	600 g

2. Hellbraun

Hennapulver	600 g
Galläpfelpulver	600 g

3. Braun

Hennapulver	400 g
Torf, pulv., trocken	600 g

1. Blond

Hennapulver	400 g
Rhabarberwurzelpulver	150 g

Hennainfusionen werden nur wenig verwendet, sind aber, besonders aus Hennagemischen bereitet, nicht uninteressant. Wir geben nachstehend einige Vorschriften dieser Art:

1. Man mischt 1 Teil Hennatinktur und 1 Teil Nußtinktur oder 2 Teile Henna- und 1 Teil Nußtinktur und appliziert.

2.

Hennapulver	50 g
Galläpfelpulver	30 g
Nußblätter	20 g
Alkohol	80 g
Wasser	100 g

Nach der Anwendung mit Ammoniak abwaschen.

Cerbeland

3.

Kamillenblüten	250 g
Hennapulver	500 g
Indigoblätterpulver	250 g
Wasser	3000 g
Citronensäure	2 g
Pyrogallol	3 g
Alkohol, 90%ig	80 g
Glycerin	25 g

(Zu 3.)

Man kocht die Pflanzenpulver etwa 10 Minuten in dem mit Citronensäure versetzten Wasser und läßt 24 Stunden mazerieren. Nach dieser Zeit filtriere man, preßt gut aus und dampft das Filtrat bis auf 800 g ein, dann gibt man das Pyrogallol, Glycerin und den Alkohol hinzu und filtriert.

Abgesehen von der rein vegetabilischen Henna- bzw. Henna-Rengfärbung, haben heute chemisch modifizierte Hennapräparate, die sogenannten

Henna-Rastiks

ganz besondere Verbreitung gefunden.

Nachstehend einige Vorschriften für Hennarastiks.

Nach Gastou

Hennapulver	60 g
Galläpfel, pulv.	30 g
Ferrosulfat	30 g

	Chatain	Brun	Brun Foncé	Noir
Hennapulver	100	100	100	100
Pyrogallol	6	6	8	10
Kupfersulfat	6	7	7	12

Pyrogallolgehalt soll maximal 10% betragen!

Blond

Hennapulver	40 g
Eisenpulver	40 g

½ Stunde ohne Erwärmen.

Châtain clair

Hennapulver	100 g
Kupfersulfat	6 g
Pyrogallol	5 g
Eisenpulver	10 g
Rotes Eisenoxyd (gebrannte Sienaerde)	5 g

Châtain

Hennapulver	100 g
Pyrogallol	6 g
Kupfersulfat	7 g
Rotes Eisenoxyd	8 g

½ Stunde bei 50—60°

Châtain Foncé

Hennapulver	100 g
Pyrogallol	7 g
Kupfersulfat	7 g
Rotes Eisenoxyd	10 g

¾ Stunden bei 50—60°

Blond doré

Hennapulver	30 g
Rhabarberwurzelpulver	50 g
Borax	2 g
Chlorammon	2 g

½ Stunde ohne Erwärmen.

Acajon

Hennapulver	400 g
Eisenpulver	200 g
Cobaltnitrat	40 g
Pyrogallol	20 g
Borax	20 g
Chlorammon	20 g

Dreiviertel Stunden.

Brun

Hennapulver	400 g
Eisenpulver	400 g
Cobaltnitrat	25 g
Pyrogallol	30 g
Eisenchlorid	30 g

¾ Stunden bei 50—60°.

Noir

Hennapulver	400 g
Eisenpulver	400 g
Eisenchlorid	70 g
Nickelnitrat	30 g
Pyrogallol	30 g
Tannin	80 g
Schwefeleisen	30 g

1 Stunde bei 60°

Alle Pulver werden mit heißem Wasser zu einem sämigen Brei angerührt und aufgetragen. Nach dem Auftragen das gefärbte Haar im Wärmeapparat dämpfen. Mit Ausnahme der blonden Töne, die ohne Erwärmung erhalten werden.

Wir beschließen dieses interessante Kapitel mit dem Hinweis, daß Silbersalze zu den Henna-Rastiks nicht verwendet werden können, weil diese eine spinatgrüne Färbung des Haares bewirken würden. Ebenso darf auch Henna nicht auf mit Silberfarben gefärbtes Haar aufgetragen werden.

Als Bezugsquelle für Henna und Reng seien die Drogenhäuser Cäsar & Loretz, Halle a. S. und Lehn & Fink, 120 William Street, New York, genannt. Es kommen auch bereits fertige Mischungen beider Mittel für die verschiedenen Farbnuancen in den Handel.

Anacardiumhaarfarbe

Im Jahre 1903 brachten einige Fachblätter eine Mitteilung, daß folgendes Mittel ungiftig und unschädlich, echt und billig sei: „Man extrahiert gepulverte Anacardiumnüsse mit Petroläther, läßt diesem verdunsten, verdünnt mit Alkohol und bestreicht mit dieser Flüssigkeit das Haar. Hierauf wird es mit verdünntem Salmiakgeist benetzt und nimmt sofort eine dauerhafte schwarze Farbe an.

Praktischen Wert hat dieses Verfahren aber nicht, denn die heftige Reizwirkung, des in den Anacarden enthaltenen Cardols, das rasch eitrige Entzündungen der Haut hervorrufen kann, schließt a priori jede Verwendung aus.

Organische Haarfärbemittel.

Pyrogallolhaarfarben

Pyrogallol wurde schon bei den anorganischen Färbemitteln viel genannt, wo es dazu diente, aus den Lösungen der gebrauchten Metallsalze durch ihre Reduktionskraft die Metalle in feinpulveriger Form auszuscheiden. Hiebei wird die Pyrogallussäure selbst oxydiert und ihre Lösung gebräunt, diese Bräunung tritt aber auch bei Abwesenheit von Metallsalzen schon durch die Einwirkung des Sauerstoffes der Luft ein, besonders rasch bei Gegenwart eine Alkalis (Ammoniak oder Alkalilauge). Man kann daher eine wäßrige Lösung von Pyrogallol verwenden, wenn man eine langsame Färbung wünscht, und deren Wirkung durch Zusatz einer organischen Säure noch verzögern, anderseits kann man durch vorherige, gleichzeitige oder nachfolgende Anwendung eines Alkalis die Wirkung beschleunigen. Im ersteren Fall erzielt man eine allmählich auftretende, nicht gerade schöne Färbung von dunkelgrau bis schwärzlich, im letzteren eine rot- bis schwarzbraune Färbung. Die Pyrogallolfärbungen sind zwar wasser-, aber nicht säurebeständig und im allgemeinen wenig echt. Essig- und Citronensäure entfernen sie mit Leichtigkeit.

Nachfolgend einige Vorschriften:

Pyrogallussäure	12 g	färbt progressiv
Citronensäure	1 g	
Glycerin	30 g	
Dest. Wasser	200 g	
Alkohol, 96%ig	80 g	

M. Larcher empfiehlt, 500 g Pyrogallol in 200 g Alkohol, sowie 150 g Natronlauge (36° Bé.) in 5000 g Rosenwasser zu lösen, beide Lösungen nach dem Zusammengießen eine Woche bei Luftzutritt stehenzulassen und dann auf Flaschen zu füllen. Das Mittel soll 7 Tage aufgetragen werden und das Haar immer dunkler, bei öfterer Anwendung tiefschwarz färben.

Eine augenblicklich färbende blonde Haarfarbe erhält man nach folgender Vorschrift:

I.	Pyrogallol	30 g	II.	Ammoniak 25%	100 g
	Wasser	1000 g		Wasser	900 g

Das Pyrogallol ist zu Haarfärbemitteln erlaubt, indes nicht unschädlich. E. Erdmann[1] gibt in Übereinstimmung mit Saalfeld

[1] Münchener med. Wochenschr. 1906, Nr. 8.

darüber folgendes an: „Auf der Haut ruft die Pyrogallussäure oft genug mehr oder weniger heftige entzündliche Erscheinungen hervor, und ihre Resorption kann durch Schädigungen des Nervensystems, des Blutes oder der Nieren schwere Störungen des gesamten Organismus bedingen.“ A. Chaplet („La Teinture des Cheveux“, S. 9) sagt: „Il convient, pour éviter toute possibilité de risques d'accidents toxiques, de ne pas dépasser dans la solution d'acide pyrogallique la concentration maximum de 5 grammes par litre.“ Husemann und Kobert rechnen das Pyrogallol zu den Blutgiften, da es direkt auf die roten Blutkörperchen schädlich einwirke. Dagegen läßt sich diese schädliche Wirkung beseitigen, wenn man in das Pyrogallolmolekül die Sulfogruppe einführt und zur Haarfärbung Lösungen von Salzen der Pyrogallolsulfosäure allein oder zusammen mit oxydierenden oder alkalischen Mitteln verwendet. Dieses Verfahren war durch Patent (D. R. P. 178 295) der Aktien-Gesellschaft für Anilinfabrikation in Berlin geschützt. Man erhält damit sehr echte Färbungen.

Haarfarben aus Anilinderivaten (Oxydations Haarfarben)

Die Verwendung gewisser Anilinderivate zu Haarfärbemitteln bedeutete insofern einen Fortschritt, als sich dadurch sehr echte Färbungen und natürliche Nuancen herstellen ließen. An erster Stelle ist hier das Paraphenylendiamin zu nennen, das in alkalischer Lösung mit Wasserstoffsuperoxyd als Entwickler verwendet wurde. Erdmann empfahl dafür folgende Vorschriften: 20 g reines Paraphenylendiamin (oder 33,5 g salzsaures Paraphenylendiamin) und 14 g Ätznatron werden in 1 l heißen Wassers gelöst. Das entfettete Haar wird mit der Lösung durchtränkt und in eine 3 %ige Lösung von Wasserstoffsuperoxyd gelegt. Nach 24 Stunden sind die Haare tief dunkelbraun gefärbt, nach Wiederholung der Operation blauschwarz; wenn man das Wasserstoffsuperoxyd durch eine 5 %ige Eisenchloridlösung ersetzt, werden sie kastanienbraun.

Diese Vorschriften sind nur für totes Haar bestimmt, denn die Erfahrung hat gezeigt, daß das Paraphenylendiamin sehr starke Hautreizungen erzeugt, welche die Gesundheit schädigen können. Aus diesem Grunde hat die Behörde in Deutschland und den meisten Kulturstaaten den Verkauf paraphenylendiaminhaltiger Haarfärbemittel so gut wie unmöglich gemacht.

Es ist daher zu begrüßen, daß der früher beim-Pyrogallol gelungene Versuch, dessen schädliche Eigenschaften durch Einführung der Sulfogruppe zu beseitigen, auch bei den als Oxydationsfarben in Betracht kommenden Aminbasen zu überaus günstigen Resultaten geführt hat. Erdmann und Tomasczewski haben in ihrer bereits vorher erwähnten Arbeit festgestellt, daß nur in einem einzigen von 96 Fällen bei Applizierung dieser sulfonierten Basen eine ganz leichte Hautreizung eintrat, die rasch vorüberging, dagegen keinerlei Komplikationen entstanden. Möglicherweise ist dieser eine Fall nur auf eine Überempfindlichkeit der Haut, wie sie vereinzelt anzutreffen ist, zurückzuführen. Diese Erfahrungen boten nun die Grundlage zur Gewinnung eines hygienisch einwandfreien Haarfärbemittels, dessen Herstellung durch das D. R. P. 179.881 der Aktiengesellschaft für Anilinfabrikation in Berlin geschützt war und das sich unter der Bezeichnung

„Eugatol“

im Handel befindet. Es lassen sich damit die meisten gebräuchlichen Färbungen in natürlichen Nuancen hervorrufen; ein violettroter Stich macht sich bei einigen davon nur bei schärfster Beobachtung und nur, wenn das Haar von der Sonne durchleuchtet wird, bemerkbar.

Nachstehend geben wir nach der Patentschrift die ungefähre Zusammensetzung einzelner Eugatolfarben an.

Blond, reib- und waschecht

o-Amidophenolmonosulfosäure	4 g
Kohlensauree Natron	2 g
Dest. Wasser	100 g

oder:

p-Amidodiphenylaminmonosufolsäure	4 g
Kohlensaures Natron	2 g
Natriumbisulfitlösung 30°Bé	3 ccm
Dest. Wasser	100 g

Braun

p-Phenylendiaminmononsulfosäure	4 g
Kohlensaures Natron	2 g
Dest. Wasser	100 g

Schwarz

Amidodiphenylaminmonosulfosäure	40 g
Kohlensaures Natron	20 g

mit destilliertem Wasser zu 1 l aufzulösen. Die Ausfärbung ist nach ½ Stunde fast schwarz. Beim Auswaschen geht nur etwas violette Farbe herunter.

Jede der vorstehenden Lösungen wird unmittelbar vor dem Gebrauch mit der halben Raummenge 3%igen Wasserstoffsuperoxyds [1] gemischt. Die Lösungen lassen sich auch ohne Wasserstoffsuperoxyd verwenden, in diesem Falle tritt jedoch die Entwicklung der Farbe durch den Luftsauerstoff viel langsamer ein.

Das Haarfärbemittel

Primal (Agfa)

besteht im wesentlichen aus Natriumsulfit-Lösungen des p-Toluylendiamins verschiedener Konzentration, z. B.:

Paratoluylendiamin	2,5 Teile
Natriumsulfit	5 Teile
Wasser	100 Teile

Als Entwickler dient Wasserstoffsuperoxyd oder sauerstoffabspatende Tabletten aus Natriumperborat und äquivalenten Mengen Säure.

Die Oxydationsfarben moderner Art wie Imédia, Inecto usw. werden in Form von Kombinationen der verschiedensten Anilinderivate hergestellt und erfordert diese Herstellung große Spezialerfahrung.

[1] Da die 3%ige Wasserstoffsuperoxydlösung nicht sehr haltbar ist, gibt die Patentinhaberin neuerdings den Eugatol-Packungen 2 Pulver bei, die auf Zusatz von Wasser einen gebrauchsfähigen Entwickler liefern, der bei kühler und staubfreier Aufbewahrung mehrere Wochen lang seinen Zweck erfüllt. Es handelt sich dabei jedenfalls einerseits um Natriumperborat, anderseits um eine organische Säure (Weinsäure).

Abgesehen von Auswahl und Kombination der geeigneten Anilinderivate kommt bei den modernen Oxydationsfarben heute ein wirklich haltbarer, leichtlöslicher hochkonzentrierter Sauerstoffentwickler, das Harnstoffsuperoxyd (Hyperol, Ortizon), fast ausschließlich zur Anwendung, dem es zu danken ist, daß die einzelnen Nuancen ziemlich sicher erhalten werden können.

Von den benutzten Anilinderivaten sind unter vielen anderen zu nennen p-Amidophenol, p-Toluylendiamin, Diamidophenol-Chlorhydrat (Sulfat usw.), Sulfo-Dinitrophenol, Meta-Phenylendiamin, Amido-Diphenylamin usw.

Nachstehend einige Beispiele, die gewisse Möglichkeiten andeuten

	Braun	Schwarz
Diamidophenol-Chlorhydrat	80 g	150 g
Natriumsulfit krist.	120 g	250 g
Alkohol	100 ccm	100 ccm
Wasser	900 ccm	100 ccm
Zum Entwickeln für 10 ccm dieser Lösung nötig an Harnstoffsuperoxyd	2 Tabletten	4 Tabletten

à 0,5 g gelöst in 10 ccm Wasser

Châtain

p-Toluylendiamin	2 g
p-Amidophenol	2 g
p-Amidodiphenylamin	1 g
Natriumsulfit, krist.	5 g
Alkohol 50%	100 ccm

Für 10 ccm dieser Lösung zum Entwickeln 3 Tabletten Harnstoffsuperoxyd à 0,5 g. Gelöst in 10 ccm Wasser.

Blond

Sulfo-o-Amidophenol	3 g
p-Toluylendiamin	1 g
Pyrogallol	0,5 g
Natriumsulfit krist.	4 g
Ammoniak 10%	5 g
Wasser	80 g
Alkohol	20 ccm

Für 10 ccm 2 Tabletten à 0,5 g Harnstoffsuperoxyd. Gelöst in 10 ccm Wasser.

Schließlich sei noch die E. P. L. Schueller durch das französische Patent 383.920 geschützte Haarfarbe erwähnt, die auf der Bildung von Farblacken auf dem Haar bassiert. Das wirksame Prinzip ist hier die Kombination eines Körpers der Phenolgruppe (Amidophenole, Hämatotoxylin usw.) mit einem Metallsalz (Kobalt, Nickel, Eisen, Kupfer), die sich zusammen in einer Lösung befinden, welcher ein Reduktionsmittel zugesetzt ist, durch dessen Gegenwart die Einwirkung der beiden Komponenten aufeinander in der Flasche selbst verhindert wird; eine solche Aufeinanderwirkung und somit die Bildung eines Farblackes kann erst dann eintreten, wenn das Mittel mit dem Sauerstoff der Luft in Berührung kommt, also wenn die Lösung auf dem Haar aufgetragen ist, wobei das Reduktionsmittel oxydiert und sein hemmender Einfluß aufgehoben wird. Nimmt man von dem Reduktionsmittel nur wenig, so geschieht diese Oxydation rasch und die Färbung tritt sehr bald ein, während im umgekehrten Falle die Wirkung progressiv ist. Das Mittel besitzt, außer dem Vorteil, einteilig zu sein, nach dem Erfinder noch den Vorzug, daß sich alle Farbennuancen damit erzielen lassen und daß es ein unschädliches Haarfärbepräparat vorstellt. Zur Vertiefung und

Verschönerung der erzielten Färbung empfiehlt der Erfinder u. a. eine Einfettung des Haares mit wäßriger Türkischrotöllösung.

Im Nachtrage zur Beschreibung der gebräuchlichsten augenblicklich wirkenden Haarfarben wollen wir eines speziellen Verfahrens gedenken, das, obwohl unseres Wissens niemals in größerem Umfange praktisch geübt, sicher als Idee manches Interessante in sich trägt.

Es ist dies die bereits kurz erwähnte, durch D. R. P. 344.529, Dr. Otto Volz in Berlin vom 27. November 1904, auf die Dauer von 15 Jahren geschützte Erfindung der

Herstellung von Haarfärbemitteln in fetter Lösung geeigneter Metallstearate usw.

Dieses von originellen Prinzipien ausgehende Verfahren will vor allem das „Naßfärben" der Haare vermeiden und dem Haar die Farbstoffe in Form fetter Lösungen zuführen, die die betreffenden Metalle bzw. Kohlenwasserstoffe in Form fettlöslicher Verbindungen enthalten, soweit sie nicht direkt als solche in Fett löslich sind. Diese fetten Haarfarben färben das Haar augenblicklich an und lassen sich durch Nachbehandlung mit verdünnten Alkalien (Ammoniak usw.) in der Farbwirkung beschleunigen, wobei ein leichtes Durchbürsten genügt.

Durch diese Nachbehandlung mit Alkali sollen auch die mit den Fettstoffen in das Haar eingedrungenen fettsauren Salze usw. in Metalloxyde verwandelt werden, die Keratinfarblacke bilden. Bei dieser Methode ist Entfettung des Haares selbstverständlich überflüssig und sollen die Nuancen sofort erkennbar sein, was bei der Naßfärbung bekanntlich vor dem Trocknen unmöglich ist, da feuchtes Haar stets dunkler erscheint

Cobaltstearat	35 Teile
Nickelstearat	35 Teile
Benzylbenzoat	500 Teile

Bis zur Lösung erwärmen und zu folgendem separat erwärmten Gemisch unter Umrühren zusetzen:

Pyrogallol	100 Teile
Essigäther	240 Teile
Olivenöl	700 Teile
Vaselinöl	1800 Teile
Seifenpulver	60 Teile

Haarbleichmittel (Blondierungsmittel).

Ebensowenig wie sich ein schwarzes Kleid weiß färben läßt, läßt sich zur Blondfärbung dunklen Haares ein eigentliches Färbemittel verwenden. In diesem Falle muß man zu Bleichmitteln greifen, Als wirksamer Bestandteil derselben dient das Wasserstoffsuperoxyd, das früher allgemein als harmlos betrachtet wurde. Es hat sich jedoch in der Praxis gezeigt, daß die dauernde Verwendung dieses Mittels das Haar brüchig macht. Es ist deshalb bei seinem Gebrauch zum mindesten eine häufige Einfettung des Haares vorzunehmen.

Die zuerst auf dem Markt gekommenen Blondierungsmittel („Anreoline", „Gold-Feenwasser" usw.) bestanden aus 3%igem Wasserstoffsuperoxyd[1], dem, um es haltbarer und gleichzeitig wirksamer zu machen, ein Zusatz von freier Salzsäure oder Schwefelsäure bzw. von beiden zugleich gegeben war. Es ist aber empfehlenswert, von solchen Zusätzen abzusehen, da sie das Haar ebenfalls angreifen. Um die Wirkung des Wasserstoffsuperoxyds zu erhöhen, setzt man eventuell etwas von dem ganz unschädlichen Salmiakgeist hinzu, wodurch allerdings die Haltbarkeit des Wasserstoffsuperoxyds leidet. Es dürfte sich daher empfehlen, die erforderliche Salmiakgeistmenge in einem besonderen kleinen Fläschchen abzugeben.

Besonders interessant ist die Tatsache, daß es nunmehr gelungen sein dürfte, das Wasserstoffsuperoxyd durch Zusatz kleiner Mengen von Estern der p-Oxybenzoesäure dauernd zu konservieren. Empfohlen wird ein Zusatz von etwa 0,2% des Methylesters (Nipagin).

Blondierungsmittel

Wasserstoffsuperoxyd, 3%ig ..	1000 g
Salmiakgeist, 25%ig	15 g

Das Mittel wirkt erst allmählich und ist solange auf das jedesmal gut entfettete Haar aufzutragen, bis die gewünschte hellere Färbung erzielt ist. Das nachwachsende Haar ist ebenso zu behandeln.

Wegen der Zersetzlichkeit des Wasserstoffsuperoxyds empfiehlt es sich, Flaschen aus braunem Glase zu verwenden und diese recht kühl aufzubewahren. Man fülle sie am besten nie ganz voll. Eventuell gibt man einen Reservestopfen bei, der eine haarfeine Bohrung besitzt, durch welche der bei der Zersetzung des Wasserstoffsuperoxyds frei werdende Sauerstoff entweichen und so einem Platzen der Flaschen vorgebeugt werden kann.

Sehr zweckmäßig wird das Blondieren in Form des Breiumschlages vorgenommen, der aus folgendem Gemisch besteht:

Neutrale flüssige Seife	30 g
Wasserstoffsuperoxyd 3% ..	20 g
Magnesiumcarbonat.........	10 g
Ammoniak 25%	6 Tropfen

Man bestreicht das zu blondierende Haar mit diesem Brei (mit Hilfe eines flachen Pinsels oder eines Wattebauschs) wobei die Haare gut durchtränkt sein müssen. Nach etwa 30 Minuten spült man reichlich mit Wasser aus und wäscht sofort mit Essigwasser, Citronensaftwasser oder dgl. nach.

Auch zum Blondieren kann man vom Harnstoffsuperoxyd ausgehen und aus den Tabletten unmittelbar vor Gebrauch das nötige Wasserstoffsuperoxyd herstellen. (Durch Lösen von 9 g Hyperol in 100 ccm Wasser).

---

[1] Die Prozentangaben bei Wasserstoffsuperoxyd beziehen sich meist auf Gewichtsprozente. Ein 3%iges Wasserstoffsuperoxyd enthält also 3 Gewichtsprozente H_2O_2; es vermag die 10fache Raummenge gasförmigen Sauerstoff abzugeben, weshalb man es auch als 10 volumprozentig bezeichnet. Durch Verdünnung des 30%igen (Gewichtsprozente) Perhydrols lassen sich stärkere als 3%ige Lösungen herstellen.

Zur **Platinblondbleiche** wird Pantosept verwendet, der unterchlorige Säure entwickelt. Man verwendet eine wässerige Pantoseptlösung 1 : 200.

Um ergrautes Haar schneeweiß zu bleichen, was mit Wasserstoffsuperoxyd nicht zu erreichen ist, da dieses dem Haar stets einen gelben Schein läßt, wird folgendes Verfahren empfohlen: Das entfettete und getrocknete Haar wird mit einer warm gemachten 6%igen Kaliumpermanganatlösung durchfeuchtet, diese antrocknen gelassen und dann mit einer 10%igen Natriumthiosulfatlösung gewaschen, die man unmittelbar vor dem Gebrauch mit etwas Schwefelsäure angesäuert hat. Diese Prozedur muß einigemal wiederholt werden. Diese Methode ist aber recht problematisch und gibt keine sicheren Resultate.

Enthaarungsmittel (Depilatorien).

Die Nachfrage nach diesem Artikel hat sich ganz erheblich gesteigert, vor allem weil in unserer Zeit des Freibades, des Sonnenkults und Sports und der „wenig bekleideten" Mode der Damen im allgemeinen die Epilation der Achselhöhle, der Arme und Beine usw. eine ästhetische Notwendigkeit geworden ist.

Eine dauernde Epilation mit solchen Präparaten gibt es nicht und wachsen die Haare wieder nach.

Die wichtigsten Grundstoffe zu den modernen Depilatorien sind gewisse Sulfide, vor allem das Bariumsulfid, das Strontiumsulfid und die Alkalisulfide. Von diesen ist das Bariumsulfid nicht unbedenklich und auch in vielen Staaten verboten. Man hat dessen Verwendung auch nicht nötig und im Strontiumsulfid einen absolut vollwertigen Ersatz gefunden, auch durch geschickte Verwendung der Alkalisulfide.

Wichtig für den Gebrauch der Enthaarungsmittel, die infolge der Bildung ätzender Hydroxyde die Haut stets mehr oder minder irritieren, daß sofort nach dem nötigen reichlichen Nachspülen mit Wasser, mit einer schwachen Säure (Citronensäure, Borsäure, Weinsäure, Essig usw.) nachgewaschen wird. Auch ist alsdann die Applikationsstelle mit Fett einzureiben und schließlich kräftig einzupudern.

Dies ist als allgemein gültig zu beachten!

Das Rhusma der Orientalen besteht aus Kalk und Schwefelarsen und ist ein sehr gefährliches Mittel.

Ätzkalk	100 g
Schwefelarsenik	50 g

Dieses Mittel wird zwar viel im Orient benutzt, es muß aber vor dessen Verwendung gewarnt werden.

Enthaarungspasta

a)	Weißes Stärkepulver	20 g
	Wasser	120 g
b)	Schwefelnatrium, krist.	34 g
	Schwefelcalcium	30 g
	Wasser	180 g
c)	Palmöl	36 g
	Glycerin	21 g

Man rührt die Stärke mit dem Wasser an und setzt die Mischung (a) einstweilen beiseite. In einem anderen Gefäß löst man das kristallisierte Schwefelnatrium und das Schwefelcalcium unter Umrühren in dem Wasser auf (b) und fügt das Glycerin hinzu. Das Palmöl wird in einem separaten Kessel geschmolzen.

Zur Mischung der einzelnen Bestandteile macht man die Lösung (b) kochend heiß, rührt die Stärkelösung (a) gut auf und verrührt sie dann portionenweise mit der Lösung (b). Man rührt so lange, bis sich ein dicker Kleister bildet. Sodann gibt man das geschmolzene Palmöl hinzu, mischt gut durch und fügt das nachstehend angegebene Parfum hinzu. Bevor die Masse sich abkühlt und erstarrt, gießt man sie in Porzellandosen oder in weithalsige Flaschen aus.

Gebrauchsanweisung. Man bestreiche das zu entfernende Haar mit der Pasta, bis es reine krause Beschaffenheit und faserige Gestalt verliert und zu einer breiartigen Masse wird. Darnach wasche man die betreffende Stelle gut mit angesäuertem Wasser ab, und alles Haar wird entfernt sein. Sollte die Haut nach Anwendung der Pasta schmerzen, so reibe man sie mit etwas Vaselin- oder Lanolincreme ein und pudert dann kräftig nach.

Enthaarungspulver

Weizenmehl	500 g
Zinkoxyd	500 g
Schwefelcalcium	1000 g

werden zu einem sehr feinen Pulver verrieben.

Vor dem Gebrauch verreibt man das Pulver mit Wasser zu einem dicken Brei und läßt diesen dann 10 Minuten einwirken.

Weiterhin verwendet man häufig Wasserstoffsuperoxyd, um die Haare auf der Oberlippe zu bleichen, in welchem Zustande sie nicht mehr so sehr auffallen; es ist nur ein etwas Geduld erforderndes, aber gefahrloses Verfahren und hat noch den Vorteil, daß die viel und lange so behandelten Haare spröd werden und abbrechen, somit verschwinden.

Moderne Enthaarungsmittel

Anschließend hieran soll aber die Herstellungsmethode moderner Enthaarungsmittel erwähnt werden und sei hiezu kurz folgendes bemerkt.

Man versucht immer und immer wieder den wenig angenehmen Geruch der Depilatorien durch eine „Parfumierung" zu überdecken. Dies gelingt auch in einem gewissen Grade bei dem Präparat selbst, nicht aber während der Verwendung auf der Haut und wird durch das Parfum der Geruch nach faulen Eiern nur noch viel widerlicher, was immer zu bedenken ist.

Nachstehend einige moderne Vorschriften:

1.

Strontiumsulfid	800 g
Zinkoxyd	1200 g
Stärke	1500 g
Menthol	5—10 g

2.

Strontiumsulfid	100 g
Zinkoxyd	100 g
Stärke	200 g

Das Pulver wird unmittelbar vor Gebrauch mit wenig Wasser zu einem dicken Brei angemacht, aufgetragen und etwa 5 Minuten liegen gelassen. Dann ist reichlich mit Wasser abzuspülen, nachzusäuern und Cold Cream, dann Puder aufzulegen.

3. Strontiumsulfid	60 g	4. Strontiumsulfid	100 g
Calciumsulfid	20 g	Kaolin, kolloidal	50 g
Zinkoxyd	120 g	Talkum	50 g
Stärke	130 g	Zinkoxyd	75 g
Casein, pulv.	20 g	Stärke	100 g
		Menthol	0,4 g

Enthaarungswachs

1. Bleipflaster	250 g	Benzoe	100 g
Elemiharz	400 g	Kolophonium	75 g
Bienenwachs	100 g	Dammarharz	75 g

2. Harz	500 g	Vaselinöl	60 g
Wachs	240 g	Anaesthesin	10 g
Paraffin	200 g		

Diese Wachse werden zu Pflasterstangen ausgerollt oder werden als gestrichene Pflaster in den Handel gebracht. Die Pflasterstangen, bzw. das Pflaster wird vor Gebrauch leicht angewärmt, auf die zu enthaarende Stelle aufgedrückt und dann mit einem Ruck abgezogen.

Hierbei ist darauf zu achten, daß das Ausreißen der Haare zu leichten Wurzelentzündungen Veranlassung geben kann. Nach der Epilation reibe man mit verdünntem (60%) Alkohol ab, fettet dann leicht mit etwas Cold Cream ein und pudert schließlich kräftig ein.

In analoger Weise kann auch Kollodium dick aufgestrichen verwendet werden, z. B.:

Kollodium	500 g
Jodtinktur	20 g
Terpentinöl	40 g
Ricinusöl	25 g
Alkohol	300 g
Wachsaroma	5 g

3 bis 4 Tage werden die betreffenden Stellen mit der Flüssigkeit bestrichen, wonach das gebildete Häutchen beim Abziehen alle Haare mit fortnimmt.

Zur Anwendung im Gesicht ist die Jodtinktur wegzulassen, da diese zu schwer entfernbaren Jodflecken Veranlassung geben kann.

Nachstehend einige Vorschriften für crèmeförmige und flüssige Depilatorien.

Zu dieser Form muß bemerkt werden, daß die Stabilität dieser Produkte nur begrenzt ist, also für Dauerpräparate von unbegrenzter Haltbarkeit einzig und allein die Form des trockenen Pulvers, das erst unmittelbar vor Gebrauch zur Pasta angemacht wird, in Frage kommen kann.

Enthaarungs-Pasten und Crèmes für Tuben

1. Natriumsulfid .... 12 g
   Stärke .... 12 g
   Glycerin .... 4 g
   Wasser .... 80 g

Aus Stärke, der Hälfte Wasser und Glycerin wird durch Erhitzen ein Kleister bereitet; das Sulfid wird in der anderen Hälfte des Wassers gelöst und in den Kleister eingearbeitet.

2. Strohtiumsulfid .... 34 g
   Titandioxyd .... 5 g
   Glycol .... 5 g
   Vaselinöl .... 5 g
   Menthol .... 0,3 g
   Traganthschleim 5% .... 50 g

3. Natriumsulfid .... 15 g
   Glycerin .... 4 g
   Traganth .... 3 g
   Wasser .... 60 g
   Titandioxyd .... 2 g

4. Calciumsulfid .... 3 g
   Strontiumsulfid .... 25 g
   Zinkoxyd .... 24 g
   Traganth .... 1 g
   mischen; andererseits einen Kleister bereiten aus:
   Glycerin .... 8 g
   Stärke .... 5 g
   Wasser .... 30 g
   Zu dem heißen Kleister zurühren.
   Lanolin, anhydr. ...... 6 g
   Nunmehr die Sulfid-Zinkoxyd-Traganthmischung einarbeiten.

Flüssige Depilatoren.

Zusatz von Zucker oder löslicher Stärke fördert die Stabilität dieser Lösungen, ohne sie aber dauernd haltbar zu machen.

1. Natriumsulfid .... 10 g
   Zucker .... 8 g
   Wasser .... 82 g

2. Natriumsulfid .... 10 g
   lösl. Stärke .... 5 g
   Zucker .... 5 g
   Glycerin .... 5 g
   Wasser .... 75 g

Parfumierte Bäder.

Ein angenehm parfumiertes Bad ist in unserer Zeit ein wichtiger Faktor der modernen Körperpflege und erhöht die wohltätige Wirkung des Bades.

In richtiger Erkenntnis und Wertschätzung dieser Tatsache, hat die Verbreitung parfumierter Badezusätze ganz bedeutend zugenommen. Die Herstellung solcher Spezialpräparate ist also stets lohnend und für den Parfumeur sehr dankbar, weil ihm auch hier reichlich Gelegenheit geboten wird Neues und Originelles zu schaffen.

Flüssige Badezusätze

Bade-Eau de Cologne (s. auch Eau de Cologne)

Für Badezwecke genügt ein Alkoholgehalt von ca. 50—60 Vol. %.

Ein sehr feines Bad Eau de Cologne erhält man auch nach folgender Vorschrift:

Bade Eau de Cologne Extra

Bergamottöl	18 g	Portugalöl	8 g
Citronenöl	10 g	Methylanthranilat	1 g
Rosmarinöl	6 g	Ambrettemoschus	2 g
Lavendelöl	4 g	Ambra, künstl., konkr.	3 g
Nerliöl, künstl.	10 g	Alkohol	6000 ccm
Orangenöl, bitter	0,5	Wasser	4000 ccm

Badeessig

Alkohol	7200 g	Citronenöl	100 g
Essigäther	160 g	Neroliöl, künstl.	20 g
Eisessig	300 g	Portugalöl	50 g
Perubalsam	36 g	Geraniumöl, Bourbon	20 g
Bergamottöl	125 g	Wasser	2000 g

Um dem damit parfumierten Wasser eine stärker milchige Tönung zu verleihen, setzt man dem Essig etwas mehr Harzlösung zu, indem man noch etwas Benzoetinktur beifügt. Will man diesen Badeessig außerdem mit Veilchenaroma herstellen, dann muß man die Parfumkomposition natürlich anders nehmen. Jonon in seinen verschiedenen Qualitäten tut hier dann gute Dienste.

Außerdem sind auch eine ganze Reihe von feinen Toilettewässern am Markte, die, in allen Blumengerüchen geliefert, zur Parfumierung des Bades ungemein geeignet sind.

Badefluide

Transparente Badefluide

1. Essenz (Gemisch ätherischer Öle usw.) .... 40 g
   Ölsäure, hell .... 22 g
   Triäthanolamin (TRI) ... 11 g
   Alkohol .... 27 g

Aus Ölsäure und TRI ein Oleat TRI herstellen, dasselbe in der Essenz lösen, dann alles im Alkohol lösen.

2. Essenz .... 200 g
   flüss. Seife 20% .... 200 g
   Na-Metaphosphat .... 40 g
   Wasser .... 150 g
   Alkohol .... 410 g

Metaphosphat im Wasser lösen. Essenz und flüssige Seife im Alkohol lösen, dann alles mischen.

Für Fichtennadel-Badefluide kommt meist eine ziemlich kräftige Färbung mit Fluorescein oder Uranin in Frage, was für alle Fichtennadel-Präparate zutrifft, da der Verbraucher für solche die gelbgrüne Fluoreszenz, die durch diese Farbstoffe im Badewasser hervorgerufen wird, zu schätzen scheint.

Es gibt indes auch viele Personen, die die starke Fluoreszenz im Bade verabscheuen, woran bei Färbung mit Uranin usw. zu denken ist. Allgemein gesprochen sollte man also wenigstens nicht zu stark färben!

Bademilch

Eine solche kann man durch Wasserzusatz zu den vorerwähnten Badefluiden erhalten oder, wesentlich billiger, in Form folgenden Präparates:

Man löst 100 g Triäthanolamin-Oleat (Oleat TRI) in 100 g Parfum-Essenz und gibt zu dieser klaren Lösung allmählich unter Rühren 200—500 g Wasser zu.

Eine besondere wichtige Rolle spielen hier aber die

Badesalze

a) Feinpulverige Salze und Tabletten

Als solche dienen parfumierte Salzmischungen, oft bestehen solche Pulver nur aus parfumiertem Kochsalz. Außer Kochsalz kommen hier noch Borax, Natriumbicarbonat, Trinatriumphosphat, Natriummetaphosphat, Natriumsulfat ua. in Betracht. Sehr häufig werden auch aus solchen parfumierten Kristallpulvern gepresste Badetabletten von etwa 30 g Schwere verwendet.

Coniferensalz

Kochsalz	2000 g
Latschenkieferöl	300 g
Eucalyptusöl	40 g
Salbeiöl	20 g
Lavendelöl	20 g

Lavendelsalz

Kochsalz	600 g
Borax	400 g
Lavendelparfum kombiniert (event. mehr)	50 g

Von anderen Salzmischungen seien genannt:

1.	Trinatriumphosphat	60 g
	Borax	40 g
2.	Natriummetaphosphat	25 g
	Kochsalz	30 g
	Borax	20 g
	Natriumcarbonat	25 g

Für brausende Badetabletten nimmt man aequivalente Mengen Natriumbicarbonat und Säure, meist Weinsäure, wobei folgendes zu beachten ist.

1. Soweit, wie fast stets, außer Natriumbicarbonat und Säure noch andere Bestandteile in Frage kommen, ist darauf zu sehen, daß alle diese absolut trocken bzw. entwässert zur Verwendung kommen, auch muß das Mischen in trockenen Räumen und trockenen Behältern erfolgen um jede Zersetzung zu vermeiden.

2. In diesen Gemischen ist die Säure sorgfältig mit Stärkepulver zu puffern, sie wird also vor Zufügen der anderen Bestandteile sorgfältig mit Stärke verrieben.

Für je 100 g Weinsäure rechnet man 25—30 g Stärke. Für je 100 g Natriumcarbonat nimmt man 75 g Weinsäure.

Brausende Badetabletten

1.	Borax	40 g
	Natriumsulfat, entwässert	20 g
	Natriumbicarbonat	30 g
	Weinsäure	22,5 g
	Stärke	7,5 g
	Milchzucker	5 g
2.	Natriumbicarbonat	430 g
	Kochsalz	1500 g
	Weinsäure	350 g
	Stärke	100 g

Nach Parfumieren werden aus dieser Masse Tabletten von etwa 30 g gepreßt.

Brausende Badetabletten

Natriumbicarbonat	85 g
Weinsäure	71 g
Stärke	114 g

Parfum nach Belieben.

Fichtennadelbadetabletten, nicht brausend

Kochsalz	300 g
Fichtennadelparfum	26 g
Fluorescein	0,6 g

Tabletten von je 30 g pressen.

Brausende Fichtennadel-Badetabletten

Natriumbicarbonat	300 g
Weinsäure	225 g
Stärke	70 g
Milchzucker...............	50 g
Talkum	25 g
Fichtennadelparfum	30 g

Man mischt trocken und preßt Tabletten von zirka 30 g.

Die Masse wird meist mit Fluorescein gefärbt.

Die losen Kristall-Badesalzpulver werden in gutschließende Gläser eingefüllt, die Tabletten sorgfältig wasserdicht, am besten in Stanniol verpackt.

b) Kristallbadesalze

Zur Herstellung solcher Salze, die gefällig gefärbt in weithalsige Gläser eingefüllt werden, kann man schöne kleine Kristalle von Soda, Natriumthiosulfat, Steinsalz oder Glaubersalz verwenden.

Sodakristalle

Diese verwittern leicht, dem Verwittern kann durch Zusatz kleiner Mengen Alaunlösung vorgebeugt werden. In gut verschlossenen Gläsern ist Verwittern nicht zu fürchten.

Soda wird häufig verwendet, doch bringt sie gewisse Mißstände mit sich. Zunächst sind viele nicht alkalibeständige feinere Parfums für Soda unverwendbar, dann verfärben sich auch viele Riechstoffe (Eichenmoos, Eugenol u. a.) in sehr unliebsamer Weise mit dem alkalischen Salz, wodurch die Salze durch häßliche Verfärbung unansehnlich werden. Dies alles ist zu bedenken.

Natriumthiosulfat

Seine schöne kleine, gleichmäßige Kristallform und seine außerordentlich leichte Löslichkeit in Wasser machen dieses Salz zu einer vorzüglichen, allgemein verwendbaren Basis für Badesalze, die mit allen Parfumierungen verträglich ist.

Steinsalz

ist wohl leicht hygroskopisch, doch fällt diese Eigenschaft bei guter Verpackung nicht ins Gewicht.

Steinsalz ist vorzüglich verwendbar für Kristallbadesalze und gestattet beliebige Parfumierung ohne Verfärbung.

Glaubersalz

ist ebenfalls gut verwendbar, nur läßt seine Löslichkeit zu wünschen übrig.

Am besten verwendbar sind also Natriumthiosulfat und Steinsalz, die als Neutralsalze zu keinen Verfärbungen der Riechstoffe Anlaß geben, auch die Parfumierung nicht schädigen.

Diese Salze werden in zarten bunten Farben und in den verschiedensten Gerüchen in den Handel gebracht, meist in dichtschließenden Gläsern, um das Unansehnlichwerden der Salze und das Verdunsten des Parfums zu verhindern.

Die kristallinischen Salze werden zunächst eventuell mit der Farbstofflösung gemischt, bis sie gleichmäßig gefärbt erscheinen (Durchmischen in einer flachen Wanne), dann wird das Parfum hinzugegeben und nochmals gemischt.

Die pulverförmigen Salze läßt man am besten mit Parfum und Farbstofflösung mehrmals durch eine Mühle laufen.

Für Kristall-Salze nimmt man etwa 20 g. Parfum-Essenz, für 1 kg Salz, für feinpulverige Salze meist erheblich mehr (40—50 g).

Nachstehend Vorschriften für Parfum-Essenzen für Badesalze.

Parfum-Essenzen für Badesalze

Eau de Cologne I.

Bergamottöl	150 g
Citronenöl	75 g
Portugalöl	25 g
Lavendelöl	25 g
Rosmarinöl	10 g
Neroliöl, künstl.	50 g
Petitgrainöl	30 g

Eau de Cologne II.

Neroliöl, künstl.	15 g
Petitgrainöl	30 g
Citronenöl	15 g
Portugalöl	15 g
Bergamottöl	35 g
Methylanthranilat	1,5 g
Rosmarinöl	4 g
Lavendelöl	6 g
Ambrettemoschus	1 g

Lavendel I.

Lavendelöl, franz.	450 g
Spiköl	250 g
Cumarin	5 g
Bergamottöl	50 g
Rosenöl, künstl.	20 g
Linalool	30 g

Lavendel II.

Spiköl	100 g
Lavendelöl	65 g
Cumarin	5 g
Geranylformiat	15 g
Linalylbutyrat	4 g
Terpineol	50 g
Styrax, flüssig	2 g

English Lavender

Lavendelöl	70 g
Spiköl, franz.	15 g
Geranylformiat	4 g
Cumarin	2 g
Rosenöl, künstl.	3 g
Linalool	1 g
Linalylbutyrat	1 g
Patchouliöl	0,1 g
Perubalsam	0,5 g
Bergamottöl	3 g

Fichtennadel I.

Edeltannenöl	200 g
Cumarin	10 g
Citronenöl	20 g
Lavendelöl	30 g
Eucalyptusöl	5 g
Rosmarinöl	5 g

Fichtennadel II.

Edeltannenöl	100 g
Fichtennadelöl, sibir.	100 g
Citronenöl	20 g
Cumarin	10 g
Lavendelöl	30 g
Rosmarinöl	3 g
Eucalyptusöl	3 g
Methylanthranilat	0,5 g
Xylolmoschus	1 g

Fichtennadel III.

Edeltannenöl	100 g
Fichtennadelöl, sibir.	400 g
Eucalyptusöl	50 g
Rosmarinöl	60 g
Bornylacetat	50 g
Methylanthraniat	10 g
Cumarin	50 g
Neroliöl, künstl.	20 g
Citronenöl	30 g
Lavendelöl	50 g
Resinoid Benzoe	3 g

Ambra

Ambra, künstl., konkret	15 g
Rosenöl, künstl.	25 g
Chypre I.	15 g
Chypre Royal	25 g
Resin. Castoreum	1 g
Jasmin, künstl.	2 g
Oeillet I.	3 g
Ambrettemoschus	3 g
Patchouliöl	0,5 g
Cypressenöl	1 g

Foin coupé

Heno del Campo	50 g
Chypre I.	15 g
Foin coupé-Base	15 g
Rosenöl, künstl.	25 g
Ambra, künstl., konkret	2 g
Cumarin	3 g
Neroli, künstl.	1 g
Ambrettemoschus	2 g
Styrax, flüssig	3 g

Fußbade-Zusätze

1.

Natriumbicarbonat	50 g
Seifenpulver	50 g
Cumarin	0,5 g
Perubalsam	1 g
Patchouliöl	0,2 g
Ambra, künstl., flüss.	1 g

2. brausend)

Borax	200 g
Natriumsulfat, entwässert	260 g
Weinsäure	225 g
Natriumbicarbonat	300 g
Stärke	70 g
Chinosol	0,5 g
Lavendelöl	15 g
Citronenöl	5 g
Xylolmoschus	1 g

Genre Saltrat Rodell (sauerstoffhaltig).

1.

Natriumperborat	30 g
Natriumthiosulfat	60 g
Borax	120 g
Natriumbicarbonat	290 g
Titandioxyd	5 g
Bromelia	1 g
Lavendelöl	12 g
Citronenöl	3 g

2.

Natriumperborat	15 g
Natriumthiosulfat	5 g
Borax	8 g
Borsäure	7 g
Natriumbicarbonat	25 g
Cumarin	1 g
Ess. Eau de Cologne	2 g

Mittel zur Reinigung, Pflege und Färbung der Haut.

Hautcremes.

Die rationelle Hautpflege macht es sich zur Aufgabe, allen Schäden, welche die Haut erleidet, entweder vorzubeugen oder sie wieder zu beseitigen. Es geht aus der natürlichen Zusammensetzung unsrer Haut hervor, daß sich zu diesem Zwecke die Verwendung von Fetten zunächst am geeignetsten erweisen dürfte. So geht denn auch die Hautpflege von dem Punkte im wesentlichen davon aus, der Haut möglichst viele und reine Fettstoffe zuzuführen, denn die durch Waschungen mit Seifen oder auf andere Art der Haut entzogenen Fette müssen wieder ersetzt werden, da diese zur Ernährung der Haut unentbehrlich sind.

Neben den tierischen Fetten ist auch das Wachs hervorragend geeignet, diese Aufgabe zu lösen. So sagte Prof. Dr. C. L. Schleich gelegentlich eines Vortrages:

,,Unbedingt ist das Wachs auch der Träger der Geschmeidigkeit und ein Förderer der Hautbildung ersten Ranges.

Für die Herstellung der Wachspaste gibt Schleich folgende Vorschrift: „1 kg gelbes Bienenwachs wird auf dem Wasserbade in einem großen Tiegel geschmolzen, dann unter langsamem Eintropfen 100g Salmiakgeist (25 %) zugesetzt unter Abheben vom Wasserbade bzw. vom Feuer. Darauf setzt man so viel warmes Wasser unter stetem Umrühren zu, bis die Masse genügend flüssig ist. Dann wird auf dem Wasserbade unter leichtem Erwärmen so lange umgerührt, bis eine ganz homogene, hellgelbe oder weiße, wasserlösliche, nicht mehr körnige, flüssige Masse gebildet ist. Widerstrebt die homogene Emulsionierung der Wachssäuren, so muß man diese durch neuen Zusatz von Salmiakgeist erzwingen."

Eine Hautcreme guter Beschaffenheit muß so zusammengesetzt sein, daß sie der Haut Nährstoffe in Form von Fett in geeigneter Form zuführt, wobei es vor allem auf leichte Resorbierbarkeit der Fettstoffe ankommt, da diese dem Unterhautzellgewebe zugeführt werden müssen, soweit es sich nicht um Oberflächenwirkung handelt, für welche schlecht, bzw. nicht resorbierbare Fettkörper (Mineralfette wie Vaseline) sehr gute Dienste leisten.

Es stehen uns zur Herstellung gut wirksamer Hautcremes eine stattliche Anzahl von Fettstoffen zur Verfügung, von denen wir das Bienenwachs bereits als vorzüglich geeignet erwähnt haben. Außer diesem Grundmaterial verfügen wir noch über Lanolin, Kakaobutter, fette Öle pflanzlicher Herkunft, wie Mandelöl, Olivenöl usw., und tierische Fette wie Talg usw., außerdem stehen uns die Mineralfette, besonders Vaseline, zur Verfügung, um speziell die Oberflächenwirkung der Cremes zu betonen.

Von diesen Fettstoffen sind Wachs, Lanolin und Kakaobutter leicht resorbierbar, auch die fetten Öle und Neutralfette, wie Talg, Schweinefett usw., jedoch können diese leicht ranzig werdenden Fette nur kosmetisch verwendet werden, wenn sie konserviert sind. Ranzige Fette sind ungemein schädlich für die Haut, was hier ganz besonders hervorgehoben werden soll.

Ein ganz vorzüglicher kosmetischer Fettstoff ist auch das Stearin, das dem Hautfett nahe verwandt ist und ebenfalls gut resorbiert wird. Zu beachten ist, daß nur reinste Stearinsorten zu verwenden sind, da ölsäurehaltiges Stearin die Haut reizt.

Vaseline, Vaselinöl, Ceresin sind Vertreter der Mineralfette, die sich durch ganz vorzügliche Oberflächenwirkung auszeichnen.

Dank der Mitwirkung moderner Emulgatoren wie Cetylalkohol, Tegin usw. können wir aber jetzt hydrophile Vaselinepräparate herstellen, die sich durch besonders gute kosmetische Wirkung auszeichnen.

Der Cetylalkohol (s. das Kapitel moderne Emulgatoren) ist, abgesehen von seiner Nützlichkeit als Emulgator, ein sehr wirkungsvoller Bestandteil von Hautcrèmes, denn sein ungemein wohltätiger Einfluß auf die Haut (seine Anwesenheit im Körperfett ist sehr wahrscheinlich) macht Cetylalkohol besonders wertvoll.

Was das Glycerin anlangt, so ist zu beachten, daß konzentriertes Glycerin heftige Reizzustände auslösen kann, ferner auch daß viele Personen auch verdünntes Glycerin überhaupt nicht vertragen, also eine Idiosynkrasie gegenüber diesem Produkt zeigen. Diese Tatsache verdient größte Beachtung, dies um so mehr, als man früher aus dem Glycerin ein ideales Hauptpflegemittel machen wollte und es wahllos in jedem kosmetischen Produkt mitzuverwenden trachtete.

Es ist diesbezüglich aber Vorsicht am Platze und es ziehen mit Recht viele aufgeklärte Parfumeure vor, ihre Cremes mit Vaselinöl an Stelle von Glycerin zu bereiten und erhalten so Produkte, die unterschiedslos von allen Verbrauchern vertragen werden, ebenso in ihrer kosmetischen Wirkung den glycerinhaltigen Präparaten oft bedeutend überlegen sind.

Praktisch unterscheiden wir fette Cremes und nicht fette Cremes, letztere werden oft auch als „Trockencremes“ (engl. Vanishing Creams) bezeichnet.

Man hat letztere auch in recht unzutreffender Weise als „fettfreie“ Cremes bezeichnet, ein Name, der ein glatter Nonsens ist, weil auch diese Cremes Fett enthalten und enthalten müssen, um wirksam zu sein.

Die fetten Cremes fetten die Haut sichtbar und überziehen sie mit einer glänzenden Fettschicht. Die Trockencremes fetten die Haut ebenfalls leicht und unsichtbar, lassen also keine sichtbare, glänzende Fettschicht zurück.

Eine besondere Art von Cremes sind die Stärkeglycerolatcremes und andere Schleimcremes, die aus Stärkeschleim, Tragantschleim usw. hergestellt sind und stets erhebliche Mengen Glycerin enthalten. Schon aus diesem Grunde können sie nicht für alle Verbraucher bestimmt sein, sie enthalten auch fast stets größere Mengen Zinkweiß, wodurch sie den Charakter einer Schminkecreme erhalten (Creme Simon u. a.).

Zur Pflege der Hände eignet sich Glycerin im allgemeinen besser, doch kann es auch hier sehr gut durch Vaselinöl ersetzt werden.

Eine wichtige Neuerung auf dem Gebiete der rationellen Hautpflege stellen die Hormoncremes dar, die mit Hormonsubstanzen, hergestellt werden. Durch diese Präparate werden der Haut direkt neue Aufbaustoffe zugeführt, die an der Regeneration erschlafften Unterhautzellgewebes regen Anteil nehmen sollen. Auch Vitamincrèmes werden hergestellt unter Zusatz von Vitaminen (Vitamine A. D. F. usw.), jedoch sind die Vitamine meist nicht lange wirksam. Am besten scheinen sich die mit Vitamin F. hergestellten Crèmes dieser Art zu bewähren.

Hautnährcremes

werden unter Verwendung von Cholesterin oder Lecithin, eventuell beider zusammen, hergestellt, beides Substanzen, die unmittelbaren Anteil an den Lebensprozessen des menschlichen Organismus nehmen und unzweifelhaft die wesentlichsten Regenerationselemente der menschlichen Haut darstellen.

In der Tat werden denn auch solche Nährcremes mit ganz ausgezeichneten Erfolgen verwendet, um die Haut durch Zufuhr von Nährstoffen rationell zu pflegen, indem die Stockungen in den Regenerationsvorgängen im Zellgewebe der Unterhaut durch Zufuhr dieser Lipoide behoben werden. Solche Nährcremes müssen daher unter Zuhilfenahme besonders leicht resorbierbarer Fettkörper bereitet werden, da sie ganz besonders auf Tiefenwirkung eingestellt sein müssen, sollen die Lipoide das Unterhautzellgewebe prompt erreichen.

Wir kommen später nochmals auf diese Nährcremes zurück.

Die Technik der Herstellung der modernen Hautpflegemittel unterscheidet sich ganz wesentlich von jener, die in früheren Zeiten geübt wurde besonders dadurch, daß man sich heute darüber Rechenschaft gegeben hat, daß mit der Auswahl eines als kosmetisch einwandfrei bekannten Fettstoffes usw. als wesentlichem Prinzip des Präparates noch nichts erreicht ist, es vielmehr darauf ankommt, in welchen Gemischen dieser Grundstoff zur Anwendung kommt und vor allem in welcher Form.

Wir wissen, daß ein gegebenes Fett in unverändertem Zustand, sei es chemisch oder physikalisch unverändert, ganz anders, z. B. viel weniger, zur Wirkung kommen kann, als wenn es in chemisch veränderter oder mechanisch emulgierter Form zur Anwendung kommt. Wir wissen heute auch, daß nur Fette, die dauernd unveränderlich, also nicht der Ranzidität unterworfen sind, geeignet sein können, dauernd haltbare und wirksame Kosmetika zu liefern, wir wissen auch, daß viele Fette nur resorbierbar sind, nicht wenn sie plötzlich und in großen Mengen der Haut zugeführt werden, sondern wenn sie regelmäßig in kleineren Mengen in wäßrigem Vehikel mechanisch fein verteilt sind, sei es in Form einer chemischen Emulsion (teilweise verseifte, chemisch emulgierte Fette), sei es in nativer Form als mechanisches Gemenge chemisch unveränderten Fettes und wäßrigen Vehikels.

Glycerinpräparate.

Diese Glycerinpräparate können für die Gesichtspflege in vielen Fällen geeignet sein, aber nur insoweit als sie dauernd vertragen werden, was keineswegs immer der Fall ist, wie wir ebenfalls bereits erwähnten.

Tatsache ist es auch, daß solche Glycerinpräparate oft bei vorübergehendem Gebrauch im Gesicht gut vertragen werden, bei dauernder Anwendung aber ganz plötzlich mehr oder minder starke Reizerscheinungen auslösen können, ganz abgesehen von den relativ zahlreichen Fällen, in denen sie a priori nicht vertragen werden.

In der Kosmetik werden ganz besondere Sorten von Toiletteglycerin hergestellt, indem man das Glyzerin mit Wasser verdünnt, da Glycerin, in konzentriertem Zustande auf die Haut gebracht, infolge des Aufsaugens der Feuchtigkeit ein Brennen auf der Haut hervorruft und so Veranlassung zu entzündlichen Schädigungen der Haut geben kann.

Toiletteglycerin

Glycerin	1000 g
Orangenblütenwasser	1000 g
Neroliöl, künstl.	2 g

Manuline Bors
(Schwedisches Toiletteglycerin)

Borax	150 g
Dest. Wasser	1500 g
Glycerin, chem. rein	1500 g
Alkohol	1500 g
Geraniumöl, afrik.	50 g
Rosenöl, künstl.	3 g

Glycerinhandcreme

Seifencreme	1500 g
Glycerin	1700 g
Mandelöl	2000 g
Terpineol	60 g
Aubépine liq.	10 g
Jonon	2 g

Glycerine and Cucumber Cream

Gelöste Glycerinseife	1500 g
Rosenwasser	300 g
Gurkensaft	300 g
Glycerin	500 g
Rosenöl, künstl.	15 g
Linaloeöl	15 g

Glycerin- und Camphercreme

Borax	750 g
Rosenwasser	300 g
Campheröl	150 g
Portugalöl	10 g
Neroliöl	10 g
Terpineol	5 g
Glycerin	2500 g

Borax und Rosenwasser werden zusammengegeben und nach der Lösung des ersteren wird das Campheröl zugefügt, wodurch eine Emulsion entsteht. Dem Glycerin fügt man die Riechstoffe zu und gibt es dann in die Emulsion, wonach gut durchgearbeitet und auf Flaschen gefüllt wird.

Besonders gegen aufgesprungene Hände verwendet man den

Glycerinbalsam

Bienenwachs	500 g
Walrat	500 g
Glycerin	1500 g
Mandelöl	3000 g
Rosenöl, künstl.	15 g
Rosenöl, echt	5 g
Geraniumöl	10 g

Wachs und Walrat werden geschmolzen und der Schmelze die anderen Ingredienzien zugefügt. Man füllt am besten in kleine Glas- oder Porzellandosen usw.

Boroglycerin-Lanolincreme

Lanolin	440 g
Senföl, fettes	150 g
Vaseline	100 g
Rosenwasser	150 g
Glycerin	50 g
Borsäure	44 g
Borax	10 g
Rose alpine *T. M.*	1 g
Bergamottöl	1 g
Canangaöl	2 g

Die Glyceringelees stellen in der Hauptsache mit Glycerin versetzte Pflanzenschleime dar, welche die Haut weich und geschmeidig machen, indem sie vollständig in diese eindringen. Als schwach klebrige, durchscheinende Flüssigkeiten werden sie aus verschiedenen Stoffen in Verbindung mit Glycerin und Wasser hergestellt und haben sich sehr gut einzuführen vermocht.

Sie werden hergestellt mit Schleimlösungen, die man gewöhnlich im Verhältnis von 4 : 1000 ansetzt, und zwar mit folgenden Stoffen: Gelatine, Irisch Moos, Stärke, Quittenkerne, Leinsamen, Karraghenmoos, Ulmenrinde und zuweilen auch Agar-Agar usw. Man sieht also, daß man eine große Auswahl für die Grundlagen dieser Gelees hat. Ist man gezwungen, eine recht billige Ware herzustellen, dann bedient man sich am besten der Stärke, allein man muß doch ein wenig von einer anderen Schleimlösung mitverwenden, da die erweichende Wirkung der Stärke auf die Haut eine recht geringe ist.

Am meisten wird Quittenschleim verwendet. Seine erweichende Eigenschaft ist so ziemlich die größte von allen den angeführten Stoffen, auch klebt er nicht. Dann ist er auch mit Alkohol mischbar, während andere Schleime ausgefällt werden (Ulmenrindenschleim).

Die Schleime werden so hergestellt, daß man sie jederzeit zur Hand hat, und man setzt ihnen zur besseren Haltbarkeit ein wenig Salicylsäure zu.

Bei der Herstellung des Gelees soll man eine gewisse Grenze in dem Zusatz von Glycerin nicht überschreiten, da sonst sehr leicht die Haut nach dem Trockenwerden etwas schmierig erscheint. Höher wie 25% sollte man im Glycerinzusatz eigentlich nicht gehen. Eine geringe Beifügung von Alkohol ist geboten, zugleich als Antisepticum, denn dieser erhöht die anregende wie auch heilende Wirkung des Gelees.

Glyceringelee

Quittenschleim	2300 g
Glycerin	1200 g
Stärke	60 g
Salicylsäure	5 g
Alkohol	1000 g
Bergamottöl	25 g
Aubépine	10 g
Terpineol	45 g
Vanillin	2 g

Glycerin-Honiggelee

Gelatine	200 g
Borax	40 g
Rosenwasser	1800 g

werden zusammen erwärmt; wenn alles gut gelöst ist, fügt man möglichst warm hinzu:

Honig (Havannahonig)	1600 g
Glycerin	2400 g

rührt recht tüchtig durch und setzt bis zu 3500 g Rosenwasser weiter zu.

Glycerin-Honiggelee

Havannahonig	500 g
Glycerin, chem. rein	800 g
Salicylsäure	10 g
Gelatine	zirka 50—60 g
Rosenwasser	1000 g
Bergamottöl	10 g
Neroliöl, künstl.	10 g

Hamameliscreme

Gelatine	15 g
Borglycerin	225 g
Rosenwasser	110 g
Orangenblütenwasser	150 g
Hamameliswasser	500 g

Javacreme

Tragant, pulv.	500 g
Glycerin, chem. rein	2000 g
Alkohol	800 g
Rosenwasser	700 g
Canangaöl	10 g
Terpineol	30 g

Agar-Agar-Creme

Agar-Agar	15 g
Glycerin	400 g
Wasser	600 g
Menthol	2,5 g
Alkohol	10 g
Rosenöl	0,5 g
Rosenöl, künstl.	2 g

Hazeline-Cream

Tragantpulver	30 g
Alkohol	50 g

Anreiben und zusetzen:

Glycerin	500 g
Wasser	120 g
Hamameliswasser	300 g

Creme Iris

Glycerin	3000 g	Zinkweiß	360 g
Weizenstärke	200 g	Geraniumöl, Bourbon	40 g
Borax	20 g	Terpineol	40 g
Edelweißtalkum	80 g	Rosenöl, echt	5 g

Zunächst wird das Glycerin ein wenig erwärmt und ihm unter tüchtigem Umrühren die Weizenstärke eingearbeitet. Es entsteht so eine klare, durchscheinende Gallerte, die man in die Knetmaschine gibt. In der Knetmaschine wird dann Borax, Talkum und Zinkweiß bestens eingearbeitet, wonach man parfumiert.

Unter Zink-Glycerincreme versteht man die ganz gleiche Masse wie bei Creme Iris, nur ist diese meistens ohne Talkum nur mit Zinkweiß hergestellt (Creme Simon s. später).

Glycerincreme

Mandelöl	2000 g
Walrat	600 g
Weißes Wachs	150 g
Glycerin	350 g
Bergamottöl	15 g
Tragantgummi	1,8 g
Wasser	57 g
Glycerin	57 g

Glycerin-Honiggelatine ((à la Kaloderma)

Gelatine I a	250 g	Glycerin, chem. rein	10 000 g
Dest. Wasser	3000 g	Bergamottöl	100 g
		Vanillin	5 g
Havannahonig	800 g	Geraniumöl, Bourbon	40 g
Dest. Wasser	1600 g	Canangaöl, Java	20 g

Die Gelatine wird in dem Wasser in Lösung gebracht, ebenso der Honig in dem für ihn bestimmten Anteil destillierten Wassers. Gelatinelösung und Glycerin erwärmt man dann auf dem Dampfbad und gibt hier auch die Honiglösung zu. Das Ganze wird dann durchgeseiht und parfumiert.

Glycerolatcremes.

Diese Art Cremes wird auf Grundlage des *Unguentum Glycerini* der Pharmakopöe oder unter Verwendung von Schleimen hergestellt.

Bereitung des *Unguentum Glycerini*:

Weizenstärke	100 g	100 g	200 g	100 g	100 g	200 g
Wasser	150 g	200 g	300 g	100 g	100 g	300 g
Glycerin (28)	900 g	1000 g	1300 g	1400 g	800 g	200 g

Vorstehende Tabelle enthält eine Auswahl geeigneter Ansätze.

Herstellungsart. Die Stärke wird in kaltem Wasser zu einer gleichmäßigen milchigen Flüssigkeit ohne Klumpen verrührt, dann das Glycerin zugesetzt und das Ganze unter lebhaftem Rühren so lange erhitzt, bis die Masse dick und transparent geworden ist.

Die Stabilität dieser Glycerolate läßt oft sehr zu wünschen übrig. Man kann sie als Basis für eine Menge Cremes benutzen, z. B.:

Creme nach Art der Crème Simon

Vorschrift Nr. 1

(Cerbelaud)

Weizenstärke	100 g
Wasser	100 g
Glycerin	1300 g

Man bereitet lege artis ein Glycerolat und fügt hinzu:

Cumarin	0,5 g
Heliotropin	0,1 g
Moschus, künstl.	0,1 g
Rosenöl, künstl.	0,25 g
Tolutinktur	15 g
Benzoetinktur	40 g
Quillayatinktur	50 g
Zinkweiß	90 g

Vorschrift Nr. 2

Glycerin	3500 g
Stärke	1250 g
Wasser	500 g

Man bereitet das Glycerolat und fügt hinzu:

Zinkweiß	400 g
Benzoetinktur	400 g
Amylsalicylat	0,5 g
Heliotropin	1 g
Cumarin	2 g
Rosenöl, künstl.	2 g
Ess. Chypre	1 g
Solution Patchuli 5 : 100.	0,3 g

Glycerine and Cucumber

Den nötigen Gurkensaft, der ganz speziell in der englischen Parfumerie eine große Rolle spielt, bereitet man durch Auspressen frischer Gurken. Der ausgepreßte Saft wird filtriert und ihm 25% seines Gewichtes Alkohol (und am besten auch zirka 3% Glycerin) zugesetzt, zwecks Konservierung.

Tragantpulver	15 g
Gurkensaft	400 g
Glycerin	100 g
Lavendelöl	15 g
Rosenöl	2 g

Fette Cremes.

Mit diesen wird die Haut am besten vor dem Schlafengehen tüchtig eingerieben. Für die Hände empfiehlt es sich, nach starker Einreibung mit den Cremes ein dünnes leinenes Läppchen aufzulegen und dann alte Handschuhe anzuziehen.

Die bekanntesten Hautcremes sind die Cold Creams.

Cold Cream

Süßes Mandelöl	500 g	
Walrat	60—80 g	je nachdem die Konsistenz erwünscht ist.
Weißes Wachs	60—80 g	
Rosenwasser	500 g	

Man schmilzt die fetten Substanzen unter gelinder Erwärmung zusammen, erwärmt dann das Rosenwasser und gibt es in dünnem Strahle unter fortwährendem Umrühren zu.

Hier ist folgendes zu beachten:

Falls Mandelöl verwendet wird so ist dieses vorher gut zu konservieren, da es sonst ranzig wird. Ebenso empfiehlt es sich, das reine Bienenwachs durch Lösen von Benzoesäure im geschmolzenen Wachs zu konservieren (6 g für 1 kg Wachs). Moderne Cold-Creams werden fast stets mit weißem Vaselinöl, als Ersatz des Mandelöls, bereitet.

Cold Cream

Wachs, weiß	30 g	Ricinusöl	5 g
Walrat	50 g	Rosenöl	1 g
Mandelöl, süß	500 g	Geraniumöl, afrik.	1 g
Rosenwasser	150 g	Bergamottöl	5 g

Nachdem Wachs und Walrat bei nicht zu großer Hitze geschmolzen sind, setzt man das süße Mandelöl zu, wobei jedoch die Schale auf dem Dampfherd oder Wasserbad bleibt, oder das Mandelöl muß vorher angewärmt werden. Hierauf setzt man das Ricinusöl zu (nach dessen Zugabe erlangt das Präparat ein hübsches, glänzendes Ansehen) und läßt nun unter flottem Rühren das Rosenwasser in feinstem Strahl zufließen; ist alles verrührt, so parfumiert man und gibt gleich in die Dosen.

Tropen-Cold Cream

Wachs, weiß	300 g	Borax	20 g
Vaselinöl	1200 g	Geraniol	3 g
Rosenwasser	480 g	Santalol	1 g

Campher-Cold Cream

Mandelöl, süß	450 g	Rosenwasser	320 g
Wachs, weiß	60 g	Borax, pulv.	20 g
Walrat	60 g	Bergamottöl	2 g
Campher	60 g	Rosenöl, künstl.	5 g

Man schmilzt Wachs und Walrat, fügt das Mandelöl, in welchem vorher der Campher bei gelinder Wärme aufgelöst wurde, hinzu, ferner allmählich das Rosenwasser, worin man vorher den Borax auflöst. Es wird mit einem Holzspatel ununterbrochen gerührt, bis die Masse erkaltet ist.

Mandel-Cold Cream

Süßes Mandelöl	500 g
Wachs, weiß	40 g
Ceresin, weiß	40 g
Rosenwasser	200 g
Bittermandelöl	5 g

Menthol-Cold Cream

Mandelöl, süß	50 g
Walrat	800 g
Wachs, weiß	60 g
Dest. Wasser	500 g
Menthol, je nach gewünschter Stärke	5—10 g

Theater-Cold Cream

(Besonders nach Benutzung von Theaterschminken zu verwenden.)

Paraffin, weiß	100 g	Walrat	40 g
Kakaobutter	450 g	Borax, pulv.	20 g
Mandelöl, süß	300 g	Rosenwasser	350 g
Lanolin hydr.	30 g	Wachsaroma	5 g
Wachs, weiß	40 g	Terpineol	20 g

Lanolin-Cold Cream

Süßes Mandelöl	8000 g	Borax, in 5 ½ kg destilliertem Wasser gelöst	90 g
Lanolin anhydr.	2000 g	Geraniol	25 g
Walrat	1500 g	Bergamottöl	50 g
Wachs, weiß	1200 g		

Lanolin werden zu Hautcremes in ausgedehntestem Maßstabe verarbeitet. Diese werden nicht ranzig und nehmen einen sehr hohen Prozentsatz Wasser auf, so daß sie sich auch als Hautkühlungsmittel sehr gut eignen.

Cold Creams

Nichtemulgierte Cold Creams (ältere Vorschriften):

Weißes Wachs	1 500 g	300 g	400 g	800 g
Fettes Mandelöl	15 000 g	2 150 g	320 g	9 800 g
Walrat	2 000 g	650 g	500 g	3 000 g
Weißes Ceresin	1 500 g	—	—	—
Rosenwasser	5 000 g	600 g	160 g	6 000 g
Benzoetinktur	200 ccm	150 ccm	20 ccm	500 ccm

Emulgierte Cold Creams (moderne Vorschrift):

Ohne Stearin

Weißes Wachs	80 g
Walrat	40 g
Vaselinöl	560 g
Cetylalkohol	40 g
Wasser	280 g
Borax	5 g
Rosenöl, echt	0,3 g
Rosenöl, künstl.	4 g

Mit Stearin

Weißes Wachs	5 400g
Walrat	3 000 g
Stearin	4 300 g
Weißes Vaselinöl	20 500 g
Wasser	7 200 g
Borax	1 000 g
Benzoesaures Natron	100 g
Rosenöl, künstl.	200 g

Die Herstellungsart ist für alle Sorten die folgende:

Man schmilzt die Fette in dem Öl und fügt die heiße Boraxlösung (auch benzoesaures Natron enthaltend, auch andere Zusätze) unter gutem Rühren hinzu. Wenn alles gut verteilt ist, nimmt man vom Feuer und rührt unter Kühlung, bis die Masse dick wird, gibt das Parfum hinzu und rührt weiter bis zum Erkalten.

Ex tempore läßt sich Cold Cream nach Idelson auf folgende Weise bereiten:

Man schmilzt weißes Wachs 135 g mit Walrat 75 g und weißer Vaseline 540 g zusammen, gibt das Fettgemisch in eine angewärmte, weithalsige Flasche und fügt eine heiße Lösung von Borax 12 g in Rosenwasser 180 g zu, worauf man durch lebhaftes Schütteln eine schöne Cold Cream erhält.

Cold Cream du Codex 1908
(Cerbelaud)

Walrat	180 g
Weißes Wachs	90 g
Mandelöl	654 g
Rosenwasser	180 g
Benzoetinktur	45 g
Rosenöl, bulgar.	0,5 g
Rose absolue	1 g
Geraniumöl, franz.	0,5 g
Jasmin absolue	0,25 g
Orangenblüten, absol.	0,3 g
Ylang-Ylangöl	0,1 g
Patchouliöl	0,025 g
Ketonmoschuslösung	0,3 g

Cold Cream mit Kakaobutter
(Cerbelaud)

Walrat	80 g
Weißes Wachs	65 g
Kakaobutter	30 g
Pfirsichkernöl	600 g
Glycerin	225 g
Lemongrasöl	0,5 g
Citronenöl	5 g
Geraniumöl	1 g
Portugalöl	3 g
Tuberose absolue	1 g
Ketonmoschuslösung	0,2 g

Glycerin-Cold-Cream
(Cerbelaud)

Walrat	90 g
Wachs, weiß	90 g
Mandelöl	570 g
Glycerin	250 g
Menthol	0,25 g
Vanillin	0,5 g
Moschus, künstl.	0,2 g
Zibettinktur	1 g
Bittermandelöl	0,25 g
Geraniumöl	2,5 g
Nelkenöl	0,25 g

Anmerkung: Diese Creme ist nicht als Cold Cream aufzufassen, da sie kein Wasser enthält.

Cold Cream (Dietrich)

Weißes Wachs	80 g
Walrat	81 g
Mandelöl	560 g
Wasser	280 g
Borax	5 g
Cumarin	0,05 g
Rosenöl, bulgar.	1,5 g
Orangenblütenöl	1,5 g
Geraniumöl, franz.	5 Tropfen
Ylang-Ylangöl	2 Tropfen
Solution Iris 5 : 100	0,4 g
Ambratinktur	0,2 g

Anmerkung: Die klassische Parfumierung der Cold Cream ist der Rosengeruch.

Lanolinpomaden.

Wir haben bereits gesehen, daß Lanolin auch sehr häufig in Gemischen mit anderen Fettkörpern Verwendung findet.

Auch allein wird Lanolin als Salbenkörper gebraucht, speziell als absorbierendes fettes Vehikel für Wasserzusätze:

Lanolin anhydr.	750 g
Wasser	250 g

Man erweicht das Lanolin durch Erwärmen im Wasserbade (schmilzt nicht) und gibt das heiße Wasser unter lebhaftem Rühren hinzu. Wenn alles Wasser mit dem Lanolin verbunden ist, zeigt das Präparat das Aussehen einer hellgelben undurchsichtigen Pomade, das *Lanolinum hydricum* der Pharmakopöe.

D. A. V. läßt *Lanolinum hydricum* aber auch mit Vaselinölzusatz bereiten:

Lanolin anhydr.	75,0
Aq. dest.	25,0
Paraffin. liq.	15,0

Sauerstoffhaltige Lanolinpomade. Im Mörser verreibt man, ohne jede Anwendung von Wärme:

Lanolin anhydr	75 g
und Wasserstoffsuperoxydlösung (12 Vol.%)	25 g

innigst. Man erhält so eine gelbliche Pomade, die aber rasch fast ganz weiß wird.

Es folgen nun verschiedene Vorschriften für Lanolinpräparate:

I.	Walrat	20 g
	Vaseline	60 g
	Lanolin anhydr.	80 g
	Rosenwasser	100 g

II.	Lanolin anhydr.	50 g
	Vaselinöl	15 g
	Ceresin	5 g
	Rosenwasser	20 g
	Borax	1 g

III. Laolin anhydr.	60 g	IV. Lanolin	20 g
Rosenwasser	60 g	Wasser	10 g
Vaselinöl	30 g	Olivenöl	5 g

Lanolincreme

I. Lanolin anhydr.	1000 g	II. Lanolin anhydr.	2000 g
Mandelöl, süß	1000 g	Arachisöl ff.	2000 g
Rosenwasser	1000 g	Rosenwasser	2000 g
Wachs, weiß	200 g	Wachs, weiß	340 g
Vanillin	30 g	Alkohol	400 g
Terpineol	20 g	Bergamottöl	45 g
		Vanillin	6 g

Dem gleichförmigen, leicht erwärmten Fettgemisch wird das Wasser in gleicher Temperatur untergerührt, damit sich das Wachs nicht körnig ausscheiden kann; dann kommt das Parfum hinzu. In Konsistenz und Aussehen gleicht diese Creme der Marke „Pfeilring". Das Wasser ist hier so innig aufgenommen, daß ein Rosten verzinkter Blechschachteln durch dasselbe mit ziemlicher Sicherheit ausgeschlossen ist. Das Bedecken der Creme mit Stanniol verhindert den Luftzutritt und erhält die ursprüngliche zarte Farbe.

Cerovaselin

Gelbes Wachs	250 g
Pottasche	10 g
Wasser	300 g
Vaselinöl	60 g

Lanolin-Gesichtscreme

Lanolin anhydr.	500 g
Rosenwasser	150—180 g
Rosenöl, künstl., *T. M.*	1 g

Dieser Körper absorbiert sehr große Mengen Flüssigkeit.

Auch mit Ricinusöl hergestellte Cremes werden bisweilen verlangt. Ein solches Präparat stellt man wie folgt zusammen:

Ricinuscreme

Ricinusöl	2000 g
Walrat	320 g
Mandelöl, süß	600 g
Geraniumöl, afrik.	15 g
Vanillin	2 g

Die Ricinus-Creme wird bis zu ihrem Erkalten mit einem geeigneten Apparate tüchtig geschlagen, worauf sie eine wundervolle Hautkonservierungssalbe abgibt. Sehr viel wird diese Creme besonders beim Theater verwendet, und zwar zum Abschminken. In Milchglasdosen gefüllt, bildet sie einen sehr flotten Verkaufsartikel.

Die jetzt folgenden Cremens sind mehr sogenannte T o i l e t t e - c r e m e s , d. h. sie dienen nicht gerade zur Heilung von Hautschäden oder zu deren Vorbeugung, sondern mehr zur Verschönerung der Haut und des Teints.

Liliencreme

Lanolin	500 g	Jonon	2 g
Mandelöl, süß	500 g	Ylang-Ylangöl	5 g
Rosenwasser	420 g	Vanillin	1 g
Zinkoxyd	420 g		

Opalincreme

Tragantschleim	300 g	Alkohol	50 g
Glycerin, chem. rein	180 g	Linalylacetat	10 g
Rosenwasser	450 g	Muguet „N“, *N. & C.*	5 g

Vaseline-Präparate

Die Paraffinsalbe oder künstliche Vaseline besteht im Mittel aus einem zusammengeschmolzenen und erstarrten Gemisch von 70 g. Vaselinöl und 30 g weißen Ceresin.

Diese Salbe ist aber nur wenig homogen und neigt etwas zur Trennung. Besser ist folgende Kombination:

1. Weiß. Wachs	5 g	oder Weiß. Wachs	5 g
Ceresin, weiß	25 g	Lanolin anhydr	5 g
Vaselinöl, weiß	70 g	Ceresin, weiß	20 g
		Vaselinöl	70 g

Zu beachten ist, daß die Pharmakopöe, trotz der Bezeichnung *Unguentum Paraffini*, kein Paraffin, sondern Ceresin verwenden läßt.

Lanovaselin

Lanolin, wasserfreies	60 g
Vaselinöl	450 g
Wasser	450 g
Borax	40 g

Man erweicht das Lanolin durch Erwärmen im Vaselinöl, gibt dann die heiße Boraxlösung zu und rührt bis zum Erkalten.

Andere komplexe Vaselinpräparate sind z. B. folgende:

1. Vaseline, weiß	40 g	2. Vaseline, weiß	40 g
Vaselinöl	140 g	Vaselinöl	90 g
Paraffin	10 g	Paraffin	20 g
Lanolin, anhydr.	10 g	Lanolin anhydr.	20 g

Seit wir die modernen, mechanischen Emulgatoren wie Cetylalkohol, Tegin (Stearinester), Wollwachs, Cholesterin, Myristylalkohol usw. besitzen, können wir h y d r o p h i l e V a s e l i n e herstellen, als Vaseline, die sehr große Wassermengen fest bindet, was technisch und kosmetisch von allergrößter Bedeutung ist.

Das so hydrophil gemachte Vaselinepräparat wird von der Haut viel besser vertragen als gewöhnliche Vaseline, weil die hydrophile Vaseline nicht schmiert, also die Hautporen nicht verstopfen kann.

Cetylsalbe

Cetylalkohol	4 g
Lanolin anhydr.	10 g
Vaseline, weiß	86 g

nimmt 180—200% Wasser auf.

Cetyl-Crème

Cetylsalbe	50 g
Olivenöl	4 g
Wasser, lauwarm	46 g

Cetylsalbe mit dem Öl schmelzen und das etwa 70° warme Wasser zurühren dann bis zum Dickwerden weiterrühren.

Eucerin.

Dieses bekannte Präparat besteht zu 95% aus Vaseline oder Paraffinsalbe und 5% Wollfettalkoholen (Fettalkohole und Cholesterin). Gute Nachbildungen lassen sich wie folgt erhalten:

1. Vaseline, weiß oder Paraffinsalbe ..... 95 g
   Cholesterin .... 2 g
   Wollwachs .... 3 g

2. Vaseline, weiß .... 90 g
   Lanolin anhydr. .... 5 g
   Cetylalkohol .... 3 g
   Cholesterin .... 2 g

3. Paraffinsalbe .... 93 g
   Lanolin anhydr. .... 5 g
   Cholesterin .... 2 g

4. Vaseline, weiß .... 78 g
   Weiß. Wachs .... 3 g
   Lanolin anhydr. .... 5 g
   Cetylalkohol .... 4 g
   Cholesterin .... 1 g

Vaselincreme

I. Weiße Vaseline .... 500 g
   Weißes Wachs .... 100 g
   Cetylalkohol .... 60 g
   Boraxwasser (1 : 20) ... 150 g
   Bergamottöl .... 10 g
   Irisöl .... 1 g

II. Weiße Vaseline .... 500 g
   Mandelöl, süß .... 100 g
   Wachs, weiß .... 50 g
   Rosenwasser .... 50 g
   Canangaöl, Java ...... 2 g
   Linalool .... 2 g

(Zu II.)

Man schmelze das Wachs mit dem Mandelöl und rühre hierauf das auf etwa die gleiche Temperatur erwärmte Wasser unter; inzwischen hat man die Vaseline weich werden lassen und vereinigt nun beide Teile durch Rühren mittels einer Keule. Wenn gut vereinigt, dann parfumieren.

Lippenpomade

Vaseline .... 1000 g
Paraffin .... 1000 g
Alkannin .... 5 g
Rosenöl, künstl. .... 5 g
Rosenholzöl .... 10 g

Menthollippenpomade

Lanolin .... 750 g
Paraffin .... 350 g
Kakaobutter .... 350 g
Menthol .... 40 g
Lavendelöl .... 10 g

Lippensalbe

Kakaobutter .... 1000 g
Vaseline .... 200 g
Alkannin .... 3 g
Vanillin .... 1 g

Körper für Lippenpomaden

I. Wachs .... 30 g
   Walrat .... 5 g
   Mandelöl .... 60 g

II. Mandelöl .... 60 g
   Wachs .... 35 g
   Kakaobutter .... 50 g

III. Mandelöl .... 90 g
   Wachs .... 60 g
   Walrat .... 10 g

Balsamische Lippenpomade

Mandelöl .... 600 g
Wachs .... 350 g
Walrat .... 50 g
Vanillin .... 1 g
Citronenöl .... 0,5 g
Perubalsam .... 20 g

Zu Lippenpomaden usw. darf kein Glycerin verwendet werden, da dieses die Lippen angreift, auch Salicylsäure ist zu vermeiden.

Zum Rotfärben der Lippenpomaden verwendet man Alkannin. Diese roten Lippenpomaden sind nur schwach rotgefärbt, färben also nicht ab und sind nicht zu verwechseln mit den roten Schminkstiften für die Lippen.

Moderne Hautpflegemethoden und Hautpflegemittel.

Abgesehen von den Nährpräparaten für die Haut, die mit Vitaminen oder Hormonen, bzw. mit Benutzung der Lipoide Cholesterin und Lecithin, jedes für sich oder in Kombination beider, die eine prinzipielle Neuheit in der Hautpflege darstellt und weiter unten entsprechend erwähnt werden soll, bereitet werden, hat man vor allem der mechanischen oder chemischen Veränderung der Grundfette solcher Präparate, soweit diese imstande zu sein scheint, die Resorption der Fette zu fördern, bzw. den beabsichtigten kosmetischen Zweck in irgendeiner anderen Weise zu begünstigen, erhöhte Aufmerksamkeit zugewendet.

So sind denn die modernen Stearate entstanden, ebenso die modernen Cold Creams, die einen Teil der Fett- bzw. Wachsstoffe chemisch emulgiert (teilweise verseift) enthalten und anderseits Wachs- und Fettstoffe in mechanisch-wäßriger Emulsion, also möglichst innig mit dem wäßrigen Vehikel vereinigt, in feiner Suspension enthalten.

Diese Umstände sind aber, nach modernen Begriffen, für eine gute Wirkung der Präparate auf die Haut, sei es durch prompte Resorption der Fette und Wachse, sei es durch verstärkte Oberflächenwirkung mechanisch emulgierter Mineralfette, von ganz außerordentlicher Wichtigkeit.

Die moderne Kosmetik geht hier also Wege, die man in früheren Zeiten nicht kannte oder wenigstens nur instinktiv ging (Cold Cream). Wir wissen heute, daß z. B. der Wassergehalt einer Hautcreme ganz erheblichen Anteil an ihrer kosmetischen Wirkung nehmen kann und daß die im wäßrigen Vehikel suspendierten Teilchen mechanisch oder chemisch emulgierter Fette oder Wachse in dieser feinen Verteilung bzw. Lösung im wäßrigen Anteil der Creme in vielen Fällen besser resorbiert bzw. vertragen werden, als dies bei Anwendung wasserfreier, weder chemisch noch mechanisch emulgierter Fette oder Wachse der Fall wäre.

Außerdem nutzt die moderne Kosmetik weitgehendst die Komplementärwirkung der einzelnen Bestandteile komplexer Fett- und Wachsgemische aus, indem sie oft raffiniert zusammengesetzte komplexe Fettstoffbasen zur Anwendung bringt, sich also nicht, wie dies früher wohl üblich war, auf Verwendung eines einzigen Fettkörpers (Stearin) beschränkt. In der Tat, haben uns die neuzeitlichen Forschungen gelehrt, daß in solchen komplexen Fettgemischen die kosmetische Wirkung des Ganzen oft von der Gegenwart eines bestimmten Bestandteiles abhängt und oft gerade von sehr geringen Mengen eines solchen Bestandteiles, der die kosmetische Wirkung der anderen Fettstoffe beträchtlich zu fördern vermag. (Komplexwirkung des Fettgemisches), namentlich in Fett-Emulsionen.

In Erkenntnis dieser Tatsachen war die moderne Kosmetik in erster Linie bemüht, die komplexen Gemische der Fette und Wachse der Haut in emulgiertem Zustand zuzuführen, in manchen Fällen in rein chemisch emulgierter Form (Emulgierung der Fette und Wachse durch Alkalien, wie Pottasche, Ammoniak, Borax usw.), in anderen in rein mechanischer Emulsion an für sich chemisch emulgierbarer, bzw. verseifbarer (Wachse, Stearin, Neutralfette usw.) oder unverseifbarer, chemisch indifferenter Fettkörper (Mineralfette, wie Vaseline, Lanolin), in allen Fällen aber bei Anwesenheit relativ hoher Mengen wäßriger Vehikels.

In vielen Fällen liegt aber gerade in der dauernden Einverleibung größerer Wassermengen in Fettgemische praktisch eine erhebliche Schwierigkeit, weil das Wasser hier die Tendenz zur Ausscheidung zeigt und mit den früher zur Verfügung stehenden Mitteln nur unvollkommen gebunden werden konnte.

Es ist daher besonders zu begrüßen, daß uns heute gewisse

moderne Emulgatoren

zur Verfügung stehen, die die Herstellung stark wasserhaltiger Emulsionen chemischer oder rein mechanischer Art ganz erheblich erleichtern.

Es sei also zu Eingang dieses Kapitels diesen Emulgatoren ein kurzer Abschnitt gewidmet.

Zunächst sei darauf hingewiesen, daß der uns hier zur Verfügung stehende, knapp bemessene Raum und die Tendenz vorliegender Neubearbeitung es nicht gestatten konnte, hier näher auf den Reaktionsmechanismus der Fette und Wachse einzugehen.

Bezüglich desselben sowie auf ausführlichere Angaben betreffend die Bereitung chemischer und mechanischer Emulsionen sei auf Winter, Handbuch d. Ges. Parfumerie und Kosmethik, verwiesen.

Unter den modernen Emulgatoren sind zu nennen:

a) Mechanische Emulgatoren.

Zu diesen gehören der Cetylalkohol, gewisse Stearinester (z. B. Glycolester oder Tegin) und der Stearinalkohol, bzw. ein Gemisch von Stearin- und Myristinalkohol, das im Handel u. a. auch unter dem Namen Lanettewachs anzutreffen ist.

Von diesen Emulgatoren, die rein mechanisch wirken, also keine chemische Veränderung verseifbarer Fettkörper hervorrufen, kommt dem Stearinester (Tegin) und Myristinalkohol (Lanettewachs) selbständig substantive Wirkung zu, d. h. sie liefern, ohne Zuhilfenahme anderer Fettkörper für sich allein mit Wasser erwärmt und bis zum Erkalten gerührt, beständige mechanische Emulsionen beliebiger Konsistenz, die das Wasser außerordentlich fest gebunden enthalten.

Dem Cetylalkohol kommt eine solche substantive, körpergebende Wirkung nicht zu, er dient lediglich als ein die mechanische Emulsion gewisser Fettkörper mit Wasser vermittelnder Emulgator, der für sich allein mit Wasser keine Emulsionen liefert.

Diese vermittelnde Wirkung kommt selbstverständlich auch dem Tegin und Lanettewachs zu, die denn auch häufig und fast in der Regel nur als Zusätze bei Emulgierung von Fettkörpern (Stearin usw.) praktische Verwendung finden.

Ganz besondere Dienste leisten diese Emulgatoren auch bei Emulgierung des Vaselins (200% und mehr Wasser), fetter Öle usw.

Die praktische Verwendung dieser Emulgatoren soll nun durch einige Beispiele illustriert werden.

Lanolin-Cold Cream

Cetylalkohol	6 g
Weiße Vaseline	10 g
Weißes Bienenwachs	10 g
Lanolin, wasserfrei	14 g
Wasser	60 g
Benzoesaures Natron	0,3 g

Im Wasser vorher gelöst.

Stearatcreme

Stearin	15 g
Stearinester	15 g
Glycerin	15 g
Wasser	150 g

Vaselinlanolin

Lanettewachs	24 g
Lanolin, wasserfrei	8 g
Vaseline	8 g
Wasser	60 g

Bei allen diesen Präparaten wird das Fett mit dem Emulgator zusammen geschmolzen, das etwa 70° C warme (nicht zu heiße) Wasser zugesetzt und dann die Creme unter Abkühlen des Behälters in Wasser bis zum Dickwerden gerührt.

Tegin (Stearo-Glycol) ist im wesentlichen ein Hilfsmittel um z. B. stark vaselinhaltige Fettgemische glatt zu emulgieren, bzw. die Glätte des Kornes der Crème fördern zu helfen. Seine Verwendung als Hilfsmittel in vaselinreichen Stearaten, die durch chemische Emulgierung erhalten werden, aber nicht die nötige Homgenität aufweisen würden, ohne gleichzeitige Verwendung von Stearo-Glycol, ist also obligatorisch, wobei das Stearo-Glycol (Tegin) natürlich auch durch Cetylalkohol, Myristinalkohol bzw. Lanettewachs ersetzt werden kann.

Cetylalkohol kann auch als Hilfsemulgator intervenieren, um den Hautcrèmes aller Art glatten Griff und beste Homogenität zu verleihen, besonders bei Gegenwart von viel Vaseline. Er ist als Hilfsmittel z. B. bei Herstellung der Cold Cream oder von Stearatcrèmes dem Tegin mindestens ebenbürtig, als Haupt-Emulgator häufig aber viel besser verwendbar als Stearo-Glycol. Ganz besondere Dienste leistet Cetylalkohol (der chemisch mit Palmitylalkohol identisch ist) zur Herstellung hydrophiler Fettkörper aller Art, besonders auch von Vaseline (vgl. unsere früheren Ausführungen). Cetylalkohol besitzt einen sehr wohltätigen Einfluß auf die Haut, der dem Stearo-Glycol nicht eigen ist; (der Cetylalkohol ist wohl ein Bestandteil des Hautfettes).

Wichtig ist es, das in die mit Cetylalkohol hydrophil gemachten Fettgemische zu inkorporierende Wasser in nicht zu heißem Zustand einzurühren (nicht wärmer als 70° C) und bis zum Dickwerden kaltzurühren. Die Emulsion bildet sich erst beim Abkühlen und geht bei stärkerem Erwärmen rasch auseinander.

Die Tegin-Emulsion trennt sich nicht bei stärkerem Erhitzen.

Hydrophile, komplexe Vaselinkörper

1. Paraffin	145 g	2. Paraffin	25 g
Lanolin anhydr.	240 g	Vaselinöl	60 g
Vaselinoel	175 g	Tegin (Stearo-Glycol)	15 g
Cetylalkohol	40 g		

(S. auch weiter oben bei Vaselinpräparaten).

b) Chemische Emulgatoren.

Diese emulgieren verseifbare Körper chemisch, wirken aber gleichzeitig auch als mechanische Emulgatoren auf indifferente Fettkörper wie Mineralfette usw.

Auch sie fördern Wasseraufnahme und feine Verteilung der Fettkörper in der Emulsion ganz erheblich und gestatten eine innige Verbindung von Wasser und Fetteilchen, die absolut beständig ist.

Irgendeine substantive Wirkung im Sinne jener des Tegins und Lanettewachses kommt diesen Emulgatoren natürlich nicht zu.

Hier sind, abgesehen von den gewöhnlichen Alkalien, zu nennen Triäthanolamin, Triäthanolaminseifen, bzw. Triäthanolaminemulsionen und Ammoniumlinoleat.

Triäthanolamin

Anmerkung: Man beachte die hier häufig gebrauchte Abkürzung Tri für das lange Wort Triäthanolamin, ebenso Tri-Seife, Tri-Stearat, Tri-Oleat usw.

Sirupöse, gelbliche Masse, ähnlich dem Glycerin, die ebenfalls stark hygroskopisch ist. Es hat den Charakter einer starken Base, es emulgiert also chemisch verseifbare Fettkörper und verseift freie Fettsäuren vollkommen unter Bildung von Triseifen.

Es greift auch in konzentriertem Zustande die Haut nicht im geringsten an, erweicht sie aber rapid und gründlich. Seine reinigende Wirkung auf die Haut ist hervorragend. Es wirkt auch mechanisch emulgierend auf Vaseline usw., doch ist in diesem Falle gleichzeitige Gegenwart von freien Fettsäuren (Stearin usw.) erforderlich.

In diesem Falle wirkt Triäthanolamin als Triemulsion bzw. Triseife.

Zur Bereitung der Emulsionen mit Triäthanolamin schmilzt man die Fettkörper und gibt dann das mit der zu inkorporierenden Wassermenge vorher verdünnte und auf zirka 70° erwärmte Triäthanolamin hinzu, worauf man umrührt. Erst durch das Rühren bildet sich eine Emulsion. Erhitzen ist zwecklos.

Man rührt dann unter Kühlung bis zum völligen Erkalten.

Triäthanolaminseifen (Triseifen)

Diese sind in Wasser, Alkohol, Benzin, fetten Ölen usw. leicht löslich.

Bei ihrer Verwendung als Emulgens löst man die Triseife in dem geschmolzenen Fettkörper und rührt dann das vorher gut erwärmte Wasser ein. Bis zum Dickwerden der Masse rühren.

Für dünne Emulsionen benötigt man etwa 5% Triäthanolamin (vom Gewicht des Fettkörpers), für dichtere etwa 8 bis 15%. Von Triseifen etwa 8 bis 10%, auch mehr (15—20%).

Das Ammoniumlinoleat wird so verwendet, daß man dasselbe mit der Wassermenge des Präparates übergießt und das Wasser bei ruhigem Stehen während 12 Stunden aufsaugen läßt. Dann verreibt man die Masse zur Pasta und erwärmt auf 95°, alsdann mischt man die Fettkörper hinzu.

Die praktische Wirkung dieser modernen Emulgatoren ist eine ganz ausgezeichnete und erspart viel Mühe und Arbeit. So lassen sich Emulsionen jeder Art mit sehr hohem Wassergehalt, Teintmilch usw., spielend leicht herstellen und ergeben dauernd haltbare Präparate.

Wir geben nachstehend einige Verwendungsbeispiele und kann der Praktiker, nach seinem Gutdünken, die modernen Emulgatoren in den alsdann später angegebenen Vorschriften für moderne Hautpflegemittel heranziehen

Herstellung von Triäthanolaminseifen

Tristearat

Man schmilzt

Stearin	220 g

und gibt hinzu

Triäthanolamin	100 g

Tri-Oleat

Ölsaure, hell	220 g
TRI	100 g

Der Verband beginnt erst beim Rühren. Nach Zugabe des Triäthanolamins rührt man kräftig ohne jedes Erwärmen, bis die Masse ganz dick wird. Darauf läßt man völlig erkalten. Das Oleat ist weich, pastenförmig. Das Stearat gibt eine harte Seife, die gepulvert wird.

Wiederholt sei an dieser Stelle, daß Triäthanolamin nur freie Fettsäuren, nicht aber Neutralfette vollständig verseift.

Das TRI-Stearat ist weiß oder gelblich in frisch bereiteten Zustande; es bräunt sich aber rasch an der Luft, auch im verschlossenen Behälter. Zu reiner Emulsion kann also nur frisch bereitetes TRI-Stearat verwendet werden.

Stearatcreme

Stearin	15 g
Triäthanolamin	2 g
Weißes Wachs	5 g
Vaseline, weiß	6 g
Wasser	100 g

Fettkörper schmelzen, Tri mit Wasser mischen und auf zirka 80 Grad erwärmen, zugeben und rühren (ohne Erwärmen). Schließlich kühlen und fertig rühren bis zum Dickwerden.

Stearatemulsion

Stearin	96 g
Tri	4 g
Wasser	300 g

Emulsion von fettem Öl

Olivenöl	77 g
Ölsäure	20 g
Tri	3 g
Wasser	50 g

Bei letzterer Vorschrift benötigen wir eine freie Fettsäure als Vermittler. Die Wirkung des Tri ist hier praktisch die einer Triseife.

Den gleichen Fall haben wir bei einer

Emulsion äther. Öle für Zerstäuber

Tri	3 g
Wasser	100 g

Mischen und erwärmen.

Anderseits mischen:

Ölsäure	5 g
Fichtennadelöl	80 g
Cumarin	2 g
Eucalyptusöl	10 g

Das Cumarin durch Erwärmen lösen, dann mit der warmen Trilösung mischen und schütteln.

Man kann auch 8 g Trioleat mit dem Cumarin durch Erwärmen in den ätherischen Ölen lösen und dann mit dem angewärmten Wasser bis zur Emulsion schütteln.

Kosmetisch sehr interessant ist auch die

Benzinemulsion zum Haarwaschen

Benzin	150 g
Tristearat	10 g
Wasser	250 g

Zuerst Tristearat in Benzin lösen, dann Wasser kalt unter Schütteln zufügen.

Emulsionen mit Ammoniumlinoleat.

Das schwammige Ammoniumlinoleat des Handels wird zuerst mit der Wassermenge des Präparats übergossen, worauf man zirka 12 Stunden stehen läßt, bis das Wasser aufgesaugt ist. Dann wird zur Pasta verrieben und der Fettkörper zugesetzt. Bei Verwendung fester Fettkörper müssen diese zuvor geschmolzen werden, auch muß die Linoleat-Wasserpasta dann vor dem Mischen auf zirka 95° erwärmt werden.

Emulsion von fettem Öl

Olivenöl	80 g
Wasser	60 g
Al-Linoleat	10 g

Vaselinemulsion

Vaseline	90 g
Wasser	320 g
Al-Linoleat	24 g

Stearat-Crèmes

Wir dürfen sagen, daß heutzutage der weitaus größte Teil der Hautcrèmes zur Klasse der Stearate gehört, die die sogenannten Trockencrèmes (Vanishing Creams) und habfetten Crèmes einschließen, auch die Cleansing Creams, Hautnährcrèmes u. a. Sorten die wir später noch besprechen werden.

Ehe wir die komplexen Stearatcrèmes besprechen, soll die Technik der Herstellung der einfachen Stearate kurz beschrieben werden.

Stearate

Unter diesem Namen verwendet die moderne Kosmetik eine ganze Anzahl von Präparaten, die durch chemische Emulgierung des Stearins mit schwachen Alkalien, also durch partielle Verseifung, gewonnen werden. Die Stearate werden meist in Form der Stearatcrèmes (sogenannte fettfreie, besser nichtfettende Crèmes) gebraucht, kommen aber auch in der flüssigen Emulsionsform (als Laits) zur Anwendung. Zur Bereitung guter Stearate sind nur beste Stearinsorten verwendbar. Die Stearate enthalten, auch in der Cremeform, meist recht beträchtliche Mengen Wasser (80% maximal), sowie Glycerin, Vaselinöl u. a. Zur Emulgierung des Stearins können alle schwachen Alkalien Verwendung finden, die Anwendung kaustischer Alkalien ist durchaus nicht zu empfehlen, weil die Stabilität der mit kaustischen Alkalien hergestellten Stearate, besonders in der Cremeform, sehr zu wünschen übrig läßt. Auch Borax wird hier kaum als Emulgens verwendet.

Zur Emulgierung von 100 g Stearin sind erforderlich

Pottasche	zirka 10 g	Wässeriger Ammoniak (0,925 spez. Gew.)	zirka 15 g
Ammoniaksoda	zirka 10 g	Wässeriger Ammoniak (0,96—0,97)	zirka 40 g
Kristallsoda	zirka 27 g		

Die vorstehend angegebenen Werte sind wohl etwas schwankend, aber sorgfältig nachgeprüfte Erfahrungswerte, die ohne weiteres als praktisch genau angewendet werden können.

Am gebräuchlichsten ist die Verwendung von Pottasche, Soda, und Ammoniak. Ammoniak sollte aber nicht stärker als mit spezifischem Gewicht 0,97 benutzt werden, man erhält so viel rascher ammoniakgeruchfreie Produkte.

Emulgierungstechnik bei Herstellung der Stearatcrèmes

Es sollen hier die beiden hauptsächlichsten Methoden der Emulgierung mit Carbonaten und Ammoniak ausführlich besprochen werden. Nicht besonders berücksichtigt werden hier die Emulgierung mit Triäthanolamin, Cetylalkohol und Tegin, die unter Verwertung der im Kapitel moderne Emulgatoren gemachten Darlegungen ohne weiteres statt der klassischen Alkaliemulgierung angewendet werden können.

Für 100 g Stearin wäre also nötig: etwa 8—10 g Cetylalkohol oder Tegin (Stearo-Glycol) oder 5—8 g Triäthanolamin.

Bei Herstellung der wasserreichen Stearatcrèmes mit wenig Vaseline oder anderen Glanzfetten (Lanolin, Cacaobutter, fetten Ölen usw.) kommt man mit der chemischen Emulgierung durch Carbonate oder Ammoniak allein gut aus, in vielen Fällen verwendet man aber gleichzeitig Cetylalkohol oder Tegin als Hilfsemulgator um eine schön glatte, beständige Crème zu erhalten. Sobald die Crème aber eine gewisse Menge Glanzfette enthält (etwa 10% und mehr) ist die Mitverwendung eines Hilfsemulgators obligatorisch und ohne eine solche eine völlig homogene Crème oft überhaupt nicht zu erhalten.

Die Trockencrèmes fetten die Haut nur leicht und unsichtbar, ob sie nun mit Glycerin oder einer entsprechend geringen Menge Glanzfett hergestellt sind; durch graduelle Erhöhung des Glanzfettgehaltes gelangen wir zu den halbfetten Cremes, die die Haut zwar ziemlich sichtbar anfetten, aber niemals so stark wie die eigentlichen Fettcrèmes.

Bei der Herstellung der Stearatcrèmes ist zunächst eine entsprechende Konservierung vorzusehen. Zu diesem Zwecke genügt es vollkommen etwa 6—8 g Borax pro kg. Crème zuzusetzen, in manchen Fällen auch Natriumbenzoat. Nipagin kann ebenfalls verwendet werden, doch genügt hier die Boraxkonservierung vollkommen.

a) Carbonatemulgierung mit Pottasche

Stearin	150 g	Pottasche	15 g
Vaselinöl	30 g	kochendes Wasser	50 g
Weißes Wachs	5 g		
Vaseline, weiß	25 g	Borax	7 g
		kochendes Wasser	750 g

Herstellung: Man schmilzt in einem sehr geräumigen Gefäß Stearin und die anderen Fettkörper zusammen und hält warm (Wasserbad, kein freies Feuer).

Dann löst man die Pottasche für sich in der angegebenen Menge kochendem Wasser, gleichzeitig auch den Borax in der für diesen angegebenen Wassermenge. Die Boraxlösung wird warm gestellt und bereit gehalten. Nun gibt man die kochend heiße Pottaschelösung langsam unter Umrühren zu dem geschmolzenen Fettansatz, wobei sorgfältig darauf zu achten ist, daß die Masse nicht zu stark steigt und nicht überläuft. Der Zusatz der Pottaschelösung geschieht ohne jedes Erwärmen. Sobald alle Pottaschelösung eingetragen ist und die Masse nicht mehr steigt, gibt man in ziemlich flottem Tempo die kochend heiße Boraxlösung zu und beginnt die Masse unter Rühren zu erwärmen. (Achtung auf Steigen!). Man setzt das Erwärmen unter Rühren mit der nötigen Vorsicht auf Steigen etwa $^1/_4$ Stunde fort, nimmt dann vom Feuer, stellt den Behälter in kaltes Wasser und rührt bis zum Dickwerden der Crème. Sobald die Crème anfängt dick zu werden parfumiert man und rührt weiter bis zum völligen Erkalten.

Anmerkung: Beim genauen Einhalten dieser Vorschrift und bei Verwendung genügend heißer Zusatzlösungen (Pottasche- und Boraxlösung müssen kochend heiß sein!) wird man stets eine völlig glatte Crème erhalten, ohne Spur von Körnchen.

Vor Einfüllen muß die Crème mindestens 12 Stunden stehen. Nach dieser Zeit wird sie durch ein feines Sieb passiert und ist zum Abfüllen fertig. Dies bezieht sich natürlich auf alle Crèmes dieser Art.

b) Emulgierung mit Ammoniak

Hierzu ist, wie erwähnt, ausschließlich verdünnter Ammoniak (0,97) zu verwenden.

Stearin	150 g	oder Stearin	150 g
Vaseline, weiß	30 g	Lanolin anhydr.	5 g
Vaselinöl	20 g	Glycerin	100 g
Lanolin anhydr.	3 g	Wasser	600 g
Borax	6 g		
Wasser	700 g	Ammoniak (0,97)	60 g
Ammoniak (0,97)	60 g		

Herstellung: Man wiegt alle Fettstoffe zusammen ab (bei der glycerinhaltigen Crème auch das Glycerin) und gibt gleich die nötige Wassermenge mit hinzu, so daß alle Bestandteile der Crème mit Ausnahme des Ammoniaks in dem Ansatzgefäß enthalten sind.

Das Erhitzen kann hier über freiem Feuer erfolgen. Man erhitzt den Inhalt unter gutem Rühren bis Stearin und andere feste Fettstoffe im Wasser des Ansatzes völlig geschmolzen sind, wobei zu starkes Kochen des Wassers zur Vermeidung zu großer Gewichtsverluste auszuschließen ist. (Hierbei tritt natürlich keine Gasentwicklung ein, die ein Steigen der Masse veranlaßt).

Sobald alles geschmolzen ist, gibt man unter gutem Rühren den Ammoniak hinzu und erhitzt ganz gelinde unter ständigem Rühren etwa 20 Minuten lang um den Ammoniaküberschuß zu verjagen.

Sobald der Ammoniak zugegeben wird, bildet sich eine ziemlich dickflüssige, gelatinöse, transparente Masse, die gewöhnlich bei längerem Erhitzen ihre Transparenz verliert und milchig aussehend und dünnflüssig wird. Dieser Umschlag tritt aber nicht immer ein, manchmal bleibt die Transparenz auch in gewissem Grade bestehen und die Masse wird nicht so flüssig. Das hat aber für das gute Gelingen nichts zu besagen; dieses abweichende Verhalten scheint an der wechselnden Qualität des Stearins zu liegen. Wir haben bei zahlreichen Versuchen mit in eigener Stearinfabrik gewonnenem, daher kontrollierbarem Stearin bester Beschaffenheit, stets die zuerst beschriebene Erscheinung des Verschwindens der Transparenz und des Flüssigwerdens der emulgierten Masse beobachten können und nur manchmal bei unbekannter Provenienz des Stearins das Weiterbestehen der Transparenz bis zur Beendigung der Reaktion feststellen können. Es ist also das Verschwinden der Transparenz und das Milchigwerden der Masse im Verlauf der Reaktion als Norm anzusprechen.

Nach diesem Erhitzen wird vom Feuer genommen, das Gefäß in kaltes Wasser eingestellt usw. wie bei der Emulgierung mit Pottasche.

Dieses Verfahren gibt eine tadellos homogene Creme von prächtigem Aussehen und ist diese Herstellungsart die bequemste. Die Ammoniakstearate bräunen sich allerdings an der Luft, aber dies hat keine Bedeutung, denn in gut verschlossenem Gefäß halten sie sich unbegrenzt. Die Bräunung tritt nur allmählich an der Oberfläche auf und nur, wenn die Creme mutwillig oder aus Unachtsamkeit längere Zeit der Luft ausgesetzt wird.

Diese Herstellungsmethoden sind für alle emulgierten Crèmes maßgebend.

Komplexe Stearatcrèmes

Vanishing Cream I
(sehr trocken)

Stearin	150 g
Weißes Wachs	10 g
Vaselinöl	20 g
Kakaobutter	5 g
Walratöl	5 g
Vaseline	15 g
Cetylalkohol	10 g
Pottasche	15 g
Wasser	50 g
Borax	7 g
Wasser	750 g

Vanishing Cream II
(Geschmeidig, fetter)

Stearin	100 g
Weißes Wachs	60 g
Vaselinöl	100 g
Vaseline	70 g
Kakaobutter	25 g
Lanolin anhydr.	5 g
Cetylalkohol	15 g
Walrat	5 g
Tegin (Stearo-Glycol)	25 g
Borax	8 g
Wasser	860 g
Ammoniak (0,97)	60 g

Crème Nadia

Stearin	150 g
Vaselinöl	60 g
Vaseline	40 g
Kakaobutter	10 g
Lanolin anhydr.	7 g
Weißes Wachs	10 g
Tegin	12 g

Pottasche	15 g
Wasser	50 g

Borax	8 g
Wasser	800 g

Crème Neige

Stearin	200 g
Cetylalkohol	10 g
Kakaobutter	10 g
Weißes Wachs	20 g

Pottasche	22 g
Wasser	60 g

Glycerin	75 g
Borax	6 g
Wasser	650 g

Titandioxyd	15—20 g

Das fein gesiebte Titandioxyd wird der fertigen, heißen Crème zugerührt.

Crème Orolys

Stearin	150 g
Vaselinöl	20 g
Vaseline	15 g
Kakaobutter	10 g
Weißes Wachs	10 g
Lanolin anhydr.	10 g
Cetylalkohol	20 g

Pottasche	15 g
Wasser	50 g

Borax	7 g
Natriumbenzoat	1 g
Wasser	750 g

Crème Bellezza

Stearin	200 g
Lanolin anhydr.	30 g
Kakaobutter	15 g
Vaseline	5 g
Cetylalkohol	10 g
Glycerin	70 g
Borax	6 g
Natriumbenzoat	1 g
Wasser	550—600

Ammoniak (0,97)	80 g

Alle diese Crèmes sind zu den Trockencrèmes zu rechnen, die die Haut nicht sichtbar anfetten.

Halbfette Stearatcrème

Stearin	60 g
Kakaobutter	20 g
Weißes Wachs	20 g
Walrat	10 g
Cetylalkohol	10 g
Lanolin anhydr.	7 g
Vaselinöl	115 g
Vaseline	63 g
Tegin (Stearolglycol)	25 g

Pottasche	12 g
Wasser	40 g

Borax	6 g
Wasser	280 g

Fette Stearatcrème

Stearin	70 g
Vaselinöl	160 g
Vaseline	100 g
Kakaobutter	30 g
Lanolin anhydr.	10 g
Cetylalkohol	8 g
Stearo-Glycol	40 g

Pottasche	10 g
Wasser	40 g

Borax	6 g
Natriumbenzoat	1 g
Wasser	340 g

Parfumierung der Crèmes

Bezüglich der Parfumierung dieser mit Alkali bereiteten Cremes ist zu bemerken, daß man sehr vorsichtig sein muß, um keine Verfärbung der fertigen Creme zu verursachen. Da eine solche Verfärbung nicht immer vorausgesehen werden kann, empfiehlt es sich bei Neuparfumierungen, stets das Parfum mindestens einen Monat im Kontakt mit der in luftdichtem Gefäß aufbewahrten Creme zu lassen (Versuche!). Vanillin, Heliotropin sind hier von vorneherein auszuschließen. Cumarin nur in kleinen Mengen und mit größter Vorsicht (Versuche!) verwendbar. Ausgeschlossen ist Eichenmoos (Spuren eventuell verwendbar, geht aber immer auf Kosten der weißen Farbe der Creme, auch entfärbtes Eichenmoos dunkelt nach). Jasmin (indolhaltig), Eugenol und viele andere können ebenfalls die Ursache häßlicher, früher oder später auftretender Verfärbungen werden. Kurz, die Verwendung eines neuen Parfums macht hier immer längere Versuche nötig.

Nachstehend geben wir einige erprobte Parfummischungen, die eine Verfärbung der Creme nicht befürchtetn lassen.

Im Mittel kann man 5 g Parfum per Kilogramm fertiger Creme rechnen.

Parfummischungen für Crèmes

Rose Royale

Rosenöl, bulgar.	5 g	Linalool	8 g
Rose, künstl.	20 g	Benzylalkohol	6 g
Geranylbutyrat	15 g	Ambrettemoschus	0,1 g
Geranylacetat	25 g	Ambra A. Ma.	0,2 g
Citronellolacetat	8 g	Jonon	0,5 g
Rhodinol	42 g	Cumarin	0,4 g
Geraniumöl, afrik.	48 g	Narcissenöl, künstl.	4 g
Geraniol	72 g	Äther. Öl von Salvia sclarea (Essence de sauge sclarée)	0,15 g
Phenyläthylalkohol	10 g	Citral	0,04 g
Citronellol	10 g	Octylaldehyd	0,04 g
Sandelöl, ostindisch	2,5 g		
Anisaldehyd	4 g		

Die Rosen-Note spielt bei der Parfumierung der Crèmes eine besonders wichtige Rolle; für manche Crèmes (Cold Cream) ist eine mehr oder minder reine Rosennote obligatorisch, für andere genügt oft eine ganz leichte Variierung der Grundnote Rose um ein ansprechendes, originelles Crèmeparfum zu erhalten.

Phantasie-Rose

Geraniol rosé	20 g	Phenylacetaldehyd 50%	2 g
Citronellol	10 g	Geranylacetat	7 g
Rhodinol rosé	10 g	Phenyläthylbutyrat	1 g
Phenyläthylalkohol	10 g	Rosenöl, echt bulgar.	2 g
Geraniumöl, französ.	25 g	Sandelöl, ostind.	3 g
Aldehyd C. 10 10%	1 g	Geranylformiat	2 g
Aldehyd C. 8 10%	0,5 g	Benzylacetat	1 g
Neroliöl, künstl.	1 g	Äthylcinnamat	0,5 g
Methyljonon	6 g	Patchouliöl	0,2 g
Citronenöl	1 g	Ketonmoschus	0,5 g
Citral	1 g		

Diverse Crème-Parfums

1.

Bergamottöl	20 g	Cumarin	2 g
Ylang-Ylangöl	30 g	Zimtalkohol	5 g
Sandelöl, ostind.	10 g	Resinoid Labdanum, entfärbt	2 g
Geraniumöl	30 g	Ketonmoschus	1 g
Patchouliöl	2 g	Neroliöl, künstl.	0,5 g
Rosenöl, echt	1 g	Amylsalicylat	0,2 g
Äthylcinnamat	1 g		

2.

Bergamottöl	30 g	Rosenöl, künstl.	20 g
Citronenöl	6 g	Jasmin, künstl.	1 g
Portugalöl	12 g	Ketonmoschus	0,5 g
Linalool	2 g	Resinoid Labdanum, entfärbt	1 g
Lavendelöl	2 g	Methylanthranilat	0,5 g
Rosenöl, echt	1 g		
Cinnamylacetat	0,6 g		

3.

Lavendelöl	30 g	Citronenöl	20 g
Patchouliöl	2 g	Portugalöl	20 g
Ambrettemoschus	1 g	Neroliöl, künstl.	5 g
Amylsalicylat	2 g	Rose, künstl.	200 g
Cumarin	10 g	Irisöl, konkret	1 g
Bergamottöl	40 g	Methyljonon	4 g
Benzylcinnamat	5 g		

4.

Bergamottöl	25 g	Sandelöl, ostind.	3 g
Citronenöl	5 g	Patchouliöl	1 g
Rosenöl, echt	2 g	Ketonmoschus	0,5 g
Geraniumöl, afrik.	50 g	Isobutylcinnamat	0,3 g

5. Bouvardine

Ylang-Ylangöl	10 g	Ketonmoschus	4 g
Benzylacetat	30 g	Guajakholzöl	25 g
Phenyläthylalkohol	5 g	Irisöl, konkret	0,3 g
Amylsalicylat	5 g	Santalylacetat	10 g
Olibanöl	2 g	Jasmin, künstl.	1 g
Methylanthranilat	15 g	Zimtalkohol	4 g
Rosenöl, künstl.	15 g		

6. Citron

Citronenöl	50 g	Citronellal	20 g
Bergamottöl	10 g	Citral	6 g
Methylanthranilat	1 g	Portugalöl	4 g
Neroliöl, künstl.	10 g		

Nichtschäumende Rasiercremes (nach Art des Razvite usw.).

Diese Cremes werden statt Seife gerne zum Rasieren benutzt und gestattet ihre regelmäßige Verwendung, alle jene oft schweren Schädigungen der Haut, hervorgerufen durch die Rasierseife, zu vermeiden.

Rasiercreme Nr. 1		Rasiercreme Nr. 2	
Stearin	1000 g	Stearin	2 000 g
Glycerin	600 g	Vaselinöl	200 g
Ammoniak (0,97)	400 g	Ammoniak (0,97)	800 g
Wasser	8000 g	Wasser	16 500 g

Rasiercreme Nr. 3 mit Seife

I. Stearin	14 400 g	II. Frische Grundseife	2 500 g
Ammoniak (0,97)	5 800 g	Wasser	10 000 g
Borax	500 g	Heiß lösen und passieren.	
Wasser	90 000 g		

Man bereitet die Creme wie gewöhnlich, gibt aber dem geschmolzenen Stearin vor der Emulgierung Lösung II (heiß) zu.

Nach längerem Stehen nimmt diese Rasiercreme einen schönen Perlmutterglanz an.

4. Stearin	210 g
Lanolin anhydr.	20 g
Vaselinöl	15 g
Cold Cream	5 g
Tri	15 g
Borax	8 g
Wasser	700 g

5. Stearin	150 g
Cetylalkohol	10 g
Türkischrotöl	30 g
Vaselinöl	20 g
Borax	6 g
Wasser	650 g
Ammoniak (0,97)	60 g

6. Stearin	200 g
Erdnußöl, gehärtet	35 g
Tri	15 g
Borax	7 g
Wasser	720 g

7. Stearin	200 g
Kakaobutter	20 g
Vaselinöl	10 g
Türkischrotöl	15 g
Lanolin anhydr.	5 g
Pottasche	20 g
Wasser	70 g
Borax	7 g
Wasser	700 g

Am besten verwendet man Ammoniak-Emulgierung, weil die Ammoniakstearate das Baarthar am besten erweichen, auch Tri-Emulsionen erweichen sehr rasch.

Parfums für Rasiercremes.

Hier kommt vor allem Lavendel, Eau de Cologne- und Bittermandelgeruch in Frage.

Lavendel

Lavendelöl	300 g
Spiköl	150 g
Geraniumöl	100 g
Cumarin	5 g
Sandelöl, ostindisch	3 g
Bergamottöl	200 g
Citronenöl	50 g

Bittermandel II

Benzaldehyd	500 g
Sandelöl	50 g
Citronenöl	100 g
Lavendelöl	80 g
Cumarin	50 g
Geraniol	100 g

Eau de Cologne

Bergamottöl	100 g
Citronenöl	50 g
Portugalöl	50 g
Rosmarinöl	30 g
Lavendelöl	20 g
Petitgrainöl	30 g
Neroliöl, künstl.	20 g

Phantasie I

Lavendelöl	300 g
Portugalöl	900 g
Bergamottöl, künstl.	1500 g
Citronenöl	300 g
Benzaldehyd	60 g

Bittermandel I

Benzaldehyd	30 g
Sandelöl, ostindisch	10 g
Lavendelöl	10 g
Citronenöl	10 g

Phantasie II

Lavendelöl	500 g
Portugalöl	1000 g
Bergamottöl	2000 g
Anisaldehyd	1500 g
Benzaldehyd	100 g

Reinigungscrèmes (Cleansing Creams)

Zur Reinigung der Haut kann jede gute Fettcrème Verwendung finden, event. auch halbfette Stearate usw. Außerdem stelllt man spezielle Reinigungscrèmes her, deren Zusammensetzung aber wenig charakteristische Merkmale aufweist. Die Reinigungscrèmes enthalten meist erhebliche Mengen Vaseline, auch Wasser in wechselnden Mengen. Sie sind also im wesentlichen Crèmes aus hydrophiler Vaseline mit geeigneten Zusätzen (besonders von Kakaobutter), um gut komplexe Fettmischungen zu erzielen.

Cleansing Cream

Weißes Wachs	15 g
Vaseline	10 g
Kakaobutter	10 g
Vaselinöl	50 g
Cetylalkohol	5 g
Borax	0,7 g
Wasser	15 g

Stearo-Cleansing Cream

Stearin	5 g
Lanolin anhydr.	5 g
Kakaobutter	5 g
Vaselinöl	20 g
Weißes Wachs	15 g
Cetylalkohol	5 g
Stearo-Glycol	3 g
Borax	1 g
Tri	2 g
Wasser	50 g

Emulgierte Cerate

1. Weißes Wachs	900 g
Pottasche	35 g
Vaselinöl	50 g
Wasser	150 g

2. Gelbes Wachs	1000 g
Ammoniak (0,97)	200 g
Wasser	1400 g

Nr. 2 ist lösliches Wachs nach Schleich (mit Wasser versetzt, um die Masse geschmeidiger zu machen). Ersetzt man das Wachs durch Stearin, so erhält man die Pasta stearata Schleich.

Laits de Beauté (Teintmilch)

Die Herstellung dieser Präparate hat durch Einführung der modernen Emulgatoren eine völlige Umwälzung erfahren; so ist es heute möglich die früher recht mühsame und unsichere Herstellung dieser stark wasserhaltigen, dünnen Emulsionen so weitgehend zu verbessern, daß jetzt beliebig dichte Laits in unbegrenzt haltbarer Form mit großer Leichtigkeit erhalten werden können.

Abgesehen von gewissen mechanischen Emulgatoren, leistet das Triäthanolamin bzw. die Tri-Seifen besonders gute Dienste zur Förderung der Stabilität der Laits, die, nach den alten Verfahren bereitet, sehr zur Trennung neigten.

Es wurden also in dieser Auflage von einer Besprechung der umständlichen und unsicheren alten Methoden abgesehen und dieses Kapitel vom modernen Standpunkte aus ganz neu bearbeitet.

Lait de Beauté Nr. 1.

Vanishing Cream II.	100 g	Natriumbenzoat	1 g
Stearo-Glycol (Tegin)	1,5 g	Stearin	4 g
Cetylalkohol	1,5 g	Tri	2 g
Borax	2 g		

Man bereitet zunächst aus Stearin und Tri ein Tri-Stearat; dieses löst man mit Borax und Natriumbenzoat heiß im Wasser und gibt zu dieser heißen Lösung die Crème, worauf unter gutem Rühren erwärmt wird bis die Crème gleichmäßig in der milchigen Flüssigkeit verteilt ist, dann läßt man unter Rühren erkalten, parfumiert und passiert durch ein engmaschiges Sieb.

Lait de Beauté Nr. 2

Kakaobutter	1 g	Borax	3 g
Weißes Wachs	2 g	Natriumbenzoat	0,5 g
Tegin	3 g	Wasser	600 g
Lanolin anhydr.	3 g	——	
Vaselinöl	8 g		
Ceresin, weiß	2 g	Stearin	6 g
Cetylalkohol	3 g	Tri	3 g

Die Herstellung ist analog wie bei 1. nur schmilzt man nach Lösen der Tri-Seife usw. die Fettstoffe separat und rührt in diese Schmelze die etwa 70° C warme Tri-Seifenlösung (die auch Borax und Natriumbenzonat gelöst enthält) ein, sodann rührt oder schüttelt man das Gemisch bis zum Erkalten usw.

Anmerkung: Man kann auch ohne Zusatz von Tri-Seife, also durch Einrühren einer 70° C warmen Borax- und Natriumbenzoatlösung in der gleichen Menge Wasser, eine gute Milch erhalten; der Zusatz von Tri-Stearat ist aber als Sicherheitskoeffizient zur absoluten Haltbarkeit der Milch immer nützlich.

Lait de Beauté Nr. 3

Stearin	12 g	Pottasche	1,2 g
Tegin	2,5 g	Wasser	5 g
Lanolin anhydr.	2 g	——	
Vaseline	12 g	Borax	3 g
Cetylalkohol	2,5 g	Wasser	570 g
——		Stearin	3,5 g
		Tri	2 g

Bei dieser Milch stellt man ebenfalls zunächst das Tri-Stearat her und löst es mit Borax zusammen im Wasser auf; die Lösung wird warm gehalten.

Andererseits schmilzt man die Fettstoffe zusammen, löst die Pottasche in 5 g kochendem Wasser und emulgiert die geschmolzenen Fette mit dieser Carbonatlösung unter Rühren. Nach Einrühren der Pottaschelösung setzt man die Tri-Stearat-Boraxlösung, die vorher zum Kochen erhitzt wurde zu und schüttelt die Emulsion bis zum Erkalten.

Gurkenmilch

Cetylalkohol	15 g	Gurkensaft	750 g
Weißes Wachs	15 g	Stearin	6 g
Vaselinöl	80 g	Tri	3 g
Lanolin anhydr.	20 g	Borax	6 g
Wasser	750 g	Natriumbenzoat	1 g

Glycerine and Cucumber

Cetylalkohol	15 g	Glycerin	200 g
Weißes Wachs	15 g	Gurkensaft	800 g
Vaselinöl	60 g	Stearin	4 g
Kakaobutter	5 g	Tri	2 g
Lanolin anhydr.	5 g	Benzoetinktur	20 g
Wasser	500 g	Borax	7 g

Lanolinmilch

Lanolin anhydr.	50 g	Stearin	8 g
Vaselinöl	20 g	Tri	4 g
Kakaobutter	5 g	Borax	4 g
Wasser	650 g	Natriumbenzoat	0,5 g

Mandelmilch.

70 g geschälte Mandeln werden im Mörser mit der ausreichenden Menge Rosenwasser zur Pasta angestoßen, diese dann mit etwa 850 g warmem Rosenwasser innigst verrieben, so daß eine gut homogene Milch entsteht, der 20 g Glycerin und 20 g Benzoetinktur sowie 7 g Borax im Rosenwasser gelöst, einverleibt werden. Eventuell mit Rosenwasser auf ein Gesamtgewicht von 1000 g ergänzen, wobei stets gut zu verreiben ist.

Die Stabilität dieser Milch läßt zu wünschen übrig. Besser bereitet man dieselbe unter Zusatz einer guten Lait de Beauté moderner Art (z. B. Nr. 1) oder aus fettem Mandelöl und anderen Fettstoffen, ohne das Kernfleisch der Mandel, da dieses gerade zu Niederschlägen Anlaß gibt.

Was heute als Mandelmilch im Handel anzutreffen ist, sind daher meist ohne Mandel hergestellte Präparate, die mit etwas Bittermandelöl und Rose parfümiert sind.

Balsamische Milch

sogenannte Jungfernmilch (Lait virginal)

Benzoetinktur	60 g	Rosenwasser	700 g0
Tolutinktur	40 g	Borwasser 3%	200 g

Die filtrierten Tinkturen werden gemischt und das leicht angewärmte Gemisch von Rosenwasser und Borwasser allmählich in dünnem Strahle eingerührt. Nach 24 stündigem Absitzen dekantieren und den Rest filtrieren.

Citronenmilch

Myrrhentinktur	30 g	Citronensaft, frisch bereitet	400 g
Tolutinktur	20 g	Borwasser	200 g
Perutinktur	20 g	Rosenwasser	300 g
Benzoetinktur	30 g		

Wie vorstehend angegeben zu bereiten.

Anmerkung: Die nötigen balsamischen Tinkturen sind alle im Verhältnis von etwa 150 g Harz, bzw. Balsam in 1 Liter Alkohol zu bereiten.

Bei Parfumierung der Laits de Beauté wird man im allgemeinen mit 3 bis 4 g Parfum per Liter auskommen (als reine Riechstoffe berechnet, Lösungen bzw. Tinkturen natürlich mehr).

Mit Hilfe von Sapaminen kann man eine säurehaltige Milch herstellen z. B.

Citronenmilch mit Sapamin

Stearo-Glycol (Tegin)	40 g	Citronensaft	300 g
Stearyl-Sapaminphosphat ..	5 g	Citronensäure	1 g
Vaseline	25 g	Milchsäure	1 g
Lanolin anhydr............	5 g	Wasser	700 g

Man schmilzt die Fettstoffe mit dem Sapamin; andererseits löst man die Säuren im Wasser, vermischt mit Citronensaft, erwärmt leicht (auf 70° C) und gibt dieses Gemisch langsam unter Rühren zu der Fettschmelze.

Anmerkung: Das Tegacid des Handels (Goldschmidt Essen) ist mit dem angegebenen Gemisch von Stearo-Glycol und Sapaminphosphat identisch, kann hier also statt dieser beiden Ingredienzien Verwendung finden.

Haut-Nährcrèmes

Als solche werden gut resorbierbare Fett-Wasseremulsionen hergestellt, die einen gewissen Prozentsatz Cholesterin oder Lecithin, evtl. beide enthalten.

Bezügl. des Gehaltes an Cholesterin ist folgendes zu bemerken:

Zu hoher Gehalt an Cholesterin kann unter gewissen Verhältnissen Hautreizungen hervorrufen, ja pathologische Veränderungen der Haut nach sich ziehen.

Es ist also bezüglich des Cholesteringehaltes dieser Präparate eine gewisse Vorsicht am Platze und sollte man im Mittel etwa 0,5%, maximal 1% Cholesterin nicht überschreiten. Was das Lecithin betrifft so können auch stärkere Dosen keine Schädigung der Haut bewirken, allein Lecithin färbt die Crèmes in recht unerwünschter Weise, auch müssen lecithinhaltige Crèmes besonders sorgfältig konserviert werden und verderben auch, trotz Konservierung, recht häufig. Man stellt also die Hautnährcrèmes meist nur mit Zusatz von Cholesterin her um solche Uebelstände zu vermeiden.

Was nun die eigentlichen biologischen Hautcrèmes mit Hormonen oder Vitaminen anlangt, so sind die mit diesen bis jetzt erzielten Resultate noch mehr problematischer Natur; am besten scheinen sich die mit Vitamin F. hergestellten Präparate zu bewähren.

Bei diesen Crèmes ist bei Komposition der Crème-Basis besondere Sorgfalt nötig um gut resorbierbare Fett-Vehikel herzustellen.

Nachstehend einige Vorschriften dieser Art, die beliebig variiert werden können.

Hautnährcrèmes

1. Walratöl	60 g	Borax	1 g
Weißes Wachs	5 g	Wasser	50 g
Cetylalkohol	12 g	Natriumbenzoat	0,5 g
Lanolin anhydr.	10 g	Cholesterin	0,8 g
Kakaobutter	5 g	Lecithin	0,2 g
Nipasol	0,15 g		

2. Stearin	5 g	Wasser	50 g
Walrat	2 g	Borax	0,7 g
Cetylalkohol	3 g	Natriumbenzoat	0,5 g
Lanolin anhydr.	4 g	Triäthanolamin	2 g
Kakaobutter	5 g	Cholesterin	0,7 g
Olivenöl	20 g		

3. Kakaobutter	5 g	Haselnußöl	56 g
Lanolin anhydr.	6 g	Wasser	20 g
Cetylalkohol	5 g	Borax	1 g
Weißes Wachs	12 g	Natriumbenzoat	0,5 g
Cholesterin	0,8 g	Nipagin	0,6 g

Vitamincrème F.

Olivenöl, konserviert	10 g	Lecithin (Ei)	0,6 g
Ricinusöl	5 g	Cholesterin	0,4 g
Lanolin anhydr.	3 g	Stearo-Glycol	2 g
Weißes Wachs	5 g	Borax	0,5 g
Cetylalkohol	2 g	Wasser	25 g
Vitamin F. (50 000 E.)	1 g	Nipasol	0,15 g

Kosmetische Boraxpräparate.

Für die Kosmetik ist der Borax ein sehr wichtiges Produkt. Bereits in alten Zeiten war sein günstiger Einfluß auf die Haut bekannt, und der Borax des Altertums wurde teuer bezahlt. Borax ist in zwei Sorten im Handel, nämlich erstens als prismatischer (raffinierter) Borax mit annähernd 47% Kristallwasser und zweitens als oktaedrischer Borax mit 30,8% Kristallwasser. Der erstere kommt hier jedoch ganz allein in Frage und stellt auch den gewöhnlichen Borax des Handels dar. Borax reagiert alkalisch und verwittert an der Luft, weshalb er stets in gut geschlossenen Gefäßen aufzubewahren ist.

Die Eigenschaften, die den Borax für die Kosmetik so besonders gut verwendbar machen, sind zunächst folgende: Borax wirkt antiseptisch und auf kleine parasitische Vegetationen auch antifermentativ. Er eignet sich daher als Zusatz zu Mundwasser usw. sehr gut. In der Hauptsache jedoch wird er gegen äußere Schäden der Haut angewendet, und viel bekannte Hautmittel, wie Sommersprossenwasser und -Salbe, Lilionese und wie sie alle heißen, gründen ihre Wirksamkeit auf die Anwesenheit von Borax. Die Löslichkeitsverhältnisse des Borax sind daher von großer Wichtigkeit; Borax löst sich in 12 Teilen kalten oder 2 Teilen kochenden Wassers, alsdann in 4 Teilen Glycerin, während er in Alkohol unlöslich ist. Nach diesen Verhältnissen richte man sich bei der Anfertigung von Wässern, welche Borax enthalten sollen; man nehme nicht zu viel davon, da er sich sonst häufig wieder ausscheidet.

Des weiteren hat Borax die Eigenschaft, viele in Wasser unlösliche Stoffe zur Lösung zu bringen, so z. B. Albumin, Kasein, Salicylsäure usw.; er findet daher auch bei der Verarbeitung des Kaseins zur Verbesserung der Toilettenseifen häufig Verwendung, wobei man gleich zwei Eigenschaften des Borax vereinigt, die Lösung des Kaseins und seine gute Wirkung in der Seife auf die Haut.

Ein viel verlangtes Präparat ist der Toiletteborax, welcher in der Hauptsache dazu dient, dem Waschwasser beigemischt zu werden.

Er soll dann das Wasser nicht nur weich machen, sondern ihm auch gleich einen guten Geruch verleihen. Als Parfum eignen sich die terpenfreien ätherischen Öle oder wasserlöslichen Riechstoffe verschiedener Art.

Toiletteborax		Veilchenborax	
Borax	5000 g	Borax	3000 g
Terpineol	40 g	Jonon	0,5 g
Vanillin	2 g	Bergamottöl	30 g
Aubépine, flüss.	2 g	Irisöl, liq.	10 g

Der Borax für Toilettezwecke wird am besten in entsprechend etikettierten Pappkartons in den Handel gebracht.

Myrrhe und Borax

Borax	300 g	Rosenöl, künstl.	10 g
Honig	300 g	Aubépine, liq.	5 g
Myrrhenharz	300 g	Neroliöl, künstl.	10 g
Alkohol, 80%ig	10 000 g	Vanillin	5 g
Cheirantia, *N. & C.*	40 g	Heliotropin	10 g

Die Herstellung letzteren Präparates, das meist ebenfalls dem Waschwasser und Bädern zugesetzt wird, ist etwas mühsam. Der Borax und Honig werden zusammen in einem genügend großen Gefäße verrieben; alsdann fügt man nach und nach den Alkohol zu, in welchem man das Myrrhenharz und das Parfum etwa 14 Tage vorher gelöst hat. Es ist sehr empfehlenswert, in dieser Weise zu arbeiten und die Lösung vorher nochmals zu filtrieren. Diese ist unter allen möglichen Namen im Handel, bald als „Orientalische Schönheitsmilch", „Viktoria-Tinktur", „Frauenschönheit" usw. Bisweilen findet man noch einen geringen Zusatz von chemisch reinem Glycerin.

Gurkenpräparate.

In den letzten Jahren war auch bei uns in Deutschland eine größere Nachfrage nach guten Gurkenpräparaten, wie dies in Frankreich, besonders aber in England schon seit vielen Jahren der Fall ist.

Die Herstellung eines haltbaren Gurkensaftes, wie er zu allen diesen Präparaten gebraucht wird, ist nicht so einfach, wennschon sie auch nun nicht gerade mit großen Schwierigkeiten verknüpft ist. Aber die wenigsten Kosmetiker kannten eine gute Vorschrift dafür und noch heute stehen recht viele von ihnen den Wirkungen des Gurkensaftes ziemlich skeptisch gegenüber. Es ist zwar klar, daß nicht alle die Wunderdinge, die von dem Safte erzählt werden, auf Wahrheit beruhen, aber eines steht doch fest, daß er auf die Haut einen sehr geschmeidigmachenden Einfluß ausübt und ihm auch gleichzeitig bleichende Wirkungen zuerkannt werden. Ohne solche Wirkungen würde sich der Gurkensaft als Hautmittel in der Kosmetik nicht so gut eingeführt haben, wird er doch schon seit vielen Jahrzehnten wie gesagt gerade in England sehr stark angewendet. Mit Zusatz von Gurkensaft werden denn auch eine ganze Reihe von Präparaten hergestellt, die alle der Pflege der Haut dienen.

Gurkensaft

stellt man wie folgt her:

Die frischen Gurken werden recht klein zerschnitten, zwischen Walzen zerquetscht, und der dicke Brei wird dann durch eine Filterpresse von dem ihm anhaftenden Safte befreit. Diesem Safte setzt man zirka 25% Alkohol zu sowie etwa 3% Glycerin. Auch ein kleiner Zusatz von Borax ist empfehlenswert, jedoch nicht unbedingt notwendig. Will man jedoch später dem Gurkensaft etwa Grundlagen zusetzen, welche Wasserstoffsuperoxyd in irgendwelcher Form enthalten, dann muß man auch das Glycerin bei dem Ansatze weglassen. Der zugesetzte Alkohol schützt den Saft schon allein vor dem Verderben. Diesen Saft bewahrt man in gut verschlossenen Flaschen im kühlen Keller auf.

Gurkenmilch und Glycerine and Cucumber s. das Kapitel Laits de Beauté.

Gurken-Benzoe-Milch

Rosenwasser	2500 g
Gurkensaft	800 g
Benzoetinktur	100 g
Glycerin	400 g
Quillajarindeninfusion	50 g
Robinia, *Sch. & C.*	10 g
Terpineol	30 g

Gurkenpomade

Mandelöl, süß	260 g
Walrat	60 g
Wachs, weiß	60 g
Gurkensaft zirka	120 g
Levkojenblütenöl, *Heiko*	15 g
Alkohol	20 g

Reispuder (Poudres de Riz).

Diese Puder sind im wesentlichen Gemenge von Reisstärke, Maisstärke, Talkum, Zinkoxyd, Titandioxyd, Stearaten wie Zinkstearat (in Deutschland unzulässig). Magnesiumstearat und kleinen Mengen Magnesiumcarbonat, manchmal auch feinsten Kaolin oder Bolus enthaltend.

Gute Puder dieser Art sollen Stärke enthalten und ist die Furcht, daß Stärke durch Bildung einer Art sauren Teiges mit dem Schweiß die Haut reizen könne, bei normalem Pudergebrauch ganz unbegründet. Es kann unter Umständen ein rein mineralischer (Talkum-) Puder durch Verstopfen der Poren viel schädlicher wirken als ein Stärkepuder.

Man denke übrigens an die bekannte Tatsache, daß Personen, wie Bäcker usw., deren berufliche Tätigkeit ein unfreiwilliges reichliches Einstäuben der Haut mit Mehlstaub mit sich bringt, oft eine überraschend reine und zarte Haut haben. Dieser bekannte Umstand sollte allen jenen zu denken geben, die gegen den Pudergebrauch, vor allem gegen jenen von Stärkepuder — allerdings mit vergebener Mühe — wettern!

Ganz ungeeignet für Gesichts-Puder sind Zusätze von kohlensaurem Kalk, die den Puder rauh machen, ebenso sollte Kartoffelstärke absolut vermieden werden, deren körnige Beschaffenheit das Anhaften des Puders erschwert, auch gibt Kartoffelstärke dem Puder oft einen muffigen Geruch. Für Körperpuder kann aber kohlensaurer Kalk (präcepitiert) als austrocknender Bestandteil Verwendung finden.

Manchmal wird Zusatz von Iriswurzelpulver empfohlen, doch vermindert auch ein solcher Zusatz das Anhaften des Puders, das als Vorzug eines guten Puders nicht hoch genug eingeschätzt werden kann.

Feines Weizenmehl als Zusatz ist durchaus angebracht, besser aber klebefreie Weizenstärke.

In letzter Zeit nimmt nun die Mitverwendung von Titandioxyd immer größere Bedeutung an, als Ersatz des Zinkoxyds, bzw. als Komplement dieses das Anhaften der Puder fördernden Zusatzes.

Durch Titandioxyd lassen sich ganz vorzüglich deckende und anhaftende Puder herstellen, in einer Qualität wie sie vor Einführung des Titandioxydes nicht zu erhalten waren.

In allerletzter Zeit haben sich die feinen Kaolin-Sorten, besonders der Kolloid-Kaolin als vorzügliches Material zur Herstellung feiner, leichter Puder bewährt und werden jetzt im großen Maßstabe herangezogen.

Es darf betreffs laufende Anwendung guten Puders nicht übersehen werden, daß ein vernünftiger Gebrauch keine Schädigungen verursachen kann, sondern nur günstig wirkt, weil z. B. Puder entzündungswidrig und reizlindernd wirkt, wie z. B. nach dem Rasieren, nach Gebrauch von Enthaarungsmitteln, bei Sonnenbrand usw.

Jedenfalls ist der Puderverbrauch heute ins Ungeheure gestiegen und der Gebrauch dieses wichtigen Kosmetikums heute zu einer Selbstverständlichkeit geworden, als unentbehrlicher Bestandteil der Toilette der soignierten Dame.

Moderne Vorschriften für Puder.

Vorschriften für zusammengesetzte Puderkörper. Wir beschränken uns darauf, einige wenige, aber g u t e und erprobte Vorschriften geeigneter Zusammensetzung zu geben, die dem Parfumeur in allen Fällen gute Dienste leisten können.

Puderkörper

1. Mais- oder Reisstärke ... 450 g
   Zinkweiß Grünsiegel .... 220 g
   Feinstes Talkum 0000.... 300 g
   Magnes. carbon. leviss. .. 50 g

2. Talkum 0000 .... 110 g
   Feingeschlämmtes Kaolin 20 g
   Magnes, carbon.......... 10 g
   Zinkweiß (oder Zinkstear.). 10 g

3. Talkum .... 900 g
   Kaolin .... 800 g
   Magnes. carbon.......... 150 g
   Zinkweiß (oder Zinkstear.) 150 g

4. Stärke .... 350 g
   Kaolin kolloidal .... 340 g
   Talkum .... 500 g
   Zinkweiß .... 210 g
   Magnesiumcarbonat ..... 70 g
   Titandioxyd .... 110 g

5. Starke .... 300 g
   Kaolin, kolloidal .... 300 g
   Talkum .... 250 g
   Zinkweiß .... 150 g
   Titandioxyd .... 60 g
   Magneisumcarbonat...... 50 g

6. Talkum .... 600 g
   Kaolin, kolloidal .... 200 g
   Magnesiumcarbonat...... 50 g
   Zinkweiß .... 50 g
   Titandioxyd .... 50 g

Körperpuder (Body Powder)

sind zum reichlichen Einpudern des ganzen Körpers, mit Ausnahme des Gesichtes, bestimmt. Bei dieser Art von Puder, denen austrocknende Wirkung zukommen soll, ist Verwendung von Calciumcarbonat usw. durchaus angebracht.

Talkum-Puder

Talkum	900 g
Titandioxyd	20 g
Kaolin, kolloidal	80 g

Körperpuder

Talkum	650 g
Magnesiumcarbonat	50 g
Calciumcarbonat, präzipitiert	200 g
Titandioxyd	30 g
Zinkweiß	70 g

Streupulver.

Diese dienen zu reichlichem Einpudern der Haut durch Aufstreuen; sie werden daher in geeigneten Dosen mit Streudüse abgegeben. Aus den früher angeführten Gründen ist hier Stärkeverwendung ausgeschlossen.

Talcum Toilet Powder

Talkum	1000 g
Rosenöl, bulgar.	0,5 g
Rosenöl, künstl	2 g

Bortalkum

Borsäure	200 g
Talkum	1800 g
Citronenöl	2 g
Lavendelöl	1 g
Bittermandelöl	0,1 g

Baby Powder

Talkum	1000 g
Cold Cream	6 g
Lanolin	1 g
Benzoetinktur	3 g

Man verreibt zunächst eine kleine Menge des Talks mit den Fetten und siebt ab. Dann mischt man den Rest der Talkums und die Benzoetinktur hinzu. Nach Verdunsten des Alkohols der Tinktur wird nochmals abgesiebt

Allgemeines über die Herstellung der Puder.

Zum Färben der Puder können alle möglichen Farbstoffe herangezogen werden, so z. B. Carmin und Teerfarbstoffe (Eosin, Rhodamin usw.) für Rosa, Sienaerde, Umbra usw. für gelbliche und bräunliche Nuancen Ultramarinblau für Bläulich und Lila usw.

Häufig werden Anilinfarben neben Erdfarben (Ocker) u. a. als Puderfarben benutzt, in vielen Fällen zieht man aber z. B. rote Farblacke vor, die unlöslich sind und auf schweißfeuchter Haut nicht färben. Immerhin ist die Verwendung wasserlöslicher Anilinfarben zum Färben der Puder noch sehr beliebt und gibt auch praktisch zu keinen Unzuträglichkeiten Anlaß, weshalb sie empfohlen werden kann.

In der Regel werden die Puder sortiert in drei bis vier Farben geliefert, nämlich: Weiß (*Blanche*), Rosa (*Rose*), Creme (*Rachel*) und Fleischfarbe (Chair). Außer diesen klassischen Hauptnuancen sind noch Färbungen besonderer Art, wie Lila, Hellblau, Braun (Sonnenbrandpuder) usw., sehr beliebt; überhaupt können hier originelle Nuancen sehr gut wirken. Auch kräftigere Färbungen (*Rouge*, *Brunette* usw.)

sind beliebt, doch treten wir mit diesen bereits in das Gebiet der Schminke ein. An dieser Stelle werden wir uns nur mit den schwachgefärbten Pudern befassen, denen kein Schminkecharakter zukommt.

Weiß. Zur Erzielung einer schönweißen Farbe des Puders ist darauf zu achten, daß nur reinweißes Grundmaterial verwendet wird. Graustichiges oder gelbliches Material ist hier nicht zu gebrauchen. Die oft empfohlenen Zusätze, kleiner Mengen blauen Farbstoffes, um diese Mißfarbe zu verdecken, helfen nur wenig.

Man muß natürlich bei weißem Puder speziell darauf achten, daß das Parfum nicht zu Verfärbungen Anlaß gibt, wie dies oft genug vorkommt (Phenylacetaldehyd Anthranilsäuremethylester simultan mit Vanillin usw.). Hier kann nur Ausprobieren und Stehenlassen Aufschluß geben. (Probe in der Schachtel, vor Licht geschützt aufbewahren, am Lichte sind Verfärbungen, namentlich bei komplizierten Parfumkompositionen (Jasmin, Nelke usw.), fast die Regel.)

Daß solche Verfärbungen stärkerer Art auch besonders Rosa und andere zarte Färbungen beeinflussen, ist selbstverständlich.

Rosa. Wir empfehlen den Gebrauch des Rhodamins, der sehr gute Resultate ergibt und sehr einfach ist.

Solution Rhodamin

Rhodamin B (blaustichig)	24 g
Alkohol	500 ccm
Wasser	500 ccm

Warm lösen und nach dem Erkalten filtrieren.

Für 1 kg Puderkörper gibt man zu für:

Zartrosa 20 ccm Rhodaminlösung.
Mittleres Rosa 35 ccm, **kräftigeres Rosa** 50 ccm[1].
Creme (Rachel).

Für 1 kg Puderkörper zufügen:

Heller Ocker (gelbe Sienaerde) zirka 30 g, für kräftigeres Gelb 50 g.
Fleischfarbe (Chair).

Für 1 kg Puderkörper zufügen:

Solution Rhodamin 15 ccm und heller Ocker 18 g.

Für Fleischfarbe brünetter Nuance:

25 bis 30 g heller Ocker und 18 ccm Sol. Rhodamin.
Hellblau 20 g Ultramarinblau für 1 kg Körper.
Lila. Ultramarinblau für 1 kg Körper.
Lila. Ultramarinblau 16 g und Alizarinlack Nr. 40 (*Siegle*, Stuttgart).
Braun (Sonnenbrand). 30 g heller Ocker, 40 g dunkler Ocker und 40 g gebrannte Sienaerde (rotbraune Sienaerde).

Bei Verwendung roter Farblacke wie Carminlack, Alizarinlack, Geraniumrot usw. kann man z. B. die Rosa- und Chair-Nuancen herstellen, indem man für 1 kg Puderkörper nimmt:

Rosa zart	Rosa mittel
21 g Geraniumrot	35 g Geraniumrot

Chair (fleischfarben)

Heller Ocker	18 g
Geraniumrot	15 g

Chair dunkel

Heller Ocker	15 g
Dunkler Ocker	5 g
Geraniumrot	25 g

Abgesehen von diesen klassischen Nuancen stellt man in der modernen Kosmetik zahlreiche Spezialnuancen her, also Puder, die schon mehr Schminkecharakter haben.

Von solchen seien genannt Mauresque, Pêche, Bistre, Halée und diverse Rouge-Tönungen.

Mauresque

Gebrannte Sienna	80 g
Umbra, hell	50 g
Ultramarinblau	5 g
Alizarinlack	5 g

Halée

Ocker hell	120 g
Gebrannte Sienna	80 g
Geraniumrot	2 g

Pêche

Geraniumrot	15 g
Cadmiumgelb	5 g
Ocker, hell	18 g
Gebrannte Sienna	2 g

Bistre

Gebrannte Sienna	110 g
Ocker, hell	20 g
Ocker, dunkel	50 g
Umbra, dunkel	20 g
Geraniumrot	1 g

Teint de Brune

Ocker dunkel	10 g
Umbra, hell	5 g
Geraniumrot	5 g
Alizarinlack	3 g
Ocker, hell	10 g

Brunette

Carminlack	15 g
Ultramarinblau	5 g
Gebrannte Sienna	60 g
Umbra, hell	30 g
Alizarinlack	6 g

Rouge Brunette

Alizarinlack	10 g
Gebrannte Sienna	10 g
Umbra, hell	2 g
Ultramarinblau	5 g
Garminlack	5 g

Violett

Ultramarinblau	4 g
Alizarinlack	2 g

Von diesen Farbmischungen nimmt man etwa 40—80 g für 1 kg Puderkörper.

Fettpuder

Talkum ff.	3000 g
Reismehl	800 g
Zinkweiß	500 g
Puderparfum	60 g

Um einen Fettpuder recht anhaftend und „fett" zu machen, gibt man in die Pudergemenge zirka 1 bis 2% feinstes weißes Vaselinöl. Es muß dann die Masse mehrfach die Siebmaschine passieren, damit das Öl bestens verteilt wird. Man muß aber sehr auf die einzelnen Bestandteile des Puders achten, denn bekanntlich nehmen nicht alle Pulver gleich große Mengen von Öl in sich auf, ohne es später wieder auszuscheiden, in welchem Falle sich dann die Pudermasse ballen würde.

Fettpuderkörper

Talkum	650 g
Zinkweiß	350 g
Cold Cream	20 g

Die Cold Cream wird geschmolzen und mit einem Teile des Puderkörpers innigst verrieben. Dann wird abgesiebt und dieses fette Pulver dem Rest des Puderkörpers beigemischt.

Lanolinpuder

Talkum, Edelweiß	1000 g
Kohlensaure Magnesia	100 g

vermischt man mit

Lanolin, wasserfrei	30 g

gelöst in Aceton q. s,

Diverse parfumierte Puder

Rose American Beauty

Puderkörper	1000 g
Jasmin liq.	0,5 g
Rosenöl, bulgar.	1 g
Iraldein	0,8 g
Rose blanche, künstl.	1 g
Rose rouge, künstl.	1 g
Jasmin, künstl.	0,4 g
Ketonmoschuslösung	0,5 g
Guajakholzöl	0,6 g
Vanillin	0,3 g

Violette des Bois

Puderkörper	1000 g
Irisöl, konkret	0,4 g
Iraldein *H. & R.*	2 g
Violette artif.	2 g
Vert de Violette art.	0,5 g
Anisaldehyd	0,3 g
Ylang-Ylang	0,5 g
Moschustinktur	0,5 g
Ketonmoschuslösung	0,5 g
Bergamottöl	0,5 g

Violette Russe

Puderkörper	1000 g
Ylang-Ylangöl	0,5 g
Rote Rose, *Heiko*	0,5 g
Anisaldehyd	0,2 g
Heiko-Veilchen	1,6 g
Heiko-Viofolia	0,25 g
Styraxtinktur	2 g

Poudre Melatti

Puderkörper	10 000 g
Jasminblütenöl, absol.	30 g
Ylang-Ylangöl	5 g
Aubépine	5 g
Moschustinktur	10 g
Patchouliöl	0,3 g
Rosenöl, echt	2 g
Benzoetinktur	40 g
Vanillin	2 g

Rosenpuder

I.	Puderkörper	6000 g
	Rosenöl, echt	20 g
	Moschustinktur	30 g
	Vanillin	2 g
	Benzoetinktur	50 g
	Geraniumöl, Bourbon	30 g
II.	Puderkörper	6000 g
	Rose Malmaison, *N. & C.*	40 g
	Benzoetinktur	150 g
	Geraniumöl, Bourbon	15 g
	Vanillin	2 g

Ein sehr beliebter Toilettenpuder ist z. B. folgender:

Poudre Rose la France

Puderkörper	6000 g
Heiko-Rose, R	10 g
Moschustinktur	20 g
Neroliöl, künstl.	0,5 g
Vanillin	1 g
Benzoetinktur	40 g

Sweet Pea Toilet Powder

Puderkörper	8000 g
Hyacinthin	10 g
Heliotropin	40 g
Bergamottöl	30 g
Rosenöl, künstl.	1 g
Moschustinktur	10 g
Terpineol	60 g

Poudre aux Fleurs de Cashmire

Puderkörper	8000 g
Phenyläthylalkohol	8 g
Benzoetinktur	100 g
Cassieblütenöl	12 g
Costuswurzelöl	2 g
Vanillin	2 g
Portugalöl	10 g
Bergamottöl	15 g
Ambrettemoschus	5 g

Lilias d'Orient

Puderkörper	10 000 g
Lilas VII. *L. G.*	50 g
Vanillin	5 g
Rosenöl, künstl.	5 g
Benzoetinktur	100 g
Ambra W., *Sch. & C.*	1 g
Aubépine liq.	5 g
Terpineol	90 g

Poudre Giroflée

Puderkörper	10 000 g
Irisöl, flüss., künstl.	40 g
Canangaöl	10 g
Isoeugenol	25 g
Terpineol	20 g
Hyacinthin	5 g

Poudre aux Fleurs de Lys

Puderkörper	4000 g
Jonquilleöl, echt, absol.	10 g
Vanillin	5 g
Rose alpine	2 g
Benzoetinktur	40 g
Hyacinthin	2 g

Poudre Malmaison

Puderkörper	17 000 g
Purpurnelke, *Sch. & C.*	15 g
Neroliöl, künstl.	5 g
Bourbonal, *H. & R.*	5 g
Isoeugenol	5 g
Bergamottöl	5 g
Moschustinktur	20 g
Tolutinktur	50 g

Bouvardia

Puderkörper	1000 g
Ylang-Ylang	0,7 g
Jasmin, künstl.	1,5 g
Sweet Pea, künstl.	0,8 g
Phenyläthylalkohol	0,5 g
Amylsalicylat	0,4 g
Methylanthranilat	0,75 g
Zibet, künstl.	0,03 g
Ketonmoschus	0,15 g

Muguet des Bois

Puderkörper	1000 g
Maiglöckchenblütenöl, *H. & R.*	3 g
Linalool	0,5 g
Ylang-Ylang	0,15 g
Rosenöl, bulgar.	0,05 g
Vanillin	0,1 g
Tolutinktur	1 g
Ketonmoschus	0,1 g

Trèfle nacarat

Puderkörper	1000 g
Cumarin	1 g
Amylsalicylat	3 g
Heliotropin	0,2 g
Anisaldehyd	0,3 g
Patchouliöl	0,15 g
Eichenmoostinktur	0,5 g
Ketonmoschus	0,15 g

Cyclamen des Alpes

Puderkörper	1000 g
Rosenöl, künstl.	0,5 g
Hydroxycitronellal	2 g
Iraldein	0,4 g
Heiko-Muguet	0,5 g
Amylsalicylat	0,15 g
Jasmin, künstl.	0,4 g
Ketonmoschus:	0,05 g

Héliotrope

Puderkörper	1000 g
Heliotropin	3 g
Vanillin	0,5 g
Cumarin	0,5 g
Anisaldehyd	0,3 g
Heiko-Jasmin	0,3 g
Solution Bittermandel (50 g : 1 l)	0,1 g

Luxus-Puder

Für die feinsten Sorten lassen sich die verschiedensten Parfum-Phantasie-Essenzen, deren Komposition wir früher beschrieben haben ganz ausgezeichnet verwenden. Nachstehend geben wir zwei Spezialkompositionen für Puder, die als gute Unterlage für Phantasieschöpfungen herangezogen werden können. (Typ Chypre-Phantasie).

Puder-Parfum 1.

Cumarin	8 g	Vetiverylacetat	4 g
Resinoid Labdanum	3 g	Vetiveröl	2 g
Resinoid Tonka	2 g	Patchouliöl	2 g
Santalylacetat	5 g	Methyljonon	6 g
Ketonmoschus	5 g	Isoeugenol	5 g
Ambrettemoschus	2 g	Bergamottöl	22 g
Zimtalkohol	5 g	Ylang-Ylangöl	10 g
Ambra, künstl., konkret	3 g	Resinoid Eichenmoos	8 g
Vanillin	2 g	Linalool	3 g
Isobutylcinnamat	0,3 g	Äthylcinnamat	0,2 g

Puder-Parfum 2

Cumarin	3 g	Bergamottöl	5 g
Vanillin	6 g	Patchouliöl	0,5 g
Resinoid Eichenmoos	6 g	Resinoid Labdanum	12 g
Rosenöl, künstl.	6 g	Ambra, künstl., konkret	3 g
Methylacetophenon	1 g	Chèvrefeuille, künstl.	3 g
Hydroxycitronellal	2 g	Irisöl, konkret	2,5 g
Amylsalicylat	0,5 g	Santalol	25 g
Zimtalkohol	2 g	Jasmin, künstl.	2 g
Ketonmoschus	3 g	Benzylcinnamat	1 g

Flüssige Puder

sind Aufschlämmungen von Pudern in wässerigem Vehikel; sie müssen vor Gebrauch kräftig umgeschüttelt werden.

Vehikel

Als solches kann Wasser dienen, das geringe Mengen Gummischleim und Alkohol enthält, oder aber verdünnte Lait de Beauté, deren Fettbestandteile beim Umschütteln des Präparates durch den Puderbestandteil mit niedergerissen werden und einen leicht fettigen, guthaftenden Puder-Bodensatz liefern.

Zur Bereitung des milchigen Vehikels stellt man aus 200 g Stearatcrème, 3 g Tri-Stearat und 1000 g Wasser eine Milch her, die im Verhältnis 1:3 mit Wasser verdünnt das fertige milchige Vehikel für flüssige Puder ergibt.

Flüssige Puder

1. Vehikel	80 g	2. Milchiges Vehikel	75 g
Kaolin, kolloidal	13 g	Kaolin, kolloidal	10 g
Talkum	5 g	Stärke	5 g
Titandioxyd	2 g	Talkum	5 g
		Titandioxyd	5 g

Man mischt zunächst die trockene Puderbasis, bringt sie in ein Flakon entsprechenden Inhaltes und schichtet darauf das Vehikel. Nun schüttelt man kräftig durch und läßt absitzen.

Flüssiger Puder

Stärke	5 g	Alkohol	10 g
Kaolin kolloidal	10 g	Wasser	70 g
Titandioxyd	5 g	Traganth	0,05 g
Zinkoxyd	5 g		

Puderpapier.

Dieses mit einer feinen Puderschicht imprägnierte Papier war der Vorläufer der Kompaktpuder.

Es wird heute fast nicht mehr gebraucht und ist wohl ganz durch die Kompaktpuder verdrängt worden. Wir erwähnen diese Spezialität daher hier nur rein dokumentarisch.

Die Herstellung erfordert eine recht genaue und auch langwierige Befassung mit dem Artikel und dann sind in der Regel die aus Japan bezogenen Sorten so billig, daß sich für uns die fabrikmäßige Herstellung kaum oder auch gar nicht lohnt. Fast regelmäßig müssen die Grundpapiere auch erst aus Japan bezogen werden. Das Puderpapier muß ein ziemlich poröses Papier darstellen, das dann auf der einen Seite bestrichen wird. Meist geschieht das mit einer Art Leimfarbe, d. h. mit einer Mischung eines klebstoffhaltigen dickflüssigen Breies, der bereits den Puder enthält. Der Puder wird mit Wasser und einem beliebigen Klebstoff dick angerührt und kommt dann mittels Walzen auf das Papier; dieses passiert dann einen Trockenzylinder, wo es völlig getrocknet wird. Maschinen hiefür bauen die Radebeuler Maschinenfabrik August Koebig, Radebeul-Dresden und auch Wilh. Frenzel, Radebeul-Dresden. Es existieren zu dieser Arbeit auch spezielle Maschinen, die jedoch, da sie zugleich mit den notwendigen Trockenanlagen verbunden sein müssen, recht kostspielig in der Anschaffung sind.

Kompaktpuder.

Die modernste Form der Herstellung dieser außerordentlich stark konsumierten Pudertabletten ist jene der Komprimierung lockerer Puder geeigneter Beschaffenheit. In den letzten Jahren ist jedoch der Konsum der Kompaktpuder ganz erheblich zurückgegangen und die lockeren Puder in der Siebdose (Flap Jack) scheinen den Kompaktpuder gänzlich zu verdrängen.

Trotzdem werden noch immer beträchtliche Mengen Kompaktpuder konsumiert.

Das noch vor einigen Jahren stark geübte sogenannte „Gießverfahren", bei dem unter Zusatz von Gips Pudersteine gegossen wurden, ist heute fast gänzlich verlassen worden.

Es soll hier also ausschließlich das moderne

Preßverfahren

besprochen werden. Vorausgesetzt ist das Vorhandensein guter Pressen, Formen usw. Die Grundmasse ist ein guter Puderkörper, der am besten nicht zu geringe Mengen Stärke enthält, weil Stärke die zum Pressen nötige Plastizität des Puderkörpers erheblich fördert.

Geeigneter Grundkörper sind folgende:

1. Stärke	450 g	2. Kalin, kolloidal	350 g
. Talkum	300 g	Talkum	350 g
Zinkweiß	220 g	Zinkweiß	100 g
Kohlens. Magnesia plumos.	50 g	Titandioxyd	70 g
3. Stärke	200 g	4. Zinkweiß	50 g
Kaolin kolloidal	330 g	Titandioxyd	50 g
Talkum	350 g	Magneisiumcarbonat	30 g

Diese Puder werden entweder in den klassischen Nuancen zart gefärbt oder erhalten kräftigere Farbzusätze und besitzen dann ausgesprochenen Schminkecharakter (Rouge compact).

Als Bindemittel für die Tabletten setzen wir kleine Mengen Tragant- oder Gummi arabicum-Schleim dem Grundpulver zu, wobei zu beachten ist, daß nicht zu große Mengen Bindemittel angewendet werden, weil sonst die Tabletten zu hart werden.

Auch Balsamtinkturen (Tolubalsam, Benzoe usw.) werden als Bindemittel empfohlen, event. mit Zusatz von Traganth. z. B.

8 g Traganthpulver werden mit 30 g Benzoetinktur gut durchfeuchtet und dann langsam mit 1000 g lauwarmem Wasser zu einem dünnen Schleim verrieben, der als Bindemittel dient.

Wir beginnen also mit der Mischung des Grundpulvers, setzen die nötige Bindemittelmenge hinzu, ferner das Parfum und die Farbstoffe und bereiten mit Wasser, bzw. Farbstofflösungen einen steifen Teig, der gut durchgeknetet wird, daß jetzt schon die Färbung eine ziemlich gleichmäßige ist.

Dieser Teig wird nun zerschnitten und getrocknet. Nach dem Trocknen pulverisiert man im Mörser und siebt das trockene Pulver durch ein feines Sieb (150 bis 200). Erst jetzt wird das resultierende Pulver wirklich gleichmäßig gefärbt sein.

Es ist bei Trockenschminken mit viel Farbstoff unbedingt erforderlich, zwecks Erzielung absolut gleichmäßiger Färbung zuerst einen Teig anzukneten und weiter wie oben zu verfahren. Es ist praktisch nicht möglich, durch trockenes Mischen von Grundpulver, Farbstoffen usw. eine solche gleichmäßige Färbung des Preßgutes zu erzielen, wie sie absolut erforderlich ist.

Man preßt nun das Pulver in geeignete Näpfchen ein, die alsdann in passende Dosen eingesetzt werden.

Wichtig ist es zunächst gut funktionierende Pressen und genau zu den Stempeln passende Näpfchen zu haben, sonst gibt es Unannehmlichkeiten ohne Ende.

Natürlich setzt eine lukrative Fabrikation dieses Artikels eine ziemliche Übung voraus und die nötige Routine im Mischen und Färben, vor allem in dem richtigen Treffen der Menge des Bindemittels, weil jedes Zuviel hier zu harte Tabletten ergibt [1].

Es sind hiezu gute leichte kleine Pressen nötig, die jedoch absolute Präzisionsarbeit garantieren müssen. Selbstverständlich muß deren Druck so regulierbar sein, daß er niemals zu groß wird, denn auch hierdurch würde man zu harte Pudertabletten erhalten. Der Druck darf nur allmählich zunehmen (Spindeldruck) und keinesfalls darf durch plötzlichen Schlag gepreßt werden.

---

[1]) Bezüglich neuartiger Bindemittel siehe auch Winter, Handbuch der gesamten Parfumerie und Kosmetik. III. Aufl. Jul. Springer, Wien.

Mandel- und Haferpräparate.

Als weiteres Hilfsmittel zur Pflege der Haut stehen uns verschiedene Sorten Kleie zur Verfügung, von denen besonders die Mandelkleie sehr viel verwendet wird.

Mandelkleie.

Dieses beliebte Schönheitsmittel ist auf verschiedene Art herzustellen. Am billigsten stellt man es aus den sogenannten Mandelkuchen, d. i. der Rückstand bei der Mandelölfabrikation, her, welchen man mit Veilchenwurzelpulver und Reisstärke innig mischt und eventuell noch etwas parfumiert.

Feiner ist natürlich das Mandelpulver, welches aus den Mandeln selbst hergestellt und wie folgt zubereitet wird.

Süße Mandeln werden mit kochendem Wasser übergossen und stehen gelassen, bis sich die Schale leicht abziehen lassen. Nachdem dies geschehen, werden sie mit kaltem Wasser gewaschen, auf einem mit weißem Papier belegten Brett in der Wärme getrocknet, dann zerstoßen und durch ein Haarsieb geschlagen. Zu 1 kg dieses Mandelpulvers mischt man noch 250 g Veilchenwurzelpulver, 750 g Reisstärkemehl und 100 g Borax, und parfumiert mit Geraniumöl, welches man in etwas Alkohol löst und mit Reisstärkemehl verreibt, ehe man es dem Ganzen beimischt.

Die sogenannte Sandmandelkleie, die namentlich bei Hautunreinigkeiten als mechanisches Mittel angewandt wird und nach der eine starke Nachfrage besteht, stellt man durch Mischen von gleichen Teilen obiger Mandelkleie mit feinem gewaschenen Flußsand oder auch nach folgender Vorschrift her.

Sandmandelkleie

Mandelkleie	2300 g
Iriswurzelpulver	500 g
Quarzpulver ff., gemahlen	4400 g
Borax	140 g
Bittermandelöl	80 g

Diese Sandmandelkleie, welche in der Hauptsache zum Reinigen der Hände dienen soll, erhält auch bisweilen noch einen Zusatz von zirka 3% Seifenpulver, hergestellt aus völlig neutraler Grundseife.

Man füllt die Sandmandelkleie in hübsch dekorierte Blechdosen oder auch in kleine weiße Stoffbeutel, die man mit einer Schnur mit angehängter Plombe verschließt.

Mandelmehl

Pulv. Mandeln	450 g
Pulv. Veilchenwurzel	70 g
Citronenöl	8 g
Bittermandelöl	2 g

Bei der Verarbeitung der Mandeln auf Bittermandelöl ergeben sich als Rückstand die Mandelkuchen. Um auf Bittermandelöl verarbeitet werden zu können, müssen die Mandeln bekanntlich erst von dem ihnen anhaftenden fetten Mandelöl befreit werden, indem man sie zwischen geriffelten Walzen zu grobem Bruch mahlt, diesen dann in hydraulischen Pressen unter hohem Druck ausspreßt. Die Preßkuchen werden dann in feines Pulver verwandelt und darnach auf ätherisches Bittermandelöl verarbeitet. Dieses findet sich in den Mandeln nicht direkt als solches vor, sondern muß erst durch Gärung zur Entwicklung gebracht werden. Aus der gegorenen Masse wird dann das ätherische Öl durch Destillation gewonnen.

Von Mandelkuchen sind nun zwei Arten im Handel; solche, die nur zur Gewinnung des fetten Öles gedient haben, und solche, die auch den zweiten Prozeß der Gärung durchgemacht haben behufs Abgabe des in ihnen enthaltenen ätherischen Öles. Die erste Sorte scheint natürlich wertvoller, denn sie enthält u. a. auch noch das ätherische Mandelöl, allerdings auch noch die giftige Blausäure.

Für kosmetische Zwecke ist daher die zweite Sorte unbedingt empfehlenswerter, da man sich bei ihrer Verwendung keinen Unannehmlichkeiten aussetzt. Da nun aber der größte Teil des fabrikmäßig zur Darstellung gebrachten Bittermandelöles aus Aprikosen oder Pfirsichkernen gewonnen wird, besteht häufig der größere Teil der als Mandelkuchen angepriesenen Ware aus diesen Samenresten. Es stört das zwar wenig bei der Verwendung, doch ist es immerhin notwendig, daß man sich bestimmt darüber klar ist, welches Material man unter irgend einer Bezeichnung effektiv verarbeitet; reine Mandelkuchen sind denn in der Tat auch etwas zarter. Ein uneingestandenes Vermischen von Mandelmehl mit Aprikosenkernmehl muß jedoch als Verfälschung angesehen werden.

Zur Verarbeitung zu kosmetischen Zwecken müssen die Preßkuchen zunächst wieder feinst gepulvert werden.

Mandelmehl

Mandelkuchen, pulv.	1500 g
Iriswurzelpulver ff.	500 g
Borax, pulv.	100 g
Bittermandelöl	6 g
Geraniumöl	3 g
Neroliöl	1 g

Eine Mandelpasta wird zum Reinigen sehr empfindlicher Haut empfohlen und setzt sich wie folgt zusammen:

Mandelkuchenpasta

Mandelkuchenpulver	1000 g
Iriswurzelpulver ff.	500 g
Kreide, pulv.	100 g
Seifenpulver	400 g
Tragant	5—10 g
Rosenwasser	zirka 800 g
Bittermandelöl	9 g
Bergamottöl	10 g
Neroliöl, künstl.	3 g
Geraniumöl	8 g

Diese Masse wird in einer Knetmaschine gehörig durcheinander gearbeitet; nachdem sie völlig gleichmäßig ist, parfumiert man.

Mandelpasta

Piesse gibt in seiner „Chimie des Parfums“ folgende Vorschrift:

Mandeln (süße, geschälte)	750 g
Rosenwasser	850 g
Alkohol	450 g
Bergamottöl	80 g

Die geriebenen Mandeln werden mit ½ l Rosenwasser in ein Gefäß gebracht und einem sanften, gleichmäßigen Feuer ausgesetzt, bis sie die körnige Beschaffenheit verlieren und breiähnlich werden. Während dieser Zeit muß andauernd gerührt werden, damit die Mandeln sich nicht auf dem Boden des Gefäßes anlegen, wodurch die ganze Pasta einen brenzlichen Geruch bekommen würde.

Sind die Mandeln nahezu weich, so setzt man den Rest des Rosenwassers zu. Darnach kommt die Pasta in einen Mörser und wird mit dem Pistill bearbeitet unter Hinzufügung des Alkohols und des Bergamottöls. Ehe man die Pasta in Dosen füllt, bringt man sie durch ein mittelfeines Sieb, um ganz sicher zu sein, daß eine gleichmäßige Masse erzielt wurde, da Mandeln sich schlecht im Mörser zerreiben lassen.

Neben diesen Präparaten mit Mandelkleie werden auch noch solche mit Oatmeal (Hafermehl) gebracht. Bei ihnen ist die Mandelkleie einfach durch das genannte Produkt ersetzt, während die übrige Zusammensetzung ganz genau die gleiche ist.

Schützende und bleichende Hautkosmetika.

Von den letzteren sind es vor allen Dingen die Sommersprossenmittel, die sehr oft verlangt werden. Wenn auch zugegeben werden muß, daß die Sommersprossen nicht durch die Einwirkung der Sonne allein hervorgebracht werden, da sie ja auch an bedeckten Körperstellen in großer Anzahl auftreten, so ist es doch Tatsache, daß dieser Teintfehler sich im Frühling und Sommer durch dunklere Färbung besonders unliebsam bemerkbar machen.

Vorbeugungsmittel gegen Sonnenbrand, Sommersprossen usw.

Gletscherpuder, braun

Reismehl	2000 g
Talkum	2000 g
Lanolin anhydr.	50 g
Ocker, dunkel	400 g
Bergamottöl	10 g
Geraniumöl	10 g
Canangaöl	5 g

Gletscherpuder, rot

Reismehl	2000 g
Talkum, Marke „Edelweiß“	2000 g
Vaselinöl, weiß	80 g
Bolus, rot	500 g
Rose alpine	5 g
Geraniumöl	10 g
Vanillin	2 g

Je nachdem man die Färbung intensiver wünscht, gibt man noch braunen Ocker oder roten Bolus zu.

Besser wirkt nachstehender Puder.

Sonnenbrandpuder

Umbra, dunkel	150 g	Gebrannte Sienna	50 g
Ocker, dunkel	50 g	Puderkörper	350 g

Auch hautbräunende Salben bieten einen guten Schutz gegen Sonnenbrand. Nachstehend einige Vorschriften dieser Art.

1. Man löst 1 g Kaliumpermanganat in 4 g Wasser und inkorporiert diese Lösung in ein Gemisch von Lanolin anhydr. 5 g und Vaseline 90 g.

2. Man löst 8 g Tannin in wenig Wasser und inkorporiert diese Lösung in ein Gemisch von 5 g Lanolin anhydr. und 87 g Vaseline.

Eigentliche Strahlenschutzmittel (Antisolaires)

Als solche kommen fette Salben mit die Sonnenstrahlen absorbierenden Zusätzen (Lichtfilter) in Betracht.

Bei Zusammenstellung der Salbenkörper ist daran zu denken, daß z. B. gelbe Vaseline und Lanolin schon eine gewisse Lichtschutzwirkung ausüben, ebenso daran, daß ein Zusatz von etwa 20% Zinkoxyd kräftig strahlenauffangende Wirkung veranlaßt.

Abgesehen von den eigentlichen Lichtschutzmitteln wirken Perubalsam (2—3%) und Chinosol (2%) kräftig lichtschützend)

Die Zahl der Lichtschutzmittel ist außerordentlich groß. Ihre Wirkung beruht auf Bildung eines Lichtschutzfilters wenn diese Mittel in Form ihrer wässerigen, alkoholischen oder fetten Lösung das Präparat eingearbeitet werden; sie wirken durch Fluorescenz dieser Lösungen.

Von den neuesten Strahlenschutzmitteln sind u. a. zu nennen: Methylanthranilat (nötig 1—2%), Methyl-Methylanthranilat (1%), und Anthranil-Stearat, erhalten durch Zusammenschmelzen von 6,3 g Anthranilsäure und 13,6 g Stearin. Von diesem Derivat der Anthranilsäure benötigt man etwa 2% in Öl gelöst.

Von älteren Mitteln dieser Art seien die Chininsalze (Chininbisulfat, salzsaures Chinin, Chininoleat u. a. genannt, ferner Aesculin, Aesculetin, Menthylsalicylat usw.

Die Anthranilate kommen in öliger Lösung zur Verwendung, Chininbisulfat und Chlorhydrat in wässeriger Lösung (4%), Aesculin in alkalinisierter wässeriger Lösung (3—5%), Aesculetin in öliger Lösung (4%) usw.

Als Vehikel für diese Lichtschutzmittel kommen fette oder halbfette Pomaden in Frage z. B.

1. Weißes Wachs	15 g	2. Weißes Wachs	4 g
Lanolin anhydr.	5 g	Cetylalkohol	4 g
Cetylalkohol	3 g	Lanolin anhydr.	20 g
Vaselinöl, gelb	25 g	Vaselinöl, gelb	28 g
Arachisöl	15 g	Kakaobutter	2 g
Kakaobutter	5 g	Wasser	40 g
Borax	0,8 g	Natriumbenzoat	0,3 g
Wasser	35 g		

Auf Grund vorstehender Angaben können leicht gut wirkende Lichtschutzsalben hergestellt werden, die, wie erwähnt, sehr zweckmäßig auch als fette Pasten mit etwa 20% Zinkweiß als Grundlage bereitet werden können.

Keinesfalls dürfen glycerinhaltige Crèmegrundlagen Verwendung finden!

Sommersprossenmittel

In den bleichenden Mitteln hat man nun einen erfolgverheißenden Weg gefunden, auf dem man den hartnäckigen Sommersprossen in erster Linie zu Leibe rücken kann. Das vorzüglichste dieser Präparate ist das Perhydrol. Die bleichenne Wirkung des gewöhnlichen Wasserstoffsuperoxyds ist schon lange bekannt und von ihr in den Haarblondierungsmittel oft genug Gebrauch gemacht worden. Nun wird uns in dem Perhydrol ein chemisch reiner Stoff geboten, der jetzt fast allgemein Verwendung findet. Das Perhydrol ist denn auch von ganz hervorragend bleichender Einwirkung auf die Sommersprossen. Man stellt damit ein Sommersprossenwasser wie folgt dar.

Sommersprossenwasser

Rosenwasser	800 g
Perhydrol	100 g

Mit einem feinen Schwämmchen oder Wattebäuschchen betupft man die fleckigen Stellen oder aber man belegt diese Stellen mit Läppchen, welche mit der Flüssigkeit angefeuchtet sind. Aber auch in Form vom Cremes werden diese Mittel in kleinen Porzellan- oder Milchglasdosen in den Handel gebracht und bilden gute Verkaufsartikel.

Von allen sauerstoffabgebenden Salzen (Persalzen) eignet sich das Harnstoffsuperoxyd weitaus am besten. Seine leichte Löslichkeit in Wasser ohne besonderen Zusatz, gestattet auch eine vielseitige Verwendung in Lotionen o. dgl.

Sommersprossenwasser

Harnstoffsuperoxyd	15 g
Wasser	100 g

Sommersprossencrème

Harnstoffsuperoxyd	10 g
Wasser	30 g
Cetylsalbe	60 g

Diverse Sommersprossenmittel

1. Zinkperborat	20 g
Citronensäure	13 g
Vaseline	77 g

2. Zinksuperoxyd	20 g
Lanolin anhydr.	10 g
Kakaobutter	10 g
Vaseline	60 g

Sommersprossencreme

Lanolin anhydr.	1500 g
Bienenwachs, weiß	110 g
Borax	150 g
Perhydrol	150 g
Rosenwasser	700 g
Violette Feuilles	4 g
Bergamottöl	40 g
Irisöl, flüss.	10 g

Diese Creme ist gegen Sommersprossen sehr zu empfehlen, während die nun folgende mehr als bleichendes Kosmetikum für die Haut im allgemeinen gedacht ist. An Stelle von Perhydrol eignet sich auch Zinksuperoxyd, 50 bis 60%ig, sehr gut.

Sommersprossencreme

Vaseline, weiß	3600 g
Natriumperborat	140 g
Citronensäure	60 g
Geraniumöl	10 g
Bergamottöl	30 g

Neben den bleichenden Mitteln sind auch die ätzenden, d. h. abschuppenden Mittel zu nennen. Hier ist es vor allen Dingen das weiße Quecksilberpräcipitat, welches gute Dienste leistet. Es bewirkt, daß sich die Haut an den behandelten Stellen allmählich loslöst und sich neue Haut bildet.

Quecksilbersalbe

Weißes Quecksilberpräcipitat	5 g
Wismutsubnitrat	5 g
Lanolin anhydr.	10 g
Vaseline	30 g

In dieser Konzentration ist die Salbe durch leichte Schälwirkung gut gegen Sommersprossen wirksam.

Schwächere Konzentrationen wie z. B. 5%, die allgemein frei verkäuflich sind, lassen in ihrer Wirkung viel zu wünschen übrig.

Trotzdem ist der Praktiker genötigt, um Anstände bei den Behöden zu vermeiden, die Salbe mit nicht über 5% Quecksilberpräcipitat herzustellen, also z. B.

1.	Weißes Präcipitat	2,5 g
	Wismutsubnitrat	2,5 g
	Cetylsalbe	43 g
2.	Weißes Präcipitat	5 g
	Salicylsäure	0,5 g
	Titandioxyd	15 g
	Borsäure	0,5 g
	Vaseline	79 g

Mittel zur Beseitigung der Gesichtsrunzeln.

Zur Beseitigung der Gesichtsrunzeln empfiehlt Dr. Kornhold (in „La Nouvelle Mode") folgende Kompositionen:

I. Man schmilzt auf gelindem Feuer 30 g weißes Wachs, dem man allmählich unter fortwährendem kräftigen Rühren 60 g des durch Auspressen gewonnenen Saftes der Zwiebeln weißer Lilien und 15 g Honig sowie als Parfum schließlich 12 g Rosenwasser hinzufügt. Um ein gutes Präparat zu erzielen, ist bisweilen der Zusatz von ein wenig Mandelöl erforderlich. Mit dieser Salbe reibt man die betreffenden Hautstellen allabendlich sanft ein und entfernt sie vor der Morgentoilette durch Abwischen mit einem leinenen Handtuch.

II.	Schwefelsaure Tonerde	2 g
	Mandelmilch	50 g
	Rosenwasser	200 g

Die Lösung wird filtriert und morgens und abends aufgetragen, indem man die runzeligen Stellen, ohne die Haut zu verschieben, damit sanft einreibt.

III. Feines Granatrindenpulver	5 g
Schwefelsaures Zink	2 g
Citronensäure	2 g
Borax	1 g
Lanolin	35 g
Vaseline	35 g
Vaseline	15 g
Citronenöl	0,5 g

Von Nutzen ist auch die einfache Vibrations- und elektrische Massage; sie kann aber Schaden bringen und das Übel verschlimmern, wenn sie nicht sach- und fachgemäß ausgeübt wird.

Die sehr feinen Runzeln der Augenpartien lassen sich auch durch Schröpfschnitte erfolgreich behandeln.

Schönheitswässer.

Da bei Anwendung der Sommersprossenmittel der Erfolg nicht nur sehr lange auf sich warten läßt, sondern bisweilen auch noch ein sehr zweifelhafter ist, bedient man sich gern kleiner äußerer Verdeckungsmittel, womit wir zu den Schminken kommen. Vor deren Anwendung wird jedoch zunächst noch ein Versuch mit den sogenannten Schönheitswässern gemacht, und wir wollen auch hiervon einige erwähnen.

Teintwasser (Kummerfeldsches Waschwasser)

Schwefelmilch	75 g
Glycerin	125 g
Campherspiritus	50 g
Lavendelöl	1 g
Rosenwasser	250 g
Wasser	1000 g

Die Schwefelmilch wird mit dem Glycerin in einer Reibschale gut verrieben, dann setzt man den Campherspiritus und das Lavendelöl zu und rührt zuletzt das Rosenwasser und destillierte Wasser zu. Beim Einfüllen in die Flasche muß man die Flüssigkeit immer rühren, da sich der Schwefel schnell zu Boden setzt und dann ungleich verteilt wird.

Lilionèse

Pottasche	5 g
Borax	10 g
Rosenwasser	80 g
Orangenblütenwasser	70 g
Bittermandelwasser	10 g
Eau de Cologne	80 g

Honey Water

Gereinigter Honig	40 g
Rosenwasser	500 g
Orangenblütenwasser	150 g
Eau de Cologne	500 g
Melissencitratöl	3 g

Pulchérine

Pottasche	150 g
Wasser	2000 g
Orangenblütenwasser	1000 g
Alkohol	100 g
Neroliöl	2 g
Rosenöl, bulgar.	1 g

Rosée de Mai

Borax	5 g
Unterschwefligsaures Natron	50 g
Glycerin	50 g
Wasser	850 g
Eau de Cologne	50 g

Rosée de Mai ist durch Schwefelbildung und dessen Wirkung in statu nascendi interessant.

Antiseptisches Wasser

Salicylsäure	1 g
Benzoesäure	1 g
Rosenwasser	850 g
Glycerin	50 g
Alkohol	50 g
Benzoetioktur	50 g

Eau des Princesses

Eau de Cologne	300 g
Rosenwasser	700 g
Camphergeist	15 g
Pottasche	4 g
Glycerin	60 g

Moderne Gesichtswässer (Lotions pour le visage)

Die moderne Kosmetik bereitet solche Gesichtswässer in erheblich verschiedener Form, indem sie zunächst Alkalien (auch Borax) möglichst ausschließt, ebenso Glycerin, das oft zu Hautreizungen Veranlassung gibt, während Alkalien den Säuremantel der Haut schädigen.

Von diesem Standpunkt ausgehend gebrauchen wir besonders saure Gesichtswässer, meist alkoholisch, die auch als Reinigungsmittel für das Gesicht (Aufreihen mit dem Wattebausch) eine wichtige Rolle spielen.

Nachstehend einige Vorschriften.

1. Borsäure	4 g
Alkohol	50 ccm
Wasser	50 ccm

2. Borsäure	3,5 g
Citronensäure	0,5 g
Alkohol	30 g
Wasser	66 g

3. Borsäure	3 g
Citronensäure	0,5 g
Campher	0,3 g
Menthol	0,1 g
Alkohol	30 g
Wasser	67 g

4. Borsäure	3 g
Milchsäure	0,5 g
Citronensäure	0,5 g
Salicylsäure	0,1 g
Alkohol	40 ccm
Wasser	57 ccm

5. (milchig)

Siam-Benzoe	2 g
gelöst in:	
Alkohol	12 ccm
allmählich zusetzen:	
Citronensaft	46 g
Wasser	40 g

Nach 12 Std. dekantieren usw.

6. (milchig)

Perubalsam	3 g
Alkohol	30 ccm
lösen und zusetzen:	
Citronensaft	25 g
Borwasser 3%	43 g

Nach 12 Std. dekantieren usw.

Schminken.

Abgesehen von dem berufsmäßigen Schminken der Bühnenkünstler, Kinoschauspieler usw., dessen Schädlichkeit für die Haut infolge reichlicher Anwendung dicker Schminkeschichten notorisch ist, Schädlichkeit, die durch den leider tolerierten Gebrauch bleihaltiger Schminken ganz besonders zum Ausdruck kommt, sind wir nicht berechtigt von einer Schädigung der Haut durch Schminkegebrauch im Privatleben zu sprechen, soweit es sich um den dezenten Gebrauch guter Schminken, frei von bleihaltigem oder sonst schädlichen Materialien handelt.

Diese selbstverständliche Dezenz des Schminkens durch Herstellung guter Schminken zu fördern ist sicher eine wichtige Aufgabe der modernen Kosmetik, zumal das Schminken heutzutage in allen Schichten der Gesellschaft einen ungeahnten Aufschwung genommen hat und besonders in Form der Anwendung von Lippenschminken, Wangenrot, Augenbrauen- und Wimpernschminken, sowie Augenschatten weiteste Verbreitung erfahren hat.

Sachgemäßes, individuelles Schminken ist eine gar subtile Kunst, die nur dann gute Resultate zeitigt, wenn der nötige Takt in der Anwendung jene Mißgriffe zu vermeiden gestattet, die durch unnatürliche Effekte die selbstverständliche Dezenz und Aesthetik des Schminkens zu lächerlichem Mißbrauch herabwürdigen.

Nach unseren modernen Begriffen, schließt der komplexe Begriff des „Gepflegtseins" bei der Frau auch jene Korrekturen der Erscheinung ein, die nur durch dezenten Gebrauch von Schminken zu erreichen sind.

Zuerst sollen die flüssigen Schminken Erwähnung finden.

Schüttelschminken

werden wie die flüssigen Puder hergestellt. Sie enthalten ein Schminkpulvergemisch in wässeriger Flüssigkeit suspendiert.

Blanc d'Espagne

Zinkcarbonat	50 g
Talkum	100 g
Titandioxyd	50 g
Kaolin, kolloidal	50 g
Rosenwasser	480 g

Blanc de Perles

Talkum	150 g
Titandioxyd	50 g
Zinkoxyd	50 g
Rosenwasser	1200 g

Blanc de Fard

Talkum	150 g
Titandioxyd	80 g
Zinkweiß	50 g
Rosenwasser	1200 g

Blanc de Troyes

Titandioxyd	75 g
Zinkcarbonat	125 g
Zinkoxyd	50 g
Talkum	30 g
Rosenwasser	1200 g

Die modernen Weiß-Basen für Schminken enthalten kein Wismutoxychlorid oder Wismutsubnitrat mehr, da diese die Haut schädigen und sich an der Luft bräunen.

Für eigentliche weiße Schminken ist im Privatleben nur wenig Verwendung; sie dienen nur zum Schminken der Arme und Schultern. Diese Weiß-Basen können durch Zusatz von wasserunlöslichen Farbstoffen beliebig abgetönt werden und in Modefarben, analog den Pudern hergestellt werden (Rosa, Chair, Bistre usw.) auch hellere Rouges können auf Weiß-Basis bereitet werden (s. Reispuder).

Die Herstellungsart ist eine ziemlich einfache. Die Pulver werden innig vermengt und darauf durch ein ganz feinmaschiges Sieb getrieben. Dann füllt man das Gemenge in eine weithalsige Flasche und gibt das Rosenwasser dazu; darauf wird tüchtig geschüttelt. Am besten ist es, wenn man die die Mischung enthaltende Flasche für ein paar Stunden in einen Schüttelapparat einspannen kann, so daß eine recht innige Vermischung von Pulver und Wasser erfolgt. Beim Abfüllen in kleine Flaschen muß das Gemenge ebenfalls stets tüchtig durchgeschüttelt werden, da sich bei längerem Stehen Wasser und Pulver wieder trennen. Auch sind diese Schminken vor dem Gebrauche stets kräftig zu schütteln; sie werden auch in Rosa geliefert und man setzt für diesen Fall etwas Carminlösung zu.

Die flüssigen roten Schminken werden auf andere Art hergestellt und dienen sowohl zum Färben der Wangen wie auch der Lippen. Als farbgebende Körper verwendet man Carmin und Carthamin (den Farbstoff des Saflors), doch sind diese Farbstoffe heute zum Teil durch Rhodamin und Eosin ersetzt. Während letztere rein wasserlöslich sind, benötigt man zu vollständiger Lösung des Carmins etwas Salmiakgeist, doch nehme man nur so viel, als eben unbedingt notwendig ist, um eine vollständige Lösung zu erzielen, da der Carmin sonst eine bläuliche Färbung annimmt.

Fleurs de Roses

Rosenwasser	2000 g	Carmin	30 g
Solution Rosenöl (1 : 100)	500 g	Salmiakgeist, 10%ig	20 g

Man gibt den Carmin in eine Reibschale und verreibt ihn gut mit Rosenwasser, dann setzt man den Salmiakgeist nach und nach zu, indem man stets tüchtig reibt, damit der Carmin feinstens zerteilt und gelöst wird. Die Lösung gibt man in eine Flasche und setzt den Rest Rosenwasser und Solution Rosenöl zu.

Rouge d'Orient

Rhodamin	5 g
Eosin	10 g
Rosenwasser	2000 g
Solution Rosenöl	400 g
Glycerin	50 g

Vinaigre rouge

Karmin	20 g
Salmiakgeist	20 g
Dest. Wasser	3000 g
Toilettenessig	400 g

Rouge Eos

clair

Eosin	1,2 g
Alkohol	400 g
Wasser	800 g

moyen

Rhodamin	0,5 g
Eosin	3,3 g
Alkohol	400 g
Wasser	800 g

foncé

Eosin	4 g
Rhodamin B.	1,5 g
Alkohol	400 g
Wasser	800 g

spécial

Eosin	1 g
Rhodamin B.	2 g
Alkohol	200 g
Wasser	800 g

Weiter zählt man zu den Schminken ein Präparat, das vor mehreren Jahren in Deutschland unter dem Namen „Immacula Wangenröte" an den Markt gebracht wurde, früher als „Schnouda" oder auch „Rose sympathique" bekannt war. Die färbende Substanz desselben ist das Alloxan, ein weißes, kristallinisches Pulver. Man vermischt es am besten mit Fett und stellt eine weiße Creme her. Diese wird leicht auf die Haut aufgetragen und durch die Einwirkung der atmosphärischen Luft erzeugt das in der Creme enthaltene Alloxan eine zarte Röte auf der Haut.

Rose sympathique

Süßes Mandelöl	1800 g	Alloxan	50 g
Walrat	300 g	Rosenöl, künstl.	10 g
Wachs, weiß	300 g	Bergamottöl, künstl.	50 g
Dest. Wasser	500 g	Citronenöl	20 g

Praktischen Wert hat dieses Präparat heute nicht mehr. Es sei hier also nur rein dokumentarisch erwähnt.

Die trockenen Schminken bestehen in der Haupsache aus Talkum oder einer geeigneten, kombinierten Weiß-Basis. Das Bindemittel bilden Tragantschleim und Öl, letzteres in sehr geringem Quantum. Als Farbstoff verwendet man entweder Carmin, Rhodamin, Eosin, Carminlack o. a.

Rote Schminke

Talkum ff., Marke „Edelweiß"	5000 g	Traganth	20 g
Carmin	100 g	Olivenöl	50 g
Wasser	500 g	Rosenwasser	250 g
		Alkohol	80 g

Man gibt das Talkum in ein feinstes Sieb und treibt es möglichst zweimal hindurch, damit alle etwa vorhandenen groben Teilchen und Verunreinigungen entfernt werden. Dann kommt das Talkum und der gelöste Carmin in eine Schüssel. Der Carmin ist mit etwas Wasser und ganz wenig Salmiakgeist vorher in einer Reibschale feinstens verrieben und gelöst worden und es wurde ihm allmählich die Hälfte des Rosenwassers zugefügt, bis alle Carminteilchen bestens gelöst sind. Ist die Farbe fein genug, so kommt sie, wie erwähnt, in die erste Schale zum Talkum und man rührt beide Bestandteile gut durch, wobei man nach und nach den Rest des Rosenwassers hinzugibt, bis eine teigige Masse entstanden ist; hierauf kommt in diesen Teig der Tragantschleim. Dann arbeitet man wieder gut durch und gibt die 50 g Olivenöl hinzu, alsdann den Spiritus. Die ganze Masse wird nun nochmals gut durchgerührt, worauf die Schminke zum Verarbeiten fertiggestellt ist.

Vorteilhaft ist es, sofort nach dieser Arbeit einige Platten mit Schminke zu belegen und trocknen zu lassen; sollte nun die Schminke hernach auf der Platte nicht festsitzen wollen, so hat man noch ein wenig Tragantschleim zum ganzen Teig hinzuzugeben und noch etwas durchzurühren. Die Güte der Schminke ist durchaus nicht abhängig von der Menge der zugesetzten Farbe, diese kann vielmehr je nach dem gewünschten Farbenton der Schminke vergrößert oder verringert werden.

Eine besondere Aufmerksamkeit ist ferner dem Arbeitstisch zu widmen. Seine Platte muß möglichst genau waagerecht und glatt sein; auf ihr wird nun der Teig ausgebreitet, und zwar ungefähr in der Stärke der gewünschten Schminkstücke. Alsdann drückt man mit einer kleinen Handform auf den Teig; die Handpresse, eine Art Pastillenstecher braucht nur die Größe eines runden Firmenstempels zu haben, der jedoch an seinem unteren Ende eine Vertiefung, in Form der Schminkestücke hat; damit nun die eingedrückten Stücke wieder leicht herausgenommen werden können, ist in der Form eine Metallplatte anzubringen, welche gleichzeitig die Inschrift tragen kann und mit einer Spindel verbunden ist. Diese Platte muß nun mit einem Druck soweit aus der Form zu schieben sein, daß man den Schminkekuchen mit der Hand leicht abnehmen kann. Um ein Ankleben der Schminke an die Formwände zu vermeiden, können diese mit ein wenig Glycerin oder Öl ausgestrichen werden. Preßt man nun mit der rechten Hand, so nimmt man mit der linken die bereit liegenden Porzellanplatten und drückt sie gegen die Unterseite der Schminkestücke, während man diese mit dem Drücker herausbefördert.

Weiße Schminke

Talkum	4000 g
Zinkweiß	1000 g
Traganth	20 g
Olivenöl	50 g
Rosenwasser	700 g

Rote Schminke

Talkum ff.	50 000 g
Vaselinöl	1 500 g
Glycerin	1 000 g
Rhodamin	200 g
Eosin	600 g
Tragantschleim 5 %	2 000 g

Rouge de Théâtre

Geraniumrot B.	8 g
Alizarinlack	2 g
Talkum	60 g
Zinkoxyd	10 g
Titandioxyd	5 g
Stärke	10 g
Gummi arabicum	5 g
Dextrin	5 g

Wasser q. s. um eine Pasta herzustellen.

Rouge en pâte

Eosin	2 g
Rhodamin	0,5 g
Carminlack	6 g
Talkum	80 g
Zinkoxyd	20 g
Gummi arabicum	5 g

Wasser q. s.

Diese Schminkpasten werden in geeignete Näpfchen eingefüllt.

Fettschminke.

Diese Sorten Schminke werden meistens nur als Theaterschminken gebraucht und sind dazu in allen Nuancen herzustellen. Sie werden teils in Stangenform, teils in Pozellanbüchsen auf den Markt gebracht. Ihre Herstellung ist in der Hauptsache den Spezialfabriken überlassen.

Als Farbstoffe in den Fettschminken verwendet man ff. pulverisiertes Zinkweiß, Terra di Siena, Carmin, Rhodamin, Eosin, Beinschwarz und fast die ganze Skala der ungiftigen Anilinfarben zur Erzielung der verschiedenen Tönungen. Die Grundmasse einer guten Fettschminke ist folgende:

Vaseline	200 g
Lanolin	200 g
Ceresin	150 g
Wachs, weiß	300 g
Olivenöl	600 g

Die Grundmasse wird dann so stark, z. B. im Verhältnis von 2 Teilen Farbmasse auf 1 Teil Grundmasse, mit Farbmasse versetzt, daß jeder noch so leichte Strich sofort auf der Haut Farbe gibt, damit nicht zu viel aufgetragen zu werden braucht.

Die Farbmasse zu den Fettschminken stellt man her, indem man ff. Talkum mit den jeweils gewünschten Farben vermischt bzw. tüchtig verarbeitet.

Die Stangenschminke wird, wie Cosmétique, in Blechformen gegossen und erkalten gelassen, worauf man sie herausdrückt und entsprechend verpackt

Die Stifte für Augenbrauen werden in brauner und schwarzer Farbe hergestellt, meist aber nur in dunkelbraunen Nuancen berührt, da reines Schwarz zu hart wirkt.

Grundmasse für Augenbraunstifte

1. Ceresin, weiß	16 g	2. Ceresin	40 g
Weißes Wachs	8 g	Paraffin	40 g
Kakaobutter	7 g	Vaseline	5 g
Vaseline	3 g	Weißes Wachs	5 g
Vaselinöl	16 g		

Schwarz		Dunkelbraun	
Stiftkörper	70 g	Stiftkörper	70 g
Ultramarinblau	0,5—1	Umbra, dunkel	30 g
Lampenschwarz	6—8	Gebrannte Sienna	4 g

Nachstehend noch zwei Vorschriften für

Fett-Rouges

1. Fettkörper	50 g	2. Geraniumrot	15 g
Zinkweiß	10 g	Carminlack	5 g
Titandioxyd	5 g	Ultramarinblau	1 g
Geraniumrot	15 g	Zinkweiß	10 g
Cadmiumgelb	3 g	Fettkörper	50 g

Blattschminke.

Diese kommt nur in roter Farbe auf den Markt. Man bestreicht eine Seite eines starken, möglichst mit Alaun, präparierten Papiers mehrmals mit einer Lösung von Carmin, Rhodamin oder Eosin und läßt es ordentlich trocknen. Besonders im ersteren Falle nimmt das trockene Papier eine bronzegrüne Farbe an; sobald man dann mit einem leicht angefeuchteten Läppchen über das Papier streicht, erhält man wieder einen roten Abzug, mit dem das Färben der Wangen und der Lippen vorgenommen wird. Das Schminkepapier schneidet man in kleine handliche Blätter und stellt davon Büchelchen her mit eventuell perforierten Seiten.

Schminkwatte.

Diese wird in der Hauptsache nur noch am Theater verwendet. Feine weiße Watte wird in eine Lösung von Carthamin, Carmin, Rhodamin oder Eosin gelegt und dann an der Luft getrocknet. Die ganz trockene Watte wird in kleine viereckige Stückchen geschnitten und in Metallkästchen verpackt. Durch leichtes Anfeuchten der Watte und gelindes Reiben benutzt man dieses Präparat als Schminkmittel.

Kompakte Trockenschminken.

Dies sind Kompaktpuder, die größere Mengen besonders roter Farbstoffe enthalten und Schminkecharakter haben.

Ihre Herstellung ist jene der Kompaktpuder völlig analog, sie werden also durch das Preßverfahren hergestellt, das auch hier dem Gießverfahren mit Gipszusatz entschieden vorzuziehen ist. Allerdings findet das Gießverfahren auch heutzutage, besonders für ausgesprochene Schminkpuder dieser Art in Spezialfabriken noch Anwendung.

Bezüglich Information über das Gießverfahren verweisen wir auf Winter, Handbuch der gesamten Parfumerie und Kosmetik, Verlag J. Springer, Wien.

Nachstehend geben wir eine Sammlung von Vorschriften für kompakte Schminken dieser Art.

Pastellrot

Pastellrot Nr. 35	110 g
Zinkweiß	100 g
Puderkörper	800 g

Rouge Brunette

Rouge Brunette Nr. 36	13 g
Puderkörper	117 g

Rouge de Chine, hell

Chinarot Nr. 37	60 g
Puderkörper	540 g

Rouge de Chine, dunkel

Chinarot Nr. 37	240 g
Puderkörper	500 g

Rouge Antique

Rouge Antique Nr. 38	18,5 g
Puderkörper	40 g

Pastellrot, dunkel

Pastellrot, dunkel	100 g
Puderkörper	500 g

Türkischrot

Türkischrot Nr. 40	19,5 g
Puderkörper	50 g

Rouge de Théâtre

Theaterrot Nr. 41	35 g
Puderkörper	400 g

Rouge Pourpre

Purpurrot Nr. 42	79 g
Puderkörper	400 g

Rouge Mandarine

Mandarinrot Nr. 45	87 g
Puderkörper	1000 g

Diese Serie enthält durchweg Rotnuancen modernster Art, die dem heutigen Geschmack der Kundschaft angepaßt sind. (Die angegebenen Farbstoffe werden von der Fa. Schimmel in Miltitz hergestellt.)

Lippensckminken.

Von allen Schminkesorten ist die Lippenschminke heute die weitaus wichtigste.

Der Verbrauch der roten Lippenstifte ist ein ganz enormer geworden und sei daher diesem überaus kosmetischen Präparat ein besonderer Abschnitt gewidmet.

Grundlegend wichtig zur Herstellung guter roter Lippenstifte sind folgende Tatsachen:

Der Stift muß genügend hart sein, um das Zeichen feiner Striche, Betonung der Herzform des Erosbogens usw. zu ermöglichen, keinesfalls darf er schmieren und zu stark fetten. Er darf aber auch nicht zu hart und spröde sein, sonst bricht er leicht ab; er muß also eine ziemliche Elastizität besitzen.

Ferner muß er reichliche Farbstoffmengen enthalten, und zwar solche Farbstoffe, die gut decken, also bei leichtem Anreiben des Stiftes auf der Lippe genügend Farbstoff abgeben.

Äußerlich muß der Stift matt aussehen und darf nicht fettglänzend sein. Dieses matte Aussehen wird meist schon durch die Verwendung größerer Mengen Farblacke erreicht, in manchen Fällen wird auch der Zusatz von mineralischen Stoffen wie Zinkweiß, Kaolin, Titandyoxyd usw. nötig, wobei aber zu beachten ist, daß spezifisch schwere Körper eine gleichmäßige Anfärbung bzw. Beschaffenheit des gegossenen Stiftes erheblich erschweren können.

Zunächst müssen wir der Zusammensetzung des Fettgrundkörpers größte Aufmerksamkeit zuwenden.

In der Tat ist die Kombination geeigneter Fettgrundstoffe von allergrößter Bedeutung für die Güte des fetten Lippenstiftes, weil von ihr der unmittelbare Effekt beim Anschminken der Lippe abhängt, d. h. weil ungeeignete Zusammensetzung der Grundmasse auch die Wirkung des besten Farbstoffes stark beeinträchtigt.

Ganz ungeeignet für fette Schminkstifte dieser Art ist Kakaobutter, trotzdem man in der Literatur immer wieder Vorschriften mit diesem Fett findet.

Wichtig ist der reichliche Gebrauch von Bienenwachs und gewisser Mengen Lanolin anhydr., beides Grundstoffe, die ganz erheblich zur Elastizität des Stiftes und zur geeigneten Konsistenz überhaupt beitragen. Zusätze kleiner Mengen von Ceresin, Paraffin u.dgl., geben dem Stift die nötige Härte und Strichfeinheit.

Auswahl geeigneter Farbstoffe.

Im Mittel enthalten gute Lippenschminken moderner Art zirka 25—30% Farbstoff.

In manchen Fällen werden 20% genügend sein. In früheren Zeiten diente zur Schminkebereitung in den laufenden Rottönen fast ausschließlich der Carmin Nacarat. Heute gebraucht man in erster Linie Lacke, die besonders gut decken, also Carminlack, Alizarinlack, Carthaminlack usw.

Auch Anilinstearate oder fettlösliche rote Farbstoffe werden mit herangezogen, diese decken aber nicht genügend und sind nur Zusatzfarbstoffe, die als Fixierrote das Haften des roten Grund-Farbstoffes auf der Lippe erheblich fördern (s. weiter unten.)

Wichtig bei Auswahl der Farbstoffe für Lippenschminken ist es, daß die Lacke usw. genügend leicht sind, um möglichst lange und gleichmäßig in dem geschmolzenen Fettkörper in Suspension zu bleiben. Zu schwere Lacke würden sich rasch zu Boden setzen, was zur Folge hätte, daß die Stifte ungleichmäßig gefärbt sind.

Bei dieser Gelegenheit erwähnen wir als besondere Art des Lippenstiftes den Orangelippenstift von orangegelber Farbe, der unter Benutzung von Eosinstearat hergestellt wird. Dieser gelbe Stift färbt die Lippe rot an.

Er trägt auch manchmal geheimnisvoll den Namen „Alloxanlippenstift“.

Daher kommt es, daß man immer und immer wieder Anfragen in den Fachblättern liest, die die Verwendung von Alloxan zu Lippenstiften zum Gegenstand haben.

Alloxan selbst ist zu Lippenrot absolut nicht geeignet, dazu ist seine Färbekraft viel zu schwach, außerdem stört sein urinöser Geruch und Geschmack erheblich. Dies sei hier nur in Parenthese bemerkt.

Die Herstellung der Lippenschminken erfordert natürlich, wie die Schminkefabrikation überhaupt, gewisse Spezialkenntnisse und große Routine beim Arbeiten und in der Auswahl und Zusammenstellung geeigneter Farbstoffe. Auch sollen die Stifte einen angenehmen Geschmack haben, was nicht immer leicht zu erreichen ist. Auch in dieser Hinsicht sind spezielle parfumerietechnische Erfahrungen nötig. Erwähnt sei nur kurz die Parfumierung mit Fruchtessenzen u. dgl. (Erdbeer, Datteln usw.), die sich sehr bewährt hat.

Lippenstiftgrundmasse

Weißes Wachs	150 g	300 g	300 g	240 g	400 g
Vaseline	250 g	300 g	300 g	360 g	—
Lanolin anhydr.	50 g	80 g	60 g	40 g	100 g
Cetylalkohol	40 g	40 g	35 g	30 g	20 g
Ceresin, weiß	300 g	70 g	—	—	460 g
Vaselinöl	100 g	50 g	50 g	—	400 g
Ricinusöl	—	—	—	30 g	—
Paraffin	—	—	50 g	50 g	—

Die nach einem vorerwähnter Ansätze hergestellte Stiftgrundmasse wird vor dem Zusatz der roten Farblacke, die die eigentliche Deckfarbe darstellen, durch Zusatz eines fettlöslichen Anilin-Farbstoffes vorfixiert. Besonders gute Resultate ergibt hier fettlöslich gemachtes Rosin, wozu vorteilhaft Eosin-Myristat, erhalten durch Zusammenschmelzen gleicher Mengen Eosin und Myristinsäure verwendet wird. Auch Eosin-Stéarat u. a. können herangezogen werden.

Man schmilzt also alle Bestandteile zusammen und läst in der heißen Schmelze das Eosin-Myristat.

Nach Auflösen des Eosin-Fixateurs gibt man die Farblacke und die Füllung (Charge) hinzu und verteilt unter gutem Rühren. Wenn eine Farbmühle zur Verfügung steht, sollte die fertig gefüllte und gefärbte Stiftmasse nach dem Erkalten zuerst durch dieselbe geschickt, und dann zum Gießen wieder aufgeschmolzen werden.

Für etwa 1400—1500 g Stiftmasse nimmt man etwa 40 g Eosinmyristat 1:1, etwa 7% einer Füllung, die aus gleichen Teilen Titandioxyd und Kaolin kolloidal besteht und etwa 25—30% rote Farblacke hinzu.

Man läßt die Masse nun etwas abkühlen und gießt in die Formen. Sehr praktisch sind die modernen Formen mit Wasserkühlmantel. Man gießt bei leerem Kühlmantel und dreht dann gleich das Wasser an.

Das rasche Erstarren der Stifte in diesem Fall verhindert Zubodensetzen auch spezifisch schwererer Farbstoffe, besser ist es aber, immer nur ganz leichte Farblacke zu verwenden. Die Bildung eines konzentrischen Hohlraumes im Innern des Stiftes ist nie ganz zu vermeiden. Die Höhlung ist nur wenig tief, wenn nicht zu heiß gegossen wurde, sie ist aber sehr tief, wenn zu heiß gegossen wurde.

Nachstehend einige Vorschriften für rote Lippenschminken. (Farbstoffe von Schimmel, Miltitz.)

Rouge Vif

Leuchtrot Nr. 27	90 g
Fettkörper (fixiert)	290 g

Rouge d'Orient (Rouge Capucine)

Orientrot Nr. 30	120 g
Fettkörper (fixiert)	284 g

Rouge Moyen

Mittelrot Nr. 28	155 g
Fettkörper (fixiert)	680 g

Rouge Foncé

Dunkelrot Nr. 31	70 g
Fettkörper (fixiert)	280 g

Rouge Cerise

Kirschrot Nr. 29	110 g
Fettkörper (fixiert)	284 g

Carmin Foncé

Carminrot, dunkel; Nr. 32	75 g
Fettkörper (fixiert)	340 g

Carmin Clair

Carminrot, hell, Nr. 33	83 g
Fettkörper (fixiert)	350 g

Sehr wichtig sind auch die

Wimpernschminken,

die auch unter dem Namen Rimmel oder Mascara bekannt sind.

Grundkörper für Mascara

1. Stearo-Glycol	32 g
Glycerin	8 g
Pigment, etwa	40 g

2. Stearo-Glycol	50 g
Ceresein, weiß	20 g
Carnaubawachs	12 g
Lanolin anhydr.	8 g

1. Tri-Stearat	20 g
Stearo-Glycol	20 g
Carnaubawachs	10 g
Lanolin anhydr.	4 g

4. Tri-Stearat	40 g
Carnaubawachs	5 g
Ceresin, weiß	5 g
Lanolin anhydr.	2 g

Anmerkung: Tri-Seifen können benutzt werden, dagegen sind die, wie früher üblich, mit gewöhnlicher Seife hergestellten Mascaras nicht unbedenklich, da Seifen-Mascara das Auge reizt und Entzündungen hervorrufen, kann, wenn kleine Schminketeilchen ins Auge geraten, wie dies oft vorkommt.

Die Bestandteile werden geschmolzen, das Pigment zugesetzt und dann die gefärbte Masse in der Knetmaschine durchgeknetet, geformt, schließlich in geeignete Stücke geschnitten und wie Seifenstücke gepreßt.

Die schwarzen Rimmel werden stets mit stark blauem oder braunem Grundton hergestellt, niemals in reinem Schwarz, das zu hart wirkt.

Schwarz bläulich

Lampenruß	10 g
Ultramarinblau	20 g

Schwarz bräunlich

Lampenschwarz	12 g
Umbra, dunkel	10 g
Casslerbraun	5 g

Dunkelbraun

Umbra, dunkel	70 g
Lampenschwarz	12 g
Gebrannte Sienna	5 g
Casslerbraun	10 g

Dunkelblau

Ultramarinblau	125 g
Lampenschwarz	4—5 g

Mascara flüssig

1. Man bereitet zunächst eine Schellacklösung wie folgt:

Orange-Schellack 15 g werden mit einer Lösung von 5 g Borax in 85 g Wasser unter Rühren erwärmt, bis Lösung eingetreten ist. Mit dieser Lösung wird der flüssige Mascara wie folgt bereitet:

Schellacklösung	70 g
Alkohol	5 g
Wasser	25 g
Anilinschwarz	2,5 g
Blaulack	1 g

oder folgendes Pigment:

Lampenschwarz	12 g
Ultramarinblau	8 g

Auch durch Anrühren eines geeigneten Pigmentes mit Gummiarabicum-Lösung läßt sich ein guter flüssiger Mascara herstellen. z. B. Pigment 20 g, Gummi arabicum 20 g, Wasser 60 g.

Augenschatten-Schminken (Lidschminken)

sind ebenfalls wichtig als moderne Schminkbehelfe.

Augenschattenkörper

Pastenform

Vaseline	70 g
Cetylalkohol	5 g
Walrat	10 g
Weißes Wachs	5 g
Lanolin anhydr.	10 g
Pigment	30—35 %

Stiftform

Weißes Wachs	50 g
Vaseline	140 g
Lanolin anhydr.	10 g
Paraffin	600 g
Ceresin, weiß	100 g
Pigment	30—35 %

Pigmente

Gris d'Ombre

(blaugraue Schatten)

Talkum	130 g
Zinkweiß	20 g
Titandioxyd	10 g
Ultramarinblau	125 g
Lampenschwarz	3,5 g

Bleu d'Ombre

(blaue Schatten)

Talkum	130 g
Titandioxyd	10 g
Ultramarinblau	130 g
Lampenschwarz	2 g

Bistre

(bräunliche Schatten)

Talkum	120 g
Titandioxyd	5 g
Zinkweiß	15 g
Gebrannte Sienna	75 g
Umbra, hell	50 g
Umbra, dunkel	100 g
Ultramarinblau	50 g
Lampenschwarz	0,5 g

Rose d'Ombre

(rötliche Schatten)

Talkum	150 g
Titandioxyd	10 g
Geraniumrot	2 g
Gebrannte Sienna	8 g
Ultramarinblau	5 g
Lampenschwarz	0,2 g

Frostmittel und Mittel gegen rissige Haut.

Zur Hautpflege gehören gewissermaßen auch diejenigen Mittel, welche der Haut nach erlittenen Frostschäden ihre ursprüngliche gesunde Beschaffenheit zurückgeben sollen oder aber bereits angewendet werden, um dem Erfrieren derselben vorzubeugen.

Es gibt zwei Arten von Frostschäden, sogenannte Frostbeulen und offene Froststellen. Für beide Arten ist die Behandlung eine verschiedene, sind die Mittel andere. Zur Behandlung der ersteren zieht man die Säuren heran, als da sind: Salpeter-, Gerb-, Milch-, Schwefel-, Bor-, Salicyl-, Citronen-, Wein- und Essigsäure, weshalb auch die Toiletteessige zur Behandlung von Frostbeulen sehr geeignet sind und durch vermehrten Zusatz von Eisessig bzw. Essigsäure noch besonders dazu präpariert werden können. Auch die Cold Creams können gut zur Heilung verwendet werden, besonders wenn man ihnen einen hohen Zusatz von Bor- oder Salicilsäure, auch Campher, gibt. Ferner sind einige Metallsalze wegen ihrer zusammenziehenden Wirkung sehr vorteilhaft, so Alaun, Borax usw.

Hautwaschwässer, gegen Frostschäden zu verwenden, stellt man wie folgt her:

Frostbeulenwasser

1. Rosenwasser	200 g	2. Toiletteessig	500 g
Benzoetinktur	10 g	Eisessig	30 g
Alaun, pulv.	5 g	Alaun	15 g
Borax, pulv.	5 g		

3. Wasser	für sich gelöst	500 g
Tannin		60 g
Jod	für sich gelöst	6 g
Alkohol		100 g

dann zusammengeschüttet und

Rosenwasser .... 900 g
zugefügt.

Die Flüssigkeit 3. wird in Flaschen gefüllt, die mit folgender Gebrauchsanweisung versehen werden:

„Man gieße diese Flüssigkeit in eine Porzellanschale oder einen irdenen Topf, stelle ihn auf ein ganz gelindes Feuer, tauche, während die Flüssigkeit noch kalt ist, den leidenden Teil, z. B. die Hände, so lange hinein, bis beim Bewegen der Flüssigkeit die zunehmende Wärme unerträglich wird. Alsdann nehme man das Gefäß vom Feuer und lasse die Hände, ohne sie abzutrocknen, über demselben trocken werden. Das Mittel ist täglich nur einmal anzuwenden. Eine und dieselbe Flüssigkeit kann immer wieder von neuem gebraucht werden. Eine vier- bis fünfmalige Anwendung genügt, um eine vollkommene Heilung zu erzielen."

Wenn die Menge des Jods nicht überschritten wird, wovor man sich namentlich zu hüten hat, wenn man an den zu badenden Körperteilen offene Wunden hat, dann erscheint die Hautfarbe der gebadeten Teile unverändert.

Gegen offene Frostschäden[1] wendet man Mittel in Salbenform an und benutzt zu deren Herstellung in der Hauptsache sehr vorteilhaft Vaseline, da diese vor allen Dingen nicht ranzig wird, während ranzige Fette auf offene Hautstellen sehr schädliche Wirkung ausüben.

Frostsalbe

Vaseline	100 g
Zincum sozojodolicum	10 g

auch kann man an Stelle von Vaseline das Lanolin nehmen unter einem geeigneten Zusatz von Wasser und Salicylsäure. Als Mittel gegen aufgesprungene Haut ist folgende Salbe zu empfehlen:

Frost-Hautsalbe

Stearatcreme	3300 g
Walrat	400 g
Olivenöl	100 g
Alkohol	60 g
Campher	100 g
Bergamottöl	20 g
Zimtalkohol	5 g

Kosmetische Gallerte für die Hände

Rosenwasser	500 g
Tragant	5 g
Glycerin	50 g
Alkohol	50 g
Rosenöl, künstl.	2 g
Linalool	2 g
Bergamottöl	1 g

Handsalbe

(Gegen rissige Hände)

Lanolin	600 g
Menthol	15 g
Olivenöl	40 g
Salol	20 g
Vanillin	3 g
Terpineol	10 g

Um rissige Haut wieder in Ordnung zu bringen, ist auch ein sehr gutes Mittel die

Hautglätte-Mandelmilch

50 g von den Schalen befreite, süße Mandeln werden zerstoßen und dann in einer Reibschale mit einem Teil von 250 g Rosenwasser zu einem feinen Brei zerrieben, dem man dann das übrige Rosenwasser zusetzt, wonach man durch ein Leinentuch gießt. Dann setzt man 5 g Borax, 10 g Benzoetinktur und 50 g chemisch reines Glycerin zu und füllt in Flaschen.

[1] Offene Frostwunden überläßt man am besten der Behandlung des Arztes. Sie sind in der Regel als Krankheiten und nicht als kosmetische Anomalien aufzufassen und die dafür angebotenen Mittel können nicht die Ausnahmestellung in der freien Verkäuflichkeit beanspruchen, welche die Verordnung über den Verkehr mit Arzneimitteln den kosmetischen Mitteln einräumt.

Schweißmittel (Desodorantien).

Abgesehen vom Handschweiß, bei dessen Bekämpfung es lediglich auf eine Verminderung der Schweißsektretion ankommt, sind die Schweißmittel dazu bestimmt, die durch den Schweiß bedingten unangenehmen Körpergerüche zu beseitigen.

Bei dieser Gelegenheit ist es nicht uninteressant, sich ein wenig mit dem Geruch des menschlichen Körpers überhaupt zu beschäftigen, den bedeutende Kapazitäten einem eingehenden Studium unterzogen haben. Ein jeder Mensch strömt einen ihm allein eigentümlichen Geruch aus, der mehr oder weniger stark ausgeprägt und für seine Mitmenschen erkennbar ist. Vielfach jedoch ist das letztere nicht der Fall, wohl aber haben Tiere, z. B. Hunde, für diesen Geruch des einzelnen Menschen ein wesentlich ausgeprägteres Empfindungsvermögen, wie wir selbst. Es gibt aber auch Menschen, die einen ganz besonders scharfen Geruchsinn haben, häufig jedoch dann, wenn vielleicht einer der anderen Sinne nicht oder doch mangelhaft ausgebildet ist. So finden wir z. B. bei Blinden häufig einen hervorragend guten Geruchsinn, der sie die einzelnen Besucher voneinander unterscheiden läßt.

Der Körpergeruch wird auch von manchen Gelehrten als Rasseeigentümlichkeit hingestellt, deren Ursache in der Ausdünstung der Haut und des Schweißes zu suchen ist. Meist oder doch sehr viel hängt aber der Geruch des menschlichen Körpers auch mit der Ernährung zusammen, denn man kann es auch an einem Europäer beobachten, daß bei längerem Aufenthalt bei anderen Völkern, sobald er deren Ernährungsweise nur einigermaßen angenommen hat, sich sein Eigengeruch verändert und auf den Körpergeruch jener Völkerschaften herauskommt. Weiter will u. a. Dr. Galopin festgestellt haben, daß auch die Haarfarbe auf den Körpergeruch des einzelnen Menschen von Einfluß sei, daß er z. B. bei Rothaarigen besonders stark zum Vorschein komme, während wieder bei Blondhaarigen ein weniger ausgeprägter Eigengeruch festzustellen sein soll. Wie weit dies nun zutrifft, kann hier nicht untersucht werden, ist aber für den Parfumeur in mancher Beziehung von Interesse.

Abgesehen von diesem typischen Körpergeruch treten bei lokaler, übermäßiger Schweißsekretion namentlich in der Achselhöhle und an den Füßen besonders lästige, unangenehme Gerüche auf, zu deren Beseitigung bzw. Vermeidung desodorisierende kosmetische Mittel angewendet werden.

Handschweiß.

Der Handschweiß ist geruchlos, ist aber, wenn er so stark auftritt, daß die Hände stets feucht sind, ein sehr lästiges Übel.

Hier hilft reichliches Einpudern und Waschungen mit Formalinlösungen, Tannin-Präparaten usw.

Formalinlösung

Formalin	10 g
Wasser	50 g

Puder gegen Handschweiß

Tannin	10 g
Talkum	40 g

Achselschweiß.

Bei vielen Personen, besonders Frauen, besitzt auch der in normalen Mengen in der Achselhöhle ausgeschiedene Schweiß einen sehr üblen Geruch, den man durch geeignete Desodorantien beseitigen kann.

Gegen Achselschweißgeruch können u. a. folgende Mittel verwendet werden:

Aluminiumchlorid, krist.	15 g	Citronensäure	0,2 g
Salicylsäure	0,3 g	Wasser	100 g

Mit dieser Lösung tränkt man einen Wattebausch und betupft damit die Achselhöhle. Nachher wird reichlich gepudert.

Spezialpuder gegen Achselschweiß

Tannoform	10 g	Zinkoxyd	5 g
Talkum	30 g	Titandioxyd	5 g
Anthrasol	0,2 g	Schwefel	0,3 g

Dieser Puder leistet auch bei Hand- und Fußschweiß gute Dienste.

Fußschweiß.

Wenn der Fußschweiß, infolge starker Zersetzung den bekannten fürchterlichen Geruch verursacht, sollte stets ärztliche Hilfe in Anspruch genommen werden.

Bei leichteren Fällen helfen gegen alkalische Zersetzung, die den üblen Geruch verursacht, besonders häufige saure Fußbäder mit Essigwasser, Citronensaftwasser o. dgl. Im Anfangsstadium, ja zur radikalen Ausheilung der Bromhidrosis können vor allem, abwechselnd mit sauren Waschungen angewendet, Streupulver Verwendung finden.

Streupulver gegen Fußschweiß

Salicylsäure	5 g
Borsäure	10 g
Weinsäure	10 g
Zinkoxyd	40 g
Talkum	40 g

Fußstreupulver

Talkum ff.	500 g
Stärkemehl	500 g
Salicylsäure	50 g
Tannin	40 g
Alaun	25 g

Gegen Fußschweiß

Rosenwasser	1000 g
Borsäure	30 g

Diese Mischung verwendet man zu Bädern, feuchtet auch mit ihr abends die Sohle des Strumpfes ziemlich kräftig an und läßt während der Nacht trocknen. Bei entsprechender Reinlichkeit und täglichem Wechsel derartig durchtränkter Strümpfe bleibt der Erfolg nicht aus.

Diverse Desodorantien

1. Aluminiumsulfat 12 g
   Kaliumpermanganat 5 g
   Wasser 100 g
   Vorsicht, befleckt die Wäsche.

2. Alaun, krist. 2 g
   Aluminiumchlorid 10 g
   Chinosol 1 g
   Alkohol 6 g
   Wasser 80 g

3. Chinosol	2 g	4. Chinosol	3 g
Aluminiumchlorid	14 g	Formalin	2 g
Milchsäure 80%	2 g	Wasser	85 g
Wasser	82 g	Alkohol	10 g

5. Puder		**6. Puder**	
Chlor-Thymol	0,5 g	Magnocid	5 g
Talkum	100 g	Talkum	90 g
		Titandioxyd	5 g

Desodorisierungs-Stift

Aluminiumchlorid, krist.	15 g	Paraffin	20 g
Kaolin	20 g	Vaesline	25 g
Titandioxyd	5 g	Kakaobutter	5 g
Weißes Wachs	10 g		

Zusammenschmelzen und Stifte gießen.

Schweißpulver mit Natriumperborat

Reismehl	6000 g
Edelweiß-Talkum	5600 g
Tannin	180 g
Salicylsäure	200 g
Natriumperborat	500 g

Durch seine desinfizierende Wirkung übt das Natriumperborat den denkbar besten Einfluß auf den oftmals recht lästigen Schweißgeruch, den es vollständig beseitigt.

Mittel zur Pflege der Nase.

Es mag im ersten Augenblick sonderbar anmuten, von „Nasenpflege" reden zu hören, und doch ist diese Pflege sehr vonnöten, trotzdem vielleicht mancher nie daran gedacht hat, bis ihm höchst unangenehm auftretende Störungen dieses so wichtigen Organs daran erinnern, daß es höchste Zeit ist, auch für diesen Teil seines äußeren Menschen, von den so viel für das Gesamtbefinden abhängt, etwas zu tun, ihm eine regelrechte Pflege angedeihen zu lassen.

Unsere Nase hat zwei bedeutende Funktionen zu verrichten, die Vermittlung des Geruches und die Zuführung der Luft in die Atmungswege. Für beide Funktionen muß sie in gutem Zustande gehalten werden, und die Erhaltung ihrer Fähigkeit hiezu bedarf zunächst der Aufmerksamkeit ihres Besitzers, während die Konservierung ihres schönen Äußeren erst in zweiter Linie in Betracht kommt. Richtiger würde man sagen „kommen sollte", denn der zweite Punkt ist für viele bedeutend ausschlaggebender und für den Kosmetiker auch gewinnbringender. Allein die Pflege der beiden Richtungen ist so eng verbunden, die eine bedingt in so großem Maße die andere, daß er sich mit beiden zugleich beschäftigen muß.

Die äußeren Störungen der Nase bestehen zunächst in sogenannten „Schönheitsfehlern", als da sind: Rote Färbung infolge zunächst irgend welcher Einflüsse, äußerer wie innerer, „Mitesser", die sich in Gestalt schwarzer Punkte bemerkbar machen, Schorf als Abblättern der Haut, leichte Erfrierungen usw. Das sind alles Störungen, die sich leicht beheben lassen, soweit sie nicht direkt innerlicher Natur sind, d. h. mit dem Blute in Zusammenhang stehen.

Wir flechten nun hier einige Vorschriften mit ein für kosmetische Mittel, die zur Pflege der Nase gegen die einzelnen Störungen im besonderen und für das Wohlbefinden im allgemeinen dienen sollen.

Rote Nasen, die nicht die Quittung für reichlichen Alkoholgenuß bilden, kann man nach und nach „bleichen" durch folgendes Mittel:

a) Mandelkleie .... 500 g
Rosenwasser .... 2000 g
Borax .... 30 g

b) Ichthyol .... 10 g
Rosenwasser .... 150 g

werden zusammen tüchtig gekocht und dann filtriert, wonach das Filtrat auf Flaschen gefüllt wird und zu Waschungen von Nase und Gesicht dient, eventuell auch zu Umschlägen auf die Nase über Nacht. Geduld ist hiebei eine große Zierde, doch wird sie durch den Erfolg belohnt.

Auch Thigenol und Thiol liqu. leisten gute Dienste:

Alkohol .... 500 g
Glycerin .... 50 g
Thigenol (oder Thiol liqu.) .. 151 g

Salbe gegen rote Nasen

Vaseline .... 400 g
Ichthyol .... 100 g

Insekten-Schutzmittel

sind Mittel, welche die Insekten von dem menschlichen Körper fernhalten, und so beschaffen sind, daß die Insekten bereits durch die „Witterung" veranlaßt werden, sich fern zu halten. Diese Wirkung erreicht man dadurch, daß man sich vor dem Gang ins Freie kosmetischer Erzeugnisse in Gestalt von Toilettewässern oder Hautsalben bedient, welche solche Stoffe enthalten, die den Fliegen usw. unangenehm sind. Ein großer Teil dieser Riechstoffe ist aber auch dem Menschen unangenehm und muß zunächst in eine erträgliche Form umgewandelt werden.

Als wirkungsvolles Produkt muß hier der Essigäther bezeichnet werden; ihn hassen die Mücken vor allen Dingen; mischt man ihn mit einigen recht stark und scharf riechenden ätherischen Ölen, so ist der Zweck als Schutzmittel erreicht. Der folgende Toilettenessig trägt diesem Zweck soweit wie möglich Rechnung.

Toilettenessig für Insektenschutz

Alkohol oder Eau de
Cologne .... 4 000 g
Essigäther .... 500 g
Eisessig .... 80 g
Eucalyptol .... 1 000 g
Isoeugenol .... 20 g
Wasser .... 10 000 g

Die Verwendung des Eau de Cologne ist vorzuziehen, doch nehme man solches, in dem das Neroliöl nicht zu sehr vorherrscht.

Die den Insekten verhaßten Riechstoffe sind fast alle scharf riechenden Öle, z. B. Eucalyptusöl — wohl das hervorragendste Mittel gegen Insekten — sowie das Eucalyptol, dann Angelikaöl, Cajeputöl, Citronelöl, Lorbeeröl, fettes wie ätherisches, Wermutöl, Nelkenöl, Tanacetöl (Rainfarnöl). Ebenso sind Abkochungen von Enzian, Weidenrinde, Chinarinde, Pyrethrumblüten und Quassiaholz zu Abwehrmitteln gut zu verwenden.

Man stellt diese Mittel nun noch her in Gestalt von Salben, die jedoch so beschaffen sein müssen, daß sie sich gänzlich in die Haut einreiben lassen, nicht also nur oberflächlich liegen bleiben.

Eine gute Grundlage für solche Cremes bilden die fettfreien Hautcremes, da sie sich sehr leicht in die Haut reiben lassen. Soll das Produkt jedoch in die Tropen versandt werden, dann muß man die Grundlage etwas fester nehmen, indem man sich stark mit Ceresin versetzter Vaseline bedient.

Insektencreme

Fettfreie Hautcreme	5000 g
Eugenol	3 g
Eucalyptusöl............	50 g
Cajeputöl	10 g

Als Schutzmittel gegen die Folgen eines Insektenstiches ist bekanntlich der Salmiakgeist sehr empfehlenswert, dann aber auch z. B. das Creolin. Da nun das Creolin in konzentriertem Zustande einen gar zu penetranten Geruch auf der Haut zurückläßt, wird es zunächst einer Kokosseife zugesetzt und dann, in ganz kleine Stängelchen geschnitten, in Papier- oder Metallhülsen gebracht. Eine solche Insektenseife stellt man wie folgt her.

Insektenseife

Cocosöl..................	50 kg
Natronlauge 37° Bé.	25 kg
Adeps lanae	3 kg
Creolin, *Pearson*	5,5 kg

Die vorgenannten Produkte bilden sehr gute Mittel gegen die Insekten sowie gegen deren Stiche und sind ganz besonders für Fabriken mit großem Kundenkreis in heißen Klimaten von Interesse.

Rasiersteine.

Der Rasierstein dient dazu, nach dem Rasieren die Poren der Haut zusammenzuziehen. Er wirkt auch blutstillend bei kleineren Schnittwunden.

Der Rasierstein besteht in der Hauptsache aus Alaun, dessen zusammenziehende Wirkung bekannt ist.

Man kann zur Herstellung von Alaunsteinen den Alaun etwa in dreiviertel seines Gewichtes siedenden Wassers lösen, dieses dann möglichst wieder abdampfen und nach Zusatz von etwas Glycerin sowie ein wenig Sublimat in kleine Formen gießen, in denen man die Masse dann erstarren läßt. Dieses Verfahren egribt wohl Rasiersteine, welche von recht guter Wirkung auf die Haut sind, die aber wenig Festigkeit und nicht die schöne Durchsichtigkeit zeigen, die gewöhnlich gewünscht wird. Die so hergestellten Steine sind alle milchig. Auch Menthol wird manchen Sorten noch zugefügt, welches in der Hauptsache dazu dient, nach dem Rasieren eine angenehme Kühle hervorzurufen. Die kristallhellen Steine kann man im Kleinen jedoch nicht herstellen. Meistens werden ganz große Alaunblöcke auf geeignete Weise mit Bandmessern oder dergleichen zerteilt und dann die kleinen Stücke in heißem Wasser mit Filzwalzen glattgeschliffen. Selbst diese Art der Herstellung ist in den seltensten Fällen rentabel und mehrere große Werke haben die Fabrikation bereits wieder aufgegeben.

Mittel zur Reinigung, Pflege und Färbung der Nägel.

Eine möglichst frühzeitige und sachgemäße Behandlung unserer Finger- und Fußnägel ist gerade so notwendig, wie die der Zähne oder sonstiger Teile des Körpers, denn Erkrankungen dieser kleinen Hornplatten können das Allgemeinbefinden des ganzen Menschen wesentlich beeinträchtigen.

Die dünne, durchscheinende Hornplatte, welche das letzte Glied unserer Finger und Zehen auf der Oberfläche mehr als zur Hälfte bedeckt, ist ebenso Erkrankungen ausgesetzt, wie jeder andere Teil unseres Körpers; daher gilt es, dieser Möglichkeit vorzubeugen. Vor allen Dingen ist die größtmögliche Reinlichkeit eine Hauptbedingung. Sie hilft das Wachstum der Nägel, welches ja sehr langsam vor sich geht, befördern. Viele Leute wissen auch nicht, daß sich in dem Zustande der Nägel zeitweise auch der ganze Ernährungszustand unseres Körpers spiegelt.

Wie schon erwähnt, ist Reinlichkeit die erste Bedingung, die Grundlage. Mit Seife und einer weichen Bürste reinige man in lauem Wasser täglich die Nägel, wenn nötig zwei- bis dreimal. Eine empfindliche Haut der Hand reibe man mit präpariertem Glycerin ein, dem Waschwasser füge man etwas Borax zu. Hiernach reibe man die Finger bis an die Nägel leicht mit einem Stück feinen Bimsstein, um etwaige Hornbildungen zu verhüten, massiere dann die Fingerrunzeln und reibe sie leicht mit Glycerin-Honiggelee (Kaloderma) ein. Hierauf entferne man jegliche Unreinigkeit unter und an dem Nagel sowie etwa vorgewachsene kleine Nagelhäutchen und treibe die Lederhaut an der Nagelwurzel zurück, so daß die kleine dünnere, halbmondförmige weiße Stelle, das Möndchen, völlig freiliegt, ohne daß sich jedoch die Haut über der Nagelwurzel unnötig rötet. Dann behandelt man den Nagel zuerst mit

Nagelwasser

I. Rosenwasser	1000 g	II. Rosenwasser	1000 g
Borax	20—30 g	Eau de Cologne	100 g
Glycerin	70 g	Myrrhentinktur (1 : 50)	50 g
		Weinsäure	50 g

Bleichendes Nagelwasser

Wasserstoffsuperoxyd, 3%ig	450 g
Rosenwasser	150 g
Salmiakgeist, 20%ig	3 g

Hienach behandelt man den Fingernagel mit einem Nagelemail oder Nagelpoliermittel, welches man wie folgt zusammenstellt:

Nagelemail

Wachs, weiß	400 g	Ylang-Ylangöl, künstl.	10 g
Walrat	400 g	Terpineol	20 g
Paraffin, weich	5400 g	Aubépine	2 g

Rosa färben.

Nagelemailpulver

Helles Harz, pulv.	160 g
Gelbes Wachs	60 g
Ceresin, weiß	500 g
Kieselgur	630 g
Zinkoxyd	370 g
Vaselinöl	80 g

Man schmilzt Wachs, Ceresin und Harz, gibt die Pulver und das Vaselinöl zu und erwärmt das ganze leicht unter gutem Rühren, um das Wachsgemisch gut zu verteilen, läßt erkalten und pulvert.

Polierpasta

Helles Harz	160 g	Ceresin	200 g
Gelbes Wachs	60 g	Kieselgur	270 g
Vaselinöl	300 g	Zinkoxyd	170 g

Man bereitet wie vorstehend ein Gemisch, das zur Pasta geknetet wird. Die Pasta wird meist dunkelrot gefärbt.

Nagelpolierpulver

I.	Zinnoxyd, geschlämmt	1000 g
	Talkum ff.	400 g
	Carmin	10 g
	Rosenöl, künstl.	5 g
	Bergamottöl	3 g
II.	Zinnoxyd ff., weiß	500 g
	Carmin	1 g
	Rosenöl, künstl., *H. & C.*	5 g
	Narzissenöl, *S. & C.*	2 g
III.	Schmirgel ff., pulv.	500 g
	Krapprosa	50 g
	Dianthin, *N. & C.*	5 g
	Geraniumöl	5 g

Zinnpasta

Zinnoxyd	500g
Tragant, pulv.	2 g
Glycerin	5 g
Carminlösung (1:20)	40 g
Rosenwasser	zirka 200 g
Orgéol, *H. & R.*	3 g
Jasminöl, *L. F.*	1 g

Nagelfirnis

Nach der Behandlung der Fingernägel mit dem Polierpulver oder mit den Pasten kann man auch noch zum besonderen Glänzendmachen sich eines Firnisses bedienen, den man mit Hirschleder oder auch mit dem Polissoir aufreibt.

Diesen Firnis stellt man her aus

Chloroform	150 g
Paraffin	15 g

und parfumiert eventuell mit etwas Rosen- oder Geraniumöl.

Brüchig gewordene Nägel behandelt man zunächst durch Aufgießen einer Alaunlösung (1 : 10) oder Baden der Nägel in dieser Lösung. Alsdann beginnt man mit der Nagelpflege.

Um unserer Damenwelt die Nagelpflege möglichst bequem zu machen, stellt man sein Sortiment zusammen, welche, in einem schön und fein ausgestatteten Kasten alle die Bedürfnisse zur Nagelpflege birgt: Einen Flakon Nagelwasser, eine Dose Nagelemail, einen Polissoir, eine Nagelschere, eine kleine Falcette zum Zurückschieben der Haut sowie ein spitzes Hornstäbchen zum Entfernen von Unreinigkeiten unter dem Nagel, endlich eine kleine Nagelfeile. Ein so zusammengestellter Nagelpflegekarton wird stets gerne gekauft.

Hochglanznagellack.

Wenn die Fingernägel einen besonders hohen lackartigen Glanz erhalten sollen, so bedient man sich dazu des Collodiumlackes. Man füllt ihn in kleine Fläschchen und setzt in den Korkstopfen einen Haarpinsel ein.

Sieht der lackierte Nagel nicht mehr schön aus, so daß eine neue Lackierung desselben wünschenswert erscheint, dann muß die alte Lackschicht erst entfernt werden, wozu man sich des Entferners bedient. Dieser wird ebenfalls in kleine Gläschen mit Kork und Haarpinsel gegeben.

Beide Fläschchen, in geeigneter Verpackung in einem Karton und mit praktischer Gebrauchsanweisung versehen, bilden einen sehr guten Verkaufsartikel.

Moderne Nagellacke

Diese Lacke werden mit Nitrocellulose (Celluloidabfällen, Filmabfällen usw.) unter Verwendung geeigneter Lösungsmittel hergestellt, wobei auch plastischmachende Zusätze unerläßlich sind um einen geschmeidigen Lacküberzug zu erhalten.

Lösungsmittel: Als solche kommen in Frage Aceton, Amylacetat, Essigäther, Butylacetat, Glycoläther u. a.

Verdünnungsmittel: Alkohol, Butylalkohol, Amylalkohol, Toluol u. a.

Elastisch machende Zusätze:

Besonders Ricinusöl (etwa 30% der trocknen Nitrocellulose), Butylstearat (etwa 2% des fertigen Lackes) Aethylphtalat, Aethylbenzoat u. a.

Manchmal werden auch Zusätze von Harzen gemacht um den Glanz zu erhöhen; zu diesem Zwecke ist Sandarakharz besonders geeignet. Nachstehend zwei Vorschriften für Nagellack:

1. Celluloidabfälle, transparent	10 g
Aceton	5 g
Essigäther	50 g
Amylacetat	5 g
Ricinusöl	3 g

2. Filmabfälle	10 g
Essigäther	50 g
Aceton	14 g
Amylacetat	18 g
Alkoholische Sandaraklösung 10%	1,5 g
Butylstearat	1,5 g
Ricinusöl	2 g

Diese Lacke werden meist zart rosa gefärbt. Zum Färben eignet sich Phloxin sehr gut, Eosin weniger, da es den Lack vergilbt. Auch als Nagelschminken mit Zusatz von roten Farblacken haben die Nagellacke in letzter Zeit große Bedeutung erlangt.

Die Herstellung der Nagellacke im kleinen ist keineswegs lohnend, wenn der Kosmetiker seinen Lack selbst aus Celluloid o. dgl. herstellt. Für kleine Fabrikanten ist es also stets zu empfehlen einen fertigen Lack von Spezial-Lackfabriken zu beziehen und denselben als Nagellack durch Färbung und evt. Verdünnung herzurichten.

Entferner

Meist wird ein Gemisch von gleichen Teilen Aceton und Essigäther benutzt, doch entfettet dieses den Nagel zu stark und macht ihn brüchig.

Besser ist daher folgendes Gemisch zu verwenden.

Butylstearat	10 g	Aceton	400 g
Amylacetat	30 g	Ricinusöl	5 g

Moderner Polierlack
(Cerbelaud)

Siambenzoe	100 g	Nitrocellulose	30 g
Alkohol	300 g	Eosinlösung, 1 %ig	50 g
Amylacetat	700 g		

Man löst die Benzoe warm in 200 Alkohol, filtriert und vereinigt das Filtrat mit dem restlichen 100 Alkohol und der Lösung der Nitrocellulose in Amylacetat usw.

Man trägt auf, läßt trocknen und poliert dann mit einem Leder oder Wollappen nach.

Man erhält so einen wundervollen beständigen Glanz.

Das Parfumieren von Drucksachen und Verpackungen.

Für Taschenkalender, Preislisten u. dgl. umfangreichere oder mehrseitige Drucksachen empfiehlt sich folgendes Verfahren:

In einem dichten Schrank, den man noch im Innern mit Blech belegen läßt, damit die Luft wenig Zutritt hat, läßt man an den Seitenteilen sich je gegenüberliegende Leisten anbringen, auf welche man auf Rahmen gespannte Netze legt. Diese Netze bedeckt man mit Seidenpapier und verfährt wie folgt: Auf den Boden des Schrankes streut man stark riechendes und nachparfumiertes Pulver; dann belegt man ein Netz mit den zu parfumierenden Drucksachen und schiebt es auf den Leisten in den Schrank. Das nächste Netz erhält wieder Pulver, das folgende Drucksachen und so fort, bis der Schrank voll ist. Nach dichtem Verschließen der Türen überläßt man die Anlage sich selbst.

Dieses Verfahren bietet auch noch den Vorteil, daß man alle möglichen riechenden Substanzen und Rückstände zur Parfumierung verwenden kann, z. B. die Filter der Odeurs und Tinkturen, Rückstände von Moschus usw. Diese legt man einfach auf die Netze und sie teilen ihren Duft den Drucksachen mit.

Ein solches Parfumierungspulver stellt man sich wie folgt her:

Zur wirkungsvollen Vorführung sowohl eines Riechstoffes als auch eines fertigen Parfumierungserzeugnisses bedient man sich in höchst vorteilhafter Weise der parfumierten Karte. Ohne allzu große Kosten kann man auf diese Weise der gesamten Kundschaft ein neues Produkt vorführen, denn die Karte braucht nur einem Briefe beigefügt zu werden. Auch als Drucksache ist ihr Versand unter Kuvert sehr zu empfehlen, nachdem man sie in dünnes Pergamentpapier eingeschlagen hat.

Zur Parfumierung der Karte wird das Parfum mit etwas Alkohol verdünnt und mit dieser Lösung dann die Karte parfumiert.

Von großer Wichtigkeit ist es nun, daß für die Karten das richtige Papier verwendet wird. Es muß fest sein, dabei gut aufsaugen und darf bei längerem Liegen der parfumierten Karten nicht fleckig werden. Am besten eignet sich sogenanntes Büttenpapier zu diesem Zwecke; es werden aber auch noch andere Sorten, ähnlich dem Filtrierpapier, hergestellt, die ganz vorzügliche Dienste leisten.

Ein weiterer Punkt, auf den man seine Aufmerksamkeit lenken muß, ist die Druckfarbe, welche zum Bedrucken der Karten Verwendung finden soll. Nicht jede Farbe eignet sich hiezu, und besonders die schwarzen Farben verlaufen sehr häufig, wenn sie mit dem Parfum zusammenkommen. Buchdruck ist überhaupt keineswegs empfehlenswert; man lasse die Karten recht schön lithographieren. Das sieht auch meist sehr viel sauberer aus.

Die Toiletteseifen und ihre Parfumierung.

Allgemeines.

In diesem Abschnitt soll vor allem die Parfumierung der eigentlichen Toiletteseifen, denen das Parfum durch Einpilieren einverleibt wird, besprochen werden.

Auch die Parfumierung der Leimseifen, also der kaltgerührten Cocosseifen und der auf halbwarmem Wege hergestellten, neutralisierten Leimseifen, soll in großen Zügen Besprechung finden.

Vorausgeschickt sei eine kurze Charakteristik der einzelnen Seifensorten, unter direkter Beziehung der Art und Möglichkeit ihrer Parfumierung.

Die eigentlichen Toilettenseifen werden ausnahmslos als pilierte Seifen hergestellt, indem aus praktisch neutraler, kunstgerecht gesottener, ausgesalzener Seife erhaltene Spähne auf geeigneten Maschinen mit Riech- und Farbstoffen zusammengeknetet werden.

Für diese pilierten Toilettenseifen können Riechstoffe aller Art Verwendung finden, soweit es sich um gefärbte Seifen handelt, was die Regel darstellt. Für weiße Seifen erfährt die Verwendungsmöglichkeit zahlreicher Riechstoffe bedeutende Einschränkungen.

Zur Parfumierung kaltgerührter Cocosseifen ist nur eine relativ beschränkte Anzahl von natürlichen und künstlichen Riechstoffen benutzbar, denn bei diesen Leimseifen, die in unfertigem Zustande parfumiert werden, muß das Parfum nicht nur die hohe Reaktionstemperatur in der Form aushalten, sondern auch dem für viele Riechstoffe besonders verderblichen Einfluß des konzentrierten Alkalilauge widerstehen können.

Diese Beschränkung in der Verwendungsmöglichkeit bezieht sich ganz besonders auf künstliche Riechstoffe.

Zur Parfumierung halbwarm hergestellter Leimseifen, die noch im Kessel fertig verleimt und neutralisiert werden, ist diese Beschränkung viel unbedeutender, weil hier soweit diese Seifen in Form des heißen flüssigen Leims vor dem Formen parfumiert werden, das Parfum nicht mit starkem Alkali in Berührung kommt, sondern nur die höhere Temperatur des heißen Seifenleims aushalten muß.

Soweit aber, wie dies z. B. für Rasierseife u. a. häufig geschieht, die sorgfältig neutralisierte Leimseife auf kaltem Wege, also durch Pilieren der in unparfumiertem Zustande geformten Leimseife parfumiert wird, können natürlich alle Riechstoffe, die zur Parfumierung pilierter Toiletteseifen geeignet sind, ohne jede Einschränkung Verwendung finden.

Beschaffenheit der Grundseife zu pilierten Seifen.

Nur eine durchaus einwandfrei hergestellte Grundseife kann einwandfrei und dauernd parfumiert werden.

Sie muß praktisch neutral sein, d. h. jenen geringen Alkali-Überschuß aufweisen, der nötig ist um die Seife vor dem Ranzigwerden zu bewahren, sie muß möglichst salzfrei sein und frei von unangenehmem Geruch, der auf Verwendung minder wertigen Fettmaterials und freier Fettsäuren zurückgeführt werden muß.

Aus minderwertigen Fetten kann man nur minderwertige Seifen erhalten, es ist also zu fordern, daß zur Herstellung guter Grundseife für pilierte Toilettenseifen nur reinste Neutralfette verwendet werden unter Ausschluß freier Fettsäuren. Ferner darf die Grundseife nicht zu hohe Mengen Cocosöl enthalten, denn ein zu beträchtlicher Cocosölgehalt beeinträchtigt ebenfalls die Parfumierung. Man sollte niemals erheblich über 12—15% Cocosöl, auf den Fettansatz gerechnet, hinausgehen.

Jede Verwendung von Palmkernöl ist ausgeschlossen, weil dieses die Parfumierung stark schädigen kann.

Das wichtigste Fett für Toilette-Grundseifen ist guter Rindstalg, auch Schweinefett, Olivenöl, Arachisöl u. a. Man vermeide aber die Heranziehung stark gebleichter Fette, mit Ausnahme des Palmöles, vor allem vermeide man Verwendung des durch chemische Bleiche „mißhandelten“ Rindstalges, der so oft die Veranlassung zur Ranzidität der Seifen bildet. Hammeltalg ist unverwendbar, er macht die Seife spröde und gibt ihr einen unangenehmen Geruch. Für die Herstellung ist es praktisch gleichgültig, ob die Seife auf mehreren Wassern gesotten und ob auf Kern oder Leimniederschlag getrennt wurde, genügende Endausschleifung vorausgesetzt. Auch die kalte Vollverseifung mit daran folgenden Aussalzen liefert tadellose Toilette-Grundseife, immer vorausgesetzt, daß nur reinste Neutralfette, unter Ausschluß künstlich gebleichten Rindstalges (Premier Jus) Verwendung fanden.

Von ganz besonderer Bedeutung ist auch die Art des Formens der Grundseife. Es ist die absolute Anforderung zu stellen, daß die künstliche Kühlung (Abscheckung) des heißen Seifenleimes in allen Fällen unterbleibt und nur durch langsame Abkühlung in geeigneten Formkästen erstarrte Seife zu pilierten Toiletteseifen herangezogen wird. Diese Forderung ist rigoros einzuhalten, weil künstlich gekühlte Seife den Keim der Ranzidität durch Behinderung der Nachverseifung in der Form, infolge Gehalt an unverseiftem Neutralfett in sich trägt.

Selbstverständlich ist auch das künstliche Bleichen der Seife besser zu unterlassen, man hat dies auch bei Verwendung erstklassiger Fette nicht nötig.

Sehr wichtig ist es auch die Fette, besonders Rindstalg, sorgfältig zu läutern und auch ganz besonders von kleinen Teilchen Eiweiß-Substanz zu befreien, die, wenn sie in die Seife gelangt, die Seife verdirbt. Es folgen nun einige Beispiele für Fettansätze:

1. Rindstalg	600 kg	2. Rindstalg	600 kg
Schweinefett	200 kg	Gebleichtes Palmöl	200 kg
Olivenöl	50 kg	Schweinefett	50 kg
Cocosöl	150 kg	Cocosöl	150 kg
3. Rindstalg	750 kg	4. Rindstalg	650 kg
Erdnußöl	100 kg	Gebleichtes Palmöl	200 kg
Cocosöl	150 kg	Cocosöl	150 kg
		Helles Harz	20 kg

Bei diesen gemischten Fettansätzen ist es wichtig, die Mischung so zu wählen, daß ein gewisser Gehalt an Weichfett die Härte des Rindstalges soweit mildert, daß eine genügend geschmeidige Seife resultiert.

Das Pilieren der Toiletteseifen.

Die aus der Form genommenen Seifenblöcke werden in Riegel geschnitten, gehobelt und die Spähne getrocknet.

Hobeln und Trocknen geschieht zweckmäßig in den Bandtrockenapparaten mit Heizung und Ventilation, durch welche ein gleichmäßiges Trocknen gestattet wird. Mangels solcher Bandtrockner erfolgt das Trocknen auf Horden in der Trockenkammer.

Die Spähne müssen so getrocknet sein, daß sie nicht zu feucht und nicht zu trocken sind.

Die getrockneten Spähne werden nun in der Mischmaschine mit der filtrierten Farblösung um dem Parfum gut vermischt.

Es ist also unbedingt darauf zu achten, daß die Grundseife nicht zu trocken und nicht zu feucht ist. Sollte jedoch der erstere Fehler mit unterlaufen sein, dann ist es unter allen Umständen zu verwerfen, wenn einfach Wasser zu der Seife hinzugefügt wird, denn im späteren Verlaufe der Arbeit sowie beim Lagern der Ware rächt sich das bitter. Es entstehen gewöhnlich beim Pilieren noch Schuppen, manchmal sogar Blasen, und auf Lager bekommt die Seife Wasserflecke mit hellen Rändern und beschlägt leicht bei Witterungsumschlag. Man nehme daher lieber etwas ganz frische Grundseife hinzu, denn in dieser ist die Feuchtigkeit doch wenigstens gebunden. Zu feuchte Seife färbt sich nicht schön und tritt aus der Peloteuse mit stumpfem Aussehen und ganz ohne jeden Glanz hervor.

Die so vorgemischte Seife kommt nun in die Piliermaschine (Broyeuse) in der sie etwa zweimal die Walzen passiert d. h. bis sie durch die Messer von den Walzen in gleichmäßig gefärbten und parfumierten Bändern herunterkommt, die in Sammelkästen aufgefangen werden.

Hierbei ist es wichtig, den richtigen Feuchtigkeitsgrad an den herabfallenden Bändern durch folgende Beobachtung festzustellen:

Richtig getrocknete und auch sonst genügend geschmeidige (nicht zu kurze) Seife kommt von der Walze in langen, geschmeidigen Bändern, die nicht reißen oder abbrechen. Beim Zusammendrücken mit der Hand lassen sie sich zusammenballen, wobei sie nur ganz leicht und vorübergehend an der Haut haften. Der zusammengedrückte Seifenballen muß in Berührung mit der Haut deutlichen Glanz zeigen, dies ist ein untrügliches Zeichen für richtigen Feuchtigkeitsgehalt bzw. richtige Konsistenz der Seife. Zu feuchte Seife kommt in schmierigen, klebrigen Bändern aus der Maschine, die beim Zusammenballen stark an der Haut kleben und keine Spur von Glanz zeigen.

Zu trockene (auch zu kurze) Seife kommt in kurzen, zerrissenen spröden Bändern aus der Maschine, die sich nicht zusammenballen lassen.

Hat die Seife in bester Beschaffenheit in bezug auf Farbe, Parfum und Wassergehalt die Piliermaschine verlassen, dann wirft man sie in dem Unterstandskasten nochmals tüchtig durcheinander und bringt sie in die B a l l m a s c h i n e (P e l o t e u s e). An dieser hat man inzwischen das Austrittsrohr angewärmt, was bei den verschiedenen Systemen verschieden geschieht. Das Anwärmen mit Gas ist sehr angenehm und geht schnell vor sich. Eine andere Art der Vorwärmung ist die mit Dampf oder mit heißem Wasser; es muß nur gut aufgepaßt werden, dann sind diese beiden Arten sehr empfehlenswert.

Die Seife kommt nun in den Trichter, der über der endlosen Schnecke der Maschine angebracht ist, wird von diseser gefaßt und gegen ein in der Mitte vor dem abnehmbaren Kopfe angebrachtes, durchlöchertes Scheibenstück gedrückt, welches sie alsbald passiert, um allmählich gegen die am Ausgange des vorgewärmten Rohres oder Kopfes eingeschraubte Platte gepreßt zu werden, welche nur in ihrem Mittelpunkte ein kleines Loch hat, durch welches die fest gegen die Platte von rückwärts gepreßte Seife in Größe und Form des kleinen Loches austritt. Auf diese Art läßt man die Seife eine kleine Weile austreten, bis sie hinter der Platte fest zusammengetrieben ist, stellt dann die Maschine still und nimmt die Platte heraus. Darauf setzt man ein sogenanntes Mundstück ein, welches aus einer Stahlplatte besteht und die Form der herauszutreibenden Seifenstange hat. Diese Öffnung ist konisch zugefeilt und wird mit der gefeilten Seite nach innen eingesetzt. Es richtet sich nun ganz darnach, in was für eine Seifenform und Fasson die hier zu erzeugende Seife gepreßt werden soll, d. h. ob die zum Verkauf fertigen Stücke vierkantig, oval, rund usw. sein sollen. Darnach sind die Mundstücke zu nehmen.

Die Seife tritt nun als Stange aus der Maschine heraus. Zuerst sieht sie noch nicht vielversprechend aus, biegt sich seitwärts usw., doch muß man sie einfach in ihrem momentanen Zustande gewähren lassen und über die vorgelegten Rollen leiten. Diese Rollen stellt man vor dem Kopfe der Maschine direkt und in gleicher Höhe mit dem Austrittsloche auf, so daß die hervortretende Seifenstange sofort eine geeignete Unterlage hat, auf der sie sich nicht abscheuert, wenn man über den Rollen ein Tuch ohne Ende anbringt, welches bei der Bewegung der Rollen durch die austretende Seife mit in Zirkulation gesetzt wird. Die Rollen verteilen sich gewöhnlich auf ein Gestell von 1 bis 1½ m Länge, bei einer eigenen Länge von 10 bis 15 cm. Die sich hierauf fortbewegende Seife wird von Minute zu Minute von besserem Aussehen und wenn man sie bis zum Ende des Rollengestelles gleiten läßt und erst nur die übertretenden Teile abschneidet und wieder in den Trichter wirft, wird man finden, daß die Stange allmählich fest und schön, hochglänzend wird. Dies hängt nun alles von der richtigen Behandlung und Beschaffenheit der Seife ab, sowie von der kunstgerechten Bedienung der Vorwärmeanlage am Kopf der Maschine.

Zeigt sich die Seife beim Austritt aus der Peloteuse bröcklig oder unzusammenhängend, bricht die Stange des öfteren ohne Grund ab, dann ist die Seife zu trocken. Zeigt die austretende Seifenstange Schuppen oder Runen, klebt sie und kann man kein glänzendes Aussehen erhalten, dann trägt zu hohe Feuchtigkeit oder unsachgemäßes Ausschleifen der Grundseife (zu hoher Salzgehalt) die Schuld an diesen Mißständen. Anderseits zeigen sich oft eine Reihe von Blasen oder Erhöhungen am unteren Teile der Stange; diese rühren davon her, daß die Vorwärmeanlage zu große Hitze ausströmt und daher der Regulierung bedarf, ebenso ist bei Seifen von sonst richtiger Beschaffenheit das Ausbleiben des hohen Glanzes auf zu wenig Wärmeerzeugung in den Vorwärmeanlagen zurückzuführen. Entspricht die Seife allen Anforderungen und zeigt sie hohen Glanz und ungenügende Festigkeit, dann werden die Stangen, sobald sie die Länge des Rollengestelles oder eine sonst beliebte Länge erreicht haben, mit dem Stahldraht direkt vor dem Mundstück abgeschnitten und harren dann ihrer weiteren Zerteilung. Auch am Ausgang der Ballmaschinen angebrachten Schneidevorrichtungen bewährten sich vorzüglich.

In der Praxis stellen sich dann noch des ferneren eine ganze Reihe von Zufällen ein, die eben ausprobiert sein wollen und die man nicht weiter beschreiben kann. Manche sind ganz verwunderlicher Natur. Hier ein Beispiel: Die bekannte Frisch-Heuseife (New mown Hay) deren Parfum sehr viel Cumarin enthält muß mit einem viel höheren Grade von Feuchtigkeit in der Grundseife verarbeitet werden, da allem Anscheine nach das Cumarin einen größeren Teil aufnimmt. Es ist das ein Fall der seiner genauen Erklärung noch immer bedarf.

Parfumieren und Färben pilierter Seifen.

Die Anwendung von Erdfarben verschwindet bei der Färbung pilierter Seifen immer mehr, da hiemit meistens für den heutigen Geschmack in Frage kommende Nuancen schlecht oder gar nicht zu treffen sind. Heute verwenden wir zum Färben der Toilettenseifen fast ausschließlich die schönen, modernen Anilinfarben in ihren matten Tönen.

An einem Parfumeur wird es als Kunst hochgeschätzt, wenn er imstande ist, seinen pilierten Seifen Farben zu geben, die ansprechen und dem Auge wohlgefällig sind. Auch hierin hat sich eine moderne Richtung herausgebildet, welche die matten und doch frischen Farbentöne bevorzugt. Moderne Farben sind bei Seifen folgende: Hellbraun, gelbbraun, rosa, hell- und mattgrün, ganz helles Resedagrün, hellila (für Fliederseife), sowie ein bläuliches Rosa, hell- und mattgelb. Manche von diesen Farbentönen sind, allein gesehen, bisweilen nicht immer sehr ansprechend, geben jedoch im Sortiment eine wohltuende Abwechslung. Auch die Herstellungsart der pilierten Seifen und der dazu Verwendung findenden Apparate und Maschinen hat diese Änderung in der Anwendung der Farbstoffe ermöglicht.

Zum Färben der Toilettenseifen können unter vielen anderen die nachgenannten Farbstoffe bzw. Farben benutzt werden.

Für gelb und orange:	Uranin Anilingelb Chinolin Wachsgelb Orange SW., Brillantorange,
Für rosa:	Feinrosa Nr. 114, Zartrosa Nr. 153, Ponceaurot und Rhodamin.
Für rot:	Rot Nr. 225, Feinrot Nr. 156, Ponceau rot, Rhodamin, Zinnoberrot Nr. 4,
Für grün:	Brillantgrün Nr. 125, Maigrün, Nr. 133, Seifengrün.
Für lila:	Eine Mischung von Ultramarin und Rhodamin, Fliederviolett R oder 1225/ (Cassella).
Für braun:	F. Cassella, Havannabraun, Brillantbraun Nr. 170, Seifenbraun.

Die vorgenannten Farben sind aus den Fabriken von Friedrich & Carl Hessel in Nerchau bei Leipzig, F. Casella, Frankfurt a. M. und von G. Siegle & Co. in Stuttgart zu beziehen, doch sind noch eine große Anzahl anderer vorzüglicher Seifenfarben anderer Firmen am Markt.

Die Farben werden in wässeriger Lösung zugesetzt, wobei zu bemerken ist, daß diese Lösungen vor Gebrauch sorgfältig zu filtrieren sind um Bildung von Farbflecken zu vermeiden.

Über die Anwendung der Riechstoffe in der Toiletteseifenfabrikation.

Alle Riechstoffe können zur Parfumierung pilierter Seifen herangezogen werden. Hiebei handelt es sich um völlig neutrale Seifen und die Verarbeitung bringt einen nicht in Frage kommenden Erwärmungsgrad hervor, der keinen Einfluß auf die künstlichen Riechstoffe hat. Es wird mit ihnen in der gleichen Weise verfahren wie mit den ätherischen Ölen oder natürlichen Riechstoffen, indem sie zur Parfumierung der Seifenmasse einfach mechanisch unter diese gemengt werden. Die festen — kristallinischen — Riechstoffe löst man vorher in den in der Vorschrift vorkommenden ätherischen Ölen oder wenn das nicht angängig sein sollte, in etwas Alkohol, den man, um recht wenig davon zur Lösung zu benötigen, ein wenig anwärmt. Man erzielt hiedurch eine feinere Verteilung des Riechstoffes in der Seifenmasse, auch wäre es unvorteilhaft, die Kristalle im ganzen, d. h. ungelöst, dem Seifenkörper zuzusetzen, weil sie bei ihrer nachträglichen Auflösung häßliche Flecken in der Seife erzeugen und die Ware unverkäuflich machen.

Ganz besonders ist immer wieder versucht worden, eine Cocos-Veilchenseife auf warmem oder kaltem Wege herzustellen unter Anwendung von chemisch reinem Jonon oder anderem ähnlichen synthetischen Veilchenriechstoffen. Derartige Versuche schlagen völlig fehl, denn diese Veilchenriechstoffe widerstehen dem Alkali nicht. Man verwende Iriswurzelpulver und Perubalsam, auch Orangenschalenpulver und Bergamottöl usw. und man wird damit bessere Erfolge erzielen. Auch müssen alle diese Veilchenseifen braun gefärbt werden, schon um die dunkeln Flecken zu verdecken, die durch die Einwirkung des Alkalis auf das Veilchenwurzelpulver entstehen und die fertige Ware sonst unschön erscheinen lassen würden.

Sehr gut verwendbar zu kaltgerührten bzw. halbwarmen Veilchenseifen (Glycerinseifen usw.) ist aber das rohe technische Jonon, das jetzt im Handel unter Bezeichnung Jonon II für Seifen anzutreffen ist.

Auch gute Jononrückstände sind hier verwendbar.

Es kann dem Parfumeur gar leicht passieren, daß die pilierten Toiletteseifen sich am Lager sowohl in Geruch als auch in Farbe verändern, wenn er über die Wirkung der ätherischen Öle sowie der natürlichen und künstlichen Riechstoffe im einzelnen ungenügend unterrichtet ist. Allerdings ist das sogenannte „Umschlagen“ einer Fettseife auf dem Lager in den wenigsten Fällen in der Parfumierung zu suchen, sondern viel häufiger in der Seife selbst.

Hierzu bemerken wir in der Neubearbeitung folgendes: In den glücklicheren Zeiten Manns gab es noch keine Chemiker, die behauptet hätten, daß das Parfum die Seife ranzig mache.

In unserer Zeit ist dies anders. Heute behaupten viele Chemiker, daß gewisse Riechstoffe, vor allem das böse Citronenöl und andere terpenreiche Öle die beste Seife ranzig machen und dehnen ihre Beobachtungen auf eine ganze Reihe von Parfums aus, die sie ebenfalls als ranziditätserregend bzw. fördernd hinzustellen versuchen.

Es muß aber den erfahrenen Praktiker recht sonderbar anmuten, daß uns diese Behauptungen lehren wollen, daß Riechstoffe, die fast alltägliche Verwendung finden und dies mit dem besten Erfolg, also altbewährte Riechstoffe jetzt unverwendbar seien, weil sie die Seife ranzig machten. Auch früher war es eine beliebte Ausrede, für vorgekommene Mängel beim Sieden das Parfum verantwortlich machen zu wollen, nur hatten diejenigen, die solche Ausreden versuchten, eine ebenso herbe Zurückweisung seitens wirklich erfahrener Fachleute zu gewärtigen, die heute aufzubringen sein muß, um solche Übergriffe grauester Theorie zurückzuweisen.

Es liegt doch auf der Hand, daß, in Anbetracht der notorischen und vielleicht nur über wenig praktische Erfahrung verfügenden Chemikern unbekannten Tatsache, früher solch häufige Anstände speziell betreffs Ranzigwerden der Toiletteseife gänzlich unbekannt waren, bzw. das Ranzigwerden zu den seltenen Mißständen gehörte, die man damals durch energischen Eingriff in der Siederei restlos behob. Wenn nun heutzutage das Ranzigwerden der Toiletteseifen tatsächlich an der Tagesordnung ist, so müssen dafür ganz andere Gründe maßgebend sein als die Parfumierung, die man aber zum Sündenbock machen möchte. Sicher kann ungeeignete Zusammenstellung der Riechstoffe in der Seife einen unangenehmen Geruch geben, der aber mit Ranzidität nichts zu tun hat, ebenso können verunreinigte „billige“ Riechstoffe und 100%ige Verunreinigungen solcher, die man sich heute nicht scheut anzuwenden, hier viel Unheil stiften, aber es kann in einer gut gesottenen, absolut einwandfrei bereiteten Grundseife kein Riechstoff Ranzidität hervorrufen, hier sind immer andere Faktoren verantwortlich zu machen. Am allerwenigsten kann aber ein früher immer ohne jeden Nachteil verwendeter Riechstoff heute plötzlich zum „Ranziditätserreger“ geworden sein, wenn ja, so möge man es dem Praktiker praktisch, nicht durch Theorien beweisen!

Da es jedoch von allgemeinem Interesse ist, die Wirkung der einzelnen Riechstoffe auf die Seife, ihre Haltbarkeit, wie auch ihren Einfluß auf die Farbe der Seife kennenzulernen, ist im folgenden eine Tabelle zusammengestellt, welche das nach besonders für diesen Zweck angestellten Versuchen veranschaulicht.

Die verschiedenen ätherischen Öle und Riechstoffe wurden stets einzeln für sich einer neutralen, weißen Grundseife zugesetzt und zeigten nach einem Lager von 6 Monaten die folgenden Momente in bezug auf Geruch und Farbe:

Bevor wir die Mannsche Tabelle bringen, wollen wir nicht unterlassen, einige Bemerkungen prinzipieller Art betreffend den relativen Wert solcher persönlicher Beobachtungen vorauszuschicken.

Praktisch gesprochen können solche Beobachtungen über das Verhalten eines einzigen Riechstoffes in seiner Seife nur einen gewissen Wert haben als Hinweise, aber keinesfalls dürfen sie Anspruch darauf erheben — auch nur einigermaßen — als absolute Werte aufgefaßt zu werden.

Praktisch wird man niemals einen einzigen Riechstoff allein verwenden und wissen wir heute genügend von der Komplexwirkung von Riechstoffgemischen, um uns Rechenschaft darüber zu geben, daß ein gegebener Bestandteil sich in einem harmonisch-komplexen Gemisch ganz anders verhalten wird als bei einer — rein hypothetischen — isolierten Anwendung.

Außerdem kann eine Beobachtung in irgend einer Seife keinen Anspruch darauf erheben als für die Seife maßgebend aufgefaßt zu werden, ganz abgesehen von den oft großen Qualitätsunterschieden der Riechstoffe, die ebenfalls auf den Geruchseffekt einen großen Einfluß ausübt.

Wir haben also noch keinen Standardbegriff für Seife, ebensowenig für eine beliebige Qualität eines Riechstoffes, bei dem die Handelsbezeichnung sehr oft nichts besagt.

Also ebenso wie auch der beste Riechstoff in mangelhafter Seife nicht gut wirken kann, kann auch ein mangelhafter Riechstoff in der besten Seife keine guten Resultate geben.

In diesem Sinne wollen wir die Beobachtungen Manns und anderer Autoren, die diesbezügliche Veröffentlichungen gemacht haben, aufgefaßt wissen, ebenso auch unsere persönlichen Eindrücke, die wir, betreffend einige künstliche Riechstoffe, der Tabelle Manns anschließen.

Name	Geruch	Farbe
Ambrettol	sehr kräftig	gut
Amylacetat	schwach	gut
Anethol	feiner	gut
Aspic (Spiköl)	schwächer	grau
Aubépine (Anisaldehyd)	sehr gut	gut
Benzaldehyd	schwach	gut
Benzoe	schwach	schlecht
Bergamottöl	gut	gut
Bittermandelöl	schwach	gut
Bourbonal	gut	leicht bräunlich
Canangaöl	gut	gut
Carven	gut	gelblich
Cassiaöl	gut	gelblich
Cedernholzöl	schwach	gut
Citral	gut	gut
Citronellöl	gut	gelblich und fleckig
Citronenöl	gut	gut
Corianderöl	schwach	gut
Cumarin	gut	leicht gelblich
Eucalyptusöl	gut	gut
Eugenol	gut	gelblich
Fenchelöl	schwächer	gut
Fichtennadelöl	gut	gut
Geraniol	schwach	gut
Geraniumöl, Bourbon	sehr gut	gelblich
Geraniumöl, Palmarosa	gut	gut
Gingergrasöl	gut	gut
Heliotropin	sehr gut	gelblich
Hyacinthin (Phenylacetaldehyd)	schwächer	gelblich
Irisöl, flüssig	sehr schwach	gut
Iristinktur	ganz verändert und schlecht	gut
Isoeugenol	gut	gut
Isosafrol	gut	gut
Jasminöl	schwächer	gelblich
Jonon	gut	gut
Krauseminzöl	sehr gut	gut
Kümmelöl	schwach	gelblich
Kuromojiöl	gut	gut
Lavendelöl	gut	gelblich und leichte Flecken
Lemongrasöl	gut	leicht gelblich
Linaloeöl	gut	gut
Macisöl	gut	gut
Moschus, echt	schwächer, aber fein	gut
Moschus, künstlich	sehr gut	leicht gelblich
Nelkenöl	gut	grau
Neroliöl, künstlich	sehr gut	gelblich
Nerolin (Bromelia)	gut	gelblich
Niobeöl	sehr gut	gelblich
Opoponaxöl	schwach	gut

Name	Geruch	Farbe
Patchouliöl	gut	gut
Perubalsam	gut	grau
Petitgrainöl	gut	gelblich
Pfefferminzöl	gut	gut
Portugalöl	sehr schwach und verändert	gelblich
Rosenöl, echt	gut	gut
Rosenöl, künstlich	gut	gut
Rosenholzöl	gut	gut
Rosmarinöl	gut	gut
Salicylsäure-Amylester (Amylsalicylat)	sehr gut	gut
Sandelholzöl, ostind.	sehr gut	gut
Sassafrasöl	gut	gut
Safrol	gut	gut
Sternanisöl	gut	gut
Styrax	gut	leicht grau
Terpineol	gut	gut
Thymen	gut	gut
Thymianöl	gut	gut
Tolubalsam	sehr gut	bräunlich
Vanillin	sehr gut	braun
Verbenaöl	gut	gelblich
Vetiveröl	gut	grau
Wintergreenöl	sehr gut	gut
Ylang-Ylangöl	schwach	gut
Ylang-Ylangöl, künstlich	schwach	gut
Yara-Yara	sehr stark	gut
Zibet, echt	gut	gut
Zibet, künstlich	etwas verloren	gut
Zimtöl, Ceylon	gut	gelblich
Zimtblätteröl	gut	gelblich

(Die Qualitäten wurden so gewählt, daß der Geruch der einzelnen Riechstoffe bei der frsichen Seife genügend kräftig zum Ausdruck kam.)

Unter Bezugnahme auf die Angaben der Tabelle und auf die Wirkung der Riechstoffe überhaupt sei hier besonders hervorgehoben, daß z. B. ein Riechstoff, der, allein verwendet, in der Seife aus irgend einem Grunde weniger ausgiebig erscheint oder sonst nicht befriedigt, in geeigneten komplexen Gemischen mit anderen Riechstoffen ganz ausgezeichnet verwendbar sein kann. Analog kann auch ein Riechstoff allein verwendet die Seife in unerwünschter Weise verfärben, diesen Nachteil aber verlieren, sobald er in Kombination mit anderen Riechstoffen angewendet wird.

Wir wiederholen hier, daß die Verwendung eines einzigen Riechstoffes allein praktisch überhaupt nicht in Frage kommt.

Was nun die färbende Eigenschaft gewisser Riechstoffe im Seifenkörper anlangt, so ist diese für viele Riechstoffe notorisch, für viele andere aber nur manchmal zutreffend, möglich ist eine solche Verfärbung aber auch oft bei Riechstoffen, die als nicht färbend bekannt sind, wenn dies auch nur in gewissem Grade zutreffend ist. Es ist daher erfahrungsgemäß stets eine weise Vorsichtsmaßregel, die Toiletteseife, wenn auch nur schwach mit geeigneten Farbstoffen zu färben, weil man hierdurch oft Unannehmlichkeiten, die aus der Verfärbung des Seifenstückes durch die Riechstoffe entstehen können, wirksam vorbeugen kann.

Bei weißen Seifen mit einigermaßen komplizierter, raffinierterer Parfumierung setzt man sich a priori immer gewissen unerfreulichen Zufällen durch Verfärbung des anfänglich rein weißen Seifenstückes aus, was zu bedenken ist.

Nachstehend sollen nun noch einige wichtige Riechstoffe genannt werden, die in vorstehender Tabelle nicht erwähnt wurden, wozu bemerkt werden soll, daß es selbstverständlich nicht möglich sein kann, etwa alle bekannten Riechstoffe hier anzuführen.

Benzylacetat, sehr gut im Geruch, um dauernd haltbar zu sein, gut zu fixieren. Färbt nicht.

Rhodinol, Citronellol, Linalool, ganz vorzüglich haltbar im Geruch und färben gar nicht.

Zimtaldehyd, gut haltbarer Geruch, färbt bräunlich.

Acetophenon und **Methylacetophenon,** vorzüglich im Geruch, haltbar, färben nicht.

Methylanthranilat, ausgezeichnet und kräftig im Geruch, sehr gut haltbar. Verfärbt oft, aber nicht immer, gelblich. In kleinen Mengen gar nicht färbend.

Bromstyrol, vorzüglich in Geruch und Haltbarkeit, färbt nicht.

Phenylacetaldehyd, recht gut in Geruch und Haltbarkeit, färbt gelblich.

Diese beiden Hyazinthen-Riechstoffe, die auch als Hyacinthin bezeichnet werden (meist ist diese Bezeichnung für den Phenylacetaldehyd reserviert) leisten mannigfache Dienste. Kräftiger wirkt im allgemeinen das Bromstyrol, das viele Parfumeure dem Phenylacetaldehyd in der Seifenparfumierung vorziehen. Phenylacetaldehyd ist am besten in 50%iger alkoholischer Lösung zu verwenden, da er in konzentriertem Zustande nicht lange unverändert haltbar ist.

Phenyläthylalkohol ist vorzüglich wirksam und haltbar, färbt gar nicht. Seine Verwendungsmöglichkeit ist, abgesehen von Rosenkompositionen, bei denen er als klassischer Bestandteil bekannt ist, eine ungemein vielseitige.

Zimtalkohol. Obwohl von schwachem Eigengeruch, ist er ein wichtiger Fixateur, der viele andere Gerüche fixiert, abrundet und hervorhebt. Er ist ein wichtiger Bestandteil zahlreicher Seifenparfums und universell anwendbar.

Cinnanylacetat und Cinnanylbutyrat geben eine frisch-balsamische Grundlage für zahlreiche Kompositionen; sie wirken auch fixierend und abrundend. Analog wirken auch die Ester der Zimtsäure, z. B.:

Methyl- und Aethylcinnamat, Butylcinnamat, Benzylcinnamat, u. a. Alle diese Cinnamate geben dem Seifenparfum eine prächtige Unterlage, Weichheit und Haltbarkeit.

Amylcinnamat und ganz besonders **Isobutylcinnamat (Labdanol),** geben kräftige balsamische Noten, die hier sehr willkommen sind; auch fixieren diese beiden Ester vorzüglich.

Linalylcinnamat besitzt neben einer balsamischen Note einen blumenartigen Geruch, der an jenen der Lilie erinnert. Er dient als Hauptnote für Lilienparfums und als Abrundungs- und Fixiermittel für zahlreiche Kompositionen.

Die Ester des Zimtalkohols und die Cinnamate färben nicht und sind sehr ausgiebig und haltbar. Oft genügen kleine ja spurenhafte Mengen um originelle Wirkung zu erzielen. Sie sind universell verwendbar.

Hydroxycitronellal (auch Di-Hydroxycitronellal und das Acetal des Hydroxycitronellals). Das reine Produkt ist in der Seife nur wenig ausgiebig und versagt oft. Dagegen ist das technische, nicht gereinigte Produkt (Hydroxycitronellal II.) in neutraler Seife recht gut verwendbar. In analoger Weise kann auch ein Gemisch etwa gleicher Teile reinen Hydroxycitronellals und der harzigen Hydroxycitronellal-Rückstände als gut haltbar und ausgiebig verwendet werden.

Diese Rückstände oder sog. Hydroxycitronellal-Terpene stellen einen ganz vorzüglichen Riechstoff zur Seifenparfumierung dar und werden viel verwendet.

In komplexe Kompositionen eingearbeitet ist aber auch das reine Hydroxycitronellal für Seifen häufig gut verwendbar und wirkungsvoll.

Aurantiol besitzt einen kräftigen, feinen Geruch nach Orangenblüte, es ist in Seifen haltbar und ausgiebig; färbt nur wenig.

Methyl-Naphtylketon besitzt ebenfalls kräftigen Orangenblüten-Geruch, ist vorzüglich haltbar und färbt nicht. Dieser Riechstoff findet sehr häufig Anwendung. Ähnlich wirkt auch **Phenyl-Naphtylketon.**

Santalol ist vorzüglich haltbar und gibt kräftigen, feinen Sandelgeruch, der als Haupt- und Unternote wertvoll ist.

Santalylacetat, Santalylbutyrat u. a. Ester des Santalols geben eigenartige Noten im orientalischen Geschmack, auch zu Tabak-Phantasienoten verwendbar.

Iris-Santalol auch Irisöl flüssig genannt gibt Sandelnoten mit Irisgeruch. Wertvoll für Chypres und unzählige Phantasienoten.

***a*-Amylzimtaldehyd** (Jasminaldehyd) von kräftigem Jasmingeruch, zu Jasmin- und Phantasiekompositionen, auch Flieder und anderen Blumenbuketts von großem Wert. Ist vorzüglich haltbar und kräftig wirkend.

Vetiverol und Vetiverylacetat. Feiner Vetivergeruch, kräftig und haltbar.

Dimethylbenzylcarbinol. Kräftige Basis für Flieder-Muguet und andere Blumennoten.

Hydrozimtaldehyd. Fetter Blattgeruch; wertvoll für Flieder usw.

Jonon und Methyljonon. Im allgemeinen sind technische, nicht gereinigte Sorten vorzuziehen; in neutraler Seife können auch die reinen Produkte verwendet werden.

Benzylidenaceton. Sweet Pea-Geruch, auch zu Phantasiekompositionen usw. verwendbar. Eine gewisse Vorsicht in der Dosierung ist angebracht, denn dieser Riechstoff soll hautreizend wirken.

Benzophenon. Unbestimmt blumiger Geruch, der gute Dienste bei vielen Kompositionen leisten kann.

Diphenylmethan und Diphenyloxyd besitzen kräftigen Geraniumgeruch; beide leisten vorzügliche Dienste für Rosenkompositionen billigerer Art, auch für Phantasiebuketts.

Methylsalicylat das Prinzip des Wintergrünöles, herb-krautiger Geruch; als Kontrast.

Ester der Phenylessigsäure.

p-cresyl-Phenylacetat besitzt Narzissengeruch; zu vielen Kompositionen, speziell aber zu Narcissenbuketts verwendbar.

Methyl-Phenylacetat und Aethylphenylacetat. Honig- und Wachsartige Noten, wertvoll zu Narcissenkompositionen, Tabak u. a.

m-cresyl-Phenylacetat. Blumige Note mit moschusartigem Einschlag.

p-cresylacetat. Sehr starker Narzissengeruch mit urinöser Beinote. Nur in kleinen Mengen und gut abgerundet verwendbar.

Benzylbutyrat. Jasmingeruch mit fruchtartiger Unternote. Zu vielen Kompositionen, speziell für Jasmin zum Auffrischen.

Geranylacetat und Geranylbutyrat. Rosennoten.

Linalylbutyrat. Lavendelnote: zum Abtönen von Lavendelbuketts.

Phenyläthylbutyrat. Fruchtartige Rosennote, wertvoll zum Abtönen von Rosentypen.

Terpinylacetat. Bergamottartiger Geruch. Für billige Bergamottöl-Imitationen, auch zu Phantasiekompositionen billiger Art. Feiner wirkt **Linalylacetat.**

Soweit die kurze Erwähnung der wichtigsten künstlichen Riechstoffe, die in der Parfumierung der Toiletteseifen sicher eine sehr bedeutende Rolle spielen, ohne daß wir indessen auch nur einen Augenblick die nicht minder große Wichtigkeit der natürlichen Riechstoffe in Form ätherischer Öle, Resinoide, Balsame usw. in der Seifenparfumierung verkennen dürfen.

Die Resinoide, besonders die Balsam-Resinoide leisten hervorragende Dienste auch zur Seifenparfumierung als wertvolle Fixateure und Abrundungsmittel, ebenso wie die entsprechenden aromatischen Harze usw. also Tolubalsam, Perubalsam, Weihrauch, Labdanum, Styrax, Benzoe Siam und Sumatra u. a.

Sehr wertvoll sind auch gewisse aus aromatischen Harzen destillierte ätherische Öle wie Labdanumöl, Styraxöl und Weihrauchöl (Olibanöl), speziell letzteres läßt reizvolle Tönungen erzielen. Auch der Copaivabalsam ist ein wertvoller Fixateur und wird oft unter Phantasienamen als Fixierharz für Seifen in den Handel gebracht. Ähnlich wirkt der Gurjunbalsam. Auch die ätherischen Öle dieser Balsame das Copaivabalsam- und das Gurjunöl können, obwohl sehr schwach riechend, gute Dienste leisten.

Opoponaxresinoid, Opoponaxharz und Opoponaxöl sind ebenfalls wertvolle Parfums für Seifen.

Eichenmoosresinoid, Eichenmoosextrakt absolut sind auch wertvoll für die Toiletteseifen-Parfumierung und unentbehrlich für Chypres und unzählige Phantasiekompositionen, hervorragend geeignet, um z. B. auch Lavendelkompositionen zu variieren, bzw. harmonisch abzutönen.

Eichenmoos verfärbt die Seife aber ziemlich stark grau-grünlich. Auch gute Sorten von Eichenmoos-Rückständen (Wachse) sind zur Parfumierung von Toilette-Seifen verwendbar (siehe auch weiter unten). Erwähnt seien hier auch noch die Citronen-Terpene, die, wenn guter Beschaffenheit vorzügliche Dienste als Seifenparfum leisten können, ebenso Orangenterpene, Nelkenterpene u. a.

Außer den bereits in der Tabelle erwähnten ätherischen Ölen seien noch folgende genannt:

Guajakholzöl. Vorzüglicher Fixateur für Rosengerüche und Blumenbuketts verschiedenster Art, auch für Phantasiekomposotionen.

Palmarosaöl für Rosengerüche und viele andere Kompositionen.

Angelikawurzelöl für Lavendelbuketts und Phantasiegerüche.

Majoranöl, Pimentöl, Ingweröl, Kamillenöl blau und Estragonöl. Von letztgenannten Ölen kommt besonders dem Estragon große Bedeutung als Spezialnote bei diversen Phantasiebuketts, besonders der Typen Fougère, Chypre und Origan zu.

Auch Petitgrainöl Citronnier und Petitgrainöl Mandarinier sind sehr wertvolle Riechstoffe, abgesehen von den klassischen ätherischen Ölen wie Geraniumöl, Lavendelöl, Petitgrainöl, Bergamottöl, Portugalöl-Orangenöl bitter, Mandarinenöl, Citronenöl, Nelkenöl, Cassiaöl, Citronellöl, Linaloeöl, Zimtblätteröl, Sassafrasöl, Patchouliöl, Cedernöl, Thymianöl, Rosmarinöl, Macisöl, Salbeiöl, Spiköl, Eucalyptusöl, Fichtennadelöl, Fenchelöl, Kümmelöl, Lemongrasöl, Canangaöl, Wintergreenöl, Ylang-Ylangöl (besonders billigere Marken wie Réunionöl u. a.) u. a.

Auch geeignete, fertig komponierte künstliche ätherische und Blütenöle (Jasmin, Neroli, Orangenblüte, Narzisse, Rose, Maiglöckchen u. a. sind von großer Bedeutung, ebenso künstliche Ambra, Moschuskompositionen o. dgl., wie sie bereits früher bei der Extraitsherstellung beschrieben wurden, bzw. wie solche weiter unten, speziell zum Gebrauch bei der Seifenparfumierung, eingehend erläutert werden sollen.

Die einzelnen künstlichen Moschussorten betreffend sei gesagt, daß vor mißbräuchlicher Anwendung, d. h. in zu großen Mengen zu warnen ist. Sehr gemildert wird die brutale Wirkung des künstlichen Moschus, (besonders Xylolmoschus) durch Mitverwendung balsamischer Noten (Tolu, Labdanum, Perubalsam o. dgl.).

Auch Moschuskompositionen nach Art des Mosco u. a. wirken ungleich milder als Xylolmoschus. Am mildesten wirkt Ambrettemoschus, auch Ketonmoschus ist weniger brutal, dagegen hat der Xylolmoschus, der hier besonders häufig verwendet wird, eine sehr brutale Wirkung.

Wo es der Preis erlaubt, sollte echte Moschustinktur, wenigstens in kleinen Mengen mitherangezogen werden, oder wenigstens die ungleich wohlfeilere Moschusbeutel-Tinktur. Zibettinktur ist ebenfalls ein vorzügliches Fixier- und Abrundungsmittel; Castoreumtinktur ist sehr wertvoll als Fixateur und teilweises Ersatzmittel für echten Moschus; Castoreumtinktur sollte häufigere Verwendung finden, als dies bis jetzt in der Deutschen Parfumerie der Fall war.

Betreffs der Verwendung von Yara-Yara soll stets weise Vorsicht walten und vermeiden viele Parfumeure dieses Produkt überhaupt zu verwenden, denn sein unangenehm kratzender Geruch macht sich in oft geradezu belästigender Weise bemerkbar. Bromelia zeigt diesen Übelstand viel weniger, doch muß auch bei Verwendung dieser Nerolin-Art Vorsicht walten. Beide Nerolin-Arten kommen nur zur Parfumierung ganz billiger Seifen in Betracht.

Eine zweckmäßige Parfumierung der Toiletteseifen kann nur unter gleichzeitiger Verwendung natürlicher und künstlicher Riechstoffe geschehen und ist, selbst bei einfachen, billigen Seifen darauf Bedacht zu nehmen auch stets einen gewissen Prozentsatz an natürlichen ätherischen Ölen mit zu verwenden, also keinesfalls etwa nur künstliche Riechstoffe zur Parfumierung heranzuziehen. Meist machen die natürlichen ätherischen Öle usw. den größten Teil des Toiletteseifen-Parfums aus, in anderen Fällen kann auch die Menge der künstlichen Riechstoffe überwiegen. Doch können auch in einem fast zur Gänze aus künstlichen Riechstoffen zusammengestellten Seifenparfum relativ kleine, ja allerkleinste Mengen eines geeigneten natürlichen Riechstoffes eine entscheidende, wichtige Rolle für die Wirkung des komplexen Parfums spielen, ein Umstand, dem in entsprechender Weise stets Rechnung zu tragen ist.

Ist es praktisch, Seifenparfums vorrätig zu halten?

Setzt sich ein Seifenparfum nur aus ätherischen Ölen zusammen, dann ist gegen das Vorrätighalten desselben in den seltensten Fällen etwas einzuwenden. Anders wird jedoch die Sache, sobald Körper in dem Parfum enthalten sind, die in ihm in Lösung gehalten werden. In diesem Fall kommt es sehr häufig vor, daß die Seifenparfums sich sowohl im Geruch, als auch in der Farbe ungünstig verändern. Das trifft besonders bei Seifenparfums zu, die künstlichen Moschus, Heliotropin, Vanillin, Cumarin usw. in größeren Quanten in Lösung enthalten. Die in der Farbe auf dem Lager dunkler gewordenen Parfums übertragen die dunkle Farbe naturgemäß auf die damit parfumierte Seife.

Ein weiterer Nachteil des Vorrätighaltens der Parfums ist noch der, daß sie sich in den Seifen später ganz anders entwickeln als die frischen Kompositionen und auch gar häufig dadurch den Stein des Anstoßes bilden, daß die Seife am Lager verdirbt.

Wie schon eingangs gesagt, vertragen sich die meisten ätherischen Öle auch in der Vermischung sehr gut und verändern sich nicht oder doch nur unwesentlich. Es ist daher gegen derartige Mischungen kaum etwas einzuwenden. Alle Seifenparfums jedoch, die irgend welche Kristalle von Riechstoffen in Lösung enthalten, halte man nach Möglichkeit nicht auf Vorrat, sondern verbrauche sie so schnell wie möglich. Man erspart sich dadurch viele Unannehmlichkeiten. Es dürfte auch wohl überall angängig sein, die nötigen Parfums stets frisch herzustellen.

Zum Schlusse nun noch einige Worte über die Einwirkung des Lichtes auf fertige Seifenparfums. Es gilt hier dasselbe, was über die Belichtung der ätherischen Öle bekannt ist, nämlich, daß man sie möglichst dunkel aufbewahren soll. Noch mehr gilt aber diese Erfahrung von den Seifenparfums, die besonders künstlichen Moschus enthalten, denn sie sind mehr als alle anderen der Veränderung ausgesetzt. Der künstliche Moschus zeigt je nach dem Ausgangsmaterial sowie seinem Reinheitsgrad verschiedenartige Neigungen und Einwirkungen auf die Parfums, und zwar besonders bei deren Belichtung. Es kann sehr leicht vorkommen, daß sich ein Parfum im Lichte ganz unverändert erhält, während es das andere Mal nach ganz kurzer Zeit vollständig braun wird. Blaue Flaschen haben sich als nicht genügend lichtdurchlässig erwiesen. während man mit braunem Glase bessere Erfahrungen gemacht hat.

Andauernde grelle Belichtung der Seife macht diese ranzig und zerstört das Parfum vollständig.

Auf jeden Fall überlege man sich erst ganz genau, welche Parfums man vorrätig halten will, wenn es überhaupt nicht möglich ist, anders durchzukommen.

Die Verwendung künstlicher Riechstoffe zur Parfumierung von kaltgerührten Seifen.

Durch die vielen guten und auch zum Teil recht preiswerten künstlichen Riechstoffe ist auch für die Parfumierung der kaltgerührten Cocosseifen eine reiche Abwechslung geschaffen worden. Ist diese Varietät der Parfumierung auch nicht so groß wie bei den pilierten Toiletteseifen, so bietet sie doch immerhin genügende Abwechslung um vielen Wünschen gerecht zu werden.

In der Hauptsache wird aber immer noch bei der Parfumierung der einfachen Cocosseifen auf die Billigkeit des Parfums gesehen werden müssen, so daß eine ganze Reihe vorzüglicher Riechstoffe leider nicht in Frage kommen können, wenngleich ihre Ausgiebigkeit eine große ist. Anderseits würde der Parfumeur bei manchen gerade der feinsten und teuersten Riechstoffe eine arge Enttäuschung erleben, denn diese halten sich eben bei der innigen Berührung mit Alkali nicht und verändern ihren Geruch vollkommen.

Ein sehr interessanter Körper ist hier das M e n t h o l. Einer reinen Cocosseife zugesetzt, gibt es ein sehr feines Parfum ab, das aber an alles andere, nur nicht an Menthol erinnert. Man könnte glauben, irgend einen ganz feinen Riechstoff zur Parfumierung herangezogen zu haben. Andere Riechstoffe wieder, wie z. B. Yara-Yara, die doch an sich sehr stark duften, ergeben in der Cocosseife wohl einen gleichen Duft, doch enttäuscht die Stärke ungemein.

Es seien hier nun diejenigen Riechstoffe angeführt, die sich zur Parfumierung der Cocosseifen besonders eignen.

A n i s a l d e h y d (A u b é p i n e) gibt einen sehr schönen, feinen Duft; er hält sich gut in der Seife und ist recht zu empfehlen. Man hat sogar bei pilierten Seifen oft das Gegenteil behaupten hören, doch dürfte hier das negative Resultat mehr auf falsche Zusammenstellung eine der übrigen Parfumzutaten zurückzuführen sein.

Benzaldehyd, chlorfrei, ist zur Genüge für die Parfumierung der besseren Mandelseifen bekannt. Je reiner, chlorfreier man die Ware nimmt, um so weniger setzt man sie dem Fleckig- oder Gelbwerden aus.

Benzoesäure-Methylester (Niobeöl) ist ebenfalls recht brauchbar. Der Geruch kommt in einer ganz angenehmen Nuance zur Geltung und man braucht nur wenig, um eine schöne Wirkung zu erzielen. Auch hält sich der Geruch gut und rein.

Benzylacetat, chlorfrei, allein anzuwenden ist nicht ratsam, wohl aber dann, wenn ihm ein guter Fixateur beigegeben ist. Im anderen Falle verflüchtigt es sich zu schnell, was übrigens auch bei Verwendung zu pilierten Seifen häufig zu bemerken ist. Mit Geraniumöl und Nelkenöl zusammen gibt es sehr hübsche Effekte.

Bornylacetat ist ganz vorzüglich für Cocosseifen zu verwenden. Es ist sehr stark und kommt ungemein fein zur Geltung. Bei Kräuterseifen bildet es eine brillante Grundlage, da es sich unbegrenzt hält.

Citronellal techn., eignet sich vorzüglich für gute Honigseifen, einen in manchen Gegenden noch immer sehr gern gekauften Artikel. Auch für andere Parfumkompositionen ist es empfehlenswert, da es diese stärker hervortreten macht.

Cumarin ist ein sehr dankbares Produkt. Es hält sich sehr gut und bringt auch in der Komposition diese gut zur Geltung. Schon kleine Quantitäten genügen.

Eugenol ist sehr gut im Geruch und auch recht gut haltbar. Es zeigt nur das Bestreben, rein weiße Seifen etwas zu verfärben und ihnen einen Ton ins Gelbliche zu verleihen. Es ist sehr zur Unterstützung anderer Riechstoffe, wie Geraniumöl usw., zu empfehlen.

Geranylacetat dürfte sich in gewissen Rosenparfums recht gute Geltung verschaffen können und ist für bessere Lilienmilchseifen in Betracht zu ziehen.

Heliotropin gibt ein feines Parfum, allein es enttäuscht doch auch in mancher Beziehung. Es riecht wohl fein, aber der eigentliche Heliotropgeruch geht doch teilweise verloren. Auch kann man beobachten, daß hin und wieder Flecken in den Seifen erscheinen, die nur auf das Heliotropin zurückzuführen sein dürften.

Isobornylacetat ist sehr gut zu verwenden und von ihm gilt dasselbe, was von dem Bornylhcetat gesagt ist.

Isobornylformiat ist auch verwendbar, nur bleibt sein Geruch in den Seifen nicht immer ganz rein erhalten. In Kompositionen ist es zu empfehlen.

Isoeugenol ist ganz vorzüglich im Geruch und hält sich auch gut. Es verfärbt aber die rein weißen Seifen etwas ins Cremefarbige, was zu beachten ist. Parfumiert man eine Seife allein mit Isoeugenol und nimmt etwas reichlich davon, so wird man bemerken, daß die Seife das Bestreben zeigt auseinander zu gehen. In kleinen Formen wird sie jedoch wieder ganz glatt, in großen aber sieht man die Einwirkung in Gestalt von Adern, die immerhin störend sind.

Isosafrol kann recht gut verwendet werden, doch ist Safrol bei Cocosseifen vorzuziehen, da ersteres sich schnell verriecht. Mit der geeigneten Unterstützung aber ist seine Verwendung empfehlenswert, da es ein angenehmes Parfum ergibt.

Jonon für Seifen II läßt sich auch für Cocosseifen gut verwenden. Sein Preis ist nicht allzu hoch und mit ziemlich geringem Zusatz kann man unter Verarbeitung von Terpineol, Moschus, künstl. usw. sehr gute Veilchenseifen herstellen, die auch nicht gar zu teuer kommen.

Linalylacetat. Cocosseifen an Stelle von Bergamottöl mit Linalylacetat parfumieren zu wollen ist nicht ratsam, da der Geruch zu wenig zum Ausdruck kommt.

Maiglöckchenblütenöl. Nur des Interesses halber sei hier noch auf diesen Artikel aufmerksam gemacht. Während er sich in pilierten Fettseifen ganz vorzüglich hält und prachtvolle Geruchseffekte damit zu erzielen sind, büßt er seinen lieblichen Duft in der Verbindung mit dem Alkali der Kokosseifen fast vollständig ein, so daß von einer Verwendung unbedingt Abstand genommen werden muß.

Moschus, künstlich, gibt ein hochfeines Aroma. Man löst ihn am besten in den weiter zur Parfumierung verwendeten Riechstoffen, wobei man auf vollständige Lösung achten muß. Es kann sonst sehr leicht vorkommen, daß sich in der Seife braune Flecken bilden. Überhaupt ist es empfehlenswert, mit künstlichem Moschus parfumierte Seifen gefärbt zu halten, am besten rehbraun. Auf alle Fälle ist der Geruchseffekt ein ganz hervorragender.

Nerolin (Bromélia) eignet sich gut zur Parfumierung von Cocosseifen. In einzelnen geeigneten Kompositionen kommt es vorzüglich zur Geltung und gibt einen kräftigen Duft bei nicht zu großem Zusatz. Im allgemeinen enttäuscht es ein klein wenig, da man mehr erwarten zu müssen glaubt.

Neroliöl, künstlich, für Seifen. Mit diesem Produkte kann man auch in Cocosseifen brillante Wirkungen erzielen, ohne daß sich die Ware zu hoch im Preise stellt. Das künstliche Neroliöl hält sich sehr gut und ist für einfache Eau de Cologneseifen zu beachten.

Safrol ist so ziemlich das Ideal der billigen Seifenparfumierung. Es hält sich unbegrenzt, ist sehr billig, dazu ungemein ausgiebig und kann mit allen möglichen andern Riechstoffen zusammen verarbeitet werden, ohne ungünstig auf diese einzuwirken. Für ganz billige Seifen wird es denn auch in mehr als reichlichem Umfange herangezogen.

Salicylsäureamylester (Amylsalicylat) ist der Grundriechstoff für Klee-Parfums. Durch geeignete Zusätze kann man damit sehr schöne Parfums herstellen.

In Verbindung mit Geraniumöl, Eugenol und Cumarin erreicht man eine hochfeine Seifenparfumierung. Ebenso in Mischungen mit Terpineol Anisaldehyd usw.

Salicylsäuremethylester (Wintergreenöl, künstlich) wird nur wenig verwendet, da sein an sich angenehmer Geruch schnell verschwindet. Wo man aber gute Zusammensetzungen trifft, da zeigt sich auch dieser Riechstoff als ganz gut verwendbar.

Terpineol wird schon infolge seiner Billigkeit in breitem Rahmen zur Parfumierung von Toiletteseifen verwendet. Es hält sich auch in den Cocosseifen ganz vorzüglich und bildet eine gute Grundlage für bessere Parfumierung; es ist sehr zu empfehlen.

Thymen ist wie Safrol sehr gut und billig zur Parfumierung ganz geringer Seifensorten. Es hält sich gut in der Seife, und man braucht auch nicht zu große Quantitäten.

Vanillin ist für Cocosseifen nicht zu empfehlen. Ist auch sein Geruch in den Seifen kein unangenehmer, so gibt es doch mit der Zeit braune Flecken in der Seife, was deren Verkauf erschwert. Selbst bei Kompositionen hat man diese Erfahrung gemacht.

Yara-Yara zeigt sich ebenfalls als ein kräftiges Parfum, doch wirkt es in Cocosseifen lange nicht so nachhaltig, wie man wohl annehmen sollte. Man verwende es mit Terpineol zusammen unter Zusatz von etwas Eugenol, Amylsalicylat und Geraniumöl.

Zimtaldehyd, chlorfrei, eignet sich zum Parfumieren von Seifen in hervorragender Weise. Er dringt sehr gut durch, ohne unfein zu riechen. Für sich allein wird er wohl selten angewendet werden.

Zimtsäureäthylester ist besonders für Rosenseifen zu empfehlen. In diesen Parfums findet er beste Verwendung, da er darin sehr gut zur Geltung zu bringen ist.

Auch viele andere Zimtsäure-Ester sind hier gut verwendbar. Mit diesen Angaben ist aber die Zahl der zur Parfumierung der kaltgerührten Seifen geeigneten künstlichen Riechstoffe auch nicht annähernd vollständig und zahlreiche andere künstliche Riechstoffe sind, namentlich in geeigneten komplexen Gemischen mit ätherischen Ölen, Resinoiden usw. hier recht gut geeignet.

Geraniol und Citronellol sind gut haltbar und geben kräftigen Rosengeruch.

Methylanthranilat wirkt gut, verfärbt aber oft im Kontakt mit dem Alkali.

Methyl-Naphtylketon wirkt gut, ebenso Phenyl-Naphtylketon; sie verfärben nicht.

Außer den künstlichen Riechstoffen stehen uns zahlreiche ätherische Öle als Parfum zur Verfügung, wie Spiköl, Cassiaöl, Nelkenöl, Macisöl, Patchouliöl, Angelikaöl, Zimtblätteröl, Guajakholzöl, Thymianöl, Kümmelöl, Citronellöl, Rosmarinöl, Geraniumöl, Linaloeöl, und viele andere. Lavendelöl gibt nur relativ mäßiges Effekte, ebenso Portugalöl, Bergamottöl und andere.

Vermehrungsmittel und verbessernde Zusätze für Toiletteseifen.

Als Füllstoffe, die den Zweck haben, besonders die pilierten Toiletteseifen zu verbessern, sind zu nennen: Casein, Kaolin und Stärkemehl, und zwar findet sowohl Kartoffelstärke als auch Weizenstärke, Reisstärke, Maisstärke, usw. Verwendung.

Stärkemehl und andere Füllmittel.

Die Vermehrung der pilierten Toiletteseifen mit Stärkemehl wird ziemlich allgemein bei billigeren Sorten gehandhabt. Kartoffelmehl ist weniger zu empfehlen, da die damit gefüllten Seifen beim Verwaschen ein rauhes Gefühl auf der Haut verursachen. Weizenstärke, Reisstärke und Maisstärke zeigen diesen Übelstand in geringerem Maße und werden deshalb vorgezogen.

Die Verwendung von Talkum ist dagegen zu verwerfen, da die damit vermehrten Seifen nicht nur spezifisch schwerer ausfallen, so daß die Stücke bei demselben Gewicht kleiner werden, sondern sie erhalten auch ein stumpfes totes Aussehen und lassen die Klarheit der Färbung vermissen.

Der oft geübte Zusatz von etwa 0,5% Zinkoxyd oder etwa 0,2% Titandioxyd ist nicht als Füllung aufzufassen, sondern lediglich als mattierender Zusatz um das Seifenstück schön matt erscheinen zu lassen. Solche Zusätze sind heutzutage allgemein üblich und zu empfehlen.

Abgesehen von Füllmitteln und mattierenden Zusätzen, kommen aber vor allem geschmeidigmachende Zusätze in Form von Lanolin (etwa 3—5%), Rizinusölfettsäure (2—3%, auch 5%) oder geeigneter nicht korruptibler Fettgemische in Frage um den Seifenstrang besonders elastisch zu machen. Auch Caseinzusatz, eventuell in Kombination mit Fettstoff-Zusatz dient dem gleichen Zwecke und sind die so erzielten Verbesserungen oft bemerkenswert.

Manche dieser Zusätze wirken auch auf einen event. vorhandenen zu großen Alkaliüberschuß neutralisierend, wozu jedoch zu bemerken ist, daß es absolut vermieden werden muß das nötige Alkaliminimum durch Neutralisation zu entfernen, um Ranzigwerden der Seife zu verhüten.

Fettgemische

1. Vaseline, weiß	86 g	2. Stearin	200 g
Cetylalkohol	4 g	Ceresin, weiß	400 g
Lanolin, anhydr.	105 g	Vaselin, weiß	400 g
Benzoesäure	5 g	Benzoesäure	50 g

Die Benzoesäure wird in dem warmen Fettgemisch durch Erwärmen im Wasserbad gelöst.

Zusatz 2—3% einzupilieren.

Emulsion.

Man schmilzt 700 g weißes Wachs mit 1500 g Lanolin anhydr. zusammen und stellt warm. Zu dieser Schmelze gibt man allmählich unter Rühren eine heiße Lösung von 62 g Borax in 3000 g Wasser und erhitzt die Emulsion zum Sieden. In diese heiße Emulsion rührt man dann folgende Fettschmelze ein:

Stearin 400 g und Lanolin anhydr. 1500 g.

Das ganze Gemisch wird bis zum Erkalten gerührt.

Zusatz 2—3% zur Seife.

Casein.

Das reine Casein ist in getrocknetem Zustande von gelblicher Farbe hornartiger Konsistenz und in Wasser unlöslich; als Pulver sieht es weißlich aus. Es hat sich nun gezeigt, daß caseinhaltige Toiletteseifen vorzüglich haltbar sind, besser wie solche ohne Caseinzusatz, und daß die Caseinverbindung auch sehr vorteilhaft auf das Parfum einwirkt, indem sie es besser zum Vorschein bringt und anderseits etwas fixiert; dann auch wieder schäumen caseinhaltige Seifen sehr stark, fühlen sich beim Verwaschen ungemein zart an und sind von angenehmer Glätte. Zudem sind eiweißhaltige Waschwässer auch für die Haut vorteilhaft, so daß die Verwindung des Caseins sehr empfehlenswert erscheint.

Da das Casein in Wasser unlöslich ist, muß es erst löslich gemacht werden, was durch seine Kombinierung mit Alkalien, wie Borax, kalzinierter Soda, doppelkohlensaurem Natron, Natronlaugs oder auch Salmiakgeist geschehen kann.

Es folgen hier einige Ansätze zur Vorbereitung des Caseins für die Verarbeitung zu Toiletteseifen, doch sei dabei gleich bemerkt, daß es ganz auf die Qualität des Caseins ankommt, wieviel Alkali man zu seiner Lösung gebraucht. Es muß die erforderliche Menge daher von Fall zu Fall ausprobiert werden. Man kann z. B. nehmen:

Casein	8 520 g
Wasser	28 400 g
Borax	570 g

Casein	3 000 g
Wasser	10 000 g
Doppelkohlensaures Natron	200 g

Casein	3 000 g
Wasser	18 000 g
Kalz. Soda	100 g

Zur Verarbeitung bedient man sich sehr vorteilhaft eines Rührwerkes. In die wäßrige Lösung der Alkalien arbeitet man nach und nach das Casein hinein, wobei sich eine homogene Masse ergibt. Diese darf jedoch nicht alkalisch werden, also nicht auf Phenolphthalein reagieren, doch muß trotzdem alles Casein gelöst sein.

Eine sehr empfehlenswerte Arbeitsweise ist folgende: Man verrührt 10 kg Casein mit 15 kg kaltem Wasser und läßt es einige Stunden stehen, damit das Casein quellen kann. Sodann gibt man 25 kg heißes Wasser, worin man 1 kg Borax gelöst hat, unter Rühren zu, fügt noch ½ bis 1 kg Salmiakgeist (spez. Gewicht 0,910) langsam hinzu, rührt abermals tüchtig durch und läßt die nun klar gewordene Caseinlösung erkalten. Von dieser Lösung lassen sich zirka 10% den Grundseifenspänen in der Mischtrommel einverleiben, ohne befürchten zu müssen, daß die Seife dadurch feuchter wird, so daß sie noch mehrmals die Walzen passieren müßte, wobei ein größerer Trockenverlust eintreten würde. Ein großer Teil des vom Casein gebundenen Wassers trocknet dabei mit der Feuchtigkeit der Seife wieder aus, worauf man bei der Herstellung der Caseinlösung und der Kalkulation Rücksicht nehmen muß. Ebenso ist es manchmal notwendig, wenn man das Casein auf der Piliermaschine zusetzt, die Grundseife etwas trockener zu nehmen wie gewöhnlich, damit die Seife nicht zu feucht wird. Immerhin ist das Einarbeiten der Caseinmasse in die Seife auf der Mühle sehr einfach. Hier wird das Casein auch noch vorteilhaft dazu benutzt, um etwa überschüssiges Alkali zu neutralisieren, welcher Vorgang sich dadurch bemerkbar macht, daß die Seife während des Pilierens schwach nach Ammoniak riecht.

Besonders geschmeidige Seifen erhält man durch kombinierte Zusätze aus Fettstoffen und Caseinlösung z. B.

Casein-Fettgemisch

Casein	1700 g	Borax	160 g
Kaltes Wasser	6000 g	Kochendes Wasser	900 g

Das Casein mit dem kalten Wasser gut anrühren, dann die kochende Boraxlösung einrühren und das Gemisch unter Rühren bis zur völligen Lösung des Caseins erwärmen.

Andererseits schmilzt man 1500 g Lanolin anhydr. und löst darin 80 g Benzoesäure auf, sodann gibt man die heiße Caseinlösung zur Lanolinschmelze und vermischt gut durch Rühren, das bis zum Erkalten fortzusetzen ist.

Vegetabilische Pulver als Zusätze zu Toiletteseifen.

In Deutschland ist als Zusatz vor allem die Mandelkleie bekannt. Mandelkleieseifen werden stets gern gekauft, besonders von Personen mit recht empfindlicher Haut. Der Zusatz zur Seife beträgt in manchen Fällen bis zu 15% und dabei wird häufig noch etwas Borax oder bei einzelnen Sorten etwas Lanolin zugegeben.

In Enland erfreut sich das Hafermehl, Oatmeal genannt, sehr großer Beliebtheit und wird dort der Mandelkleie vorgezogen.

Ein sehr viel verwendeter Zusatz ist das Iriswurzel-Pulver.

Das Iriswurzelpulver dient in der Toiletteseifenfabrikation in erster Linie als Parfum für die Seifen, dann aber auch teilweise als Kosmetikum, da sein Zusatz wohltuend auf die Haut einwirkt. Um es den Toilettenseifen zusetzen zu können, muß es vor allen Dingen außerordentlich fein gemahlen sein.

Man setzt das Iriswurzelpulver den Grundseifen beim Pilieren zu, wobei es der Seifenmasse einen ins Graue stechenden Ton gibt. Aus diesem Grunde werden die Veilchenseifen mit Irispulverzusatz meist heller oder dunkler braun gefärbt, denn ohne Farbe würden die Seifen schmutzig aussehen.

Will man Irispulver einer kaltgerührten Cocosseife zusetzen, so ist zu beachten, daß es durch das freie Alkali sofort nach dem Einrühren dunkel zu werden beginnt und schließlich ganz braun oder schwarz wird, in welcher Nuance es sich dann auch hält. Die sogenannten „Englischen Veilchenseifen", welche neben Orangenschalenpulver auch Iriswurzelpulver enthalten, sind aus diesem Grunde alle dunkelbraun nachgefärbt, eben um diesen Umstand zu verdecken, andernfalls würden diese Seifen vollständig fleckig erscheinen.

Was nun die Menge des allgemein zugesetzten Iriswurzelpulvers anbelangt, so geht man meist nicht über 5% hinaus, da die Seife sonst leicht zu spröde und trocken wird. Tatsächlich bietet Iirswurzelpulver eine ganz vorzügliche Grundlage für Veilchenseifen, auch solche, die mit Jonon usw. bereitet werden. Das Pulver fixiert den Veilchengeruch und verstärkt ihn ganz erheblich, rundet ihn auch gleichzeitig harmonisch ab und trägt viel zur Natürlichkeit des Veilchengeruches bei.

Von anderen riechenden Pulvern seien erwähnt Sandelholzpulver als wertvolle Basis für Sandelholz-Seifen, Patchouliblätter, Eichenmoospulver, Steinkleepulver, gepulverte Vetiver- oder Sumbulwurzel usw.

Zu Unrecht hat man diese Zusätze als überholt und zwecklos bezeichnet; die französische Parfumerie hat sie in richtiger Erkenntnis ihres Wertes als geruchverstärkende Barsen stets beibehalten.

Mandelkleieseife

Grundseife	45 kg
Mandelkleiepulver	15 kg
Geraniumöl	200 g
Cumarin	20 g
Bittermandelöl, künstl.	100 g
Moschus, künstl.	20 g

Farbe: Hellbraun.

Oatmeal Soap

Grundseife	50 kg
Hafermehl	5 kg
Borax, pulv.	0,5 kg
Terpineol	400 g
Moschus, künstl.	25 g
Aubépine liq.	140 g
Neroliöl, künstl.	40 g
Heliotropin	25 g
Nelkenöl	30 g

Farbe: Hellbraun.

Veilchenseife

Grundseife (event. mit 10% Palmölgrundseife vermischt)	60 kg
Iriswurzelpulver	5 kg
Moschus, künstl.	80 g
Bergamottöl	250 g
Jonon II für Seifen, *H.&R.*	200 g
Irisöl, flüss.	45 g
Geraniumöl	60 g
Heliotropin	20 g
Neroliöl, künstl.	40 g

Farbe: Braun.

Sandelholzseife

Grundseife	80 kg
Sandelholzpulver	5 kg
Sandelholzöl, ostind.	400 g
Geraniumöl,	280 g
Cumarin	40 g
Neroliöl, künstl.	40 g
Patchouliöl	25 g
Moschus, künstl.	60 g
Resinoid Iris	60 g

Farbe: Braun oder gelbbraun.

Englische Veilchenseife

Grundseife	60 kg
Iriswurzelpulver	1,5 kg
Orangenschalenpulver	1,5 kg
Styrax, flüss.	1,5 kg
Bergamottöl	100 g
Viodoron	200 g
Perubalsam	100 g
Resinoid Iris	200 g
Moschus, künstl.	10 g
Neroliöl, künstl.	20 g

Konservierung der Toiletteseife

Diese bezweckt die Seife gegen Ranzigwerden zu schützen und geschieht durch Verwendung von Natriumthiosulfat, das meist mit geschmeidigmachenden Zusätzen Fettgemischen kombiniert zur Anwendung gelangt, die als solche aber auch gleichzeitig eine gute Konservierung erst möglich machen (Einhüllen des Natriumthiosulfats in Fettkörper um Verfärbungen bei Berührung mit Metallteilen (Sulfidbildung) zu verhüten).

Von besonderer Bedeutung ist aber die Tatsache, daß schon sehr geringe Mengen Natriumthiosulfat, nämlich 0,2% auf das Gewicht der Seife gerechnet, eine gute, dauernde Konservierung der Toiletteseifen ermöglichen, wie langjährige Versuche absolut bestätigt haben.

Zur Konservierung kaltgerührter Cocosseifen löst man für jedes kg zu verseifendes Fett 1 g Natriumsulfat in der Verseifungslauge auf.

Zur Konservierung pilierter Toiletteseifen wird ein geeignetes Fettpräparat, dem Thiosulfatlösung geeigneter Konzentration einverleibt wurde, einpiliert und zwar in solchen Mengen, daß der Thiosulfatgehalt der fertig pilierten Seife genau 0,2% beträgt.

Nachstehend zwei Vorschriften für

Konservierungs-Zusätze

1. Man löst 1000 g Natriumthiosulfat in 750 g Wasser. Diese Lösung im Gewicht von 1750 g wird erwärmt und in 2750 g geschmolzenes Lanolin eingearbeitet und bis zum Erkalten gerührt. Das Gesamtgewicht betrage genau 4500 g. (Event. korrigieren durch Zusatz warmen Wassers.)

Von diesem Gemisch werden 900 g entsprechend 200 g Natriumthiosulfat, in 100 kg Seife einpiliert.

2. Andere Vorschrift:

I.	Lanolin anhydr.	690 g	II. Borax	16 g
	Paraffin	314 g	Kochendes Wasser	200 g
	Weißes Wachs	200 g		
	Vaselinöl	390 g		
III.	Natriumthiosulfat	600 g	IV. Natronwasserglaslösung	390 g
	Wasser	200 g		

I. wird geschmolzen. II. wird zum Kochen erhitzt und zu der Schmelze I. zugerührt. Dieses Gemisch läßt man auf etwa 60° C abkühlen und rührt dann Lösung III. in mäßig warmem Zustande hinzu. Schließlich wird IV. zugesetzt und das Ganze bis zum Erkalten gerührt.

Das Gesamtgewicht betrage genau 3000 g. Für 100 kg Seife werden 1000 g einpiliert (entsprechend 200 g Natriumthiosulfat).

Sorgfältig durchgeführt, gestattet diese Methode die Toiletteseife dauernd gegen Verderben zu konservieren, auch gegen Ranzidität durch Metallvergiftung usw. Ausführlichere Rezeptur siehe Winter, Handbuch d. ges. Parfumerie und Kosmetik, 3. Aufl.

Parfumierungsvorschriften für Toiletteseifen.

Nur eine durchaus einwandfreie Grundseife kann auch auf die Dauer gut parfumiert werden, d. h. eine praktisch neutrale Grundseife, die kunstgerecht aus Neutralfetten gesotten und ohne Kühlung, allmählich in der Form erstarrt erhalten wurde.

Da viele, ja die meisten Riechstoffe früher oder später eine oft sehr häßliche Verfärbung der Seife hervorrufen können, die aber meist schon durch leichtes Anfärben der Seife harmonisiert werden kann, vermeidet es der erfahrene Fachmann möglichst, ungefärbte, weiße Toiletteseife herzustellen, abgesehen von einigen Spezial-Sorten mit einfacher Parfumierung (Lilienmilchseife, Kinderseife, Mandelseife usw.), bei denen die weiße Farbe obligatorisch ist.

Für eine gut parfumierte Durchschnitts-Toiletteseife soll die Menge der angewendeten Riechstoffe etwa 1% betragen, für Luxusseifen im Mittel 2% und mehr.

Einleitend soll zunächst die

Herstellung einiger Grundessenzen

kurz besprochen werden, die speziell in der Seifenparfumierung große Dienste leisten können. Es liegt auf der Hand, daß viele der bereits früher besprochenen Essenzen für Extraits usw. auch hier mit Nutzen herangezogen werden können.

Neroliöl Spezial S.

Petitgrainöl Paraguay	250 g	Perubalsam	40 g
Methylanthranilat	250 g	Aurantiol	80 g
Phenyläthylalkohol	200 g	Orangeöl, bitter	50 g
Linalool	300 g	Geranylformiat	20 g
Bergamottöl	200 g		

Diese Komposition leistet in unzähligen Fällen vortreffliche Dienste, ganz speziell bei Eau de Cologne-Seifen aber auch zu Phantasie- und Blumenbuketts aller Art.

Jasmin S. 1

Benzylacetat	120 g	Indol	0,24 g
Linalool	12 g	Canangaöl, roh	7,2 g
Benzylalkohol	36 g	Perubalsam	4,8 g
Methylanthranilat	9,6 g		

Jasmin S. 2

Benzylacetat	120 g	Canangaöl, roh	6 g
Phenyläthylalkohol	15 g	Perubalsam	3 g
Methylanthranilat	30 g	Ambrettemoschusz	5 g
α-Amylzimtaldehyd	40 g	Xylolmoschus	1 g
Aurantiol	5 g		

Rose S. 1

Citronellol	300 g	Phenyläthylalkohol	150 g
Geraniol	150 g	Decylaldehyd 10%	5 g
Geraniumöl, afr.	85 g	Irisöl, künstl.	5 g
Phenyläthylbutyrat	2 g		

Rose S. 2

Geraniumöl, afrik.	400 g	Jonon	40 g
Patchouliöl	20 g	Phenyläthylbutyrat	10 g
Geranylacetat	40 g	Perubalsam	50 g
Phenyläthylalkohol	120 g	Resinoid Benzoe	5 g
Nelkenöl	75 g	Linalool	75 g
Sandelöl, ostind.	50 g	Ambrettemoschus	2 g

Flieder S.

Hydroxycitronellal-Rückstände	28 g	Linalool	9 g
Terpineol	45 g	Cinnamylacetat	1 g
Phenylacetaldehyd 50%	5 g	Isoeugenol	1 g
α-Amylzimtaldehyd	10 g	Heliotropin	1 g
		Resinoid Benzoe	4 g

Ambraharz S.

Tolubalsam	100 g	Perubalsam	20 g
Vanillin	20 g	Xylolmoschus	40 g
Styrax, flüssig	50 g	Zimtalkohol	25 g

Ambra S., flüssig

Tolubalsam	150 g	Ambrettemoschus	150 g
Vanillin	150 g	Vetiveröl	20 g
Resinoid Benzoe Sumatra	30 g	Cumarin	5 g
Perubalsam	50 g	Benzylacetat	5 g
Patchouliöl	5 g	Isobutylcinnamat	2 g
Cypressenöl	10 g	Benzylcinnamat	100 g
Resinoid Labdanum	100 g	Benzylbenzoat	400 g
Xylolmoschus	80 g		

Vert de Chypre S.

Amylsalicylat	50 g	Cumarin	30 g
Sandelöl, ostind.	20 g	Terpineol	80 g
Patchouliöl	10 g	Ambra S., flüssig	20 g
Resinoid Eichenmoos	30 g		

Base Verte S.

Estragonöl	0,5 g	Ambraharz S.	5 g
Vetiveröl	12 g	Zimtalkohol	8 g
Cinnamylacetat	4 g	Jasmin S. 1	6 g
Sandelöl, ostind.	5 g	Ketonmoschus	4 g
Cumarin	5 g	Ambrettemoschus	2 g
Methyljonon	15 g	Rosenöl, künstl.	8 g
Perubalsam	5 g	Bergamottöl	50 g
Patchouliöl	2 g	Ess. absol. Eichenmoos	3 g
Vanillin	2 g	Amylsalicylat	10 g

Diese Grundessenzen leisten speziell bei der Phantasie-Parfumierung der Toiletteseifen gute Dienste, auch für solche billiger Art.

Weitere Vorschriften, bzw. Hinweise auf Herstellung solcher Grundessenzen sind in nachstehendem Abschnitt zu finden, auch später im Abschnitt einfache Toiletteseifen.

Nachstehend lassen wir nun Vorschriften für die Zusammenstellung von Parfums für Toiletteseifen verschiedener Art folgen.

Feine Toilettenseifen.

Savon Amaryllis

Grundseife	50 kg	Vanillin	20 g
Moschus, Xylol	15 g	Heliotropin	150 g
Bittermandelöl	150 g	Tolubalsam Tinktur	100 g
Geraniumöl	100 g	Canangaöl	8 g
Neroliöl, künstl.	90 g	Irispulver	1000 g
Irisöl	20 g		

Ambre Royal

Seife	120 kg	Resinoid Castoreum	5 g
Ambre A. Ma.	55 g	Solution Iris	25 g
Vanillin	65 g	Resinoid Oliban	25 g
Tolubalsam	400 g	Ambrettemoschus	45 g
Citronellol	150 g	Ketonmoschus	15 g
Geraniol	75 g	Castoreumtinktur	150 g
Geraniumöl Réunion	55 g	Resinoid Eichenmoos	15 g
Phenyläthylalkohol	75 g	Vetiveröl, Java	25 g
Rosenöl, bulgar.	15 g	Patchouliöl	10 g
Jasmin, künstl.	150 g	Bergamottöl	100 g
Resinoid Girofles	30 g	Sandelöl, ostindisch	15 g
Resinoid Vanille	10 g	Moschuskörnertinktur	100 g

Savon Ambrina

Ambraharz S.	150 g	Rose S.	250 g
Bergamottöl	250 g	Ambra S., flüssig	100 g
Cassiaöl	50 g	Neroli S.	75 g
Nelkenöl	50 g	Vert de Chypre S.	75 g

Seife 100 kg

Apple Blossoms

Rosenöl, künstl.	50 g
Geraniumöl, afrik.	150 g
Phenyläthylalkohol	50 g
Benzylacetat	200 g
Methylanthranilat	50 g
Neroliöl, künstl.	20 g
Ylang-Ylang, künstl.	250 g
Lavendelöl	35 g
Hydroxycitronellal II	45 g
Phenyläthylacetat	65 g
Citronenöl	50 g
Anisaldehyd	25 g
Benzaldehyd	15 g
Vanillin	25 g
Heliotropin	25 g
Cumarin	15 g
Amylacetat	55 g
Moschuslösung	75 g
Resinoid Tolu	50 g
Benzoetinktur	100 g
Zibettinktur	100 g

Seife 150 kg.

Benzoeseife

Tolutinktur	500 g
Vanillin	20 g
Perubalsam	250 g
Resinoid Benzoe Sumatra	250 g
Benzylcinnamat	75 g
Lavendelöl	150 g
Cassiaöl	70 g
Nelkenöl	50 g
Mosco	30 g

Seife 100 kg

Savon Bouquet de la Reine

Romanis III, *Sch. & C.*	750 g
Cedernholzöl	250 g
Sandelöl, ostindisch	65 g
Patchouliöl	25 g
Vetiveröl Réunion	35 g
Cumarin	50 g
Heliotropin	75 g
Citronenöl	70 g
Ylang-Ylangöl, künstl.	50 g
Bergamottöl	100 g
Mandarinenöl	20 g
Vanillin	15 g
Ambrettemoschus	20 g
Xylolmoschus	10 g
Animalin W., *Sch. & C.*	15 g
Moschusbeuteltinktur	110 g
Resinoid Sumatra	100 g

Seife 100 kg.

Royal Bouvardia

Sweet-Pea, künstl.	60 g
Benzylacetat	200 g
Citronellol	200 g
Neroliöl, künstl.	300 g
Bergamottöl	300 g
Amylsalicylat	150 g
Phenyläthylalkohol	250 g
Methylanthranilat	130 g
Zibet, künstl.	15 g
Moschuslösung	70 g
Ylang-Ylang, künstl.	100 g
Benzoetinktur	100 g
Zibettinktur	100 g
Ketonmoschus	25 g

für 150 kg Seife.

Savon Chèvrefeuille

Muguet S.	450 g
Anisaldehyd	60 g
α-Amylzimtaldehyd	20 g
Sandelöl, ostind.	40 g
Cumarin	10 g
Zimtalkohol	100 g
Ambrettemoschus	10 g
Methylanthranilat	80 g
Phenyläthylalkohol	60 g
Petitgrainöl Parag.	80 g
Aurantiol	60 g
Orangenöl, bitter	20 g
Methylphenylacetat	20 g
Aethylphenylacetat	70 g
Jasmin S.	50 g
Resinoid Tolu	30 g
Hydroxycitronellal II.	50 g
Neroli S.	30 g
Phenylessigsäure	10 g
Zibettinktur	75 g

Seife 120 kg.

Chypreseifen

1. Chypre Royal

(französisches Chypre)

Cumarin	50 g
Cedernholzöl	100 g
Resinoid Eichenmoos	80 g
Vanillin	5 g
Patchouliöl	50 g
Vetiveröl	30 g
Sandelöl, ostindisch	70 g
Bergamottöl	150 g
Geraniumöl, afrik.	50 g
Rosenöl, künstl.	50 g
Ketonmoschus	10 g
Ambrettemoschus	5 g
Benzoetinktur	150 g
Tolutinktur	40 g
Moschustinktur	150 g
Resinoid Labdanum	50 g

Seife 50 kg.

2. Chypre, englisch

Irisöl, konkret	5 g
Patchouliöl	40 g
Sandelöl, ostindisch	100 g
Vetiveröl	100 g
Rosenöl, künstl.	100 g
Citronellol	200 g
Resinoid Eichenmoos	60 g
Methylanthranilat	30 g
Bergamottöl	75 g
Moschuslösung	100 g
Ambrettemoschuslösung	50 g
Benzoetinktur	100 g

Seife 75 kg.

Savon Chypre (Luxusqualität)

Cumarin	65 g	Chypre I	200 g
Cedernholzöl	150 g	Chypre II	150 g
Neroli S.	60 g	Rosenöl, künstl.	50 g
Patchouliöl	35 g	Ambre, S., flüssig	80 g
Eichenmoosresinoid	75 g	Jasmin S.	60 g
Sandelöl, ostindisch	100 g	Moschusbeuteltinktur	100 g
Irisöl, konkret	5 g	Castoreumtinktur	50 g
Geraniumöl, afrik.	150 g	Vanilletinktur	50 g
Amylsalicylat	50 g	Seife 120 kg.	
Bergamottöl	150 g		
Ambrettemoschus	18 g		
Xylolmoschus	12 g		

Cyclamen-Seife

Linalool	12 g	Hxydroycitronellal-Rückstände	150 g
Ylang-Ylangöl, künstl.	6 g	Jasmin S.	22 g
Terpineol	4 g	Rose S.	70 g
Citronellol	2 g	Amylsalcylat	24 g
Geraniol	2 g	Resinoid Oliban	12 g
Geraniumöl, afrik.	2 g	Guajakholzöl	100 g
Resinoid Benzoe Sumatra	20 g	Irisöl, künstl.	4 g
Methyljonon	64 g	Moschuslösung	75 g
Hydroxycitronellal	264 g		

Seife 80 kg.

Eau de Cologne-Seifen

1. Rosmarinöl éperlé	60 g	2. Rosmarinöl éperlé	60 g
Lavendelöl Montblanc	40 g	Lavendelöl	50 g
Aspic lavandé	20 g	Bergamottöl	300 g
Bergamottöl	250 g	Portugalöl	100 g
Citronenöl	250 g	Citronenöl	200 g
Petitgrainöl	120 g	Petitgrainöl	100 g
Neroliöl, künstl.	50 g	Neroliöl, künstl.	50 g
Moschuslösung	60 g	Melhylanthranilat	6 g
Benzoetinktur (Siam)	100 g	Benzoetinktur	100 g
Seife 50—75 kg.		Moschuslösung	50 g
		Seife 50 kg.	

3. Petitgrainöl Citronnier	125 g	4. Neroli S,. Spezial	600 g
Bergamottöl	200 g	Citronenterpene	200 g
Rosmarinöl	75 g	Bergamottöl	100 g
Lavendelöl	75 g	Lavendelöl	50 g
Spiköl, französ.	25 g	Rosmarinöl	20 g
Neroli S., Spezial	500 g	Moschuslösung	75 g
Moschuslösung	80 g	Seife 100 kg.	
Seife 100 kg.			

Agua de Colonia

(für Süd-Amerika).

Neroli S., Spezial	140 g	Resinoid Styrax	40 g
Petitgrainöl Parag.	350 g	Xylolmoschuslösung	60 g
Citronenöl	100 g	Ambrettemoschuslösung	90 g
Methylanthranilat	15 g	Vanillin	5 g
Rosmarinöl	40 g	Resinoid Tolu	20 g
Lavendelöl	55 g	Orangenöl, bitter	10 g
Bergamottöl	350 g	Nelkenöl	2 g

Seife 120 kg.

Savon surfin á l'Eau de Cologne Russe

Bergamottöl	300 g
Portugalöl	150 g
Citronenöl	150 g
Rosmarinöl	40 g
Lavendelöl	50 g
Petitgrainöl	100 g
Neroliöl, künstl.	60 g
Resinoid Girofles	5 g
Jonon, chem. rein	1 g
Vanillin	50 g
Tolubalsam	80 g
Ambrettemoschus	45 g
Ambra, konkret	10 g
Essence Chypre	100 g
Resinoid Labdanum	50 g
Castoreumtinktur	100 g

Seife 75 kg.

Coniferenseife

Edeltannenöl	250 g
Lavendelöl	160 g
Eucalyptusöl	15 g
Cumarin	15 g
Styrax liqu.	75 g

Seife 30 kg.

Hochfeine Coniferenseife

Sibirisches Fichtennadelöl	1500 g
Öl von Pinus Sylv	200 g
Öl von Pinus Picea	150 g
Eucalyptusöl	200 g
Rosmarinöl	300 g
Bornylacetat	180 g
Methylanthranilat	100 g
Cumarin	50 g

Seife 100 kg.

Essbouquetseife

Bergamottöl	200 g
Bergamiol	30 g
Lavendelöl	100 g
Geraniol	50 g
Eugenol	30 g
Vetiveröl	5 g
Moschus, künstl.	3 g
Anisaldhyd	20 g
Linalool	40 g

Seife 30 kg.

Essbouquetseife

Bergamottöl	300 g
Citronenöl	60 g
Portugalöl	120 g
Linalool	20 g
Lavendelöl	15 g
Rosenöl, künstl.	45 g
Rosenöl, bulgar.	5 g
Jasmin, künstl.	15 g
Citronellol	5 g
Resinoid Styrax	50 g
Solution Iris	40 g
Castoreumtinktur	100 g
Benzoetinktur	150 g
Tolutinktur	50 g
Moschuslösung	60 g

Seife 50 kg.

Savon Fédora

Sweet Pea, künstl.	140 g
Cumarin	10 g
Geraniumöl, Bourbon	50 g
Bergamottöl,	100 g
Vanillin	15 g
Moschus, künstl.	10 g
Neroliöl, künstl.	12 g

Seife 30 kg.

Savon aux Fleurs de Chine

Vetiveröl	40 g
Cassiaöl	20 g
Moschus, künstl.	10 g
Aubépine	10 g
Yara-Yara	2 g
Bromelia	2 g
Petitgrainöl	40 g
Rosenöl, künstl., *Heiko*	20 g
Bergamottöl	100 g
Bitteres Pommeranzenöl	40 g

Seife 30 kg.

Fliederseifen

Lilas Blanc

Lilas VII, *L. G.*	200 g
Terpineol, extra	520 g
Jasmin, künstl.	100 g
Bergamottöl	30 g
Heliotropin	60 g
Geraniol	50 g
Neroli, künstl.	35 g
Anisaldehyd	40 g
Ylang-Ylang, künstl.	60 g
Phenylacetaldehyd	5 g
Benzylacetat	50 g
Benzoetinktur	100 g
Zibettinktur	100 g

Seife 75 kg.

Lilas de Perse

Heiko-Flieder Nr. 830	250 g
Terpineol	500 g
Heliotropin	100 g
Anisaldehyd	25 g
Cumarin	15 g
Ylang-Ylang, künstl.	45 g
Neroli, künstl.	25 g
Rosenöl, bulgar.	5 g
Bittermandelöl, echt	1 g
Benzylacetat	35 g
Benzoetinktur	100 g
Moschuslösung	35 g
Zibettinktur	100 g

Seife 50 kg.

Lilas Fleuri

Terpineol, extra	500 g
Ylang-Ylang, künstl.	80 g
Flieder 3132 *Sch. & C.*	300 g
Anisaldehyd	50 g
Heliotropin	150 g
Cumarin	15 g
Benzoetinktur	100 g
Iristinktur	50 g
Rosenöl, künstl.	100 g
Neroliöl, künstl.	30 g
Moschuslösung	65 g
Zibettinktur	75 g

Seife 100 kg.

White Lilac

Terpineol, extra	500 g
Ylang-Ylang, künstl.	50 g
Rosenöl, künstl., *Heiko*	100 g
Jasmin, künstl., *Heiko*	100 g
Neroliöl, künstl., *Sch. & C.*	20 g
Citronellol	150 g
Anisaldehyd	40 g
Phenylacetaldehyd	5 g
Hydroxycitronellal II	150 g
Heliotropin	40 g
Bittermandelöl	5 g
Moschuslösung	60 g
Benzoetinktur	100 g
Zibettinktur	100 g

Seife 100 kg.

Essence Lilas S. Extra

Terpineol	550 g
Hydroxycitronellal	48 g
Jasmin S.	30 g
Hydroxycitronellal-Rückstände	50 g
Jasmin S.	30 g
Phenylacetaldehyd 50 %	20 g
Hydrozimtaldehyd	4 g
Anisaldehyd	50 g
Dimethylbenzylcarbinol	35 g
Portugalöl	20 g
Ylang-Ylangöl	15 g
Anisalkohol	5 g
Anisylacetat	2 g
Heliotropin	40 g
Neroli S. Spezial	10 g
Bergamottöl	20 g
Isoeugenol	8 g
α-Amylzimtaldehyd	7 g
Perubalsam	5 g
Cumarin	30 g
Muguet S.	15 g
Rose S.	10 g

Diese Essenz eignet sich ganz vorzüglich zur Herstellung moderner Fliederseifen z. B.

Königsflieder-Seife

Essence Lilas S. extra	600 g
Terpineol	150 g
Hydroxycitronellal-Rückstände	50 g
Geraniumöl, afrik.	150 g
Muguet S.	100 g
Neroli S. Spezial	50 g
Aethylcinnamat	12 g
Xylolmoschuslösung	60 g
Ambrettemoschuslösung	60 g
Zibettinktur	100 g
Ambraharz S.	10 g

Seife 120 kg.

Fougère-Seifen

Essence Fougère S.

Eichenmoosresinoid	60 g
Cumarin	180 g
Lavendelöl	160 g
Heliotropin	60 g
Patchouliöl	30 g
Cedernöl	140 g
Vetiveröl	20 g
Edeltannenöl	30 g
Amylsalicylat	40 g
Bergamottöl	80 g
Citronenöl	120 g
Xylolmoschus	40 g
Macisöl	20 g
Anisaldehyd	20 g
Aethylcinnamat	20 g
Cinnamylacetat	10 g
Styrax, flüssig	30 g
Perubalsam	10 g

Savon Fougère Impériale

Fougère S.	450 g
Birkenknospenöl	50 g
Lavendelöl, franz. I a	250 g
Cumarin	100 g
Patchouliöl	25 g
Vetiveröl Réunion	100 g
Neroli S.	80 g
Amylsalicylat	60 g
Hydroxycitronellal II	75 g
Xylolmoschus	15 g
Ambrettemoschus	2 g
Sandelöl, ostindisch:	15 g
Geraniumöl, afrik.	120 g
Eichenmoosresinoid	50 g
Heliotropin	75 g
Benzylacetat	70 g
Geraniol	100 g
Jasmin, künstl., *Heiko*	100 g
Moschusbeuteltinktur	150 g
Resionid Benzoe, Sumatra	100 g
Äthylcinnamat	20 g

Seife 120 kg.

Fougère des Bois

Resinoid Eichenmoos	50 g
Cumarin	80 g
Vetiveröl	50 g
Patchouliöl	40 g
Lavendelöl	150 g
Geraniol	100 g
Cedernholzöl	50 g
Ambrettemoschus	10 g
Ketonmoschus	5 g
Benzoetinktur	150 g
Moschustinktur	150 g

Seife 50 kg.

Fougère

Resinoid Eichenmoos	45 g
Lavendelöl	140 g
Bergamottöl	40 g
Neroliöl, künstl.	20 g
Vetiveröl	160 g
Cumarin	30 g
Patchouliöl	12 g
Heliotropin	6 g
Amylsalicylat	10 g
Xylolmoschus	6 g
Moschustinktur	100 g

Seife 50 kg.

Fougère Royale

Resinoid, Eichenmoos	60 g
Sandelöl, westindisch	150 g
Cumarin	60 g
Cedernholzöl	100 g
Vanillin	20 g
Patchouliöl	30 g
Vetiveröl	50 g
Sandelöl, ostindisch	5 g
Bergamottöl	100 g
Amylsalicylat	15 g
Lavendelöl	100 g
Birkenknospenöl	30 g
Benzoetinktur	150 g
Moschuslösung	60 g
Ambrettemoschuslösung	50 g
Moschustinktur	100 g
Rosinoid Tolu	60 g

Seife 75 kg.

Gardeniaseife

Linalool	100 g
Amylsalicylat	40 g
Hyacinthin	50 g
Ylang-Ylangöl	20 g
Heliotropin	20 g
Jonon	15 g
Cumarin	20 g
Camangaöl	50 g
Moschustinktur	100 g
Styraxtinktur	200 g
Aubépine	10 g
Styrolenacetat	50 g
Bourbonal	30 g

Seife 60 kg.

Gloriolaseife

Moschus, künstl.	10 g	Isoeugenol	40 g
Linalool	70 g	Rosenöl, künstl.	5 g
Geraniumöl	50 g	Neroliöl, künstl.	35 g
Raldéine, *A. L. G.*	50 g	Heliotropin	50 g
Benzoe Tinktur	120 g	Cumarin	10 g
Bergamottöl	100 g	Ylang-Ylangöl	10 g
		Iriswurzelpulver	1000 g

Seife 30 kg.

Da alle Seifen mit einem Gehalt von Iriswurzelpulver sowie Harzinfusionen am Lager ziemlich nachdunkeln, so wird zu ihrer Tönung ein leichtes Braun verwendet.

Goldlackseife

Bourbonal	10 g	Wintergreenöl	10 g
Linalool	50 g	Chairanthia, *N. & C.*	50 g
Quarantaine, *L. & C.*	100 g	Citronenöl	25 g
Bergamottöl	100 g	Moschus, künstl.	10 g
Irisöl, liqu.	40 g	Cumarin	5 g
Neroliöl, künstl.	20 g	Tinktur Zibet	50 g
Sandelholzöl	40 g		

Seife 30 kg.

Heliotropseifen

I. Heliotropin	230 g	II. Heliotropin	150 g
Cumarin	30 g	Cumarin	20 g
Benzaldehyd	80 g	Benzaldehyd	50 g
Vanillin	30 g	Vanillin	20 g
Anisaldehyd	20 g	Neroli, künstl.	50 g
Neroli, künstl.	80 g	Canangaöl	25 g
Tolutinktur	100 g	Tolutinktur	75 g
Perutinktur	200 g	Perutinktur	100 g
Moschuslösung	80 g	Moschuslösung	40 g
Ambrettemoschuslösung	30 g	Zibettinktur	100 g
Jasmin, künstl.	20 g		
Rosenöl, künstl	30 g		
Seife 50 bis 75 kg.		Seife 50 kg.	

III. Heliotropin	100 g	IV. Moschus, künstl.	1 g
Vanillin	20 g	Vanillin	15 g
Neroli, künstl.	5 g	Heliotropin	50 g
Bittermandelöl, echt	5 g	Neroliöl, künstl.	2 g
Xylolmoschus	5 g	Irisöl, flüss.	15 g
Canangaöl	40 g	Bittermandelöl, echt	2 g
Petitgrainöl	60 g	Perubalsam	75 g
Cumarin	10 g		
Benzoetinktur	60 g	Seife 20 kg.	
Tolutinktur	60 g		
Perutinktur	60 g		
Seife 50 kg.			

Savon Héliotrope du Pérou

Heliotropin	350 g	Perubalsam	65 g
Cumarin	40 g	Benzylacetat	45 g
Benzaldehyd	85 g	Moschuslösung	85 g
Vanillin	45 g	Ketonmoschus	15 g
Sandelöl, ostindisch	15 g	Moschusbeuteltinktur	150 g
Citronellol	50 g	Tolutinktur	150 g
Phenyläthylalkohol	50 g	Vanilletinktur	100 g
Ylang-Ylang, künstl.	30 g	Tonkatinktur	75 g
Neroliöl, künstl.	50 g		

Seife 100 kg.

Savon Héliotrope de Nice

Heliotropin	250 g	Bittermandelöl	5 g
Neroliöl, künstl.	50 g	Bergamottöl	120 g
Jasminöl	25 g	Tolubalsamtinktur	100 g
Ylang-Ylangöl	25 g	Cumarin	15 g
Zibeth, kstl.	10 g		
Vanillin	80 g		

Seife 50 kg.

Heu-Seifen (Foin coupê)

1. Cumarin	340 g	2. Resinoid Tonka	150 g
Geraniumöl, afrik.	270 g	Cumarin	175 g
Patchouliöl	30 g	Patchouliöl	30 g
Moschuslösung	40 g	Ambraharz S.	15 g
Styrax, flüssig	10 g	Geraniumöl, afrik.	275 g
Seife 100 kg.		Neroli S. Spezial	15 g
		Resinoid Eichenmoos	15 g
		Moschuslösung	70 g

New Mown Hay Soap

Lavendelöl	50 g	Xylolmoschus	8 g
Portugalöl	50 g	Heliotropin	15 g
Nelkenöl	20 g	Cedernöl	20 g
Kümmelöl	20 g	Geraniumöl, afrik.	20 g
Macisöl	20 g	Citronellöl	25 g
Lemongrasöl	10 g	Fenchelöl	10 g
Pfefferminzöl	10 g	Cassiaöl	10 g
Patchouliöl	10 g	Thymianöl	10 g
Cumarin	100 g	Styrax, flüssig	30 g
Benzylcinnamat	5 g	Zibettinktur	35 g
Benzylbenzoat	5 g	Rose S.	35 g

Seife 50 kg.

Iriswurzelpulver 1000 g.

Anmerkung: Diese Parfumierung gibt eine hochfeine Seife. Es empfiehlt sich obiges Parfumgemisch als fertige Essenz New Mown Hay S. vorrätig zu halten, denn diese ist sehr vielseitig verwendbar entweder als Unterlage zu Heugerüchen (event. kombiniert mit der Parfumierung von Heuseife 1 oder 2.) oder zu Fougère, Chypre und zahlreichen Phantasiekompositionen. Diese alte Vorschrift ist ein Schulbeispiel für die Heranziehung der verschiedenartigsten ätherischen Öle zur Erzielung raffinierter, komplexer Seifenparfums.

Indische Blumenseife

Palmölgrundseife	10 kg	Vetiveröl	5 g
Patchouliöl	100 g	Bergamottol	120 g
Geraniol	90 g	Cassiaöl	35 g
Cedernholzöl	250 g	Cinnamein	25 g
		Benzoetinktur	100 g

Seife 40 kg.

Indian Flowers

Perubalsam	200 g	Cassiaöl	75 g
Patchouliöl	65 g	Citronenöl	75 g
Vetiveröl Bourbon	250 g	Geraniol	100 g
Nelkenöl Bourbon	150 g	Sandelöl, ostindisch	35 g
Cedernöl	100 g	Moschuslösung	75 g
Methylanthranilat	65 g	Ketonmoschus	7 g
Benzylacetat	50 g	Moschusbeuteltinktur	100 g
Vanillin	25 g	Fixateur Nr. 1	75 g
Heliotropin	35 g	Tolutinktur	100 g
Cumarin	25 g		

Seife 100 kg.

Ixoraseife I

Rosenholzöl	100 g
Moschus, künstl.	5 g
Sandelholzöl, ostind.	20 g
Bergamottöl	200 g
Vetiveröl	5 g
Iris résinoïde	20 g
Geraniol	20 g
Isoeugenol	40 g
Cinnamein	60 g

Seife 50 kg.

Ixoraseife II

Grundseife	40 kg
Bergamottöl	100 g
Styrax	130 g
Cumarin	90 g
Eugenol	10 g
Moschus, künstl.	12 g
Sandelholzöl, ostind.	40 g
Geraniol	55 g
Vetiveröl	10 g
Heliotropin	20 g
Methylacetophenon	10 g

Jasminseife

Benzylacetat	150 g	α-Amyl-Zimtaldehyd	15 g
Heliotropin	150 g	Jasmin S. I.	75 g
Linaloeöl	50 g	Perubalsam	15 g
Moschus, Xylol	12 g		
Benzoe Tinktur	100 g		
Rosenöl, künstl.	5 g		
Canangaöl	50 g		

Seife 50 kg.

Jockey-Club-Seife

Neroliöl, künstl.	100 g	Moschus, künstl.	15 g
Bergamottöl	100 g	Petitgrainöl	75 g
Terpineol	80 g	Heliotropin	100 g
		Isoeugenol	20 g

Seife 30 kg.

Juchten-Seife

Canangaöl, Java	100 g	Terpineol	150 g
Birkenteeröl, rektif.	200 g	Ambra, flüss. S.	80 g
Cumarin	125 g	Methylsalicylat	5 g
Petitgrainöl Parag.	300 g	Isobutylcinnamat	15 g
Rose S.	200 g	Castoreumtinktur	250 g
Xylolmoschus	18 g	Neroli S. Spezial	50 g
Perubalsam	100 g		
Styraxöl	75 g		

Seife 150 kg.

Lattichseife (Suc de Laitue)

Bergamottöl	250 g	Lavendelöl	60 g
Geraniumöl, afrik.	250 g	Nelkenöl	60 g
Petitgrainol	90 g	Portugalöl	50 g
Neroli S.	70 g	Macisöl	20 g
Cassiaöl	25 g	Cumarin	25 g
Lemongrasöl	15 g	Moschuslösung	60 g

Seife 80 kg.

Lavendel-Seifen

Lavande des Alpes

Lavendelöl	200 g	Linalylbutyrat	10 g
Spiköl, französ.	100 g	Linalool	25 g
Cumarin	10 g	Terpineol	100 g
Geranylacetat	40 g	Resinoid Eichenmoos	3 g
Bergamottöl	60 g	Patchouliöl	2 g
Resinoid Olibau	5 g	Moschuslösung	50 g

Seife 50 kg.

Fleurs de Lavande

Spiköl, französ. (lavandè)	100 g	Resinoid Eichenmoos	20 g
Lavendelöl Barrème	350 g	Rosmarinöl	50 g
Sandelöl, ostind.	50 g	Ambrettemoschus	12 g
Patchouliöl	30 g	Resinoid Labdanum, entfärbt	20 g
Linalylbutyrat	10 g	Petitgrainöl Parag.	50 g
Bergamottöl	100 g	Moschuslösung	35 g
Cumarin	60 g		

Seife 80 kg.

Finest Old Lavender-Soap

Lavendelöl Mitcham	200 g
Lavendelöl, franz.	100 g
Aspic lavandé	50 g
Geranium, afrik.	125 g
Bergamottöl Reggio	150 g
Cumarin	30 g
Lemongrasöl	75 g
Sandelöl, ostindisch	15 g
Neroli S.	25 g
Benzoetinktur	200 g
Tolutinktur	50 g
Moschuslösung	30 g

Seife 50 kg.

Finest Old English Lavender

Lavendelöl Montblanc	300 g
Aspic lavandé	200 g
Geraniumöl, afrik.	250 g
Bergamottöl	300 g
Cumarin	65 g
Sandelöl, ostindisch	25 g
Portugalöl	15 g
Limetteöl	25 g
Rosenöl, bulgar.	5 g
Neroliöl, künstl.	15 g
Vanillin	10 g
Benzoetinktur	150 g
Moschuslösung	65 g

Seife 100 kg.

Lilienmilchseife

Geraniol	170 g	Patchouliöl	5 g
Rosenöl, künstl.	15 g	Lavendelöl	30 g
Bergamottöl	100 g	Sandelholzöl, ostind.	40 g
Isoeugenol	20 g	Bittermandelöl	5 g
Petitgrainöl	40 g	Moschus, Xylol	3 g

Seife 50 kg.

Lilienmilch (Lait de Lys)

Extrafein

Bergamottöl	250 g	Irisöl, konkret	1,5 g
Citronenöl	100 g	Bittermandelöl, echt	20 g
Geraniumöl Réunion	180 g	Vetiveröl	10 g
Lavendelöl	50 g	Xylolmoschus	12 g
Sandelöl, ostind.	50 g	Resinoid Tolu	12 g
Neroliöl, künstl.	25 g	Benzylcinnamat	4 g
Patchouliöl	25 g	Benzylbenzoat	4 g
Nelkenöl	25 g	Heliotropin	8 g
Cumarin	8 g	Zibettinktur	30 g

Seife 60 kg.

Lindenblütenseife

Hydroxycitronellal II.	100 g	Kamillenöl, blau	5 g
Hydroxycitronellal-Rückstände	75 g	Cumarin	10 g
Hydroxycitronellal, rein	35 g	Heliotropin	10 g
Terpineol	100 g	Vanillin	5 g
Petitgrainol	100 g	Ketonmoschus	3 g
Citronenöl	50 g	Resinoid Benzoe Sumatra	27 g
Geraniumöl, afrik.	25 g	Resinoid Labdanum	5 g
Nelkenöl	15 g	Ambrettemoschuslösung	50 g

Seife 50 kg.

Maiglöckchenseifen

Maiglöckchen (Mugnet)

Linalool	300 g
Ylang-Ylang, künstl.	50 g
Terpineol	200 g
Canangaöl	100 g
Maiglöckchen, *H. & R.*	100 g
Heliotropin	10 g
Vanillin	5 g
Geraniol	50 g
Rosenöl, bulgar.	3 g
Tolutinktur	100 g
Benzoetinktur	50 g
Zibettinktur	50 g
Moschuslösung	30 g
Ambrettemoschuslösung	5 g
Resinoid Tolu	50 g

Seife 50 kg.

Muguet des Bois

Terpineol	200 g
Maiglöckchen, *H. & R.*	300 g
Phenyläthylalkohol	100 g
Benzylacetat	100 g
Anthranilsäuremethylester	15 g
Anisaldehyd	50 g
Linalool	700 g
Jonon II	50 g
Geraniol	20 g
Ylang-Ylang, künstl.	50 g
Canangaöl	50 g
Rosenöl, bulgar.	10 g
Moschuslösung	25 g
Zibettinktur	100 g
Tolutinktur	100 g
Heliotropin	10 g
Vanillin	5 g
Resinoid Benzoe	100 g

Seife 100 kg.

Maiglöckchenseife

Hydroxycitronellal II.	200 g	Linalool	150 g
Terpineol	200 g	Methylanthranilat	50 g
Canangaöl	50 g	Bromstyrol	7 g
Ylang-Ylangöl Réunion	50 g	Vanillin	3 g
Jonon II.	60 g	Zibettinktur	60 g
Rosenöl, künstl.	120 g	Cardamomenöl	1 g
Heliotropin	20 g	Tolubalsam	10 g
Xylolmoschus	10 g	Portugalöl	20 g
Linaloeöl	80 g	Jasmin S.	50 g
Ambrettemoschus	15 g		

Seife 100 kg.

Muguet S.

(Maiglöckchen-Essenz für Seife)

Hydroxycitronellal	250 g
Hydroxycitronellal-Rückstände	150 g
Linalool	120 g
Ylang-Ylangöl Réunion	60 g
Terpineol	40 g
Methyljonon	40 g
Citronellol	20 g
Geraniol	20 g
Geraniumöl, afrik.	25 g
Resinoid Benzoe Sumatra	80 g
Resinoid Tolu	20 g
Jasmin S.	25 g
Cumarin	5 g
Bergamottöl	25 g
Heliotropin	5 g
Ambrettemoschus	4 g

Mandelblütenseife

Bittermandelöl, künstl. Benzaldehyd	200 g
Bittermandelöl, echt	50 g
Neroli S.	50 g
Geraniumöl, afrik.	150 g
Heliotropin	125 g
Bergamottöl	50 g
Jasmin, S.	50 g
Aethylcinnamat	5 g
Xylolmoschus	20 g

Seife 50 kg.

Moschusseifen.

Zur Parfumierung von Moschusseifen verwendet man sowohl den echten wie auch ganz besonders den künstlichen Moschus, (Xylol-Moschus u. a.) ebenso nach Moschus riechende Kräuter oder Samen, natürlich nur auf das allerfeinste pulverisiert. Man wendet bei der Parfumierung von Toiletteseifen mit echtem oder künstlichem Moschus entweder Moschustinktur oder Moschuslösung an oder aber man löst künstlichen Moschus in ätherischen Ölen, während man den echten Moschus mit Iriswurzel-, Abelmoschussamenpulver u. dgl. feinstens verreibt und dieses Pulver dann der zu pilierenden Seife zusetzt.

Die Farbe der Moschusseifen ist im allgemeinen dunkel- oder hellbraun.

Sämtliche Moschusseifen sind wenigstens 4 Wochen auf Lager zu halten, bevor man sie in Verkauf nimmt, denn der Moschusgeruch entwickelt sich sehr langsam in der frischen Seife, ist dann aber auch um so anhaltender und intensiver. Soweit es der Preis gestattet, sollte gute, alte Tonkinmoschustinktur mit herangezogen werden, die den Moschusseifen eine Feinheit des Geruches gibt, die sonst überhaupt nicht zu erzielen ist. Zibettinktur und künstlicher Zibet verstärken den Moschusgeruch und machen jenen der künstlichen Moschusarten feiner. Vorzügliche Dienste leistet hier auch Castoreumtinktur und Castoreumresinoid als billiger, natürlicher Ersatz des echten Moschus. Sehr fein im Geruch wirkt hier die Moschuskomposition Mosco, deren Herstellung früher beschrieben wurde. Vorzüglich verwendbar ist auch Moschusbeuteltinktur, die, wenn auch viel schwächer wirkend wie Moschustinktur aus augebeutelten Moschus, doch der Seife ein gut Teil der charakteristischen Feinheit des echten Moschus-aromas erteilt.

Tonkin Musk

Patchouliöl	50 g	Citronellol	150 g
Cassiaöl	100 g	Phenyläthylalkohol	35 g
Lavendelöl	100 g	Tolutinktur	100 g
Bergamottöl	100 g	Moschusbeuteltinktur	250 g
Citronenöl	50 g	Ketonmoschus	35 g
Neroliöl	50 g	Moschus, Xylol	75 g
Jasmin, künstl.	50 g	Mosco	15 g

Seife 100 kg.

Moschusseife, englisch

Xylolmoschus	120 g	Vetiveröl	20 g
Ambrettemoschus	40 g	Resinoid Labdanum	30 g
Castoreumtinktur	80 g	Perubalsam	20 g
Nelkenöl	80 g	Terpineol	130 g
Cassiaöl	40 g	Geraniumöl	150 g
Cedernöl	160 g	Moschustinktur, echt	100 g
Sandelöl, ostind.	40 g	Mosco	25 g
Patchouliöl	5 g		

Seife 80 kg.

Moschusseife, französisch

Ambrettemoschus	15 g	Cassiaöl	30 g
Xylolmoschus	25 g	Vetiveröl	20 g
Ketonmoschus	15 g	Zibet, künstl.	5 g
Patchouliöl	15 g	Resinoid Castoreum	10 g
Bergamottöl	100 g	Ambraharz S.	25 g
Geraniumöl, afrik.	50 g	Perubalsam	25 g
Cedernöl	50 g		

Seife 40 kg.

Feine Moschusseife

Castoreumtinktur	60 g	Sandelöl, ostind.	80 g
Moschustinktur, echt	75 g	Geraniumöl, afrik.	160 g
Xylolmoschus	25 g	Rosenöl, künstl.	50 g
Ambrettemoschus	15 g	Methyljonon	75 g
Ketonmoschus	25 g	Terpineol	80 g
Patchouliöl	12 g	Zibet, künstl.	10 g
Vetiveröl	30 g	Ambra S., flüss.	100 g
Bergamottöl	100 g	Perubalsam	20 g
Cassiaöl	40 g	Isobutylcinnamat	2 g
Nelkenöl	15 g	Mosco	15 g
Cumarin	5 g		
Heliotropin	10 g		

Seife 100 kg.

Narcissenseife

Isobutylphenylacetat	15 g	Orangenöl, bitter	35 g
p-Cresylphenylacetat	30 g	Hydroxycitronellal II.	240 g
Methylphenylacetat	20 g	Aurantiol	20 g
p-Cresolacetat	50 g	Methylanthranilat	10 g
Neroli S.	60 g	Geraniol	20 g
Benzylacetat	50 g	Phenyläthylalkohol	30 g
Canangaöl	20 g	Zimtalkohol	100 g
Amylsalicylat	5 g	Jasmin S.	50 g
Perubalsam	10 g	Xylolmoschus	5 g
Heliotropin	15 g	Ambraharz S.	25 g
Mandarinenöl	10 g	Resinoid Tolu	25 g

Seife 80 kg.

Savon Narcisse d'Or

Benzylacetat	250 g	Geraniumöl, afrik.	150 g
Bouvardia S. 3064, *Sch. & C.*	500 g	Heliotropin	50 g
Narcisse, extra S. 3069, *Sch. & C.*	100 g	Bergamottöl	100 g
Hydroxycitronellal techn. II	120 g	Amylsalicylat	25 g
Sandelöl, ostindisch	50 g	Xylolmoschus	10 g
Bitteres Orangenöl	60 g	Ambrettemoschus	15 g
Neroli S.	250 g	Moschusbeuteltinktur	100 g

Seife 100 kg.

Nelkenseifen

Purpurnelke

Isoeugenol	110 g	Canangaöl	6 g
Eugenol	30 g	Phenylacetaldehyd 50%	6 g
Amylsalicylat	50 g	Vanillin	5 g
Citronellol	12 g	Resinoid Tolu	10 g
Phenyläthylalkohol	36 g	Xylolmoschus	5 g
Perubalsam	5 g		
Geraniumöl	25 g		

Seife 25 kg.

Ceillet Malmaison

Eugenol	50 g	Phenyläthylalkohol	30 g
Isoeugenol	250 g	Canangaöl	80 g
Nelkenöl	100 g	Terpineol	200 g
Amylsalicylat	100 g	Xylolmoschus	10 g
Perubalsam	40 g	Pfefferöl	20 g
Styrax, flüssig	20 g		
Phenylacetaldehyd 50%	70 g		
Geraniumöl	120 g		

Seife 100 kg.

Weiße Nelke

Isoeugenol	360 g	Canangaöl	55 g
Eugenol	50 g	Moschuslösung	75 g
Amylsalicylat	150 g	Tolutinktur	150 g
Citronellol	50 g	Zibettinktur	100 g
Phenyläthylalkohol	100 g	Resinoid Girofles	25 g
Phenylacetaldehyd	12 g		
Vanillin	35 g		

Seife 100 kg.

Opoponax-Seife

Opoponaxöl	30 g	Palmarosaöl	45 g
Petitgrainöl	100 g	Patchouliöl	15 g
Cassiaöl	60 g	Cumarin	5 g
Nelkenöl	50 g	Xylolmoschus	2 g
Lavendelöl	50 g	Styrax, flüssig	30 g
Perubalsam	50 g	Resinoid Benzoe	30 g
Macisöl	10 g	Ambraharz S.	20 g

Seife 50 kg.

Savon Orchidée

Bergamottöl	250 g
Canangaöl	160 g
Petitgrainöl	80 g
Geraniumöl	50 g
Sandelöl, ostind.	30 g
Irisöl, konkret	6 g
Nelkenöl	20 g
Vanillin	5 g
Resinoid Benzoe	75 g
Zibettinktur	35 g
Xylolmoschus	8 g
Cumarin	8 g
Benzylcinnamat	5 g
Benzybenzoat	5 g
Heliotropin	8 g
Iriswurzelpulver	500 g

Seife 50 kg.

Savon Origan

Methyljonon	150 g
Jonon	100 g
Isoeugenol	125 g
Nelkenöl	75 g
Resinoid Opoponax	35 g
Resinoid Oliban	25 g
Resinoid Tolu	40 g
Vetiveröl	75 g
Sandelöl, ostind.	35 g
Neroli S.	75 g
Jasmin S.	85 g
Bergamottöl	150 g
Heliotropin	90 g
Ketonmoschus	35 g
Ambrettemoschus	10 g
Estragonöl	7 g
Patchouliöl	12 g
Cumarin	8 g

Seife 120 kg.

Patchouliseife

Palmölgrundseife	10 kg
Patchouliöl	150 g
Vetiveröl	60 g
Zibet, künstl., *L. F.*	10 g
Sandelholzöl, ostind.	50 g
Moschuslösung	40 g

Seife 40 kg.

Patchuliseife

Iriswurzelpulver	1000 g
Patchouliöl	120 g
Palmarosaöl	100 g
Bergamottöl	100 g
Nelkenöl	80 g
Pfefferminzöl	20 g
Xylolmoschus	15 g
Benzoetinktur	100 g
Moschusbeuteltinktur	150 g

Seife 50 kg.

Savon Peau d'Espagne

Geraniumöl	25 kg
Bergamottöl	25 g
Vetiveröl	70 g
Sandelholzöl, ostind.	300 g
Irisöl	15 g
Moschus, künstl.	10 g
Zibet, künstl.	5 g
Isoeugenol	120 g
Vanillin	5 g
Tolubalsam	50 g
Birkenteeröl, rekt.	2,5 g
Franco Bouvardia	60 g
Castoreumtinktur	150 g

Seife 50 kg.

American Poppy

Rosenöl, künstl.	150 g
Neroliöl, künstl.	30 g
Methylanthranilat	15 g
Amylsalicylat	850 g
Oeillet, comp.	75 g
Ylang-Ylang, künstl.	110 g
Resinoid Styrax	50 g
Zibet, künstl.	12 g
Ambrettemoschuslösung	50 g
Moschuslösung	50 g
Solution Iris (50 : 1 l)	50 g
Cumarin	10 g
Resinoid Girofles	5 g
Tolutinktur	150 g
Castoreumtinktur	50 g
Resinoid Benzoe	100 g

Seife 100 kg.

Savon „Prince"

Geraniumöl	300 g
Resinoid Oliban	200 g
Patchouliöl	120 g
Cassiaöl	40 g
Vetiveröl	25 g
Eugenol	45 g
Moschus, künstl.	70 g

Seife 50 kg.

Goldreseda

Basilicumöl	10 g
Sandelholzöl, ostind.	20 g
Bergamottöl	200 g
Neroliöl, künstl.	100 g
Bittermandelöl	5 g
Moschus, künstl.	2 g

Seife 40 kg.

Rosenseifen

Rose de Chine

Geraniumöl, afrik.	500 g
Bergamottöl	250 g
Rosenöl, künstl.	125 g
Sandelöl, ostind.	25 g
Patchouliöl	8 g
Vetiveröl	8 g
Xylolmoschus	6 g
Zibettinktur	50 g

Seife 75 kg.

Rose Maréchal Niel

Bergamottöl	150 g
Citronenöl	50 g
Geraniumöl, afrik.	400 g
Palmarosaöl	50 g
Nelkenöl	50 g
Sandelöl, ostind.	30 g
Cassiaöl	10 g
Tolutinktur	30 g
Xylolmoschus	3 g
Ambrettemoschus	3 g
Benzylcinnamat	5 g
Heliotropin	10 g
Zibettinktur	35 g
Ambraharz S.	15 g

Seife 50 kg.

Royal White Rose

Citronellol	300 g
Geraniol	150 g
Geraniumöl, Réunion	75 g
Geraniumöl, afrik.	75 g
Phenyläthylalkohol	150 g
Rosenöl, bulgar.	10 g
Patchouliöl	7 g
Jasmin, künstl.	25 g
Solution Iris (50:1 l)	50 g
Neroliöl, künstl.	25 g
Nelkenöl, Bourbon	55 g
Citronenöl	45 g
Phenylacetaldehyd	2,5 g
Benzoetinktur	100 g
Moschuslösung	65 g
Zibettinktur	100 g
Resionid Benzoe	60 g

Seife 100 kg.

Rose du Sérail

Geraniumöl, Réunion	300 g
Geraniumöl, afrik.	200 g
Rosenöl, bulgar.	20 g
Palmarosaöl	100 g
Citronellol	100 g
Geraniol	50 g
Phenyläthylalkohol	50 g
Sandelöl, ostindisch	30 g
Patchouliöl	4 g
Citronenöl	25 g
Nelkenöl	20 g
Vetiveröl	5 g
Phenylacetaldehyd	5 g
Cinnamein	5 g
Cumarin	5 g
Heliotropin	5 g
Moschuslösung	25 g
Ambrettemoschuslösung	15 g
Benzoetinktur	100 g
Tolutinktur	30 g
Vanilletinktur	50 g
Zibettinktur	50 g

Seife 75 bis 100 kg.

Sandal Wood-Soap

Sandelöl, ostind.	400 g	Xylolmoschus	6 g
Geraniumöl, afrik.	150 g	Ambrettemoschus	4 g
Vetiveröl	25 g	Perubalsam	40 g
Patchouliöl	10 g	Ambraharz S.	35 g
Resinoid Oliban	10 g	Nelkenöl	15 g
Cumarin	25 g	Cassiaöl	10 g
Citronellol	150 g	Cinnamylacetat	5 g
Phenyläthylalkohol	75 g	Jasmin S.	15 g

Seife 80 kg.

Speickseife

Für je 50 kg Seife:

I. Lavendelöl	100 g	II. Spiköl	500 g
Spiköl	230 g	Patchouliöl	100 g
Kümmelöl	150 g	Rosmarinöl	100 g
Patchouliöl	100 g	Zimtaldehyd	50 g
		Amylsalicylat	30 g

III. Lavendelöl	250 g
Patchouliöl	50 g
Rosmarinöl	40 g
Baldrianöl	30 g
Cassiaöl	10 g

Sweet Pea-Toilet Soap

Terpineol	470 g	Heliotropin	40 g
Benzylidenaceton	30 g	Methylnaphtylketon	20 g
Geraniumöl, afrik.	100 g	Neroli S.	30 g
Petitgrainöl	300 g	Xylolmoschus	6 g
Nelkenöl	40 g	Phenylacetaldehyd 50 %	25 g
Resinoid Tolu	15 g		

Seife 100 kg.

Savon Tabac d'Orient

Dimethylhydrochinon	150 g
Resinoid Labdanum	100 g
Ambre W., *Sch. & C.*	50 g
Resinoid Tolu	50 g
Vanillin	50 g
Cumarin	125 g
Methyleugenol	100 g
Methylphenylacetat	15 g
Rosenöl, künstl.	150 g
Geraniumöl, afrik.	150 g
Jasmin, S.	400 g
Resinoid Sumatra	120 g
Ambrettemoschus	20 g
Xylolmoschus	10 g
Sandelöl, ostindisch	30 g
Cedernholzöl	150 g
Phenylessigsäure	15 g
Neroli, S.	100 g
Ylang-Ylangöl, künstl.	50 g
Eichenmoosresinoid	25 g
Moschusbeuteltinktur	120 g

Seife 125 kg.

Savon Tabac Russe

Tabarone, *Sch. & C.*	520 g
Geraniol	300 g
Jasmin S.	350 g
Cumarin	120 g
Dimethylhydrochinon	100 g
Neroli, S.	250 g
Ambre, *A. Ma.*	50 g
Vanillin	60 g
Resinoid Labdanum	100 g
Geraniumöl, afrik.	200 g
Methyleugenol	75 g
Methylphenylacetat	15 g
Phenylessigsäure	10 g
Santalylphenylacetat	15 g
Xylolmoschus	10 g
Ambrettemoschus	15 g
Moschusbeuteltinktur	110 g

Seife 125 kg.

Trèfle blanc, Weißer Klee (White Clover)

Amylsalicylat	380 g
Cumarin	100 g
Patchouliöl	30 g
Resinoid Eichenmoos	15 g
Methylacetophenon	5 g
Ylang-Ylang, künstl.	55 g
Citronellol	150 g
Geraniumöl, afrik.	100 g
Jasmin, künstl., *Heiko*	50 g
Moschuslösung	80 g
Tolutinktur	75 g
Tonkatinktur	75 g
Iristinktur	100 g

Seife 100 kg.

Savon Trèfle incarnat

Grundseife	50 kg
Amylsalicylat	500 kg
Geraniol	100 g
Bergamottöl, künstl.	100 g
Patchouliöl	20 g
Canangaöl	75 g
Cumarin	80 g
Eugenol	50 g
Neroliöl, künstl., *Sch. & C.*	30 g
Zibethin, *N. & C.*	20 g

Savon trèfle incarnat surfin

Amylsalicylat	300 g
Rosenöl, künstl.	60 g
Cumarin	50 g
Resinoid Eichenmoos	20 g
Geraniol	80 g
Nelkenöl	20 g
Bergamottöl	100 g
Lavendelöl	30 g
Patchouliöl	10 g
Zibet, künstl.	4 g
Vetiveröl	10 g
Neroliöl, künstl.	10 g
Citronenöl	5 g
Anisaldehyd	10 g
Benzoetinktur	100 g
Iristinktur	100 g
Moschustinktur	100 g
Resinoid Benzoe	60 g
Moschuslösung	35 g

Seife 50 bis 75 kg.

Savon royal de Thridace

Weiße Grundseife	50 kg
Rosenöl, künstl.	35 kg
Geraniol	50 g
Neroliöl	50 g
Petitgrainöl	100 g
Isoeugenol	100 g
Portugalöl	100 g
Bergamottöl	200 g
Lavendelöl	100 g
Corianderöl	10 g
Xylol-Moschus	8 g
Anethol	10 g
Cinnamein	50 g
Benzoetinktur	200 g

Violette Tsarine

Geraniumöl, afrik.	200 g
Ylang-Ylang, künstl.	100 g
Canangaöl	100 g
Phenyläthylalkohol	100 g
Anisaldehyd	100 g
Jonon II	300 g
Iraldein, *H. & R.*	200 g
Vert I., *T. M.*	7 g
Resinoid Styrax	15 g
Solution Iris (50 : 1 l)	55 g
Benzoetinktur	150 g
Moschuslösung	45 g

Seife 100 kg.

Parma Violet

Bergamottöl	350 g
Ylang-Ylang, künstl.	150 g
Jonon II	275 g
Anisaldehyd	100 g
Raldéine, *A. L. G.*	100 g
Phenyläthylalkohol	100 g
Heliotropin	30 g
Irisöl, konkret	10 g
Resinoid Styrax	15 g
Violette, comp.	50 g
Heiko-Viofolia	7,5 g
Benzoetinktur	150 g
Tolutinktur	50 g
Ketonmoschuslösung	45 g
Zibettinktur	75 g

Seife 100 kg.

Violette Victoria

Bergamottöl Reggio	400 g
Canangaöl	100 g
Ylang-Ylang, künstl.	100 g
Anisaldehyd	100 g
Phenyläthylalkohol	100 g
Jonon II :	275 g
Jonon, chem. rein	50 g
Iraldein *H. & R.*	100 g
Vert I., *T. M.*	10 g
Violette comp.	50 g
Solution Iris 5%	100 g
Heliotropin	25 g
Rosenöl, bulgar.	5 g
Resinoid Styrax	10 g
Moschuslösung	55 g

Seife 100 kg.

Parma-Veilchenseife

Jonon für Seifen II	60 g
Irisöl, flüss.	30 g
Bergamottöl	250 g
Geraniol	50 g
Neroliöl, künstl.	10 g
Ylang-Ylangöl, künstl.	10 g
Linaloeöl	50 g
Benzoetinktur	100 g
Moschus, künstl.	3 g

Seife 40 kg.

Wald-Veilchen

Bergamottöl	200 g
Canangaöl	100 g
Anisaldehyd	50 g
Phenyläthylalkohol	50 g
Jonon II	150 g
Raldéine, *A. L. G.*	50 g
Moschuslösung	30 g
Solution Iris (50 : 1 l)	50 g
Resinoid Styrax	20 g
Benzoetinktur	75 g
Iriswurzelpulver	1000 g

Seife 50 kg.

Nizza-Veilchenseife

Grundseife	45 kg
Palmölgrundseife	5 kg
Iriswurzelpulver	2 kg
Künstl. Moschus	5 g
Bergamottöl	100 g
Benzoetinktur	100 g
Jonon	80 g
Lavendelöl	15 g
Irisöl, liquid.	50 g

Farbe: 180 g Umbra
20 g Cadmium-Orange
10 g Zinnober.

Einfache Toilettenseifen mit billiger Parfumierung

Durch geschickte Verwendung der künstlichen und natürlichen Riechstoffe kann der Parfumeur auch auf diesem Gebiete wirklich gutes schaffen, wenn er es als erstes, selbstverständliches Gebot betrachtet, aufdringliche, ordinäre Effekte absolut zu vermeiden.

Auch solche billigen Seifen können — und sollen auch — angenehm parfumiert werden und dies oft auf sehr einfache Weise, wenn der Praktiker sich darüber Rechenschaft zu geben versteht, daß hier nicht der billige Einkaufspreis eines Riechstoffes, sondern dessen geruchliche Intensität, bzw. jene geschickter Riechstoffkompositionen allein ausschlaggebend sein kann.

Es liegt auf der Hand, daß gerade hier der künstliche Riechstoff eine überwiegende Rolle spielt, es können hier auch Fälle vorkommen, in denen ganz oder fast ausschließlich billigere künstliche Riechstoffe in durchaus zufriedenstellender Weise benutzt werden können, doch darf auch hier nicht vergessen werden, daß der Mitverwendung, wenn auch kleiner Mengen natürlicher ätherischer Öle usw. größte Bedeutung zukommt, ebenso auch jener gewisser künstlicher Riechstoffe höheren Einstandspreises, deren geschickte Einfügung in kleinen, oft kleinsten Mengen, in die Komposition, oft von ausschlaggebender Bedeutung für die Feinheit und Stärke des komplexen Parfums sind.

Was nun die Verwendung von Fabrikations-Rückständen aus der Herstellung von Riechstoffen anlangt, so ist hierüber kurz folgendes zu sagen:

Ausgezeichnet verwendbar sind Hydroxycitronellal-Rückstände, ferner Citronenterpene, Portugalterpene u. a. Auch Jonon-Rückstände, Irisrückstände (Irisharz) und Eichenmoos-Wachse sind gut verwendbar, während bei Verwendung von Rückständen von der Fabrikation des künstlichen Moschus Vorsicht am Platze ist, da diese, namentlich beim Lagern der Seife, einen oft geradezu abscheulichen Geruchston abgeben.

Auch von Eichenmoos-Rückständen, dargestellt durch die bei Herstellung der Essence absolue de Mousse de Chêne abfallende Wachse sind nicht alle Sorten geeignet, namentlich nicht die ganz schwarzen Rückstände dieser Art.

Ganz bedeutend erleichtert wird die Parfumierung der billigen Seifen, wie die Seifenparfumierung überhaupt durch Heranziehung fertiger Stammkompositionen in Form von Essenzen usw., deren Herstellung bereits besprochen wurde oder von einigen Spezial-Essenzen, die noch weiter unten erwähnt werden sollen. Von den bereits erwähnten Stammkompositionen nennen wir Mosco, Ambra S. flüssig, Ambraharz S., Flieder S. Lilas S. extra, Vert de Chypre S., Base Verte S., Neroli S. Spezial, Jasmin S., Rose S., Muguet S. usw., die zu den verschiedensten Blumen- und Phantasiegerüchen (hier ganz besonders) Verwendung finden können. Natürlich können auch die bei der Extraitherstellung genannten Stammkompositionen (Essenzen) hier mit herangezogen werden.

Von hier besonders interessierenden Stammkompositionen seien, in Ergänzung der bereits früher empfohlenen bzw. soeben genannten Essenzen folgende empfohlen:

Oeillet S. II.

Isoeugenol	360 g	Ambraharz S.	40 g
Eugenol	90 g	Phenylacetaldehyd 50%	18 g
Amylsalicylat	172 g	Xylolmoschus	12 g
Citronellol	36 g	Ambrettemoschus	3 g
Phenyläthylalkohol	118 g	Perubalsam	5 g
Canangaöl, roh	18 g	Cassiaöl	15 g
Linalylcinnamat	10 g	Macisöl	5 g

Diese Essenz ist sehr ausgiebig und liefert in einer Menge von 350 bis 500 g für 100 kg Seife eine kräftig und fein riechende Nelkenseife. Außerdem ist diese Essenz äußerst wertvoll für Phantasiekompositionen diverser Art, z. B. mit Methyljonon kombiniert für Origan-Typen usw.

Bouvardia S. II.

Benzylacetat	60 g	Amylsalicylat	42 g
Ylang-Ylangöl, künstl.	30 g	Phenyläthylalkohol	72 g
Linalylcinnanat	8 g	Methylanthranilat	39 g
Citronellol	60 g	Zibet, künstl.	5 g
Neroli S. Spezial	100 g	Xylolmoschuslösung	6 g
Bergamottöl	90 g		

350—500 g für 100 kg Seife geben eine fein und kräftig parfumierte Seife; auch wichtig als Grundlage für Narcissengerüche und viele Phantasieparfums.

Narcisse S. II.

Hydroxycitronellal	140 g	p-Cresylphenylacetat	4 g
Hydroxycitronellal-Terpene	100 g	Isobutylphenylacetat	2 g
Isobutylcinnamat	5 g	Methylphenylacetat	2 g
Aethylcinnamat	3 g	Portugalöl	25 g
Linalylcinnamat	10 g	Mandarinenöl	10 g
Methylanthranilat	20 g	Jasmin S.	15 g
Citronenöl	20 g	Amylsalicylat	2 g
Neroli S. Spezial	80 g	Aurantiol	5 g
Orangenöl, bitter	20 g	Cumarin	3 g
p-Cresolacetat	2 g	Heliotropin	5 g
Ambrettemoschus	2 g	Ambra S., flüssig	40 g
		Xylolmoschus	2 g

300—400 g für 100 kg Seife, geben eine kräftig riechende Narcissenseife, besonders gut in Kombination mit Bouvardia II. Auch zu zahlreichen Blumen- und Phantasiekompositionen geeignet.

Im allgemeinen rechnet man zur Parfumierung der einfachen Toiletteseifen etwa 500—600 g. Parfumessenz für 100 kg.

Akazienseife

Grundseife	25 kg
Geraniumöl, afrik.	50 g
Irisöl, künstl.	10 g
Nerol S.	10 g
Petitgrainöl	20 g
Hydroxycitronellal II.	20 g
Xylolmoschus	6 g
Cumarin	15 g
Methylanthranilat	20 g
Benzylacetat	50 g

Farbe: 5 g Brillantrosa.

Bouvardiaseife

Grundseife	100 kg
Bouvardia S. II	350 kg
Ambraharz S.	30 kg
Moschuslösung	50 kg

Chypreseife I.

Sandelöl, ostind.	5 g	Xylolmoschus	4 g
Patchouliöl	3 g	Cedernöl	40 g
Amylsalicylat	30 g	Resinoid Benzoe Sumatra	12 g
Cumarin	10 g	Terpineol	100 g
Rückstände Eichenmoos	8 g		

Grundseife 30—40 kg.

Chypreseife II.

Eichenmoosrückstände	4 g	Xylolmoschus	5 g
Copaivabalsam	6 g	Patchouliöl	3 g
Sandelöl, ostind.	5 g	Vetiveröl	2 g
Cumarin	6 g	Bergamottöl, künstl.	12 g
Cedernöl	10 g	Ambra, S. flüss.	10 g
Perubalsam	5 g	Resinoid Sumatra	10 g
Terpineol	100 g		

Grundseife 30 kg.

Chypreseife III.

Eichenmoosrückstände	4 g	Spiköl	10 g
Resinoid Eichenmoos	1 g	Lavendelöl	10 g
Vert de Chypre S.	75 g	Cedernöl	15 g
Amylsalicylat	3 g	Cumarin	
Xylolmoschus	4 g	Patchouliöl	5 g
Terpineol	70 g	Bergamottöl, künstl.	30 g

Grundseife 30 kg.

Chypreseife IV.

Spiköl	100 g	Cumarin	125 g
Lavendelöl	50 g	Patchouliöl	55 g
Terpineol	50 g	Xylolmoschuslösung	100 g
Amylsalicylat	100 g	Resinoid Sumatra	100 g
Aethylcinnamat	5 g	Cedernöl	150 g
Rose S.	50 g	Ceillet II.	25 g
Bouvardia	25 g		

Grundseife 150 kg.

Citronenseife

Citronenöl	200 g	Hydroxycitronellal II.	10 g
Bergamottöl	30 g	Methylanthranilat	2 g
Portugalöl	10 g	Citral	20 g
Lavendelöl	10 g	Citronellal	200 g
Neroli S.	15 g	Lemongrasöl	50 g
Xylolmoschus	5 g		

Grundseife 75 kg.

Eau de Cologne-Seife

Neroli S. Spezial	350 g	Lavendelöl	25 g
Citronenterpene	150 g	Spiköl	10 g
Portugalterpene	50 g	Rosmarinöl	5 g
Bergamottöl, künstl.	50 g	Citronenöl	50 g
Moschuslösung	40 g		

Grundseife 100 kg.

Eibischseife

Grundseife	40 g	Canangaöl	10 g
Lavendelöl	200 g	Bergamottöl	50 g
Cassiaöl	100 g	Anisaldehyd	10 g
Wintergreenöl	30 g		

Fichtennadelseife

Fichtennadelöl, deutsch	500 g	Spiköl	25 g
Fichtennadelöl, sibirisch	200 g	Citronenöl	25 g
Edeltannenöl	100 g	Methylanthranilat	5 g
Rosmarinöl	25 g	Perubalsam	10 g
Eukalyptusöl	50 g	Resinoid Sumatra	25 g
Cumarin	60 g	Moschuslösung	50 g

Grundseife 150 kg.

Fliederseife I

Terpineol	400 g	Ylang-Ylang, künstl.	50 g
Geraniumöl	200 g	Phenylacetaldehyd 50 %	20 g
Benzylacetat	50 g	Oeillet S. II	10 g
Neroli S.	40 g	Xylolmoschus	20 g
Hydroxycitronellal II.	50 g		

Grundseife 120 kg.

Fliederseife II

Grundseife	50 kg
Terpineol	300 g
Xylolmoschus	8 g
Canangaöl	50 g
Geraniol	20 g
Bergamottöl	80 g
Heliotropin	50 g

Farbe: 2 g Rhodamin
12 g Ultramarinblau

Fliederseife

Grundseife	50 kg
Terpineol	300 g
Canangaöl	60 g
Jasmin S.	25 g
Muguet S.	30 g
Geraniumöl	50 g
Heliotropin	60 g
Moschus, künstl. (Xylol)	10 g
Phenylacealdehyd	20 g

Farbe: 100 g Fliederblau.

Fougèreseife

Thymianöl, rot	75 g
Amylsalicylat	200 g
Patchouliöl	20 g
Heliotropin	25 g
Zimtalkohol	50 g
Moschuslösung	100 g
Cumarin	200 g
Diphenylmethan	25 g
Neroli für Seife	50 g
Resinoid Sumatra	100 g
Spiköl	100 g
Terpineol	100 g

Seife 150 kg.

Heu-Seife I

Portugalöl	50 g
Cumarin	280 g
Geraniumöl, afrik.	120 g
Diphenyloxyd	30 g
Patchouliöl	15 g
Amylsalicylat	50 g
Moschuslösung	40 g
Grundseife	100 kg

Heuseife II

Grundseife	50 kg
Cumarin	150 kg
Thymianöl, rot	30 g
Patchouliöl	10 g
Lavendelöl	50 g
Bergamottöl	60 g
Geraniumöl	50 g
Xylolmoschus	10 g

Farbe: 100 g Seifengrün.

Heliotropseife I

Heliotropin	200 g
Cumarin	50 g
Benzaldehyd	100 g
Vanillin	25 g
Neroli, künstl., S.	50 g
Resinoid Tolu	50 g
Perubalsam, künstl.	20 g
Xylolmoschus	25 g
Terpineol	150 g
Zimtalkohol	50 g

Seife 100 kg.

Heliotropseife II

Grundseife	30 kg
Heliotropin	150 g
Bourbonal	30 g
Benzaldehyd	75 g
Cumarin	40 g
Bergamottöl	80 g
Geraniumöl	30 g
Xylolmoschus	15 g
Perubalsam	50 g

Farbe: 3 g Wachsgelb

Honigseife I

Grundseife	25 kg
Palmölgrundseife	25 kg
Lavendelöl	200 g
Verbenaöl	60 g
Citronellal	50 g
Cassiaöl	50 g
Wachsaroma	30 g

Farbe: 10 g Orange.

Honigseife II

Grundseife	30 kg
Citronellöl	90 g
Cassiaöl	80 g
Lavendelöl	80 g

Farbe: 10 g Orange.

Jasminseife

Weiße Grundseife	40 kg
Benzylacetat	250 g
Geraniumöl	60 g
Petitgrainöl	20 g
Methylanthranilat	10 g
Linalool	20 g
Heliotropin	5 g
Nerolin	2 g
Canangaöl	50 g

Farbe: Gelb oder Rosa.

Kamillenseife

Grundseife ff., weiß	50 kg
Kamillenextrakt	1000 g
Kamillenöl, Citrat	50 g
Geraniumöl	200 g
Terpineol	200 g
Cumarin	20 g
Storax, flüss.	50 g

Kinderseife

I. Grundseife	30 kg
Lanolin	2 g
Geraniumöl	150 g
Rosenöl, künstl.	10 g
Bergamottöl	100 g
Zimtalkohol	40 g

Farbe: 2 g Wachsgelb.

II. Grundseife	50 kg
Reismehl	1 kg
Vaseline, weiße	1 kg
Geraniumöl	200 g
Terpineol	200 g
Sandelholzöl	45 g

Kräuterseife

Grundseife	40 kg
Thymianöl	80 g
Wintergreenöl	10 g
Lavendelöl	60 g
Cumarin	60 g
Bergamottöl	130 g
Patchouliöl	5 g
Citronenöl	40 g
Rosmarinöl	30 g
Amylsalicylat	20 g
Perubalsam	30 g
Xylolmoschus	10 g

Farbe: Grün.

Lanolinseife

Grundseife	50 kg
Lanolin	5 g
Lavendelöl	250 g
Xylolmoschus	8 g
Palmarosaöl	150 g
Eugenol	20 g
Bergamottöl	20 g

Farbe: 10 g Orange.

Lattichseife (Suc de Laitue)

Weiße Grundseife	40 kg
Palmölgrundseife	10 kg
Bergamottöl	200 g
Neroliöl, künstl.	50 g
Geraniol	120 g
Bittermandelöl	5 g
Xylolmoschus	8 g

Farbe: 65 g Seifengrün.

Lavendelseife I.

Lavendelöl	150 g
Spiköl	500 g
Cumarin	50 g
Patchouliöl	2 g
Xylolmoschus	20 g
Resinoid Sumatra	50 g
Geranylacetat	45 g
Linalylbutyrat	5 g
Terpineol	160 g

Grundseife 100—120 kg.

Lavendelseife II.

Spiköl	180 g
Cumarin	16 g
Resinoid Eichenmoos	2 g
Xylolmoschus	6 g
Resinoid Sumatra	20 g
Geranylacetat	20 g
Patchouliöl	1 g
Terpineol	160 g

Grundseife 60 kg.

Maiglöckchenseife

Grundseife	50 kg
Linalool	150 g
Canangaöl	80 g
Terpineol	100 g
Muguet S.	80 g
Jasmin S.	10 g
Xylolmoschus	10 g

Farbe: 65 g Maigrün.

Mandelblütenseife

Grundseife	35 kg
Echtes Bittermandelöl	10 g
Terpineol	35 g
Palmarosaöl	150 g
Aubépine	10 g
Benzaldehyd	150 g
Citronenöl	50 g

Farbe: 5 g Brillantrosa.

Moschusseife I

Grundseife	50 kg
Bergamottöl, künstl.	120 g
Patchouliöl	75 g
Nelkenöl	20 g
Cassiaöl	150 g
Lavendelöl	100 g
Verbenalöl	5 g
Xylolmoschus	30 g
Ambrettemoschus	20 g

Moschusseife II

Grundseife	30 kg
Eugenol	40 g
Wintergreenöl	15 g
Patchouliöl	10 g
Zibet, künstl.	6 g
Benzoetinktur	150 g
Moschus, künstl. (Xylol)	30 g
Ambrettemoschus	20 g

Farbe: 150 g Umbra
10 g Brillantbraun.

Narzissen-Seife

Narzisse S. II	400 g
Bouvardia S. II	100 g
Bergamottöl	50 g
Geraniumöl	50 g
Sandelöl, ostind.	3 g
Ambraharz S.	30 g
Neroli S.	25 g
Vanillin	2 g

Grundseife 100 kg.

Nelkenseife

Oeillet S. II	450 g
Nelkenöl	25 g
Cassiaöl	25 g
Macisöl	10 g
Perubalsam	25 g
Xylolmoschus	8 g
Vanillin	2 g

Grundseife 80—100 kg.

Opoponaxseife

Grundseife	35 kg
Opoponaxöl	30 g
Rosenöl, künstl.	5 g
Palmarosaöl	20 g
Patchouliöl	2 g
Bergamottöl	100 g
Neroliöl	5 g
Sandelholzöl, ostind.	3 g
Xylolmoschus	10 g
Perubalsam	50 g

Farbe: 15 g Brillantbraun
5 g Orange S. W.

Orangenblütenseife

Grundseife	50 kg
Neroli S.	120 g
Petitgrainöl	75 g
Geraniumöl	50 g
Vanillin	5 g
Benzylacetat	100 g
Methylanthranilat	40 g
Xylolmoschus	12 g
Bromelia	5 g

Farbe: 50 g Orange-Cadmium
20 g Zinnober.

Orient-Seife

Ambra S., flüssig	300 g
Methylcinnamat	6 g
Aethylcinnamat	4 g
Isobutylcinnamat	2 g
Cassiaöl	40 g
Citronenöl	40 g
Nelkenöl	20 g
Santalylacetat	50 g
Patchouliöl	4 g
Cumarin	16 g
Neroli S.	120 g
Oeillet S. II	25 g

Grundseife 100 kg.

Patchouliseife I

Grundseife	40 kg
Patchouliöl	65 g
Cedernholzöl	100 g
Wintergrünöl	100 g
Cassiaöl	80 g
Geraniol	20 g
Xylolmoschus	10 g

Farbe: 100 g Seifengrün.

Patchouliseife II

Grundseife	30 k
Patchouliöl	80 g
Cumarin	50 g
Cassiaöl	50 g
Bergamottöl	30 g

Farbe: 50 g Maigrün

Rosenseife I

Grundseife	50 kg
Gingergrasöl	100 g
Geraniol	150 g
Eugenol	20 g
Palmarosaöl	50 g
Xylolmoschus	8 g
Geraniumöl, afrik.	75 g
Phenyläthylalkohol	100 g
Diphenylmethan	50 g
Patchouliöl	3 g

Farbe: 100 g Feinrosa.

Rosenseife II

Citronellol	300 g
Geraniol	100 g
Phenyläthylalkohol	100 g
Jonon	100 g
Diphenyloxyd	300 g
Lemongrasöl	30 g
Geraniumöl, afrik.	50 g
Neroli S.	10 g
Geranylacetat	20 g
Phenyläthylbutyrat	20 g
Patchouliöl	5 g
Resinoid Sumatra	50 g
Ambrettemoschus	15 g

Grundseife 150 kg.

Rosenseife Spezial

Citronellöl	20 g
Terpineol	100 g
Cedernöl	100 g
Geraniol	20 g
Geraniumöl	10 g
Guajakholzöl	10 g
Methylcinnamat	10 g
Diphenyloxyd	20 g
Diphenylmethan	20 g
Phenyläthylalkohol	2 g
Geranylacetat	2 g
Citral	2 g
Citronellol	2 g
Anisaldehyd	3 g
Xylolmoschus	5 g

Grundseife 40 kg.

Trèfle-Seife (Kleeseife)

Amylsalicylat	200 g
Methylcinnamat	5 g
Cumarin	50 g
Lavendelöl	30 g
Moschuslösung	60 g
Patchouliöl	2 g
Cassiaöl	52 g
Macisöl	8 g
Geraniumöl	25 g

Grundseife 60 kg.

Vanilleseife

Grundseife	60 kg
Styrax liqu. pur	40 g
Eugenol	41 g
Cedernholzöl	30 g
Vanillin	60 g
Lavendelöl	30 g
Cumarin	10 g
Perubalsam	70 g
Geraniol	25 g
Palmarosaöl	30 g
Heliotropin	15 g
Ambrettemoschus	10 g

Farbe: 15 g Brillantbraun.

Veilchenseife I

Grundseife	50 kg
Iriswurzelpulver	2 kg
Bergamottöl	150 g
Jonon	65 g
Terpineol	200 g
Moschus, künstl.	15 g
Irisöl, künstl.	50 g
Canangaöl	30 g
Benzylacetat	100 g

Farbe: 15 g Brillantbraun
5 g Wachsgelb

Veilchenseife II

Grundseife	30 kg
Bergamottöl	100 g
Xylolmoschus	8 g
Canangaöl	50 g
Lavendelöl	25 g
Jonon	60 g
Benzylacetat	75 g

Farbe: 150 g Umbra
10 g Brillantbraun.

Waldblumenseife

Grundseife	35 kg
Cumarin	90 g
Geraniumöl	150 g
Fichtennadelöl	20 g
Moschus, künstl.	5 g
Terpineol	125 g

Savon Violette de Parme

Grundseife	50 kg
Moschus, künstl.	10 g
Geraniumöl, Bourbon	30 g
Benzylacetat	75 g
Jonon	200 g
Cassia, künstl. *H. & R.*	10 g

Waldmeisterseife

Grundseife	40 kg
Cumarin	150 g
Bergamottöl	100 g
Linaloeöl	30 g
Vanillin	10 g
Moschus, künstl.	2 g
Tonkatinktur	100 g

Farbe: 50 g Seifengrün
3 g Wachsgelb

Windsorseife I

Grundseife	25 kg
Palmölgrundseife	25 kg
Cassiaöl	150 g
Nelkenöl	150 g
Lavendelöl	100 g
Moschus, künstl.	5 g

Farbe: 15 g Brillantbraun.

Windsorseife II

Grundseife	30 kg
Moschuslösung	100 g
Nelkenöl	60 g
Cassiaöl	100 g
Lavendelöl	40 g

Farbe: 100 g Seifenbraun.

Royal Windsor-Seife

Nelkenöl	150 g	Perubalsam	20 g
Cassiaöl	250 g	Styrax, flüss.	25 g
Lavendelöl	125 g	Bergamottöl	150 g
Thymianöl, rot	25 g	Petitgrainöl	60 g
Zimtblätteröl	75 g	Macisöl	30 g
Rosmarinöl	50 g	Neroli S.	10 g
Methylcinnamat	3 g	Xylolmoschus	25 g

Grundseife 120 kg.

Diverse Phantasie-Seifenparfums

(billige Sorten. 450—600 g für 100 kg Seife)

Eau de Cologne Russe

Ambraharz S.	35 g
Ambrettemoschus	15 g
Resinoid Castoreum	5 g
Nelkenöl	20 g
Cassiaöl	20 g
Oeillet S. II	50 g
Base Verte S.	25 g
Bergamottöl	150 g
Citronenöl	100 g
Orangenöl, bitter	50 g
Spiköl	20 g
Lavendelöl	30 g
Petitgrainöl	75 g
Neroli S. Spezial	125 g
Aethylcinnamat	10 g
Resinoid Tolu	15 g

Origan I

Jonon II	150 g
Methyljonon	50 g
Oeillet S. II	100 g
Estragonöl	5 g
Neroli S. Spezial	200 g
Heliotropin	25 g
Ambrettemoschus	15 g
Patchouliöl	10 g
Xylolmoschus	5 g
Nelkenöl	15 g
Cassiaöl	25 g
Vetiveröl	15 g
Cedernöl	75 g
Aethylcinnamat	10 g
Cinnamylacetat	10 g
Ambra S. flüssig	50 g

Origan II

Jononrückstände	100 g	Perubalsam	25 g
Jonon II	75 g	Patchouliöl	15 g
Methyljonon	75 g	Cumarin	25 g
Oeillet S. II	125 g	Xylolmoschus	15 g
Estragonöl	7 g	Mosco	25 g
Cassiaöl	50 g	Cedernöl	75 g
Nelkenöl	30 g	Vert de Chypre	50 g
Vetiveröl	20 g	Ambra S., flüssig	50 g
Neroli S. Spezial	250 g	Cinnamylacetat	15 g
Heliotropin	50 g	Methylnaphtylketon	25 g
Jasmin S. II	75 g	Lilas S. extra	70 g
Sandelöl, ostindisch	50 g	Eichenmoosresinoid	10 g

Bouquet I

Amylsalicylat	200 g	Bergamottöl	15 g
Cumarin	50 g	Sandelöl, ostind.	5 g
Xylolmoschuslösung	100 g	Narcisse S. II	25 g
Patchouliöl	10 g	Oeillet S. II	15 g
Neroli S. Spezial	40 g	Bouvardia S. II	15 g
Methylcinnamat	8 g	Ambraharz S.	25 g
Geraniumöl	40 g	Neroli S. Spezial	75 g
Nelkenöl	10 g	Cassialö	15 g
Lemongrasöl	15 g	Canangaöl	25 g
Jasmin S. I	75 g	Rose S.	100 g

Bouquet II

Bouvardia S. II	175 g	Spiköl	25 g
Oeillet S. II	50 g	Geraniumöl	50 g
Petitgrainöl	100 g	Patchouliöl	15 g
Cassiaöl	60 g	Perubalsam	50 g
Nelkenöl	5 g	Cumarin	10 g
Lavendelöl	50 g	Heliotropin	20 g
Neroli S. Spezial	150 g	Xylolmoschus	15 g
Amylsalicylat	25 g	Methylcinnamat	10 g
Narcisse S. II	15 g	Canangaöl	25 g
Ambraharz S.	40 g	Orangenöl, bitter	25 g

Bouquet ambré

Geraniol	100 g	Styrax, flüssig	25 g
Geraniumöl, afrik.	250 g	Isobutylcinnamat	5 g
Patchouliöl	15 g	Macisöl	15 g
Cassiaöl	25 g	Ambraharz S.	120 g
Nelkenöl	15 g	Petitgrainöl	120 g
Zibet, künstl., flüss.	5 g	Heliotropin	25 g
Resinoid Castoreum	3 g	Cumarin	15 g
Perubalsam	40 g	Jasmin S. I	50 g
Neroli S. Spezial	60 g	Oeillet S. II	25 g
Jonon II	25 g	Base Verte S.	75 g
Sandelöl, ostindisch	25 g	Bouvardia S. II	40 g
Mosco	15 g	Xylolmoschus	20 g

Bouquet III

Zimtalkohol	40 g	Linalool	60 g
Jonon II	100 g	Sandelöl, ostind.	40 g
Vanillin	10 g	Aethylcinnamat	40 g
Perubalsam	40 g	Oeillet S. II	150 g
Resinoid Tolu	25 g	Neroli S. Spezial	150 g
Heliotropin	60 g	Nelkenöl	25 g
Macisöl	15 g	Ambraharz S.	25 g
Geraniumöl	100 g	Xylolmoschus	15 g
Mosco	10 g	Hydroxycitronellal-Terpene	75 g
Jasmin S. II	40 g		

Bouquet IV

Geraniumöl	5 g	Heliotropin	10 g
Diphenyloxyd	5 g	Bromelia	5 g
Patchouliöl	5 g	p-Methylacetophenon	12 g
Cassiaöl	40 g	Neroli S. Spezial	75 g
Nelkenöl	40 g	Oeillet S. II	75 g
Citronellöl Java	40 g	Jonon	50 g
Ambraharz S.	40 g	Xylolmoschus	15 g
Isobutylcinnamat	15 g	Ambrettemoschus	5 g
Base Verte S.	100 g	Orangenöl, bitter	25 g
Narcisse S. II	25 g	Mosco	15 g

Bouquet V

Vert de Chypre S.	150 g	Xylolmoschuslösung	100 g
Ambraharz S.	50 g	Terpineol	200 g
Cumarin	50 g	Methylcinnamat	10 g
Geraniumöl	50 g	Neroli S. Spezial	50 g
Bergamottöl	50 g		

Kaltgerührte Toiletteseifen.

Die Herstellung ist zu bekannt, als daß sie hier nochmals erörtert werden müßte. Nur einige Punkte seien besonders erwähnt.

Das Öl hält man im Sommer wohl am besten auf 35° C, im Winter auf 40° C, die Lauge wird stets auf 38,5° Bé., bei einer Temperatur von 19° C gestellt. Auf 50 kg Öl sind 25 kg Ätznatronlauge von 38,5° Bé. erforderlich. Empfehlenswert ist es noch, daß man an dem Laugeneimer, an der tiefsten Stelle des Bodens, einen kleinen Hahn anbringt. Man stellt dann den Eimer so hoch, daß der Hahn eben über dem Rührkessel steht, dreht den Hahn auf und läßt die Ätznatronlauge in dünnem Strahl ins Öl laufen, wobei durch gleichmäßiges und flottes Umrühren mit dem Öl innige Mischung herbeigeführt wird. Dadurch, daß der Hahn an der tiefsten Stelle des Eimerbodens angebracht ist, kann nicht die geringste Kleinigkeit im Eimer zurückbleiben. Die Vorteile dabei sind: Die Lauge kommt in stets gleichem Strahl in das Öl und man erspart einen Mann, welcher sonst die Lauge zugießen müßte.

Das Rühren wird bei einer kaltgerührten Toiletteseife solange fortgesetzt, bis man mit dem Rührinstrumente auf der Oberfläche der Seife bemerkbare Streifen feststellen kann, oder wie der Fachausdruck lautet, „bis die Seife auflegt". Dann gießt man sie in die Form und läßt diese solange unbedeckt, bis die Seife anfängt, größere Hitze zu entwickeln; nun deckt man ein dazu passendes Stück Leinwand auf die Seife und darauf ein glattes, passendes Stück Brett, welches mit einem nicht zu leichten Gewicht beschwert wird. Letzteres geschieht, um das Auseinanderreißen oder besser gesagt Rissigwerden der Seife bei der nachfolgenden starken Selbsterhitzung zu vermeiden.

Füllungslösungen bestehen in der Regel aus Chlorkali, Pottasche und Zucker und diese müssen nach Vorschrift auf das genaueste zubereitet und dann drei Tage der Klärung überlassen werden. Eine Vorschrift für Füllungslösung lautet:

Wasser	300 kg	Pottasche	42 kg
Zucker	30 kg	Salz	30 kg
Krist. Soda	12 kg	Chlorkali	30 kg

Auf etwa 50 kg Cocosseife wendet man die nachfolgenden Quantitäten Parfum und Farbe an:

Honigseife

Citronellal	100 g
Fenchelöl	30 g
Lavendelöl	30 g
Spiköl	10 g
Thymianöl, weiß	20 g
Nelkenöl	20 g

Farbe: 10 g Orange S. W.

Lilienmilchseife

Bergamottöl	50 g
Geraniumöl	25 g
Lavendelöl	15 g
Sandelholzöl, ostind.	5 g
Heliotropin	5 g
Moschus, künstl.	2 g
Bittermandelöl, künstl.	2 g

Kräuterseife

Cassiaöl	35 g
Thymen	40 g
Anethol	20 g
Lavendelöl	35 g
Fenchelöl	20 g
Lemongrasöl	10 g
Corianderöl	15 g

Farbe: 80 g Ultramaringrün (im Öl anzureiben).

Maiglöckchenseife

Linaloeöl	200 g
Irisöl, flüss.	10 g
Neroliöl, künstl.	10 g
Sandelholzöl, ostindisch	15 g
Anethol	15 g
Nelkenöl	15 g

Farbe: 20 g Maigrün.

Mandelseife

Auf je 50 kg Seife nimmt man eines der nachstehenden Parfums:

I.	Bittermandelöl, echt	50 g
	Bittermandelöl, künstl.	80 g
	Carven	25 g
	Eugenol	10 g
II.	Bittermandelöl, künstl.	150 g
	Eugenol	10 g
III.	Bittermandelöl, künstl.	180 g

Pfirsichblütenseife

Eugenol	50 g
Lavendelöl	70 g
Thymen	75 g
Cassiaöl	25 g
Bergamottöl	25 g

Farbe: 15 g Rosa Nr. 114.

Patchouliseife

Patchouliöl	150 g
Cedernholzöl	20 g
Moschuslösung	30 g

Resedaseife

Geraniol	40 g
Irisöl, flüss.	20 g
Bittermandelöl, künstl.	15 g
Cumarin	5 g
Tinktur Moschus	50 g

Farbe: 25 g Resedagrün.

Für die einfachen Cocosseifen stellt man sich in der Regel eine Parfummischung her, welche zur Parfumierung der sämtlichen Farben verwendet wird und von der man auf 50 kg 200 bis 500 g nimmt, je nach Preis der Ware. Eine solche Mischung ist z. B. folgende:

Parfum für Cocosseifen

Lavendelöl, künstl.	2000 g
Rosmarinöl	500 g
Nelkenöl	1000 g
Eugenol	100 g
Cassiaöl	1000 g
Terpineol	1000 g

Bei hohen Preisen für Nelkenöl kann man auch Nelkenterpene oder Nelkenstilöl nehmen.

Englische Veilchenseife (Alte Vorschrift).

Diese auf kaltem Wege hergestellten Seifen sind Cocosseifen mit Zusatz von Iriswurzelpulver usw.

Cochin-Cocosöl	32 kg	Lavendelöl	300 g
Talg	10 kg	Bergamottöl	150 g
Palmöl	1,5 kg	Safrol	100 g
Natronlauge, 38° Bé.	21,1 kg	Perubalsam	100 g
Iriswurzelpulver	1,5 kg	Cassiaöl	10 g
Curaçaoschalen, pulv.	1,5 kg	Moschus, künstl.	10 g
Styrax, flüss.	1,5 kg	Iris, Résinoïd	50 g

Farbe: 20 g Seifenbraun.

Parfums für Toiletteseifen auf halbwarmem Wege.

Das vorstehende Parfum verwendet man auch zur Parfumierung der auf halbwarmem Wege hergestellten Toiletteseifen, wie man überhaupt für diese sämtliche für kaltgerührte Toiletteseifen gegebenen Parfums anwenden kann.

Nach modernen Begriffen hergestellte halbwarme Seifen werden stets im Kessel fertig gemacht und sorgfältig neutralisiert ehe sie in heiß-flüssigem, neutralem Zustande in die Form gebracht werden. Für solche Seifen ist die Beschränkung in der Auswahl des Parfums viel weniger bedeutend als für Cocosseifen auf kaltem Wege, bei denen das Parfum neben der hohen Temperatur des Seifenleimes auch dem viele Riechstoffe zerstörenden Einfluß der starken, teilweise noch ungebundenen Lauge ausgesetzt ist, während das Parfum bei heiß-flüssigen Leimseifen auf halbwarmem Wege nur die höhere Temperatur des Leimes auszuhalten hat.

Soweit kaltgerührte Leimseifen nach sorgfältig ausgeführter Neutralisation erst nach dem Erstarren in der Form durch Pilieren analog den gesottenen Toiletteseifen parfumiert werden, kommt eine Beschränkung in der Auswahl der Riechstoffe natürlich überhaupt nicht in Frage.

Honigseifen

I.	Citronellöl	600 g
	Anisöl	40 g
	Cassialöl	15 g
	Nelkenöl	15 g
	Seife	75 kg
II.	Citronellöl	200 g
	Cassialö	60 g
	Lemongrasöl	20 g
	Rosmarinöl	10 g
	Pfefferminzöl	8 g
	Seife	75 kg
III.	Honigaroma, 4fach, *H. & R.*	
	Citronellöl	50 g
	Lemongrasöl	50 g
	Cassiaöl	50 g

Rosenseife

Geraniumöl, Réunion:	150 g
Bergamottöl	150 g
Lavendelöl	6 g
Vetiveröl	4 g
Geraniol	100 g
Seife	75 kg

Moschusseife

Spiköl	200 g
Cassiaöl	50 g
Nelkenöl	50 g
Geraniumöl	100 g
Xylolmoschus	8 g
Seife	50 kg

Kräuterseife

Spiköl	140 g
Rosmarinöl	40 g
Thymianöl	25 g
Angelikaöl	5 g
Nelkenöl	50 g
Cassiaöl	50 g
Seife	35 kg

Schokoladeseife

Perubalsam	160 g
Nelkenöl	135 g
Cassiaöl	106 g
Vanilletinktur	10 g
Seife	75 kg

Patchouliseife

Patchouliöl	110 g
Lemongrasöl	110 g
Palmarosaöl	35 g
Cassiaöl	55 g
Seife	75 kg

Kleeseife

Amylsalicylat	250 g
Cumarin	50 g
Moschuslösung	50 g
Seife	50 kg

Maiglöckchenseife

Linalool	100 g
Ylang, künstl.	50 g
Benzylacetat	5 g
Tolutinktur	100 g
Seife	35 kg

Windsorseife

Cassiaöl	1000 g
Perubalsam	150 g
Moschuslösung	50 g
Thymianöl	100 g
Rosmarinöl	100 g
Nelkenöl	50 g
Benzoetinktur	100 g
Seife	50 kg

Engl. Veilchenseife

Iriswurzelpulver	1000 g
Styrax	500 g
Cassiaöl	100 g
Spiköl	100 g
Perubalsam	60 g
Bergamottöl	100 g
Seife	50 kg

Fliederseife

Terpineol	250 g
Benzylacetat	50 g
Heliotropin	5 g
Anisaldehyd	30 g
Phenylacetaldehyd	5 g
Seife	50 kg

Jasminseife

Bromelia	5 g
Benzylacetat	200 g
Methylanthranilat	25 g
Moschuslösung	50 g
Seife	50 kg

Transparente Glycerinseifen.

Wir geben hier neben den Parfumierungen auch eine Vorschrift zur Herstellung einer tadellosen Glycerinseife.

Transparente Glycerinseife

Talg	45 kg
Cochin-Cocosöl	45 kg
Ricinusöl	30 kg
Glycerin, 24 Bé., weiß, kalkfrei	26 kg
Dest. Wasser	11 kg
Natronlauge, 33 Bé.	71 kg
Alkohol	38 kg

Transparente Glycerinseife ohne Alkohol (mit Zucker)

Talg I a	60 kg
Cochin-Cocosöl	74 kg
Ricinusöl	76 kg
Natronlauge, 38° Bé.	108 kg
gemischt mit	
Dest. Wasser	10 kg
Kristallsoda	18 kg
Zucker	60 kg
gelöst in	
Dest. Wasser	64 kg

Man schmilzt zunächst Talg, Cocosöl und Ricinusöl zusammen und fügt dann bei zirka 55° C die 108 kg 38 grädige Lauge, gemischt mit 10 kg destilliertem Wasser, hinzu. Ist das geschehen und ist man sicher, daß man die richtige Temperatur hat, so arbeitet man die Masse durch, wie bei jedem gewöhnlichen Verseifungsprozeß. Darnach läßt man die

Seife 1 bis 2 Stunden in dem gut bedeckten Kessel stehen; ist sie alsdann transparent, so krückt man gut durch und muß sicher sein, daß die Verseifung eine vollkommene ist. Darauf gibt man die 18 kg Kristallsoda hinzu. Wenn diese gut untergemischt ist, bedeckt man den Kessel wieder, läßt 15 bis 20 Minuten stehen und stellt sich inzwischen die 60 kg Zucker, aufgelöst in 64 kg destilliertem Wasser, bereit. Diese Lösung fügt man alsdann hinzu, worauf die Seife sehr schnell dünner werden wird. Man steigert nun die Temperatur auf 70 bis 80° C. Wenn das geschehen, ist die Seife fertig zum Gefärbt- und Parfumiertwerden und kann alsdann geformt werden.

Für die Transparenz sämtlicher Sorten Glycerinseife ist es sehr von Vorteil, wenn diese, aus der Form genommen, einige Zeit stehen können, bevor sie verarbeitet werden, mindestens 2 bis 3 Wochen; denn während dieser Zeit entwickelt sich die Transparenz auf das schönste, natürlich vorausgesetzt, daß die Seifen ordnungsmäßig hergestellt sind.

Parfumierungsvorschriften für transparente Glycerinseifen.

Rose I

Geraniol	400 g
Lavendelöl	10 g
Linalool	10 g
Moschuslösung	150 g

Farbe: Hellgelb (Anilingelb).

Maiglöckchen

Linalool	400 g
Irisöl, flüss.	50 g
Neroliöl, künstl.	40 g
Anethol	55 g
Sandelholzöl, ostind.	40 g
Dianthin, *N. & C.*	20 g
Moschuslösung	150 g

Farbe: Brillantgrün.

Die feineren Sorten Blumenglycerinseifen werden alle in hellgelber Farbe gehalten, die ihre Kristallklarheit besser hervortreten läßt. Nur einige Sorten sind dunkel gefärbt, was meistens bereits aus dem Parfumzusatz hervorgeht, z. B. Benzoe-Glycerinseife und oft auch die Veilchenglycerinseife.

Benzoe I

Benzoe, pulv.	4500 g
Styrax, liquid.	2000 g
Benzoetinktur	2000 g
Perubalsam	500 g
Citral	50 g
Citronenöl	100 g
Isoeugenol	100 g
Vanillin	15 g

Farbe: Brillantbraun.

Veilchen I

Bergamottöl	300 g
Benzylacetat	80 g
Irisöl, flüss.	100 g
Perubalsam	500 g
Jonon II	100 g
Benzoetinktur	2000 g
Moschuslösung	250 g
Terpineol	200 g
Linalool	30 g

Farbe: Brillantbraun oder Methylviolett.

Flieder

Terpineol	1500 g
Cumarin	25 g
Heliotropin	50 g
Xylolmoschus	15 g
Ylang-Ylangöl, künstl.	25 g
Geraniol	30 g
Bourbonal, *H. & R.*	15 g

Hyacinth

Phenylacetaldehyd	1000 g
Bittermandelöl, künstl.	25 g
Bourbonal, *H. & R.*	30 g
Geraniumöl, künstl.	300 g
Xylolmoschus	15 g

Veilchen II

Jonon II	240 g
Benzylacetat	90 g
Cassie, künstl	12 g

Rot färben.

Benzoe II

Vanillin	25 g
Nelkenöl	25 g
Cassiaöl	25 g
Citronenöl	25 g
Geraniumöl	100 g
Tolubalsam (in Alkohol gelöst)	400 g

Braunrot färben.

Rose II

Geraniol	200 g
Geraniumöl	100 g
Phenyläthylalkohol	50 g
Nelkenöl	10 g

Gelb färben.

Benzoe III

Tolubalsam	300 g	Cassiaöl	30 g
Perubalsam	60 g	Lavendelöl	30 g
Bergamottöl	60 g	Geraniumöl	50 g
Nelkenöl	60 g	Xylolmoschus	6 g

Indische Blumen

Cassiaöl	120 g	Neroli S.	30 g
Nelkenöl	120 g	Methylacetophenon	36 g
Geraniumöl	120 g	Patchouliöl	15 g
Citronellöl	120 g	Diphenyloxyd	12 g
Heliotropin	24 g	Cumarin	15 g
Xylolmoschus	6 g	Oeillet S. II	15 g

Mekka-Balsam

Perubalsam	240 g	Linalool	50 g
Tolubalsam	120 g	Sandelöl, ostind.	25 g
Zimtalkohol	25 g	Aethylcinnamat	25 g
Jonon II	60 g	Cassiaöl	25 g
Vanillin	12 g	Nelkenöl	25 g
Heliotropin	35 g	Xylolmoschus	8 g
Ambraharz S.	25 g	Oeillet S. II	15 g

Die Balsame werden stets vorher in Alkohol gelöst.

Von den vorstehenden Parfummischungen wird zu den jeweiligen Ansätzen von Glycerinseife soviel zugefügt, als der zu erzielende Preis der Ware zuläßt.

Flüssige Seife für Seifenspender und Automaten.

Derartige flüssige Automatenseifen werden am besten als Kaliseifen aus Cocosöl, Sesamöl oder Ricinusöl, die mit Lösungen von Pottasche, Chlorkalium und Zucker auf eine entsprechende Ausbeute gebracht werden, hergestellt. Sie haben als Kaliseifen den Vorzug, daß sie nicht eintrocknen und sich stets flüssig halten. Besonders sind solche mit Zuckerlösung und etwas Glycerin vermehrte Seifen von schöner dickflüssiger Konsistenz. Nachstehend folgt eine geeignete ausprobierte Vorschrift.

Cocosöl	50 kg	Glycerin, 24° Bé.	25 kg
Ätzkalilauge, 50° Bé.	27 kg	Zucker	75 kg
Wasser	13 kg	in Wasser gelöst	300 kg

Man verseift das Cocosöl mit der Kalilauge, der man vorher das Wasser zugemischt hat, bei einer Temperatur von 80 bis 85° C, bedeckt dann den Kessel, bis ein klarer Seifenleim im Kessel liegt, und richtet unter Zuhilfenahme von Phenolphthaleinlösung die Seife genau ab, indem man entweder noch eine Kleinigkeit Lauge oder etwas flüssiges Cocosöl einrührt. Nun wird das Glycerin und das heiße Zuckerwasser zugegeben und die Seife klären gelassen, durch Glaswolle filtriert und leicht parfumiert, wonach man sie erkalten läßt und abfüllt. Für bessere Sorten kann der Glycerinzusatz auf Kosten der Zuckerlösung beliebig erhöht werden.

Weitere empfehlenswerte Vorschriften wären folgende:

I. Cocosöl	43 kg	II. Cocosöl	40 kg
Ricinusöl	7 kg	Ricinusöl	10 kg
50gräd. Ätzkalilauge	25 ½ kg	50gräd. Ätzkalilauge	24 ½ kg
20gräd. Pottaschlösung	6 kg	Zuckerlösung (1 : 5)	300 kg
Wasser	124 kg	5gräd. Pottaschlösung	130 kg

Diverse flüssige Seifen

(Fettansatz verseifen, dann Verdünnungs-Lösung einrühren)

1. Ölsäure, hell	100 g	Wasser	540 g
Cocosöl	100 g	Chlorkali	55 g
Kalilauge 40 Bé	105 g	Kaliumsulfat	10 g
		Zucker	50 g
2. Cocosöl	100 g	Wasser	660 g
Olivenöl	100 g	Natriummetaphosphat	30 g
Kalilauge 38 Bé	105 g	Chlorkalium	10 g
		Zucker	40 g
3. Ölsäure	70 g	Wasser	250 g
Cocosöl	30 g	Zucker	12 g
Kalilauge 38 Bé	53 g	Chlorkalium	2 g

Flüssige Glycerinseife

Darunter versteht man eine transparente, parfumierte Glycerinseife, die bei gewöhnlicher Temperatur nicht erstarrt, sondern flüssig bleibt. Eine solche Seife besitzt eine große Reinigungskraft und eine milde Wirkung auf die Haut. Sie ist gewöhnlich von hellgelber bis goldbrauner Farbe und von honigartiger Konsistenz. Durch den hohen Gehalt an Glycerin besitzt sie nur eine mäßige Schäumkraft. Als reine Kaliseife ist sie in Wasser sehr leicht löslich, weshalb man bei Verwendung einer solchen Seife auch hartes Brunnenwasser zum Waschen benützen kann.

Ein passender Ansatz zur Herstellung einer flüssigen Glycerinseife wäre folgender:

Ölsäure, hell (Olein)	1000 g	Citronenöl	100 g
Schweineschmalz	500 g	Geraniol	25 g
Kalilauge, 38° Bé.	600 g	Lavendelöl	50 g
Pottaschlösung, 28° Bé.	320 g	Thymianöl	50 g
Glycerin, 28° Bé	4000 g	Moschuslösung	10 g

Man bringt das Glycerin in einen Dampfdoppelkessel, erwärmt es auf 75° C und läßt darin das Schweineschmalz zergehen, worauf man das Olein einträgt. Ist alles geschmolzen, so rührt man in dünnem Strahle die Ätzkalilauge ein, darauf die Pottaschlösung und bedeckt den Kessel gut über Nacht. Am nächsten Morgen parfumiert man, färbt eventuell noch etwas nach und füllt auf Flaschen.

Rasierseifen

Von einer Rasierseife verlangt man zunächst absolute Neutralität und gute Schaumkraft, aber fetten, beständigen, feinblasigen Schaum. Man muß daher mit dem Zusatz von Cocosöl vorsichtig sein. Der beste Rasierschaum ist der Talgschaum. Zu großer Cocoszusatz beeinträchtigt aber die Dichte des Talgschaumes und vor allem die geschmeidigmachende Wirkung, er macht ihn trocken und rascher verschwindend.

Die große Mehrzahl der heute im Handel befindlichen Rasierseifen sind keine gesottenen Rasierseifen, sondern auf kaltem oder meist halbwarmem Wege bereitete Leimseifen, die entweder aus Talg usw. hergestellt sind, oder noch häufiger, nach amerikanischem Muster, aus Stearin. Das Publikum verlangt heutzutage möglichst weiße Rasierseifen, die in dieser Art aus Talg nicht gut herzustellen sind, aber aus Stearin sehr gut erhalten werden können. Ein verhältnismäßig geringer Zusatz von Cocosseife (wir sagen mit Absicht „Seife", nicht Cocosöl, um anzudeuten, daß keinesfalls Cocosöl und Stearin zusammen verseift werden dürfen) genügt um einen üppigen, fetten Schaum hervorzubringen.

Es versteht sich von selbst, daß hier stets sorgfältigst die Alkalität zu prüfen ist und jeder Überschuß von freiem Alkali durch Stearinzusatz zu beseitigen ist. In den meisten Fällen empfiehlt es sich, diese gerührten Rasierleimseifen in geeigneter Weise zu überfetten. Auf diese Weise lassen sich durch sorgfältiges Arbeiten Fabrikate herstellen, die auch den höchsten Anforderungen entsprechen und den gesottenen Rasierseifen vollständig ebenbürtig sind, aber immer das bessere, appetitlichere Aussehen vor diesem voraus haben.

Die moderne Rasierseife in Form der weißen Sticks ist also im wesentlichen eine Stearin-Kaliseife mit einem gewissen Gehalt an Cocosseife zur Schaumverbesserung. Häufig nimmt man auch eine gemischte Kali-Natronverseifung des Stearins vor, wobei aber nur ein kleinerer Teil des Stearins mit Natronlauge verseift wird. Meist ist aber reine Kaliverseifung angebracht. Es empfiehlt sich durchaus nicht Stearin und Cocosöl gleichzeitig zu verseifen, weil es hierbei zur Bildung von Laugennestern kommen kann. Zweckmäßig verseift man Stearin und Cocosöl getrennt, oder fügt das Cocosöl in Form fertiger Kali- oder Natroncocosseife der Stearinseife hinzu.

Auch durch Zusammenpilieren guter gesottener Talggrundseife mit Stearinkaliseife unter Zusatz von Cocosseife usw. läßt sich eine gute Rasierseife herstellen, auch durch Mischen von Rasierseifenpulver mit Rasiercrème usw. So soll die kekannte Colgate'sche Rasierseife aus Stearinseifen- und Cocosseifenpulver unter Zusatz von Kaliseifencrème hergestellt sein.

Nachstehend einige typische Vorschriften zur Herstellung von Rasierseife:

1. Stearin	1050 g
Cocosnatronseife pulv.	200 g
Vaseline	50 g
Lanolin anhydr.	30 g
Kalilauge 50 Bé	415 g

Stearin, Vaseline und Lanolin werden zusammengeschmolzen und das Seifenpulver unter Erwärmen und Rühren in der Fettschmelze gelöst. Dann verseift man, neutralisiert wenn nötig und formt.

Die so erhaltene Seife bedarf längeren Übertrocknens, bis sie pilierfähig wird. Beim Pilieren fügt man das Parfum und außerdem noch 5 g Titandioxyd und 10 g Zinkstearat auf obigen Ansatz zu.

2. Stearin	1020 g	Bereitung wie bei 1. nur wird hier das Glycerin vor der Verseifung der Lauge zugemischt.
Cocosseifenpulver	200 g	
Vaselinöl, weiß	40 g	
Ceresin, weiß	40 g	
Glycerin	80 g	
Kalilauge 38 Bé.	505 g	
Natronlauge 38 Bé.	44 g	

Anmerkung: Im allgemeinen empfiehlt sich ein Glycerinzusatz nicht, wird aber häufig gemacht.

3. Man bereitet eine Stearinseife wie folgt:

3. Stearin	1050 g
Lanolin anhydr	30 g
Vaseline weiß	30 g
Vaselinöl, weiß	20 g
Kalilauge 50 Bé.	415 g

Die fertig übertrocknete Seife wird mit: Talggrundseife übertrocknet 400 g und Cocosnatronseifenpulver 300 zusammenpiliert.

Auch aus Myristinsäure läßt sich eine vorzügliche Rasierseife bereiten, namentlich seit jetzt rein weiße synthetische Myristinsäure im Handel anzutreffen ist.

Myristinsäure-Seife schäumt noch üppiger als Cocosseife und hat den Vorteil eines viel dichteren, sämigen Schaumes.

Myristinsäure, weiß 99 %	1000 g
Stearin	1050 g
Vaseline, weiß	60 g
Lanolin anhydr	30 g
Kalilauge 50 Bé.	920 g

Parfumansätze für Rasierseifen, Raiser-Crèmes usw.

Bittermandel

Benzaldehyd	600 g
Sandelöl, ostindisch	70 g
Citronenöl	150 g
Lavendelöl	100 g
Cumarin	50 g
Geraniol	100 g
Bergamottöl	50 g

Lavendel I

Lavendelöl, franz.	300 g
Aspic lavandé	100 g
Geraniumöl, afrik.	250 g
Bergamottöl	300 g
Cumarin	50 g
Citronenöl	100 g
Moschuslösung	25 g

Rose I

Geraniumöl	100 g
Rosenöl, künstl.	15 g
Isoeugenol	10 g
Linaloeöl	25 g

Thridaceparfum

Bergamottöl	100 g
Geraniumöl	20 g
Petitgrainöl	20 g
Irolène, *Agfa*	5 g
Bittermandelöl, künstl.	3 g
Lavendelöl	25 g

Lavendel II

Lavendelöl	60 g
Spiköl	30 g
Cumarin	3 g
Geraniumöl	10 g
Xylolmoschus	0,5 g

Rose II

Geraniumöl	60 g
Rosenöl, künstl.	10 g
Nelkenöl	20 g
Moschuslösung	40 g
Sandelholzöl, ostind.	10 g

Lavendel III

Lavendelöl	720 g
Geraniol	120 g
Cumarin	60 g
Angelikawurzelöl	24 g
Patchouliöl	3 g
Ambrettemoschus	2 g

Lavendel IV

Spiköl, franz.	250 g
Lavendelöl	500 g
Geraniumöl, afr.	150 g
Geranylacetat	20 g
Cumarin	65 g
Patchouliöl	2 g

Eau de Cologne

Bergamottöl	220 g
Citronenöl	220 g
Rosmarinöl	70 g
Lavendelöl	80 g
Petitgrainöl	120 g
Neroli, künstl.	50 g
Methylanthranilat	5 g
Xylolmoschus	5 g

Chypre

Cumarin	60 g
Cedernöl	150 g
Copaivabalsam	100 g
Ambrettemoschus	3 g
Xylolmoschus	2 g
Sandelöl, ostind.	50 g
Bergamottöl	150 g
Citronenöl	30 g
Neroli, künstl.	20 g
Santalylacetat	20 g
Macisöl	20 g
Labdanumresinoid, entfärbt	30 g

Rasiercrème.

Zunächst sei hier die Herstellung einer Rasiercrème mit Perlmutterglanz für Töpfe erwähnt.

Eine in Frankreich viel angewendete Vorschrift zur Herstellung einer solchen ist folgende:

Schweinefett	3500 g
Kalilauge, 25° Bé.	1875 g
Alkohol	100 g

parfumiert mit:

Bittermandelöl, künstl.	30 g
Pfefferminzöl	3 g

Diese Creme überläßt man erst einige Stunden der Ruhe, knetet sie dann gehörig durch, am besten in einer Knetmaschine, und setzt etwas Alkohol zu, bis sie Glanz und alabasterartiges Aussehen bekommt.

Praktisch ist diese konsistentere Form der Rasiercrème für Töpfe nur von untergeordneter Bedeutung, dagegen kommt der

Schäumenden Rasiercrème für Tuben

große praktische Bedeutung zu.

Nachstehend zwei Vorschriften für solche Rasiercrèmes.

1. Stearin	850 g
Vaselinöl, weiß	100 g
Vaseline, weiß	60 g
Olivenöl	340 g
Cocosseifenpulver	400 g
Kalilauge 38 Bé.	640 g
Glycerin	130 g
Wasser	1400 g
Verdünnungslösung etwa	200 g

Herstellung: Die Fette werden im Wasserbad geschmolzen und in der Fettschmelze das Seifenpulver unter Rühren und Erwärmen aufgelöst. Andererseits mischt man Lauge, Glycerin und Wasser und verseift mit diesem Gemisch die Fettmischung unter gutem Rühren, doch ohne zu erwärmen. Sobald der Verband eingetreten ist wird sorgfältig neutralisiert, alsdann rührt man die vorher erwärmte Verdünnungslösung ein und arbeitet die Seifencrème gut durch. Nach dem Erkalten wird das Parfum eingerührt und die parfumierte Crème nochmals gut durchgearbeitet. Steht eine Walzenmühle oder Knetmaschine zur Verfügung, wird die fertige Crème in dieser gut durchgeknetet.

Die Verdünnungslösung wird wie folgt bereitet:

Man löst 70 g Zucker und 30 g Chlorkalium in 150 g Wasser. Oft genügt auch eine einfache Lösung von 20—25 g Chlorkali in 120 g Wasser.

Die so erhaltene Crème wird in der angegebenen Weise verdünnt, eine gut flüssige Konsistenz haben und dieselbe auch beibehalten. Jedenfalls ist es zur absoluten Regel zu machen, die Rasiercrème vor dem Abfüllen in Tuben etwa 8 Tage in gut verschlossenem Behälter stehen zu lassen und sie täglich gut durchzukneten. Es kommt häufig vor, daß die anfangs gut flüssig erhaltene Crème nachdickt. Sollte dieser Fall eintreten, ist die Konsistenz entsprechend durch Zugabe weiterer Mengen Verdünnungslösung zu regulieren.

2. Man stellt zunächst eine Seife her aus:

Cocosöl	340 g	Kalilauge 38 Bé.	240 g
Olivenöl	340 g		

Diese Seife wird warm gelöst in folgendem Fettgemisch:

Stearin	800 g
Vaselinöl	90 g
Vaseline	70 g

und dieses Fettgemisch nach Lösen der Seife mit folgendem Gemisch:

Glycerin	130 g
Kalilauge 38 Bé.	390 g
Wasser	1300 g

verseift.

Nach eingetretenem Verband rührt man etwa 200 g Verdünnungslösung und das Parfum ein und arbeitet gut durch. Acht Tage beobachten, öfters durcharbeiten und event. mit Verdünnungslösung korrigieren.

Die Herstellung der Rasiercrèmes ist relativ einfach, nur macht die Konsistenzregulierung durch Verdünnungslösung gewisse Schwierigkeiten, weil die Crème kurz nach der Herstellung oft beträchtlich nachdickt, oft auch ohne Verdünnung beim Durcharbeiten wieder flüssiger wird.

Man vermeide es jedenfalls die Crème zu früh in Tuben einzufüllen und wähle stets Tuben mit recht weiter Öffnung.

Was die Verwendung von Glycerin anlangt, die fast die Regel ist, so sollte diese vielleicht besser unterlassen werden, da viele Personen gegen Glycerin empfindlich sind.

Rasierseifen-Pulver

In sehr einfacher Weise kann Rasierseifenpulver auf Basis einer guten Talggrundseife unter Beimischen von Cocosseifenpulver und Stärkepulver hergestellt werden, etwa in folgendem Verhältnis:

Talggrundseife	400 g	Stärkepulver	60 g
Cocosseifenpulver	150 g		

Bessere Produkte erhält man aber unter Zugrundelegung von Stearinseife entweder reiner Stearin-Kaliseife oder durch gemischte Verseifung erhaltener Stearin-Natron-Kaliseife. Die Stearinseifen müssen natürlich längere Zeit getrocknet werden ehe sie pulverisiert werden können, namentlich wenn es sich um reine Stearin-Kaliseife handelt.

Aber auch diese läßt sich nach mehrwöchentlichem Trocknen in Spähnen (Luftventilation) leicht pulvern.

Zweckmäßig kann ein Gemisch von Stearin und Cocosfettsäure kaustisch oder mit Alkalicarbonaten verseift werden, bei dessen Verwendung natürlich der Zusatz von Cocosseifenpulver in Wegfall kommt.

Stearin-Kaliseife (kaustisch verseift)

Stearin	1000 g
Kalilauge 50 Bé.	413 g

Stearin-Kaliseife (Carbonatverseifung)

Stearin	1000 g
Pottasche	250 g
Wasser	500 g

Stearin-Cocos-Kaliseife

Cocosfettsäure	1000 g
Stearin	3000 g
Pottasche	1080 g
Wasser	2000 g

Stearin-Cocos-Kali-Natron-Seife:

Cocosfettsäure	1000 g
Stearin	3000 g
Soda calcin.	250 g
Pottasche	750 g
Wasser	2000 g

Seifenblätter.

Zu den Seifenblättern, die sich in Form kleiner Hefte am Markte befinden, wird im allgemeinen Glycerinseife verarbeitet, die möglichst wenig Wasser enthält, oft auch ganz ohne Alkohol hergestellt ist, damit sie nach dem Trocknen möglichst in der gewünschten Form bleibt. Ein dünnes zähes Papier bildet die Grundlage. Dieses wird in Rahmen von bestimmter Größe gespannt, worauf man den Rahmen mit dem Papier in die flüssige Seife taucht. Gerade Glycerinseife läßt sich sehr dünn auftragen und erkaltet leicht, besonders wenn kalte Zugluft durch geeignet angeordnete Ventilatoren zugeführt wird, welcher man die Rahmen möglichst schnell aussetzt.

Das verwendete Papier muß eine ziemich rauhe Oberfläche haben, damit die Seife leichter haften bleibt. Zeigt sich, daß nach dem ersten

Eintauchen nicht genug Seife an dem Papier haften geblieben ist, so wird es nochmals wiederholt. Die Rahmen, an denen nun die Seife abgelaufen ist, werden alsdann in einen Trockenschrank gebracht, und hier läßt man die Seife vollständig austrocknen.

Nach einigen Tagen nimmt man dann den Bogen aus dem Rahmen, zerteilt ihn auf der Schneidemaschine in die gewünschten Größen, um sodann die kleinen Buchpackungen binden zu lassen.

Es sind aber auch Seifenblätter im Handel, die nicht mit Hilfe von Papier hergestellt sind, sondern ganz dünn mit einem Hobel von der Seifenstange abgestoßen werden. Hiezu existiert eine kleine rotierende Maschine. Die Seifenstangen werden ziemlich hart getrocknet, dann außen herum geglättet, im Querschnitt auch bereits in das gewünschte Format gebracht. Dann preßt man die Stange mit dem Kopfende gegen die mit Messern besetzte, für die Dicke der Blättchen eingestellte rotierende Scheibe, infolgedessen dann die Maschine jedesmal ein ganz dünnes Blättchen abwirft; diese Blättchen werden gedeckt gefangen und gesammelt. Darauf werden sie in durchbrochenen Metallhülsen flach aufeinander gesetzt. In jeder Hülse sind etwa 200 solcher Blättchen. Obenauf kommt in die Hülsen ein Gewicht, schwer genug, um ein Verziehen der Blättchen bei dem folgenden Trocknen zu vermeiden. Diese ganzen Hülsen, die häufig auch als Drahtkorb hergestellt sind, werden aufs neue in dem Trockenschrank aufgehängt, und nach wenigen Tagen sind die Blättchen so trocken, daß man sie herausnehmen und in kleine Blech- oder Pappschachteln geben kann, die so eingerichtet sind, daß man sie bequem in die Tasche stecken kann.

Die Herstellung der letzteren Art von Seifenblättchen ist unbedingt die einfachere, auch werden gerade diese Blättchen weit lieber gekauft, da sie mehr Seife abgeben, als die erstangeführten.

Hat man in seinem Betriebe genügend Zeit, sich mit diesen kleinen Artikeln zu befassen, dann ist deren Herstellung sicher interessant, denn gerade sie sind Artikel, an denen noch etwas mehr verdient werden kann.

Seifen in Tuben.

(Siehe auch weiter oben Rasiercrème.)

Weiche Tubenseife (Grundmasse)

Talg	15 000 g
Cochin-Cocosöl	3 750 g
Kalilauge, 35° Bé.	7 500 g
Natronlauge, 35° Bé. . . .	2 500 g

Talg und Cocosöl werden zusammengeschmolzen und auf zirka 60° C gebracht; dann rührt man die Laugen in dünnem Strahle ein und rührt so lange, bis die Seife richtig verbunden ist und gut auflegt. Falls man ein kleines D r a i s - Rührwerk zur Verfügung hat, ist dieses hier sehr angebracht, da das Rühren 1 bis 2 Stunden dauert und man durch Einschalten des mechanischen Betriebes den sonst nötigen Arbeiter anderweitig verwenden kann.

Man gibt die Seife am besten in ein genügend großes emailliertes Gefäß und läßt sie 2 bis 3 Tage stehen. Darauf knetet man sie tüchtig durch, was wieder am einfachsten und zweckmäßigsten auf einer Knetmaschine geschieht. Hiebei wird auch das Parfum mit hineingearbeitet, ebenso eventuelle Medikamente.

Als Tubenseifen für medizinische Zwecke sind besonders zu empfehlen:

Arnika-Tubenseife mit 10% Arnikatinktur, 1% Lanolin.

Benzoe-Tubenseife mit 2% Lanolin, 9% Benzoesäure, 0,2% Parfum.

Birkenbalsam-Tubenseife mit 12% Birkenbalsam (Extract. betul. balsam.).

Borax-Tubenseifen mit 10% Borax (Natr. biborac.).

Borax-Lanolin-Glycerin-Tubenseife mit 8% Borax, 3% Glycerin, 1% Lanolin.

Borsäure-Tubenseife mit 10% Borsäure (Acid. borac.).

Creolin-Tubenseifen mit 10% Creolin.

Ichthyol-Tubenseife mit 3% Ichthyol (Ammon sulfoichthyolic.).

Carbol-Tubenseife mit 10% Carbolsäure (Acid. carbolic. cryst.).

Lanolin-Tubenseife mit 8% Lanolin.

Lysol-Tubenseife mit 10% Lysol.

Lysoform-Tubenseife mit 10% Lysoform.

Perubalsam-Tubenseife mit 8% Perubalsam (Bals. peruv. pur.).

Vaselin-Tubenseife mit 10% Vaseline (Vaselin. pur.).

Außerdem lassen sich noch viele andere medizinische Seifen für Tubenverpackung anfertigen.

Sachverzeichnis.

Druck von Julius Beltz in Langensalza.

GPSR Compliance

The European Union's (EU) General Product Safety Regulation (GPSR) is a set of rules that requires consumer products to be safe and our obligations to ensure this.

If you have any concerns about our products, you can contact us on ProductSafety@springernature.com

In case Publisher is established outside the EU, the EU authorized representative is:

Springer Nature Customer Service Center GmbH
Europaplatz 3
69115 Heidelberg, Germany

Batch number: 10577878

Printed by Printforce, the Netherlands